WUTU ZAIPEI JISHU

无土栽培技术

主　编　秦新惠
副主编　李海波　李　鹏　张国森

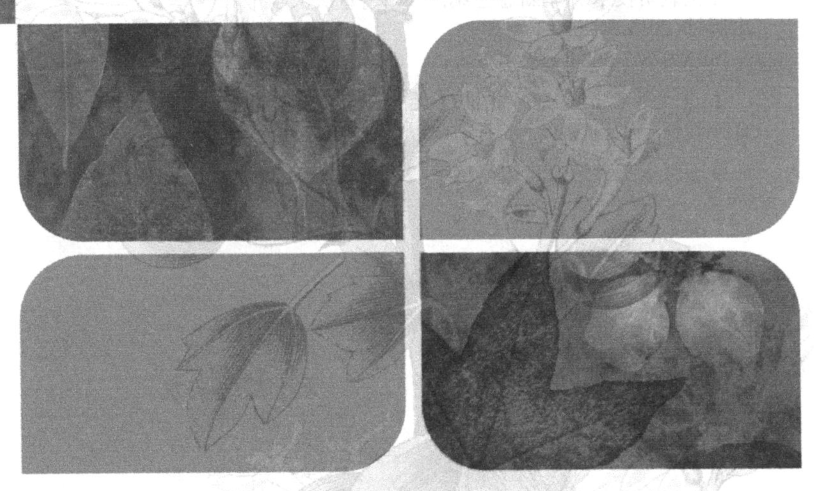

重庆大学出版社

内容提要

本书以培养学生无土栽培生产与管理能力为主线，根据行业岗位需求和职业标准，选取教学内容。它集中反映近二十年来国内外无土栽培技术的新理论、新成果、新技术和新动态。全书内容包括12个项目，分别为：无土栽培概述、无土栽培的基本条件、无土栽培的环境保护设施、无土育苗技术、水培与雾培、固体基质培技术、蔬菜无土栽培技术、花卉无土栽培技术、其他植物无土栽培技术、无土栽培技术在其他方面的应用、工厂化无土栽培的生产与经营管理、技能训练。

为突出对学生实践技能的培养，本书本着"借鉴、创新、突出特色"的原则，遵循理论以"必需、可持续"为度，理论教学为实践教学服务的高职教育理念，强化技能训练，补充实用先进的无土栽培技术。如：在书中补充增加最新推广的有机生态型无土栽培技术及实用性的研究实验等内容。

本书可作为农林类职业院校园艺、园林、作物生产、生物技术等专业教材，也可供相关企事业单位技术和管理人员、个体专业户使用参考。

图书在版编目(CIP)数据

无土栽培技术／秦新惠主编.—重庆：重庆大学出版社，2015.8(2022.1重印)
ISBN 978-7-5624-9391-4

Ⅰ.①无… Ⅱ.①秦… Ⅲ.①无土栽培—高等职业教育—教材 Ⅳ.①S317

中国版本图书馆CIP数据核字(2015)第197979号

无土栽培技术
主　编　秦新惠
副主编　李海波　李　鹏　张国森
策划编辑：鲁　黎
责任编辑：陈　力　涂　昀　　版式设计：鲁　黎
责任校对：贾　梅　　责任印制：张　策
*
重庆大学出版社出版发行
出版人：饶帮华
社址：重庆市沙坪坝区大学城西路21号
邮编：401331
电话：(023)88617190　88617185(中小学)
传真：(023)88617186　88617166
网址：http://www.cqup.com.cn
邮箱：fxk@cqup.com.cn(营销中心)
全国新华书店经销
POD：重庆新生代彩印技术有限公司
*
开本：787mm×1092mm　1/16　印张：28.25　字数：601千　插页：16开2页
2015年8月第1版　2022年1月第4次印刷
ISBN 978-7-5624-9391-4　定价：59.00元

前　言

无土栽培主要研究在不同的栽培模式下，用营养液和基质取代土壤及肥料栽培作物的一项农业高新技术。无土栽培技术的形成极大地拓展了农业生产的空间，使沙漠、荒滩、海岛、盐碱地、南北极等不毛之地的作物生产变成了现实；使家庭绿化更方便、洁净、易行。特别是20世纪80年代后，随着塑料工业、自动化控制仪器仪表、计算机技术和温室建造技术的迅速发展，以及对植物生长过程的营养需求规律、环境因素对植物生长的影响等的深入研究，使无土栽培生产技术得到了广泛推广应用。许多发达国家已逐步实现了无土栽培的集约化、现代化、自动化、工厂化生产，达到了高产、优质、高效、低耗的目的。无土栽培已成为许多国家设施园艺的关键技术并被广泛采用，使设施园艺作物的产量和品质大幅度提高，生态环境得到保护。无土栽培的优越性越来越受到人们的重视，目前无土栽培技术的发展水平和应用程度已成为世界各国农业现代化水平的重要标志之一。

无土栽培技术作为一种先进的种植技术在我国生产中应用已有三十多年的历史了，已从试验研究、小规模生产示范发展到目前大规模应用于生产，取得了可喜的成绩。随着国家、省、市级农业高科技示范园区和无公害优质农产品市场的相继建立，以及绿色食品生产的需要，更加促进了无土栽培技术的推广应用。如今，在我国大力发展现代农业、积极推进生态农业，加快社会主义新农村建设的形势下，随着人们对健康重视程度和环保意识的增强，无土栽培凭借自身独特的技术优越性必将成为促进我国现代农业、设施农业、生态农业、旅游观光农业、都市农业和节水农业发展的强有力的技术支撑，也成为解决人口增长、耕地减少、土壤连作障碍、水资源匮乏等现实问题，以及实现农民增收、农业增效的有效手段和重要途径。

基于以上认识，我们组织编写了这部教材，按照无土栽培生产和管理岗位能力要求，按照理论基础—基本技术—技术应用—技能操作为主线序化了教材内容，补充了近年来我国大力推广、实用性强的有机生态型无土栽培技术（项目6 固体基质培技术）及蔬菜花卉应用技术，及时反映了现代无土栽培技术的发展。

本书内容涉及无土栽培基本理论、无土栽培技术应用、无土栽培技能操作等，突出最新、最实用的无土栽培生产技术。强调内容的科学性、知识性、前沿性和基本实践技能训练。

本书由秦新惠担任主编,李海波、李鹏、张国森担任副主编。具体编写分工如下:秦新惠编写项目1、项目5、项目7、项目8、项目9、附录,李海波编写项目4、项目12,李鹏编写项目2、项目3、项目10、项目11,张国森编写项目6,全书由秦新惠完成统稿。

本书在编撰过程中,参阅和借鉴了许多专家、学者的研究成果,同时无土栽培生产企业和同行专家也提出了很好的改进意见,并提供了很多宝贵资料,在此一并表示衷心感谢。由于时间仓促,水平有限,书中错漏之处在所难免,恳请各位同行和广大读者批评指正,以便今后不断修改完善。

编　者

2014年12月

马铃薯水培

旋转式水培装置

莴苣深液槽漂浮水培

人参果组培苗无土驯化

立体培养架

樱桃番茄NFT水培

甜瓜基质盆栽

仙客来基质盆栽

番茄有机生态型无土栽培实验

有机生态型无土栽培栽培槽

生菜立体栽培

草莓立柱栽培

叶菜DFT水培

芹菜水培

各种芽苗菜

黄瓜袋培

番茄基质盆栽

A字形雾培

目 录

项目1　无土栽培概述

✲项目目标

- ❋ 了解无土栽培的发展史。
- ❋ 熟悉无土栽培的理论基础。
- ❋ 掌握无土栽培的概念、类型、特点及应用。
- ❋ 能够正确认识无土栽培技术在专业学习中的地位。

✲项目导入

无土栽培技术是研究无土栽培方式和管理的一门综合性应用技术。它是现代农业新技术与生物科学、作物栽培技术相结合的一门综合性生产技术;它是以植物及植物生理学、农业化学、作物栽培技术为基础,与材料学、计算机应用技术、环境控制等知识相关,与生产实践紧密结合的一门实用性农业生产技术。

任务1　无土栽培的概念与类型

1.1　无土栽培的概念

无土栽培(soilless culture)是一种不用土壤而用营养液或固体基质加营养液的一场新的“栽培革命”,改变了自古以来农业生产依赖于土壤的种植习惯,把农业生产推向工业化和商业化生产的新阶段。作为现代农业设施栽培的高新技术,其核心和实质是营养液代替土壤向作物提供营养,独立或与固体基质共同创造良好的根际环境,使作物完成自苗期开始的整个生命周期,并充分发挥作物的生产潜力,从而获得最大的经济效益或观赏价值。因为人工配制的营养液是以矿质营养学说(1840年德国化学家李比希提出)为依据产生的,所以矿物质营养学说是无土栽培的理论基础。传统的无土栽培有时又称为营养液栽培或水培。

目前,我国广泛推广应用的以有机基质作载体,栽培过程中全程或阶段性浇灌营养液的有机基质栽培技术，特别是在固体基质中只施用有机固体肥料并进行合理灌水的有机生态型无土栽培技术，大大降低了一次性投资和生产成本，简化了操作技术。由此也丰富和拓展了传统无土栽培的内涵。

1.2 无土栽培的类型

无土栽培从早期的实验研究开始至今已有150多年的历史。它在从实验室走向大规模的商品化生产应用过程中，已从19世纪中期德国科学家萨克斯(Sachs)和克诺普(Knop)的水培无土栽培基本模式(图1.1)，发展到目前种类繁多的无土栽培类型和方法。不少人从不同角度对它进行过分类，但科学、详细地分类是比较困难的，目前较为统一的分类方法是按照是否使用基质，分为固体基质栽培和非固体基质栽培两大类型。进而根据栽培技术、设施构造和固定植株根系的材料不同又可分为多种类型(图1.2)。按其消耗能源多少和对环境生态的影响，可分为无机耗能型无土栽培和有机生态型无土栽培。按设施不同可分：槽培、袋培、立体培、雾培。不同的无土栽培类型在技术难度、应用效果、一次性投资额度等方面差别都很大。所以，在进行无土栽培时，必须预先掌握不同无土栽培类型的特点和具体应用的技术，然后根据栽培作物的种类与特性、当地的技术与经济条件，选择适当的无土栽培类型。

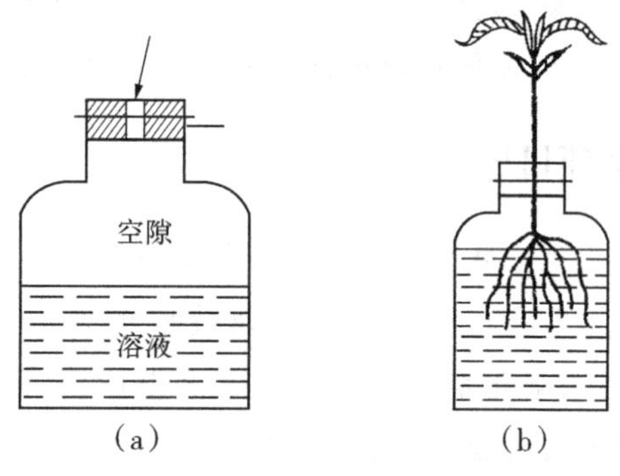

图1.1 Sachs和Knop的水培装置

无土栽培
- 非固体基质培
  - 水培：营养液膜技术、深液流技术、浮板毛管技术等
  - 雾培：喷雾培、半喷雾培
- 固体基质培
  - 无机基质培：沙培、珍珠岩培、砾培、炉渣培、岩棉培、陶粒培、熏炭培、塑料泡沫培等
  - 有机基质培：草炭培、木屑培、秸秆培、菇渣培等
  - 混合基质培：有机生态型无土栽培

图1.2 无土栽培的类型

1.2.1 非固体基质培

非固体基质培是指植物根系生长在营养液或含有营养成分的潮湿空气中的栽培方式，根际环境中除了育苗时用固体基质外，一般不使用固体基质。它又可分为水培和雾培两大类型。

(1)水培

水培是指植物大部分根系直接生长在营养液的液层中。根据营养液液层的深浅分为多种形式(表1.1)。水培类型各有优缺点，应根据不同地区的经济、文化、技术水平的实际情况来选用。

表1.1　水培类型的比较

水培主要类型	英文缩写	液层深度/cm	营养液状态	备　注
营养液膜技术	NFT	1～2	流动	根系置于定植槽底
深液流技术	DFT	4～10	流动	根系悬挂在定植板上，部分根系浸入营养液中
浮板毛管技术	FCH	5～6	流动	营养液中有浮板，上覆无纺布，部分根系分部在无纺布上
浮板水培技术	FHT	10～100	流动或静止	植物定植在浮板上，浮板在营养液中自然漂浮

（2）雾培

雾培又称喷雾培或气培，是将营养液用喷雾的方法直接喷到植物根系上。根系悬挂在容器中，容器内部装有自动喷雾装置，每隔一定时间将营养液从喷头中以雾状形式喷洒到植物根系的表面，营养液循环利用。这种方法可同时解决根系对养分、水分和氧气的需求，但因雾培设备投资大，根际温度受气温影响大，设备和管理技术要求高，生产上很少应用，大多作为展览厅展览、生态酒店和旅游观光农业的观赏使用。雾培的特殊类型是半雾培（也可看作是水培的一种类型），即部分根系生长在浅层的营养液层中，另一部分根系生长在雾状营养液的空间内。

1.2.2　固体基质培

固体基质培简称基质培，是指通过各种天然或人工合成的固体基质固定根系，并通过基质吸收营养液和氧气的无土栽培方法。基质培的最大特点是有基质固定根系并借以保持和充分供应营养和空气，能够很好地协调水、肥、气三者之间的矛盾，设备投资较低，便于就地取材，生产性能优良而稳定。但基质会占用部分投资，体积较大，填充、消毒、再利用费用较高，费时、费工，后续生产资料消耗较大。根据选用的基质不同，基质培分为无机基质培、有机基质培和复合基质栽培；根据栽培形式的不同分为槽培、箱培、盆培、袋培和立体栽培等。

（1）无机基质培

无机基质培是指用河沙、岩棉、珍珠岩、蛭石等无机基质为栽培基质的基质栽培方式。其中，应用最广泛的首推岩棉培，在西欧、北美基质栽培中占绝大多数。我国则以珍珠岩培、蛭石培、煤渣培和沙培等为常用的无机基质栽培方式。陶粒培则大多用于花卉无土栽培。目前无机基质培发展最快，应用范围较广。

（2）有机基质培

有机基质培是指用草炭、木屑、稻壳、树皮、菇渣等有机基质为栽培基质的基质栽培方式。由于这类基质为有机物,所以在使用前多做发酵处理,以保持理化性状的稳定,达到安全使用的目的。实践中应根据不同地区的资源状况,选择合适的有机基质栽培方式。

(3)混合基质培

混合基质培是指把有机、无机基质按适当比例混合而成的复合基质作为栽培基质的基质栽培方式。复合基质可改善单一基质的理化性质,提高基质的使用效果,而且可就地取材,复合基质配方选择的灵活度较大,因而基质成本较低。它是目前我国应用最广、成本最低、使用效果较稳定的一种无土栽培方式。

1.2.3 无机耗能型无土栽培与有机生态型无土栽培

无机耗能型无土栽培是指全部用化肥配制营养液,营养液循环中耗能多,排出液污染环境和地下水,生产出的食品的硝酸盐含量较高或超标,不符合绿色食品的要求,如果硝酸盐含量得到有效控制,则能生产无公害食品。传统的无土栽培属于此种类型。有机生态型无土栽培是指全部使用固态有机肥代替营养液,灌溉时只浇清水的一种基质栽培类型,其排出液对环境无污染,能生产合格的绿色食品,其应用前景广阔。

任务2　无土栽培的发展

“土壤是农业生产的基础”,这是长期以来人们对作物种植所形成的基本概念,而无土栽培不用土壤,努力摆脱自然界,冲破传统概念的束缚,在技术和概念上是一重大的改革和进步。

2.1 无土栽培的发展简史

无土栽培是伴随着植物营养研究而发展起来的,是植物营养学研究、植物生理学研究、植物学研究的有效方法和手段。人们很早以前就开始了无土栽培的各种尝试,形成了原始的无土栽培雏形。随着人们对营养本质的逐步认识,进行了广泛地无土栽培实验研究工作,现已进入大规模的生产应用阶段。从人们无意识地进行无土栽培至今已有2 000多年的历史,中国、古埃及、巴比伦、墨西哥都有文字记载原始的无土栽培方式。最原始的无土栽培要数生豆芽了,至于始于何时还无从考证,最晚出现于宋代林洪《山家清供》有生豆芽的记载。我国南方的船家用竹木制的水上菜园多种空心菜;墨西哥的阿兹提克早在17世纪就使用漂浮菜园;一直沿用至今的萝卜芽、豌豆芽、蒜苗、水仙栽培等。

无土栽培的历史从人们科学自主地进行无土栽培试验研究到现在的规模化生产应用前后历经了150多年,大体上可分为试验研究、生产应用和规模化、集约化、自动化生产应用3个时期。

2.1.1 试验研究时期(1840—1930年)

1840年德国化学家李比希(J. V. Liebig)在有关植物营养源于水说(1648)、土说(1731)、腐殖质说(1761)等前人大量研究的基础上,对植物的养分吸收进行了研究,对植物体进行了化学分析,并根据当时农业上关于物质循环的概念,提出了植物以矿物质作为营养的"矿质营养学说",为科学的无土栽培奠定了理论基础。1865年萨克斯和克诺普共同设计出一种水培植物的装置(图1.1),进行栽培植物试验获得成功,配制出克诺普营养液,总结出许多水培过程的管理方法。此后其他科学家通过对营养液的深入研究,提出了许多标准的营养液配方。美国科学家霍格兰和阿农提出了营养液中添加微量元素的必要性,并对营养液中各种营养元素的比例和浓度进行了大量的研究,在此基础上发表的标准营养液配方,至今仍被广泛使用。

这一时期主要是科学家先后用营养液进行植物生理学方面的试验,无土栽培只是一种试验手段,在试验室中开展,其目的是探索植物的营养源问题,但还没有意识到这种先进农业生产技术的实际应用价值。

2.1.2 生产应用时期(1930—1960年)

无土栽培技术最早应用于生产的是1929年美国加利福尼亚大学的格里克(W. F. Gericke)。他利用自己设计的"水培植物设施"(图1.3)成功种出一株植株高7.5 m、单株果实质量达14.5 kg的水培番茄,在科技界引起了轰动,同时对全世界无土栽培的兴起和发展也产生了深远的影响。格利克是第一个将无土栽培用于商业化生产的人,这意味着无土栽培技术趋于成熟,迈进了实用化时代。1933年他申请了一项水培植物施肥设备专利。1935年在他的指导下美国一些蔬菜和花卉种植者进行了大规模的生产试验。10年后的第二次世界大战末期,这项技术应用到当时的盟军在太平洋关岛和中东的沙漠中用无土栽培生产蔬菜供应部队,对军队的后勤保障起到了积极作用,并传入欧洲和亚洲。后来美国又试验成功沙培、砾培技术。20世纪50年代以后开始进入实际应用阶段。在这个时期,意大利、西班牙、法国、英国、瑞典、以色列、苏联等国家广泛开展了相关研究并进

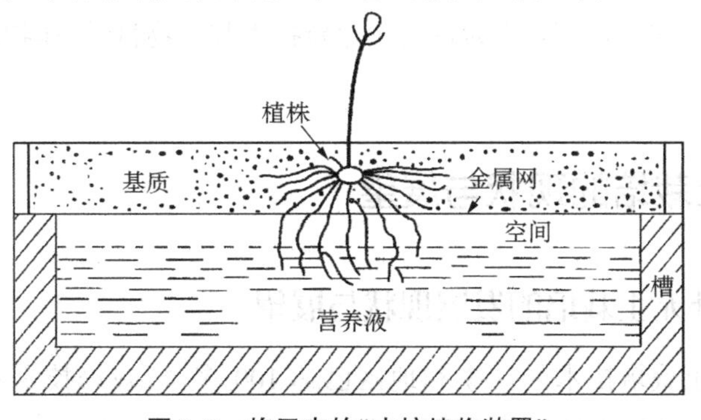

图1.3 格里克的"水培植物装置"

行实际应用,无土栽培理论和技术趋于完善和成熟,到 20 世纪 60 年代无土栽培出现了蓬勃发展的局面。

2.1.3 规模化、集约化、自动化生产应用时期(1960 年至今)

1960—1965 年无土栽培主要是固体基质探索时期,20 世纪 70 年代末 80 年代初岩棉培取得成功,并以其来源广泛、体轻、易搬运等优点迅速在丹麦、荷兰、瑞典等国发展起来。

20 世纪 70 年代英国的库柏(Cooper)发明了营养液膜技术(NFT)和丹麦首先开发后在荷兰普及的岩棉培技术(RW)的开发应用,是无土栽培技术重大突破,意味着无土栽培高科技时代的到来。由于无土栽培设施设备的开发应用,无土栽培技术的成熟,栽培模式的标准化,管理系统的建立及计算机控制技术的应用,使无土栽培实现了机械化、自动化操作和管理,集约化生产,朝着现代化农业的方向发展。

20 世纪 60 年代以后,随着温室等设施栽培的迅速发展,在种植业形成了一种新型农业生产方式——可控环境农业(controlled environment agriculture, CEA),而且近二十几年来发展非常迅速,无土栽培作为 CEA 中的重要组成部分和核心技术,充分吸收传统农业技术中的精华,广泛采用现代农业技术、信息技术、环境工程技术及材料科学技术等,将多学科研究成果加以融合和综合应用,使自身迅速发展为设施配套齐全的现代化高新农业技术,逐步实现了机械化、自动化和集约化,已成为设施生产中一项省工、省力、能克服连作障碍、实现优质高效农业的一种理想模式。该项技术已在世界范围内广泛研究和推广应用,生产规模日渐扩大,大型的机械化或自动化的植物工厂在世界各地建立,代表着未来无土栽培技术的发展方向。随着无土栽培技术的发展,世界上许多国家和地区先后成立了无土栽培技术研究和开发机构。国际上于 1955 年在第十四届国际园艺学会上成立了国际无土栽培工作组(IWGSC),隶属于国际园艺学会,并于 1963、1969、1973、1976 年在意大利、西班牙轮流召开了 4 届国际无土栽培学术会议。1980 年在荷兰召开第五届国际无土栽培学术会议,并改名为"国际无土栽培学会(International society of soilless culture, ISOSC),以后每 4 年举行一次年会。1984、1988 年均在荷兰召开。国际无土栽培学会的成立,有力地推动了世界无土栽培技术的发展,无土栽培逐渐从园艺栽培学中分离出来并独立成为一门综合性应用科学,成为现代农业新技术与生物科学、作物栽培相结合的边缘科学。

2.2 无土栽培的现状与展望

2.2.1 国外无土栽培的发展现状与展望

目前,应用无土栽培技术的国家和地区已达 100 多个,栽培技术不断发展并日趋成熟,应用范围和栽培面积不断扩大,经营与技术管理水平不断提高,实现了集约化、工厂化

生产。蔬菜主要以NFT和岩棉培为主，花卉主要以基质栽培为主。具有代表性的国家有美国、日本和荷兰等。

荷兰是世界上无土栽培最发达的国家之一，国际无土栽培学会（ISOSC）总部设在荷兰，极大地促进了欧洲和荷兰的无土栽培的发展速度。1971年荷兰无土栽培的面积仅20 hm^2，1986年发展到3 522 hm^2，1995年达到8 500 hm^2，2000年已超过1万hm^2。无土栽培的主要作物有番茄、黄瓜、甜椒和花卉（主要是切花），其中花卉占50%以上。荷兰无土栽培的面积大且稳产、高产，番茄平均产量达到52 kg/m^2；黄瓜产量达75 kg/m^2；主要采用岩棉培，占无土栽培总面积的2/3；生产高度自动化、现代化。

美国也是无土栽培应用较早的国家之一，且是世界上最早应用无土栽培进行商业化的国家。1984年蔬菜无土栽培面积为200 hm^2，花卉几乎都是无土基质栽培，面积为1 700多公顷，共计1 900 hm^2；番茄产量达到27～33 kg/m^2（1.8万～2.2万kg/667 m^2）、黄瓜产量27～45 kg/m^2（1.8万～3万kg/667 m^2）、莴苣产量33～50 kg/m^2（2.2万～3.3万kg/667 m^2）。1997年蔬菜无土栽培面积约308 hm^2。目前无土栽培虽然面积不大，但是美国无土栽培研究水平相当先进，无土栽培技术家庭普及率高，开发出大量小规模、家用型的无土栽培装置，美国的无土栽培技术应用较广，多数用于干旱、沙漠地区及宇航中心，其无土栽培研究的重点是在太空农业中无土栽培的技术上。

日本不仅在无土栽培的实验研究和大面积应用方面处于世界领先水平，而且开展了卓有成效的超前性研究。在营养液配方研究方面，山崎提出了植物吸水和吸肥按比例同步进行的概念，并以此为依据设计了一系列的山崎营养液配方；由堀氏由霍格兰和阿农配方修正设计出的一系列“园试配方”至今在世界广泛应用。日本形成了独具特色的深液流水培技术如M式、神园式、协和式等，还引进了NFT和岩棉培技术，研制了各种全自动控制的植物工厂，实现了机械化和自动化。日本的无土栽培技术的起始和发展得益于美军基地大型无土栽培设施的建立。1964年建立了22 hm^2的砾培鲜菜生产基地，1971年无土栽培面积发展到31 hm^2；1981年增加至282 hm^2；1993年达到609 hm^2；1999年增加到1 056 hm^2，其中，岩棉培480 hm^2约占45%，深液流水培313 hm^2约占30%，营养液膜水培120 hm^2约占11%，其他形式143 hm^2约占14%。无土栽培的作物种类中蔬菜约占72%，花卉约占27.1%，果树约占0.9%。主要栽培草莓、番茄、青椒、黄瓜、甜瓜和花卉，现正将“蔬菜工厂”实用化，全国植物工厂达40处。

英国于1973年发明了营养液膜技术，1980年资料记载有68个国家研究和应用该项技术，1981年在英国北部坎伯来斯福尔斯建立了一个面积为8 hm^2的水培温室，为当时世界上最大的“番茄工厂”。但是由于其投资大、栽培管理还存在某些弊病，后来发展较慢。据统计英国1984年无土栽培面积为158 hm^2，其中，岩棉培和其他形式占2/3，NFT占1/3。

欧洲其他国家无土栽培也有一定面积，法国1978年无土栽面积达到400 hm^2，俄罗斯大约为120 hm^2。

无土栽培技术的发展，使人类对作物不同生长发育时期的整个环境（地上和地下）条件进行精密控制成为可能，从而使农业生产有可能彻底摆脱自然条件的制约，按照人类的愿望，向着空间化、机械化、自动化和工厂化的方向发展，这将会使农作物和品质得以大幅度提高。美国的怀特克公司、艾克诺公司，加拿大的冈本农园、日本的富士农园、三浦农园、原井农园等都有已进入实用化的植物工厂。

目前，发达国家无土栽培技术的新进展大致可归纳为以下几点：采用机器人进行精确移苗与定量灌溉；正在寻找草炭、岩棉等基质的替代物以降低生产成本和防止环境污染，如英国果用椰子壳纤维育苗；营养液配制实现自动化和电脑控制，以及根据太阳辐射来调整植物所需的元素等。

2.2.2 我国无土栽培的发展现状与展望

我国无土栽培是从20世纪20年代至30年代开始起步，70年代开始应用研究，80年代中期开始列入国家重点攻关项目，全国有30多个单位对其进行研究，并于1985年在中国农业工程学会下设立了无土栽培学会，至1992年每年召开一次年会，1992年年会上改名为"中国农业工程学会设施园艺工程专业委员会"，每两年召开一次年会。无土栽培技术的开发应用取得了明显效果，研究开发出符合国情、国力的无土栽培设施与配套技术。出版了《无土种植法浅说》《无土栽培》《无土栽培原理与技术》等著作。北京的蛭石袋培与有机基质培，江苏的岩棉培和简易NFT培，浙江的稻壳熏炭基质培和深水培，深圳、广州的深水培和椰壳渣基质培等均各具特色。其中，中国农业科学院蔬菜花卉研究所推出的有机生态型无土栽培技术具有国际领先水平；江苏省农业科学院和南京玻璃纤维研究设计院合作研制成功的农用岩棉和岩棉培技术填补了国内空白并已投产；无土栽培技术在阳台园艺栽培和有关试验中的应用也粗见成效；由中国农业科学院蔬菜花卉研究所研究开发的无土栽培芽苗菜的生产也发展很快，到2000年我国无土栽培面积急速扩大到500 hm^2 以上，现仍处在蓬勃发展的势头中。无土栽培的作物包括蔬菜、花卉、西瓜、甜瓜、草莓等20种之多。从栽培形式来看，南方以广东为代表，以深液流水培为主，槽式基质培也有一定的发展，有少量的基质袋培；东南沿海长江流域以江、浙、沪为代表，以浮板毛管、营养液膜水培为主，近年来有机基质培发展迅速，有一部分深液流水培；北方广大地区以基质培为主，有部分进口岩棉培，北京地区有少量的深液流浮板水培，无土栽培面积最大的新疆戈壁滩，主要推广鲁SC型改良而成的砂培技术为主，到20世纪90年代末，其沙培蔬果的面积占全国无土栽培面积的1/3。遵循就地取材、因地制宜、高效低耗的原则，我国无土栽培形式呈现以基质培为主，多种形式并存的发展格局。经济发达的沿海地区和大中城市将是现代化无土栽培发展的重点地区，已作为都市农业和观光农业的主要组成部分，它将会有更大的发展；成本低廉、管理简单的简易槽式基质培和其他无土栽培形式将是大规模生产应用、推广的主要形式。

任务3　无土栽培的特点与应用

无土栽培作为一项新的现代农业技术，具备许多优点，发展潜力大，但同时也存在一些缺陷和不足，只有正确评价无土栽培技术，充分认识其特点，才能对其应用范围和价值有所把握，恰到好处地应用好这一项技术，扬长避短，发挥作用。

3.1　无土栽培的特点

3.1.1　无土栽培的优点

（1）早熟、高产、高效、优质

无土栽培能为蔬菜作物提供充足、适宜、全面的营养，因此作物生育快、高产。产量可高于土壤栽培的几倍甚至几十倍。产品的营养含量高、口感好、纤维少、外形整齐一致、色泽均匀。

无土栽培与设施园艺相结合，能合理调节作物生长发育所需的环境条件，尤其人工创造的根际环境能够妥善解决水、气矛盾，使作物的生长发育过程更加协调，所以无土栽培更有利于充分发挥作物的生长潜能，从而实现高产（表1.2）。

无土栽培避免了土壤及水质污染的影响，由于脱离了土壤及选择性用水，因此没有污染。可利用无土栽培生产无公害产品，但是应注意营养液的硝酸盐污染。

生产绿色食品蔬菜是当前蔬菜产业发展的方向，而无土栽培是生产绿色食品蔬菜的重要技术手段。在地理环境质量、操作规程、产品卫生和包装标准都合格的情况下，有机生态型无土栽培能生产AA级绿色食品，品质好、价值高，而其他用营养液灌溉的无土栽培的产品却只能达到生产A级绿色食品蔬菜的标准。无土栽培的绿叶菜生长速度快，叶色浓绿，幼嫩肥厚，粗纤维含量少，维生素C含量高；果菜类商品外观整齐，开花早，结果多，着色均匀，口感好，营养价值高，产品洁净、鲜嫩、无公害。如无土栽培的番茄可溶性固形物高出土壤栽培280%，维生素C含量则由每100 g果实中含18 mg增加到35 mg，总酸含量增加3倍，硬度达到6.4 kg/cm^2，比土壤栽培提高1倍，维生素A含量也稍有增加，干物质含量增加近1倍。无土栽培的香石竹香味浓郁，花期长，开花数多，单株年均开9朵花（土培5朵花），裂萼率仅8%（土培达90%）；无土栽培的仙客来花茎粗，花瓣多，商品品质高，且能提早上市。

表 1.2　几种作物无土栽培与土壤栽培的产量比较

作　物	土壤栽培 /(kg·667 m^{-2})	无土栽培 /(kg·667 m^{-2})	相差倍数
菜豆	833	3 500	4.2
豌豆	169	1 500	9.0
小麦	46	311	6.8
水稻	76	379	5.0
马铃薯	1 212	11 667	9.6
莴苣	667	1 867	2.8
黄瓜	523	2 087	4.0
番茄	827 ~ 1 647	9 867 ~ 49 400	12 ~ 30

(2)省水、省肥、省地、省力、省工

无土栽培通过营养液按需供应水肥,能大幅度减少水分和养分的流失、渗漏和土壤微生物的吸收固定,充分被植物吸收利用。无土栽培耗水量只有土壤栽培的 1/10 ~ 1/4,一般可节水 70% 以上(表 1.3),是发展节水型农业的有效措施之一。全世界土壤栽培肥料利用率大约只有 50%,我国的肥料利用率只有 30% ~ 40%,而无土栽培按需配制和循环供应营养液,肥料利用率达 90% 以上,即使是开放式无土栽培系统,营养液的流失也很少,因而大大降低生产成本。无土栽培不需中耕、翻地、做畦、锄草等体力劳动,而且随着计算机和智能系统的使用,逐步实现了机械化和自动化操作,节省人力和工时,改善了劳动条件,提高劳动生产率,便于实现农业现代化。实现与工业生产相似的方式。另外,可以立体种植作物,提高了土地利用率。日本称无土栽培为"健幸乐美"农业。

表 1.3　茄子不同栽培方式的产量与耗水量比较

栽培方式	茄子产量/kg	水分消耗/kg	每千克茄子所需水量/kg
土培	13.05	5 250	200
水培	21.50	1 000	23
气培	34.20	2 000	26

(3)病虫害少,生产过程可实现无公害化

无土栽培属于设施农业,在相对封闭的环境条件下进行,严格控制生长条件,可为作物生长提供相对无菌和减少虫害的环境,在一定程度上避免了外界环境和土壤病原菌与

害虫对植物的侵袭。加之植物生长健壮，因而病虫害轻微，也较易控制，这样在种植过程中可少施或不施农药，节省农药费用；不存在土壤种植中因施用有机肥而带来的寄生虫卵及重金属、化学有害物质等污染。

（4）避免土壤连作障碍

设施土壤栽培常由于作物重茬而诱发土壤连作障碍，而传统的处理方法如换土、土壤消毒、灌水洗盐等局限性大，效果不理想，通过增加化肥用量和不加节制地大量使用农药，又会造成生产成本的不断上升，环境污染日趋严重，植物产量、品质和效益急速下滑，甚至停种。无土栽培则可以从根本上避免和解决土壤连作障碍的问题，每收获一茬后，只要对栽培设施进行必要的清洗和消毒就可以马上种植下一茬作物。

（5）极大拓展农业生产空间

无土栽培使作物生产摆脱了土壤的约束，可极大扩展农业生产的可利用空间且不受地域限制，在荒山、河滩、海岛、沙漠、石山等不毛之地和城市的阳台和屋顶、河流、湖泊及海洋上，甚至宇宙飞船上都可以进行无土栽培。在温室等园艺设施内发展多层立体栽培，充分利用空间，以利于挖掘设施农业生产的潜力。

（6）有利于实现农业生产的现代化

无土栽培是多学科、多种技术融合形成的一门综合性应用科学，加之计算机和智能系统的使用，可以按照人的意志进行作物生产，所以是一种“受控农业”，有利于实现农业机械化、自动化，从而逐步走向工业化、现代化。目前，在一些发达国家，无土栽培已进入微电脑时代，供液及营养液成分的调控，完全用计算机管理，如在奥地利、荷兰、美国、日本、俄罗斯等国都有“水培工厂”，这是现代化农业的标志。我国近10年来引进和兴建的现代化温室及配套的无土栽培技术，有力地推动了我国农业现代化的进程。

3.1.2　无土栽培应注意的问题

（1）一次性投资较大，运行成本高

无土栽培需要具备一定的设施、设备条件，例如栽培槽、营养液装置及循环系统、通气装置、基质等。无土栽培设施的一次性投资较大，尤其是大规模、集约化、现代化无土栽培生产投资更大，依靠种植作物回收投资很难。无土栽培生产所需肥料要求严格，营养液的循环流动、加温、降温等能源消耗高，生产运行成本较土壤栽培要大。高昂的运行费用迫使无土栽培必须尽量生产高附加值的园艺经济作物和高档的园艺产品，以求高额的经济回报。另外，必须因地制宜，结合当地的经济水平、市场状况和可利用的资源条件选择适宜的无土栽培设施和形式。近年来我国陆续研制出一些节能、低耗的简易无土栽培形式，大大降低了投资成本和运行费用。如浮板毛管水培技术、鲁SC型无土栽培、有机生态型无土栽培、袋培、立体栽培等都具有投资小、运行费用低、实用等优点（表1.4）。

表 1.4　我国主要无土栽培系统的一次性投资及运行成本

无土栽培系统	一次性投资 /(元·667 m^{-2})	运行成本(肥料) /[元·(667 m^{-2}·年)]
有机生态型无土栽培	4 300	1 500
槽培	5 200	4 000
袋培	5 500	4 000
岩棉培	7 900	4 000
鲁 SC 型无土栽培	5 400	3 500
营养液膜培	15 000	3 500
浮板毛管水培	18 000	3 500
深液流栽培	15 000	3 500

美国袋培初期投资最高达 3.5 万美元/hm^2，我国 5 500 元/667 m^2(表 1.4)；沙培美国南部 5 万美元/hm^2；深水岩棉培荷兰 6.8 万美元/hm^2，如用循环水灌液，需 7 万美元，我国需 15 000 元/667 m^2；NFT 法在西欧和北美自动化及有加液温系统，8.1 万美元/hm^2，有金属可移动栽培床的 NFT 系统 21 万美元/hm^2。

(2)技术复杂、要求严格

无土栽培比土壤栽培增加了基质的选择及使用、营养液的选配及管理、机械化和自动化作业操作等技术环节，要求管理人员和操作人员的文化素质和技术水平较高，否则难以胜任。此外，由于无土栽培的基质和营养液的选配和管理、基质和营养液的特性与土壤不同(缓冲能力等)以及机械化和自动化操作管理，要求严格操作和管理。但是通过采用自动化设备、选用厂家生产的专用无土栽培肥料、采取简易无土栽培形式(如有机基质培等)，可大大简化技术难度。

(3)管理不当，易发生某些病害的迅速传播及营养失调、失水状况

无土栽培生产属设施农业范畴，相对密闭的栽培环境湿度大，光照相对较弱，而水培形式中根系长期浸于营养液中，若遇高温，营养液中含氧量骤减，根系生长和功能受阻，地上部分环境高温、高湿，病菌等易快速繁殖侵染植物，再加上营养液循环流动极易迅速传播，从而导致种植失败。如果栽培设施、种子、基质、器具、生产工具等消毒不彻底，操作不当，易造成病原菌的大量繁殖和传播。基质及营养液没有土壤的缓冲能力强，一旦出现营养缺乏或过剩，植株立刻表现营养失调症状，基质较土壤的保水性差，灌水次数多，稍有缺水就出现萎蔫。因此要求严格管理，稍有不慎就会造成失误。因此，进行无土栽培时必须加强管理，规范操作，全面、详细地做好记录，以便复查核对，在出现问题时能迅速找出原因，并及时解决。

3.2 无土栽培的要求

(1)要求比较严格的标准化技术

无土栽培所用的营养液缓冲性能极低,作物的根际环境控制是否适当成为决定栽培成败的关键。营养液栽培中存在的一些问题,都与根际环境管理密切相关。虽然土壤栽培也会发生类似的问题,但相比较而言却要缓和很多。因此,无土栽培对环境条件的调控要求比较严格,而且管理方法也与土培不完全一样。只要我们掌握无土栽培的规律性,摸清各种环境因子对植物的影响及其相互间的关系,制订出合理的标准化技术措施,就能获得更好的栽培效果。

(2)必须有相应的设备和装置

无土栽培除了要求有性能良好的环境保护设施之外,还需要一些专门设施、设备,以保证营养液的正常供给及调节,例如采用循环供液时必须有贮液池、栽培槽、营养液循环管道及水泵等无土栽培设施设备。为了准确判断与掌握营养液的浓度变化、供液量及供液时期,需要有相应的测定仪器,如电导仪、pH 计等。当然,土培时为使栽培管理科学化,也需要相应的生产与检测设备,但不如无土栽培要求严格。

(3)按营养液栽培规律掌握关键措施

为了获得最好的栽培效果,必须最大限度地满足作物高产所需要的条件。无土栽培虽不能像土培那样采取合理蹲苗的技术措施来调节作物地上部与地下部、营养生长与生殖生长的关系,但可通过调节营养液浓度,控制供液量,增加供氧量,合理调节气温,以及应用生长抑制剂等措施来调节它们之间的关系。无土栽培特别要重视营养液 pH 值的调节,栽培上往往会因 pH 值不当而产生多种生理性障碍。

为了减少某些侵染性及生理性病害对生产造成损失,无土栽培较土培更加强调"以防为主"的原则。原因是:无土栽培病害发生较快,甚至呈现暴发性的特点,一旦发病,即使采取有力措施加以控制,作物的生长发育也会受到很大的影响而造成减产;无土栽培施用的大量药剂也容易产生药害。在无土栽培实行标准化技术措施的前提下,以预防为主常能取得较好的效果。

无土栽培生长速度快,为作物提早收获,缩短生长期,增加产量提供了有利条件,但有时也会对作物的平衡生长,特别是地上部与地下部、同化器官与经济器官之间生育上的平衡产生不良影响。例如无土育苗时如果不注意控制,则幼苗徒长,花芽分化延迟,抗性减弱,幼苗品质降低。因此,在无土栽培中,必须在很好利用"生长快"这一优点的同时,通过温度、营养液供给量及浓度等多方面的控制,使植株向健康方向发展。为高产奠定基础。"控"只有和"促"相结合,才能收到合理调节的效果。

3.3　无土栽培的应用

无土栽培是在可控条件下进行的，完全可以代替土培，但它的推广应用受到地理位置、经济环境和技术水平等诸多因素的限制，在现阶段和今后相当长时期内，无土栽培不能大规模取代土培，其应用范围有一定的局限性。因此，要从根本上把握无土栽培的应用范围和价值。

(1)用于高档园艺产品的生产

当前多数国家用无土栽培生产洁净、优质、高档、新鲜、高产的无公害蔬菜产品，多用于反季节和长季节栽培。例如，露地很难栽培、产量低、品质好的七彩甜椒以及高糖生食番茄、迷你番茄、小黄瓜等可用无土栽培生产，供应高档消费或出口创汇，经济效益良好。另外，切花、盆花无土栽培的花朵较大、花色鲜艳、花期长、香味浓，尤其是家庭、宾馆等场所无土栽培盆花深受消费者欢迎。草本药用植物和食用菌无土栽培，效果同样良好。

(2)在不适宜土壤耕作的地方应用

在沙漠、盐碱地等不适宜进行土壤栽培的不毛之地可利用无土栽培大面积生产蔬菜和花卉，具有良好的效果。例如，新疆吐鲁番西北园艺作物无土栽培中心在戈壁滩上兴建了 112 栋日光温室，占地面积 34.2 hm^2，采用沙基质槽式栽培，种植蔬菜作物，产品在国内外市场销售，取得了良好的经济和社会效益。

(3)在土壤连作障碍严重的保护地应用

无土栽培技术作为解决温室等园艺保护设施，土壤连作障碍的有效途径被世界各国广泛应用。适合国情的各种无土栽培形式在设施园艺上的应用，同样成为彻底解决土壤连作障碍问题的有效途径，在我国设施园艺迅猛发展的今天，更具有重要的意义。

(4)在家庭园艺中的应用

利用小型无土栽培装置，利用家庭阳台、楼顶、庭院、居室等空间种菜养花，既有娱乐性，又有一定的观赏和食用价值，便于操作、洁净卫生，可美化环境，适应人们返璞归真、回归自然的心理，这是一种典型的“都市农业”和“室内园艺”栽培形式。

(5)在观光农业、生态农业和农业科普教育中的应用

目前，观光农业已成新兴产业，生态酒店、生态餐厅、生态停车场、生态园的建设，成为倡导人与自然和谐发展新观念的一大亮点，高科技示范园成为展示未来农业的一个窗口，许多现代化无土栽培基地已成为中小学生的农业科普教育基地，而无土栽培是这些园区或景观采用最多的植物栽培方式和技术支撑，尤其是一些造型美观、独具特色的立体栽培方式，更受人们青睐。

(6)在太空农业上的应用

在太空中采用无土栽培绿色植物生产食物是最有效的方法。目前，无土栽培技术在

航天农业上的研究与应用正发挥着重要的作用。如美国肯尼迪宇航中心用无土栽培生产太空中宇航员所需的一些粮食和蔬菜食物已获成功，并取得了很好的效果。

✲知识拓展

安全食品新概念

（1）无公害食品

无公害食品是指产地生态环境清洁，按照特定的技术操作规程生产，将有害物含量控制在规定标准内，并由授权部门审定批准，允许使用无公害标志的食品。无公害食品注重产品的安全质量，其标准要求不是很高，涉及的内容也不是很多，适合我国当前的农业生产发展水平和国内消费者的需求，对于多数生产者来说，达到这一要求不是很难。当代农产品生产需要由普通农产品发展到无公害农产品，再发展至绿色食品或有机食品，绿色食品跨接在无公害食品和有机食品之间，无公害食品是绿色食品发展的初级阶段，有机食品是质量更高的绿色食品。

（2）绿色食品

绿色食品概念是我们国家提出的，指遵循可持续发展原则，按照特定生产方式生产，经专门机构认证，许可使用绿色食品标志的无污染的安全、优质、营养类食品。由于与环境保护有关的事物国际上通常都冠之以“绿色”，为了更加突出这类食品出自良好生态环境，因此定名为绿色食品。

无污染、安全、优质、营养是绿色食品的特征。无污染是指在绿色食品生产、加工过程中，通过严密监测、控制，防范农药残留，以及防止放射性物质、重金属、有害细菌等对食品生产各个环节的污染，以确保绿色食品产品的洁净。为适应我国国内消费者的需求及当前我国农业生产发展水平与国际市场竞争，从1996年开始，在申报审批过程中将绿色食品区分AA级和A级。

A级绿色食品是指在生态环境质量符合规定标准的产地，生产过程中允许限量使用限定的化学合成物质，按特定的操作规程生产、加工，产品质量及包装经检测、检验符合特定标准，并经专门机构认定，许可使用A级绿色食品标志的产品。

AA级绿色食品是指在环境质量符合规定标准的产地，生产过程中不使用任何有害化学合成物质，按特定的操作规程生产、加工，产品质量及包装经检测、检验符合特定标准，并经专门机构认定，许可使用AA级有绿色食品标志的产品。AA级绿色食品标准已经达到甚至超过国际有机农业运动联盟的有机食品的基本要求。

（3）有机食品

有机食品是国际上普遍认同的叫法，这一名词是从英法Organic Food直译过来的，在其他语言中也有称生态或生物食品的。这里所说的“有机”不是化学上的概念。国际有机农业运动联合会（IFOAM）给有机食品下的定义是：根据有机食品种植标准和生产加工技术规范而生产的，经过有机食品颁证组织认证并颁发证书的一切食品和农产品。国家环保局有机食品发展中心（OFDC）认证标准中有机食品的定义是：来自有机农业生产体系，根据有机认证标准生产、加工、并经独立的有机食品认证机构认证的农产品及其加工品等。包括粮食、蔬菜、水果、奶制品、禽畜产品、蜂蜜、水产品、调料等。有机食品与无公害食品和绿色食品的最显著区别是，前者在其生产和加工过程中绝对禁止使用农药、化肥、除草剂、合成色素、激素等人工合成物质，后者则允许有限制地使用这些物质。因此，有机食品的生产要比其他食品难得多，需要建立全新的生产体系，采用相应的替代技术。

项目小结

无土栽培是一种不用土壤而用营养液或固体基质加营养液栽培作物的种植技术，无土栽培的实质是营养液代替土壤，理论基础是矿质营养学说。无土栽培按是否使用固体基质分为非固体基质培和固体基质培，非固体基质培分为水培和雾培，固体基质培分为无机基质培、有机基质培和复合基质培；无土栽培按耗能多少对环境的影响分为无机耗能型无土栽培和有机生态型无土栽培。

无土栽培的优点是：产量高、效益大、品质好、价值高；省水、省肥、省地、省工；病虫害少，生产过程可实现无公害化；避免土壤连作障碍，极大地拓展了农业生产空间；有利于实现农业生产的现代化。无土栽培的缺点是：一次性投资较大，运行成本高；技术要求较高；如果管理不当，易发生某些病害的迅速传播。无土栽培要求比较严格的标准化技术；必须按营养液栽培规律掌握关键措施。

无土栽培主要用于高档园艺产品的生产，在不适宜土壤耕作的地方应用，在土壤连作障碍严重的保护地应用，在家庭园艺中应用，在观光农业、生态农业和农业科普教育基地应用，在太空农业上应用。无土栽培已经历了试验研究时期、生产应用时期，目前正处于规模化、集约化、自动化生产应用时期。

项目考核

一、填空题

1. 无土栽培学是研究____________、____________和____________的一门综合性应用科学。

2. 无土栽培的类型依其栽培床是否使用固体基质材料，将其分为____________栽培和__________栽培两大类型。非固体基质栽培又可分为__________和__________两种类型。

3. ＿＿＿＿＿＿和＿＿＿＿＿＿是现代无土栽培的先驱。

二、选择题

1. 1840 年,德国化学家＿＿＿＿提出了植物以矿物质为营养的“矿质营养学说”,为科学的无土栽培奠定了理论基础。

A. 卫格曼　B. 布森高　C. 李比希　D. 萨克斯

2. 美国科学家＿＿＿＿＿＿通过试验阐明了添加微量元素的必要性,并在此基础上发表了标准的营养液配方。

A. 卫格曼和布森高　B. 布森高和阿农　C. 萨克斯和诺伯　D. 霍格兰和阿农

3. 美国加州大学的＿＿＿＿＿＿教授是第一个把植物生理学实验采用的无土栽培技术引入商业化生产的科学家。

A. 布森高　B. 阿农　C. 诺伯　D. 格里克

4. 近 20 年来,无土栽培技术已成为＿＿＿＿＿的核心技术。

A. 植物工厂　B. 番茄工厂　C. 甜椒工厂　D. 花卉工厂

5. CEA 代表＿＿＿＿＿＿。

A. 可控环境农业　B. 设施农业　C. 温室农业　D. 现代农业

6. 国际无土栽培学会总部设在＿＿＿＿＿＿。

A. 荷兰　B. 美国　C. 英国　D. 瑞士

三、判断题

1. 第二次世界大战期间规模化无土栽培得以发展。（　）
2. 20 世纪六七十年代是无土栽培大规模商品生产的时期。（　）
3. 英国温室作物研究所的 Cooper 开发了营养液膜技术。（　）
4. 无土栽培的耗水量只有土壤栽培的 1/10 ~ 1/4。（　）
5. 无土栽培的肥料利用率高达 80% 以上。（　）
6. 无土栽培可以从根本上避免和解决土壤连作障碍的问题。（　）
7. 无土栽培是 CEA 的重要组成部分和核心技术。（　）
8. 1980 年国际无土栽培工作组改名为国际无土栽培学会。（　）
9. 欧洲是现代温室的发源地。（　）
10. 美国是世界上温室栽培发达的国家。（　）
11. 英国的 NFT 栽培面积较 RW 栽培面积大。（　）
12. 美国是世界上最早应用无土栽培技术进行商业化生产的国家。（　）

四、简述题

1. 什么是无土栽培？它与土壤栽培有何区别？

2. 无土栽培有哪些类型？

3. 为什么说营养液是无土栽培的核心？

4. 结合本项目内容，怎样重新理解“土壤是农业生产的基础”这句话？
5. 无土栽培与土壤栽培相比具有哪些优越性？无土栽培技术有何要求？
6. 当前无土栽培在农业生产上有哪些应用？其发展前景如何？
7. 作物在无土栽培条件下会改变自身的生物学特性吗？

项目2 无土栽培的基本条件

✲项目目标

❖ 了解常见的营养液配方及固体基质的作用。

❖ 熟悉营养液的组成及常见的营养液配方、固体基质的种类特性。

❖ 掌握营养液的配制与管理、固体基质的理化性质、消毒与混配。

❖ 能够按照配方熟练地配制营养液，能够熟练地检测基质的理化性质并按栽培作物的要求合理地进行混配。

✲项目导入

无土栽培主要通过营养液为作物生长发育提供所需的养分和水分，而基质是无土栽培的重要介质，不仅起到固定和支持作用，也有一定的缓冲和补充营养的作用，因此，营养液和基质是无土栽培的基本条件。无土栽培成功与否在很大程度上取决于营养液配方和浓度是否合适，营养液管理是否能满足植物不同生长阶段的需求。由于基质栽培设施简单、投资较少、管理容易、基质性能稳定，并有较好的实用价值和经济效益，因而基质栽培发展迅速，基质在无土栽培中得以广泛使用，并不断开发与应用新型基质。

任务1 营养液

营养液是指根据植物生长对养分的需求，将肥料按一定的数量和适宜的比例溶解于水中配制而成的水溶液。不同地区的气候条件、水质、作物种类、品种类型等都会对营养液的使用效果产生很大的影响。因此只有认真实践，深入了解营养液的组成、变化规律及其管理技术，才能真正掌握无土栽培生产技术的精髓；只有正确地配制、灵活地使用营养液，才能保证获得高产、优质、快速的无土栽培效果，无土栽培才能取得成功。所以，营养液的配制与管理是无土栽培的基础和核心技术。

1.1 营养液的原料及其要求

营养液的基本成分包括水、肥料（无机盐类化合物）和辅助物质。经典或被认为合适

的营养液配方必须结合当地水质、气候条件及栽培的作物种类，对配制营养液的肥料的种类、用量和比例作适当调整，才能最大限度地发挥营养液的使用效果。因此，只有对营养液的组成成分及要求有清楚的了解，才能配成符合要求的营养液。

1.1.1 营养液对水的要求

(1)水源要求

配制营养液的用水十分重要。在研究营养液新配方及营养元素缺乏症等试验水培时，要使用蒸馏水或去离子水；无土生产上一般使用自来水和井水。以自来水作水源，水质有保障，但生产成本高；以井水作水源，生产成本低，但以软质的井水为宜。河水、泉水、湖水、水库水、雨水也可用于营养液配制。无论采用何种水源，使用前都要经过水质化验或从当地水利部门获取相关资料，以确定水质是否适宜，必要时可经过处理，使之达到符合卫生规范的饮用水的程度。流经农田的水、未经净化的海水和工业污水不能用作水源。

作物无土栽培时要求水量充足，尤其在夏天不能缺水。如果单一水源水量不足时，可以把自来水和井水、雨水、河水等混合使用。

(2)水质要求

水质好坏对无土栽培的影响很大。因此，无土栽培的水质要求比国家环保总局颁布的《农田灌溉水质标准》(GB 5084—85)的要求稍高，与符合卫生规范的饮用水相当。无土栽培用水必须检测多种离子含量，测定电导率和酸碱度，作为配制营养液时的参考。天然水中含有的有机质往往对无土栽培有好处，但有机质浓度不能过高，否则会降低 pH 值和微量元素的供应。营养液对水质要求的主要指标如下：

①硬度：根据水中含有钙盐和镁盐的多少将水分为软水和硬水。硬水中含有的钙盐主要有重碳酸钙[$Ca(HCO_3)_2$]、硫酸钙($CaSO_4$)、氯化钙($CaCl_2$)、碳酸钙($CaCO_3$)，镁盐主要有氯化镁($MgCl_2$)、硫酸镁($MgSO_4$)、重碳酸镁[$Mg(HCO_3)_2$]、碳酸镁($MgCO_3$)等。软水中的钙盐和镁盐含量较低。

硬水中含有较多的钙盐、镁盐，导致营养液的 pH 值较高，同时造成营养液中钙、镁含量偏高，甚至总盐分浓度也过高。因此在利用硬水配制营养液时，将硬水中的钙、镁含量计算出，并从营养液配方中扣除。配制营养液的水体硬度一般以不超过 10 度为宜。水质过硬，水的 pH 值升高，水体偏碱，会降低 Fe、B、Mn、Cu、Zn 等离子的有效性，植物会发生缺素症状。水中 Ca^{2+} 过多，植物对 K^+ 的吸收受到抑制。我国在石灰岩地区和钙质地区多为硬水，华北地区许多地方的水也是硬水；南方地区除石灰岩地区之外，大多为软水。人们常说的“水土不服”就是由于不同地区的水质，尤其水的硬度不同引起的肠胃不良反应。

水的硬度是用单位体积的水中 CaO 含量表示，即每度相当于含 10 mg/L CaO。水的硬度划分见表 2.1。

表2.1　水的硬度划分标准

水质种类	CaO 含量/($mg \cdot L^{-1}$)	硬　度
极软水	0~40	0~4
软水	40~80	4~8
中硬水	80~160	8~16
硬水	160~300	16~30
极硬水	>300	>30

②酸碱度:范围较广,pH 值 5.5~8.5 的水均可使用。

③溶解氧:无严格要求,最好在未使用前的溶解氧应接近饱和,即 O_2 含量为 4~5 mg/L。

④NaCl 含量:小于 200 mg/L。但不同作物、不同生长发育时期要求不同,如果水中 NaCl 含量过高,会使植物生长不良或枯死。

⑤氯(Cl_2):主要来自自来水消毒和设施消毒所残存的氯。如次氯酸钠(NaClO)或次氯酸钙[$Ca(ClO)_2$]残留的氯,氯对植物根系有害。因此,最好自来水进入设施系统之前放置半天以上,设施消毒后也要空置半天,使余氯散逸。

⑥悬浮物:小于 10 mg/L。以河水、水库水作水源时要经过澄清之后才可使用。

⑦重金属及有毒物质含量:有的地区地下水、水库水、河水等水源可能含有重金属、农药等有毒物质,而无土栽培的水中重金属及有毒物质含量不能超过国家标准(表2.2)。

表2.2　无土栽培水中重金属及有毒物质含量标准

名　称	标　准	名　称	标 准
汞(Hg)	≤0.005 mg/L	铜(Cu)	≤0.10 mg/L
镉(Cd)	≤0.01 mg/L	铬(Cr)	≤0.05 mg/L
砷(As)	≤0.01 mg/L	锌(Zn)	≤0.20 mg/L
硒(Se)	≤0.01 mg/L	铁(Fe)	≤0.50 mg/L
铅(Pb)	≤0.05 mg/L	氟化物(F^-)	≤3.00 mg/L
六六六	≤0.02 mg/L	酚	≤1.00 mg/L
苯	≤2.50 mg/L	大肠杆菌	≤1 000 个/L
DDT	≤0.02 mg/L		

(3)水量

不管采用何种水源,无土栽培都要求有足够的水量供配制营养液用,尤其在夏天不能缺水。例如,番茄在生长旺盛期,据测定每株每天耗水 1~1.5 L,因此无土栽培的用水量是相当大的。一般而言,如果当地的年降水量超过 1 000 mm 以上,则通过收集雨水可以完全满足无土栽培生产的需要。在实际无土栽培生产中,如果单一水源水量不足时,可以把自来水和井水、雨水、河水等混合使用,又可降低成本。

1.1.2 营养液的营养元素化合物

简而言之,营养液是用各种化合物按照一定的数量和比例溶解在水中配制而成的。在无土栽培中用于配制营养液的化合物种类很多,一般按化合物的纯度等级可分为4类:第一,化学试剂,又细分为三级,即:保证试剂[GR(Guaranteed Reagent),又称一级试剂],分析纯试剂[AR(Analytic Reagent),又称二级试剂],化学纯试剂[CP(Chemical Pure),又称三级试剂]。第二,医药用。第三,工业用。第四,农业用。化学试剂类的纯度高,其中GR级最高,价格也昂贵;农业用的化合物纯度最低,价格也最便宜。在无土栽培中,要进行营养液新配方及探索营养元素缺乏症等试验研究时,需用到化学试剂,要求特别精细的实验,用分析纯试剂,一般用到化学纯级即可。在生产中,除了微量元素用化学纯试剂或医药用品外,大量元素的供给多采用农业用品,以降低成本。

营养液配方中标出的用量是以纯品表示的。在配制营养液时,要按各种化合物原料标明的百分纯度来计算出原料的用量。商品标识不明、技术参数不清的原料严禁使用。如采购的大批原料缺少技术参数,应取样送化验部门化验,确认无害时才允许使用。

原料中本物以外的营养元素都作杂质处理。例如,磷酸二氢钾中含有少量铁和锰,虽然铁和锰是营养元素,但它是本物磷酸二氢钾的杂质,使用时要注意这类杂质的量是否达到干扰营养液平衡的程度。有时原料的本物虽然符合纯度要求,但因混杂的少数有害元素超过了标准,也不能使用。例如,某硝酸钾产品纯度达到98%是符合纯度要求的,但因混杂有0.008%的铅(Pb),这就要考虑铅是否会超过标准的问题。假设1 L营养液用1 g KNO_3,则会同时带入0.08 mg铅,按上述水质规定含铅不准超过0.05 mg/L,所以这种硝酸钾的产品就不能用了。因此大量元素化合物中的有害物质的量,都要经过计算,以确定其可用性。

(1)肥料选择要求

①根据栽培目的选择肥料:如果是进行营养液新配方及探索营养元素缺乏症等试验研究,必须使用化学试剂,除特别要求精细以外,一般用到化学纯级即可。如果用于作物无土栽培生产,除了微量元素用化学纯试剂或医药用品外,大量元素的供给多采用农用品,以降低成本。如无合格的农业原料可用工业用品代替,但肥料成本会增加。

②根据作物的特殊需要选择肥料:如铵态氮(NH_4^+)和硝态氮(NO_3^-)都是作物生长发育的良好氮源。铵态氮在植物光合作用快的夏季或植物缺氮时使用较好,而硝态氮在任何条件下均可使用。研究表明,无土栽培时施用硝态氮的效果远远大于铵态氮。现在世界上绝大多数营养液配方都使用硝酸盐作主要氮源,其原因是硝酸盐所造成的生理碱性比较弱且缓慢,且植物本身有一定的抵抗能力,人工控制比较容易;而铵盐所造成的生理酸性比较强而迅速,植物本身很难抵抗,人工控制十分困难。所以,在组配营养液时,应根据作物的需要选用硝态氮或铵态氮,一般以选用硝态氮源为主,或者两种氮源肥料按适当的比例混合使用,一般比单用铵态氮效果好。

③选用溶解度大的肥料：如硝酸钙的溶解度大于硫酸钙，易溶于水，使用效果好，故在配制营养液需要钙时，一般都选用硝酸钙。硫酸钙虽然价格便宜，却难溶于水，生产上一般很少使用。

④肥料的纯度要高，适当采用工业品：这是因为劣质肥料中含有大量惰性物质，用来配制营养液时会产生沉淀，堵塞供液管道，妨碍根系吸收养分。营养液配方中标示的用量是以纯品表示的，在配制营养液时，要按各种化合物原料标明的百分纯度来折算出原料的用量。原料中本物以外的营养元素都作杂质处理，但要注意这类杂质的量是否达到干扰营养液平衡的程度。在考虑成本的前提下，可适当采用工业品。

⑤肥料种类适宜：对提供同一种营养元素的不同肥料的选择要以最大限度地适合组配营养液的需要为原则。如选用硝酸钙作氮源就比用硝酸钾多一个硝酸根离子。一种化合物提供的营养元素的相对比例，必须与营养液配方中需要的数量进行比较后选用。

⑥肥料中不含有毒、有害成分，购买方便，价格便宜。

(2)各种营养元素化合物

①氮源：主要有硝态氮和铵态氮两种。蔬菜多为喜硝态氮作物，硝态氮多时不会产生毒害，而铵态氮多时会使生长受阻形成毒害。常用的氮源肥料有硝酸钙、硝酸钾、磷酸二氢铵、硫酸铵、氯化铵、硝酸铵等。

②磷源：常用的磷肥有磷酸二氢铵、磷酸二铵、磷酸二氢钾、过磷酸钙等。磷过多会导致铁和镁的缺乏症。

③钾肥：常用的钾肥有硝酸钾、硫酸钾、氯化钾以及磷酸二氢钾等。植物对钾的吸收较快，需要保证补给，但营养液中 K 过多会影响到钙、镁和锰的吸收。

④钙源：最常用的钙源肥料是硝酸钙。也可适当使用氯化钙和过磷酸钙。钙在植物体内的移动比较困难。无土栽培时常会发生缺钙症状，应特别注意调整。

⑤铁源：营养液 pH 值偏高、钾量不足以及磷、铜、锌、锰过多时都会引起缺铁症。为解决铁元素的供应，一般使用螯合铁。螯合铁是有机化合物与微量元素铁形成的螯合物，在营养液中不易发生固定、沉淀，容易被作物吸收，使用效果明显强于无机铁盐和有机酸铁。常用的螯合铁有乙二胺四乙酸一钠铁和乙二胺四乙酸二钠铁（NaFe-EDTA、Na_2Fe-EDTA）。螯合铁的用量一般按铁元素质量计，每升营养液用 3 ~5 mg。

⑥镁、锌、铜、铁等硫酸盐：可同时解决硫、镁和微量元素的供应。

⑦硼肥和钼肥：多用硼酸、硼砂和钼酸钠、钼酸钾。

(3)辅助物质——螯合剂

营养液常用的辅助物质是螯合剂，它与某些金属离子结合可形成螯合物。多价阳离子都能与螯合剂形成螯合物，但不同的阳离子螯合能力不一样，其稳定性也不同。不同金属阳离子形成的螯合物的稳定性以下列顺序递减：$Fe^{3+} > Cu^{2+} > Zn^{2+} > Fe^{2+} > Mn^{2+} > Ca^{2+} > Mg^{2+}$。最常用的螯合剂是乙二胺四乙酸（EDTA）。它与铁离子螯合形成的螯合铁，常用于

解决营养液中铁源的沉淀或氧化失效的问题。无土栽培中较常用的是乙二胺四乙酸二钠铁,它的分子量为390.04,含铁14.32%,外观为黄色结晶粉末,可溶于水。

螯合剂是一类能与金属离子起螯合作用的配位有机化合物。它既能有选择性地捕捉某些金属离子,又能在必要时适量释放出这种金属离子来。螯合物是螯合剂的一个大分子配位体与一个中心金属原子连接所形成的环状结构。例如乙二胺与金属离子的结合物就是一类螯合物,因乙二胺与金属离子结合的结构很像螃蟹用两只螯夹住食物一样,故起名为螯合物。所有的多价阳离子都能与相应的配体结合形成螯合物,其中高铁螯合物较其他任何为植物生长所必需的金属螯合物都稳定。螯合物具有以下特性:

①与螯合剂络合的阳离子不易被其他多价阳离子所置换和沉淀,又能被植物的根表所吸收和在体内运输与转移。

②易溶于水。又具有抗水解的稳定性。

③治疗缺素症的浓度不损伤植物。

1.2 营养液的组成

营养液的组成包括各种营养元素的离子浓度、各离子间的比例、总盐量、pH值和渗透压等理化性质。营养液的组成不仅直接影响作物的生长发育,而且也涉及经济、有效地利用养分的问题。根据植物种类、水源、肥源和气候条件等具体情况,有针对性地确定和调整营养液的组成成分,能够充分发挥营养液的使用功效,以适应作物栽培的要求。

1.2.1 营养液浓度的表示方法

营养液浓度是指在一定重量或一定体积的营养液中,所含有的营养元素或其化合物的量。营养液浓度的表示方法分为直接表示法和间接表示法。营养液浓度的直接表示法有化合物质量/升、百分比浓度、元素质量/升和摩尔/升,其中前两种为操作浓度,可直接用于营养液配制,后两种多用于营养液配方比较时使用,必须换算成化合物浓度才能用于营养液配制。间接表示法有渗透压和电导率。

(1)直接表示法

①化合物质量/升(g/L,mg/L):每升(L)营养液中含有某种化合物的质量,质量单位可以用克(g)或毫克(mg)来表示。1 mg/L=1 μg/mL。

例如,一个营养液配方中 $Ca(NO_3)_2$、KNO_3、KH_2PO_4 和 $MgSO_{4.7}H_2O$ 的浓度分别为590 mg/L(0.590 g/L)、404 mg/L(0.404 g/L)、136 mg/L(0.136 g/L)和246 mg/L(0.246 g/L),即表示按这个配方所配制的营养液,每升营养液中含有 $Ca(NO_3)_2$、KNO_3、KH_2PO_4 和 $MgSO_4 \cdot 7H_2O$ 分别为590 mg(0.590 g)、404 mg(0.404 g)、136 mg(0.136 g)和246 mg(0.246 g)。按这种表示法可以直接称量化合物,进行营养液的配制,故这种表示法通常称为工作浓度或操作浓度。

②元素重量/升(g/L,mg/L):每升(L)营养液中含有某种营养元素的质量,质量单位通常用毫克(mg)来表示。这种方法不能直接用来配制营养液,必须换算成某种化合物才能应用。但是它可以用来与其他配方进行比较。

例如,某营养液配方中含 N 为 210 mg/L,则该营养液每升中含有氮元素 210 mg。这种营养液浓度的表示方法在营养液配制时不能够直接应用,因为实际操作时不可能称取多少毫克的氯元素放进营养液中,只能称取一定重量的氮元素的某种化合物的质量。因此,在配制营养液时要把单位体积中某种营养元素含量换算成为某种营养元素化合物的量才能称量。在换算时首先要确定提供这种元素的化合物,然后再根据该化合物所含该元素的百分数来计算。例如,某一营养液配方中钾的含量为 160 mg/L,而其中的钾由硝酸钾来提供,因硝酸钾含钾为 38.67%,则该配方中提供 160 mg 钾所需要硝酸钾的数量=160 mg/38.67% =413.76 mg,也即需要有 413.76 mg 的硝酸钾来提供 160 mg 的钾。

用单位体积元素重量表示的营养液浓度虽然不能够用来直接配制营养液操作使用,但它可以作为不同营养液配方之间同种营养元素浓度的比较。因为不同的营养液配方提供同一种营养元素可能会用到不同的化合物,而不同的化合物中含有某种营养元素的百分数是不相同的,单纯地从营养液配方中化合物的数量难以真正了解究竟哪个配方的某种营养元素的含量较高,哪个配方的较低。这时就可以将配方中的不同化合物的含量转化为某种元素的含量来进行比较。

例如,有两种营养液配方,一个配方的氮源是以 $Ca(NO_3)_2 \cdot 4H_2O$ 1.0 g/L 来提供的,而另一配方的氮源是以 NH_4NO_3 0.4 g/L 来提供的。单纯从化合物含量来看,前一配方的含量比后一配方的多了 1.5 倍。但经过换算后可知,1.0 g/L $Ca(NO_3)_2 \cdot 4H_2O$ 提供的 N 为 118.7 mg/L,而 0.4 g/L 的 NH_4NO_3 提供的 N 为 140 mg/L,这样就可以清楚地看出后一配方的 N 含量要比前一配方的高。

③摩尔/升(mol/L):每升营养液含有某物质的摩尔(mol/L)数。某物质可以是元素、分子或离子。1 摩尔(mol)的值等于某物质的原子量或分子量或离子量,其质量单位为克(g)。由于营养液的浓度都是很稀的,因此常用毫摩尔/升(mmol/L)来表示浓度,1 mol/L=1 000 mmol/L。以摩尔或毫摩尔表述的物质的量,配制时也不能直接进行操作,必须进行换算后才能称取。换算时将每升营养液中某种物质的摩尔数(mol)与该物质的分子量、离子量或原子量相乘,即可得知该物质的用量。例如,2 mol/L 的 KNO_3 相当于 KNO_3 的质量=2 mol/L×101.1 g/ mol=202.29 g/L。此表示法有利于溶液渗透压的计算。

(2)间接表示法

①渗透压(p):渗透压表示在溶液中溶解的物质因分子运动而产生的压力。单位是帕斯卡(Pa)。营养液中溶解的物质越多,浓度越高,分子运动产生的压力越大。当营养液的浓度高于根细胞内溶液的浓度时,根细胞的水会通过原生质膜(半透膜)而渗透到营养液中,这个过程即为生理失水。生理失水严重时植物会出现萎蔫甚至缺水死亡;反之,则根细胞正常吸水。因此,渗透压可以作为反映营养液浓度是否适宜作物生长的重要指标。

营养液适宜的渗透压因植物而异。根据斯泰钠的试验，当营养液的渗透压为50.7～162.1 MPa时，对生菜的水培生产无影响，在20.2～111.5 MPa时，对番茄的水培生产无影响。根据范特荷甫（Van't Hoff）关于稀溶液的渗透压定律建立起来的溶液渗透压计算公式为：

$$p = c \times 0.0224 \times \frac{273 + t}{273} \times 1.01325 \times 10^5$$

式中　p——溶液的渗透压，以帕（Pa）为单位；

c——溶液的浓度（以溶液中所有的正负离子的总浓度表示，即正负离子 mmol/L 为单位）；

t——使用时溶液的温度（℃）；

0.022 4——范特荷甫常数；

273——绝对温度和摄氏温度的换算常数；

1.01325×10^5 Pa＝1 标准大气压（atm）。

②电导率（γ）：指单位距离的溶液其导电能力的大小，国际上通常以毫西门子/厘米（mS/cm）或微西门子/厘米（μS/cm）来表示。在一定浓度范围内，溶液的含盐量与电导率呈正相关，含盐量越高，溶液的电导率越大，渗透压也越大，因此电导率能反映出溶液中的盐分含量的多少，但是不能反映出溶液中各种元素的浓度。电导率可以用电导仪测定，简单快捷，是生产上常用的检测营养液总浓度（盐分）的方法。

$$1\ \text{mS/cm} = 1\ \text{dS/cm} = 1\,000\ \mu\text{S/cm}$$

电导率与渗透压之间的关系，可用经验公式来表达：

$$p(\text{Pa}) = 0.36 \times 10^5 \times \gamma(\text{mS/cm})$$

换算系数 0.36×10^5 不是一个严格的理论值，它是由多次测定不同盐类溶液的渗透压与电导率得到许多此值的平均数。它是近似值，对估计一般溶液的渗透压或电导率还是可用的。

电导率与总含盐量的关系，可用经验公式：营养液的总盐分（g/L）＝$1.0\times\gamma$（mS/cm）来表达。换算系数1.0的来源和渗透压与电导率之间的换算系数来源相同。

1.2.2　营养液的组成原则

（1）营养元素齐全

植物生长发育必需的营养元素有16种，其中，C、H、O这3种营养元素由空气和水提供，其余13种营养元素（N、P、K、Ca、Mg、S、Fe、Mn、B、Zn、Cu、Mo、Cl）从根茎环境中吸收。因此，所配制的营养液应含有这13种营养元素。因为在水源、固体基质或肥料中已含有植物所需的某些微量元素的数量，所以配制营养液时一般不需另外添加。

（2）营养元素可以被植物吸收

配制营养液的肥料应以化学态为主，在水中有良好的溶解性，同时能被作物有效利用。通常都是无机盐类，也有一些有机螯合物。不能被植物直接吸收利用的有机肥不宜

作为营养液的肥源。

(3)营养均衡

营养液中各营养元素的数量比例应是符合植物生长发育要求、生理均衡，可以保证各种营养元素有效地充分发挥和植物吸收的平衡。在保证元素种类齐全并且符合配方要求的前提下，所用肥料的种类力求要少（一般不超过4种），以防止化合物带入植物不需要和引起过剩的离子或其他有害杂质（表2.3）。

表2.3　营养液中各元素浓度范围

元　素	浓度/($mg \cdot L^{-1}$)			浓度/($mmol \cdot L^{-1}$)		
	最低	适中	最高	最低	适中	最高
硝态氮(NO_3^-—N)	56	224	350	4	16	25
铵态氮(NH_4^+—N)	—	—	56	—	—	4
磷(P)	20	40	120	0.7	1.4	4
钾(K)	78	312	585	2	8	15
钙(Ca)	60	160	720	1.5	4	18
镁(Mg)	12	48	96	0.5	2	4
硫(S)	16	64	1 440	0.5	2	45
钠(Na)	—	—	230	—	—	10
氯(Cl)	—	—	350	—	—	10
铁(Fe)	2	—	10	—	—	—
锰(Mn)	0.5	—	5	—	—	—
硼(B)	0.5	—	5	—	—	—
锌(Zn)	0.5	—	1	—	—	—
铜((Cu)	0.1	—	0.5	—	—	—
钼(Mo)	0.001	—	0.002	—	—	—

(4)总盐度和酸碱度适宜

营养液中总浓度应符合植物正常生长要求（表2.4）。不因浓度太低，造成作物缺素；也不因浓度太高，作物发生盐害。尽管某些肥料溶解后因为根系的选择性吸收而表现出生理酸性或生理碱性，甚至使生理酸碱性较强，但营养液的酸碱度及其总体表现出来的生理酸碱反应应是较为平稳的，不超出植物正常生长所要求的酸、碱度变化范围。

表2.4　营养液总浓度范围

浓度表示方法	范　围		
	最低	适中	最高
渗透压/Pa	0.3×10^5	0.9×10^5	1.5×10^5
正负离子合计数/($mmol \cdot L^{-1}$)	12	37	62
在20 ℃时的理论值电导率/($mS \cdot cm^{-1}$)	0.83	2.5	4.2
总盐分含量/($g \cdot L^{-1}$)	0.83	2.5	4.2

(5)营养元素有效期长

营养液中的各种营养元素在栽培过程中应长时间地保持其有效态;并且有效性不因氧化、根的吸收以及离子间的相互作用而在短时间内降低。

1.2.3 营养液组成的确定方法

营养液成分的组配除了要明确种植某种作物时的总浓度外,还需要确定营养液中各元素间是否保持化学平衡和生理平衡,并且经过生产检验、修正与完善,确定作物能在营养液中正常生长发育,同时有较高的产量,这样才可以说营养液组配成功。

1)确定营养液组成的理论依据

目前,世界上关于营养液组成主要有3种配方理论,即园试标准配方、山崎配方和斯泰纳配方。

(1)园试标准配方理论

由日本园艺试验场经过多年的研究而提出来的,其依据是分析植株对不同元素的吸收量,以此来决定营养液配方的组成。

(2)山崎配方理论

由日本植物生理学家山崎肯哉以园试标准配方为基础,以果菜类植物为材料研究提出来的,其依据是作物吸收元素量与吸水量之比,即表观吸收成分组成浓度(n/W值)来决定营养液配方的组成。几种蔬菜的n/W值见表2.5。

表2.5 几种蔬菜的n/W值(山崎,1976)

蔬　菜	生长季节	1株作物一生吸水量/L	每吸1L水的同时吸收各元素的量$\left(\frac{n}{W}\right)$/(mmol·L^{-1})				
			N	P	K	Ca	Mg
甜瓜	3—6月	65.45	13	1.33	6	3.5	1.5
黄瓜	12月—翌年7月	173.36	13	1.00	6	3.5	2.0
番茄	12月—翌年7月	164.5	7	0.67	4	1.5	1.0
甜椒	8月—翌年6月	16 5.81	9	0.83	6	1.5	0.75
茄子	3—10月	119.08	10	1.00	7	1.5	1.00
结球莴苣	9月—翌年1月	29.03	6	0.50	4	1.0	0.50
草莓	11月—翌年3月	12.64	7.5	0.75	4.5	1.5	0.75

(3)斯泰纳配方理论

由荷兰科学家斯泰纳依据作物对离子的吸收具有选择性而提出来的。斯泰纳营养液

是以阳离子(Ca^{2+}、Mg^{2+}、K^{+})之摩尔和与相近的阴离子(NO_3^-、PO_4^{3-}、SO_4^{2-})之摩尔和相等为前提,而各阳、阴离子之间的比值,则是依据植株分析得出的结果而制订的。根据斯泰纳的试验结果,阳离子的比值为$n(K^+):n(Ca^{2+}):n(Mg^{2+})=45:35:20$,阴离子的比值为$n(NO_3^-):n(PO_4^{3-}):n(SO_4^{2-})=60:5:35$时为最恰当。

2)营养液总盐度的确定

首先,根据作物种类、品种、生育期在不同气候条件下对营养液含盐量的要求来大体确定营养液的总盐分浓度。一般营养液的总盐分浓度在0.5%以下,大多数作物都可以正常生长。当营养液的总盐分浓度超过0.5%,很多蔬菜、花卉植物就会表现出不同程度的盐害。不同作物对营养液总盐分浓度的要求差异较大,例如番茄、甘蓝、康乃馨要求营养液的总盐分浓度为0.2%~0.3%,荠菜、草莓,郁金香要求营养液的总盐分浓度为0.15%~0.2%,显然前者比后者较耐盐。因此,在确定营养液的盐分总浓度时要考虑到植物的耐盐程度。

3)营养液成分的确定

主要依据生理平衡性和化学平衡性来确定营养液各组成成分的适宜用量和比例。

(1)生理平衡

生理平衡的营养液是既含有满足植物正常生长发育需要的一切营养元素,又不影响到其正常生长发育的营养液。影响营养液生理平衡的主要因素是营养元素间的协助作用或拮抗作用(图2.1)。目前世界上流行的确定原则是分析正常生长的植物体中各种营养元素的含量来确定其比例。以下是根据植物化学分析的结果来设计生理平衡配方的方法步骤:

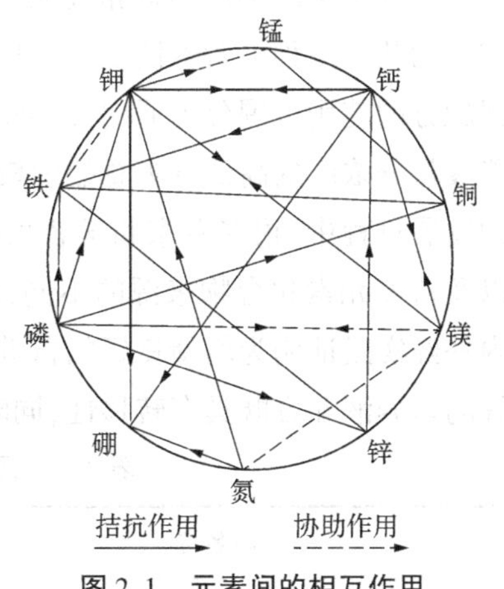

图2.1　元素间的相互作用

①对正常生长的植物进行化学分析,确定每株植物一生中吸收各种营养元素的数量。

②将单位以g/株表示的各种元素的吸收量转化成单位以mmol/L表示,以方便设计过程中的计算。

③确定营养液的适宜总浓度(例如总浓度确定为37 mmol/L),然后按比例计算出各种营养元素在总浓度内占有的份额(单位:mmol/L)。

④选择适宜的肥料盐类,并按各营养元素应占的毫摩尔数选配肥料的用量。含某种营养元素的肥料一般有多种化合物形态,需要经研究和比较试验才能最终决定选择哪一种肥料。

⑤可将单位以 mmol 表示的剂量转化为单位用 g 表示的剂量,以方便配制。

(2)化学平衡

营养液组配的几种化合物,当其离子浓度处在一定浓度范围时,不会因相互作用而形成难溶性的化合物沉淀,而造成营养液中某些营养元素的有效性降低。这样的营养液就是营养元素间化学平衡的营养液。营养液是否会形成沉淀则根据"溶度积法则"来推断。

1.3 营养液配方

在一定体积的营养液中,含有各种必需营养元素盐类的数量称为营养液配方。营养液中的微量元素可按表 2.6 添加,对多数作物都适用。掌握了不同营养液配方的特点,就能在实际生产中做到灵活应用。营养液配方中列出的规定用量,称为这个配方的 1 个剂量,如果使用时将各种盐类的规定用量都只使用其一半,则称为某配方的 1/2 剂量。依此类推。一个生理平衡的营养液配方可能适用于某一类或几类作物,也可能适用于几类作物中的几个品种。营养液配方根据应用对象的不同,分为叶菜类和果菜类营养液配方;根据配方的使用范围分为通用性(如霍格兰配方、园试配方)和专用性营养液配方;根据营养液盐分浓度的高低分为总盐度较高和总盐度较低的营养液配方。在 100 多年无土栽培的发展过程中,很多专家和学者根据植物种类、生长发育阶段、栽培方式、水质、气候条件以及营养元素化合物来源的不同,研制出许许多多的营养液配方。表 2.7 选列的多为国内外经实践证明为均衡良好的营养液配方,供参考使用。但在使用过程中要明确均衡良好的营养液配方既具有转移性,同时又具有一定程度上的通用性。

表 2.6 营养液微量元素用量(各配方通用)　　单位:mg/L

化合物名称	营养液含的化合物	营养液含的元素
乙二胺四乙酸钠铁(NaFe-EDTA)(含 Fe 14.0%)	20~40*	2.8~5.6
硼酸(H_3BO_3)	2.86	0.5
硫酸锰($MnSO_4 \cdot 4H_2O$)	2.13	0.5
硫酸锌($ZnSO_4 \cdot 7H_2O$)	0.22	0.05
硫酸铜($CuSO_4 \cdot 5H_2O$)	0.08	0.02
钼酸铵[$(NH_4)_6Mo_7O_{24} \cdot 4H_2O$]	0.02	0.01

* 易缺铁的植物选用高用量。

表2.7　无土栽培常用营养液配方选集

营养液配方名称及适用对象	盐类化合物用量/(mg·L⁻¹)													元素含量/(mmol·L⁻¹)							备注
	四水硝酸钙	硝酸钾	硝酸铵	磷酸二氢钾	磷酸氢二钾	磷酸氢二铵	硫酸铵	硫酸钾	七水硫酸镁	二水硫酸钙	磷酸二氢钠	氯化钠	总盐含量	N: NH_4^+—N	N: NO_3^-—N	P	K	Ca	Mg	S	
Knop(1865)古典通用水培配方	1 150	200		200					200				1 750		11.7	1.47	3.43	4.88	0.82	0.82	现在仍可使用
Hoagland和Amon(1938)通用	945	607				115			493				2 160	1.0	14.0	1.0	6.0	4.0	2.0	2.0	世界著名配方，1/2剂量为宜，可通用
Hoagland和Snyde(1938)通用	1 180	506		136					693				1 315		15.0	1.0	6.0	5.0	2.0	2.0	
Amon和Hoagland(1940)番茄配方	708	1 011				230			493				2 442	2.0	16.0	2.0	10.0	3.0	2.0	2.0	世界著名配方，1/2剂量为宜，可通用
Rothamsted配方A(pH值4.5)		1 000		450	67.5				500	500			2 518		9.89	3.70	14.0	2.9	2.03	2.03	英国洛桑试验站配方(1952)，可通用，1/2剂量为宜
Rothamsted配方B(pH值5.5)		1 000		400	135				500	500			2 535		9.89	3.72	14.4	2.9	2.03	2.03	
Rothamsted配方C(pH值6.2)		1 000		300	270				500	500			2 570		9.89	3.75	15.2	2.9	2.03	2.03	
Hewitt(1952)通用	1 181	505							369		160		2 215		15.0	1.33	5.0	5.0	1.5	1.5	英国著名配方，1/2剂量为宜
Copper(1975)推荐NFT使用	1 062	505		140					738				2 445		14.0	1.03	6.03	4.5	3.0	3.0	可通用，1/2剂量为宜
法国(1977)，通用于好酸性作物	614	283	240	136	17			22	154			12	1 478	3.0	11.0	1.1	4.25	2.6	0.63	0.75	法国国家农业研究所普及NFT通用
法国(1977)，通用于好中性作物	732	384	160	109	52				185			12	1 634	2.0	12.0	1.1	5.2	3.1	0.75	0.75	

续表

营养液配方名称及适用对象	盐类化合物用量/($mg \cdot L^{-1}$)													元素含量/($mmol \cdot L^{-1}$)							备注
	四水硝酸钙	硝酸钾	硝酸铵	磷酸二氢钾	磷酸氢二钾	磷酸氢二铵	硫酸铵	硫酸钾	七水硫酸镁	二水硫酸钙	磷酸二氢钠	氯化钠	总盐含量	N: NH_4^+—N	N: NO_3^-—N	P	K	Ca	Mg	S	
荷兰温室作物研究所岩棉滴灌用	886	303		204			33	218	247				1 891	0.5	10.5	1.5	7.0	3.75	1.0	2.5	以番茄为主，可通用
荷兰花卉研究所，岩棉滴灌用	600	378	64	204					148				1 394	0.8	8.94	1.5	5.24	2.2	0.6	0.6	以非洲菊为主，可通用
荷兰花卉研究所，岩棉滴灌用	786	341	20	204					185				1 536	0.25	10.3	1.5	4.87	3.33	0.75	0.75	以玫瑰为主，可通用
Sideris 和 Young (1949)，铵型，凤梨、茶、杜鹃等水培、沙培				68.5			132	174	246	172			793	2.0		0.5	2.5	1.0	1.0	4.0	强生理酸性配方
日本园试配方(1966)通用	945	809				153			493				2 400	1.33	16.0	1.33	8.0	4.0	2.0	2.0	日本著名配方，1/2剂量为宜
日本山崎甜瓜配方(1978)	826	607				153			370				1 956	1.33	13.0	1.33	6.0	3.5	1.5	1.5	按照作物吸水吸肥规律n/W值确定的配方，稳定性好
日本山崎黄瓜配方(1978)	826	607				115			483				2 041	1.0	13.0	1.0	6.0	3.5	2.0	2.0	
日本山崎番茄配方(1978)	354	404				77			246				1 081	0.67	7.00	0.67	4.0	1.5	1.0	1.0	
日本山崎甜椒配方(1978)	354	607				96			185				1 242	0.83	9.00	0.83	6.0	1.5	0.75	0.75	
日本山崎莴苣配方(1978)	236	404				57			123				820	0.5	6.00	0.5	4.0	1.0	0.5	0.5	
日本山崎茼蒿配方(1978)	472	809				153			493				1 927	1.33	12.0	1.33	8.0	2.0	2.0	2.0	
日本山崎草莓配方(1978)	236	303				57			123				719	0.5	7.0	0.5	3.0	1.0	0.5	0.5	

日本山崎茄子配方(1978)	354	708				115			246				1 423	1.00	10.0	1.00	7.0	1.5	1.0	1.0	
日本山崎小芜菁配方(1978)	236	506				57			123				922	0.5	7.0	0.5	5.0	1.0	0.5	0.5	按照作物吸水吸肥规律n/W值确定的配方，稳定性较好
日本山崎鸭儿芹配方(1978)	236	708				192			246				1 380	1.67	9.0	1.67	7.0	1.0	1.0	1.0	
山东农业大学西瓜配方(1978)	1 000	300		250				120	250				1 920		11.5	1.84	6.19	4.24	1.02	1.71	山东大面积使用可行
山东农业大学番茄、辣椒配方(1986)	910	238		185					500				1 833		10.11	1.75	4.11	3.85	2.03	2.03	
华南农业大学番茄配方(1990)，pH值6.2～7.8	590	404		136					246				1 376		9.0	1.0	5.0	2.5	1.0	1.0	广东大面积使用可行，也可通用
华南农业大学果菜配方(1990)，pH值6.4～7.2	472	404		100					246				1 222		8.0	0.74	4.74	2.0	1.0	1.0	
华南农业大学农化室叶菜配方A(1990)，pH值6.4～7.2	472	267	53	100				116	264				1 254	0.67	7.33	0.74	4.74	2.0	1.0	1.67	
华南农业大学叶菜配方B(1990)，pH值6.1～6.3	472	202	80	100				174	246				1 274	1.0	7.0	0.74	4.74	2.0	1.0	2.0	适宜于易缺铁的作物
华南农业大学豆科配方(1990)，pH值6.0～6.5		322		150					150	750			1 372		3.19	1.11	4.3	4.32	0.61	4.97	含N低，非豆科不宜

注：n/W（表观吸收成分组成浓度）：植物吸收一定营养元素的量与吸收相应水分量的比值，是配制营养液时的一个重要依据。

1.4 营养液的配制

1.4.1 营养液配制的原则

营养液配制总的原则是确保在配制后和使用营养液时都不会产生难溶性物质沉淀。每一种营养液配方都有产生难溶性物质沉淀的可能性，这与营养液的组成是分不开的。营养液是否会产生沉淀主要取决于营养液的浓度。几乎任何均衡的营养液中都含有可能产生沉淀的 Ca^{2+}、Fe^{3+}、Mn^{2+}、Mg^{2+}等和 SO_4^{2-}、PO_4^{3-} 或 HPO_4^{2-} 等，当这些离子在浓度较高时会相互作用而产生沉淀。如 Ca^{2+} 与 SO_4^{2-} 相互作用产生 $CaSO_4$ 沉淀；Ca^{2+} 与磷酸根（PO_4^{3-} 或 HPO_4^{2-}）产生 $Ca_3(PO_4)_2$ 或 $CaHPO_4$ 沉淀；Fe^{3+} 与 PO_4^{3-} 产生 $FePO_4$ 沉淀；以及 Ca^{2+}、Mg^{2+} 与 OH^- 产生 $Ca(OH)_2$ 和 $Mg(OH)_2$ 沉淀。实践中运用难溶性物质溶度积法则作指导，采取以下两种方法可避免营养液中产生沉淀：

①对容易产生沉淀的两种盐类化合物分别溶解，分别配制与分罐保存，使用前再稀释、混合。

②向营养液中加酸，降低 pH 值，使用前再加碱调整至正常水平。

1.4.2 营养液配制前的准备工作

①正确选用和调整营养液配方：这是因为不同地区的水质和肥料纯度存在差异，会直接影响营养液的组成；栽培作物的品种和生长发育期不同，要求的营养元素比例也不同，特别是 N、P、K 营养三要素的比例；栽培方式特别是基质栽培时，基质的吸附性和本身的营养成分都会改变营养液的组成；不同营养液配方的使用还涉及栽培成本问题。因此，营养液配制前应根据植物种类、生长发育期、当地水质、气候条件、肥料纯度、栽培方式以及成本大小，正确选用和灵活调整营养液配方，在证明其确实可行之后再大面积应用。

②选好适当的肥料：所选肥料既要考虑肥料中可供使用的营养元素的浓度和比例，又要注意选择溶解度高、纯度高、杂质少、价格低的肥料。

③阅读有关资料：在配制营养液之前，先仔细阅读有关肥料或化学品的说明书或包装说明，注意肥料的分子式、纯度、含有的结晶水等。

④选择水源并进行水质化验：以此作为配制营养液时的参考。

⑤准备好贮液罐及其他必要物件：营养液一般配成浓缩 100 ~ 1 000 倍的母液，需要 2 ~ 3 个母液罐。小型母液罐的容积以 25 L 或 50 L 为宜，以深色不透光的为宜。此外. 还需准备好相关的检测设备和溶解、搅拌用具等。

1.4.3 营养液的配制方法

1）营养液的种类

①原液：原液是指按配方配成的一个剂量的标准溶液。

②母液：母液又称浓缩储备液，是为了储存和方便使用而把原液浓缩多少倍的营养液。其浓缩倍数是根据营养液配方规定的用量、盐类化合物在水中的溶解度及储存需要配制的，以不致过饱和而沉淀析出为准。一般浓缩倍数以配成整数值为好，方便操作。母液配制一次，多次使用，便于长期保存和提高工效。

③工作液：工作液是指直接为作物提供营养的栽培液。一般根据栽培作物的种类和生育期的不同，由母液稀释而成一定倍数的稀释液，但是稀释成的工作液不一定就是原液。

2）营养液配制

营养液配制总的原则是确保在配制后和使用时营养液都不会产生沉淀，又方便存放和使用。

（1）母液的配制

为了营养液存放、使用方便，一般先配制浓缩的母液，使用时再稀释。但是母液不能过浓，否则化合物可能会过饱和而析出且配制时溶解慢。因为每种配方都含有相互之间会产生难溶性物质的化合物，这些化合物在浓度高时更会产生难溶性的物质。因此母液配制时，不能将所有肥料都溶解在一起，因为浓缩后某些阴阳离子间会发生反应而沉淀。所以一般配成 A、B、C 3 种或更多类母液。最好存放在有色容器中，放在荫凉处。

①A 母液：以钙盐为中心，凡不与钙作用产生沉淀的化合物在一起配制。一般包括 $Ca(NO_3)_2$、KNO_3，浓缩 100～200 倍。

②B 母液：以磷酸盐为中心，凡不与磷酸根产生沉淀的化合物在一起配制。一般包括 $NH_4H_2PO_4$、$MgSO_4$，浓缩 100～200 倍。

③C 母液：由铁和微量元素在一起配制而成。微量元素用量少，浓缩倍数可较高浓缩倍数 1 000～3 000 倍。

母液的配制方法见项目 12 技能训练 4 部分。

（2）工作营养液的配制

工作液的配制方法有母液稀释法和直接配制法。其中，母液稀释法是生产上常用的工作液配制方法。可利用母液稀释而成，也可直接配制。为了防止沉淀，首先在贮液池中加入配制营养液体积 1/2～2/3 的清水，然后按顺序一种一种的放入所需数量的母液或化合物，不断搅拌或循环营养液，使其溶解后再放入另外一种。工作液的配制方法步骤见技能训练部分。

(3)酸液

为调节母液酸度需配制酸液,浓度为10%。单独存放。

1.4.4　营养液配制的操作规程

为了保证营养液配制过程中不出差错,需要建立一套严格的操作规程。内容应包括:

①仔细阅读肥料或化学品说明书,注意分子式、含量、纯度等指标,检查原料名实是否相符。准备好盛装浓缩液的容器,贴上不同颜色的标识。

②原料的计算结果要经过3名工作人员3次核对,确保准确无误。

③各种原料分别称好后,放到配制场地规定的位置上,最后核查无遗漏,才动手配制。切勿在用料及配制用具未到齐的情况下匆忙动手操作。

④原料加水溶解时,有些试剂溶解太慢,可以加热。有些试剂如硝酸铵,不能用铁质的器具敲击或铲,只能用木、竹或塑料器具取用。

⑤建立严格的记录档案,以备查验。

1.5　营养液的管理

这里所讲的营养液管理主要是指循环式水培的营养液管理。作物生长过程中,作物根系生长在营养液中,通过它吸收水分、养分来供给作物所需的水分和矿物质。由于根系的生命活动改变了营养液中各种化合物或离子的数量和比例,浓度、酸碱度和溶解氧含量等也随着改变,同时根系也会分泌出一些有机物以及根表皮细胞脱落、死亡甚至部分根系的衰老死亡而残存于营养液中,并诱使微生物在营养液中繁殖,从而或多或少地改变了营养液的性质。环境温度的改变也影响到营养液的液温变化。因此,要对营养液的这些性质有所了解,才能够有针对性地对影响营养液性质的诸多因素进行监测和有效控制,以使其处于作物生长所需的最适范围内。

1.5.1　溶存氧的调整

无土栽培尤其是水培,氧气供应是否充分和及时往往成为植物能否正常生长的限制因素。生长在营养液中的根系,其呼吸所用的氧主要依靠根系对营养液中溶存氧的吸收。当营养液的溶解氧含量低于正常水平,就会影响根系呼吸和吸收营养,植物就表现出各种异常,甚至死亡。

1)溶存氧及影响因素

(1)溶存氧(DO)的定义

溶存氧是指在一定温度、一定压力下单位体积营养液中溶解的氧气含量,单位常以

mg/L 表示。若在一定温度和压力条件下单位营养液中能够溶解的氧气达到饱和时的溶存氧含量称为氧的饱和溶解度。由于在一定温度和压力条件下,溶解于溶液中的空气,其氧气占空气的比例是一定的,因此也可以用氧气占饱和空气的百分数(%)来表示此时溶液中的氧气含量,相当于饱和溶解度的百分比。

(2)溶存氧的测定

营养液的溶存氧可以用溶氧仪(测氧仪)来测得,此法简便、快捷。也可以用化学滴定的方法来测得,但测定手续繁琐。用溶氧仪测定溶液的溶存氧时,一般测定溶液的空气饱和百分数,然后通过溶液的液温与氧气含量的关系表(表2.8)中查出该溶液液温下的氧含量,并用下列公式计算出此时营养液中实际的氧含量。

$$M_0 = M \times A$$

式中　M_0——在一定温度和压力下营养液中的实际溶存氧含量(mg/L);

M——在一定温度和压力下营养液中的饱和溶存氧含量(mg/L);

A——在一定温度和压力下营养液中的空气饱和百分数(%)。

表2.8　不同温度下氧的饱和溶解度

温度/℃	溶存氧/(mg·L^{-1})	温度/℃	溶存氧/(mg·L^{-1})	温度/℃	溶存氧/(mg·L^{-1})
0	14.62	14	10.37	28	7.92
1	14.23	15	10.15	29	7.77
2	13.84	16	9.95	30	7.63
3	13.48	17	9.74	31	7.50
4	13.13	18	9.54	32	7.40
5	12.80	19	9.35	33	7.30
6	12.48	20	9.17	34	7.20
7	12.17	21	8.99	35	7.10
8	11.87	22	8.83	36	7.00
9	11.59	23	8.68	37	6.90
10	11.33	24	8.53	38	6.80
11	11.08	25	8.38	39	6.70
12	10.83	26	8.22	40	6.60
13	10.60	27	8.07		

(3)溶存氧的影响因素

溶存氧的影响因素有温度、气压、植物种类、生长发育期和植株占液量。如温度越高,气压越小,营养液的溶存氧越低;反之温度越低,气压越小,营养液的溶存氧越高。这就是

为什么在夏季高温季节水培植物根系容易产生缺氧的一个原因。一般瓜类、茄果类作物的耗氧量较大，叶菜类的耗氧量较小。植物处于生长旺盛阶段、占液量少的情况下，溶存氧的消耗速度快；反之则慢。日本山崎肯哉资料显示夏种网纹甜瓜白天每株每小时耗氧量，始花期为 12.6 mg/(株·h)；结果网纹期为 40 mg/(株·h)。若设每株用营养液 15 L，25 ℃时饱和含氧量为 8.38 mg/L × 15 L = 125.7 mg，则在始花期经 6 h 后可将含氧量消耗到饱和溶氧量的 50% 以下；在结果网纹期只经 2 h 即将含氧量降到饱和溶氧量的 50% 以下。

2）水培植物对溶存氧的要求

不同的作物种类对营养液中溶氧浓度的要求不一样。对水培不耐淹浸的大多数植物而言，营养液的溶存氧浓度一般要求保持在饱和溶解度 50% 以上，相当于这在适合多数植物生长的液温范围（15 ~ 18 ℃）内，4 ~ 5 mg/L 的含氧量，而对耐淹浸的植物（即体内可以形成氧气输导组织的植物）这个要求可以降低。

3）增氧措施

营养液中溶存氧的补充来源，一是从空气中自然向溶液中扩散；二是人工增氧。自然扩散的速度较慢，增量少，只适宜苗期使用，水培及多数基质培中都采用人工增氧的方法。人工增氧措施主要是利用机械和物理的方法来增加营养液与空气的接触机会，增加氧在营养液中的扩散能力，从而提高营养液中氧气的含量。常用的增氧方法有喷雾、搅拌、压缩空气、循环流动、间歇供液、夏季降低液温和营养液浓度、使用增氧器和化学增氧剂等（图 2.2）。多种增氧方法结合使用，增氧效果更明显。其中，营养液循环流动通过水流的冲击和流动来提高营养液的溶氧量。这种方法增氧效果不错，可在大规模生产中使用；其他几种方法在大规模生产中的使用都有一定的局限性。

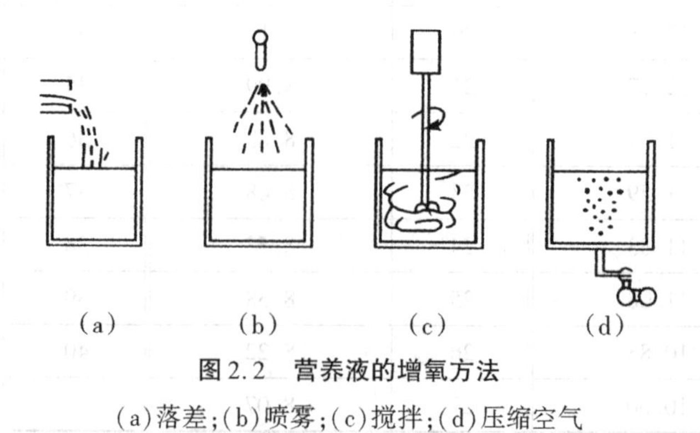

图 2.2　营养液的增氧方法

(a)落差；(b)喷雾；(c)搅拌；(d)压缩空气

1.5.2　营养液浓度的调整

由于作物生长过程中不断吸收养分和水分，加之营养液中的水分蒸发，从而引起营养液浓度、组成发生变化。因此，需要监测和定期补充营养液的养分和水分。

1）补充水分

水分的补充应每天进行，一天之内应补充多少次，视作物长势、每株占液量和耗水快慢而定，一般以不影响营养液的正常循环流动为准。在贮液池内画上刻度，定时使水泵关闭，让营养液全部回到贮液池中，如其水位已下降到加水的刻度线，即要加水恢复到原来的水位线。

2）补充养分

向营养液中补充养分有以下3种方法。

（1）根据化验了解营养液的浓度和水平

先化验营养液中NO_3^-—N的减少量，按比例推算其他元素的减少量，然后加以补充，使营养液保持应有的浓度和营养水平。

（2）根据减少的水量来推算

先调查不同作物在无土栽培中水分消耗量和养分吸收量之间的关系，再根据水分减少量推算出养分的补充量，加以补充调整。例如：已知硝态氮的吸收与水分的消耗的比例，黄瓜为70∶100左右；番茄、甜椒为50∶100左右；芹菜为130∶100左右。据此，当总液量10 000 L消耗5 000 L时，黄瓜需另追加3 500 L（5 000×0.7）营养液，番茄、辣椒需追加2 500 L（5 000×0.5）营养液，然后再加水到总量10 000 L。其他作物也依此类推。作物的不同生育阶段，吸收水分和消耗养分的比例有一定差异，在调整时应加以注意。

（3）根据实际测定的营养液的电导率值变化来调整

这是生产上调整营养液浓度的常用方法。依据营养液的电导率与营养液浓度的正相关性（$\gamma = a + bS$）（见本项目任务1中的1.2.1中“营养液浓度表示方法”），结合实际测定的电导率值，就可计算出营养液的浓度，据此再计算出需补充的营养液量。

营养液的γ值不应过高或过低，否则对作物生长发生不良影响。因此，应经常通过检查调整，使营养液保持适宜的γ值。γ值调整时应逐步进行，不应使浓度变化太大。电导率调整的原则是：

①针对栽培作物不同调整γ值：不同作物对营养液浓度的要求不同，这与作物的耐肥性和营养液配方有关。一般情况下，茄果类和瓜果类蔬菜要求的营养液浓度要比叶菜的高。虽然各种作物都有一个适宜的浓度范围，但就多数作物来说，适宜的γ值范围为0.5～3.0 mS/cm，过高不利于生长发育。

②针对不同生长发育期调整γ值：作物在不同生长发育期对营养液的浓度要求不一样，一般苗期略低，生长发育盛期略高。据日本资料报道，番茄在苗期的适宜γ值为0.8～1.0 mS/cm，定植至第一穗花开放为1.0～1.5 mS/cm，结果盛期为1.5～2.0 mS/cm。

③针对栽培季节和温度条件调整γ值：营养液的γ值受温度影响而发生变化，在一定

范围内,随温度升高有增高的趋势。一般来说,夏季营养液的 γ 值要低于冬季。Adams 认为,番茄用岩棉栽培冬季栽培的营养液 γ 值应为 3.0 ~ 3.5 mS/cm,夏季降至 2.0 ~ 2.5 mS/cm 为宜。

④针对栽培方式调整 γ 值:同一种作物无土栽培方式不同,γ 值调整也不一样。如番茄水培和基质培相比,一般定植初期营养液的浓度都一样,到采收期基质培的营养液浓度比水培的低,这是因为基质吸附部分营养的结果。

⑤针对营养液配方调整 γ 值:对于低浓度的营养液配方(如山崎配方)补充养分的方法是每天都补充,使营养液常处于 1 个剂量的浓度水平,即每天监测电导率以确定营养液的总浓度下降了百分之几个剂量,下降多少补充多少。对于高浓度的营养液配方(如美国 A-H 配方)补充养分的方法是以总浓度不低于 1/2 剂量时为补充界限,即定期测定液中电导率,如发现其浓度已下降到 1/2 剂量的水平时,即行补充养分,补回到原来的浓度。隔多少天会下降到此限,视生长发育阶段和每株占液量多少而变。应在实践中自行积累经验而估计其天数。初学者应每天监测其浓度的变化。

营养液浓度和 γ 值的测定要在营养液补充足够水分使其恢复到原来体积时取样,而且生产上一般不作个别营养元素的测定,也不作个别营养元素的单独补充,要全面补充营养液。

1.5.3 营养液 pH 值的控制

1)营养液 pH 值对植物生长的影响

营养液的 pH 值对植物生长的影响有直接和间接的两方面。直接的影响是营养液 pH 值过高或过低时都会伤害植物的根系。据 Hewitt 概括历史资料认为,明显的伤害范围在 pH 值 4 ~9 之外。有些特别耐碱或耐酸的植物可以在这范围之外正常生长。例如,蕹菜在 pH 值为 3 时仍可生长良好。间接的影响是使营养液中的营养元素有效性降低甚至失效。pH>7 时,会降低 P、Ca、Mg、Fe、Mn、B、Zn 的有效性,特别是 Fe 最突出;pH<5 时,由于 H^+浓度过高而对 Ca^{2+}产生显著的拮抗,使植物不能获得足够的 Ca^{2+}而出现缺钙症。有时营养液的 pH 值虽然处在不会伤害植物根系的范围(pH 值为 4 ~9),仍会出现由于营养失调而生长不良的情况。所以,除了一些特别嗜酸或嗜碱的植物外,一般将营养液 pH 值控制在 5.5 ~6.5。

2)pH 值发生变化的原因

营养液的 pH 值变化主要受营养液配方中生理酸性盐和生理碱性盐的用量和比例、作物种类、每株植物根系占有的营养液体积大小、营养液的更换速率等多种因素的影响。生产上选用生理酸碱变化平衡的营养液配方,可减少调节 pH 值的次数;植株根系占有营养液的体积越大,则其 pH 值的变化速率就越慢、变化幅度越小;营养液更换频率越高,则

pH 值变化速度延缓、变化幅度也小。但更换营养液而不控制 pH 值变化不经济，费力费时，也不实际。生产上一般采用酸度计监测营养液 pH 值的变化，方法简便、快速、准确、精度较高。pH 试纸检测粗放、精度低。

3）营养液 pH 值的控制

营养液 pH 值的控制有两种含义：一是治标，即采取酸碱中和的方法调节营养液的 pH 值。pH 值上升时，用 1～2 mol/L 的稀酸溶液，如 H_2SO_4 或 HNO_3 溶液中和；pH 值下降时，用 1～2 mol/L 的稀碱溶液，如 NaOH 或 KOH 中和。加入的酸或碱液慢慢注入贮液池中，边注入边搅拌或开启水泵进行循环，避免加入速度过快或溶液过浓而造成的局部过酸而产生 $CaSO_4$ 的沉淀。二是治本，即在营养液配方的组成上，使用适当比例的生理酸性盐和生理碱性盐，达到生理平衡，从而使营养液的 pH 值变化比较平稳，且稳定在一定范围内。

1.5.4　光照与液温管理

(1)光照

营养液受阳光直照时，这对无土栽培是不利的。因为阳光直射容易促使营养液中的铁产生沉淀。另外，阳光下的营养液表面会产生藻类，与栽培作物竞争养分和氧气。因此，营养液应避免阳光照射。

(2)营养液温度

营养液温度即液温直接影响到根系对养分的吸收、呼吸和作物生长，以及微生物活动。植物对低液温或高液温的适宜范围都是比较窄的。温度的波动会引起病原菌的滋生和生理障碍的产生，同时会降低营养液中氧的溶解度。稳定的液温可以减少过低或过高的气温对植物造成的不良影响。例如，冬季气温降到 10 ℃以下，如果液温仍保持在 16 ℃，则对番茄的果实发育没有影响，在夏季气温升到 32～35 ℃时，如果液温仍保持不超过 28 ℃，则黄瓜的产量不受影响，而且显著减少劣果数。即使是喜低温的鸭儿芹，如能保持液温在 25 ℃以下，也能使夏季栽培的产量正常。一般来说，夏季的液温保持不超过 28 ℃，冬季的液温保持不低于 15 ℃，对大多数作物的栽培都是适合的。

(3)营养液温度的调整

除大规模的现代化无土栽培基地外，我国多数无土栽培设施中没有专门的营养液温度调控设备，多数是在建造时采用各种保温措施。具体做法是：

①种植槽采用隔热性能高的材料建造，如泡沫塑料板块、水泥砖块等。

②加大每株的用液量，提高营养液对温度的缓冲能力。

③贮液池多建成地下式或半地下式。

营养液加温可采取在贮液池中安装不锈钢螺旋管，通过循环于其中的热水加温或用电热管加温。热水来源于锅炉加热、地热或厂矿余热加温。最经济的降温方法是用井水或冷泉水通过贮液池中的螺旋管进行循环降温。

需要注意的是，营养液的光照、温度调控要综合考虑。光照强度高，温度也应该高；光照强度低，温度也要低。强光低温不好，弱光高温也不好。

1.5.5 供液时间与供液次数

营养液的供液时间与供液次数，主要依据栽培形式、环境条件、作物的长势和长相而定。总的供液原则是：营养供应充分和及时，经济用液和节约能源。因此，在无土栽培过程中应做到适时供液和定时供液。基质培时一般每天供液 2 ~4 次即可。如果基质层较厚，供液次数可少些；反之则供液次数多些。NFT 水培每日要多次供液，间歇供液，例如，果菜每分钟供液量为 2 L，而叶菜仅需 1 L。作物生长旺盛时期，对养分和水分的需要量大，供液次数应多，每次供液的时间也应长。供液主要集中在白天进行，夜间不供液或少供液。晴天供液次数多些，阴雨天可少些；气温高、光线强时，供液多些；反之则供液少些。总之，供液时间与次数应因时因地制宜，灵活把握。

1.5.6 营养液的更换

循环使用的营养液在使用一段时间以后，需要更换营养液。更换的时间主要决定于有碍作物正常生长的物质在营养液中累积的程度。这些物质主要来源于营养液配方所带的非营养成分（$NaNO_3$ 中的 Na^+、$CaCl_2$ 中的 Cl^-等），中和生理酸碱性所产生的盐，使用硬水作水源时所带的盐分，根系的分泌物和脱落物以及由此而引起的微生物大量滋生，相关分解产物等。这些物质积累较多，就会造成总盐浓度过高而抑制作物生长，也干扰了对营养液养分浓度的准确测量。判断营养液是否更换的方法有：

①经过连续测量，并多次补充营养液后，营养液的 γ 值却居高不降。

②经仪器分析，营养液中的大量元素含量低而电导率值高。

③营养液滋生大量病菌，导致作物发病，且病害难以用农药控制。

④营养液混浊。

⑤如无检测仪器，可考虑用种植时间来决定营养液的更换时间。一般在软水地区，生长期较长的作物（每茬 3 ~6 个月，如果菜类）可在生长中期更换 1 次或不换液，只补充消耗的养分和水分，调节 pH 值。生长期较短的作物（每茬 1 ~2 个月，如叶菜类），可连续种 3 ~4 茬更换 1 次。每茬收获时，要将脱落的残根滤去，可在回水口安置网袋或用活动网袋打捞，然后补足所欠的营养成分（以总剂量计算）。硬水地区，生长期较短的蔬菜一般每茬更换 1 次，生长期较长的果菜每 1 ~2 个月更换 1 次营养液。

无土栽培系统更换或排出的废液经过杀菌和除菌、除去有害物质、调整离子组成等处理后，可以重复循环利用或回收用作肥料等是比较经济且环保的做法。营养液杀菌和除菌的方法有紫外线照射、高温加热、砂石过滤器过滤（图 2.3）、药剂杀菌等；除去有害物质可采用砂石过滤器过滤或膜分离法。经过处理的废液收集起来，用于同种作物或其他作

物的栽培或用作土壤栽培的肥料,但需与有机肥合理搭配使用。

1.5.7　经验管理法

(1)三看两测管理法

营养液管理不同于土壤施肥,营养液只是配制好的溶液,特别是专业户缺少检测手段,更难以管理。杨家书根据多年积累的经验,提出"三看两测"的管理办法。"三看"为:一看营养液是否混浊及漂浮物的含量;二看栽培作物生长状况,生长点发育是否正常,叶片的颜色是否老健清秀;三看栽培作物新根发育生长状况和根系的颜色。"两测"为每日检测营养液的 pH 值 2 次,每 2 日测 1 次营养液的电导率(γ 值)。根据"三看两测"进行综合分析,然后对营养液进行科学的管理。

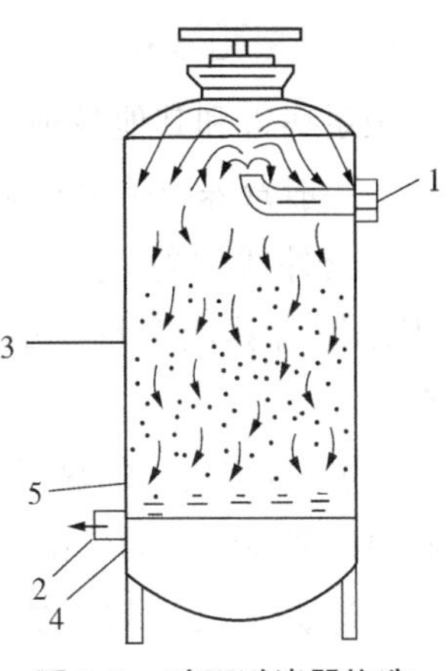

图 2.3　砂石过滤器构造

1. 进液口;2. 出液口;
3. 过滤器壳体;4. 过滤器单元;
5. 过滤介质

(2)其他经验管理法

一些缺乏化学检测手段的无土栽培生产单位,也可采用以下方法来管理营养液:第 1 周使用新配制的营养液,在第 1 周末添加原始配方营养液的一半,在第 2 周末将营养液罐中剩余的营养液全部倒掉,从第 3 周开始再重新配制新的营养液,并重复上述过程。这种方法简单实用。

1.6　废液处理和利用

随着人们环境保护意识的增强,对无土栽培系统中所排出废液的处理和再利用日益重视。荷兰政府规定 2000 年以后,温室生产要做到"封闭式",即废物废液不准向外排放;日本在 1999 年的无土栽培学会年会上对此进行了专场讨论;我国农业环境污染非常严峻,水体的富营养化和土壤盐渍化严重地威胁着农业的可持续发展。无土栽培废液不加处理就排放或不进行有效的利用,将对环境产生很大压力。

1.6.1　废液处理

无土栽培系统中排出的废液,并非含有大量的有毒物质而不能排放。主要是因为大面积栽培时,大量排出的废液将会影响地下水水质,如大量排向河流或湖泊将会引起水的富营养化。另外,即使有基质栽培的排出废液量少,但随着时间推移也将对环境产生不良的影响。因此,一般认为重复循环利用或回收做肥料等是比较经济且环保的方法,然而在此之前必须进行以下处理。

(1)杀菌和除菌

根系病害和其他各种病原菌都会进入营养液中,必须要进行杀菌和除菌之后才能再利用。一般营养液杀菌和除菌的方法有如下5种:

①紫外线照射:紫外线可以杀菌,日本研发出一种"流水杀菌灯",适用于NFT和岩棉培等营养液流量少的无土栽培系统,可有效地抑制番茄青枯病和黄瓜蔓枯病的蔓延。

②加热:把废液加热,利用高温来杀菌。如番茄青枯病菌在60 ℃、10 min就可杀死,而根腐病要80~95 ℃、10 min才能杀死。但大量废液加热杀菌处理费用较高。

③过滤:用1 m以上的砂层让营养液慢慢渗透通过,在欧洲生产上使用砂石过滤器除去废液中的悬浮物,如图2.3所示;再结合紫外线照射,可杀死废液中的细菌。

④拮抗微生物:用有益微生物来抑制病原菌的生长,原理与病虫害的生物防治相同。

⑤药剂:药剂杀菌效果非常好,但应注意安全生产和药剂残留的不良影响。

(2)除去有害物质

在栽培过程中,根系会分泌一些对植物生长有害的物质累积在营养液中,一般可用上面提到的过滤法或膜分离法除去。膜分离法是利用一种特殊的膜,加上一定的压力使水从膜内渗出,有害物质、盐类物质等大分子不能通过此膜。

(3)调整离子组成

进行营养成分测定,根据要求进行调整,再利用。

1.6.2 废液有效利用

废液经处理后收集起来,进行再利用。

(1)再循环利用

处理过的废液可以用于同种作物或其他作物的栽培。例如,日本设计出一套栽培系统,营养液先进入果菜类蔬菜的栽培循环,废液经处理后进入叶菜类蔬菜栽培循环,废液再处理最后进入花菜等蔬菜栽培循环。

(2)作肥料利用

最常见的是处理后的废液作土壤栽培的肥料,但应注意与有机肥合理搭配使用。

(3)收集浓缩液再利用

用膜分离法或多次使用后通过自然蒸发把废液浓缩收集起来,在果菜类结果期使用,可以提高营养液的养分浓度,从而提高果实品质。

任务2　固体基质

在无土栽培中,固体基质的使用非常普遍,从营养液浇灌的作物基质栽培,到营养液栽培中的育苗阶段和定植时利用少量的基质来固定和支持作物,都需要应用各种不同的固体基质。基质是无土栽培的重要介质,由于基质栽培设施简单、投资较少、管理容易、基质性能稳定,并有较好的实用价值和经济效益,因而基质栽培发展迅速,基质在无土栽培中得以广泛使用,并不断开发与应用新型基质。

2.1　基质的质量指标

2.1.1　固体基质的作用

无论何种固体基质都具有支持作用、保水作用和透气作用。固体基质能够支持固定植株,使植株在固体基质中扎根而不致沉埋和倒伏,并给植物根系提供一个良好的生长环境,如利于作物根系的伸展和附着等。由于固体基质具有保水性,就可以防止供液间歇期和突然断电时,植物不至于吸收不到水分和养分或失水过多而干枯死亡。但是不同的固体基质之间的持水能力差异很大。如珍珠岩能够吸收相当于本身质量3~4倍的水分;泥炭则可以吸收相当于本身质量10倍以上的水分。固体基质存有孔隙,孔隙内存有空气,因而可以供给作物根系呼吸所需要的氧气,同时固体基质的孔隙也是吸持水分的地方。因此,要求固体基质既具有一定量的大孔隙,又具有一定量的小孔隙,两者比例适当,可以有效协调解决透气和持水两者之间的对立统一关系,同时满足植物根系对水分和氧气的双重需求,从而有利于作物根系的生长发育。

另外,有些固体基质还可以提供部分营养和具有缓冲作用。缓冲作用是指固体基质能够给植物根系的生长提供一个稳定环境的能力,即当根系生长过程中产生的有害物质或外加物质可能会危害到植物正常生长时,固体基质会通过其本身的一些理化性质将这些危害减轻甚至化解。具有物理化学吸收能力的固体基质如草炭、蛭石都有缓冲作用,这类基质称为活性基质;而不具有缓冲能力或缓冲能力较弱的基质,如河沙、石砾、岩棉等称为惰性基质。草炭、木屑、树皮等植物性的有机基质能为作物苗期或生长期间提供一定量的矿质营养元素,而一些矿物性的无机基质如沙子、石砾、岩棉等则不能为植物提供可吸收的任何养分。综上所述,固体基质的作用可归纳为下述5点。

①支持固定植物。

②保持水分。

③保持和提供营养。

④提供氧气。

⑤缓冲作用。

总之,要求无土栽培用的基质不能含有不利于植物生长发育的有害、有毒物质,要能为植物根系提供良好的水、气、肥、热、pH 值等条件,充分发挥其不是土壤胜似土壤的作用;还要能适应现代化的生产和生活条件,易于操作及标准化管理。

2.1.2 固体基质的质量指标

植物的根系直接与基质接触,因此基质的理化性质对根系的吸水、吸肥,呼吸等生理活动影响很大。

1)基质的物理特性

基质的好坏首先决定于基质的物理性质。在水培中,基质是否肥沃并不重要,只要能够固定植株和为作物生长创造良好的水气条件就可以了,而基质栽培则要求固体基质具有良好的物理性质。对栽培作物生长有较大影响的基质物理性质主要有容重、总孔隙度、大小孔隙比和颗粒大小等。

(1)容重

容重是指单位体积内干燥基质的质量,是以基质干重/基质体积来表示(g/cm^3 或 g/L)。用一已知体积的容器装满待测干基质,再将基质倒出后称其质量,以基质的质量除以容器的体积即可测得某种基质的容重值。

基质的容重与其自身的质地和颗粒大小关联度大,其大小反映了基质的疏松、紧实程度和持水、透气能力。容重过大,说明基质过于紧实,不够疏松,虽然持水性较好,但通气性较差;容重过小,说明基质过于疏松,虽然通气性较好,有利于根系延伸生长,但持水性较差,基质易干,需经常浇水,管理麻烦,固定植株的效果较差,浇水时根系易漂浮。

不同基质的容重差异很大,同一种基质由于压实程度、颗粒大小不同,其容重也存在较大差异。一般认为,小于 0.25 g/cm^3 属于低容重基质,0.25 ~ 0.75 g/cm^3 属于中容重基质,大于 0.75 g/cm^3 的属于高容重基质,而基质容重在 0.1 ~ 0.8 g/cm^3 范围内作物栽培效果好。

容重对于园艺植物的生产上还有一层经济意义。一个直径 30 cm 的容器,若装填土壤,干重在 28 ~ 33 kg,湿重在 40 kg 左右,造成搬运困难。然而,容重过轻,盆栽植物又容易被风吹倒。所以,用小盆栽种低矮植物或在室内栽培时,基质容重宜在 0.1 ~ 0.5 g/cm^3;用大盆栽种高大植物或在室外栽培时,则宜在 0.5 ~ 0.8 g/cm^3,否则,应采取辅助措施将盆器予以固定。

值得指出的是,基质容重可分别从干容重和湿容重两个角度去衡量。实际上对于容重小而吸水多的基质,湿容重更能说明问题。假设珍珠岩和蛭石的干容重都是

0.1 g/cm^3，前者吸水后为自身重的2倍，后者吸水后为自身重的3倍，则湿容重分别为0.2 g/cm^3 和0.3 g/cm^3。在实际使用中，有时湿容重可能较干容重更为现实些。例如，人工土的干容重为0.01 g/cm^3，极容易使人直观认为太轻，不能将植物根系固定住，但其湿容重能达到0.2～0.3 g/cm^3 来看，与珍珠岩、蛭石相近，就不易产生错觉。比重（密度）是指单位体积固体基质的质量，不包括基质中的孔隙度，指基质本身的体积。表2.9列出了几种常用基质的容重和比重。

表2.9　几种常用基质的容重和比重

基质种类	容重近似值/($g \cdot cm^{-3}$)	比重/($g \cdot cm^{-3}$)
土壤	1.10～1.70	2.54
砂	1.30～1.50	2.62
蛭石	0.08～0.13	2.61
珍珠岩	0.03～0.16	2.37
岩棉	0.04～0.11	—
草炭	0.05～0.20	1.55
蔗渣	0.12～0.28	—
树皮	0.10～0.30	2.00
松树针叶	0.10～0.25	1.90

（2）总孔隙度

总孔隙度是指基质中通气孔隙与持水孔隙的总和，以孔隙体积占基质总体积的百分数来表示。

$$\text{总孔隙度} = \frac{1 - \text{容重}}{\text{比重}} \times 100\%$$

如果一种基质的容重为0.1 g/cm^3，比重为1.55 g/cm^3，则总孔隙度为：

$$\left(1 - \frac{0.1}{1.55}\right) \times 100\% = 93.55\%$$

总孔隙度大小反映了基质的孔隙状况。总孔隙度大（如岩棉、蛭石的总孔隙度都在95%以上）说明基质较轻、疏松，容纳空气和水的量大，有利于根系生长，但植物易漂浮，锚定效果较差，易倒伏；总孔隙度小（如沙的总孔隙度约为30%），则基质较重、坚实，水分和空气的容纳量小，不利于根系伸展，但锚定效果好。由此可见，基质的总孔隙度过大或过小都不利于植物的正常生长发育。生产上常将颗粒大小不同的基质混合使用，以改善基质的物理性能。基质的总孔隙度一般要求在54%～96%范围内适合多数作物栽培。

（3）气水比（大小空孔隙比）

气水比是指在一定时间内，基质中容纳气、水的相对比值，通常以基质的大孔隙和小孔隙之比来表示，并以大孔隙值作为1。大空隙是指基质中空气占据的空间，即通气孔隙，孔隙直径0.1 mm以上；小孔隙是指基质中水分占据的空间，即持水孔隙，孔隙直径在0.001～0.1 mm范围内（毛管水）。用下式表示：

$$大小孔隙比=\frac{通气孔隙(\%)}{持水空隙(\%)}$$

总孔隙度只能反映在基质中空气和水分能容纳的空间总和，不能反映基质中空气和水分各自能容纳的空间。而大小孔隙比能够反映出基质中气与水之间的状况，是衡量基质优劣的重要指标，与总孔隙度一起可全面的表明基质中气和水的状态。如果大小孔隙比大，说明空气容量大而持水容量小，即储水力弱而空气容量大；反之，如果大小孔隙比小，则空气容量小而持水量大。一般基质的气水比在1∶(2～4)范围内为宜，此时基质持水量大，通气性好。如果用孔隙度衡量就是总孔隙度中同时能够提供20%的大孔隙和20%～30%的小空隙。

(4)颗粒大小(粒径)

颗粒大小是指基质颗粒的直径大小，用毫米表示。基质颗粒大小直接影响基质的容重、总孔隙度和大小孔隙比。基质颗粒越小容重越大、总孔隙度越小，大小孔隙比越小；反之亦然。一般基质颗粒可分五级：<1 mm、1～5 mm、5～10 mm、10～20 mm、20～50 mm。以0.5～5 mm为好，小于0.5 mm的颗粒最好不超过基质总量的5%。当然不同基质适宜的粒径大小不同，砂粒粒径以0.5～2.0 mm为宜，陶粒以10 mm内为宜。栽培基质应有较好的形状，不规则的颗粒表面，但不具棱角，有较大的表面积，能够保持较多水分，多孔结构颗粒内部保持水分。此外基质应具有抗分解能力，以免栽培日久颗粒由大变小，基质孔隙度变小，容重改变。由于多数基质的理化特性不够理想，因此生产中多采用混合基质，基质混合后的体积要小于原来材料的体积的总和。

表2.10列出了几种常用基质的物理性状。

表2.10 基质的物理性状

基质名称	容重/($g \cdot cm^{-3}$)	总孔隙度/%	通气孔隙/%	持水孔隙/%	气水比
菜园土	1.10	66.0	21.0	45.0	1∶2.4
沙子	1.49	30.5	29.5	1.0	1∶0.03
炉渣	0.70	54.7	21.7	33.0	1∶1.51
蛭石	0.13	95.0	30.0	65.0	1∶2.17
珍珠岩	0.16	60.3	29.5	30.8	1∶1.04
岩棉	0.11	96.0～100	64.3	35.7	1∶0.55
泥炭	0.21	84.4	7.1	77.3	1∶10.89
木屑	0.19	78.3	34.5	43.8	1∶1.27
炭化稻壳	0.15	82.5	57.5	25.0	1∶0.44
棉籽壳	0.24	74.9	55.1	19.8	1∶0.36

2）基质的化学特性

对栽培作物生长影响较大的基质化学性质主要有基质的化学组成及由此引起的化学稳定性、酸碱性、阳离子代换量、缓冲能力和电导率等。了解基质的化学性质及其作用，有助于在选择基质和配制、管理营养液时增强针对性。

(1)基质的化学组成及稳定性

基质的化学组成是指其本身所含有的化学物质种类及其含量，包括植物可吸收利用的有机营养、矿质营养以及有毒有害物质等。基质的化学稳定性是指基质发生化学变化的难易程度。有些容易发生化学变化的基质，发生变化后产生一些有害物质，既伤害植物根系，又破坏营养液原有的化学平衡，影响根系对养分的有效吸收。因此，无土栽培中应选用稳定性较强的材料作为基质，既可以减少对营养液的干扰，保持营养液的化学平衡，也便于对营养液的日常管理和保证作物正常生长。

基质的种类不同，化学组成不同(表2.11)。

表2.11 几种基质的营养元素含量

基质种类	全氮/%	全磷/%	速效磷/(mg·L^{-1})	速效钾/(mg·L^{-1})	代换钙/(mg·L^{-1})	代换镁/(mg·L^{-1})	速效铜/(mg·L^{-1})	速效锌/(mg·L^{-1})	速效铁/(mg·L^{-1})	速效硼/(mg·L^{-1})
菜园土	0.106	0.077	50.0	120.5	324.7	330.0	5.78	11.23	28.22	0.425
炉渣	0.183	0.033	23.0	203.9	9 247.5	200.0	4.00	66.42	14.44	20.3
蛭石	0.011	0.063	3.0	501.6	2 560.5	474.0	1.95	4.00	9.65	1.063
珍珠岩	0.005	0.082	2.5	162.2	694.5	65.0	3.50	18.19	5.68	—
岩棉	0.084	0.228	—	1.338*	—	—	—	—	—	—
棉籽壳	2.20	2.26	—	0.17*	—	—	—	—	—	—
炭化稻壳	0.54	0.049	66.0	6 625	884.5	175.0	1.36	31.30	4.58	1.29
玉米芯菇渣	1.89	0.137	—	0.77*	5.37*	0.528*	—	—	—	—
河砂	0.01	—	99.2	307*	727*	318*	—	—	—	—
玉米秸	0.84	—	677	1.43*	0.494*	0.289*	—	—	—	—
麦秸	0.44	—	686	1.28*	0.309*	922*	—	—	—	—
杨树木屑	0.21	—	226	0.27*	0.689*	666*	—	—	—	—

注：*为全钾百分数(%)

基质的种类不同，化学组成不同，因而化学稳定性也不同。一般来说，由无机物质构成的基质，如河沙、石砾等，如其成分由石英、长石、云母等矿物组成，其化学稳定性最高；由角闪石、辉石等组成的次之；而以石灰石、白云石等碳酸盐矿物组成的最不稳定。前两者在无土栽培生产中，不会产生影响营养液平衡的物质；后者则会产生钙、镁离子而严重影响营养液的化学平衡，这在无土栽培中要经常注意。

由植物残体构成的基质，如泥炭、木屑、稻壳、苇末、甘蔗渣等，其化学组成比较复杂，对营养液的影响较大。从影响基质的化学稳定性的角度来划分其化学成分类型，大致可分为3类：第1类是易被微生物分解的物质，如碳水化合物中的糖、淀粉、半纤维素、纤维素、有机酸等；第2类是有毒物质，如某些有机酸、酚类、单宁等；第3类是难被微生物分解的物质，如木质素、腐殖质等。含第1类物质多的基质（新鲜稻草、甘蔗渣等），使用初期会由于微生物活动而引起强烈的生物化学变化，严重影响营养液的平衡，最明显的是引起氮素的严重缺乏。含有第2类物质比较多的基质会直接毒害根系。所以第1、2类物质较多的基质不经处理是不能直接使用的。含第3类物质为主的基质最稳定，使用时也最安全，如泥炭、经过堆沤处理后腐熟了的木屑、树皮、甘蔗渣等。堆沤是为了消除基质中易分解物质和有毒物质，使其转变成以难分解的物质为主体的基质。

（2）基质的酸碱度（pH值）

pH表示基质的酸碱度。pH=7为中性，pH<7为酸性，pH>7为碱性。pH值变化一个单位，酸碱度就增加或减少10倍。例如pH5较pH6酸度增加10倍，较pH7酸度增加100倍。

基质本身有一定的酸碱性，有的呈酸性，有的呈碱性，也有的为中性。过酸或过碱的基质，都会影响到营养液的酸碱性，严重时会破坏营养液的化学平衡，阻止作物对养分的吸收。所以，选用基质之前，应对基质的酸碱性有一个大致的了解，以便采取相应的措施加以调节。

基质的酸碱度主要影响根系环境的酸碱度，而且酸碱度过高及过低都会使某些元素沉淀，造成缺素症。一般植物生长适宜的pH=5.6～7，因此基质的pH=6～7较好。石灰质的砾石和砂子富含碳酸钙（$CaCO_3$），供液后溶入营养液中，使pH升高，发生铁沉淀，造成植物缺铁，故不适合作基质使用。酸性或碱性基质在使用前应用水洗、用酸碱调节。所以，选用基质之前，应对基质的酸碱性有一个大致的了解，以便采取相应的措施加以调节。

生产中比较简便的测定方法是：取1份基质加5份蒸馏水（体积比）混合、充分搅拌，1 h后采用酸度计测定。

（3）基质的盐基交换量（CEC）

基质的盐基交换量是指基质的阳离子代换量，即在一定酸碱条件下，基质含有的可代换性阳离子的数量。它反映基质代换吸收营养液中阳离子的能力。通常在pH值为7时测定，以每100 g基质代换吸收营养液中阳离子的物质的量表示。并非所有的基质都有阳离子代换量。

盐基代换量表示基质对养分的吸附能力，对养分和pH值的缓冲能力。但是也会影响营养液的平衡，使人们难以控制营养液的组分。基质的盐基代换量越大则缓冲能力越

强。基质缓冲能力大小顺序为:有机基质>无机基质>惰性基质>营养液。

基质的盐基交换量(CEC)以100 g基质代换吸收阳离子的毫克当量数(me/100 g基质)来表示,有的基质几乎没有盐基交换量(如大部分的无机基质),有些却很高,它会对基质中的营养液组成产生很大影响。基质的盐基交换量会影响营养液的平衡,是人们难以按需控制营养液的组分,但也有有利的一面,即保存养分、减少损失和对营养液的酸碱反应有缓冲作用。应对每种基质的盐基交换能力有所了解,以便权衡利弊而做出使用的选择。几种常用基质的阳离子代换量见表2.12。

表2.12　几种基质的盐基交换量

基质种类	盐基交换量(me/100 g)
高位泥炭	140~160
中位泥炭	70~80
蛭石	100~150
树皮	70~80
沙、砾、岩棉等惰性基质	0.1~1.0

盆栽时,盐基交换量一般以每100 cm^3 体积所能吸附的阳离子毫克当量(me)来表示。通常情况下,基质的盐基交换量在10~100 me/100 cm^3 比较适宜,小于10 me/100 cm^3 属低,大于100 me/100 cm^3 属高。

(4)基质的电导率

基质的电导率也叫电导度,是指基质未加入营养液之前,本身具有的电导率,用以表示各种离子的总量(含盐量),一般用毫西门子/厘米(mS/cm)表示。电导率是基质分析的一项指标,它表示基质中已经电离盐类的溶液浓度。反映基质中原来带有的可溶性盐分的多少,直接影响营养液的平衡。基质中可溶性盐含量一般不宜超过1 000 mg/kg,最好小于500 mg/kg。基质中含有一定的盐分可为植物提供一定的营养,但是电导率过高会影响营养液的平衡,且造成盐害。基质的电导率和硝态氮之间存在相关性,故可由电导率值推断基质中氮素含量,判断是否需要施用氮肥。一般花卉栽培基质的电导率小于0.37~0.5 mS/cm时(相当于自来水)必须施肥,电导率达到1.3~2.75 mS/cm时一般不用施肥,并且最好淋洗盐分;栽培蔬菜作物时基质的电导率应大于1 mS/cm。

电导率的简便测定方法同酸碱度测定,可用专门仪器(电导仪)测量,但样品溶液制备则方法多样,除基质与水之比为1∶2外,还有1∶5、饱和法等,必须事先确定,才能正确解释所得结果。

(5)基质的碳氮比

碳氮比是指基质中碳和氮的相对比值。碳氮比高(高碳低氮)的基质,由于微生物生命活动对氮的争夺,会导致植物缺氮。碳氮比达到1 000∶1的基质,必须加入超过植物生长所需的氮,以补偿微生物对氮的需求。碳氮比很高的基质,即使采用了良好的栽培技术,也不易使植物正常生长发育。因此,木屑和蔗渣等有机基质,在配制混合基质时,用量不超过20%,或者每立方米加8 kg氮肥,堆积2~3个月后再使用。另外,大颗粒的有机基质由于其表面积小于其体积,分解速度较慢,而且其有效碳氮比小于细颗粒的有机基质,如粗、细锯末的碳氮比值相差2 0倍之多。所以,要尽可能使用粗颗粒的基质,尤其是碳氮比低的基质。

一般规定,碳氮比(200∶1)~(500∶1)属中等;小于200∶1属低;大于500∶1属高。通常碳氮比宜中宜低不宜高,C∶N=30∶1左右较适合作物生长。

(6)基质的缓冲能力

缓冲能力是指基质在加入酸碱物质后本身所具有的缓和酸碱变化的能力。缓冲能力大小主要由阳离子代换量、基质中的弱酸及其盐类的多少决定的。一般来说,阳离子代换量大的,其缓冲能力也大;阳离子代换量小的,其缓冲能力也小。依基质缓冲能力的大小排序:有机基质>无机基质>惰性基质>营养液。一般来说,植物性基质如木屑、泥炭、木炭等都具有缓冲能力;而矿物性基质除蛭石外,大多数没有或很少有缓冲能力。

常用基质的化学性质见表2.13。

表2.13 常用基质的化学性质

基质名称	pH值	有无阳离子代换量	化学稳定性	电导率/($mS \cdot cm^{-1}$)	缓冲能力
沙子	6.5~7.8	无	强	0.46	无
炉渣	6.8	有	较强	1.83	较强
木屑	4.2~6.0	有	较差	0.56	强
树皮	4.2~4.5	有	较差	—	强

3)理想基质应具备的条件

自然土壤由固相、液相和气相三者组成。固相具有支持植物的功能,液相具有提供植物水分和水溶性养分的功能,气相具有为植物根系提供氧气的功能。理想的无土栽培用基质,其理化性状应类似土壤,应满足如下要求:

①适于种植多种植物,适于植物各个生长阶段的生育。

②容重轻,便于搬运。

③总孔隙度大,达到饱和吸水量后,尚能保持大量通气孔隙,有利于植物根系的贯通和扩展。

④吸水率大,持水力强,减少浇水次数;同时,多余的水分容易排除,不易发生湿害。

⑤具有一定的弹性和伸长性,对根系的固定性好又不妨碍根系生长。

⑥浇水少时不易断裂而伤根，浇水多时不粘妨碍根系呼吸。

⑦绝热性好，基质温度稳定不伤根，不会因高温、冷冻、化学药剂处理而发生变形变质，便于重复使用时基质消毒。

⑧基质不带病、虫、草害。

⑨不污染环境、易清洗。不受地区性资源限制，便于工厂化批量生产。价格不高昂，用户在经济上能够承受。

⑩基质具有一定的肥力，对养分的供给和 pH 值有一定缓冲能力，又不会对营养液和 pH 有干扰，pH 值易调节。

2.2　常用基质的种类和性能

固体基质的分类方法很多，按基质的来源划分为天然基质（如沙子、石砾、蛭石等）和合成基质（如岩棉、陶粒、泡沫塑料等）；按基质的化学组成划分为无机基质（如砂子、砾石、珍珠岩、蛭石、岩棉、矿棉、陶粒、聚乙烯、聚丙烯、酚类树脂、尿醛泡沫塑料、炉渣等）和有机基质（如草炭、泥炭、木屑、秸秆、稻壳、树皮、棉籽壳、蔗渣、椰糠等）；按基质的组合划分为单一基质和复合基质；按基质的性质划分为活性基质（如泥炭、蛭石）和惰性基质（如沙、石砾、岩棉、泡沫塑料）。

2.2.1　无机基质

无机基质作为基质的一大类，在生产上应用较为广泛，主要是指一些天然矿物或其经高温等处理后的产物作物无土栽培的基质，它们的化学性质较稳定，通常具有较低的盐基交换量，其蓄肥能力较差。为了充分发挥无机基质在无土栽培中的潜能，以取得良好的效益，了解基质的特性尤为重要。常见的无机基质及特性如下。

1）岩棉

岩棉是人工合成的无机基质。由辉绿岩、石灰石和焦炭以 3∶1∶1 或 4∶1∶1 的比例，或由冶铁炉渣、玄武岩和砂砾（二氧化硅）混合后，先在 1 500～2 000 ℃的高温炉中熔融，将熔融物喷成直径为 5～8 μm 的纤维细丝，再将其压成容重为 80～100 kg/m^3 的片，然后再冷却至 200 ℃左右时，加入一种酚醛树脂以减小表面张力并固定成型，按需要压制成四方体（10 cm×10 cm×7.5 cm）或板片等各种形状，并且用苯酚树脂（用量占岩棉的 2%～6%）和湿润剂进行处理，使其固定和润湿。这样生产出来的岩棉能够吸持水分。因岩棉制造过程是在高温条件下进行，因此，它是完全消毒的，不含病菌和其他有机物。经压制成形的岩棉块在种植作物的整个生长过程中不会产生形态的变化。

无土栽培用的岩棉最早于 1963 年出现在丹麦，1970 年荷兰首次将其应用于无土栽培。目前在全世界使用广泛的岩棉是丹麦 Grodan 公司生产的，商品名为格罗丹

(Grogen),有两种类型的制品:一种是排斥水的称为格罗丹蓝;另一种为能吸水的格罗丹绿。前者空隙的95%可为空气所占据,后者空隙的95%可为水分所占据,两种类型按适当比例混合使用,可得到所要求的最佳气水比。透气性差的土壤或其他基质,掺用一定比例的格罗丹蓝,例如3份黏性土壤加1份格罗丹蓝颗粒,就可得到较好的气水状况。成型的大块岩棉可以切割成小的育苗块或定植块,也可以制成颗粒状(俗称粒棉),而国内已有一批中小型岩棉厂开始按农用要求专业化生产。如沈阳热电厂生产的优质农用岩棉,售价较低。岩棉具有以下理化性质。

①化学性质稳定:岩棉是由氧化硅和一些金属氧化物组成,是一种惰性基质,pH值为6.0~8.3。新岩棉的pH值较高,一般为pH值7~8,使用前可用磷酸或硫酸冲洗使其pH值下降,经调整后的农用岩棉的pH值比较稳定。碳氮比和盐基交换量低。

②物理性状优良:岩棉质地较轻,不腐烂分解,外观为白色或浅绿色的丝状体。容重为0.06~0.11 g/cm^3,总孔隙度96%~100%,大孔隙为64.3%,小孔隙为35.7%,气水比1:0.55,吸水力强,透气性好;吸水力强,可吸收相当于自身重量13~15倍的水分。岩棉吸水后,会因其厚度的不同,含水量从下至上而递减,空气含量则自下而上递增。处于饱和态的岩棉,水分和空气所占比例为13:6。岩棉块水分垂直分布情况见表2.14。

表2.14　岩棉块中水分与空气垂直分布情况

高度/cm (自下而上)		干物容积 /%	孔隙容积 /%	持水容积 /%	空气容积 /%
下	1.0	3.8	96	92	4
	5.0	3.8	96	85	11
↓	7.5	3.8	96	78	18
	10.0	3.8	96	74	22
上	15.0	3.8	96	74	42

由于岩棉孔隙大小均一,因此,在同样孔隙度如96%的情况下,可通过控制岩棉块高度以调整气水比,例如,岩棉块高5 cm,气水比为1:7.73;高10 cm,气水比为1:3.36;高15 cm,则为1:0.78。所以,岩棉块的高度一般控制在10~15 cm。

③岩棉纤维不吸附营养液中的元素离子,营养液可充分提供给作物根系吸收。

④岩棉经高温完全消毒,不会携带任何病原菌,可直接使用。

由于岩棉具有上述理化性质,并且使用简单、方便、造价低廉且性能优良,为植物提供了一个保肥、保水、无菌、空气供应充足的良好根际环境,目前被认为是当今无土栽培最好的基质之一,在全世界已普遍采用。目前主要应用于:岩棉育苗、循环营养液栽培(如NFT)中植株的固定、岩棉栽培。这种基质栽培一般要求配备滴灌设施以及良好的栽培技术,在无土栽培中栽培面积居第一位。但是岩棉不易腐烂,育苗后定植到土壤中会造成污染。

2）砂

砂的来源广泛，在河流、海、湖的岸边以及沙漠等地均有分布，加上价格便宜，是无土栽培应用最早的一种基质材料。我国新疆戈壁滩无土栽培多采用砂培，但其缺点是容重大、持水力差、化学成分和质量因来源不同而差异较大。

砂的容重 1.5 ~ 1.897 g/cm^3，总孔隙度 30.5%，大孔隙 29.5%，小孔隙 1.0%，气水比 1∶0.03，pH6.5 ~ 7.8，碳氮比和持水量均低，没有盐基代换量，电导率 0.46 mS/cm，适宜粒径为 0.5 ~ 3 mm。因此，砂子容重大，搬运及更换基质时不方便；持水性差，便于排水通气，但不利于保水保肥，气水比矛盾大，缓冲能力差，对营养液配方、灌液量和灌液次数要求严格，管理麻烦，灌液应少量多次。除钙外，砂子的大量元素含量少，但含有一定的微量元素，其中 Fe、Mn、B 等可满足植物的需求，但是有时过多，会引起微量元素中毒，特别是在酸性条件下，毒害会加重，有时含脲酶，可提高尿素、铵态氮的利用率，应进行化学分析后使用，以保证营养液养分的合理用量和有效性。砂子还含有氧化钙应清洗后使用，石灰性砂子含有大量的氧化钙，一般含量超过 20% 的不能作基质使用。砂子属惰性基质，大量元素含量少，不会影响营养液浓度平衡，带菌少，消毒容易。

不同粒径的砂粒对作物生长发育有不同的影响，使用时选用 0.5 ~ 3 mm 粒径的砂为宜。砂的粒径大小配合应适当，如太粗易产生基质持水不良，易缺水但通气条件较好；太细则保水力较强，但易在砂中滞水，通气性稍差。较为理想的砂粒粒径大小的组成应为：大于 4.7 mm 的占 1%，2.4 ~ 4.7 mm 的占 10%，1.2 ~ 2.4 mm 的占 26%，0.6 ~ 1.2 mm 的占 20%，0.3 ~ 0.6 mm 的占 25%，0.1 ~ 0.3 mm 的占 15%，小于 0.1 mm 的占 3%。故作为基质使用时，应进行过筛，剔去过大砂砾；并用水冲洗，除去泥土、粉砂；栽培时还应注意保持合理的供液量和供液时间，防止供液不足或过多。

用作无土栽培的砂应确保不含有毒物质。例如，海边的砂通常含有较多的氧化钠，在种植前应用清水清洗后再使用；石灰性地区的砂含有较多石灰质，使用时应特别注意，一般碳酸钙的含量不应超过 20%，但如果碳酸钙含量高达 50%，而又没有其他基质可供选用时，可采用下列浓缩磷酸钙溶液进行处理。将含有 45% ~ 50% 五氧化二磷的重过磷酸钙[$CaH_4(PO_4)_2H_2O$]8 kg 溶于 4 500 L 的水中，然后用此溶液浸泡要处理的砂，如果溶液中磷含量降低很快，可再加入重过磷酸钙，一直加至液体中的磷含量稳定在不低于 10 mg/L 时，将液体排掉就可以使用，在种植前用清水稍作清洗即可。

3）砾石

砾石容重大，一般为 1.5 ~ 1.8 g/cm^3，不便搬运和管理，要求栽培槽坚固。砾石属惰性基质，不具有盐基代换量，保水保肥能力差，排水性好，通气性好，坚硬不宜碎，使用粒径为 1.6 ~ 20 mm，其中 1/2 的砾石粒径 13 mm 左右。砾石的化学组成差异很大，一般以非石灰性砾石为好，不宜采用石灰质的。新砾石对营养液的 pH 和营养液的组成浓度有一定的影响，使用前应使用磷酸钙处理或频繁换液，降低 pH。目前使用砾石作基质的越来越少了。

4）蛭石

蛭石是由云母类次生硅质矿物，为铝、镁、铁的含水硅酸盐，由一层层的薄片叠合构成；在 800 ~1 100 ℃的炉体中受热，形成紫褐色有光泽多孔的海绵状物质。其质地较轻，每立方米重 80 ~160 kg，容重小，为 0.07 ~0.25 g/cm^3，总孔隙度 95%，大小孔隙比约 1：4，气水比为 1：4.34，持水量大，为 55%（每立方米蛭石可吸水 100 ~650 kg），具有良好的透气性和保水性，电导率为 0.36 mS/cm，碳氮比低。因此蛭石轻，搬运方便，保水保肥能力强，通气性好。有较强缓冲能力和离子交换能力，矿质营养能适量释放，蛭石中含较多的钙、镁、钾、铁，可被作物吸收利用。但氮磷较少，配制营养液时应给予考虑。使用 1 ~2 次后结构会破碎，孔隙变小，影响通气和排水。不宜长期使用。蛭石因产地、组成不同，可呈中性或微碱性。当与酸性基质（如泥炭）混合使用时不会发生问题，而单独使用时如 pH 值太高，需加入少量酸调整。pH6.5 ~9.0 与酸性基质混合使用较好，单独使用时应加入少量酸中和。国外园艺用蛭石按直径大小分为 4 级：3 ~8 mm 为 1 级；2 ~3 mm 为 2 级；1 ~2 mm 为 3 级；0.75 ~1 mm 为 4 级。1 级常作为育苗基质，2 级最常用。

新蛭石不必消毒可以直接使用，既可以单独用于水培育苗（蛭石粒径 0.75 ~1.0 mm），也可以与其他基质混合用于栽培（蛭石粒径 3 mm 以上）。但蛭石易碎，长期使用时结构会破碎，孔隙变小，影响通气和排水。因此，在运输、种植过程中不能受重压，不宜用作长期盆栽植物的基质。蛭石一般使用 1 ~2 次后，可以作为肥料施用到大田中。

5）珍珠岩

珍珠岩由灰色火山岩（铝硅酸盐）加热至 1 000 ℃时燃烧膨胀而成，灰白色多孔性闭孔疏松核状颗粒，又称为膨胀珍珠岩或“海绵岩石”。呈颗粒状，其粒径为 1.5 ~4 mm，是一种轻质团聚体，容重小，为 0.03 ~0.16 g/kg^3，总孔隙度为 60.3%，其中大孔隙为 29.5%，小孔隙为 30.8%，气水比 1：1.04，持水量 60%，电导率为 0.31 mS/cm，碳氮比低。因此珍珠岩体轻，易搬运；持水性好（吸水量可达自重的 2 ~3 倍），通气性好，易排水；理化性状稳定，所含养分几乎不能吸收利用，盐基代换量低于 1.5 me/100 g，几乎没有缓冲能力和离子交换性能；抗各种理化因子作用，不易分解，不会对营养液产生干扰；带菌少；但受压后易碎；易漂浮，固定性差。珍珠岩可以单独使用，但质轻粉尘污染较大，使用前最好戴口罩，先用水喷湿，以免粉尘纷飞；浇水过猛，淋水较多时易漂浮，不利于固定根系。因此，生产上多与其他基质混合使用。与其他基质混合使用；其氧化钠含量不宜超过 5%。园艺上常用颗粒大小为 3 ~4 mm。

6）膨胀陶粒

膨胀陶粒又称多孔陶粒或海氏砾石（Hydite），它是用大小比较均匀的团粒状陶土（火烧页岩，含蒙脱石和凹凸棒石成分），在800～1 100 ℃的高温陶窑中煅烧制成。外壳硬而较致密，色赫红。从切面看，内部为蜂窝状的孔隙构造；质地较疏松，略呈海绵状，微带灰褐色。比重0.3～0.6，容重为0.5～1.0 g/cm^3，大孔隙多，吸水率为48 mL/（L·h），通气性和排水性好，持水性差。其pH值4.9～9.0，有一定的盐基代换量，CEC为6～21 me/100 g，碳氮比低。多数颗粒粒径为0.5～1 cm，坚硬不宜碎，可反复使用，但是连续使用后表面吸收的盐分易造成小孔堵塞。适合栽培要求通气性好的花卉，不易栽培需水量大的植物和小苗，单独使用多用于循环营养液的种植系统，或与其他基质混合使用，或作为人工土的表面覆盖材料。陶粒单价高于珍珠岩、蛭石等基质，但是可反复使用实际成本并不高。另外，不适宜用于播种和扦插，如用于移植栽种仅一两片叶的小苗则操作养护相当费力。

7）炉渣

炉渣为煤燃烧后的残渣，工矿企业的锅炉、食堂以及北方地区居民的取暖等都有大量炉渣。容重适中为0.78 g/cm^3，总孔隙度为55.0%，其中大孔隙22.0%，小孔隙33.0%；持水量为17%。通气性和排水性好，持水性差，最好不单独使用，混合使用即可改进通气性，又可改进吸水性，在基质中的用量不宜超过60%（体积比），适宜的炉渣基质应有80%的颗粒粒径为1～5 mm。炉渣的电导率为1.83 mS/cm，含有一定量的大量元素和微量元素，对营养液成分影响大。pH值较高使用前应清洗或用酸碱液中和。炉渣的优点是价廉易得和透气性好，缺点是碱性大、持水量低、质地不均一，对营养液成分影响大。使用前须进行筛选，并且最好用废酸液中和其碱性，或用清水洗碱，并淋洗去其所含硫、钠等元素。

2.2.2　有机基质

有机基质的化学性质一般稳定性差，它们通常有较高的盐基交换量，蓄肥能力相对较强。主要是一些含C、H的有机生物体及其衍生物构成的栽培基质。在无土栽培中，有机基质普遍具有保水性好、蓄肥力强的优点，在实际无土栽培中使用十分广泛。

1）草炭

草炭又叫泥炭。由未完全分解的植物残体、矿物质和腐殖质三者组成，是迄今为止被世界各国普遍认为是最好的无土栽培基质之一。特别在工厂化无土育苗中，以泥炭为主体，配合砂、蛭石、珍珠岩等基质，制成含有养分的泥炭钵（小块），或直接放在育苗盘中育苗，效果很好。除用于育苗外，在袋培营养液滴管或种植槽培中，泥炭也常用作基质，植物生长很好。

草炭容重为0.2～0.6 g/cm^3（东北高位草炭可低到0.14 g/cm^3，江苏低位草炭可高达

0.97 g/cm^3),体轻,易搬运;总孔隙度为77%~84%,大孔隙为5%~30%;持水量为50%~55%;含水量为30%~40%,自然状态下可达50%以上;因此草炭通气性强,持水量大。草炭的pH值为3.0~6.5,个别达到7.0~7.5,如果呈酸性可与碱性基质混合使用,或加入白云石粉4~7 kg/m^3;盐基代换量中等或高,个别可达0.2~0.7 me/100 g;电导率1.10 mS/cm;碳氮比低或中等;有机质和全氮含量高,如有机质含量达到40%以上,最好与其他基质混合使用,以增加容重,改善结构,混合比例为25%~75%(体积比)。不同来源草炭可分为3类,其物理性质见表2.15。

表2.15　不同来源草炭的物理性质

泥炭种类	容重 /($g \cdot L^{-1}$)	总孔隙度 /%	空气容积 /%	易利用水容积 /%	吸水力 /($g \cdot 100\ g^{-1}$)
高位草炭(藓类泥炭)	42	97.1	72.9	7.5	992
	58	95.9	37.2	26.8	1 159
	62	95.6	25.5	34.6	1 383
	73	94.9	22.2	35.1	1 001
中位草炭(白泥炭)	71	95.1	57.3	18.3	869
	92	93.6	44.7	22.2	722
	93	93.6	31.5	27.3	754
	96	93.4	44.2	21.0	694
低位草炭(黑泥炭)	165	88.2	9.9	37.7	519
	199	88.5	7.2	40.1	582
	214	84.7	7.1	35.9	487
	265	79.9	4.5	41.2	467

(1)低位草炭

低位草炭主要分布于低洼积水的沼泽地带,水源来自富含矿物养料的地下水;以苔草、芦苇等植物为主。容重较大,吸水量和通气性较差,不易单独作无土栽培基质。分解度高,氮和灰分含量较高,可直接作肥料使用。

(2)高位草炭

高位草炭主要分布在高寒地区,水源来自含矿物养料少的雨水;以水藓植物为主。分解度低,氮和灰分含量较少,酸性较强(pH4~5),容重较小,持水力、盐基代换量、吸水力、通气性较好,可与其他基质混合使用。此类草炭不易作肥料直接施用,宜作肥料吸收物,如作畜舍垫栏较佳。在无土栽培中可作合成基质的原料。

(3)中位草炭

中位草炭的性状介于以上两者之间,可用于无土栽培基质使用。

虽然草炭持水、保水力强，但由于质地细腻，容重小，透气性差，所以一般不单独使用，常与木屑，蛭石等基质混合使用，可提高其利用效果。尤其是现代大规模工厂化育苗，大多是以草炭为主要基质，其中加入一定量蛭石、珍珠岩以调节物理性能，管理方便，成功率高。

在产区，草炭由于开采和加工简单，价格便宜；但在非产区，由于经过长距离运输和精细加工，优质草炭（有机质95%、灰分≤5%、膨胀率200%）的价格相对较高。

用于室内盆栽花卉，由于褐黑如土，浇水时会从盆底孔渗出草炭细末。故而使用不当会影响环境清洁。

世界上草炭用作无土栽培基质，其地位仅次于岩棉。

2）芦苇末

芦苇末又称人工泥炭。利用造纸厂废弃下脚料——芦苇末，添加一定比例的鸡粪等辅料，在发酵微生物的作用下，堆制发酵合成优质环保型无土栽培有机芦苇末基质。容重0.20～0.4 g/cm³，总孔隙度80%～90%，气水比0.5～1.0，电导率1.2～1.7 mS/cm，pH 7.0～8.0，盐基代换量60～80 me/100 g，具有较强的缓冲能力。各种营养元素含量丰富，微量元素的含量基本满足植物生长发育的需要。理化性状基本可与天然草炭相比拟，已广泛应用于无土栽培和育苗之中，尤其在南方长江流域普遍采用。

3）甘蔗渣

甘蔗渣来源于甘蔗制糖业的副产品，在我国南方来源广泛。新鲜蔗渣的碳氮比高达169，不能直接作为基质使用，必须经过堆沤后才能使用。堆沤时可以采用两种办法。一是将蔗渣淋水至含水量70%～80%（用手握住一把蔗渣至刚有少量水渗出为宜），然后堆成一堆即可。二是以蔗渣干重的0.5%～1.0%的比例加入尿素。具体操作是将尿素溶于水后均匀地洒入蔗渣中，再加水至蔗渣含水量70%～80%，然后堆成一堆即可。加尿素可以加速蔗渣的分解，加快碳氮比值的降低，经过一段时间的堆制，蔗渣可以成为与草炭种植效果相当。堆沤时间太长（超过6个月以上），蔗渣会由于分解过度而产生通气不良，且对外加速效氮的耐受力差。蔗渣堆沤后物理化学性质的变化见表2.16，在实际使用时以堆沤3～6个月为好。

表2.16 蔗渣堆沤后物理化学性质的变化

（华南农业大学作物营养与施肥研究所，1987年）

堆沤时间	全碳/%	全氮/%	C/N比值	容重/(g·L⁻¹)	通气孔隙/%	持水孔隙/%	大小孔隙比	pH
新鲜蔗渣	45.26	0.268 0	169	127.0	53.5	39.3	1.36	4.68
堆沤3个月	44.01	0.310 5	142	118.5	45.2	46.2	0.98	4.86

续表

堆沤时间	全碳/%	全氮/%	C/N比值	容重/(g·L^{-1})	通气孔隙/%	持水孔隙/%	大小孔隙比	pH
堆沤6个月	42.96	0.361 3	119	115.5	44.5	46.3	0.96	5.30
堆沤9个月	34.30	0.605 8	56	205.0	26.9	60.3	0.45	5.67
堆沤12个月	31.33	0.637 5	49	278.5	19.0	63.4	0.30	5.42

4）椰糠

椰糠又名金椰粉、压缩植物培养料，是椰子果实外壳加工后的废料。椰子果实外面包有一层很厚的纤维物质，将其加工成椰棕，可以做成绳索等物。在加工椰棕的过程中，可产生大量的粉状物，称为椰糠。因为它颗粒比较粗，又有较强的吸收力，透气和排水比较好，保水和持肥的能力也较强。另外，椰棕切成小块或椰壳切成块状物均可作为栽培基质。未经切细压缩者，含有长丝，质地蓬松。经过切细压缩者，呈砖状，每块重450 g或600 g，加水3 000～4 000 mL浸泡后，体积可膨大至6 000～8 000 cm^3，湿容重为0.55 g/cm^3。pH为5.8～6.7。吸水量约为自身重量的5～6倍。因为是植物性有机基质，碳氮比较高，如果栽培植物时只浇清水，容易呈现缺素现象，尤其是植株呈现叶色淡绿或黄绿（可能缺氮）。由于pH、容重、通气性、持水量、价格等都比较适中，用椰糠、珍珠岩、煤灰渣、火山灰等混合后，配成盆栽基质比较理想，尤其是观叶植物的基质，效果很好。我国海南等地椰糠资源丰富，开发利用前景较好。

5）腐叶

腐叶对花卉无土栽培的意义非同一般，因为它能够给植株提供一个类似有土栽培的理想环境。有些花卉种类需要从基质中不断地吸取所需的养分，为了满足它们的这种需求，仅靠人工调节营养液的供应往往满足不了植物的需要。而腐叶作为一个具有高离子交换量的栽培系统，能够很好地满足花卉的这种要求，因此腐叶在花卉栽培中的实用价值愈来愈为人们所重视。

使用的基质腐叶来源广泛，容易制作。当深秋时，选择合适之地挖一个大坑，然后把大量的阔叶树落叶集中在坑里，将其压实后灌水，然后在上面覆盖塑料薄膜，并覆土壤。经过一个冬季，可以在土地解冻后将已经腐败的落叶从土中挖出置于空气中，经常喷水、翻动，以利其风化，然后再将其捣碎、过筛即可使用。

在操作时，应根据花卉的种类将腐叶与一定比例的其他基质混合在一起。它不适合单独使用，与其他无土基质混用效果最好。研究表明，含有适量腐叶的基质具有较高的阴、阳离子交换量，由于它有很好的持水性、透气性，因此很多种花卉都能在腐叶基质中茁壮生长。

6）锯木屑

锯木屑又称锯末，是木材加工的下脚料。质轻，具有较强的吸水、保水能力。用作基质已有多年历史，但各种树木的锯木屑成分差异很大。一般锯木屑的化学成分为：含碳48%～54%、戊聚糖14%、纤维44%～45%、木质素16%～24%、树脂1%～7%、灰分0.4%～2%、氮0.18%、pH4.2～6.2；容重为0.19 g/cm^3，总孔隙度为78.3%，大孔隙为34.5%，小孔隙为43.8%，气水比为1∶1.27。盐基交换量较高。经堆积腐烂后pH为5.2，干容重为0.369 7 cm^3，湿容重为0.84 g/cm^3，持水量为48%，大孔隙为5.4%，电导率为0.56 mS/cm。

锯木屑的许多性质与树皮相似，但通常锯木屑的树脂、单宁和松节油等有害物含量较高，而且C/N比值很高，因此锯木屑在使用前一定要堆沤，堆沤时可加入较多的氮素，堆沤时间较长（至少3个月以上）。

锯木屑作为无土栽培基质，在使用过程中结构良好，一般可连续使用2～6茬，每茬使用后应加以消毒。作基质的锯木屑不应太细，小于3 mm的锯木屑所占比例不应超过10%。一般应有80%在3.0～7.0mm。多与其他基质混合使用。

多数木屑碳氮比高达1 000∶1，腐烂分解后会降低通气性。某些树种如桉树、侧柏的锯末含有对植物有毒害作用的物质，人造板的锯末含化学黏合剂，所以使用时要多加注意。

①尽量选用对植物无毒害作用的木屑。

②在木屑中按干重计加入1%氮，经过几个月后，如发现盐分过多，要减少氮肥的施用量。

③细锯末持水量高，掺入其他基质中会降低通气性，用量不宜超过20%。

④经过一段时间，添加或更换新锯末。

⑤加入适量尿素或其他氮肥，并最好添加专门发酵菌种，经堆制成发酵木屑后再启用。

木屑价格便宜，在产区货源充沛，有利用价值，但它是一种天然有机基质，易携带病虫害（例如我国松树的线虫病，就是通过包装箱从境外传入的），加上消毒不便和产地有一定局限性，所以，从大范围来看，除林区外，木屑在无土栽培中用作基质并不占优势。

7）树皮

树皮是木材加工过程中的下脚料。在盛产木材的地方，如加拿大、美国等常用来代替泥炭作无土栽培基质。树皮的化学组成因树种不同差异很大。一种松树皮的化学组成为：有机质含量为98%，其中蜡树脂为3.9%、单宁木质素为3.3%、淀粉果胶4%、纤维素2.3%、半纤维素19.1%、木质素46.3%、灰分2%，C/N比值为135，pH4.2～4.5。

有些树皮含有有毒物质,不能直接使用。大多数树皮中含有较多的酚类物质,这对于植物生长是有害的,而且树皮的 C/N 比值都较高,直接使用会引起微生物对氮素的竞争作用。为了克服这些问题,必须将新鲜的树皮进行堆沤,堆沤时间至少应在 1 个月以上,因有毒的酚类物质的分解至少需 30 d。

经过堆沤处理的树皮,不仅使有毒的酚类物质分解,本身的 C/N 比值降低,而且可以增加树皮的盐基交换量,CEC 可以从堆沤前的 8 me/100 g 提高到堆沤后的 60 me/100 g。经堆沤后的树皮,其含有的病原菌、线虫和杂草种子等大多会被杀死,在使用时不需进行额外消毒。

树皮的容重为 0.4 ~0.53 g/cm^3。树皮作为基质作用,在使用过程中会因物质分解而使其容重增加,体积变小,结构受到破坏,造成通气不良,易积水,但结构变差需 1 年左右时间。利用树皮作基质时,如果树皮中氧化物含量超过 2.5%,锰含量超过 20 mg/kg,则不宜使用。

树皮的性质和木屑基本相近,但通气性强而持水量低,并较耐分解。用前要破碎成 1 ~6 mm 大小,并最好堆积腐熟。一般与其他基质混合使用,用量占总体积的 25% ~75%。如 100% 单独使用,由于过分通气,必须十分注意浇水和施肥,所以,仅见用于种植兰科植物。

8)菇渣和棉籽壳菌糠

菇渣是种植草菇、平菇等食用菌后废弃的培养基质,可用来作为无土栽培基质。将废弃的菇渣取来后加水至含水量约 70%,再堆成一堆,盖上塑料薄膜,堆沤 3 ~4 个月,取出风干,然后打碎,过 5 mm 筛,筛去菇渣中的粗大植物残体、石块和棉花即可。菇渣容重为 0.41 g/cm^3,持水量为 60.8%,菇渣含氮 1.83%,含磷 0.84%,含钾 1.77%,菇渣中含有较多的石灰,pH 为 6.9。菇渣的氮、磷含量较高,不宜直接作为基质使用,应与泥炭、蔗渣、砂等基质按一定比例混合使用。混合时菇渣所含比例不应超过 40%(以体积计)。

棉籽壳菌糠 pH 为 6.4,容重为 0.249 7 cm^3,总孔隙度为 74.9%,大孔隙为 72.3%,小孔隙为 2.6%,气水比为 1∶0.36。含全氮为 2.2%,含磷为 0.21%。其性质与发酵木屑有些相近。

9)稻壳

稻壳(砻糠)是稻米加工时的副产品,既通气、排水、抗分解,又不干扰营养液或其他基质的 pH、养分有效性、可溶性盐,再加上价格便宜,所以,单纯从这些方面来看,在产稻区,它是一种比较好的基质。但是,由于其存在质轻而浇水后易浮起、用前要蒸煮以杀灭病原菌、蒸煮时释放出的锰有可能使植物中毒,蒸煮后要添加 1% 氮肥以纠正高碳氮比等缺点,故而无土栽培中少见直接用作基质。

在无土栽培上使用的稻壳是经过炭化(不可用明火)处理的,称为炭化稻壳或炭化砻糠。

炭化稻壳色黑,容重为0.15~0.24 g/cm³,总孔隙度为82.5%,其中大孔隙容积为57.5%,小孔隙容积为25.0%,气水比为1∶0.43,持水量为55%。含氮0.54%,全磷为0.049%,速效磷66 mg/kg,速效钾6 625.5 mg/kg,代换钙为884.5 mg/kg,电导率为0.36 mS/cm。pH为6.9~7.7。如果炭化稻壳使用前没经过水洗,炭化形成的碳酸钾会使其pH升至9.0以上,因此使用前宜用水洗。

炭化稻壳因经高温炭化,如不受外来污染,则不带病菌。炭化稻壳含营养元素丰富,价格低廉,通透性良好,但持水孔隙度小,持水能力差,使用时需经常浇水。另外稻壳炭化过程不能过度,否则受压时极易破碎。

炭化稻壳质疏松,通气和吸水均较适中,不易出现过干或过湿现象(但由于吸湿性强,如厚度较厚再加供液充分,则易出现湿害)。虽吸收养分的能力较差,但自身含有较丰富的钾、磷、钙等养分,可以满足幼苗需要,故适用于扦插和播种。由于pH偏碱性以及所含养分会干扰营养液的配制,加上资源不十分容易取得等原因,除扦插、播种外,一般不单独作为基质使用,而通常多用于混合基质以改进通气性和提高肥力。另外,砻糠用作燃料产生的灰烬称为砻糠灰或谷壳灰,实际上与炭化稻壳并非是同一物品。前者燃烧程度高,含碳少,颗粒较细小,灰分含量多;后者则相反,性能优于前者。尽管有人将砻糠灰与炭化稻壳混同,无土栽培中用作基质的主要是指炭化稻壳。

10)泡沫塑料

泡沫塑料种类繁多,能用作无土栽培基质的主要有脲醛泡沫、软质聚氨酯泡沫、酚醛泡沫和聚有机硅氧烷泡沫等泡沫塑料,尤其是脲醛泡沫塑料,国内也有用聚苯乙烯泡沫塑料。这里以脲醛泡沫塑料为代表,将它与其他基质进行比较。

泡沫塑料的容重小,脲醛泡沫塑料干容重为0.01~0.02 g/cm³,总孔隙度为82.78%,大孔隙为10.18%,小孔隙为72.60%,气水比为1∶7.13,最高饱和吸水量可达自身重量的10~60倍或更多,有弹性,在受到不破坏结构的外力压缩后仍能恢复原状,脲醛泡沫塑料pH为6.5~7.0,富含氮(高达36%~38%)、磷、钾、硫、锌等元素,色洁白,容易按需要染成各种颜色,无特殊气味,生产过程中,经过酸、碱和高温处理,即使有病菌、害虫、草籽混入,也均被杀灭,pH容易随意调节,栽培成功的植物已不下200种,包括喜旱的仙人掌类和喜湿的热带雨林花卉日常管理简便,供家庭观赏的盆花,尤其是不讲究生长速度的观赏植物,即使终年只浇水也无妨。可以使用瓦盆、紫砂盆、塑料盆、瓷盆等各种容器,甚至使用玻璃容器。可100%地单独替代土壤用于长期栽种植物,也可与其他泡沫塑料或珍珠岩、蛭石、颗粒状岩棉等混合使用。价格一般,与椰糠或建筑保温用岩棉相近,低于农用岩棉,远远低于水晶泥或精品泥炭。它不是土壤而胜似土壤,从播种扦插到移栽定植、从固体基质培到半基质培、从微型盆栽到大型盆栽、从室内盆花到室外盆花等等几乎无不适用,故与其他基质相比,是一种长处极多而短处很少的无土栽培基质材料,基本上能满足理想基质的各项要求。

泡沫塑料非常轻,用作基质时必须用容重较大的颗粒如砂、石砾来增加重量,否则植物无法固定。由于泡沫塑料的排水性能良好,它可作为栽培床下层的排水材料。若用于家庭盆栽花卉(与砂混合),则较为美观且植株生长良好。

近两年,在我国推销的日本产“盆装泡沫塑料”,其外观和质地与海绵或软质聚氨酯非常相似,采用了含水质防腐剂的长效缓释肥料,使日常管理简便化,但只适用于栽种较小型的花卉,价格非常昂贵(栽种相同大小的 1 株花卉,代价比使用人工土高出 30 ~ 40 倍)。

2.2.3 复合基质

复合基质也叫混合基质,是由两种或几种基质按一定的比例混合而成。基质种类和配比因栽培植物种类的不同而异。

我国较少以商品形式出售复合基质,生产上根据作物种类和基质材料进行配制。配制复合基质时一般用 2 ~ 3 种单一基质,制成的基质应是容重适宜、增加孔隙度、提高水分和空气含量。合理配比的复合基质具有优良的理化特性,有利于提高栽培效果,但对不同作物而言,复合基质应具有不同的组成和配比。试验表明:草炭、蛭石、炉渣、珍珠岩按照 20 : 20 : 50 : 10 混合,适于番茄、甜椒育苗;按照 40 : 30 : 10 : 20 混合,适于西瓜育苗,黄瓜育苗用 50% 草炭和 50% 炉渣混合效果较好。华南农业大学土化系采用的蔗渣矿物复合基质是用 50% ~70% 的蔗渣与 30% ~50% 的砂、石砾或煤渣混合而成,无论育苗还是栽培,效果均良好。

2.3 基质的选用与处理

2.3.1 基质的选用原则

1)适用性

适用性是指基质适合所要种植的作物。基质是否适用可从以下几方面考虑:

①总体要求是所选用基质的容重在 0.5 左右,总孔隙度在 60% 左右,气水比在 1 : 2 左右、化学稳定性强、酸碱度接近中性、无有毒物质。最好选用的是复合基质。

②虽然基质的某些性状会阻碍作物生长,但若这些性状通过经济有效的措施是可以消除的,则这些基质也是适用的。如泥炭的颗粒较小,对于育苗是适用的,但在基质袋培时却因太细而不适用,必须与珍珠岩、蛭石等配制成复合基质后方可使用。

③必须考虑栽培形式和设备条件。如设备和技术条件较差时,可以采用槽培或钵栽,

基质选用沙子或蛭石；如用袋培、柱状栽培时，可选用木屑或草炭加沙的混合基质。在有滴灌设施的情况下，可以采用岩棉作基质。

④必须考虑植物根系的适应性和气候条件、水质条件等。如气生根、肉质根需要很好的透气性，根系周围湿度要大；在空气湿度大的地区，则要求选用透气性良好的基质如松针、锯末等，北方水质一般呈碱性，选用泥炭与其他基质混合的复合基质效果较好。基质正式应用于生产之前，有针对性地进行栽培试验，可提高基质选择的准确性。

⑤立足本国实际。世界各国都应针对本国的基质资源状况，选择资源丰富的材料作为无土栽培用的基质。如加拿大采用锯末栽培，西欧各国岩棉培居多，南非蛭石栽培居多。

决定基质是否使用，还应该有针对性地进行栽培试验，这样可提高选择基质的准确性。

2）经济性

经济效益决定无土栽培发展的规模与速度。选用基质必须要考虑其经济性。基质培技术简单，投资小，但各种基质的价格相差很大。有些基质虽对植物生长有良好的作用，但来源不易或价格太高，因而不宜使用。应根据当地的资源状况，尽量选择廉价优质、来源广泛、不污染环境、使用方便（包括混合难易和消毒难易等）、可利用时间长、经济效益高的基质，最好能就地取材，从而降低无土栽培的成本，减少投入，体现经济性。

3）市场性

不同基质栽培生产出的产品档次和市场需求是有差异的。如传统的无机基质栽培是由化肥和化学试剂为基础配制而成的营养液为基础的，只能生产出优质的无公害蔬菜，而采用以有机基质为主要成分的复合基质进行有机生态型无土栽培，则能生产出绿色食品蔬菜。目前，市场上对绿色食品的需求日益加大，销售价格也远高于普通食品，市场前景看好。因此，以产品市场为导向来选择适宜的基质和栽培类型，这在无土栽培生产上是非常重要的一个方面。

4）环保性

①基质的选用符合环境保护法规。

②为了防止无土栽培的废液排到土壤或水中，造成土壤的次生污染和地区水体富营养化，开放式基质培系统逐步改为封闭系统，这就要求选用的基质具有良好的理化性质，具有较强的盐分、pH 值的缓冲性能。

③草炭虽然是世界上应用最广泛、效果较理想的一种栽培基质，但是草炭是一种短期内不可再生资源，储藏的总量有限，不能无限制地开采，所以今后应尽量减少草炭的用量

或寻找草炭替代品,这是目前选择基质的一个热点。

④用有机废弃物作为栽培基质不仅可解决废弃物对环境的污染问题,而且还可以利用有机物中丰富的养分供应植物生长所需,但应考虑到有机物的盐分含量、有无生理毒素和生物稳定性,而且必须对有机废弃物特别是城市生活垃圾及工业垃圾的重金属含量进行检测。

2.3.2 基质的混配

每种基质的特点不一,如基质 pH 值偏高或偏低,基质分解有快有慢等。所以,单一使用一种基质就存在这样那样的问题,而混合基质由于它们相互之间能够优势互补,使得基质的各种性能指标都比较理想。美国加州大学、康奈尔大学从 20 世纪 50 年代开始,用草炭、蛭石、沙、珍珠岩等为原料,制成复合基质出售。我国较少以商品形式出售复合基质,生产上根据作物种类和基质特性自行配制复合基质,这样可以降低栽培成本。

1) 混配原则

基质混配总的要求是容重适宜,增加孔隙度,提高水分和空气的含量,同时根据混合基质的特性,与作物营养液配方相结合,只有这样才有可能充分发挥其在栽培上的丰产、优质的潜能。生产上以 2 ~ 3 种基质混合为宜。栽培的作物种类不同,则复合基质的组成也不同,但比较好的复合基质应适用于多种作物,不能只适用于某一种作物。

一般不同作物其复合基质组成不同,但比较好的复合基质应适用于各种作物栽培,如 1 : 1 的草炭 : 蛭石,1 : 1 的草炭 : 锯末,1 : 1 : 1 的草炭 : 蛭石 : 锯末,或 1 : 1 : 1 的草炭 : 蛭石 : 珍珠岩等混合基质,均在我国无土栽培生产上获得了较好的应用效果。国内外常用的一些复合基质配方见表 2.17。

表 2.17 国内外常用的复合基质配方

配方序号	草炭	珍珠岩	砂	蛭石	树皮	火山岩	刨花	炉渣灰	玉米秸(向日葵秸、玉米芯)	椰子壳	锯末
1	1	1	1								
2	1	1									
3	1		1								
4	1(3)		3(1)								
5	1			1							
6	4	3		3							
7	2		1			2					

续表

配方序号	草炭	珍珠岩	砂	蛭石	树皮	火山岩	刨花	炉渣灰	玉米秸(向日葵秸、玉米芯)	椰子壳	锯末
8	2	1		1							
9	1	1			1						
10							1	1			
11	2				1		1				
12	1				1						
13								2	3		
14	1							3	1		
15	1										1
16	1			1							1
17	4	1		1							
18	2							3			
19			1							1	
20								2	5		3
21	7	3									

2）混配方法

在混合基质时，如量大时应使用混凝土搅拌器。干的草炭一般不易弄湿，需提前一天喷水或加入非离子润湿剂，每40 L水中加50 g次氯酸钠配成溶液，能把1 m^3 的混合物弄湿。注意混合时要将草炭块尽量弄碎，否则不利于植物根系生长。

另外，在配制混合基质时，根据栽培需要可以预先混入一定的肥料，肥料可用N、P、K三元复合肥(15-15-15)以0.25%比例加水混入，或按硫酸钾0.5 g/L、硝酸铵0.25 g/L、过磷酸钙1.5 g/L、硫酸镁0.25 g/L的量加入，也可按其他营养液配方加入。

混配好的复合基质，可用电导率仪测定基质的 γ 值，以确定该基质是否会产生盐害。混合基质用量少时，可在水泥地面上用铁锹或铁铲混拌；用量大时用基质搅拌机。

2.3.3　基质的处理

1）基质消毒

许多固体基质在使用前或长期使用（特别是连作后）可能会含有一些病菌或虫卵，容

易引发病虫害。因此,大部分基质在使用前或下茬作物定植前,有必要对基质进行消毒,以消灭任何可能存留的病菌和虫卵。基质消毒常用的方法有蒸汽消毒、化学药剂消毒和太阳能消毒。

(1)蒸汽消毒

蒸汽消毒简便易行,安全彻底,但需要专用设备,成本高,操作不便。具体方法是:将基质装入容积1~2 m^3 的柜(箱)内,通入蒸汽进行密闭消毒。一般在70~90 ℃条件下消毒15~30 min,就能杀死病菌。如消毒的基质量大时,可将基质堆成20 cm高,长度依地形而定,全部用防水耐高温的布盖住,通入蒸汽,在70~90 ℃下灭菌1 h,灭菌效果较好。注意每次消毒的基质不可过多,否则处于内部的基质中的病菌或虫卵不能完全杀灭;消毒时基质的含水量应控制在35%~45%,过湿或过干都可能降低消毒效果。

工厂化育苗用的基质采用基质消毒机或将蒸汽通入基质消毒池消毒。

(2)化学药剂消毒

化学药剂消毒操作简单,成本较低,但消毒效果不如蒸汽消毒,且对操作人员身体不利。常用的化学药剂有甲醛、高锰酸钾、氯化苦、威百亩和漂白剂等。

①40%甲醛:甲醛是良好的杀菌剂,但杀虫效果较差。一般用40%的原液稀释成50倍,按20~40 L/m^3 的药液量对基质进行消毒,消毒效果较好。其消毒方法见项目12技能训练6。基质消毒时要求工作人员操作时戴上口罩,做好防护工作。

②高锰酸钾:高锰酸钾是强氧化剂,一般用在石砾、粗沙等没有吸附能力且较容易用清水冲洗干净的惰性基质上消毒,而不能用于泥炭、木屑、岩棉、陶粒等有较大吸附能力的活性基质或者难以用清水冲洗干净的基质,因为这些基质会因为吸附高锰酸钾而直接毒害作物,或造成植物的锰中毒。其消毒方法见项目12技能训练6。

③氯化苦:氯化苦是液体,需要用喷射器施用,能够有效防治线虫、昆虫、一些草籽、轮枝菌和对其他消毒剂有抗性的真菌。氯化苦熏蒸的适宜温度为15~20 ℃。熏蒸前先把基质堆放成高30 cm,长宽根据具体条件而定。在基质上方每隔30 cm打一个深为10~15 cm的孔,每孔注入氯化苦5 mL,随即将孔堵住,第一层打孔放药后,再在其上堆同样的基质一层,打孔放药,总共2~3层,或者施用150 mL/m^3 的药液,然后覆膜7~10 d后揭膜,晾7~8 d后即可使用。氯化苦对活的植物组织和人有毒害作用,所以施用时要注意安全。

④威百亩:它是一种水溶性熏蒸剂,能杀死杂草、大多数真菌和线虫,可以作为喷洒剂通过供液系统洒在基质的表面。也可把1 L威百亩加入10~15 L水中,均匀喷洒在10 m^3 的基质表面。施药后将基质密封,2周后可以使用。

⑤漂白剂:漂白剂包括次氯酸钙或次氯酸钠,特别适于砾石、沙子消毒。使用方法是在水池中制成0.3%~1.0%的药液(有效氯含量),浸泡基质0.5 h以上,然后用清水冲洗,以消除残留氯。一般要求不要用于具有较强吸附能力或难以用清水冲洗干净的基

质上。

(3)太阳能消毒

蒸汽消毒比较安全,但成本较高;药剂消毒成本较低,但安全性较差,并且会污染周围环境;太阳能是近年来在温室栽培中应用较普遍的一种廉价、安全、简单实用的基质消毒方法。

2)基质发酵

稻壳、锯木屑等有机基质往往含有病菌、虫卵等,不能直接作为栽培基质使用,在正式使用之前,一般需要进行发酵处理,否则,除养分流失外,会因为有机物被迫在作物根部或地里"被动发酵"而导致"烧根""烧苗"等现象的产生,造成死苗等重大经济损失。以甘蔗渣、稻草秆、玉米秸等为主原料,以养殖业废弃物为氮源发酵,不仅可以生产富有营养的有机基质,而且还是解决农牧业废弃物污染环境的有效途径之一。下面以玉米秸粉、稻壳发酵为例,介绍基质发酵的工艺流程。

(1)玉米秸粉发酵

玉米秸粉发酵主要是以粉碎的玉米秸粉为发酵原料,以尿素、烘干鸡粪为外加氮源,以高温放线菌、中温放线菌为菌源,经过高温发酵杀菌、中温发酵和自然后熟发酵3个阶段完成发酵全过程。其工艺流程是:向玉米秸粉中定量加入预先混有尿素、烘干鸡粪和高温放线菌的水,将发酵物料总碳氮比控制在(35~45):1,其中的碳主要是以玉米秸秆中碳的含量来计算,玉米秸秆中碳的质量百分含量为43%;氮主要是以尿素和烘干鸡粪中氮的含量来计算,尿素中氮的质量百分含量为46%,烘干鸡粪中氮的质量百分含量为2.3%;总含水量的质量百分比控制在60%~70%。高温放线菌添加量为玉米秸粉干重的0.1%~0.5%。物料搅拌混合后进行高温杀菌发酵,此期至少65 ℃维持12~24 h,pH值控制为7~8。在经过高温杀菌的发酵物中加入中温放线菌,添加量为初始发酵物料中玉米秸粉干重的0.1%~0.5%,控温45~50 ℃,维持8~10 d。最后将中温发酵的物料在室温下自然发酵15~30 d,并对发酵成品烘干即成无土栽培用的基质。

(2)稻壳发酵

稻壳的主要成分因品种、产地、加工方法不同而有较大差异,一般其含水量为12%左右,含碳36%,含氮0.48%,含磷0.32%,含钾0.27%,碳氮比高达75.6:100,是难以发酵的有机物料之一,一般发酵助剂很难将其"制服"。因此,稻壳发酵应先采用尿素或用家畜粪尿混用进行氨化处理,才能获得较理想的发酵效应。其工艺流程是:首先是备料,准备稻壳1 t左右,尿素4 kg,米糠10 kg。其次,将稻壳加湿,按1 t物料加500 kg水(浸泡)后,使水分含量达到60%~65%,堆积放置24 h以上,再把4 kg尿素兑50 kg水,制成尿素水,均匀地泼洒在稻壳堆中,再经过12 h,将2 kg"金宝贝"微生物发酵助剂混拌在10 kg米糠中,予以充分"稀释"后再均匀地撒在稻壳堆内。稻壳的堆积高度不超过

2 m，占地面积也不超过 50 m^3 为宜。堆积完毕后立即盖上透气性覆盖物，做到保温、保湿。当发酵温度达到 65 ~ 70 ℃，并持续 36 h 后，可进行第一次翻堆，此后，再翻倒几次，直到发酵全部完成。这段时间的管理核心是在“保温”的前提下做好“通气”“保湿”管理。

3）基质更换

基质使用一段时间（1 ~ 3 年）后，各种病菌、作物根系分泌物和烂根大量积累，物理性状变差，特别是有机残体为主体材料的基质，由于微生物的分解作用使得这些有机残体的纤维断裂，从而导致基质通气性下降，保水性过高，这些因素会影响作物生长，因而需要更换基质。

使用基质进行无土栽培也提倡轮作，如前茬种植番茄，后茬就不应种茄子等茄科蔬菜，可改种瓜类蔬菜。基质消毒不能保证彻底杀灭病菌和虫卵，轮作或更换基质才是更保险的方法。

更换下来的旧基质可经过洗盐、灭菌、离子重新导入、氧化等方法再生处理后可以重新用于无土栽培，也可施到农田中作为改良土壤之用。难以分解的基质如岩棉、陶粒等可进行填埋处理，防止对环境二次污染。

4）废弃基质的处理和利用

经过使用一个生长季或更多生长季的无土栽培基质，由于吸附了较多的盐类或其他物质，因此必须经过适当的处理才能继续使用，通常基质的再生处理有以下 4 种方法。

（1）洗盐处理

为了去掉基质内所含的盐分，可以把它们用清水反复冲洗，以除去多余的盐分。在处理过程中，可以靠分析处理液的电导率来进行监控。洗盐处理的效果与无土栽培基质的性质有着很大关系，总体来看，离子交换量较高的基质洗盐操作较为困难，而离子交换量低的基质洗盐效果相对较好。

（2）灭菌处理

对于夹杂有致病菌类的基质，可以采用高温灭菌法、药剂灭菌法进行消毒。适合现代化生产的高温灭菌法为蒸汽法，即将处于微潮状态的基质通入高压水蒸气。这种处理的方法效果好，没有污染，但投入较大。此外，还可以凭借暴晒法来进行高温灭菌，在操作时可将被处理基质置于黑色塑料袋中，放在日光下暴晒，注意适时翻动袋中的基质，以使它们受热均匀。一般来说，暴晒灭菌法在夏秋高温时节处理效果最好。这种方法并不需要额外的能源，适用范围较广，但缺点是对天气的依赖性较强，且消毒有时并不彻底。在有些情况下，基质的灭菌处理也可以采用甲醛，用量为每立方米基质加入

50～100 mL的药剂，由于甲醛能够使蛋白质变性，因此对于各种菌类均有很好的灭杀效果。在操作时，可将甲醛均匀地喷洒在基质中，然后覆盖以塑料薄膜。经过2～3 d后，打开塑料薄膜，并摊开基质，使剩余的甲醛散发到空气中，否则会对园艺作物的生长带来危害。

(3)离子导入

实际上，定期给基质浇灌浓度较高的营养液，就是一个离子导入的过程。除了营养液栽培之外，很多园艺作物固体基质培实际上都面临着离子导入的问题。由于植物根系对于矿质营养的吸收在很大程度上是通过离子交换进行的，因此有固体基质存在的环境中，植物的根系都会与其发生离子交换作用而吸收基质表面所吸附的阳离子或阴离子，这个过程是一个可逆反应，当它进行到一定程度后，则必须通过含有较高水平的阳离子或阴离子溶液来置换出基质中植物根系所释放交换的相应离子，这就是所谓的离子导入。它与离子交换的不同之处在于此项操作在人工控制下进行。

(4)氧化处理

一些栽培基质，特别是砂、砾石在使用一段时间后，其表面就会变黑，这种现象是由于环境中缺氧而生成了硫化物的结果。在重新使用时，应该将这些硫化物除去，通常采用的方法主要有通风法，即将被处理的基质置于空气中，这时空气中的游离氧就会与硫化物反应，从而使基质恢复原来的面貌。除此而外，还可以使用药剂进行处理，例如可以采用不会造成环境污染的过氧化氢来进行处理。

项目小结

无土栽培的基本条件是营养液和固体基质。营养液是由水、无机盐及辅助物质组成，水质要求与饮用水相当，肥料要求溶解度大、纯度高、种类适宜，不含有毒或有害成分，购买方便，价格便宜。营养液可根据生理平衡和化学平衡的方法确定组成，1 L营养液中含有营养元素的量即为营养液的配方。营养液的配制技术可根据避免外源性物质沉淀的产生为原则，选好营养液配方、水源和肥料，阅读有关资料，计算好肥料用量，准备好贮液罐及其他必要物件，配制母液及工作液。营养液的管理主要通过溶存氧调整、浓度调整、酸碱度控制、供液时间与供液次数及光温管理来确定营养液更换的时间。

无土栽培用的基质不能含有不利于植物生长发育的有害、有毒物质，要能为植物根系提供良好的水、气、肥、热、pH值等条件，充分发挥其不是土壤胜似土壤的作用；还要能适应现代化的生产和生活条件，易于操作及标准化管理。固体基质的分类方法很多，按基质的来源划分为天然基质(如沙子、石砾、蛭石等)和合成基质(如岩棉、陶粒、泡沫塑料等)；

按基质的化学组成划分为无机基质(如砂子、砾石、珍珠岩、蛭石、岩棉、矿棉、陶粒、聚乙烯、聚丙烯、酚类树脂、尿醛泡沫塑料、炉渣等)和有机基质(如草炭、泥炭、木屑、秸秆、稻壳、树皮、棉籽壳、蔗渣、椰糠等);按基质的组合划分为单一基质和复合基质;按基质的性质划分为活性基质(如泥炭、蛭石)和惰性基质(如沙、石砾、岩棉、泡沫塑料)。基质混配总的要求是容重适宜,增加孔隙度,提高水分和空气的含量。生产上以 2 ~3 种基质混合为宜。基质在使用前应彻底消毒,常用的消毒方法有 3 种:蒸汽消毒、药剂消毒、太阳能消毒。有机基质在使用之前要进行发酵处理。基质使用一段时间后(1 ~3 年)应及时更换,废弃基质经过适当的处理后也可继续使用。

项目考核

一、填空题

1. 决定水硬度的钙盐主要是________、__________、________和________。

2. 决定水硬度的镁盐主要是________、__________、________和________。

3. 水硬度的表示方法是 1°= ______ 10 mg/L。

4. 目前世界上大多数营养液配方,都是采用________态氮作为氮源的。

5. 植物吸收一定营养元素的量与吸收相应水分量的比值称为__________,其公式为______,它是配制营养液时的一个重要依据。

6. 营养液浓度的直接表示法一般有__________、________和________三种。其中__________表示法称作操作浓度。

7. 营养液人工增氧的方法主要有________、________、________、________等,其中__________方法在生产上较为常用。

8. 在一定的浓度范围内,营养液中含的盐量与电导率之间存在着__________相关性;含盐量越高,营养液的电导率越____________。

9. 固体基质共有的作用是__________、__________、________,部分基质还有______和__________作用。

10. 基质容重过大,说明基质过于________,持水性______,但通气性______;反之,容重过小,说明基质过于________,持水性________,但通气性________。

11. 了解基质的化学性质及其作用,有助于在选择基质和配制、管理营养液的过程中增强针对性,提高栽培管理效果。基质的化学性质主要有基质的__________、________、________、________和________等。

12. 基质的好坏首先决定于基质的物理性质。反映基质物理性质的主要指标有__________、________、________和________等。

二、选择题

1. 营养液 pH 值的控制可用________(A. 加入酸或碱中和;B. 更换营养液;C. 适当改变营养液配方中盐类的搭配;D. 补充营养液)的方法来解决。

2. 营养液中的 NO_3^-—N 所造成的生理______(A. 酸性;B. 碱性)比较________(A. 强;B. 弱);而 NH_4^+—N 所造成的生理________(A. 酸性;B. 碱性)比较__________(A. 强;B. 弱),因而用__________(A. NH_4^+—N;B. NO_3^-—N;C. 酰胺态氮)所造成的不良影响较容易克服。

3. 在固体基质栽培中,常常每隔一段时间用__________(A. 工作营养液;B. 稀营养液;C. 清水;D. 母液)来滴入或灌入基质中,以消除基质中__________(A. 养分累积;B. 养分不平衡;C. 通气不良)的危害。

4. 无土栽培中,常用__________(A. 无机铁盐;B. 有机铁盐;C. 螯合铁;D. 铁粉)作为铁源,这是因为这些化合物能________(A. 使铁保持较长时间的有效性;B. 改善营养液的性能;C. 提供有机营养)。

三、判断题

1. A 母液浓缩 20 倍,B 母液浓缩 50 倍,利用它们配制 2 L 原液,则 A、B 两种母液依次应量取 50 mL 和 40 mL。(　　)

2. 营养液的适宜 pH 值为 5.5 ~6.5,可用 pH 试纸或酸度计测定。(　　)

3. 在一定范围内,电导率值的高低反映出营养液中总离子浓度的大小。(　　)

4. 用只含一种化合物的溶液水培植物会导致植物发生单盐毒害的后果。(　　)

5. 对于同一种基质而言,容重越大,则说明该基质越紧实,总孔隙度越小,气水比亦越小。(　　)

6. 无土栽培中,所有的基质都有缓冲作用。(　　)

四、简述题

1. 如何理解营养液的含义及其在无土栽培中的地位和作用?

2. 何谓营养液配方? 什么是配方的 1 个剂量、1/2 剂量、3/4 剂量?

3. 营养液的组成原则、配制原则有哪些? 如何保证正确组配营养液?

4. 简要说明营养液栽培与土壤栽培在植物养分供应上的不同点。

5. 营养液经多次补充养分后,作物虽然正常生长,但电导率却居高不降,这种现象说明什么?

6. 在配制营养液时,如何解决硬水地区的水源中含较多钙盐、镁盐的问题?

7. 如何对营养液进行有效的管理?

8. 营养液对水质有何要求?

9. 如果 Ca^{2+}、Mg^{2+} 含量偏多时,在配制营养液时应如何调整?

10. 电导率与营养液浓度有何关系?

11. 如何理解基质的阳离子代换量在基质培过程中对营养液的影响?
12. 选用基质时应遵循什么原则?
13. 比较蒸汽消毒、药剂消毒和太阳能消毒的优缺点。
14. 列举一些常用基质的组配方法。
15. 如何理解基质的开发与农业废弃物无害化处理之间的关系?

项目3　无土栽培的环境保护设施

✲项目目标

- ❈ 了解设施内各环境因子的特点和影响因素。
- ❈ 熟悉设施环境综合调控的目标与原则。
- ❈ 掌握设施内各环境因子的具体调控措施。
- ❈ 能够正确观测设施内各种环境因子的变化，能够掌握本地区主要设施类型的环境变化特点，并能进行有效的调控。

✲项目导入

无土栽培是保护地设施栽培中的一种高效技术。它之所以比土壤栽培高产、优质和高效，不仅是因为无土栽培设施本身有调控作物根际环境的功能，还需有与其配套的温室等环境保护设施，从而使作物的地上部和地下部的生长条件都处于最佳状态。无土栽培设施只有在温室大棚等保护设施配合的条件下，才能实现反季节栽培或周年供应，从而提高了设施的利用率。因此，了解环境保护设施类型、结构与特点，掌握环境调控技术，对园艺作物无土栽培具有重要的生产实践意义。

任务1　环境保护设施类型

环境保护设施是指为调控温、光、水、气等环境因子，其栽培空间覆以透光性的覆盖材料，人可入内操作的一种栽培措施。依据覆盖材料的不同分为玻璃温室和塑料温室两大类，塑料温室依据覆盖材料的不同，又分为硬质（PC 板、FRA 板、FRP 板、复合板等）塑料温室和软质塑料（PVC、PE、EVA 膜等）温室；依据形状分为单栋和连栋两类；依据屋顶的形式则分为双屋面、单屋面、不等式屋面、拱圆屋面等。

1.1　塑料大棚

通常不用砖石结构围护，只以竹、木、水泥或钢材等作骨架，在表面覆盖塑料薄膜的大型保护栽培设施称为塑料大棚。其结构一般由拱架、纵梁、立柱、山墙立柱、骨架连接卡具和门构成,设施简单,一般没有环境调控设备,依靠自然光照进行生产,在气候温暖的南方地区发展较快。塑料大棚主要有竹木结构大棚、悬梁吊柱竹木拱架大棚、拉筋吊柱大棚、无柱钢架大棚和装配式镀锌薄壁钢管大棚(图 3.1)等形式,其中装配式镀锌薄壁钢管大棚棚内空间较大、无立柱、作业方便,属于国家定型产品,规格统一,组装拆卸方便,盖膜便利,生产上普遍采用。

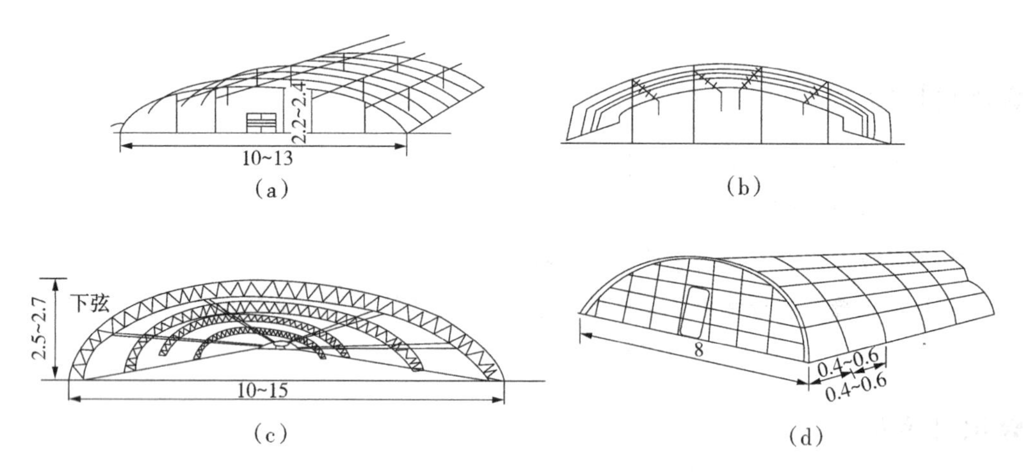

图 3.1　塑料大棚的主要形式(单位:m)

(a)悬梁吊柱竹木拱架大棚;(b)拉筋吊柱大棚;(c)无柱钢架大棚;(d)装配式镀锌薄壁钢管大棚

1.2　日光温室

日光温室是我国淮河以北地区面积最大的保护生产设施,是用有透光能力的材料覆盖屋面而成的保护性植物栽培设施。由后墙、后坡、前屋面和两山墙构成,脊高 2 m 以上,跨度在 6 ~8 m,一般坐北面南、东西延长向建造,大多以塑料薄膜为采光覆盖材料,以太阳辐射为热源,靠最大限度地采光、加厚的墙体和后坡,以及防寒沟、纸被、草苫等一系列保温御寒设备以达到增温、保温的效果,从而充分利用光热资源,减弱不利气象因子的影响。一般不进行加温,或只进行少量的辅助性补温。日光温室主要类型有矮后墙长后坡日光温室、高后墙短后坡日光温室、琴弦式日光温室、钢竹混合结构日光温室和全钢架无支柱日光温室(图 3.2)等形式。利用日光温室后墙进行蔬菜立体无土栽培(图 3.3),能使温室内种植面积增加 20% ~30%,且无土栽培生产的蔬菜病虫害少、品质高,60 m 长的日光温室可增加 30% 的收入,增产增收效益显著。

日光温室可以对温度等环境因素进行有效控制,是无土栽培中最重要、应用最广泛的栽培设施。

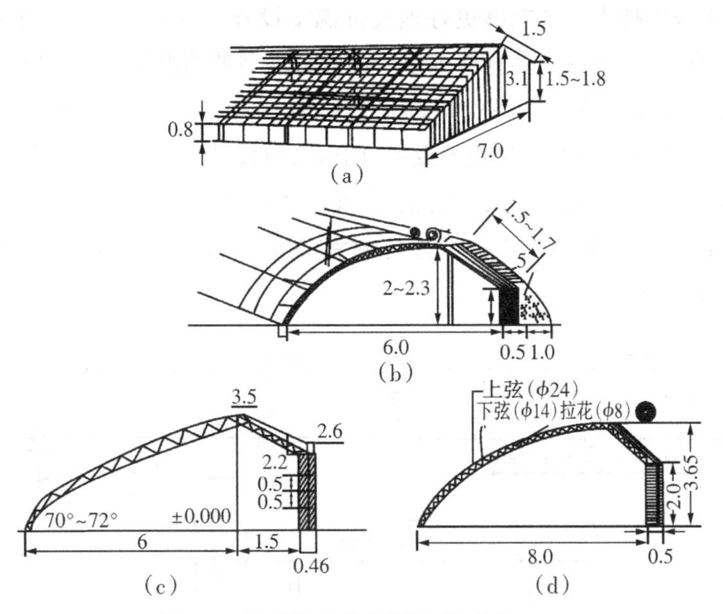

图3.2　日光温室的主要形式(单位:m)

(a)琴弦式日光温室;(b)钢竹混合结构日光温室;

(c)辽沈Ⅰ型日光温室;(d)改进冀优Ⅱ型节能日光温室

图3.3　甘肃日光温室后墙蔬菜立体栽培

1.3　现代化温室

现代化温室是设施园艺中一种高级类型。多用热镀锌钢材或铝型材作结构材料,用混凝土做基础材料,采用桁架结构,一般南北向东西延长,见光面积大,冬季进光量较多。国家、地区的气候特征不同,在温室设计方面差异较大。现代化温室除主体结构规模较大外,内部还有各种环境调控设备,包括自然通风系统、加热系统、幕帘系统、降温系统、补光系统、补气系统、计算机自动控制系统、灌溉和施肥系统、排水积雨系统、防护系统(防虫网、除雪设备)、气象站、动力系统、控制系统等。由于设施环境实现了计算机自动控制,基本上不受自然气候条件下灾害性天气和不良环境条件的影响,能周年全天候进行园艺作

物生产,与无土栽培技术结合能够更好地发挥温室设施的生产效能。目前我国引进的现代化温室主要有:荷兰研发的多脊连栋小屋面的芬洛型玻璃温室(图3.4)、法国瑞奇温室公司研发的塑料薄膜里歇尔温室、拱圆形连栋卷膜式全开放型塑料温室和由意大利Serre, Italia公司开发的全开放型玻璃温室,国内自行设计制造的典型现代化自控温室有:双层充气连栋塑料温室、双坡面玻璃温室、华北型大型连栋塑料温室、华南型大型连栋塑料温室、全顶型连栋温室、LGP-732型连栋温室、XA和GK型系列温室、FRP(轻质玻璃钢)连栋温室(图3.5)等。

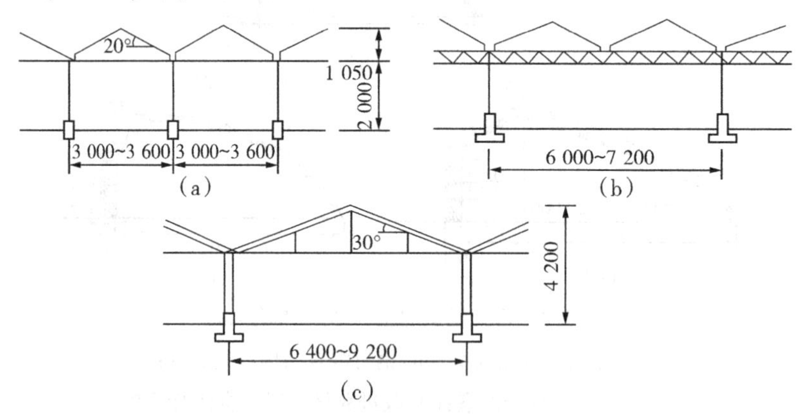

图3.4　荷兰芬洛型玻璃温室(单位:m)

(a)荷兰A型;(b)荷兰B型;(c)荷兰C型

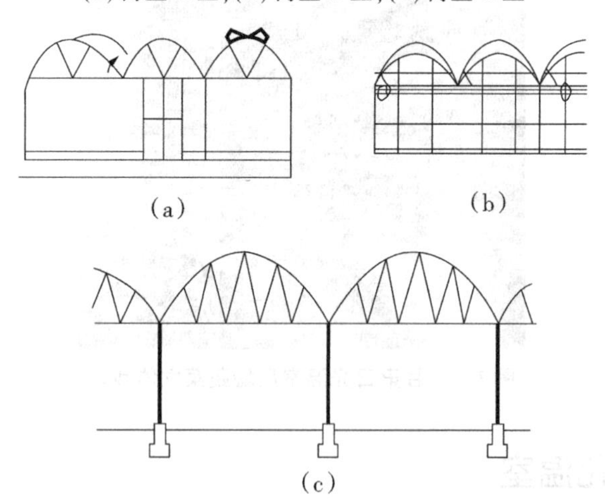

图3.5　连栋温室几种构型

(a)拱圆形塑料连栋温室;(b)双层充气式塑料连栋温室;(c)FRP连栋温室

1.4　植物工厂

植物工厂是人类发展农业生产的理想乐园,是园艺栽培设施的最高层次,是在计算机精确控制下的"可控农业",其管理完全实现了机械化和自动化,具有高度集成、高效生产、高商品性、高投入的特征。作物在大型设施内进行无土栽培和立体种植,所需要的温、

湿、光、水、肥、气等均按植物生长的要求进行最优配置，不仅全部采用电脑监测控制，而且采用机器人、机械手进行全封闭的生产管理，实现从播种到收获的流水线作业，完全摆脱了自然条件的束缚。世界各国的科学家进行了通力合作和不懈的努力，成功地建成了许多座植物工厂，并顺利运行，大幅度提高了土地生产效率，改变了植物生育节奏，尤其是现代生物技术的日新月异发展，为植物工厂提供了更广阔的发展前景。但是不可否认，植物工厂的建设和运营耗资巨大，即使是发达国家，生产高价值的农产品，也难盈利。这或许是一些技术还存在问题或不足，比如：植物生理方面问题，性状表现不一致，设施配件有待改进，成本高，运行费用高等。

1.4.1　植物工厂的特征和特点

(1)特征

①高度集成：植物工厂的建立，需要农业、工业、电力、机械、材料、计算机等20多个部门的通力合作才能完成，是多学科、跨部门的高科技合作结晶。

②高效生产：产量高、品质好，单位面积产量是普通温室的3～10倍，是露地生产的数十倍。

③高商品性：产品整齐，叶色、重量、形状、内在品质基本一致，上下茬没有差异，上市不需称重，直接进入超市销售。

④高投入：大量使用机械化设备和计算机等监控仪器，建设费用巨大，运行耗费大量的能源。

(2)特点

①周年生产，不受时间、季节、气候的限制，完全按计划生产。

②采用无土栽培，并且多数是水培或雾培，少数采用岩棉培，不存在连作障碍。

③生长速度快，生长发育期显著缩短，只需露地栽培的1/5～1/3时间就可收获，可大幅度提高产量。

④采用密闭式生产系统，病虫害侵染机会少，不施药、无污染、无公害。

⑤通过机械系统，使植物可移动或自动调整密度，直至产品形成；生产过程以机器人操作为主，可减轻劳动强度，减少人为误差。

⑥立体化栽培，设施利用率高，适于都市型观光农业。

⑦立地条件广泛，砂地、盐碱地、废弃地、城市、郊区、星球、太空站等地均可建立。

1.4.2　植物工厂的分类

植物工厂根据光源的不同分为3类。

(1)人工光照型植物工厂

采用阳光不能直接透入的高绝热材料建成，室内以高压钠灯、荧光灯、生物灯等作为光合作用光源，进行作物生产，但由于人工光源的光量较弱，喜光或长季节生长的作物难以栽培。

(2)自然光照型植物工厂

以太阳光作为光合作用光源的植物工厂，但易受季节、气候变化的影响，作物生产不太稳定，类似“季节性植物工厂”，运行成本低、植物建设费用少。

(3)人工光照与自然光照合用型

结合前二者的优缺点，利用自然光源和补充人工光源的植物工厂最多，可以减少庞大的电费开支。图3.6是日本电力中央研究所植物工厂内部示意图。

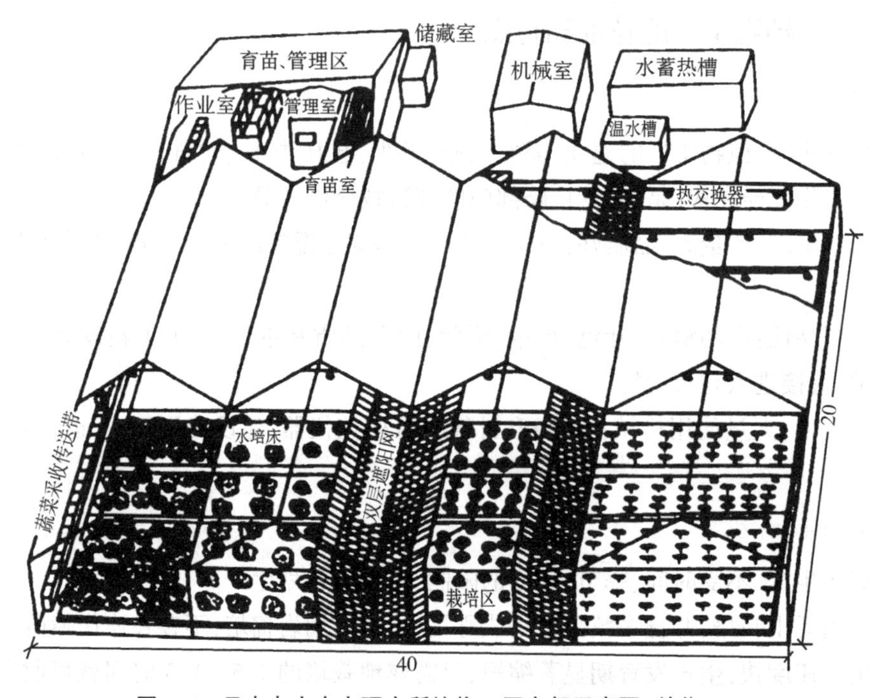

图3.6　日本电力中央研究所植物工厂内部示意图(单位:m)

1.5　夏季保护设施

夏季保护设施是在夏季高温、多雨、台风的季节，为降温、防雨、避风、防虫所采取的保护措施，无土栽培时作为其他保护设施的夏季辅助设施，主要有遮阳网、防雨棚和防虫网。图3.7是海南地区常见的夏季保护设施图。塑料大棚顶部上方40 cm是可以手动调节的遮阳网，大棚的拱圆形顶部是防雨棚，大棚四周是防虫网。3种设施类型混合使用主要用于海南夏季蔬菜花卉生产。

图3.7　海南夏季的保护设施

任务2 设施环境条件及其调控技术

保护设施的环境调控与作物的生长发育密切相关。作物对环境控制有双重反应,一方面作物可以改变自身以适应环境;另一方面作物对其环境做出反应。通过蒸腾作用、光合作用和呼吸作用,影响空气中的 CO_2 和水气压等的物质流平衡及能量平衡。因此,作物的生长发育速度、进程及各个阶段的转变,显著地受到了环境因子(包括光照、温度、湿度、CO_2 及营养等)的影响,并且这些环境因子之间有很强的互作效果。

2.1 光照条件及其调控

2.1.1 设施的光照条件与影响因素

1)保护设施的光照条件

保护设施内的光照条件包括光强、光质、光照时间和光的分布,它们分别给予温室作物的生长发育以不同的影响。设施内光照条件与露地光照条件相比具有以下特征:

(1)总辐射量低,光照强度弱

设施内的总辐射量主要决定于光强和光照时间。设施内的光强随着白天外界光照的变化而呈现出相应的变化,同时受到透明覆盖材料的种类、老化程度、洁净度的影响,相对较弱。冬春季节保护地生产时,为了防寒保温,需要覆盖蒲席、草苫等不透明覆盖材料,受其揭盖时间的影响,温室等设施内的受光时数明显少于露地。因此,受光强较弱和光照时间较短的影响,保护设施内的总辐射量低,仅为室外的50%~80%,这种现象在冬季往往成为喜光作物生产的主要限制因子。

(2)光质变化大

光质是指光谱成分,露地栽培时太阳光直接照射在作物上,光的成分一致,不存在光质差异。而保护设施内由于透光覆盖材料对光辐射不同波长的透过率不同,所以其辐射波长的组成与室外有很大差异,一般紫外光的透过率低,但当太阳短波辐射进入设施内被作物和土壤或基质等吸收后,又以长波的形式向外辐射时,因受到玻璃或薄膜等覆盖材料的阻隔,从而使整个设施内的红外光长波辐射增多,这也是设施具有保温作用的重要原因。塑料薄膜、玻璃与硬质塑料板材等覆盖材料的特性直接影响到设施内的光质组成。

(3)光照分布极不均匀

温室内的太阳辐射量,特别是直射光日总量在温室的不同部位、不同方位、不同时间和季节，分布都极不均匀。设施内光照在时间和空间上分布的不均匀性，使得作物的生长发育也不一致，特别是高纬度地区冬季设施内光强弱，光照时间短，作物的生长发育受到的影响更严重。

2）影响设施内光照条件的因素

（1）屋面角度和屋面形状

在其他因素一致的情况下，屋面角度（前窗和屋脊的连线与地平面的夹角）对采光影响很大。对于特定的地区，太阳高度角呈规律性的变化，因此屋面角的大小成为入射量关系最为密切的因子。尤其是容积较小的日光温室，屋面角度大进入的光就比较多，但同时会使屋脊升高，建筑成本加大，相应的散热面积也会增加，不利于保温。我国日光温室的屋面角一般为18°~28°，华北地区平均屋面角要达到25°以上；国外大型玻璃温室的屋面角不低于25°。

（2）温室方位

温室方位是指温室的朝向。对温室的采光影响很大，从我国温室分布的中高纬度地区看，冬季以东西栋向的单栋温室透过率最高，其次是东西栋向的连栋温室，而南北栋向温室的光透过率在冬季不及东西栋向，但到了夏季，这种关系发生了逆转。因此从光透过率的角度看，东西栋向优于南北栋向，但从室内光分布状况来看，温室南北栋向较东西栋向较为均匀。

（3）透明覆盖材料

温室不同覆盖材料之间的透光性存在较大的差异（图3.8）。塑料薄膜作为透明覆盖材料，因其具有透光性好、质地轻、价格低、柔软可随弯就曲、对骨架材料要求不严格、设计与建设成本较低的特点，被亚洲、非洲和地中海国家广泛采用。塑料薄膜根据制作母料可分为聚乙烯（PE）、聚氯乙烯（PVC膜）和乙烯-醋酸乙烯（EVA）共聚膜三大类，后者的综合性能优于前两者。新玻璃的透光性可以达到90%以上，比塑料薄膜好，而且玻璃容易

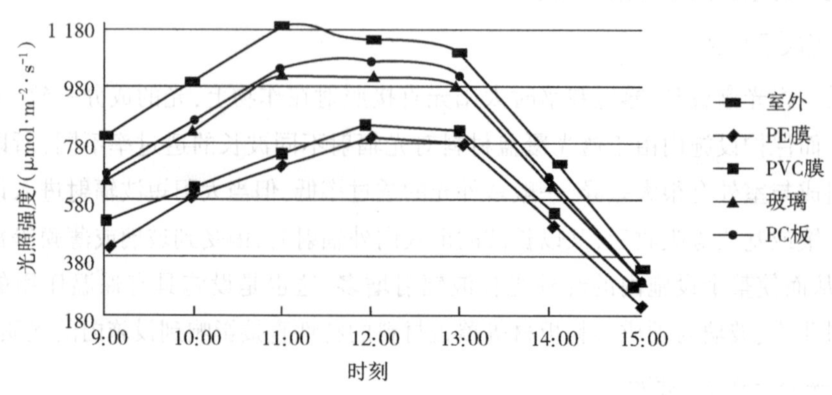

图3.8 不同覆盖材料温室的内外光强比较

冲洗，可保持较高的透光率，保温性好，作物生长较快，但建设成本高，一般用于高档温室，欧洲国家应用广泛。聚碳酸树脂板（PC板）作为硬质塑料板之一，具有透光性好、使用寿命长、安装简便、不易破碎等优点，使新一代的透明覆盖材料，得到了迅速发展，但存在价格高、容易老化的问题。

另外，覆盖材料的老化程度、清洁度、内面结露的水珠等也对温室的光照有一定的影响。如新的塑料薄膜透光率可以达到80%以上，使用2 d后，因为尘染可使其透光性下降14%，使用10 d后下降25%；塑料薄膜老化后其透光率会下降20% ~40%。

温室用塑料薄膜按其母料可分为：聚氯乙烯（PVC）、聚乙烯（PE）、乙烯-醋酸乙烯共聚膜（EVA），这3种塑料薄膜的性能区别分别如下。

①聚氯乙烯（PVC）薄膜：以聚氯乙烯树脂为主料加入适量的增塑剂（光稳定剂、紫外线吸收剂、表面活性剂）制作而成，具有较好的柔性，透明度，保温性和防雾滴效果；但容易产生增塑剂的缓慢释放及吸尘现象，使其透光率迅速下降，缩短了使用年限。

②聚乙烯（PE）薄膜：由低密度聚乙烯（LDPE）树脂或线型低密度聚乙烯（LLDPE）树脂吹制而成。与聚氯乙烯薄膜相比，具有比重轻、幅度大和覆盖比较容易、吸尘少、无增塑剂释放等优点，缺点是对紫外线的吸收率较高，易引起聚合物的光氧化而加速薄膜的老化。

③乙烯-醋酸乙烯共聚膜（EVA）：以乙烯-醋酸乙烯共聚物为主料添加紫外线吸收剂、保温剂和防雾滴助剂等制造而成的多层复合薄膜。特性是结晶性降低，有良好的透明性；耐低温、耐冲击，不易开裂；具有弱极性，流滴持效期长；对红外线阻隔率高于PE膜，故保温性好（但较PVC膜差）；质轻、使用寿命长（3 ~5年）。

（4）骨架材料

设施骨架材料的大小、多少、形状、使用方向等影响设施的透光率和设施内光的分布。骨架材料越多、越大、越厚，遮光面积就越大；入射角越小，骨架遮光面积越小，太阳高度角越小，骨架遮光面积越大，因此，在结构安全性允许的情况下，尽可能采用细而坚固的建材做骨架材料。

（5）温室的连栋数目

东西向连栋温室的连栋数目越多，其透光率越低，但超过5连栋以后，透光率变化较小。南北向连栋温室的透光率与连栋数关系不大。

（6）相邻温室或塑料大棚间的间距

东西延长的相邻温室之间的距离，应不小于温室的脊高加上草帘卷起来的高度的2 ~2.5倍，而南北延长的温室的相邻间距要求为脊高的1倍左右，以保证在太阳高度最低的冬至前后，温室内也有较充足的光照。

（7）作物群体结构的影响

作物群体结构对设施内部光照的分布影响很大。如茄子植株（高60 cm）自群体顶部向下 20 cm 处的光照较其顶部下降了 50% ~60% 在行距较小的情况下，南北向畦较东西向畦其作物群体内部的光照分布均匀，作物生育好、产量高。

2.1.2 设施内光照条件的调控

光照是作物生长的基本条件，并且对温室作物的生长发育会产生光效应、热效应和形态效应。因此，加强设施内光照条件的合理调控，尽量满足作物生长发育所需的光环境要求是必要和必需的。具体的调控措施有以下 5 个方面。

(1)设施结构建造合理

温室采用坐北面南、东西延长的方位设计；从加强采光的角度考虑，除现代化连栋温室外，尽量选用单栋式的温室，选择适宜的棚室跨度、高度、屋角面，保持邻栋温室合理间距；选用防尘、防滴、防老化、透光性强的透明覆盖材料，目前首选乙烯-醋酸乙烯共聚膜(EVA)，其次是聚乙烯膜(PE)和聚氯乙烯膜(PVC)；尽可能选用细而坚固的骨架材料等，从而提高室内采光量，降低温室结构材料的遮光面积。

(2)加强设施管理

经常打扫、清洗，保持屋面透明覆盖材料的高透光率；在保持室温的前提下，不透明内外覆盖物(保温幕、草苫等)尽量早揭晚盖，以延长光照时间，增加透光率；在温室张挂聚酯镀铝镜面反光幕或玻璃温屋面涂白，以增加光强和光分布的均匀度。

(3)加强栽培管理

作物合理密植，注意行向(一般南北向为好)，扩大行距，缩小株距，摘除秧苗基部的侧枝和老叶，增加群体的光透过率。

(4)适时补光

人工补光的目的是调节光周期，称为电照栽培，要求光强较低；或者促进光合作用，补充自然光照的不足，要求光强在补偿点以上。作为人工补光的电光源有 3 种要求：

①要求有一定的强度(使床面上光强在光补偿点以上和饱和点以下)。

②要求光照强度具有一定的可调性。

③要求有一定的光谱能量分布，可以模拟自然光照，要求具有太阳光的连续光谱。

电照栽培多用白炽灯，补光栽培的多用高压气体放电灯，而荧光灯则两种栽培方式都可利用。补光灯设置在内保温层下侧，温室四周常采用反光膜，以提高补光效果。补光强度因作物而异。因补光不仅设备费用大，耗电也多，运行成本高，只适用于经济价值较高的花卉或季节性很强的育苗生产。生产上常用荧光灯和碘钨灯作为温室常用的补光光源，如图 3.9 所示。

(a)

(b)

图3.9　温室遮光和补光系统

(5)根据需要遮光或遮黑

园艺植物进行短日照处理、越夏栽培、软化栽培时,需要利用遮光或遮黑来调控。生产上一般根据光照情况选用25% ~85%的遮阳网或铝箔复合材料,要求具有一定的透光性,较高的反射率和较低的吸收率,而且最好是活动式的,使用时要协调好温度与光照之间的矛盾,适时张开和合拢。玻璃温室也可采用在温室顶喷涂石灰等专用反光材料,减弱光强,夏季过后再清洗掉。保持设施黑暗,可选用黑色的PE膜、黑色编织物等。夏季用遮阳网覆盖遮光时,遮阳网可以覆盖在大棚的外部比内部遮阳效果更好。

2.2　温度条件及其调控

2.2.1　设施内温度变化的特征

无加温温室内温度的来源主要靠太阳辐射引起的温室效应。温室内温度变化的特征是温室内的温度随外界的阳光辐射和温度的变化而变化,有季节性变化和日变化,而且昼夜温差大,局部温差明显。

(1)季节性变化与日变化

北方地区,保护设施内存在着明显的四季变化。日光温室内的冬季天数可比露地缩短3 ~5个月,夏天可延长2 ~3个月,春秋季也可延长20 ~30 d。所以,北纬41°以南至33°以北地区,高效节能日光温室(室内外温差保持30 ℃左右)可四季生产喜温果菜,而大棚冬季只比露地缩短50 d左右,春秋比露地只增加20 d左右,夏天很少增加,所以果菜只能进行春提前,秋延后栽培,只有在多重覆盖下,才有可能进行冬春季果菜生产。从日变化来看,北方冬春季节不加温温室的最高与最低气温出现的时间略迟于露地,但室内日温差显著大于露地。我国北方节能型日光温室,由于采光、保温性好,冬季日温差高达15 ~30 ℃,在北纬40°左右地区不加温或基本不加温下也能生产出喜温果菜。

(2)设施内"逆温"现象

通常温室内温度都高于外界,但在无多重覆盖的塑料拱棚或玻璃温室中,日落后的降温速度往往比露地快，如再遇冷空气入侵，特别是有较大北风后的第一个晴朗微风夜晚，温室、大棚夜晚通过覆盖物向外辐射放热更剧烈。室内因覆盖物阻挡得不到热量补充，常常出现室内气温反而低于室外气温 1 ~ 2 ℃的逆温现象。一般出现在凌晨，以春季逆温的危害最大。

(3)气温与地温分布不均匀

一般室温上部高于下部，中部高于四周，北方日光温室夜间北侧高于南侧，保护设施面积越小，低温区比例越大，分布越不均匀。而地温的变化，不论季节与日变化，均比气温变化小。温室内周围的地温低于中部地温；地表的温度变化大于地中的温度变化，但随着土层深度的增加，地温的变化越来越小。

2.2.2　设施内温度条件的调控

温度是作物设施栽培的首要环境条件。任何作物的生长发育和维持生命活动都要求一定的温度范围，即温度的“三基点”；温度高低和昼夜温度变化会影响作物的生长发育、植株形态、产量和品质。因此，温度是作物设施栽培的首要环境条件，并且是作为控制温室作物生长的主要手段被生产者使用。但综合各方面因素考虑，经济生产的管理温度与作物生长的最适温度是有区别的，而且管理温度的确定要使作物生产能适合市场需要时上市，以获得最大效益。

人为创造稳定的温度环境是作物稳定生长、长季节生产的重要保证，温室的大小、方位、对光能的截获量、建筑地的风速、气温等都会影响温室温度的稳定。设施内温度环境的调控一般通过保温、加温、降温等途径来进行。

1）保温措施

(1)日光温室保温

①采用多层覆盖：温室大棚内搭拱棚、设二道幕，或在透明覆盖物上外覆草帘、纸被、保温被、棉被等，实施外保温，比较简单易行。

②提高温室透光率：通过合理设计温室方位和屋面坡度，保持屋面洁净，尽量减少建材的阴影，使用透光率高的覆盖材料等，提高温室的透光率，增加设施的总蓄热量。

③增大保温比：保温比是指土地面积与保护设施覆盖及围护材料表面积之比，即保护设施越高，保温比越小，保温越差。但日光温室由于后墙和后坡较厚(类似土地)，因此增加日光温室的高度对保温比的影响较小，反而有利于调整屋面角度，改善透光，增加室内太阳辐射，起到增温的作用。

④设置保温墙体，加固后坡，使用聚苯乙烯泡沫板隔热。

⑤设置防寒沟：防寒沟设置在日光温室周围，通常防寒沟宽 30 ~ 50 cm，深 50 ~ 70 cm，沟内填充稻壳、蒿草等导热率低的材料。

⑥维持温室相对封闭:尽量减少通风换气。

(2)大型温室保温

①采用双层充气膜或双层聚乙烯板:利用静止空气导热率低来进行透明屋面的保温。

②设置二层保温幕:二层保温幕的开发和应用在大型温室的保温中发挥了重要的作用。保温幕材料有薄膜、纤维、纺织材料和非纺织材料(无纺布)以及这些材料的复合体。目前使用的保温幕材料多由3种原料组成,即聚乙烯、聚酯纤维、丙烯酸纤维。主要有永久幕和半固定幕系统(部分可移动)或可移动幕系统(可以平等移动)两种张挂保温幕的方式。

③设置垂直幕保温:近年来温室四周侧面的保温(垂直幕)也被重视起来,在国外采用铝箔反光材料,做成皱折状的折叠幕,或建成滚动、滑动幕(图3.10)。我国在温室四周用双层膜或玻璃、北侧采用墙体结构等进行保温。

2)加温措施

冬季生产设施温度低、作物生长缓慢时,可通过空气加温、基质加温、营养液加温等方式适当加温。

(1)空气加温

空气加温方式有热水加温、蒸汽加温、火道加温、热风加温等(图3.11)。热水加温的热稳定性好,室温较稳定且分布均匀,波动小,生产安全可靠,供热负荷大,是大中型温室常用的加温方式;蒸汽、热风加温效应快,但温度稳定性差;火道加温建设成本和运行费用低,但热效率低。

图3.10　温室周边折叠式铝箔反光垂直幕保温

图3.11　空气加温机

(2)基质加温

提高基质温度的方法有酿热物加温、电热加温和水暖加温,以电热加温方式最常用。电热加温使用专用的电热线,埋设和撤除都较方便,热能利用效率高,采用控温器容易实现高精度控制,但耗电多,电热线耐用年限短,一般多用于育苗床。

(3)营养液加温

液温太高或太低都会抑制作物的生长,通过调节液温以改善作物的生长条件,比对大棚或温室进行全面加温或降温要经济得多。冬季NFT水培时,在贮液池内可以安装不锈钢螺旋管,应用暖气给营养液加温,或用电热管给营养液加温,用控温器控制营养液液温。冬春对营养液加温一般可提高产量5%以上。为保证营养液温度的稳定和节约能源,供液管道需要进行隔热处理,即用铝箔岩棉等包被管道。

除上述加温方式外,利用地热、工厂余热、地下潜热、城市垃圾酿热、太阳能等加温方式也可进行设施内加温,有时采用临时性加温,如燃烧木炭、锯末、熏烟等。

3)降温措施

夏季设施降温的途径有减少热量的进入和增加热量的散出,如用遮阳网遮阳、透明屋面喷涂涂料(石灰)和通风、喷雾、安装湿帘风机系统等。

(1)遮光降温法

夏季强光、高温是作物生长的限制性因素,可通过利用遮阳网或遮光幕遮光降温,有内遮光和外遮光两种。外遮光是在温室、大棚屋顶外部相距40 cm左右的距离处张挂遮光幕,对温室降温很有效,当遮光20% ~30%时,室温可相应降低4 ~6 ℃。内遮光是在温室内安装遮阳网来降温。

(2)屋顶面流水降温法

屋顶面形成的流水层可吸收投射到屋面的太阳辐射8%左右,并可吸热来冷却屋面,室温一般可降低3 ~4 ℃。水质硬的地区需对水质作软化处理再用。

(3)蒸发冷却法

使空气先经过水的蒸发冷却降温后再送入室内,达到降温目的。一般有3种形式:

①湿热排风法:在温室进风口内设10 cm厚的纸垫窗或棕毛垫窗,不断用水将其淋湿,温室另一端用排风扇抽风,使进入室内的空气先通过湿垫窗被冷却再进入室内。试验证明,湿帘风机降温系统(图3.12)可降低室温5 ~6 ℃。湿帘降温系统的不利之处是在湿帘上会产生污物并滋生藻类,且在温室中会引起一定的温度差和湿度差;在湿度大的地区,其降温效果会显著降低。

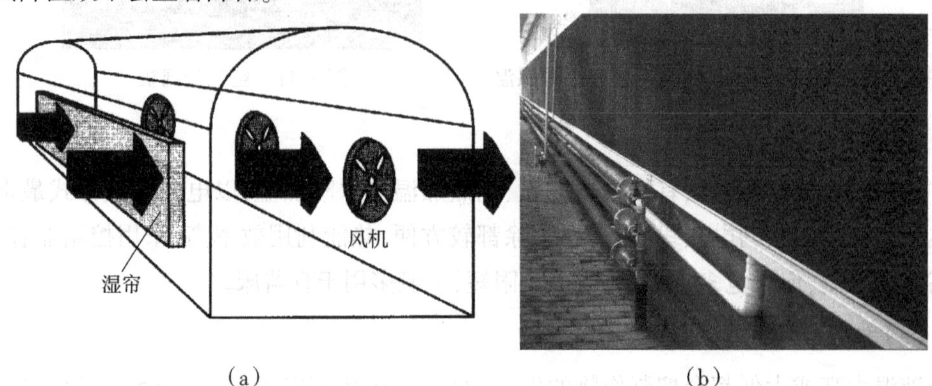

图3.12 温室降温系统

②细雾降温法：在室内高处喷以直径小于0.05 mm的浮游性细雾，用强制通风气流使细雾蒸发达到全室降温。喷雾适当时室内可均匀降温。此种降温法比湿热排风法的降温效果要好，尤其是对一些观叶植物，因为许多观叶植物会在风扇产生的高温气流的环境里被"烧坏"。注意喷雾降温只适用于耐高湿的蔬菜或花卉作物。

③屋顶喷雾法：在整个屋顶外面不断喷雾湿润，使屋面降温接近室外湿球温度，在屋面下使冷却了的空气向下对流。

以上方法中水质不好时，蒸发后留下的水垢会堵塞喷头和湿垫，需做水质处理。

(4)通风

通风是降温的重要手段，自然通风的原则为由小渐大、先中、再顶、最后底部通风，关闭通风口的顺序则相反；强制通风的原则是空气应远离植株，以减少气流对植物的影响，并且许多小的通风口比少数的几个大通风口要好，冬季以排气扇向外排气散热，可防止冷空气直吹植株，冻伤作物；夏季可用带孔管道将冷风均匀送到植株附近。在通风换气时也可直接向作物喷雾，通过叶面水分的蒸发来降低作物体表的温度。

(5)营养液降温

在贮液池内可以安装不锈钢螺旋管，通过循环地下水降温。

2.3　CO_2 及其调控

2.3.1　设施内 CO_2 的特点和影响因素

1）设施内 CO_2 体积分数变化的特点

(1)设施内 CO_2 的日变化

以塑料薄膜、玻璃等覆盖的保护设施处于相对封闭状态，内部 CO_2 体积分数日变化幅度远远高于外界。图3.13是温室内 CO_2 体积分数的日变化曲线。从图中可见，早晨日出前，由于夜间作物呼吸释放 CO_2 累积，使其浓度较高；日出后1～2 h，作物光合作用吸收大

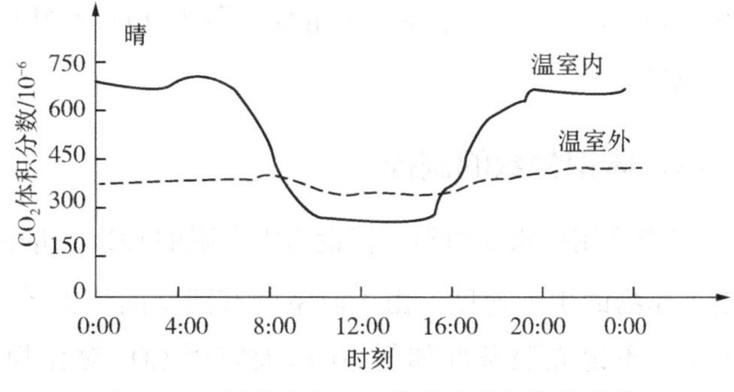

图3.13　温室内外 CO_2 体积分数日变化曲线

量 CO_2，温室内 CO_2 体积分数迅速下降到很低水平；傍晚又开始缓慢回升。晴天的白天，作物光合作用旺盛，CO_2 体积分数较低，阴天则较高。

(2)设施内不同部位的 CO_2 体积分数分布情况

设施内不同部位的 CO_2 体积分数分布情况并不均匀。图 3.14 是玻璃温室内 CO_2 体积分数的分布状况。从中午 CO_2 体积分数分布来看，群体生育层上部以及靠近通道和地表面的空气中 CO_2 体积分数较高，生育层内部 CO_2 体积分数较低。由此可见，CO_2 供应源主要来自土壤和外界空气。在夜间，靠近地表面的 CO_2 体积分数往往相当高，生育层内 CO_2 体积分数较高，而上层体积分数较低。

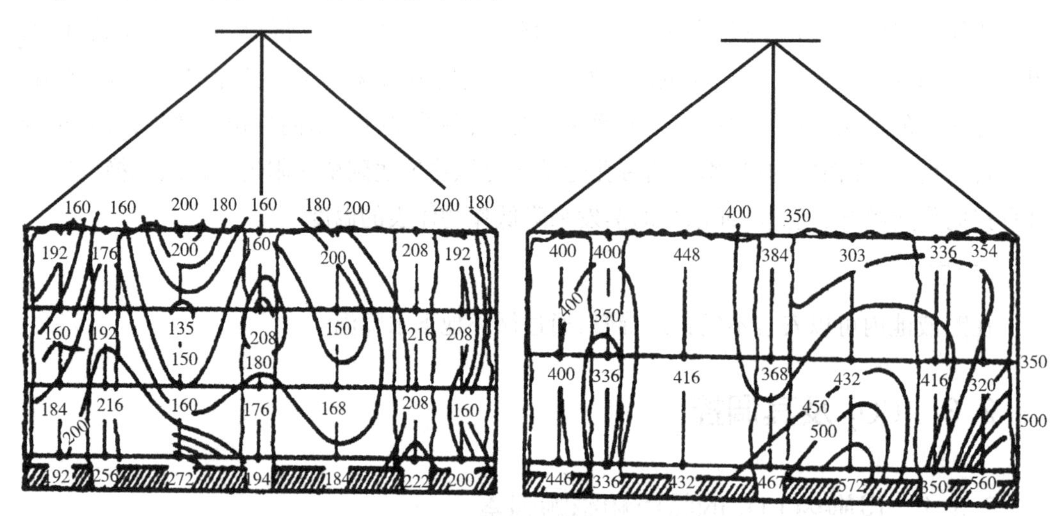

图 3.14 甜瓜栽培之温室 CO_2 体积分数分布情况(单位：μL/L)

(引自矢吹等，1965)(株高约 2 m 时测定)

2）影响设施内 CO_2 体积分数的因素

设施类型、空间面积大小、通风状况以及栽培的作物种类、生长发育阶段和栽培床条件等不同，设施内部 CO_2 体积分数会有很大差异。设施土壤条件对 CO_2 环境有明显影响。如增加厩肥或其他有机物质的施用量，可以提高设施内部的 CO_2 体积分数。无土栽培设施内，基质散发的 CO_2 极少，特别是在换气量少的冬季，CO_2 亏缺更加严重。需要追施 CO_2 气肥来保证作物生产所需。

2.3.2 设施 CO_2 体积分数的调控

CO_2 是作物进行光合作用的重要原料。但设施内有限的 CO_2 含量远不能满足作物光合作用的需要，限制了作物的生长速度。由于温室的有限空间和密闭性，使 CO_2 的施用(气体施肥)成为可能。不论光照条件如何，在白天施用 CO_2 对作物的生长都有促进作用。

我国北方地区冬季密闭严，通气少，室内 CO_2 亏缺严重。目前推广的 CO_2 施肥技术所取得的效果十分显著。一般黄瓜、番茄、辣椒等果菜类 CO_2 施肥平均增产 20% ~30%，并可提高品质；鲜切花施 CO_2 可增加花数开花，增加和增粗侧枝，提高花的品质。CO_2 施用不仅能提高单位面积产量，也能提高设施利用率、能源利用率和光能利用率。

1）CO_2 来源与施用方法

(1)液态 CO_2

不含有害物质，使用安全可靠，成本较高。通常装在高压钢瓶内，施肥时打开瓶栓直接释放，并借助管道输散，较易控制施肥用量和时间。主要来源有酿造工业、化工工业的副产品，空气分离，地贮 CO_2。

(2)干冰埋放法

在大棚内每平方米挖个坑，坑内埋入少量干冰，使 CO_2 可以缓慢释放到大棚内，这种方法费用高，劳动强度大，无法做到定时、定量。

(3)燃料燃烧

在欧美、日本等国，常利用低硫燃料如天然气、白煤油、石蜡、丙烷等燃烧释放 CO_2 应用方便，易于控制。白煤油是常温常压的液体，便于储运，1 kg 白煤油完全燃烧可产生 3 kg CO_2。国外装置主要有 CO_2 发生机和中央锅炉系统，在我国有人将燃煤炉具进一步改造，增加对烟道尾气的净化处理装置，输出纯净的 CO_2 进入设施内部。此装置以焦炭、木炭、煤球、煤块等为燃料，原料成本较低，施用时间和浓度易调控。此外，在某些地区，以沼气或酒精为燃料的沼气炉、酒精灯也用于 CO_2 施肥。采用燃烧后产生的 CO_2，要注意燃烧不完全或燃料中杂质气体，如乙烯、丙烯、硫化氢、一氧化碳（CO）、二氧化硫（SO_2）等对作物造成的危害。

(4)CO_2 颗粒气肥

山东省农科院研制的固体颗粒气肥是以碳酸钙为基料，有机酸作调理剂，无机酸作载体，在高温高压下挤压而成，施入土壤后在理化、生化等综合作用下可缓慢释放 CO_2。该类肥源使用方便、安全，但对储藏条件要求极其严格，释放速度难以人为控制。

(5)化学反应

利用强酸与碳酸盐反应产生 CO_2。硫酸—碳铵反应法是应用最多的一种类型。近几年相继开发出多种成套 CO_2 施肥装置（图 3.15），主要结构包括贮酸罐、反应桶、CO_2 净化吸收桶和导气管等部分，通过硫酸供给量控制 CO_2 生成量，方法简便，操作安全，应用效果较好。

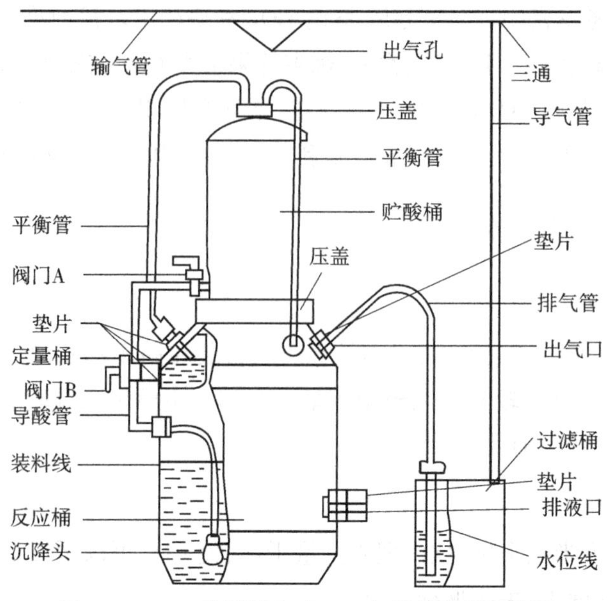

图 3.15　BZ7-Ⅱ型平衡式 CO_2 气肥发生器示意图

(6)其他方法

除了上述增加设施内 CO_2 体积分数的方法外，还可以采用强制或自然通风、增施有机肥、生物生态法等方法来增加和补充设施内的 CO_2。温室基质培生产中多施有机肥，对缓解 CO_2 不足、提高产量效果很显著；栽培床下同时生产食用菌，可使室内 CO_2 保持为 800～980 μmol/mol。

2）CO_2 施用体积分数

对于一般的园艺作物来说，经济又有明显效果的 CO_2 体积分数约为大气体积分数的5倍。日本学者提出温室 CO_2 的体积分数在0.01%为宜，但在荷兰温室生产中施用量多数维持为0.004 5%～0.005%，以免在通风时因内外浓度过大，外逸太多，经济上不合算。CO_2 施肥的最适浓度和施用量与作物特性和环境条件有关。一般随光照强度的增加应相应提高的 CO_2 体积分数。阴天施用 CO_2，可提高植物对散射光的利用；补光时施用 CO_2，具有明显的协作效应。

作物光合作用的 CO_2 饱和点很高，并且因环境要素而有所改变，所以 CO_2 的施用体积分数应以经济生产为目的和原则。CO_2 浓度过高不仅成本增加，而且会引起作物的早衰或形态改变。

3）CO_2 施用时期

从理论上讲，CO_2 施肥应在作物一生中光合作用最旺盛的时期和一天中光照条件最好的时间进行。苗期 CO_2 施肥应及早进行。定植后的 CO_2 施肥时间取决于作物种类、栽

培季节、设施状况和肥源类型。果菜类蔬菜定植后到开花前一般不施肥，待开花坐果后开始施肥，主要是防止营养生长过旺和植株徒长；叶菜类蔬菜则在定植后立即施肥。荷兰利用锅炉燃气，CO_2 施肥常常贯穿于作物整个生育期。

每天的 CO_2 施肥时间应根据设施 CO_2 变化规律和植物的光合特点进行。在日本和我国，CO_2 施肥多从日出或日出后 0.5 ~ 1 h 开始，通风换气之前结束；严寒季节或阴天不通风时，可到中午停止施肥。在北欧、荷兰等国家，CO_2 施肥则全天进行，中午通风开窗至一定时间后自动停止。

4）CO_2 施肥过程中的环境调节

（1）光照

CO_2 施肥可以提高光能利用率，弥补弱光的损失。研究表明，强光下增加 CO_2 浓度对提高作物的光合速率更有利，因此，CO_2 施肥的同时应注意改善群体受光条件。

（2）温度

从光合作用的角度分析，当光强为非限制性因子时，增加 CO_2 体积分数提高光合作用的程度与温度有关，高 CO_2 体积分数下的光合适温升高。由此可以认为，在 CO_2 施肥的同耐提高温度管理水平是必要的。

（3）肥水

CO_2 施肥促进作物生长发育，增加对水分、矿质营养的需求。因此，在 CO_2 施肥的同时，必须增加水分和营养的供给，满足作物生理代谢需要。

2.4　水分条件及其调控

园艺设施是一种封闭或半封闭的系统，空间相对较小，气流相对稳定，使得设施内部的空气湿度有着与露地不同的特性。

2.4.1　设施内空气湿度的特点和影响因素

1）设施内空气湿度特点

由于密闭或半密闭的设施内的空间相对较小，气流相对稳定，使得设施内空气湿度有着与露地不同的特性。设施内空气湿度变化具有以下特点。

（1）湿度大

温室、塑料大棚内的相对湿度和绝对湿度均高于露地，平均相对湿度一般在 90% 左右，尤其夜间经常出现 100% 的饱和状态。特别是日光温室及中、小拱棚，由于设施内空间相对较小，冬春季节为保温，又很少通风换气，空气湿度经常达到 100%。

(2)季节性变化和日变化明显

一般是低温季节相对湿度高,高温季节相对湿度低;夜晚湿度高,白天湿度低,白天的中午前后湿度最低。设施空间越小,这种变化越明显。

(3)湿度分布不均匀

由于设施内温度分布存在差异,导致相对湿度分布也存在差异。一般情况下,温度较低的部位,相对湿度较高,而且经常导致局部低温部位产生结露现象,对设施环境及植物生长发育造成不利影响。

2)设施内空气湿度的影响因素

(1)设施的密闭性

在相同条件下,设施环境密闭性越好,空气中的水分越不易排出,内部空气湿度越高。

(2)设施内温度

温度对设施内湿度的影响在于:一方面温度升高,使土壤水分蒸发量和植物蒸腾量升高,从而使空气中的水汽含量增加,进而提高相对湿度;另一方面由于叶面温度影响空气中的饱和含水量,温度越高,空气饱和含水量越高。因此,在空气水汽质量相同的情况下,温度升高,空气湿度下降,反之则空气湿度升高。温室内的水分移动情况如图3.16所示。

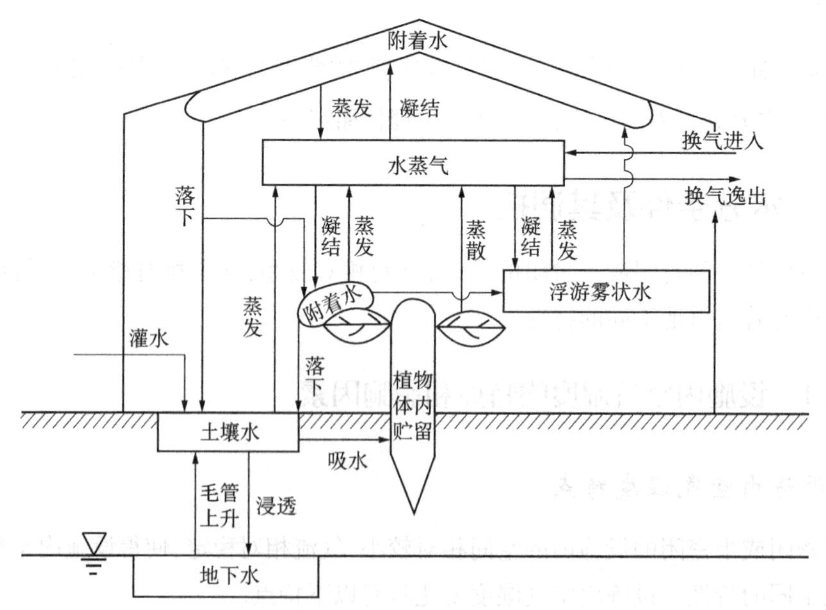

图3.16 温室内水分运移模式图(北宅,1992)

2.4.2 空气湿度的调控

空气湿度主要影响园艺作物的气孔开闭和叶片蒸腾作用,直接影响作物生长发育。

如果空气湿度过低,将导致植株叶片过小、过厚、机械组织增多、开花坐果差、果实膨大速度慢;湿度过高,则极易造成作物发生茎叶生长过旺,开花结实变差,生理功能减弱,抗性不强,出现缺素症,使产量和品质受到影响。大多数蔬菜作物生长发育适宜的空气相对湿度 50% ~85% 范围内(表 3.1)。另外,许多病害的发生与空气湿度密切有关。多数病害发生要求高湿条件,在高湿、低温条件下,植株表面结露及覆盖材料的结露滴到植株上,会加剧病害发生和传播。在低湿条件,特别是高温干旱条件下容易发生病害。因此,从创造植株生长发育的适宜条件、控制病害发生、节约能源、提高产量和品质、增加经济效益等多方面综合考虑,空气湿度以控制在 70% ~90% 为宜。

表 3.1　蔬菜作物对空气湿度的基本要求

类　型	蔬菜种类	适宜相对湿度/%
高湿型	黄瓜、白菜类、绿叶菜类、水生菜	85 ~ 90
中湿型	马铃薯、豌豆、蚕豆、根菜类(胡萝卜除外)	70 ~ 80
低湿型	茄果类、豆类(豌豆、蚕豆除外)	55 ~ 65
干型	西瓜、甜瓜、胡萝卜、葱蒜类、南瓜	45 ~ 55

湿度调节的途径主要有控制水分来源、温度、通风,使用吸湿剂等。设施栽培条件下,设施内经常发生的是空气湿度过高,因此除湿是湿度调控的主要内容。

1)除湿

除湿的目的主要是防止作物沾湿和降低空气湿度,从而调整植株生理状态和抑制病害发生。根据是否使用动力,分为主动除湿和被动除湿两类除湿方法。

(1)主动除湿

主动除湿是主要靠加热升温和通风换气(特别是强制通风)来降低室内湿度。热交换型除湿机就是一种通过强制通风换气来降低气温的方法。其工作原理是通过热交换中的吸气和排气两台换气扇,从室外吸入低温低湿空气,进入温室后先变成高温低湿空气,进而吸湿形成高温高湿空气,然后排出温室外变成低温高湿空气,从而在早晨日出后消除夜晚在植物体上的结露。

(2)被动除湿

目前使用较多的方法有以下 6 种。

①自然通风:通过打开通风窗、揭薄膜、扒缝等通风方式来降低设施内湿度。

②地面硬化和覆盖地膜:将温室的地面作硬化处理或覆盖地膜,可以减少地表水分蒸发,使空气湿度由 95% ~100% 降低到 75% ~80%,从而减少设施内部空气中水分含量。

③科学供液:采用滴灌、渗灌、地中灌溉方式,特别是膜下滴灌,可有效减少空气湿度。也可通过减少供液次数、供液量等降低相对湿度。

④采用吸湿材料：如设施的透明覆盖材料选用无滴长寿膜，二层幕用无纺布，地面铺放稻草、生石灰、氧化硅胶、氯化锂等，用以吸收空气中的湿气或者承接薄膜滴落的水滴，可有效防止空气湿度过高和作物沾湿。

⑤喷施防蒸腾剂：减少绝对湿度。

⑥植株调整：通过植株调整，有利于株行间通风透光，减少蒸腾量，降低湿度。

2）加湿

在夏季高温强光下，空气湿度过分干燥，对作物生长不利，严重时会引起植物萎蔫或死亡，尤其是栽培一些要求湿度高的花卉、蔬菜时，一般相对湿度低于40%时就需要提高湿度。常用方法是喷雾或地面洒水，如103型三相电动喷雾加湿器、空气洗涤器、离心式喷雾器、超声波喷雾器等。湿帘降温系统也能提高空气湿度，此外，也可通过降低室温或减弱光强来提高相对湿度或降低蒸腾强度。通过增加浇水次数和浇灌量、减少通风等措施，也会增加空气湿度。

2.5 环境的综合调控技术

无土栽培的作物随时都受到环境变化的影响，而且各种环境因素对作物生长与产量的影响是综合的，再加之作物生长最适的环境，不仅与蔬菜种类、品种、生育期有关，而且与栽培季节有关，这就增加了环境调控技术的难度和复杂性，不但要重视单一环境因素的调控，同时要加强环境的综合调控。

2.5.1 调控目标与原则

环境的综合调控是以先进设备的安装使用为必要条件，为作物的生长发育创造最佳的栽培条件，从而保证作物的产量和品质。对于设施栽培作物的生长发育和产品质量来说，环境调控水平的高低在一定程度上起决定性的作用。环境的综合调控不但涉及各种环境因素的具体调控，还要对环境状况和各种装置的运行状况进行实时监测，并要配置各种数据资料的记录分析、存储、输出和异常情况的报警等设备。另外，必须考虑温室生产是一种经济行为，在温室总的经营框架范围内操作，需要进行经济核算，以最小的成本投入和在可接受的风险范围内操作，需要进行经济核算，以最小的成本投入和在可接受的风险范围内，实现作物生长条件的不断优化，进而获得产品的优质和高产。因此，环境综合调控是与经营目标相关联的，其重要的目标就是降低成本、增加收入。生产实践中为达到这一目标可分解为以下具体指标：

①提高单位面积产量。

②合适的上市期。

③理想的产品品质。

④灾害性气候或险情的预防（风灾、火灾、雪灾、人为破坏等）。

⑤环境保护。

⑥成本管理（如 CO_2、能源、劳力等）。

有目的地调控和改善成为提高温室作物生产效率的主要途径。

在不断优化作物生长条件的同时，必须考虑温室生产是一种经济行为，因此环境调控的原则是在总的经营框架范围内操作，要进行经济核算。在这种意义上，环境调控通常被认为是与经营目标相关联，在可接受的成本和可接受的风险范围内，获得产品的优质和高产。为此，有目的地调控和改善环境是提高温室作物生产效率的主要途径。

2.5.2　计算机自动控制系统

温室的环境要素对作物的影响是综合作用的，环境要素之间又有相当密切的关系，具联动效应。因此，尽管我们可以通过传感器和设备控制某一要素在一日内的变化，如用湿度计与喷雾设备联动，以保持最低空气湿度，或者用控温仪与时间控制器联动实行变温管理等，但都显得有些机械或不经济。

计算机的发展与应用，使复杂的计算分析能快速进行，为温室环境要素的综合调控创造了条件，从静态管理变为动态管理。计算机与室内外气象站和室内环境要素控制设备相连接，构成计算机控制系统，对温室中的环境因子实现自动控制，具有功能强、可靠性强、通用性强，灵活方便、效率高、节能增收等特点。一般根据日射量和栽培种类，先确定温室内温度、湿度等的合理参数，然后启动智能化控制设备，随时自动观察、记录室内外环境气象要素值的变动和设备运转情况，并通过对产量、品质的比较，调整原设计程序，改变调控方式，以达到经济生产。荷兰近年来通过综合控制技术的进步，使番茄产量从 40 kg/m^2 上升到 54 kg/m^2，而能耗、劳动力等生产成本明显降低，大幅度提高了温室生产的经济效益。计算机系统还可设置预警装置，当环境要素出现重大变故时，能及时处理、提示和记录。如当风速过大时能及时关闭迎风面天窗；测量仪器停止工作时，能提示仪表所在部位及时处理；出现停电、停水、泵力不够、马达故障时，可及时报警，并将其记录下来，为今后调整改进提供依据。

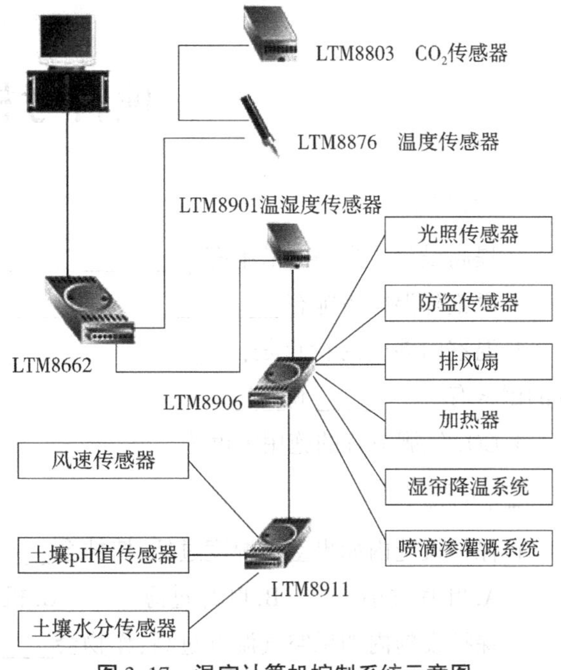

图3.17　温室计算机控制系统示意图

目前采用计算机控制,计算机可以根据分布在温室内各处的许多探测器所得到的数据,算出整个温室所需要的最佳数值,使整个温室的环境控制在最适宜的状态。因而既可以尽量节约能源,又能得到最佳的效果。但是计算机控制,一次性投资较大,目前采用的尚不普遍。但为满足未来大规模温室群发展的需要,逐步推广运用计算机控制,则是必然趋势(图 3.17)。温室环境计算机控制系统的开发和应用,使复杂的温室管理变得简单化、规范化、科学化。

项目小结

环境保护设施依据覆盖材料的不同分为玻璃温室和塑料温室两大类,塑料温室依据覆盖材料的不同,又分为硬质(PC 板、FRA 板、FRP 板、复合板等)塑料温室和软质塑料(PVC、PE、EVA 膜等)温室;依据形状分为单栋和连栋两类;依据屋顶的形式则分为双屋面、单屋面、不等式屋面、拱圆屋面等。

保护设施的环境调控与作物的生长发育密切相关。作物对环境控制有双重反应,一方面作物可以改变自身以适应环境;另一方面作物对其环境做出反应。因此,作物的生长发育速度、进程及各个阶段的转变,显著的受到了环境因子(包括光照、温度、湿度、CO_2 及营养等)的影响,并且这些环境因子之间有很强的互作效果。环境调控不但要重视单一环境因素的调控,同时要加强环境的综合调控。

项目考核

一、填空题

1. 提高设施透光率的措施有__________、__________、__________等。

2. 设施降温的措施有__________、__________和__________等。

3. 温室内湿度的特点是:__________、__________和________。影响设施内环境湿度的因素有__________和________。

4. CO_2 气肥适宜的施用浓度为____________。

二、选择题

1. 保护设施内如果空气湿度过低,植株会______。

A. 叶片过小　B. 叶片过薄　C. 机械组织减少　D. 开花坐果差

2. 保护设施内如果空气湿度过高,作物会______。

A. 开花结实变差　B. 抗性不强　C. 出现缺素症　D. 植株矮小

三、简述题

1. 简述影响设施内光照环境的因素有哪些？

2. 简述园艺设施增温、保温的措施有哪些？

3. 分别从加湿和除湿两个方面简述温室湿度的调控措施。

4. 简述二氧化碳气肥的施用技术。

5. 联系生产实际，如何理解设施栽培环境综合调控的目标与原则？

项目4　无土育苗技术

✲项目目标

❈ 了解工厂化穴盘育苗与普通无土育苗之间的区别。

❈ 熟悉无土育苗的特点与主要方式。

❈ 掌握无土育苗的操作流程与管理技术。

❈ 能够熟练地利用无土育苗方式培育生产用苗。

✲项目导入

无土育苗是指不用土壤,而用基质和营养液或单纯用营养液进行育苗的方法。根据是否利用基质材料,分为基质育苗和营养液育苗(水培、雾培育苗)两类,前者是利用蛭石、珍珠岩、岩棉等代替土壤并浇灌营养液进行育苗,后者不用任何材料作基质,而是利用一定装置和营养液进行育苗。

无土育苗是无土栽培中不可缺少的首要环节。发达国家的无土育苗已发展到较高水平,实现了多种蔬菜和花卉的工厂化、商品化、专业化生产。其中,美国的工厂化穴盘苗量已占商品苗总量的70%以上;我国台湾的蔬菜穴盘育苗也走向快速发展阶段;内地于1980年开始在温、光、水、肥、气等环境因素与育苗设施方面开展研究,“九五”期间北京、上海、沈阳、杭州、广州等地建成一批现代化、机械化育苗场所,有力地促进了无土育苗技术的推广应用。

任务1　无土育苗的特点与方式

1.1　无土育苗的特点

与土壤栽培相比,无土育苗具有以下优点:

①省去了传统育苗的大量床土,降低劳动强度,节水省肥,减轻土传病虫害。

②育苗基质体积小,重量轻,便于运输、销售和流通。

③可进行多层架式立体育苗，提高了空间利用率。

④环境条件优越，技术管理先进，幼苗素质高，苗齐、苗全、苗壮。

⑤便于集约化、科学化、规范化管理和实现工厂化、机械化与专业化育苗。

黄瓜、番茄无土与土壤育苗效果比较见表4.1。

表4.1　黄瓜、番茄无土与土壤育苗效果比较

（山东农业大学，1986）

作物	育苗方式	日期(月/日)		成苗叶面积		鲜　重		根吸收面积/m^2			地下部/地上部
		播种	成苗	$cm^2 \cdot 株^{-1}$	%	$g \cdot 株^{-1}$	%	总面积	活跃吸收面积	活跃面积占总面积/%	
黄瓜	无土	5/15	6/8	430	145.7	29.2	175.8	4.95	2.20	44.4	0.27
	土壤	5/15	6/10	295	100.0	18.5	100.0	4.09	1.49	36.6	0.39
番茄	无土	5/15	6/12	507	123.3	21.0	161.5	3.85	1.54	41.4	0.19
	土壤	5/15	6/15	411	100.0	13.0	100.0	3.74	0.89	36.7	0.14

无土育苗的主要缺点是无土育苗较有土育苗要求更高的育苗设备和技术条件，成本相对较高，而且无土育苗根毛发生数量少，基质的缓冲能力差，病害一旦发生容易蔓延。

1.2　无土育苗的方式

无土育苗主要包括播种育苗、扦插育苗、试管育苗（组织培养育苗）等方法，其中，播种育苗最常用。以下是播种育苗的5种主要方式。

1.2.1　塑料钵育苗

塑料钵育苗应用广泛，钵的种类也多样化。目前主要应用聚乙烯制成的单个软质圆形钵，其上口直径和钵高分别为8～14 cm，下口直径为6～12 cm，底部有一个或多个渗水孔利于排水。育苗时根据作物种类、苗期长短和秧苗大小选用不同规格的钵，播种或移苗用。一般蔬菜育苗多使用上口直径8～10 cm的，花卉和林木育苗可选用较大口径的。一次成苗的作物可直接播种；需要分苗的作物则先在播种床上播种，待幼苗长至一定大小后再分苗至钵中。钵中填装的基质可选用单一或混合基质，供液可采取上部浇灌或底部渗灌的方式。

水培用塑料育苗钵的侧面和底部有孔（图4.1），容积200～800 mL。育苗时，可在钵内放入约2/3高度的小石砾，然后放入1～2粒甜瓜、黄瓜等大粒种子，其上覆盖0.5～1.0 cm厚小石砾[图4.2(a)]；如果是播种生菜、番茄等小粒种子，则在2/3高度的小石砾上放入厚约0.5 cm的细沙或其他基质，然后再播入1～2粒种子[图4.2(b)]。将已播种的育苗钵置于营养液深1.5～2.0 cm的育苗盘（床）中育苗。种子萌发前可在钵上洒些清水,种子萌发后,根系从钵底部和侧面的小孔伸入到营养液中吸收营养。有的水培塑料钵不用基质,存钵上有一塑料盖,中间有一孔,只要将秧苗裹以聚氨酯泡沫后固定于孔中即可。

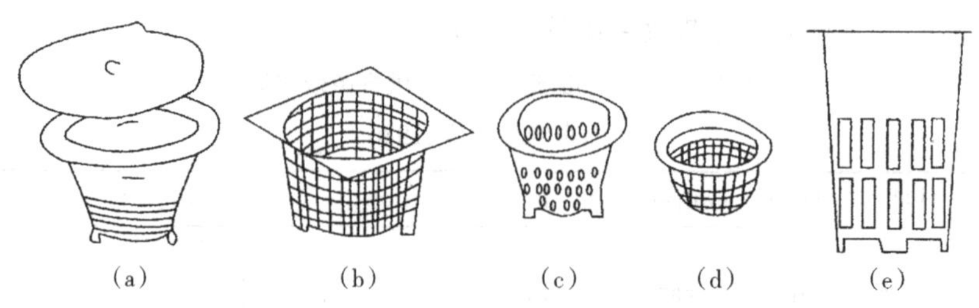

图 4.1　水培用各种成型塑料有孔育苗钵

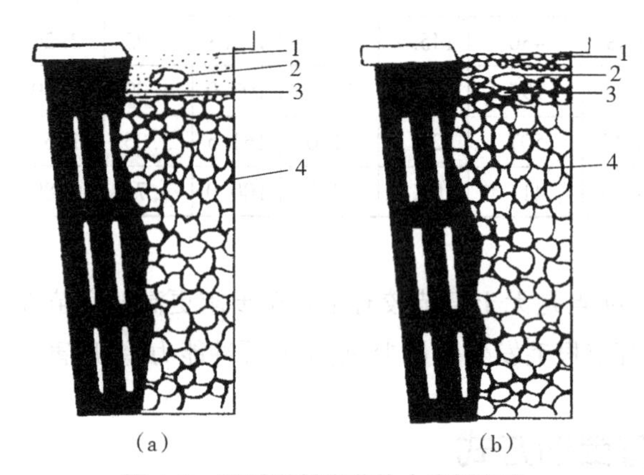

图 4.2　硬质塑料育苗钵中直播育苗

(引自刘士哲,2001)

1—河沙或其他基质;2—种子;3—定植杯;4—石砾

1.2.2　泡沫小方块育苗

泡沫小方块育苗适用于深液流水培或营养液膜栽培。用一种育苗专用的聚氨酯泡沫小方块平铺于育苗盘中,育苗块大小约 4 cm 见方,高约 3 cm,每一小块中央切一"×"形缝隙,将已催芽的种子逐个嵌入缝隙中(图 4.3),并在育苗盘中加入营养液,让种子出苗、生长,待成苗后一块块分离,定植到种植槽中。

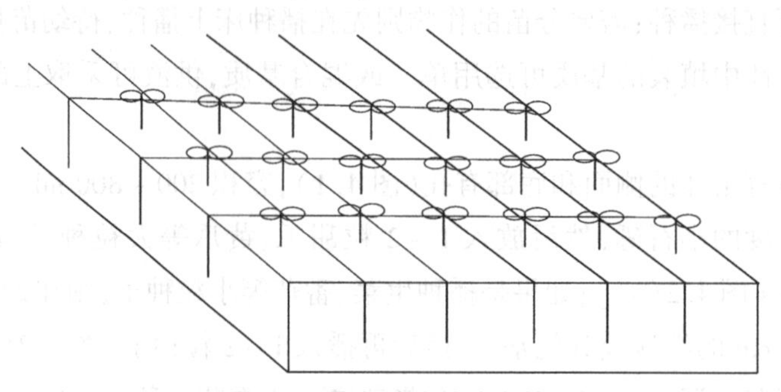

图 4.3　聚氨酯泡沫育苗块

1.2.3　岩棉块育苗

岩棉块育苗广泛应用于各种无土栽培类型。根据作物种类和苗龄的要求使用3 cm×3 cm×3 cm、4 cm×4 cm×4 cm、5 cm×5 cm×5 cm、7.5 cm×7.5 cm×7.5 cm、10 cm×10 cm×5 cm等育苗用的岩棉块。岩棉块除上下两个面外,四周用乳白色不透光的塑料薄膜包裹,以防止水分蒸发、四周积盐及滋生藻类。育苗时在岩棉块表面上割一小缝,嵌入已催芽的种子后密集置于盛装营养液的箱或槽中。开始时先用低浓度的营养液浇湿,保持岩棉块湿润;出苗后在箱或槽的底部维持0.5 cm以下的液层,靠底部毛管作用供水、供肥。另外一种供液办法是将育苗块底部的营养液层用一条2 mm厚的亲水无纺布代替,无纺布垫在育苗块底部1 cm左右的一边,并通过滴灌向无纺布供液[图4.4(b)],利用无纺布的毛管作用将营养液传送到岩棉块中。如果是育果菜等大苗时,可采用“钵中钵”[图4.4(a)]的育苗方式。方法是在大育苗块的中央开有一个小方洞,小方洞的大小刚好与嵌入的小方块相吻合。在育苗后期将小岩棉块移入大育苗块中,然后排在一起,并随着幼苗的长大逐渐拉开育苗块距离,避免幼苗之间互相荫蔽。移入大育苗块后,营养液层可维持1 cm深度。此法比浇液法和浸液法育苗效果好。

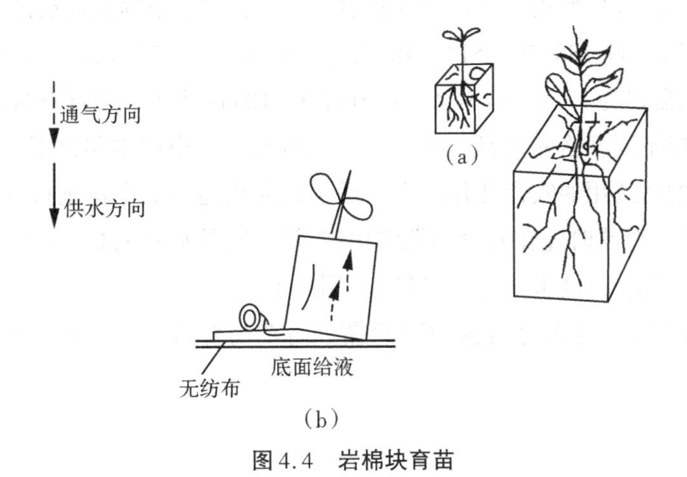

图4.4　岩棉块育苗

1.2.4　营养钵育苗

营养钵育苗是一种用定型育苗块进行育苗的方法。利用制钵机将营养基质或营养土压制成方形小块,中间有孔,供播种或移苗用。其中,泥炭钵是以泥炭为主要成分,再加一些其他有机物压制而成,在国外已广泛采用。常见的有基菲(Jiffy)营养钵、基菲育苗小块等。基菲营养钵是由挪威最早生产的一种由30%纸浆、70%泥炭和混入一些肥料及胶黏剂压缩成圆饼状的育苗小块(图4.5),外面包以有弹性的尼龙网(也有一些没有),直径4.5 cm,厚约7 mm,具有通气、吸水力强、肥沃、轻巧、使用和搬运方便等特点,主要用于果菜类、花卉和林木育苗。育苗时先将基菲营养钵放入盘中浇水或底部吸水,使之膨胀达到高 4 ~5 cm 的育苗块后再播种或移苗,幼苗根系穿出尼龙网时就与育苗块一起定植。育苗块中混有的肥料一般可维持整个苗期生长所需,无需另行加入。

图 4.5　基菲(Jiffy)育苗块育苗

图 4.6　育苗用穴盘

1.2.5　穴盘育苗

穴盘是按照一定的规格制成的带有很多小型钵状穴的塑料盘(图 4.6)。穴盘在形状上可分为方锥形穴盘、圆锥形穴盘、可分离式穴盘等;在制作材料上可分为纸格穴盘(如水稻育苗抛秧用,需拉开后使用)、聚乙烯穴盘、聚苯乙烯穴盘;根据孔穴数目和孔径大小,穴盘分为 50、72、128、200、288、392、512、648 孔等不同规格,以 72、128、288 孔穴盘较常用。国际上使用的穴盘多为 27.8 cm×54.9 cm,孔深 3 ~10 cm 不等。根据育苗的作物种类、苗龄和目的,可选择不同规格的穴盘。用于一次成苗或培育小苗供移苗用。一般幼苗株型较大、苗龄较长的所选用的穴盘孔径越大。用于机械化播种的穴盘则按自动精播生产线的规格要求制作。育苗时先在穴盘的孔穴中装满基质,然后每穴播 1 ~2 粒种子,用少量基质覆盖后稍为压实,再浇水即可。成苗时一孔一株。

其他无土育苗方式还有育苗盘(箱)育苗和育苗筒育苗。生产上可根据具体情况灵活选择育苗方式。

任务 2　无土育苗的设备及操作

根据育苗的规模和技术水平,播种育苗分为普通无土育苗和工厂化无土育苗两种。普通无土育苗一般规模小、效率低,育苗条件差,人工操作与粗放式管理,秧苗品质和整齐度往往参差不齐,良莠并存,但设施、设备投资少,育苗成本较低,而工厂化无土育苗是按照一定的工艺流程和标准化技术进行秧苗的规模化、机械化生产,具有育苗规模大,育苗条件好,省工省力,效率高,管理技术先进,节约能源、种子和场地,便于远距离运输和机械化栽植,秧苗品质和规格化程度高等特点,但育苗成本较高,并要求具有完善的育苗设施、设备、现代化的测控技术和科学的自动化、规范化、集约化管理。随着我国加快向现代农

业的过渡和工厂化育苗技术的发展,工厂化无土育苗将具有广阔的应用前景。

2.1　普通无土育苗

普通无土育苗除了育苗方式、育苗设施、营养供应与管理、幼苗根际环境相对比较特殊外,其他与传统的土壤育苗大致相同。普通无土育苗操作流程如图4.7所示。

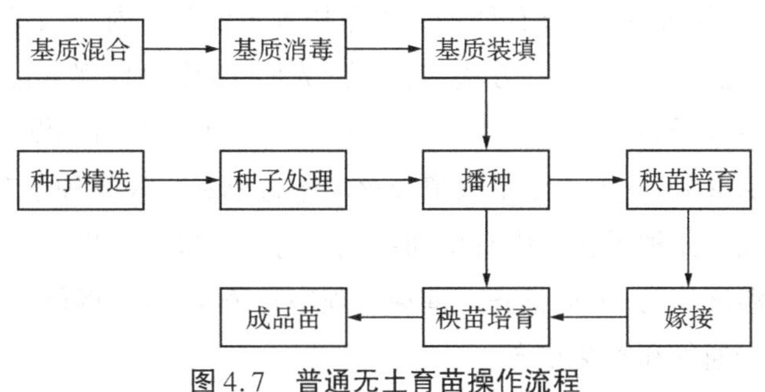

图4.7　普通无土育苗操作流程

2.1.1　种子精选与处理

1）种子精选

在保证种子来源可靠的前提下,筛选出粒大饱满、无病虫害、结构完整的种子作为育苗种子。人工挑选或机械选种。

2）种子处理

(1)种子消毒与浸种

许多作物的病菌潜伏在种子内部或附着在种子的表面,进行种子消毒是减少苗期病害的有效措施。种子消毒的方法有药剂浸种、热水烫种、温汤浸种、干热处理等。根据病原菌种类选择种子消毒的药剂,如用1%福尔马林溶液浸泡15～20 min后湿布覆盖闷12 h,可防治茄果类早疫病;用10%～20%的磷酸三钠或20%的氢氧化钠溶液浸种15 min,可钝化番茄花叶病毒。温汤浸种和热水烫种可借助热能杀死种子所带的病菌,而且还有促进种子呼吸、缩短浸种时间、达到发芽迅速而整齐的效果。方法是先把种子放到凉水中浸泡一下,然后将种子放到热水中浸泡或烫种。如茄子、丝瓜、冬瓜等种皮较厚的种子可用75 ℃热水烫种5～10 min,自然冷凉至35 ℃后浸种;茄果类、黄瓜、甘蓝可用50～55 ℃热水浸泡10～15 min。一般用水量为种子的5倍。

种子消毒后进行浸种。不同作物适宜的浸种时间不一样,一般用25～30 ℃温水浸种4～12 h即可,种皮厚者浸种时间长,种皮薄者略短。浸种可与药剂消毒结合进行。美人蕉、西瓜等种子的种皮坚硬,在浸种前用机械手段磨破种皮或敲开胚端的种壳,也可以用硫酸浸泡,使种皮变软后立即用清水冲净硫酸。如果种皮上黏质多,可用0.2%～0.5%

的碱液搓洗。浸种的水量以水层浸过种子层 2 ~ 3 cm 为宜,种子层不超过 15 cm,以利于种子的呼吸作用,防止胚芽窒息死亡。蔷薇科花卉的种子则必须在低温和湿润的环境下层积处理后才能打破休眠。

(2)种子催芽

种子催芽能够促使种子迅速整齐发芽。常用的催芽方法主要有以下 3 种:

①恒温箱或催芽箱催芽:将裹有种子的纱布袋置于催芽盘内,然后放入温箱或催芽箱中催芽。这是目前比较理想的催芽方法,其温度、光照、变温处理都可自动控制。

②常规催芽:将种子装入洗净的粗布或纱布里,放在底部垫有潮湿秸秆的木箱或瓦盆里,上面覆盖洗净的麻袋片,置于温室火道或火墙附近催芽。注意种子在袋内不宜装得太满,最好装 6 ~ 7 成满,使种子在袋内有松动余地。对于一些不易出芽的种子,也可采用掺沙催芽,使之干湿温度均匀,出芽整齐。催芽过程中每隔 4 ~ 5 h 将种子翻动一次,使种子受热一致,并有利于通气和发芽整齐。

③锯末催芽:对一些难以发芽的种子,如茄子、辣椒等,用锯末催芽效果较好。在木箱内装 10 ~ 12 cm 厚经过蒸煮消毒的新鲜锯末后喷水,待水渗下后,用粗纱布袋装半袋种子,平摊在锯末上,种子厚度以 1.5 ~ 2 cm 为宜,然后在上面盖 3 cm 厚经过蒸煮的湿锯末,将木箱放在火道、火墙附近或火炕上,保持适宜温度。催芽过程中不需要经常翻动种子,发芽快且整齐,在室温下 4 ~ 5 d 即可发芽。

几种蔬菜种子催芽的温度和时间参见表 4.2。

表 4.2 几种蔬菜种子的催芽温度和催芽时间

蔬菜种类	最适温度/℃	前期温度/℃	后期温度/℃	需要天数/d	控芽温度/℃
番　茄	24 ~ 25	25 ~ 30	22 ~ 24	2 ~ 3	5
辣　椒	25 ~ 28	30 ~ 35	25 ~ 30	3 ~ 5	5
茄　子	25 ~ 30	30 ~ 32	25 ~ 28	4 ~ 6	5
西葫芦	25 ~ 36	26 ~ 27	20 ~ 25	2 ~ 3	5
黄　瓜	25 ~ 28	27 ~ 28	20 ~ 25	2 ~ 3	8
甘　蓝	20 ~ 22	20—22	15 ~ 20	2 ~ 3	3
芹　菜	18 ~ 20	15 ~ 20	13 ~ 18	5 ~ 8	3
莴　笋	20	20 ~ 25	18 ~ 20	2 ~ 3	3
花椰菜	20	20 ~ 25	18 ~ 20	2	3
韭　菜	20	20 ~ 25	18 ~ 20	3 ~ 4	4
洋　葱	20	20 ~ 25	18 ~ 20	3	4

2.1.2　育苗基质的选用

选用适宜的育苗基质是培育壮苗的基础。无土育苗基质要求具有疏松透气,保水保肥,化学性质稳定,不带病菌和虫卵、杂草种子,且对秧苗无毒害。为了降低育苗成本,保证育苗效果,选择育苗基质时应充分利用当地资源,就地取材,并且以 2 ~3 种有机、无机基质混合为宜,实现优势互补,提高育苗效果。目前国内外普遍采用的基质配比大致是草炭 50% ~60% 、蛭石 30% ~40% 、珍珠岩 10% 。为了使所育的苗健壮,除了浇灌营养液的方法之外,常常在育苗基质内混入适量的无机化肥、沼渣、沼液、消毒鸡粪等,并在生长后期适当追肥,平时只浇清水即可。基质混合与消毒方法见项目 2 任务 2。表 4.3 列出国内外几种常用的育苗基质配方。

表 4.3　国内外几种常用的育苗基质配方

配方代号	基质种类与添加的肥料											
	细沙[1]/m^3	粉碎草炭/m^3	蛭石/m^3	白云石[2]/kg	珍珠岩/m^3	硝酸钾/kg	硝酸铵/kg	硫酸钾/kg	过磷酸钙[3]/kg	复合肥/kg	钙石灰石/kg	消毒干鸡粪/kg
A	0.5	0.5		4.5		0.145		0.145	1.5		1.5	
B		0.5	0.5	3.0					1.2	3.0[4]		
C		0.75	0.13		0.12				1.0	1.5[5]	3.0	10.0
D		0.5	0.5				0.7		0.7		3.5	

注:A. 加州大学混合基质;B. 康乃尔混合基质;C. 中国农业科学院育苗与盆栽基质;D. 草炭矿物质混合基质。

[1] 细沙粒径为 0.05 ~0.5 mm;

[2] 白云石也可以用石灰石代替;

[3] 过磷酸钙中含有 20% 五氧化二磷;

[4] 复合肥的氮、磷、钾含量为 5、10、5;

[5] 复合肥的氮、磷、钾含量为 5、15、15。

2.1.3　播　种

不同的无土育苗方式采取不同的播种方法。一般在无风、晴朗的天气状况下上午播种。播前做好育苗床(冬春季节育苗时采用电热温床,夏季采用低畦育苗),对育苗器具用 0.1% ~1.0% 的高锰酸钾进行消毒,用清水喷透基质。播种后覆盖 1 ~2 cm 厚的基质,微喷水后覆膜、增温、保湿,出苗期间保持湿润。瓜类、豆类作物,按 8 ~10 cm 株行距播种(一般每穴播 2 粒),茄果类、叶菜类作物需进行分苗者,可行撒播,苗距 1 ~2 cm,待苗 1 ~2 片真叶后分苗。

①播种期的确定方法:根据育苗需要的天数和定植期推算。育苗天数的计算公式:

育苗天数 = 苗龄天数 + 炼苗天数(7 ~ 10 d) + 机动天数(3 ~ 5 d)

②播种量的计算：

播种量(g/667 m^2)=(每667 m^2定植或欲销售的秧苗数+秧苗数×安全系数)×种子千粒重÷发芽率

例如：番茄一般每667 m^2栽植3 000株，种子千粒重3.25 g发芽率85%，则：

播种量=(3 000+3 000×20%)×3.25÷85%=14 g/667 m^2，即每667 m^2需番茄种子14 g。

③播种床面积(m^2)=[播种量(g)×每克种子粒数×(3～4)]/10 000。

注：3～4为每粒种子平均占3～4 cm^2面积，如辣椒、早甘蓝、花椰菜等可取3，番茄可取3.5，茄子可取4。

④分苗床面积(m^2)=[分苗总株数×每株营养面积(cm^2)]/10 000

2.1.4 秧苗培育

采用穴盘育苗或在苗床育苗时，要定时浇灌营养液，或将肥料预先混入基质中，苗期只浇清水；对岩棉块或泡沫小方块育苗的则将育苗块摆放在盛有浅层营养液的苗床中进行循环供液。无论哪种无土育苗方式，都应根据幼苗生长状况和营养液变化情况不断调整。达到成苗标准后应及时定植。定植前1周应减少供液量，适时炼苗。为提高抗病性，黄瓜等部分作物的幼苗长至一定大小时要适时嫁接。另外，苗期加强病虫害防治和环境调控。

2.2 工厂化穴盘育苗

2.2.1 主要设施设备

(1)基质消毒机

为防止育苗基质中带有致病微生物或线虫等，使用前可用基质消毒机消毒。基质消毒机实际上就是一台小型蒸汽锅炉，通过产生的蒸汽对基质消毒。根据锅炉的产汽压力及产汽量。在基质消毒车间内筑制一定体积的基质消毒池，池内连通带有出汽孔洞的蒸汽管，设计好进、出基质方便的进、出料口，使其封闭，留有一小孔，插入耐高温温度计，以便观察基质内温度。

(2)基质搅拌机

育苗基质在被送往送料机、装盘机之前，一般要用搅拌机搅拌，目的一是使基质中各成分混合均匀；二是打破结块的基质，以免影响装盘的质量。基质搅拌机有单体的，也有与送料机连为一体的，一般多选用韩国产单体基质搅拌机。

(3)自动精播生产线

穴盘自动精播生产线(图4.8)装置是工厂化育苗的核心设备。它是由穴盘摆放机、

送料及基质装盘机、压穴及精播机、覆土机和喷淋机等五大部分组成，主要完成基质装盘、压孔、播种、覆盖、镇压到喷水等一系列作业。这五大部分连在一起就是自动生产线，拆开后每一部分又可独立作业。精量播种机根据播种器的作业原理不同，可分为两种类型：一种为机械转动式，一种为真空气吸式。其中机械式精量播种机对种子形状要求极为严格，种子需要进行丸粒化处理方能使用，而气吸式精量播种机对种子形状要求不甚严格，种子可不进行丸粒化加工。年产商品苗100万株以下的育苗场可选择购置1台半自动播种机；年产100～300万株的育苗场可选择购置2～3台半自动精量播种机；年产300万株以上的育苗场可用自动化程度较高的精量播种机。

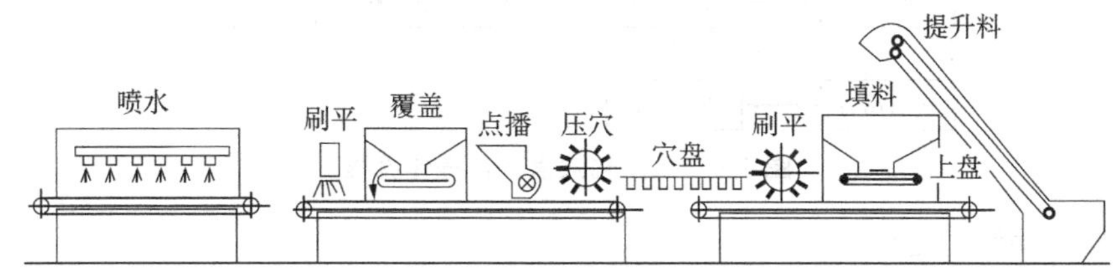

图4.8　穴盘育苗精播生产线

(4)恒温催芽室

恒温催芽室是一种能自动控制温度的育苗催芽设施。利用恒温催芽室催芽，温度易于调节，催芽数量大，出芽整齐一致。标准的恒温催芽室是具有良好隔热保温性能的箱体，内设加温装置和摆放育苗穴盘的层架。

(5)喷水施肥系统

在育苗的绿化室或幼苗培育设施内，设有喷水设备或浇灌系统。工厂化育苗用的喷水系统一般采用行走式喷淋装置，既可喷水，又可喷洒农药，省工效率高，操作效果好。在幼苗较小时，行走式喷淋系统喷入每穴基质中的水量比较均匀，当幼苗长到一定程度，叶片较大时，从上面喷水往往造成穴间水分不匀，故可采用底面供水方式，通过穴盘底部的孔将水分吸入的方式较好。

(6)CO_2增施机

CO_2发生装置有多种类型，或以焦炭、木炭为原料，或以煤油、液化(石油)气为原料；或利用碳酸氢铵和稀硫酸发生化学反应释放二氧化碳。育苗空间内增施CO_2能够促使幼苗生长快而健壮。

(7)其他

工厂化育苗采用的设施通常是具有自动调温、控湿、通风装置的现代化温室或大棚，档次高、自动化程度也高，空间大，适于机械化操作，室内装备自动滴灌、喷水、喷药等设备，还有幼苗绿化室，自动智能嫁接机及促进愈合装置等其他设施设备。

2.2.2　育苗方法

工厂化无土育苗主要采用穴盘育苗方式，是以草炭、蛭石等轻基质材料作为育苗基质，采用工厂化精量播种，一次成苗的现代化育苗体系。工厂化穴盘育苗操作流程如图4.9所示。

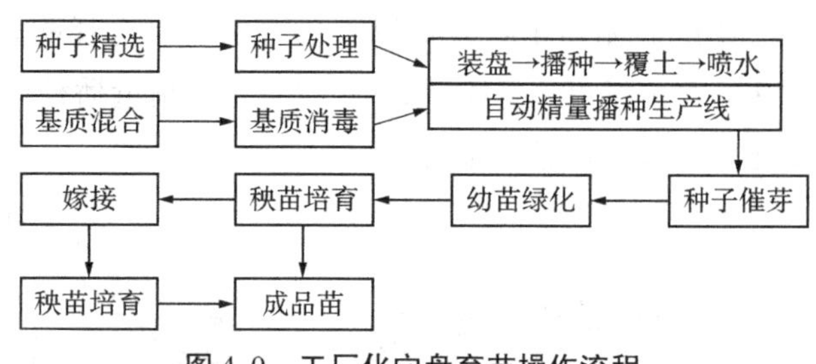

图4.9　工厂化穴盘育苗操作流程

(1)种子精选与处理

种子精选与普通无土育苗相同。种子处理与普通无土育苗不同的是对种子进行包衣处理和精量播种后集中催芽。包衣种子不用浸种和消毒。

(2)基质的选用

育苗基质的选择同普通无土育苗。基质混合、消毒和装填通过基质搅拌机、基质消毒机等机械操作来完成，而且效率高，混合与消毒效果好。

(3)精量播种

在播种车间内采用自动精播生产线播种，实现装盘、压穴、播种、覆盖、镇压、浇水等一系列作业机械化、程序化的自动流水线作业，方便快捷，效率高。工厂化穴盘育苗所用穴盘的规格大小要与自动精播生产线的要求相符。

(4)催芽与绿化处理

将播种后的穴盘整齐摆放在育苗车上。育苗车直接推进催芽室进行催芽。种子萌芽后，要立即置于绿化室内见光绿化，否则会影响幼苗的生长和品质。绿化室一般是指用于育苗的连栋温室，具有良好的透光性及保温性，以使幼苗出土后能按预定要求的指标管理。幼苗绿化后进入正常的秧苗管理(部分作物需要嫁接)。

(5)秧苗培育

工厂化穴盘育苗的秧苗管理与普通无土育苗大致相同，不同的是充分利用先进的设施设备，加强营养液管理和环境调控，有效防治病虫害，做到秧苗生长快，苗齐又健壮。

2.2.3　计　算

①穴盘数量的计算：

穴盘用量(个)＝(播种量 ÷ 种子千粒重 × 1 000) ÷ (每个穴盘孔穴数 × 每个孔穴播

种1～2粒)。

②穴盘育苗床面积的计算:

穴盘育苗床的有效面积(m^2)=穴盘用量(个)×每个穴盘面积(m^2)。

任务3　无土育苗的管理

3.1　营养液的管理

3.1.1　营养液的选择

育苗用的营养液配方根据作物种类确定。生产上常用1/3～1/2剂量的日本园试配方和山崎配方,也可使用育苗专用配方。试验表明,叶菜类育苗可采用配方N为140～200 mg/kg,P为70～120 mg/kg,K为140～180 mg/kg;茄果类育苗配方前期N为140～200 mg/kg,P为90～100 mg/kg,K为200～270 mg/kg;后期N为140～200 mg/kg,P为50～70 mg/kg,K为160～200 mg/kg。此外,也可用氮磷钾复合肥($N+P_2O_5+K_2O$含量15-15-15)配成溶液后喷灌秧苗,子叶期的浓度为0.1%,1片真叶后提高到0.2%～0.3%。

无土育苗对营养液的总体要求是养分齐全、均衡,使用安全,配制方便。因此,在实际配制过程中应合理选择肥料种类,尽量降低成本,并控制营养液的pH值在5.5～6.8。营养液中铵态氮浓度过高容易对秧苗产生危害,抑制秧苗生长,严重时导致幼根腐烂,幼苗萎蔫死亡。因此在氮源的选择上应以硝态氮为主,铵态氮占总氮的比例最高不宜超过30%。

3.1.2　营养液的管理

无土育苗的营养液管理主要是选择供液方式,科学控制供液时间、供液量和营养液浓度。幼苗出土后,在异养生长向自养生长的过渡阶段,应适当提前供液。一般在幼苗出土进入绿化室后即开始浇灌或喷施营养液,每天1次或两天1次。

1)营养液浓度

不同作物的秧苗对营养液浓度要求不同,同一作物在不同生育时期也不一样。一般幼龄苗的营养液浓度应稍低(成株期标准浓度的1/2或1/3),随着秧苗生长,营养液浓度应逐渐提高。

2)供液量

浇灌供液时必须注意防止育苗容器内积液过多,每次供液后在苗床的底部保留

0.5～1 cm 深的液层。前人的研究结果显示，在育苗的全过程中，每株番茄、茄子、黄瓜、甜瓜幼苗分别吸收标准浓度的营养液 800 mL、1 000 mL、500 mL、400 mL。小规模育苗时可以参考这个标准，分次浇施营养液，每次苗床的施用量控制在 10 L/m² 左右。夏季营养液育苗，浇液次数要适当增加，而且苗床要经常喷水保湿。

3）供液方式

营养液供给与供水相结合。采用浇 1～2 次营养液后浇 1 次清水的办法，可以避免基质内盐分积累浓度过高，抑制幼苗生育。

（1）上部供液

上部供液适用于穴盘育苗或苗床育苗等育苗方式。工厂化育苗或育苗面积较大时可采用双臂悬挂式或轨道式行走喷水施肥车来回移动喷液。夏天高温季节，每天喷水 2～3 次，每隔一天喷肥 1 次；冬季气温低，2～3 d 喷 1 次，喷水和喷肥交替进行。

（2）底部供液

底部供液适用于岩棉块和泡沫小方块育苗。把水或营养液蓄在育苗床内，苗床一般用塑料板或泡沫板围成槽状，长 10～20 m、宽 1.2～1.5 m、深 10 cm 左右，床底平且不漏水，底部铺一层厚 0.2～0.5 mm 黑Ⅰ塑料膜作衬垫，保持薄层营养液的厚度在 2 cm 左右。也有的将床底做成许多深 2 mm 的小格子，育苗块排列其 L。底部供液，多余的营养液则从一定间隔设置的小孔中排出（图 4.10）。

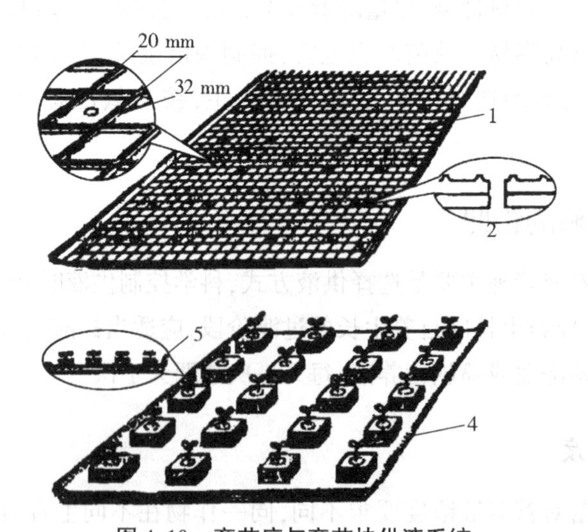

图 4.10　育苗床与育苗块供液系统

1—育苗床；2—排水孔；3—育苗床小格放大图；4，5—供液孔

为了降低育苗成本，最好采用循环供液方式，通过营养液循环流动来供液和增氧，但要注意及时调整营养液的浓度和 pH 值。

3.2　育苗期的环境调控

3.2.1　温　度

温度是影响幼苗生育的重要环境因素。温度高低以及适宜与否,不仅直接影响到种子发芽和幼苗生长的速度,而且也左右着秧苗的发育进程。温度太低,秧苗生长发育延迟,生长势弱,容易产生弱苗或僵化苗,极端条件下还会因为床温过低造成寒害或冻害;温度太高,幼苗生长过快,易成为徒长苗。

1)基质温度

基质温度影响根系生长和根毛发生,从而影响幼苗对水分、养分的吸收。在适宜的温度范围内,根的伸长速度随温度的升高而增加,但超过该范围后,尽管其伸长速度加快,但是根系细弱,寿命缩短。早春育苗基质温度偏低,会导致根系生长缓慢或产生生理障碍,应设置电热温床。建造方法见项目12 技能训练10。夏秋季节则要防止高温伤害,可采用低畦育苗。

2)昼夜温差

保持一定的昼夜温差对于培育壮苗至关重要,而低夜温则是控制幼苗节间过分伸长的有效措施。白天维持秧苗生长的适温,增加光合作用和物质生产,夜间温度则应比白天降低 8 ~ 10 ℃,以促进光合产物的运转,减少呼吸消耗。在自动化调控水平较高的设施内育苗可以实现"变温管理"。阴雨天白天气温较低,夜间气温也应相应降低。

3)气温

不同的作物种类和生育期对气温的要求是不同的。总体说来,整个育苗期中播种后、出苗前,移植后、缓苗前温度应高,出苗后、缓苗后和炼苗阶段温度应低;生长前期的气温高,中期以后温度渐低;定植前 7 ~ 10 d 进行低温锻炼,以增强对定植以后环境条件的适应性;嫁接以后、成活之前也应维持较高的温度。

一般情况下,喜温性的茄果类、豆类和瓜类蔬菜最适宜的发芽温度为 25 ~ 30 ℃,较耐寒的白菜类、根菜类蔬菜最适宜的发芽温度为 15 ~ 25 ℃。出苗至子叶展平前后,胚轴对温度的反应敏感,尤其是夜温过高时极易徒长,因此需要降低温度。茄果类、瓜类蔬菜白天控制在 20 ~ 25 ℃,夜间 12 ~ 16 ℃,而喜冷凉蔬菜稍低。真叶展开以后,喜温果菜类保持白天气温 25 ~ 28 ℃,夜间 13 ~ 18 ℃;耐寒半耐寒蔬菜保持白天 18 ~ 22 ℃,夜间 8 ~ 12 ℃。需分苗的蔬菜在分苗之前 2 ~ 3 d 适当降低苗床温度,保持在适温的下限,分苗后尽量提高温度。成苗期间喜温果菜类白天 23 ~ 30 ℃,夜间 12 ~ 18 ℃;喜冷凉蔬菜温度管理比喜温类降低 3～5 ℃。

花卉种子萌发的适宜温度，依种类和原产地不同而异，一般比其生育适温高 3～5 ℃。原产温带的花卉多数种类的萌发适温为 20～25 ℃，耐寒性宿根花卉及露地二年生花卉种子发芽适温大体在 15～20 ℃，一些热带花卉种子则要在较高的温度下（32 ℃）才能萌发。播种时的基质温度最好保持相对稳定，变化幅度不超过 3～5 ℃。花卉出苗后的温度应随着幼苗生长逐渐降低，一般白天 15～30 ℃，夜间 10～18 ℃，基质或营养液温度 15～22 ℃，其中喜凉耐寒花卉较低，喜温耐热花卉较高。

4）温度调控

参见项目 3 任务 2。

3.2.2 光 照

光照对于蔬菜、花卉种子的发芽并非都是必需的，如莴苣、芹菜、报春花等需要一定的光照条件下才能萌发；而韭菜、洋葱、雁来红等在光下却发芽不良。苗期管理的中心是设法提高光能利用率。尤其在冬春季节育苗，光照时间短，强度弱，应采取各种措施，改善秧苗受光条件，这是育成壮苗的重要前提之一。主要有以下调控措施：

①增加育苗设施的采光量。

②选用透光性好的覆盖材料，保持表面洁净度，增加光强。

③加强不透明覆盖物的揭盖管理，尽是早揭晚盖，延长光照时间。

④幼苗及时见光绿化，并防止相互遮挡。

⑤如果光照不足，可人工补光。或作为光合作用的能源，或用来抑制、促进花芽分化，调节花期。补充照明的功率密度因光源的种类而异，一般为 50～150 W/m^2。从降低育苗成本角度考虑，一般选用荧光灯。

⑥夏季高温季节育苗采取遮光育苗。

3.2.3 水 分

适宜的水分供应是增加幼苗物质积累、培育壮苗的有效途径。适于大多数幼苗生长的基质含水量一般为 60%～80%，播种后出苗之前应保持较高的基质湿度，以 80%～90% 为宜，定植之前 7～10 d，适当控制水分。如果基质水分过多，高温弱光，幼苗极易徒长；低温弱光，则易发生病害成导致沤根。反之，基质水分过少，幼苗生长就会受抑制，长时间缺水形成僵苗。苗期适宜的空气湿度一般为白天 60%～80%、夜间 90% 左右，出苗之前和分苗初期的空气湿度适当提高。蔬菜不同生育阶段基质水分含量见表 4.4。

表4.4　不同生育阶段基质水分含量(相当于最大持水量的百分数%)

蔬菜种类	播种至出苗	子叶展开至2叶1心	3叶1心至成苗
茄子	85~90	70~75	65~70
甜椒	85~90	70~75	65~70
番茄	70~85	65~70	60~65
黄瓜	85~90	75~80	75
芹菜	85~90	75~80	70~75
生菜	85~90	75~80	70~75
甘蓝	75~85	70~75	55~60

苗期水分管理的总体要求保证适宜的基质含水量,适当降低空气温度,根据作物种类、育苗阶段、育苗方式、苗床设施条件等灵活掌握。如营养钵育苗的浇水量要比床土育苗多。工厂化育苗不宜用洒水或软管浇水,应设置喷雾装置,实现浇水的机械化、自动化。浇营养液或水应选择晴天上午进行。低温季节育苗,水或营养液最好加温后浇施。采用喷雾法浇水可以同时提高基质和空气的湿度。降低苗床湿度的措施主要有合理灌溉、通风、提高温度等。

3.2.4　气　体

在育苗过程中,对秧苗生长发育影响较大的气体主要是CO_2和O_2,此外还包括有毒气体。

(1)CO_2

CO_2是植物光合作用的原料,外界大气中的CO_2体积分数约为330 μL/L,日变化幅度较小,但在相对密闭的温室、大棚等育苗设施内,CO_2浓度变化远比外界要强烈得多。室内CO_2浓度在早晨日出前最高,日出后随光温条件的改善,植物光合作用不断增强,CO_2浓度迅速降低,甚至低于外界水平呈现亏缺。冬春季节育苗,由于外界气温低,通风少或不通风,内部CO_2含量更显不足,限制了幼苗光合作用和正常生育。设施CO_2不足会使秧苗处于碳饥饿状态,此时CO_2施肥最有效。综合前人研究结果,苗期CO_2施肥应尽早进行,子叶期开始最佳,冬季每天上午CO_2施肥3 h可显著促进幼苗的生长,利于壮苗形成,可提高前期产量和总产量。施肥浓度宜掌握在1 000 μL/L左右。苗期CO_2施肥现已成为现代育苗技术的特点之一。

(2)O_2

基质中O_2含量对幼苗生长同样重要。O_2充足,根系发生大量根毛,形成强大的根系;O_2不足则会引起根系缺氧窒息,地上部萎蔫,停止生长。一般基质总孔隙度60%左右为宜。

(3)有毒气体

危害幼苗的有毒气体主要来自加温或 CO_2 施肥过程中燃料的不完全燃烧、有机肥或化肥的分解以及塑料制品中增塑剂的释放等。为此,要求严格检查育苗用的塑料薄膜、水管;燃料燃烧要充分,烟囱密封性要好;不在育苗温室内堆积发酵有机肥。设施通风,降低温湿度,使内部 CO_2 得到补充,有毒气体也得以排出,但外界气温太低时不能放风。

3.3 无土育苗常见的问题

(1)秧苗颜色发黄

因为无土育苗所配制的营养液是以硝态氮为主,甚至全部都是硝态氮,与有土育苗时所施用的铵态氮比较,秧苗色泽就浅一些,表现出黄绿色,这是由于氮素形态的不同而造成的,并不影响秧苗品质。如果秧苗生长发育均正常,没有其他生长障碍发生,这属于正常现象。

(2)幼苗徒长

采用无土育苗技术培育的秧苗生长速度较快,更容易发生徒长现象,应适当加以控制。控制秧苗徒长的措施主要是适当降低温度,而不应过于控制营养液的供给。如果像有土育苗那样进行蹲苗,很长时间不给营养液,虽然秧苗徒长得到控制,但由于营养与水分不足也降低了秧苗品质。

(3)烂根或根系发育不良

这种现象一般是由于基质通气不良造成的。如果基质选择与使用上没有什么问题,就可能是供液量过大造成的,即多数是在盘(床)底长期出现积液时,根系泡在营养液中时间较长就容易烂根或根系发锈而发育不良。这种现象尤其在利用吸湿性强的基质来育苗时更易发生,如岩棉块育苗、炭化稻壳育苗等。因此,采用这些基质育苗时更应注意营养液量的控制。

(4)秧苗生长停滞,生长点小,叶色泽发暗,甚至萎缩死亡

在正常营养液管理的情况下,出现这种现象可能是以下原因引起的:

①营养液由铵态氮的比例过高而产生铵离子为害。因此,苗期营养液中铵态氮的比例最好不超过总氮的30%。

②盐害:连续喷浇施营养液后,由于基质水分蒸发较快,盐分在基质中积累,逐渐出现盐害症状。发现盐害后就应立即停液,改为浇水,盐害症状即可得到缓解。这种情况尤其在高温强光时容易发生,应引起注意。

项目小结

无土育苗是指不用土壤，而用基质和营养液或单纯用营养液进行育苗的方法。与土壤栽培相比，无土育苗具有降低劳动强度，节水省肥，减轻土传病虫害；便于运输、销售和流通；提高了空间利用率；幼苗素质高，苗齐、苗全、苗壮；便于集约化、科学化、规范化管理和实现工厂化、机械化与专业化育苗等优点。缺点是无土育苗要求更高的育苗设备和技术条件，成本相对较高，而且无土育苗根毛发生数量少。基质的缓冲能力差，病害一旦发生容易蔓延。

无土育苗主要包括播种育苗、扦插育苗、试管育苗（组织培养育苗）等方法，本项目主要以播种育苗为例介绍。根据育苗的规模和技术水平，播种育苗分为普通无土育苗和工厂化无土育苗两种。无土育苗的管理主要是营养液管理和环境调控。无土育苗常见的问题表现在：秧苗颜色发黄；幼苗徒长；烂根或根系发育不良；秧苗生长停滞，生长点小，叶色泽发暗，甚至萎缩死亡。

项目考核

一、填空题

1. 根据是否利用基质材料，无土育苗可分为__________育苗和________育苗两类。

2. 工厂化无土育苗主要育苗设备包括______、______、______、______、______、______、______、______、______、______。

3. 育苗天数= ________+________（______）d+______（______）d。

二、判断题

1. 采用无土育苗育出的苗不能土壤栽培。 （ ）

2. 浸种的方法通常有凉水浸种、温汤浸种和热水烫种3种。其中，温汤浸种的水温一般为75 ℃左右。 （ ）

三、简述题

1. 何谓无土育苗？为什么要采用无土育菌？

2. 工厂化育苗需要哪些育苗设备？

3. 播种前都需做哪些考虑和具体的工作？

4. 概括穴盘育苗的技术要求。

5. 无土育苗对光照、温度条件有何要求？如何调控？

6. 如何加强无土育苗期间的营养液管理?

7. 分析普通无土育苗与工厂化穴盘育苗有何区别?

8. 无土育苗常见的问题及对策。

项目5 水培和雾培

✲项目目标

※ 了解水培、雾培的类型、特点与应用。

※ 熟悉水培、雾培的各种类型的设施建造方法。

※ 掌握DFT和NFT水培设施建造、技术特征与栽培管理。

※ 能够准确地识别水培、雾培设施的各个组成部分,科学规范有效地实施管理。

✲项目导入

无土栽培技术包括营养液配制、设施建造与栽培管理三大技术环节。栽培作物和无土栽培形式不同,在三大技术环节上存在明显的差异性。水培与雾培即为非固体基质无土栽培,植物的根系是在营养液或含有营养成分的潮湿空气中,根际环境中除了育苗时用固体基质外,一般不使用固体基质。本项目主要介绍水培与雾培的类型、特点、设施建造、栽培管理技术。

任务1 水培和雾培的定义与分类

水培是指植物部分根系浸润生长在营养液中,而另一部分根系裸露在潮湿空气中的一类无土栽培方法;而雾培是指植物根系生长在雾状的营养液环境中的一类无土栽培方法。这两类无土栽培技术与基质培的不同之处在于根系生长的环境是营养液而不是固体基质。

无论是水培或是雾培,其设施都必须具备以下4项基本功能:

①能装住营养液而不致漏掉。

②能固定植株,并使部分根系浸润到营养液中,但根颈部不浸没在营养液中。

③使营养液和根系处于黑暗之中,以防止营养液中滋生绿藻并有利于根系生长。

④使根系能够吸收到足够的氧气。

1.1 水 培

水培根据其营养液液层的深度、设施结构和供氧、供液等管理措施的不同,可划分为两大类型:一是营养液液层较深、植物由定植板或定植网框悬挂在营养液液面上方,而根系从定植板或定植网框伸入到营养液中生长的深液流水培技术(Deep Flow Technique, DFT),有时也称深水培技术;二是营养液液层较浅,植株直接放在种植槽槽底,根系在槽底生长,大部分根系裸露在潮湿空气中,而营养液以一浅层在槽底流动的营养液膜技术(Nutrient Film Technique, NFT),有时也称浅水培技术。

水培设施主要由种植槽、贮液池、营养液循环供液系统3部分组成。根据生产的需要和资金情况及自动化程度要求的不同,可以适当配置一些辅助设施和设备,如间歇供液定时器、电导率自控装置、pH自控装置、营养液温度调节装置和安全报警器等。水培设施必须具备4项基本条件:

①能装住营养液而不致漏掉。

②能锚定植株并使根系浸润到营养液之中。

③使根系和营养液处于黑暗之中。

④使根系获得足够的氧。

水培的特点是设施、营养液的配方和配置技术、自动化和计算机控制技术都比较完善。存在的问题是一次性投资大,生产成本高,管理操作复杂,系统能耗大,营养液为全无机营养对产品有污染,较难生产绿色食品。

1.1.1 深液流技术的主要形式

(1)动态浮根系统

动态浮根系统(Dynamic Root Floating System, DRF)是我国台湾省开发应用的一种深水培技术,指作物根系置于栽培床的营养液中,可随营养液的液位变化而上下左右浮动,当栽培床的营养液灌液深度为8 cm时,栽培床内的自动排液器将营养液排放出去,栽培床内的营养液深度降至4 cm,使上部根系暴露在空气中以利吸氧,而下部的根系仍浸在营养液中吸收水分和养分。在夏季高温季节,不容易出现因营养液的温度上升而影响溶氧状况。

(2)M式水培设施

M式水培设施是日本较早应用于商业化生产的一种深水培技术。它的特点在于无贮液池,栽培槽的营养液通过泵直接循环。它利用预先生产的定型泡沫塑料拼装成种植槽,然后在泡沫塑料槽内铺垫一层塑料布以使种植槽中可盛装营养液,再在槽底安装一条开有许多小孔的供液管,穿过种植槽底部薄膜安装营养液回流管并与水泵相连,同时在水泵出口处附近安装一个空气混入器。在水泵开启时,将种植槽内的营养液抽出流经空气混入器中,使营养液中的溶存氧含量增加,然后这些经过增氧之后的营养液再从供液管上的

小孔喷射回种植槽中。此种方式以栽培叶菜为主。

(3)协和式水培设施

协和式水培设施与水泥砖结构深液流水培的结构类似,但其中种植槽为塑料拼装式,可拆迁,安装较为简单。其特点为整个栽培系统分成多个栽培床,每个栽培床分别设置供液、排液装置。通过增大栽培槽面积,扩大贮液容积,采用连续供液法来提高栽培系统的稳定性。以栽培果菜为主。

(4)日本神园式水培设施

日本神园式水培设施与水泥砖结构深液流水培的结构类似,但有两处不同,一是种植槽由水泥预制件拼装而成,需衬垫一层或两层薄膜;二是其营养液以在种植槽中供液管上加上喷头的喷雾形式来提供,这样营养液中的溶存氧浓度可达到较高的水平,有利于根系对氧的吸收。

(5)新和等量交换式水培设施

新和等量交换式水培系统的种植槽槽框是由聚苯乙烯泡沫塑料压铸成U形,使用时将这些槽框拼接起来,槽内衬塑料薄膜,然后连接好供排液管道以及水泵,并在槽框上放上定植板后即可种植。最显著的一个特征是整个系统中没有设贮液池,而是依靠种植槽之间的水泵进行营养液的相互循环流动。

(6)水泥砖结构固定式水培设施

水泥砖结构固定式水培设施是一种改进型的日本神园式深液流水培设施,是用水泥和砖作为设施的主体建造材料。整个系统包括种植槽、定植板或定植网框、贮液池、营养液循环流动系统四大部分。具有建造方便、设施耐用、管理简单等特点。

1.1.2　营养液膜技术

针对基质培或深液流水培中种植槽等生产设施较为笨重、造价昂贵、根系供氧不良等问题而设计。该设施结构简单,容易建造,且投资较少,在配套自动控制装置下易于实现生产过程的自动化。但耐用性、稳定性差,管理技术要求高,后续投入的生产资料耗费较多。营养液膜技术根据栽培作物的株型大小而使用不同形式的种植槽或定植板。

1.1.3　其他水培技术

为了充分发挥水培技术的作用,许多国家和地区因地制宜创造出许多水培的形式,有些是在DFT或NFT基础上改进的,有些则是二者的结合,还有为适应家庭水培等的需要而设计。

(1)浮板毛管栽培

浮板毛管栽培(Floating Capillary Hydroponics, FCH)系统是用宽35 cm,深10 cm,长

150 cm 聚苯乙烯泡沫浮板制成深水培栽培槽,槽内盛放较深的营养液,再在营养液的液面漂浮一块聚苯乙烯泡沫浮板,浮板上铺上无纺布,其两头垂入营养液中,通过分根法和毛管作用,使部分根系在浮板上呈湿润状态吸收氧气,另一部分根系伸入深层营养液中吸收养分和水分。这种形式的栽培方法,协调了供液和供氧间的关系,液位稳定,不怕中途停电停水。

(2)深水漂浮栽培

深水漂浮栽培系统是在整个温室内部,除了两端留出少量的空间作为工作通道及放置移苗、定植的传送装置之外,全部建成一个深 80 ~ 100 cm 的水池,整个水池中放入 80 ~ 90 cm 深的营养液。在水池底部安装有连接压缩空气泵的出气口以及连接浓缩液分配泵的出液口。池中的营养液通过回流管道与另一个水泵相连接,通过该水泵进行整个贮液池中营养液的自体循环。

(3)小型水培设施

小型水培装置主要用于家庭栽培、中小学教具或科研单位用作研究工具,大多结构简单,只需一个盛放营养液的容器,再加上充气泵等少量配件即可。常用的有以下一些装置:小型简单静止水培装置、带充气设备的小型水培装置、报架式小型立体水培装置、灯芯式水培装置等。

1.2 雾培

雾培(Spray Culture)是指作物的根系悬挂生长在封闭、不透光的容器(槽、箱或床)内,营养液经特殊设备形成雾状,间歇喷到作物根系上,以提供作物生长所需的水分和养分的一类无土栽培技术。又称喷雾培或气雾培。可根据根系是否或短时间浸润在营养液层中而分为半雾培和雾培两种类型。雾培设施主要由种植槽和供液系统两部分组成,生产上较少应用。

雾培的特点是不使用额外的能源,以雾状营养液同时可满足作物根系对水分、养分和氧气的需要,是无土栽培方式中解决根系水气矛盾的最好方式。养分和水分的利用率高,养分供应快速有效。易于自动化控制、立体栽培,提高空间利用率。但是雾培一次性投资大,设备的可靠性要求高,否则易造成喷头堵塞,喷雾不均,雾滴过大等问题。根系环境变化幅度大,缓冲性很差,要求管理技术较高。一旦发生停电等故障,作物将面临死亡的危险。因此目前尚未用于大规模的商业化生产,相信这是一种先进合理的栽培方式的代表,将不断得到完善。最早研制开发于意大利。

1.2.1 雾　培

雾培是根系完全裸露生长在含有营养液的雾状水汽中。

(1)A 型雾培

A 型雾培的典型结构是 A 型栽培框架,作物生长在侧面板上,根系侧垂于 A 型容器

内部,间歇性沐浴在雾状营养液中,若框架侧边与底边的夹角为60°,则栽培面积占土地面积的2倍,因此土地利用率高。主要设施包括栽培床、喷雾装置、营养液循环系统和自动控制系统,类似的雾培还有梯形雾培。适合种植叶菜及小型果菜、观赏植物。

(2)立柱式雾培

立柱式雾培是作物种植在垂直的柱式容器的四周,根系生长在容器内部,柱顶部有喷雾装置,将雾状营养液喷到根系上,多余的营养液经柱底部的排液管回收循环使用,主要设施有栽培柱,柱体高1.8~2.0 m,直径25~35 cm,柱间距80~100 cm,由白色不透明硬质塑料制成;喷雾装置,在每根立柱的顶部均有喷嘴,将雾状营养液及空气喷到柱内;还有营养液循环系统和自动控制系统。特点是充分利用空间,节省占地面积。适合种植叶菜及小型果菜、观赏植物。

1.2.2 半雾培

半雾培是指有部分根系浸入营养液的液层中或根系短时间浸没在雾状的营养液中,而大部分根系或多数时间根系生长在雾状的营养液中。半雾培也可看做是水培的一种形式。营养液以喷雾的形式喷入栽培床内。当喷液量最大时,每次加液后,栽培床内迅速充满营养液,根系全部或部分浸泡在营养液中,停止喷雾后栽培床内的营养液以一定的速度从床底的排液管流出,根系重新暴露在潮湿的空气中。每次加液高度可达定植板下沿,淹没全部根系,每天加液一次。植株长大后液面高度适当降低,只淹没根系下部,每天加液2~4次,两次加液间隔4 h,夜间一般不加液,高温时间段安排一次供液。特点是解决了供液和供养的矛盾,节省能源消耗。主要设施有栽培槽,槽宽40 cm,高30 cm;喷雾装置在栽培床内侧壁上部,每隔1~1.5 cm一个喷嘴;还有营养液和自动控制系统。

任务2 深液流水培技术

深液流技术是最早成功应用于商业化植物生产的无土栽培技术,1929年由美国加州农业试验站的格里克(W. F. Gericke)首先应用于作物的商业化生产。在发展过程中,世界各国对其作了不少改进,现已成为一种管理方便、性能稳定、设施耐用、高效的水培设施类型。在我国台湾、广东、北京、上海、山东、福建、湖北、广西、四川和海南等许多省市也有一定的栽培面积。

2.1 深液流水培设施

深液流水培的营养液液层较深,植株通过定植板或定植网框悬挂在营养液的液面上方,而根系从定植板或定植网框伸入到营养液中生长。其水培设施一般由种植槽、定植板

(或定植网框)、贮液池、循环供液系统等四大部分组成。由于建造材料不同和设计上的差异,已有多种类型问世。例如日本就有两大类型,一种是全用塑料制造,由专业工厂生产成套设备投放市场供用户购买使用,用户不能自制,代表类型为日本的 M 式和协和式;另一种是水泥构件制成,用户可以自制,代表类型为日本神园式(图 5.1)。通过生产实践证明,神园式比较适合中国国情。现以改进型神园式深液流水培设施作简单介绍(图 5.2)。

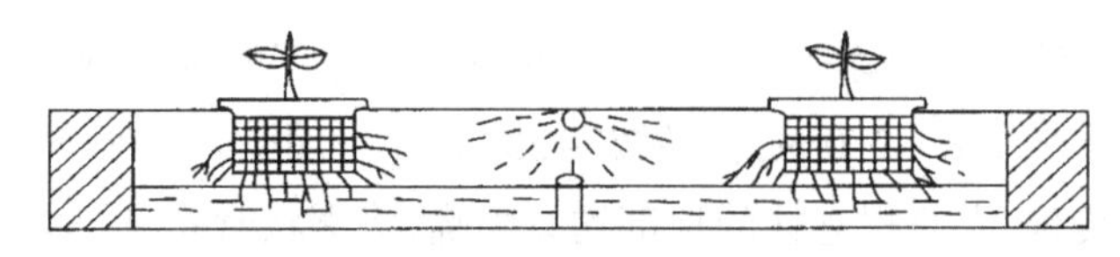

图 5.1　神园式水培种植槽示意图

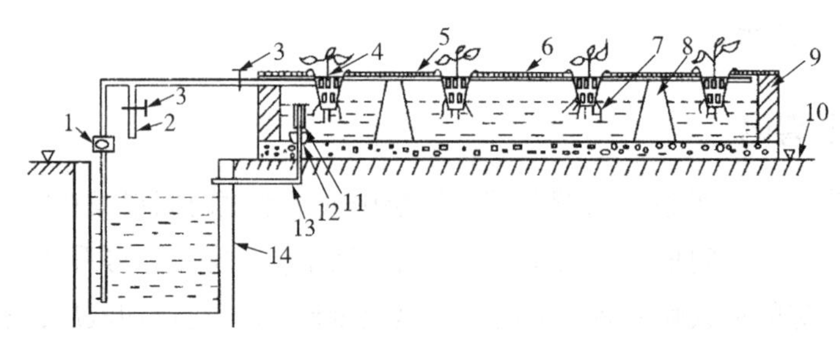

图 5.2　改进型神园式深液流水培设施组成示意图纵切面

1—水泵;2—充氧支管;3—流量控制网;4—定植杯;5—定植板;
6—供液管;7—营养液;8—支撑墩;9—种植槽;10—地面;
11—液层控制管;12—橡皮;13—回流管;14—贮液池

2.1.1　种植槽

种植槽一般宽度为 80 ~ 100 cm,槽深 15 ~ 20 cm,槽长 10 ~ 20 m。原来神园式种植槽是用水泥预制板块加塑料薄膜构成,为半固定的设施,而国内多为水泥砖结构永久固定式设施,即华南改进型(图 5.3),建造方法见技能训练部分。这种槽的优点是种植者可自行建造,管理方便,耐用性强,造价低;缺点是不能拆卸搬迁,是永久性建筑,槽体比较沉重,必须建在坚实的地基上,否则会因地基下陷造成断裂渗漏。应用这种槽栽培能否成功的关键在于选用耐酸抗腐蚀的水泥材料。

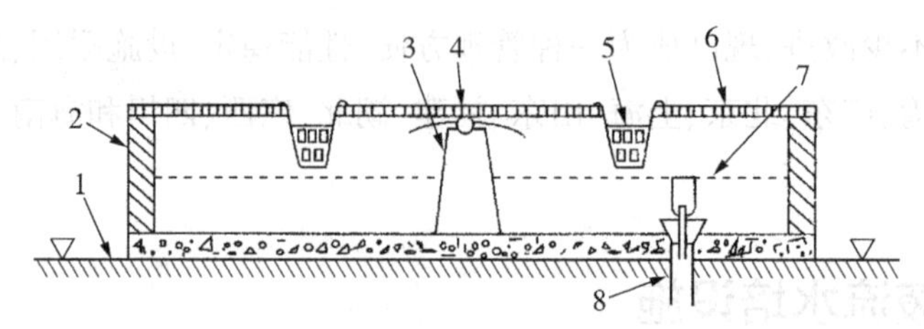

图 5.3　深液流种植槽横切面示意图

1—地面;2—种植槽;3—支撑墩;4—供液管;5—定植杯;
6—定植板;7—液面;8—回流及液层控制装置

2.1.2　定植板和定植杯

定植板(图5.4)用硬泡沫聚苯乙烯板块制成,厚2~3 cm,板面开若干个定植孔,孔径为5~6 cm,种果菜和叶菜都可通用。定植孔内嵌入塑料定植杯(图5.5),高7.5~8.0 cm,杯口的直径与定植孔相同,杯口外沿有一宽约5 mm的唇,以卡在定植孔上,不掉进槽底。杯的下半部及底部开有许多ϕ3 mm的孔。定植板的宽度与种植槽外沿宽度一致,使定植板的两边架在种植槽的槽壁上,这样可使定植板连同嵌入板孔中的定植杯一起悬挂起来(图5.2)。定植板的长度一般为150 cm,视工作方便而伸缩,定植板一块接一块地将整个种植槽盖住,使光线透不过槽内。采用悬杯定植板定植方式,植株的质量为定植板和槽壁所承担。当槽内液面低于槽壁顶部时,定植板底与液面之间形成一段空间,为空气中的氧向营养液中扩散创造了条件。在槽宽80~100 cm,而定植板的厚度维持2.0~2.5 cm不变时,需在槽的宽度中央架设支撑物以支持定植板的质量,使定植板不会由于植株长大增重而向下弯成弧形。支持物可用截锥体水泥墩制成,沿槽的宽度中线每隔70 cm左右设置1个,墩上架一条硬塑料供液管,一方面起供液作用,另一方面起支持定植板质量的作用(图5.2、图5.3)。水泥墩的截锥底面直径为10 cm,顶面直径为5 cm,墩的高度加上供液管的直径应等于种植槽内壁的高度,墩顶面要有一小凹坑,使供液管放置其上时不会滑落。架在墩上的供液管应紧贴于定植板底,以承受定植板的重力而保持其水平状态。在槽壁顶面保证是水平状态下,定植板的板底连同定植杯的杯底与液面之间各点都应是等距的,以使每个植株接触到液面的机会均等。要避免有些植物的根系已触到营养液,而另一些则仍然悬在空间而造成生长不均。

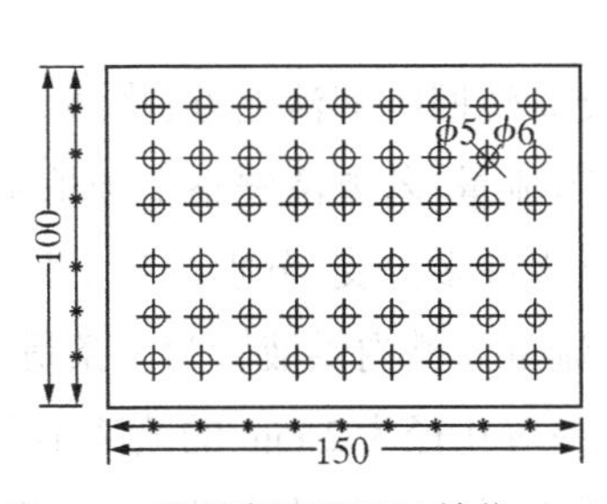

图5.4　定植板平面图(单位:cm)

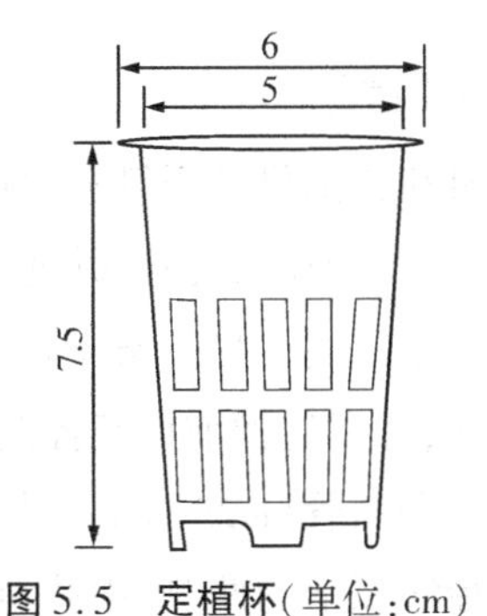

图5.5　定植杯(单位:cm)

2.1.3　贮液池

贮液池是储存和供应营养液的设施,是作为增大营养液的缓冲能力、为根系创造一个较稳定的生存环境而设置的。其主要功能:

①增大每株占有营养液量而又不致使种植槽的深度建得太深。

②使营养液的浓度、pH值、溶存氧、温度等较长期地保持稳定。

③便于调节营养液的状况,例如调节液温等。

如无贮液池而直接在种植槽内增减温度,则要在种植槽内安装复杂的管道,既增加了费用也造成了管理不善。又如调 pH 值,如无贮液池,势必将酸碱母液直接加入槽内,容易造成局部过浓的危险。有些类型的深液流水培设施(如日本 M 式)不设地下贮液池,而直接从种植槽底部抽出营养液进行循环,这无疑可以节省用地和费用,但也不能体现贮液池所具有的许多优点。

采取循环式供液方式时,在供液系统的最低点,修建地下、半地下永久性贮液池或在地下挖一个土坑,内衬两层塑料薄膜,建成简易的贮液池,但简易贮液池在使用过程中,塑料薄膜容易损坏而造成营养液流失,所以一般修建永久性贮液池。永久性贮液池用砖、水泥砂浆和细钢筋建成。贮液池的容积根据栽培形式、栽培作物的种类和面积来确定,其容量以足够供应整个种植面积循环供液所需为度,一般每亩栽培面积需要 20 ~ 25 m^3 的贮液池即可。当然增加贮液量有利于营养液的稳定,但建设投资也增加。一般 1 栋温室 1 个贮液池,我国南方将贮液池设在棚室外,可以多栋大棚共用 1 个贮液池。贮液池的形状多为长方形底部倾斜式,回水管的位置要高于营养液面,利用落差将营养液注入池中溅起的水泡给营养液加氧。贮液池内设水位标记,以方便控制营养液的水位。贮液池建造方法见技能训练部分。如果发现长期使用后的贮液池出现裂缝,可用塑料薄膜衬里或重新做防水层。

2.1.4 循环供液系统

循环供液系统包括供液管道、回流管道、种植槽内液位调节装置、水泵、过滤器及定时器等。

(1)供液管道

与水泵相连的供液干管分出两条支管,一条支管转回贮液池上方,将部分营养液喷回池中作增氧用,为充氧支管,并通过其上的阀门调节流量;若要清洗整个种植系统时,此管可作彻底排水之用。另一条支管为供液主管,再分出许多分支,分别与各个种植槽的槽内供液管相连,并在进槽前设有控制阀门,以便调节流量。槽内供液管为一条贯通全槽的聚乙烯长硬质塑料管(ϕ25 mm),其上每隔 45 cm 开一对孔径为 2 mm 的喷液小孔,位置在管的水平直径线以下的两侧,小孔至管圆心线与水平直径之间的夹角为 45°,使营养液均匀喷射(图 5.3)。

(2)回流管道及种植槽内液位调节装置

回流管道与槽内液位调节装置见图 5.2、图 5.3、图 5.6。在种植槽的一端底部设一回流管,管口与槽底面持平,管下段埋于地下,外接到总回流管,总回流管一直铺到贮液池。每个槽的回流管道与总回流管道的直径,应根据进液量来确定,回流管的直径应大到足以及时排走需回流的液量,以避免槽内进液大于回液而泛滥。槽内回流管口如无塞子塞住,

进入槽内的营养液可彻底流回贮液池中。为使槽内存留一定深度的营养液，要用一段带橡胶塞的液面控制管塞住回流管口。当液面由于供液管不断供液而升高，超过液面控制管的管口时，便通过管口回流。另外，可在液面控制管的上段再套上一段活动的胶管，将其提高，液面随之升高，将其压低，液面随之下降。液面控制管外再套上一个宽松的围堰圆筒（用塑料制成，筒内径比液面控制管大1倍即可），筒高要超过液面控制管口，筒脚有锯齿状缺刻，使营养液回流时不能从液面流入回流管口，迫使营养液从围堰脚下缺刻通过才流入回流管口（图5.7），这样可使供液管喷射出来的富氧营养液驱赶槽底原有的比较缺氧的营养液回流，同时围堰也可阻止根系长入回流管口。若将整个带胶塞的液面控制管拔去，槽内的营养液便可彻底排净。

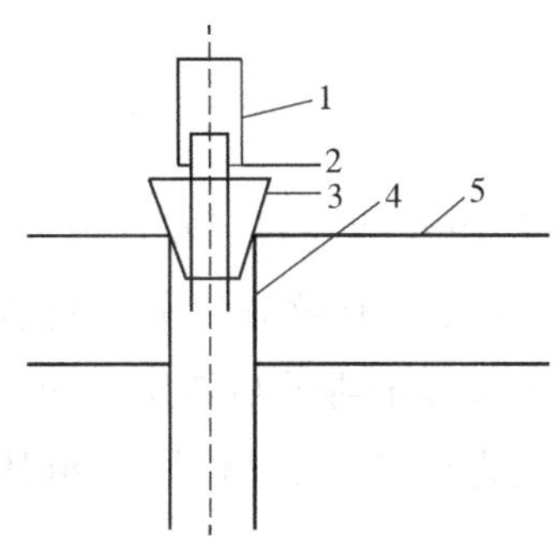

图5.6 液层控制装置

1—可升降的套于硬塑管外的橡皮管；
2—硬塑管；3—橡皮塞；
4—回流管；5—种植槽底

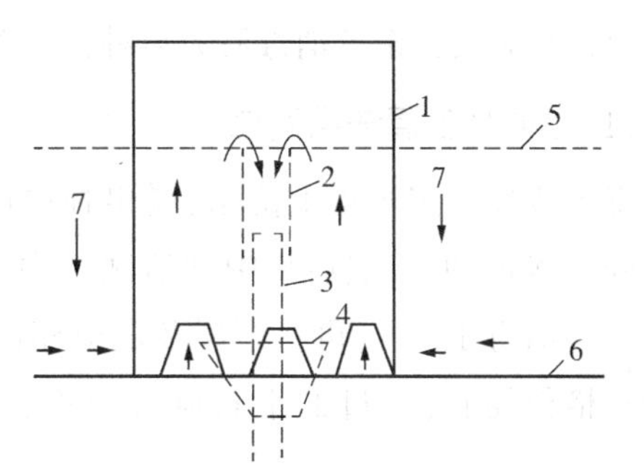

图5.7 罩住液位调节装置的塑料管

1—带缺刻的硬塑管；2—液位调节管；
3—PVC硬管；4—橡胶管；5—液面；
6—槽底；7—营养液及其液向（箭头表示）

（3）水泵、过滤器及定时器

一般可选用潜水泵、自吸泵。因为营养液呈微酸性，所以水泵应选用抗腐蚀性强的型号，最好是塑料泵。其功率大小根据所需水头压力、出水口的多少以及连接管道的多少而定，或以温室面积来推定。一般在1 000～2 000 m^2 的温室中，可选用1台 ϕ25～50 mm、功率为1.5 kW的自吸泵；如果400 m^2 的温室或大棚，选用1台功率为550 W的水泵即可。水泵功率太大会使贮液池中的营养液很快抽干，如营养液回流不及时会从栽培槽而外溢；功率太小，则供液时间过长。长期进行无土栽培时，要经常检查水泵是否堵塞，以及被腐蚀程度，必要时应及时更换，否则会影响水泵功效。

过滤器主要有筛网过滤器和叠片式过滤器两种类型。相对而言，叠片式过滤器较筛网过滤器过滤效果好，使用寿命长。根据供液首部管道的管径大小，选用不同规格大小的过滤器，一般选用规格为1～1.5 in。

水泵配以定时控制器，可以按需控制水泵的工作时间。大面积栽培时可将种植槽分为多组，并通过电磁阀实现分组轮流供液，以保证供液时从小孔中射出的小液流有足够的压力，提高增氧效果。

2.2 栽培管理

2.2.1 栽培设施的准备

1）新建种植槽的处理

同新建贮液池的处理。处理方法见项目12技能训练11部分。

2）换茬阶段的清洗与消毒

换茬时对设施系统消毒后方可种植下茬作物。

(1)定植杯的清洗与消毒

将定植杯从定植板上捡出，脱出杯中的残茬和石砾，用水冲洗石砾和定植杯，尽量将细碎的残根冲走，然后集中到清洗池中，用含0.3%～0.5%有效氯的次氯酸钠(钙)溶液浸泡消毒1 d后，再将石砾及定植杯捞起，用清水冲洗掉消毒液后待用。如当地小石砾价格很便宜，用过的小石砾可弃去，以省去清洗消毒的费用，只捡回定植杯重新使用。

(2)定植板的清洗与消毒

用刷子在水中将贴在板上的残根和藻类冲刷掉，然后将定植板浸泡于含0.3%～0.5%有效氯的次氯酸钠(钙)溶液中，使其湿透后捞起，一块块叠起，再用塑料薄膜盖住，保持湿润30 min以上，再用清水冲洗干净。

(3)种植槽、贮液池及循环管道的消毒

用含0.3%～0.5%有效氯的次氯酸钠(钙)溶液喷洒种植槽、贮液池的所有部位使湿透(用药量约250 mL/m^2)，再用定植板和贮液池的盖板盖住，保持湿润30 min以上，然后用清水洗去消毒液。循环管道内部消毒用含0.3%～0.5%有效氯的次氯酸钠(钙)溶液循环流过30 min即可。循环时不必在槽内留液层，让溶液喷出后即全部回流，可以分组进行，以节省用液量。

2.2.2 栽培管理

1）栽培作物种类的选定

初次进行DFT水培生产时，应选用一些比较适应水培的作物种类来种植，如番茄、节瓜、直叶莴苣、蕹菜、鸭儿芹、菊花等，以取得水培的成功。在没有控温的大棚内种植，要选用完全适应当季生长的作物来种植，切忌不顾条件地去搞反季节种植，不要误解无土栽培

技术有反季节的功能。

2）秧苗准备与定植

（1）育苗

多用穴盘育苗法育苗。一般要求穴盘的孔穴应比定植杯的口径略小。

（2）移苗入定植杯

在定植杯底部先垫入1～2 cm的小石砾（非石灰质，粒径以大于定植杯下部小孔为宜），以防幼苗的根颈直压到杯底，然后从育苗穴盘中将幼苗带基质拔出移入定植杯中，再在幼苗根团上覆盖一层小石砾稳住幼苗。稳苗材料必须用小石砾，因其没有毛管作用，可防止营养液的上升而结成盐霜之弊（盐霜可致茎基部坏死）。很细碎的泥炭、植物残体等因其毛管作用强，容易结成盐霜，所以不能用作稳苗材料。

（3）过渡槽内集中寄养

如果定植的幼苗比较细小，不用定植板，将定植杯直接密集置于过渡槽的槽底，作过渡性寄养。槽底放入营养液1～2 cm深，使能浸住杯脚，幼苗即可吸到水分和养分，迅速长大并有一部分根伸出杯外，待株形足够大时，再正式移植到种植槽的定植板上。通过过渡寄养，能够使幼苗正式定植后很快就长满空间（封行），达到可以收获的程度，从而大大缩短了幼苗占用种植槽的时间，有利于提高温室及水培设施的利用率。这种集中寄养的方法主要应用于生长期较短的叶菜类，对生长期很长的果菜类则用处不大。

3）槽内液面和液量的要求

种植槽内液面的调节是DFT水培技术中十分重要的技术环节，管理不当会伤害到根系。定植初期，当根系未伸出定植杯外或只有几条伸出时，要求液面能浸住杯底1～2 cm，以使每一株幼苗有同等机会及时吸到水分和养分。这是保证植株生长均匀、不致出现大小苗现象的关键措施。但是也不能将液面调得太高，以致贴住定植板底，妨碍氧向液中扩散或因营养液浸没根颈而窒息死亡。当植株发出大量根群并深入营养液后，液面随之调低，露于湿润空气中的根段就较长，其上会重新发生许多根毛，这对解决根系呼吸需氧和节省循环流动充氧的能耗是相当有利的，这些有许多根毛的根段不能再被营养液淹浸太久，否则就会坏死而伤及整个根系，所以液面不能无规则地任意升降。当液面之上的上部根段产生大量根毛时，液面就稳定在这个水平。另外，注意存留于槽底的液量应足够植株2～3 d吸水的需要，不能降得很浅，以致维持不了植株1 d的吸水量。生产上还应注意水泵出了故障或电源中断不能供液的问题。具体的营养液配制与管理见项目2。

2.3 技术特征

2.3.1 优　点

①液层深：根系伸展到较深的液层中，单株占液量较多。由于液量多而深，营养液的浓度（包括总盐分、各养分）、溶存氧、酸碱度、温度以及水分等都不易发生急剧变动。为根系提供了一个较稳定的生长环境。这是深液流水培的突出优点。

②悬挂栽培：植株悬挂于定植板，有半水培半气培的性质，较易解决根系的水气矛盾。由于是悬杯栽培，植株和根系的绝大部分重量不是压在种植槽的底部，而是许多根系漂浮于液中，不会因形成厚实的根垫而阻塞根系底部营养液的流通，也避免了因形成厚实的根垫而导致根垫内部严重缺氧、坏死，从而彻底克服了营养液膜技术的缺点。

③营养液循环流动：营养液循环流动能增加营养液中的溶存氧；消除根表有害代谢产物的局部累积；消除根表与根外营养液的养分浓度差，使养分能及时送到根表，更充分地满足植物的需要；促使因沉淀而失效的营养物重新溶解，以阻止缺素症的发生。所以即使是栽培沼泽性植物或能形成氧气输导组织的植物，也有必要使营养液循环流动。

④适宜栽培的作物种类多：除块根、块茎类作物之外，几乎所有的果菜类和叶菜类都可栽培。

⑤养分利用率高：养分利用率可达90%～95%以上，不会或很少污染周围环境。

2.3.2 缺　点

①投资较大，成本高：相对而言，永久性DFT设施较拼装式成本更高。

②技术要求较高：深液流水培的技术比基质栽培要求高，但比营养液膜技术要求低。

③病害易蔓延：由于深液流水培是在一个相对封闭的环境下进行，营养液循环使用，一旦发生根系病害，易造成相互传染甚至导致栽培失败。

任务3　营养液膜水培技术

3.1 营养液膜水培设施

营养液膜水培设施由种植槽、贮液池、营养液循环供液系统3部分组成（图5.8）。另外，需配置一些辅助设施，实现生产过程的自动化控制。设施建造投资较少，构造简单，容易建造，但耐用性差。

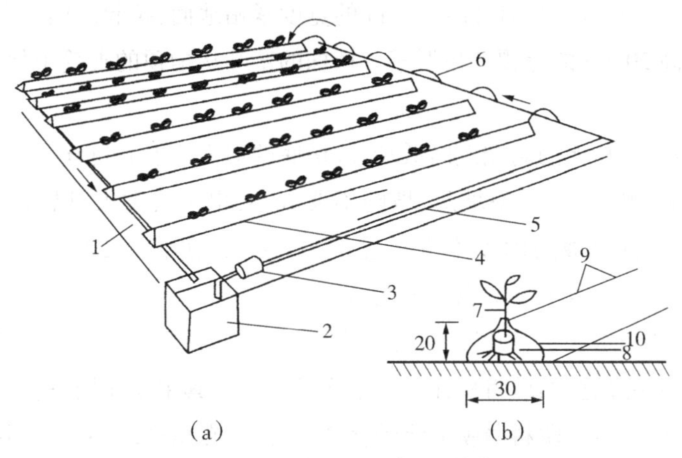

图 5.8　NFT 设施组成示意图(单位:cm)

(a)全系统示意图;(b)种植槽剖视图

1—回流管;2—贮液池;3—泵;4—种植槽;5—供液主管;6—供液支管;

7—苗;8—育苗钵;9—夹子;10—黑白双色塑料薄膜

3.1.1　种植槽

营养液膜水培的种植槽依种植作物种类的不同可分为两类:一类是栽培大株型作物用的(图 5.8),另一类是栽培小株型作物用的(图 5.9)。

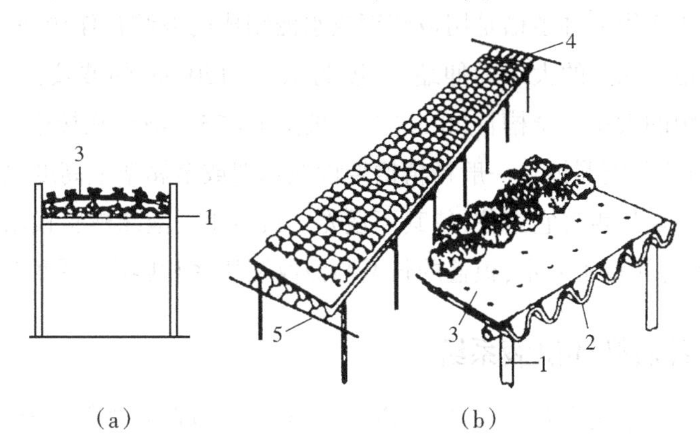

图 5.9　小株型作物用 NFT 种植槽

(a)横切面;(b)侧俯视

1—支架;2—塑料波纹瓦;3—定植板盖;4—供液管;5—回流管

(1)栽培大株型作物用的种植槽

栽培大株型作物用的种植槽是用0.1～0.2 mm 厚的白面黑底的聚乙烯薄膜临时围合起来的等腰三角形槽,槽长 20～25 m,槽底宽 25～30 m,槽高 20 cm。即取一幅宽 75～80 cm,长 21～26 m 的上述薄膜,铺在预先平整压实的、且有一定坡降的(1 : 75 左右)地面上,长边与坡降方向平行。定植时将带有苗钵的幼苗置于膜宽幅的中央排成一行,然后将膜的两边拉起,使膜幅中央有 20 ~ 30 cm 的宽度紧贴地面,拉起的两边合拢起来用夹子夹住,成为一条高 20 cm 的等腰三角形槽。植株的茎叶从槽顶的夹缝中伸出槽外,根部置于不透光的槽底部。

因为营养液需要从槽的高端流向低端,故槽底的地面不能有坑洼,以免槽内积水。用硬板(木材或塑料)垫槽,可调整坡降,坡降不要太小,也不要太大,以营养液能在槽内浅层流动畅顺为好。营养液层深度不宜超过 1 ~ 2 cm,在槽底宽 20 ~ 30 cm、槽长不超过 25 m 的槽内,以注入 2 ~ 4 L/min 营养液为宜。

为改善作物的吸水和通气状况,可在槽内底部铺垫一层无纺布,它可以吸水并使水扩散,而根系又不能穿过它,然后将植株定植于无纺布上。其主要作用是:

①浅层营养液直接在塑料薄膜上流动会产生乱流,在植株幼小时,营养液会流不到根系中去,造成缺水。无纺布可使营养液扩散到整个槽底部,保证植株吸到水分。

②根系直接贴住塑料薄膜生长,植株长到足够大时,根量多、质量大,形成一个厚厚的根垫与塑料薄膜贴得很紧,营养液在根的底部流动不畅,造成根垫底下缺氧,容易出现坏死。有一层根系穿不过的无纺布,根只能长在无纺布上面,根与塑料薄膜之间隔一层无纺布,营养液可在其间流动,解决了根垫底缺氧问题。

③无纺布可吸持大量水分,当停电断流时,可缓解作物缺水而迅速出现萎蔫的危险。

(2)栽培小株型作物用的种植槽

栽培小株型作物用的种植槽是用玻璃钢或水泥制成的波纹瓦作槽底。波纹瓦的谷深 2.5 ~ 5.0 cm,峰距视株型的大小而伸缩,宽度为 100 ~ 120 cm 的波纹瓦可种 6 ~ 8 行,由此即可计算出峰距的大小。全槽长 20 m 左右,坡降 1 : 75。波纹瓦接连时,叠口要有足够深度相吻合,以防营养液漏掉。一般种植槽架设在木架或金属架上高度以方便操作为度。波纹瓦上面要加一块板盖将它遮住,使其不透光。板盖用硬泡沫塑料板制作,上面钻有定植孔,孔距按种植的株行距来定,板盖的长宽与波纹瓦槽底相匹配,厚度 2 cm 左右。

3.1.2 营养液循环供液系统

营养液循环供液系统主要由水泵、管道、过滤器及流量调节阀等组成。水泵和过滤器的选择与 DFT 水培设施相同。管道均应采用塑料管道,以防止腐蚀。管道安装时要严格密封,最好采用芽接而不用套接,同时尽量将管道埋于地面以下,一方面方便工作;另一方面避免日光照射而加速老化。管道分两种:

①供液管:从水泵接出干管,在干管上接出支管。其中一条支管为供氧支管,引回贮液池上,其作用与深液流水培设施相同。另一条支管上再接许多毛管输到每个种植槽的高端,每槽的毛管设流量调节阀,然后在毛管上接出小输液管引入种植槽中。大株型种植槽每槽设几条 ϕ2 ~ 3 mm 的小输液管,管数以控制到每槽 2 ~ 4 L/min 的流量为度。多设几条小输液管的目的是当其中有 1 ~ 2 条堵塞时,还有 1 ~ 2 条畅通,以保证不会缺水。小

株型种植槽每个波谷都设两条小输液管,保证每个波谷都有液流,流量每谷 2 L/min。

②回流管:在种植槽的低端设排液口,用管道接到集液回流主管上,再引回贮液池中。集液回流的主管要有足够大的口径,以免滞溢。贮液池建造与 DFT 水培设施相同。

3.1.3 辅助设施

用于营养液膜水培的贮液池依大株作物如番茄、黄瓜等以每株需 5 L 营养液,小株作物每株需 1 L 营养液来推算其最低容积限量,推算方法同深液流水培。因为营养液膜水培的营养液用量少,致使营养液变化比较快,所以必须经常进行调节。为减轻劳动强度,并使调节及时,可选用一些自动化控制的辅助设施进行自动调节。辅助设施包括定时器、电导率(γ)自控装置、pH 自控装置、营养液温度调节装置和安全报警器等(图 5.10)。

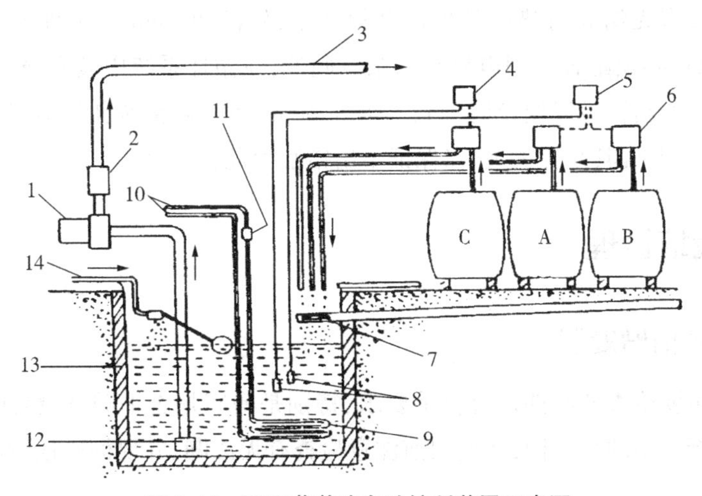

图 5.10 NFT 营养液自助控制装置示意图

A、B. 浓缩营养液贮罐;C. 浓酸(碱)贮罐

1—泵;2—定时器;3—供液管;4—pH 控制仪;5—γ 控制仪;6—注入泵;

7—营养液回流管;8—γ 及 pH 感应器;9—加温或冷却管;10—暖气(冷水)来回管;

11—暖气(冷水)控制阀;12—水泵滤网;13—贮液池;14—水源及浮球

(1)定时器

间歇供液是 NFT 水培特有的管理措施。通过在水泵上安装一个定时器从而实现间歇供液的准确控制。但设定间歇的时间要符合作物生长实际。

(2)电导率(γ)自控装置

由 γ 传感器和控制仪表及浓缩液贮备罐(分 A、B 两个)加注入泵组成。当 γ 传感器感应到营养液的浓度降低到设定的限度时,就会由控制仪表指令注入泵将浓缩营养液注入贮液池中,使营养液的浓度恢复到原先的浓度。反之,如营养液的浓度过高,则会指令水源阀门开启,加水冲稀营养液使达到规定的浓度。

(3)pH 自控装置

由 pH 传感器和控制仪表及带注入泵的浓酸(碱)储存罐组成。其工作原理与 γ 自控装置相似。

(4)营养液温度调节装置

营养液温度的控制装置主要由加温装置或降温装置及温度自控仪两部分组成。加温或降温方法见项目2任务1营养液部分。

(5)安全报警器

营养液膜水培的特点决定了种植槽内的液层很薄,一旦停电或水泵故障而不能及时循环供液,很容易因缺水而使作物萎蔫。有无纺布做槽底衬垫的番茄,在夏季条件下停液2 h即会萎蔫;没有无纺布衬垫的种植槽种植叶菜,停液30 min以上即会干枯死亡。所以,营养液膜水培必须配置备用电机和水泵。此外,在循环系统中装有报警装置,在发生水泵失灵时及时发出警报以便及时补救。电导率、pH值、温度等自动调节装置要灵敏而稳定,每天要经常监视其是否失灵,以保证不出错乱而危害作物。

3.2 栽培管理

3.2.1 种植槽处理

对于新槽主要检查各部件是否合乎要求,特别是槽底是否平顺,塑料薄膜有无破损。对于换茬后重新使用的种植槽,在使用前注意检查有无渗漏,并要彻底地清洗和消毒。

3.2.2 育苗与定植

(1)大株型种植槽的育苗与定植

因NFT的营养液层较浅,定植时作物的根系直接置于槽底,所以秧苗需要带有固体基质坨或有多孔的塑料钵,才能锚定植株。与之相应的育苗方式最好选择固体基质块(一般用岩棉块)或多孔塑料钵育苗。大株型种植槽的三角形槽体封闭较高,故所育成的苗应有足够的高度才能定植,以便置于槽内时苗的茎叶能伸出三角形槽顶的缝以上。

(2)小株型种植槽的育苗与定植

可用岩棉块或海绵块育苗。岩棉块的规格大小以可旋转放入定植孔、不倒卧于槽底即可。也可用无纺布卷成或岩棉切成方条块育苗。在育苗条块的上端切一小缝,将催芽的种子置于其中,密集育成具2~3叶的苗,然后移入板盖的定植孔中。定植后要使育苗条块触及槽底而幼叶伸出板面之上。

3.2.3　营养液的管理

(1)营养液配方的选择

由于NFT系统营养液的浓度和组成变化较快,因此要选择一些稳定性较好的营养液配方。

(2)供液方法

NFT的供液方法有连续供液和间歇供液两种方法。

①连续供液法:NFT的根系吸收氧气的情况可分为两个阶段,即从定植后到根垫开始形成,根系浸渍于营养液中,主要从营养液中吸收溶存氧,这是第一阶段。随着根量的增加,根垫形成后有一部分根露在空气中,这样就从营养液和空气两方面吸收氧,这是第二阶段。第二阶段出现的快慢,与供液量多少有关。供液量多,根垫要达到较厚的程度才能露于空气中,从而进入第二阶段较迟;供液量少,则很快就进入第二阶段。第二阶段是根系获得较充分氧源的阶段,应促其及早出现。

每条种植槽的连续供液量可控制在2~4 L/min,并可随作物的长势和天气状况作适当的调整。植株较大、天气晴朗炎热的白天,每槽内的供液量适当增大;反之,则供液量适当减少。原则上白天、黑夜均需供液。如夜间停止供液,则抑制了作物对养分和水分的吸收(减少吸收15%~30%),可导致作物减产。

②间歇供液法:间歇供液的优点主要表现在两方面:一是能够有效克服NFT系统中因槽过长,植株过多而导致根系缺氧的问题。间歇供液在供液停止时,根垫中大孔隙里的营养液随之流出,通入空气,使根垫里直至根底部都吸到空气中的氧,这样就增加了整个根系的吸氧量。二是减少水泵的工作时间,延长其使用寿命和降低能耗。但是要求贮液池的容积要大,停止供液后,以能够储存槽内回流的营养液为最低要求。

在正常的槽长与株数情况下,间歇供液与连续供液相比,更能促进植物的生长发育。但间歇供液开始的时期,以根垫形成初期为宜。根垫未形成时,间歇供液没有什么效果。至于间歇供液的时间和频度要根据槽长、种植密度、植株长势和气候条件来综合确定。如果槽较长、种植密度较高、植株较大、空气干燥炎热,而供液时间又过短,间歇时间过长,则注入槽内的营养液量过少,会影响到出口附近植株水肥的供应,甚至出现作物缺水凋萎的现象。一般夏季强光条件下,停液2 h就会使番茄出现萎蔫;而冬季弱光条件下,停液4 h同样会使番茄发生萎蔫。而如果供液时间过长,间歇时间过短,如小于35 min则不能起到补充氧气的作用。因此,间歇供液的频度应根据实际情况来确定,不能一概而论。如在槽长25 m、槽内供液量为4 L/min,槽底垫有无纺布的条件下种植番茄,夏季白天每1 h供液15 min、停供45 min;冬季白天每1.5 h供液5 min、停供75 min,冬夏夜晚每2 h内供液15 min,停供105 min,如此反复日夜供液。

国外已将作物的生长情况和光照、温度等设施环境因素及间歇供液结合起来,并通过计算机实现供液与停液的最适控制。如英国研究出将营养液的循环供液与太阳辐射结合起来的控制方法,即当短波辐射能量累计达到0.3 MJ/(m^2·h)时,水泵开启工作15 min,而在夜间就采用定时器进行简单的控制。

③液温的管理

由于NFT的种植槽(特别是塑料薄膜构成的三角形沟槽)隔热性能差,再加上用液量少,因此液温的稳定性也差,容易造成槽头与槽尾的液温有明显差别。尤其是冬春季节,槽的进液口与出液口之间的温差可达6 ℃,使本来已经调整到适合作物要求的液温,到了槽的末端就变成明显低于作物要求的水平。由此可见,NFT水培要特别注意液温的管理。虽然各种作物对液温的要求有差异,但为了管理上的方便,液温的控制范围是夏季以不超过28~30 ℃、冬季不低于12~15 ℃为宜。

3.3 技术特征

3.3.1 优 点

①设施投资少,施工容易、方便:NFT的种植槽是用轻质的塑料薄膜制成或用波纹瓦拼接而成,设施结构轻便、简单,安装容易,便于拆卸,投资成本低。

②液层浅且流动:营养液液层较浅,作物根系部分浸在浅层营养液中,部分暴露于种植槽内的湿气中,并且浅层的营养液循环流动,可以较好地解决根系呼吸对氧的需求。

③易于实现生产过程的自动化管理。

3.3.2 缺 点

①种植槽的耐用性差,维修工作频繁,后续的投资较多。

②槽内营养液总量少,液层浅,并且间歇供液,造成根际环境稳定性差,对管理人员的技术水平和设备的性能要求较高。

③要使管理工作既精细又不繁重,势必要采用自动控制装置,从而需增加设备和投资,推广受到限制。

④NFT封闭的循环系统,一旦发生根系病害,容易在整个系统中传播、蔓延。因此,在使用前对设施的清洗和消毒的要求较高。

任务4　其他水培技术

4.1　浮板毛管水培

4.1.1　浮板毛管水培设施

浮板毛管水培设施(FCH)是由浙江省农科院和南京农业大学共同参考日本的浮根法经改良、研制开发的一种新型无土栽培系统(图5.11)。这种深水培设施有效解决了营养液水气矛盾,根际环境稳定,而且液位稳定,不怕中途停电停水,具有成本低、投资少、管理方便、节能实用、适应性广等特点,适宜我国南北方各种气候条件和生态类型应用。

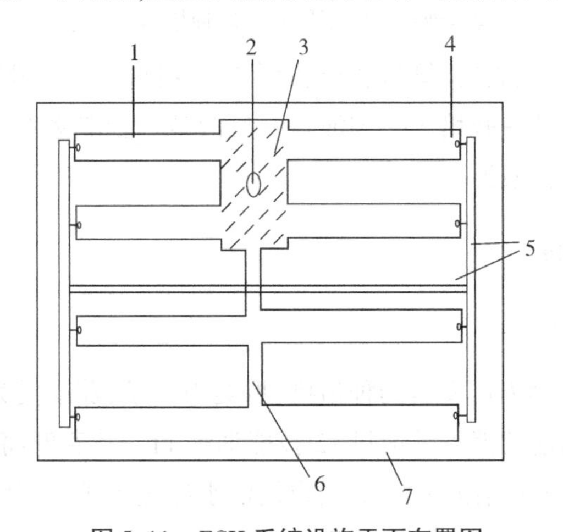

图5.11　FCH系统设施平面布置图

1—种植槽;2—水泵;3—贮液池;4—空气混入器;5—供液管道;
6—排液管道;7—6×30 m大棚

浮板毛管水培设施包括种植槽、贮液池、循环管道和控制系统4部分。除种植槽和在循环系统内装有空气混合器以外,其他3部分设施与营养液膜水培设施基本相同。种植槽(图5.12)由定型聚苯乙烯板做成长1 m的凹形槽,然后连接成长15～20 m的长槽,其宽40～50 cm,高10 cm,槽内铺0.1 cm厚的塑料薄膜。种植槽的坡降1∶1 000,营养液深度为5～7 cm,液面漂浮1.25 cm厚、宽10～20 cm的聚苯乙烯泡沫板,板上覆盖一层无纺布,两侧延伸入营养液内,通过毛细管作用,使浮板始终保持湿润。定植板为2.5 cm厚、40～50 cm宽的聚苯乙烯泡沫板,覆盖于种植槽上,其上开两排定植孔,孔径与定植杯外径一致,孔间距为40 cm×20 cm。秧苗栽入定植杯内,然后悬挂在定植板的定植孔中,正好把槽内的浮板夹在中间,根系从定植杯的孔中伸出后,一部分根爬伸生长到浮板上,产生根毛吸收氧气,一部分根伸到营养液内吸收水分和营养。种植槽的上端安装进液管,下端安装排液装置，进液管处同时安装空气混入器，增加营养液的溶氧量。排液管道与贮液池相通。槽内营养液的深度通过垫板或液层控制装置（图 5.6）来调节。

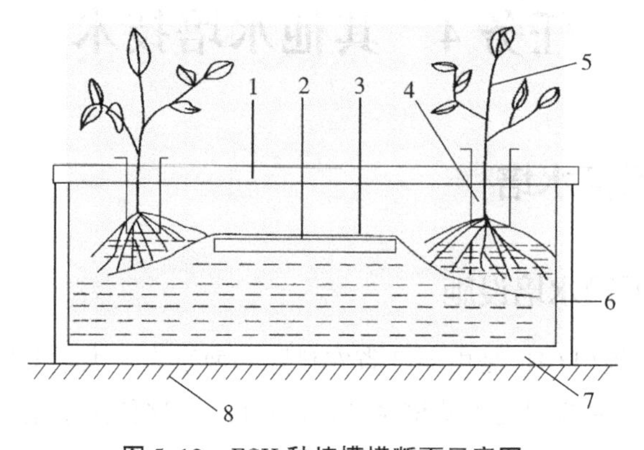

图 5.12　FCH 种植槽横断面示意图

1—定植板；2—浮板；3—无纺布；4—定植杯；5—植株；
6—营养液；7—定型聚苯乙烯种植槽；8—地面

循环供液系统由水泵、阀门、管道、空气混合器等组成。营养液循环路线为：贮液池—阀门—管道—空气混合器—栽培床—排液口—贮液池。控制系统有定时器和控温仪，主要用于水泵的开停和自控液温。

4.1.2　栽培管理

（1）栽培设施及处理

在 6 m 宽的标准大棚内可安装的种植槽，瓜类为 3 条，茄果类为 4 条，叶菜类为 8 ~ 9 条。种植槽建造及使用前的消毒见项目 12 技能训练 11。换茬时将空气混合器浸入 40% 甲醛 100 倍液或漂白粉 300 倍液 1 h 以上，再用清水冲洗干净。其他栽培设施的消毒方法同 DFT 水培技术。

（2）栽培管理

与 DFT 水培基本相同。不同的是各种蔬菜在刚定植后，要连续供液 5 ~ 7 d，以增加营养液内溶氧量，促进恢复生长。定植约 10 d 后，根系进入旺盛生长期，营养液保持 24 h 定时间歇供液，一般水泵工作 10 ~ 20 min，停止 1 ~ 2 h，以保证充足的氧气供应。随着植物根系的生长，根量的增加，可逐渐降低槽内的液位，使定植板与浮板之间保持有 2 ~ 3 cm 的距离，保证植株有部分根系生长在湿润的浮板湿毡上吸收空气中的氧气，从而改善整个根系的供氧环境。

4.1.3　技术特征

（1）培养湿气根，创造丰氧环境，改善根系供氧条件

解决营养液中水气矛盾，提高植物根际供氧水平，是无土栽培系统的关键技术之一。

浮板毛管水培系统主要通过两个方面来解决水气矛盾：一是在供液口安装空气混合器，使种植槽中营养液的溶氧量达到接近饱和的水平；二是将部分根系浮在槽内浮板湿毡（无纺布）上，比较粗短，可吸收空气中的氧气，起着改善整个根系供氧状况的作用；部分根系生长在营养液中，比较细长，主要起吸收养分和水分的作用，从而克服了 DFT 系统根际环境易缺氧的问题。

（2）营养液供给稳定，不怕短期停电

槽内营养液一般可保持 5 ~ 6 cm 深，相当于番茄、黄瓜等蔬菜作物最大日耗液量的 3 ~ 6 倍。所以在栽培过程中发生临时停水、停电或水泵、定时故障，造成不能正常供液的情况下，对植株的正常生长没有什么大的影响。

（3）根际环境稳定

FCH 系统是采用全封闭营养液循环和隔热性能好的聚苯乙烯泡沫板制作的种植槽，槽内空间受外界环境变化的影响较小；槽内液温稳定，即使在夏季高温季节，液温不超过 33 ℃，比最高气温低 6 ~ 9 ℃。因此，在南方最炎热的夏季，采用 FCH 系统设施栽培甜瓜、黄瓜等耐热作物，仍能获得好的收成。

（4）设备投资少，运行能耗较低

FCH 系统设备投资比国产的改良型 NFT 系统设备投资降低 50% 以上。FCH 系统的营养液循环与 NFT 系统一样，都采用循环式间歇供液，但间歇的时间更长，水泵运转时间为 NFT 系统的 1/4，从而节省了能源消耗。

4.2　浮板水培技术

浮板水培技术（FHT）是指植物定植在浮板上，浮板在栽培床中自然漂浮的一种深水培模式。栽培床中的营养液深度一般在 10 ~ 100 cm 范围内。根据栽培床中营养液的深浅，可分为深水漂浮栽培系统和浅池漂浮栽培系统。深水漂浮栽培系统适宜于各种叶菜栽培，其定植板漂浮在营养液上，移动方便，并根据植株的大小来多次更换定植板以节省温室空间是深水漂浮栽培的特征之一。虽然这种栽培方式投资大、生产成本高，但具有规模化、现代化的特点，真正实现了叶菜的工厂化生产，能够显著提高温室的利用率和单位面积的产量。而浅池漂浮栽培系统与传统 DFT 水培的主要区别是定植板和植物根系均漂浮在种植槽内的营养液中，并随液位变化而上下浮动。以下介绍深水漂浮栽培系统的设施结构。

4.2.1　深水漂浮栽培系统

深水漂浮栽培系统包括栽培床、定植板、循环供液系统、自动控制系统和营养液消毒装置（图 5.13）。栽培床一般为砖和水泥砌成的水池，整个温室内部除两端留出少量的空

间作为工作通道及放置移苗、定植的传送装置之外,全部建成一个或数个深为 80 ~ 100 cm 的水池,池宽 4 ~ 10 m,长 10 m,大型连栋温室里往往多个栽培床平行排列,中间以过道分隔。栽培床底部安装有连接压缩空气泵的出气口以及连接浓缩液分配泵的出液口。栽培床内放入 80 ~ 90 cm 深的营养液。池中的营养液通过回流管道与另一个水泵相连接,通过该水泵进行整个贮液池中营养液的自体循环。

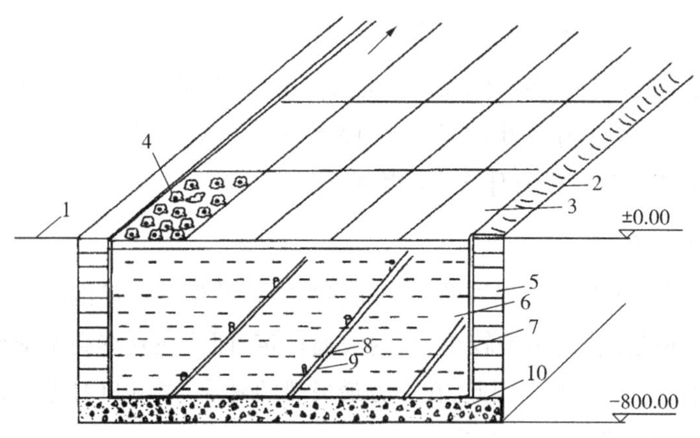

图 5.13　全温室深液流水培设施示意图(单位:cm)

1—地面;2—工作通道;3—塑料薄膜定植板;4—植株;5—槽框;6—营养液;7—塑料薄膜;8—供液管道;9—喷头;10—槽底

定植板为白色聚苯乙烯泡沫塑料板,其上有许多定植孔,孔距因作物种类和生长阶段的不同而异。定植板依靠浮力漂浮在营养液上,没有其他支撑。营养液循环系统包括贮液池、水泵、加液系统、回液系统以及补氧装置。自动控制系统包括与计算机相连的电导率仪、pH 计、温湿度计、光照测定装置及报警装置等,可以随时对营养液的浓度、酸碱度、温度进行监测,对温室的温度、湿度和光照进行监测,并按照设定程序自动调节营养液 γ 值、pH 值等。

4.2.2　栽培管理

深水漂浮栽培适宜于种植各种叶菜,一般采用岩棉块育苗。定植时将岩棉块连小苗一起定植到聚苯乙烯泡沫板的定植孔中,然后把定植板放在营养液中,借助泡沫板的浮力使作物飘浮在营养液的表面。待作物稍大时则将苗从定植板中取出,移植到具有较疏株行距定植孔的定植板上。如果种植生菜,整个生长期要进行间疏 3 ~ 4 次。由于该栽培系统的定植板漂浮在营养液上,移动方便,并根据植株的大小可以多次更换定植板,因此深水漂浮栽培的单位面积种植株数可提高 1 倍以上。栽培床的营养液深度一般在 80 ~ 90 cm,每次换茬时不需更换营养液,只需补充作物消耗的养分和水分。

整个温室中的营养液池根据不同的苗龄大小分为不同的栽培区域。放入营养液池中的定植板可利用设置在温室一端的机械推杆从池的一端沿液面推向温室的另一端。这样在一个大型的温室中,合理安排播种时间(一般每天都需要播种一定量的种子,保证每天

都有一定量的幼苗可定植到营养液池中），就可保证每天都有一定量的产品收获。如北京顺义的一套全温室深池浮板水培装置生产生菜，一年四季每周5 d中不断定植，持续收获。营养液的配制与管理见项目2任务1。

4.2.3　技术特征

深水漂浮栽培因其设施的规模化、现代化，真正实现了蔬菜的工厂化生产，产品质量稳定、均一。紧凑合理的定植方式，快速简便的茬口更换，显著地提高了温室利用率，从而大幅度提高了单位面积的产量。但这一栽培方式投资大、生产成本高，只有产品以较高的价位出售，才能保证获得好的经济效益。因此深水漂浮栽培温室多建于大城市周边地区，以供应都市居民新鲜高档蔬菜为目的。

（1）优点

营养液量大，缓冲性好，作物根际环境的营养成分、pH值和温度相对稳定；作物漂浮在营养液表面，操作时移动方便；换茬方便迅速，温室利用率高；营养液循环使用，省水省肥；可实现自动化控制和周年生产，单产大幅度提高。

（2）缺点

设施投资成本高；首次用液量大，运行费用高；消毒和无病菌操作要求严格，一旦感染病害难以控制，有时会造成严重损失；仅适合于种植小株型的作物，种植大株型作物则管理不善。

4.3　立体水培

立体培养也称垂直栽培，是通过竖立起来的栽培柱或其他形式作为植物生长的载体，充分利用温室空间和太阳能，发挥有限地面生产潜力的一种无土栽培形式。主要种植一些如生菜、草莓等矮秧类作物，可以提高土地利用率3～5倍，提高单位面积产量2～3倍。

20世纪60年代，立体无土栽培在发达国家首先发展起来：美国、日本、西班牙、意大利等国研究开发了不同形式的立体栽培模式，如多层式、悬垂式、香肠式、单元叠加式等。我国自20世纪90年代起开始研究推广此项技术，立柱式无土栽培因其高科技、新颖、美观等特点而成为观光农业的首选项目，目前在国内各地都有一定的栽培面积。

4.3.1　三层槽式水培

将三层水槽按80 cm距离架设于空中而成。栽培形式为DFT水培，营养液顺槽的方向逆水层流动（图5.14）。

4.3.2 鲁 SC-Ⅰ型多层式水培

鲁 SC-Ⅰ型多层式水培是山东农业大学研制成功的立体无土栽培形式。栽培槽是用薄铁板式玻璃钢制成,宽与高均为 20 cm,长 2～2.6 m 的三角形,一端设进液口,另一端设"U"形排液管,槽内填 10 cm 厚的蛭石,用垫托住,下面尚有 10 cm 空间供营养液流动。栽培床吊挂三层,层间距 80～100 cm,槽间行距 1.8 m(图 5.15)。

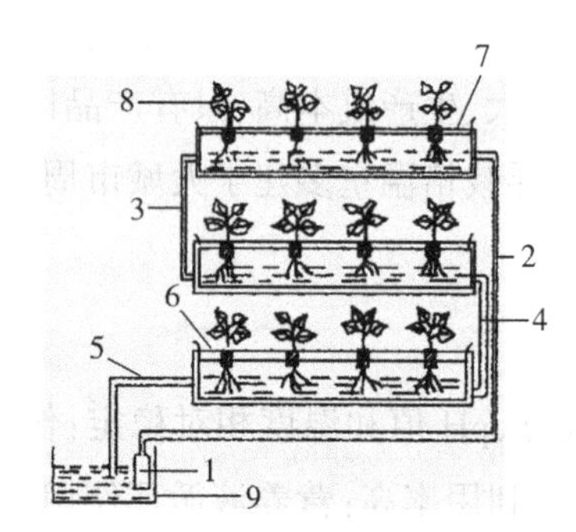

图 5.14 草莓立体栽培示意图

1—水泵;2—进液管;3—中层进液管;
4—下层进液管;5—回液管;6—栽培槽;
7—定植板;8—草莓植株;9—贮液池

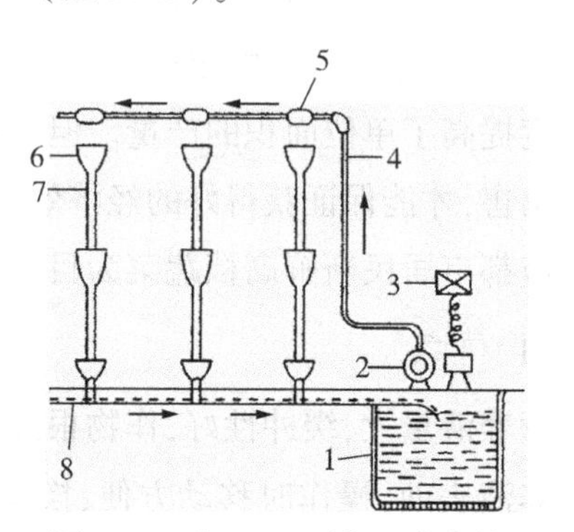

图 5.15 鲁 SC-I 型多层式水培

1—贮液池;2—水泵;3—定时器;
4—供液管;5—阀门;6—栽培槽;
7—回液管;8—回液总管

4.3.3 管道水培

管道水培可以是 DFT 或 NFT 管道水培,根据管道的结构类型可分为报架式和床式两种类型,以下以 DFT 管道水培为例加以介绍。报架式管道 DFT 水培装置状如报架,用 ϕ11～16 cm 的 PVC 管或不锈钢管作栽培容器,其上按一定间距开定植孔,安放塑料定植杯。每个定植杯处安放 1 个滴头或不安放滴头,营养液通过水泵从安放在栽培架下或旁边的贮液箱供液,或从贮液池供液,营养液循环流动(图 5.16)。有的栽培装置包括两个栽培架,相对放置,呈"V"字形。也有两个栽培架呈"A"字形报架,即在"A"字形架的两面各排列 3～4 根管,营养液从顶端两根管分别流下循环供液(图 5.17)。此种装置改为单面可固定在温室墙面,种植耐阴蔬菜。床式管道 DFT 水培装置是将 5～6 根塑料管并排平放于床式栽培架上,彼此连接,营养液自床的一端供液,从另一端流回贮液池或贮液箱,循环供液(图 5.18)。

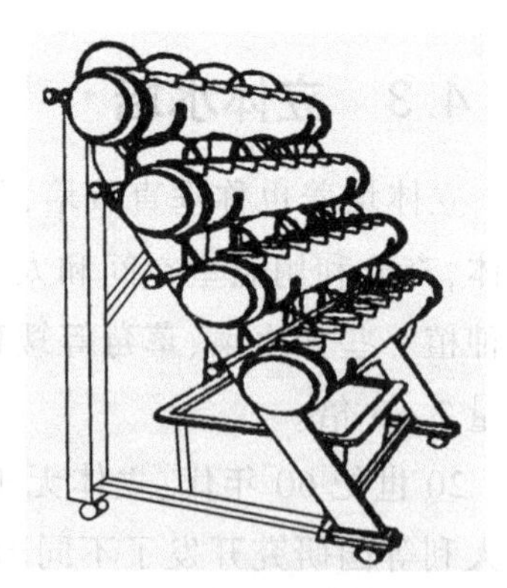

图 5.16 报架式管道 DFT 水培装置

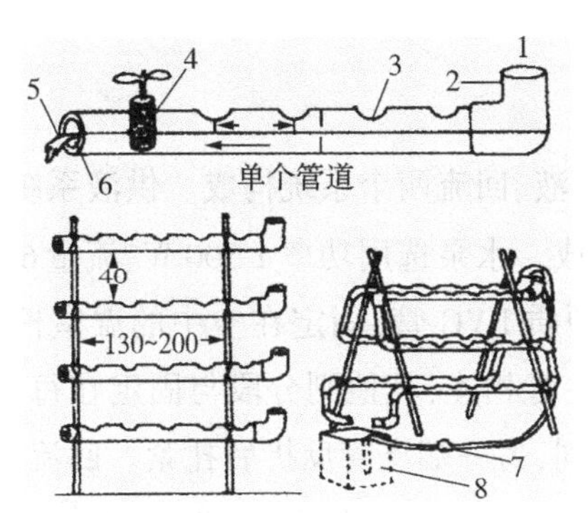

图 5.17　“A”字形报架式管道 DFT 栽培装置(单位:cm)

1—营养液进口;2—弯头;3—定植孔(ϕ4-5 cm);4—定植杯;

5—营养液溢出口;6—止水板;7—水泵;8—贮液箱

图 5.18　床式管道 DFT 栽培装置

4.3.4　盆钵垛叠式立体水培

1)设施建造

(1)贮液池

按立柱上每个塑料钵和平面 DFT 或浮板水培种植槽供液后存留的液量占贮液池液量 1/2 ~ 2/3 来计算贮液池的容积。一般容积按照 667 m^2 的水培面积需要 15 ~ 20 t 营养液的标准设计。具体建造方法与 DFT 水培设施相同。

(2)平面 DFT 或浮板水培种植槽

平面 DFT 或浮板水培种植槽见本项目任务 2 相关内容。

(3)盆钵垛叠式立柱

盆钵垛叠式立柱由硬质塑料底座、同定柱、硬质塑料盆 3 部分构成。塑料圆形底座 ϕ15 cm,沿槽长方向分两排平放在种植槽内,然后将固定柱(ϕ2. 5 cm、2 m 长的镀锌铁管)竖插在底座的圆形凹穴(ϕ3 cm、2 cm 深)内,10 ~ 12 个塑料钵花瓣位置错开,一个个套在固定柱上,上下垛叠并互相嵌合成柱形整体。栽培立柱固定在空中拉直的 8 号铁丝或空中横向固定的细钢筋上。每排立柱前后间距 1 m,槽内两排立柱的间距 70 ~ 90 cm。固定柱上端装有滴液盒,每排立柱上的滴液盒通过 ϕ16 cm 的无孔硬质滴管分段连接在一起,组装成供液支管与滴液盒的共通体。

(4)盆钵

图 5.19　用于立体水培的塑料盆

盆钵一般为合瓣体或五瓣体的塑料盆钵(图 5. 19),高和直径均为 20 cm,中心孔 5 cm,自盆底部向上有一个直径 1.5 cm、高 5 cm、溢流用的空心短柱,其他位置均密封无孔。

(5)循环供液系统

盆钵垛叠式立柱栽培的循环供液系统由供液、回流两个系统构成。供液系统由水泵、过滤器、供液主管、供液支管、滴液盒和阀门构成。水泵选用功率1 500 W、流量6～8 m^3/h的耐腐蚀潜水泵。供液主管为φ40～50 mm硬质PVC管,固定在空中的温室框架上;供液支管为φ16 mm的硬质无孔PE管,一端与主管相连,其他则分段与固定在每个固定柱顶部的滴液盒相连,其走向与每排立柱方向相同,另一端支管反折后扎紧。回流系统包括各种植槽的回流支管(φ50 mm的PVC管)、地下回流主管(φ90 mm的PVC管,安装时坡降1%～2%)及阀门。营养液由水泵从贮液池中抽出,经主管、支管、滴液盒(底部有4～6个滴水孔,滴流量控制在4～5 L/min)下流至塑料盆钵,多余的营养液通过塑料盆钵中的溢流柱口注入第二个塑料盆钵,依次顺流而下,最后流入平面水培槽,再通过回流系统流回贮液池,完成一次循环供液。栽培面积大时,可通过阀门控制实现分区供液。

2)栽培管理

(1)栽培作物的选择

一般矮秧型植物适宜立体栽培,其向上生长的高度一般不宜超过45 cm。如紫背天葵、草莓、大叶茼蒿、散叶生菜、油菜、西芹、非洲紫罗兰等。株型较高的植物会因空间限制和重力作用茎秆倒下,上下遮光,会影响生长。果菜类蔬菜对光照条件要求较高,一般不采用立柱栽培,但可以采取立柱最上部2～3层种植矮生型果菜,如草莓,下部种植叶菜的方法。由于这种设施的特殊构型,蔬菜不能前后左右对称生长,结球类蔬菜的外形不美观、商品性差,因而不适宜立柱式栽培。

(2)培育壮苗,适时定植

一般采用育苗床或平底育苗盘育苗。适宜定植的苗龄为真叶3～4片。健壮的秧苗适应性较强,缓苗后能够较短时间内恢复生长。定植时先用清水洗净秧苗根系附带的基质,再用500倍的多菌灵溶液浸泡消毒10～15 min后直接栽入立柱的盆钵内,注意不要损伤植株根系。每667 m^2立柱可定植4万株左右。

(3)定期旋转立柱

光照是影响立体栽培产量和品质的重要因素。在柱式栽培下,光照强度随着栽培钵层数的下降而递减,并且立柱阳面植株获得的光照好于阴面。据测定,从立柱上到下,每下降一层,光照强度平均减少15%,除最高一层阴面与阳面光照接近外,其余各层的阴面只有阳面光照的50%左右。为了弥补光照的不足和差异,需要定期对立柱进行旋转,使每一层的5～6株作物都能接受足量的阳光,这是保证作物整齐生长和提高产量的重要方法,也可以采取人工补光的方法。

(4)营养液管理

营养液可选择华南农业大学叶菜配方、日本山崎叶菜配方及1/2剂量日本园式配方。采用循环式供液、上方供液的方式,一般白天供液,每天供液3~4次,每次30 min,多余的营养液通过回流系统流回贮液池。供液时要做到:

①水泵压力能满足每个栽培柱都均匀供液。

②盆钵垛叠立体水培的滴液盒松紧适宜,避免在水泵压力一定的情况下,由于滴液盒松紧不一而造成各栽培柱供液量有差异或存在外溢现象。

③防止供液回流管道上、管件和盆钵出现跑、冒、滴、漏现象。

水培叶菜对营养液浓度的适应范围较大,在γ值1.5~3.5 mS/cm范围内都能生长。定植初期γ值0.7~1.0 mS/cm,后期γ值逐渐提高至2.0~2.5 mS/cm,栽培效果较好。另外,每周检测1次营养液pH值,叶菜适宜在pH值6.0~6.9的范围内生长,如果营养液的pH值高于或低于此范围,应及时加酸或碱调整。

3)技术特征

(1)优点

①空间利用率高。

②提高单位面积的种植数量和产量。

(2)缺点

①设施投资大,建设成本高。

②盆钵内容易滋生藻类,清洗与消毒麻烦,维修费用较高。

③封闭的栽培系统一旦发生病害,容易传播、蔓延。

4.4　小型水培技术

4.4.1　小型水培设施

小型水培设施主要用于家庭水培、科研单位的小型研究试验或用作中小学教具,大多结构简单,一般由一个贮液的塑料容器和少量PVC管件组装而成,有的需要添加小型加氧泵。设施类型主要有简易NFT装置、蔬菜墙、蔬菜花卉桌和简易静止水培箱等。

4.4.2　家用简易静止水培栽培管理

家用简易静止水培设施如图5.20所示。其栽培管理技术要点如下。

1)种植作物的选定

宜选种容易栽培成功的作物,如叶用莴苣、番茄等,有经验后再种其他作物。

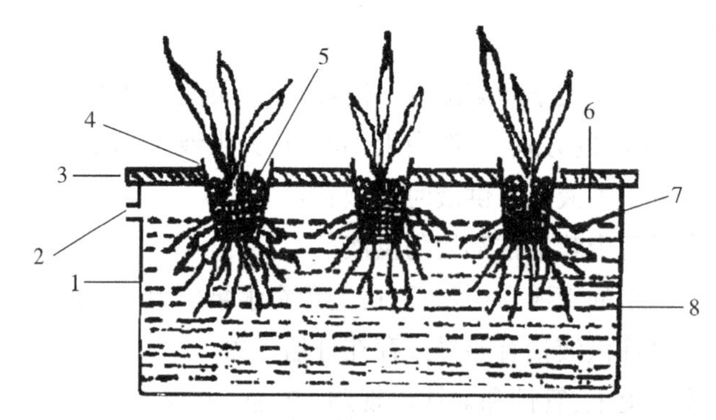

图 5.20　家用简易微型静止水培箱

1—装食品的塑料箱;2—溢水孔;3—泡沫定植板;4—塑料定植杯;

5—小石砾;6—空隙;7—液面;8—营养液

2）育苗与定植

育苗与定植参照本项目任务 2 DFT 水培内容。

3）营养液配制

受到家庭条件所限,一般从市场购买母液,然后稀释成工作营养液。

(1)营养液用量的确定

原则上开始定植时,营养液应达到刚好浸住定植杯底。规格为 68 cm×42 cm×15 cm 的塑料箱体,达此程度的营养液用量为 3 L。以此计算出应加入的母液量。

(2)添加母液的方法

先在箱内加半箱的水,然后量取 A 母液 150 mL,倒入箱内搅匀,再量取 B 母液 150 mL,用 2 L 水冲稀后倒入箱内搅匀,再量取 C 母液 3 mL,用 1 L 水冲稀后倒入箱内,最后加水至溢水口处,搅匀,即可定植。

4）营养液管理

营养液管理是决定静止水培能否成功的关键。管理的内容主要包括补充水分和养分两方面,省去了 pH 值的调控,但应以选用生理反应比较稳定的营养液配方为前提。

(1)补充水分

定植时液面刚好浸到定植杯底 1 cm 左右,不能让营养液把定植杯伸入箱内的部分完全浸没,否则会浸住根颈使之坏死。有溢水口的箱子已限制了液面不致如此,没有溢水口保险的,就要靠浮动标尺(图 5.21)显示水位,加水时要小心观察,勿使过量。

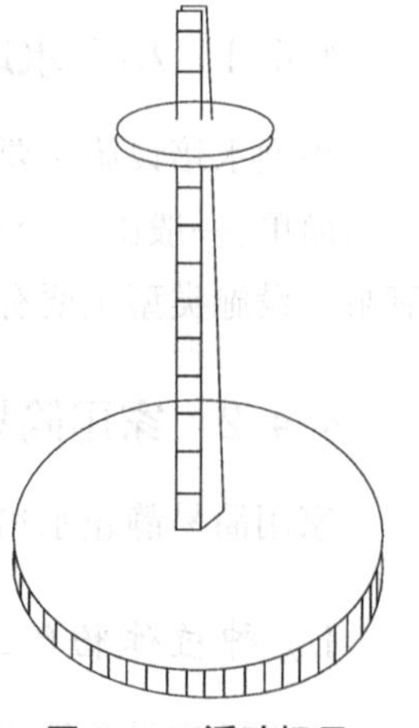

图 5.21　浮动标尺

随着植株不断长大，根系深入液中，液面也随之下降而离开杯底，当降至容器深度的1/2位置时（营养液约为7.5 cm深），把它标记出来，以后就按这个深度维持水量。此时箱内分别有1/2的空间和1/2的液量。生长此空间的根段可以呼吸到氧气；1/2深的营养液量，可维持植株多天的吸水需要。在7.5 cm深的营养液范围内，允许下降2～3 cm后再加水恢复到7.5 cm的深度，这样可不必天天加水。但切勿再将水位升回到浸住定植杯的位置（溢水口处）。因长期露在空气中生长的那段根系，已习惯了氧气较充分的环境，再淹浸它就会受到伤害。如不小心把水加过量，也要及时抽出，不要让其自然蒸腾去降低水量。

（2）补充养分

以种植莴苣为例，使用华南农业大学叶菜配方，可在生长中期加一次养分，用量为第一次用量的1/2，即按15 L营养液量去取母液。在需补充水分时，将3种母液分别用水冲稀灌入箱内，并用小软管插入箱底，以橡胶吸球打气进液中使养分均匀。这样维持到收获。收获以后，揭开定植板，捡去残根，在残存营养液的基础上，再按开始定植时一样加足水分和养分，又可进行第二茬种植，如此可连续种4茬。以种番茄为例，使用华南农业大学番茄配方，从定植后15 d起，每隔15～20 d加1次养分，用量为第一次用量的1/2，具体方法同莴苣，直到收完果为止。一茬生长120～150 d，需加8～10次。种完一茬后，要全部清洗消毒装置后才重新种植。

4.4.3　家用简易静止水培特点与技术关键

（1）特点

简易静止水培的特点是在深液层上悬挂植株进行静止水培。深液层是省工的需要，不用天天加水，甚至10多天不加水也可以。静止是为了省去循环流动或打气的程序。静止水培实践证明是可以的，但是不是任何植物都可以进行静止水培，现已知许多蔬菜如莴苣、茼蒿、鸭儿芹、蕹菜、番茄、小葱等是可以这样做的。

（2）技术关键

非沼泽性植物能够静止水培的技术关键，在于控制液层淹浸根系的深浅。

任务5　雾培技术

雾培是目前无土栽培生产中水气矛盾解决得最好的一种设施，但是由于其投资成本过高，一般在农业的观光、旅游中应用。

5.1　雾培设施

雾培又称喷雾栽培、气雾培，是利用喷雾装置将营养液雾化为小雾滴状，直接喷射到植物根系以提供植物生长所需的水分和养分的一种无土栽培技术。根据植物根系是否有部分浸没在营养液层而分为喷雾培(图 5.22)和半喷雾培(图 5.23);根据设施不同可分为"A"形雾培、梯形雾培、移动式雾培、立柱方程式雾培等形式。

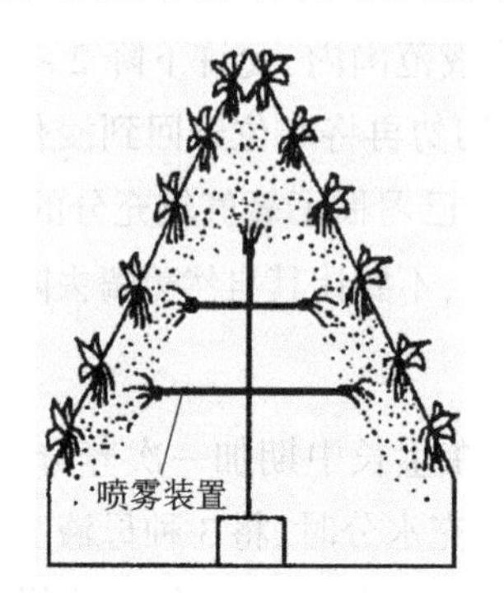

图 5.22 "A"形喷雾培种植槽示意图

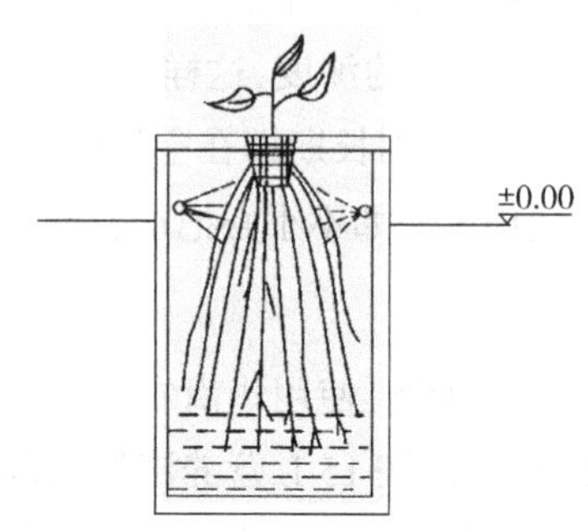

图 5.23 半喷雾培种植槽示意图

5.1.1 种植槽

雾培的种植槽可用硬质塑料板、木板或水泥混凝土制成封闭式槽体,常为"A"形或梯形,要求能够盛装营养液,并能够将喷雾后多余的营养液回流到贮液池中。其形状和大小要考虑到植株的根系伸入到槽内之后,安装在槽内的喷头要有充分的空间将营养液均匀喷射到各株的根系上。因此,种植槽不能做得太狭小而使雾状的营养液喷洒不开,但也不能做得太宽大,否则喷头也不能将营养液喷射到所有的根系上。槽底用混凝土制成深约 10 cm 的槽,用于盛接多余的营养液,槽的上部用铁条做成"A"形或梯形的框架,然后将已开了定植孔的泡沫塑料定植板放置在这个框架上方,即可定植作物。半雾培的种植槽与 DFT 水培类似,槽的深度要比 DFT 水培的深,可达 25 ~ 40 cm。

5.1.2 供液系统

供液系统主要包括贮液池、水泵、管道、过滤器、喷头等部分,有些雾培不用喷头,而用超声气雾机来雾化营养液。

(1)贮液池

规模较大的喷雾培可用水泥砖砌成较大体积的营养液池,而规模较小的可用大的塑料桶或箱来代替。池的体积要保证水泵有一定的供液时间而不至于很快就将池中的营养液抽干。

(2)水泵

水泵的功率应从栽培面积、管道布局、喷头及其所要求的工作压力来综合考虑而确定。选用耐腐蚀的水泵,一般每 667 m^2 的大棚要求水泵功率为 1 000 ~ 1 500 W。

(3)管道

管道应选用耐腐蚀的塑料管。各级管道的大小应根据选用的喷雾装置上的喷头工作

压力大小而定。

(4)过滤器

选择过滤效果良好的过滤器，以防营养液的杂质堵塞喷头。

(5)喷头

可根据喷雾培形式以及喷头安装的位置的不同来选用不同的喷头，有些喷头的喷洒面为平面扇形的，而有些则是全面喷射的。喷头的选用以营养液能够喷洒到设施中所有的根系并且雾滴较为细小为原则。喷雾装置安装在雾培箱体的底部与中部(喷雾培)或槽的近上部框架的两侧。

(6)超声气雾机

超声气雾机是利用超声波发生装置产生的超声波将营养液雾化为细小雾滴的雾流而布满根系生长范围之内(即种植槽内)，取代了供液系统。通过超声波雾化营养液有助于杀灭营养液中可能存在的病原菌，对作物生长有利。图5.24所示为国产超声气雾机的外观。营养液池或罐的出水口应设在高于超声气雾机的入水口的位置，通过管件将贮液池(桶)与超声气雾机的入水口相连，使营养液在重力的作用下流入超声气雾机内。由于超声气雾机中内置鼓风设备的功率有限，因此，种植床不能过长，一般不超过8 cm。

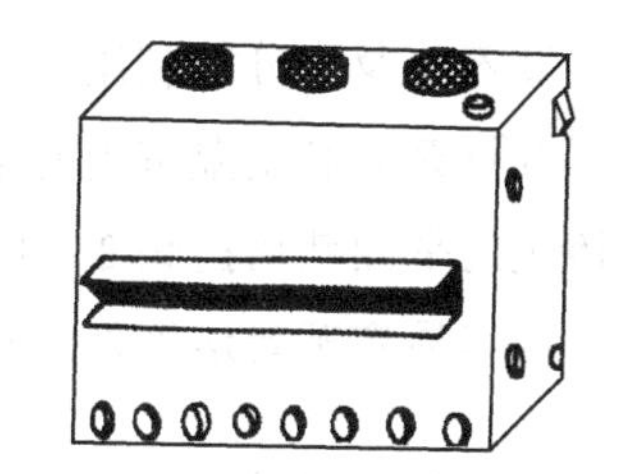

图5.24　国产超声气雾机的外观

5.2　栽培管理

5.2.1　育苗与定植

雾培的育苗与定植方法与DFT水培类似。但如果定植板是倾斜的，则不能够用小石砾来固定植株，而用岩棉纤维或聚氨酯纤维或海绵块裹住幼苗的根颈部，直接塞入定植板的定植孔或先放入定植杯，再将定植杯放入定植板中的定植孔内。包裹幼苗的岩棉、聚氨酯纤维或海绵的量以塞入定植孔后幼苗不会从定植孔中脱落为宜，但也不要塞得过紧，以防影响作物生长。

5.2.2　营养液管理

雾培的营养液浓度可比其他水培高一些，一般要高20%～30%。这主要是由于营养液以喷雾的形式来供应时，附着在根系表面的营养液只是一层薄薄的水膜，因此总量较少，而为了防止在停止供液时植株吸收不到足够的养分，就要把营养液的浓度稍微提高。如果是半雾培，则不需提高营养液浓度，而与DFT水培一样。

雾培采用间歇供液的方式供液。供液及间歇的时间应视植株的大小及气候条件而定。植株较大、阳光充沛、空气湿度较小时,供液时间应较长,间歇时间可较短一些。如果是半喷雾培,供液的间歇时间还可稍延长,而供液时间可较短,白天的供液时间应比夜晚长,间歇时间应较短。也有人为了省却每天调节供液时间的麻烦,将供液时间和间歇时间都缩短,每供液 5 ~ 10 min,间歇 5 ~ 10 min,即供液的频度增加了,这样解决了营养液供液不及时的问题,但水泵需频繁启动,其使用寿命将缩短。

5.3 技术特征

5.3.1 优点

①能够有效解决水气矛盾,几乎不会出现由于根系缺氧而生长不良的现象。

②养分及水分的利用率高,养分供应快速而有效。

③可充分利用温室内的空间,提高单位面积的种植数量和产量。温室空间的利用要比传统的平面栽培提高 2 ~ 3 倍。

④容易实现栽培管理的自动化。

5.3.2 缺点

①生产设备投资较大,设备的可靠性要求高,否则易造成喷头堵塞、喷雾不均匀、雾滴过大等问题。

②在种植过程中营养液的浓度和组成容易产生较大幅度的变化,因此管理技术要求较高。

③在短时间停电的情况下,喷雾装置就不能运转,很容易造成对植物的伤害。

④作为一个封闭的系统,如控制不当,根系病害易于传播、蔓延。

项目小结

水培是指植物部分根系浸润生长在营养液中,而另一部分根系裸露在潮湿空气中的一类无土栽培方法;而雾培是指植物根系生长在雾状的营养液环境中的一类无土栽培方法。这两类无土栽培技术与基质培的不同之处在于根系生长的环境是营养液而不是固体基质。

水培根据其营养液液层的深度、设施结构和供氧、供液等管理措施的不同,可划分为两大类型:深液流水培技术(DFT),营养液膜技术(NFT)。其他水培方法有:浮板毛管水培、深水漂浮栽培法、立体水培法、小型水培技术等。水培设施主要由种植槽、贮液池、营养液循环供液系统 3 部分组成。特点是设施、营养液的配方和配置技术、自动化和计算机控制技术都比较完善。存在的问题是一次性投资大,生产成本高,管理操作复杂,系统能

耗大，营养液为全无机营养对产品有污染，较难生产绿色食品。

雾培是指作物的根系悬挂生长在封闭、不透光的容器（槽、箱或床）内，营养液经特殊设备形成雾状，间歇喷到作物根系上，以提供作物生长所需的水分和养分的一类无土栽培技术，又称喷雾培或气雾培。分为半雾培和雾培两种类型。雾培设施主要由种植槽和供液系统两部分，生产上较少应用。

项目考核

一、填空题

1. 水培设施必须具备________、________、________和________4项基本条件。

2. 气雾培的供液系统主要包括________、________、________、________喷头等部分，有些气雾培不用喷头，而用________来雾化营养液。

3. 浮板毛管水培设施包括________、________、________和________4部分。

4. 非沼泽性植物能够静止水培的技术关键在于控制__________。

二、选择题

1. 无土栽培所用的营养液循环系统一般要求用________（A. 铁管；B. 铝管；C. 铜管；D. 塑料管）做成，以防止________（A. 营养液浓度的改变；B. 液体流动不畅通；C. 管的腐蚀；D. 长青苔）。

2. 以下属于深水漂浮栽培特点的是__________。

A. 成本低；B. 营养液缓冲性好；C. 营养液不能循环使用；D. 适于种植大株型作物

三、简述题

1. DFT水培种植槽的建造要求有哪些？

2. 贮液池有何功能？如何建造？

3. 立体水培设施有何特点？如何建造？

4. 比较DFT水培和NFT水培在栽培管理上有何不同？

5. 营养液膜技术为何要采取间歇供液方式？

6. 在深液流水培系统中，发现植物根系有腐烂现象，试解释造成此现象的可能原因。

7. 如何对栽培设施进行清洗和消毒？

8. 新建水泥结构的种植槽可以直接使用吗？为什么？

9. 从当前我国旅游观光农业发展的角度，谈谈水培和雾培的应用前景。

10. 立体水培的应用价值体现在哪些方面？

11. NFT水培时，种植槽的槽头与槽尾两端的植株生长有时会表现出明显差异的可能原因是什么？

项目6　固体基质培技术

✲项目目标

- 了解岩棉培、珍珠岩培、沙培、砾培、复合基质培的特点与应用。
- 熟悉各种基质培设施的建造方法,准确识别基质培设施的各组成部分。
- 掌握一般基质培及有机生态型无土栽培技术的实施步骤与栽培管理要点。
- 能够因地制宜建造各种基质培设施并掌握其管理技术。

✲项目导入

基质培与水培相比,设施简单、成本低,基质缓冲性强、栽培技术容易掌握,因此,目前我国大部分地区的无土栽培都采用基质培,多用于果菜和花卉生产。但在基质培生产中需要大量基质材料,使用前需对基质进行处理,栽培后需对基质消毒、添加和更换等工作,费工较多,而且生产者在调整营养液后,植物根际环境发生变化会相对迟滞一段时间。实践证明,选择适宜的栽培基质是保证基质栽培获得成功的重要环节。

任务1　基质培设施建造

基质栽培有多种设施形式。按照栽培空间状况可分为平面基质栽培和立体基质栽培设施。根据容器的不同,平面基质栽培设施又分为槽培、袋培、箱培和盆培等设施。平面基质培设施主要包括“栽培容器”(种植槽、栽培袋、栽培箱、盆钵、岩棉种植垫等)、贮液池(罐)和相配套的滴灌系统等。不同平面基质培设施之间的区别主要是具体的“栽培容器”的不同。一般的蔬菜、花卉,特别是植株高大的植物适于平面基质栽培;小株型植物则适于立体基质栽培。

1.1　种植槽

种植槽是槽培主要设施。结构复杂的槽培有完整的供液排液系统,简单的槽培只需在平地上做槽框,内衬塑料薄膜即可。根据生产条件、栽培作物及基质的不同,种植槽的

形状、大小、结构以及设施的位置高低都不同。槽体可用木板、竹片、水泥瓦、石棉瓦、石板、砖、聚苯乙烯泡沫塑料等制作而成，最简单的槽体是由砖砌成，一般不建造永久性槽体。各地可就地取材，能把基质拦在栽培槽内即可。为了防止渗漏并使基质与土壤隔离，通常在槽内铺1~2层塑料薄膜。

栽培槽的大小和形状，取决于不同作物操作管理的方便程度。例如番茄、黄瓜等大株型和爬蔓作物，通常每槽种植2行，以便于整枝、绑蔓和收获等操作，槽宽一般为0.48 m（内径）。对矮生植物可设置较宽的栽培槽，进行多行种植，槽宽只要保证能方便操作管理就行。槽深一般为15~20 cm。当然，为了降低成本也可采用较浅的栽培槽，但较浅的栽培槽在灌溉时必须特别细心。槽长可由灌溉能力（灌溉系统必须能对每株作物提供同等数量的营养液）、温室结构以及操作所需的过道等因素来决定。普通日光温室内的种植槽多为南北走向，槽长5.5~8 m。现代化大温室的槽长多依据灌溉能力而定。为了获得良好的排水性能，槽的坡度至少应为0.4%。如有条件，还可在槽的底部（薄膜之上，基质之下）铺设一根多孔的排液管。以便槽内多余的营养液流入管内，并通过在槽较低一端的开口。将多余的营养液汇集到排液主管或排液槽，最后排到室外。也可将槽底设计成向一侧倾斜，或将槽底截面设计成"V"字形，以便多余的营养液流出。

基质槽表面可覆盖地膜，以减少水分蒸发，并可避免植株发病时病菌进入基质，以防在本茬或下茬栽培时发病。在农业观光园区的栽培槽表面覆盖2 cm厚的泡沫塑料板，板上按植物的栽培株行距打定植孔（ϕ10 cm），此法隔热，阻隔病菌，洁净美观。

图6.1所示的是一种适宜我国国情的简易复合基质种植槽。其建造方法是：从地面下挖一个上宽48 cm、下宽30 cm、深20 cm、长20 m的土槽，然后沿槽边的地面砌2层砖，沿槽底面铺一层薄膜，在槽南侧下方将薄膜开一洞，用一截ϕ20~25 cm，长度20 cm的塑料管做一通向排液沟的排液口，排液口处于种植槽最低位置。在薄膜上铺一层核桃大小的碎砖头或石子，作为渗液层，渗液层上铺一层塑料窗纱，以防止上面的基质混入。窗纱上铺基质（如按1∶1混合的草炭和炉渣）。基质表面中央位置沿种植槽走向铺一条软质喷灌管，管的一头用铁丝捆死，另一头接在供液管的支管上。一般每200 m^2的栽培面积需砖2 500块，滴

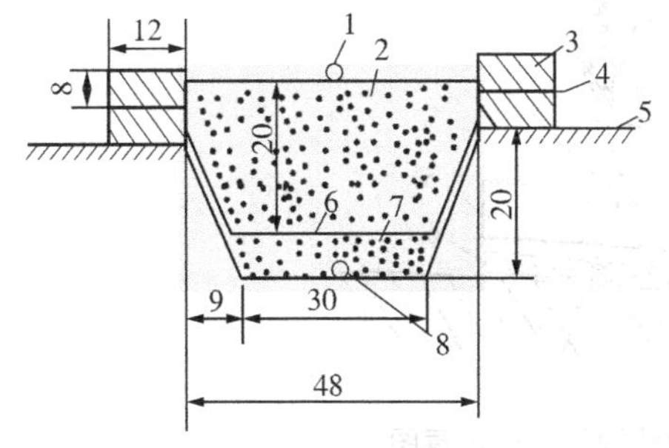

图6.1　马槽式平底种植槽剖（单位：cm）

1—软管；2—基质；3—砖；4—薄膜；5—地面；6—窗纱；7—石子；8—回液管

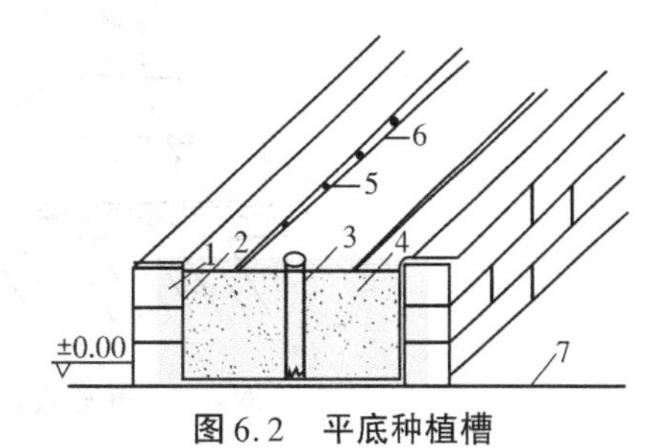

图6.2　平底种植槽

1—槽框；2—塑料薄膜；3—液位管；4—基质；5—滴头；6—供液管；7—地面

灌管 126 m,窗纱 66 m,草炭 6 m^2,炉渣 6 m^3。其他种植槽类型见图 6.2 至图 6.6。

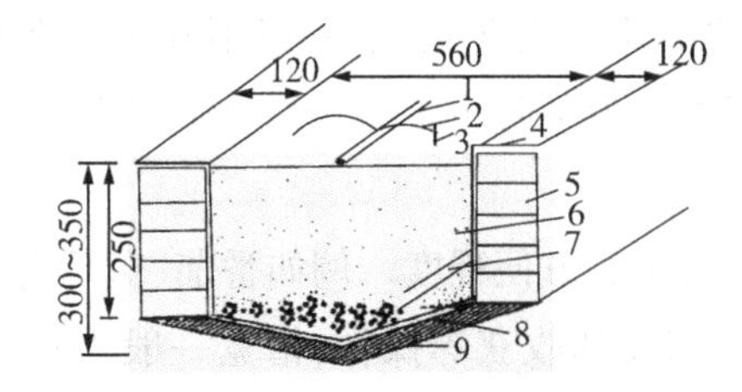

图 6.3 "V"形沙培种植槽结构图(单位:cm)

1—供液管;2—水阻管;3—滴头支架;4—塑料薄膜;
5—槽框;6—基质;7—排液管;8—石砾;9—槽底

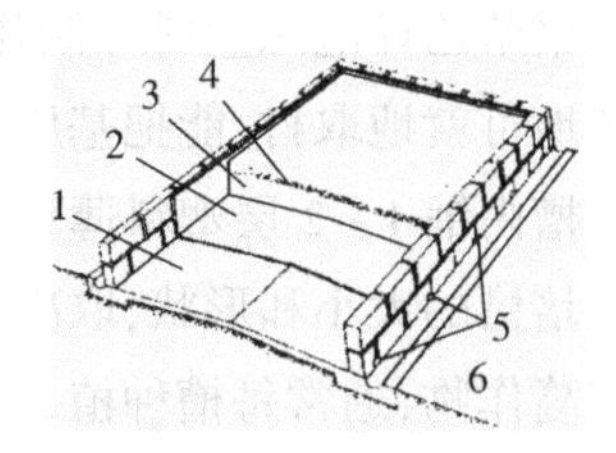

图 6.4 倒"V"形种植槽

1—槽底;2—塑料薄膜;3—沙层;
4—粗沙粒;5—排液孔;6—地面

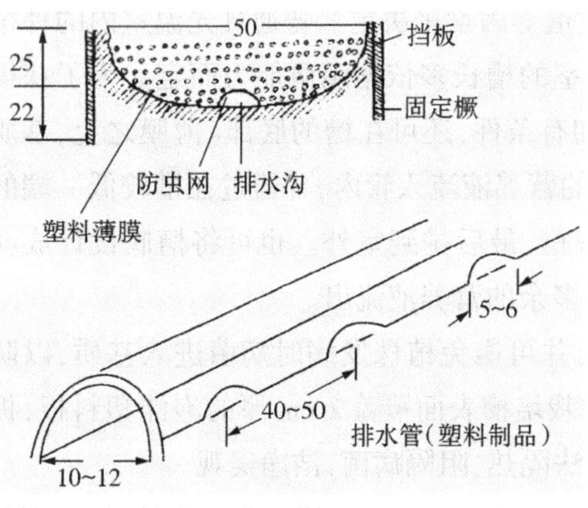

图 6.5 塑料铺垫栽培床(单位:cm)

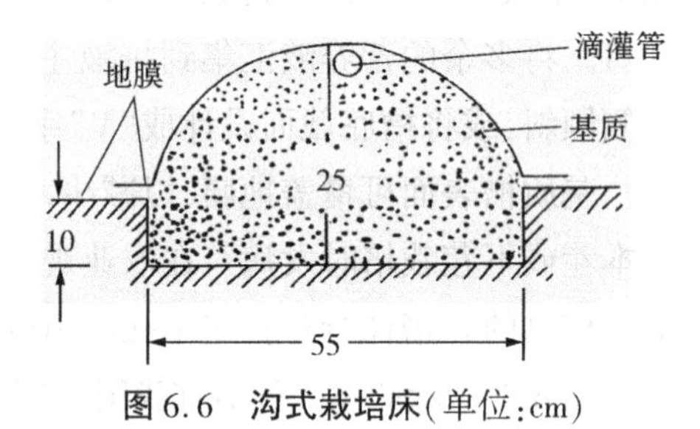

图 6.6 沟式栽培床(单位:cm)

1.2 岩棉培栽培床与岩棉种植垫

岩棉培就是将植物栽植于一定体积的岩棉块中,让作物在其中扎根锚定、吸水、吸肥。其设施结构如图 6.7 所示。根据供液方式的不同,分为开放式岩棉培和循环式岩棉培两种方式。下面以开放式岩棉培为例,介绍岩棉培栽培床(图 6.8)结构及种植垫摆放要求。

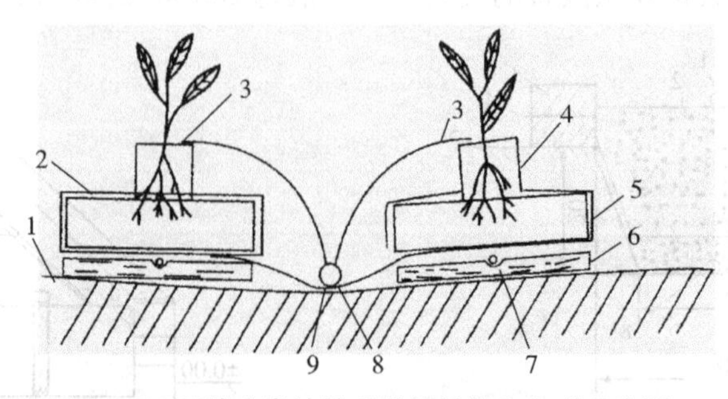

图 6.7 开放式岩棉培系统的结构和组成示意图

1—畦面塑料薄膜;2—岩棉种植垫;3—滴灌管;4—岩棉育苗块;
5—黑白双色膜;6—泡沫塑料块;7—加温管;8—滴灌毛管;9—排液沟

岩棉栽培床对建造工艺要求严格,栽培床地面一定要平整,否则会造成供液不均,甚至会使盐分积累,pH 值升高,影响栽培效果。将棚室内地面平整后,按规格筑成龟背形的栽培床(土畦)并将其压实。栽培床的规格根据作物种类而定。在距畦宽的中点左右两边各 30 cm 处,开始平缓地倾斜而形成两畦之间的畦沟,畦长约 30 m,畦沟沿长边方向的坡降为 1%。整个棚室的地面都筑好压实的畦后,铺上 0.2 mm 厚的乳白色塑料薄膜,将全部畦连沟都覆盖住,膜要贴紧畦和沟。在畦背上纵向摆放两行岩棉种植垫,垫的长边应与畦长方向一致。每一行都放在畦的斜面上,使垫向畦沟一侧倾斜,以利于排水。

考虑到每株作物占有的营养面积,一般岩棉种植垫形状以扁长方形较好,厚度为 7 ~ 10 cm,宽度 25 ~ 30 cm,长度 90 cm 左右,用黑色或黑白双色聚乙烯塑料薄膜将岩棉块整块紧密包住。定植前在薄膜上开定植孔,定植带岩棉块的幼苗(图 6.9)。

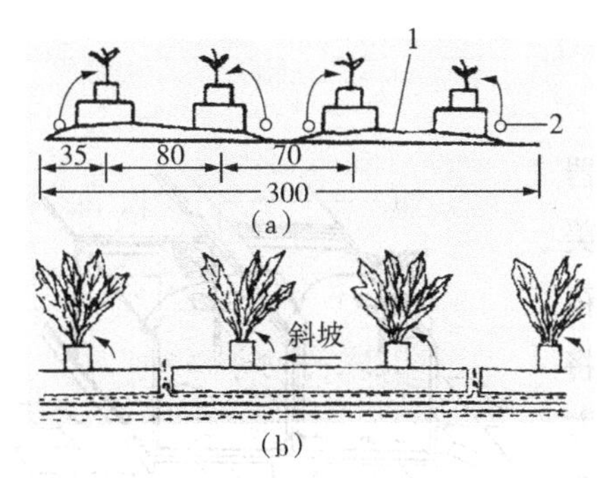

图 6.8　开放式岩棉培栽培床及种植垫摆放示意图

(单位:cm)

(a)剖面图;(b)纵面图

1—畦背;2—滴灌管

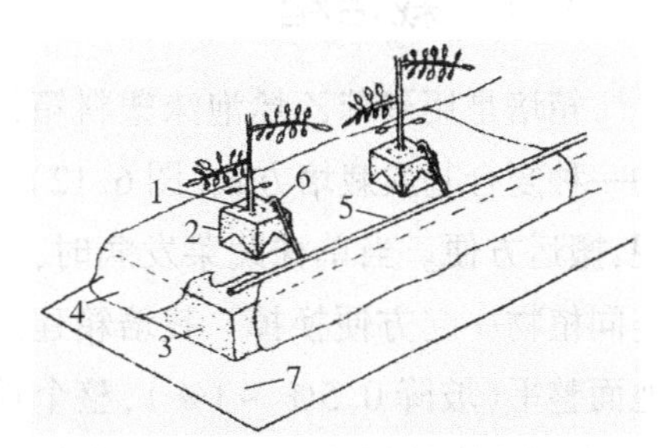

图 6.9　岩棉种植垫种植作物示意图

1—育苗用岩棉块;2—包裹岩棉块的塑料薄膜;

3—岩棉种植垫;4—白色或灰色塑料薄膜;

5—供液管;6—滴头管;7—种植槽

1.3　栽培袋

袋培除了基质装在栽培袋中以外,其他与槽培基本相似。栽培袋通常用尼龙布或抗紫外线的聚乙烯薄膜制成,至少可使用 2 年。在光照较强的地区,塑料袋表面应以白色为好。以便反射阳光并防止基质升温。相反,在光照较少的地区,则袋表面应以黑色为好,以利于冬季吸收热量,保持袋中的基质温度。栽培袋一般分为有筒式栽培袋(图 6.10)和枕头式栽培袋(图 6.11)两种规格样式。筒式栽培袋的制作方法是将 ϕ30 ~ 35 cm 的筒膜剪成 35 cm 长,用塑料薄膜封口机或电熨斗将筒膜一端封严即可,每袋装基质 10 ~ 15 L,直立放置即成为一个筒式袋。枕头式栽培袋的制作方法是将筒膜剪成 70 ~ 100 cm 长,用塑料薄膜封口机或电熨斗封严筒膜的一端,每袋装基质 20 ~ 30 L,再封严另一端即成枕头式栽培袋,依次摆放到温室中。枕头式栽培袋定植前,先在袋上开两个 ϕ10 cm 的定植孔,两孔中心距为 40 cm。无论是哪种栽培袋,都应在袋的底部或两侧开 2 ~ 3 个 ϕ0.5 ~ 1.0 cm 的小孔,以便多余的营养液能从孔中渗透出来,防止沤根。此外,也有将塑料薄膜

裁成 70 ~ 80 cm 宽的长条形后平铺于温室的地面上，沿中心线装填 20 ~ 30 cm 宽、15 ~ 20 cm 高的梯形基质堆，再将沿塑料薄膜长向的两端兜起，每隔 1 m 用塑料夹夹住或用耐老化的玻璃丝拢住即成长筒形栽培袋。

图 6.10 筒式栽培

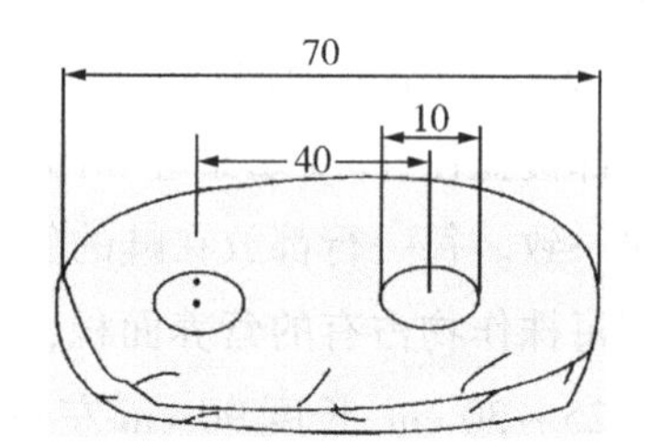

图 6.11 枕头式栽培袋(单位:cm)

1.4 栽培箱

箱培是用聚苯乙烯泡沫塑料箱作为栽培容器的一种复合基质栽培方式(图 6.12)。整体效果美观，搬运方便。当单株蔬菜发病时，可将该泡沫箱连同植物一起方便换掉。栽培箱建造方法是先将地面整平(坡降 0.5% ~1%)，整个地面铺水泥方砖，在摆放泡沫箱的位置，铺两列水泥砖，将来每列方砖上各摆放一列泡沫箱，略高于过道，两列方砖之间留出 10 ~ 15 cm 的缝隙，用水泥砂浆抹出排液沟，排液沟较低的一端与位于温室一端的排液槽相连。可将多余的营养液排到室外。也有人只在温室地面上平铺上水泥方砖，不做排液沟，适当减少供液量，少量多余的营养液通过水泥方砖之间的缝隙渗入地下。

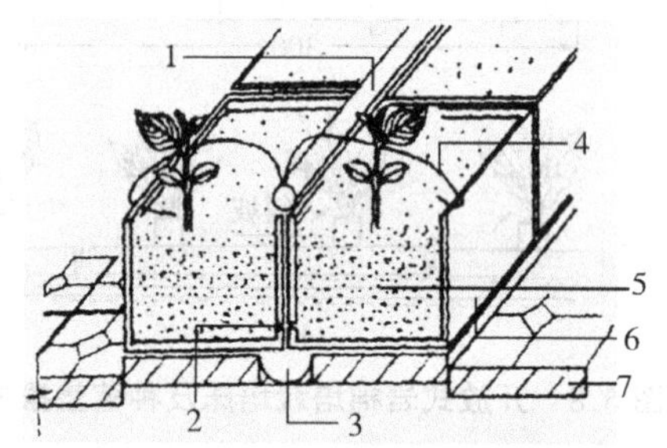

图 6.12 复合基质箱培设施示意图

1—供液管道;2—排液孔;3—排液沟;
4—内径 2 mm 水阻管;5—基质;
6—泡沫箱;7—水泥方块

栽培瓜类、茄果类等大株蔬菜时，应选用高度 20 cm 以上的泡沫箱；栽培白菜类等小株型蔬菜可选用高度 10 cm 左右的泡沫箱。泡沫箱要有一定的强度，一般要达到 20 kg/m^3，这样才能延长箱的使用寿命。使用前在泡沫箱的底部或侧壁上距离底部 2 ~ 3 cm 处钻 2 ~ 3 个孔，以防箱中积水沤根。采用开放式滴灌供液方式。在两个泡沫箱相邻处的上方铺设 1 条供液支管，一个泡沫箱内设 2 条内径 2 mm 的水阻管。水阻管两端削尖，一端插入栽培行间的供液支管，一端穿过泡沫箱上沿固定住，伸向泡沫箱中的基质表面，出水口与基质表面保持 1 ~ 2 cm 的距离，以免在潜水泵停机营养液回流时将基质吸入水阻管而导致堵塞。箱内供液支管与滴灌系统的主管相连。

1.5 滴灌系统

基质培通常采用滴灌形式进行供液。滴液时只湿润作物根系，要求均匀一致，可控性强。

滴灌的优点：

①蒸发损失小，局部湿润土壤，省水。

②可根据作物的生长特点，进行自动控制。

③可结合灌溉施肥、施药。

④不板结土壤，改变作物根部环境。

⑤适时适量灌水，有增产优质的效果。

1.5.1 供液装置

供液装置一般包括液源、水泵、流量和压力调节器、营养液混合罐、过滤器等。液源通常有两种，一种设有大容量的贮液池，用水泵供液(图6.13)；另一种只设浓缩液储存罐A和B，供液时用定量泵分别将A、B罐中的母液输入营养液混合器中，混合成设定浓度的工作液后再供液(图6.14)。也可将配好的营养液直接倒入高于地面1.8 m处的塑料桶内靠重力供液(图6.15、图6.16)。过滤器是滴灌系统中不可缺少的部件，要求内部的滤网大于100目。通过过滤器过滤后再向各种植槽供液。在过滤器前后应安装压力表和流量控制阀，以根据需要调节管内压力和流量。水泵的选用见水培设施内容。

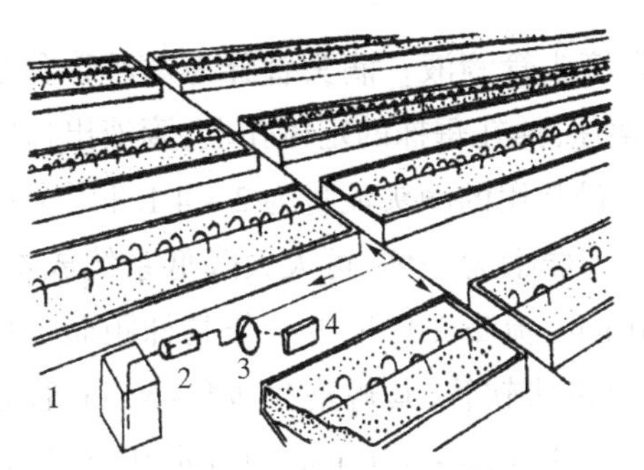

图6.13 槽培滴灌系统示意图

1—营养液罐；2—过滤器；3—泵；4—计时器

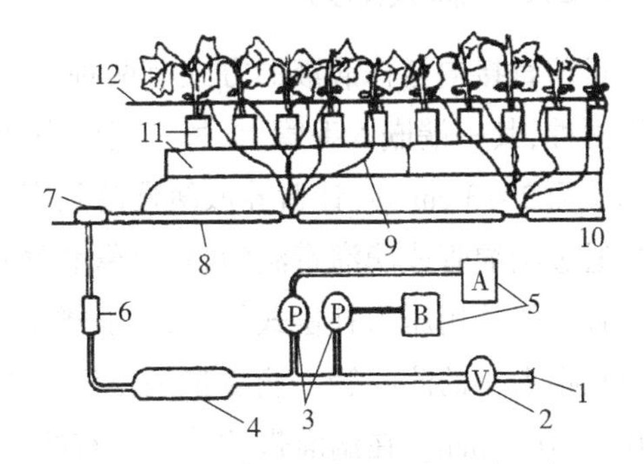

图6.14 开放式岩棉培滴灌系统示意图

1—水源；2—电磁阀；3—浓缩液定量注入泵；4—营养液混合器；5—浓缩液罐；6—过滤器；7—流量控制阀；8—供液管；9—滴头管；10—畦；11—岩棉育苗块和岩棉垫；12—支持铁丝

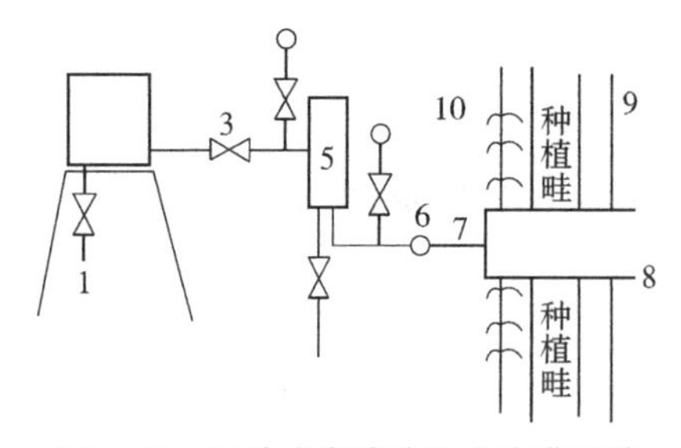

图 6.15　开放式岩棉培重力滴灌系统

1—铁支架;2—高位营养液罐;3—阀门;
4—压力表;5—过滤器;6—水表;7—干管;
8—支管;9—毛管;10—滴头管

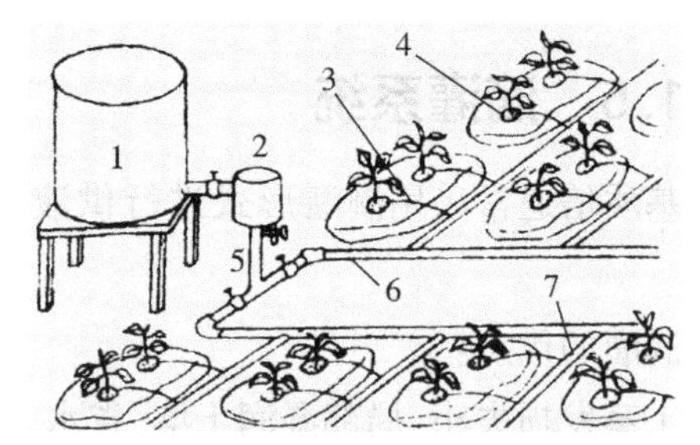

图 6.16　袋培滴灌系统示意图

1—贮液罐;2—过滤器;3—水阻管;4—滴头;
5—主管;6—支管;7—毛管

1.5.2　供液管道

输液管道是把供液装置的营养液引向种植槽的通道,包括主管、支管和毛管。主管和支管是分送营养液的第一、二级管道,材质主要有 PVC 和 PE 两种。PVC 管硬、耐压,需由塑料胶粘接;PE 管较软、较耐压,一般通过外锁式 PE 管件相连。主管、支管一般选用 ϕ25 ~ 40 mm 的 PVC 或 PE 管。毛管是进入种植槽的管道,用有弹性的塑料制成,直径为 ϕ12 ~ 16 mm。滴头管是直接向植株滴液的最末一级管,靠迫紧方式嵌入毛管上,做到不易松脱和漏水。

1.5.3　滴液部分

目前直接向植株滴液的方式有两种,一种是靠滴头管滴液。滴头管分为发丝管和水阻管两种,其一端嵌入毛管上,另一端用小塑料棒架住,插在每株的定植孔上,滴液出口距离基质面 2 ~ 3 cm 高,让营养液缓慢落到定植孔中,最常用的滴头流量为 2 ~ 4 L/h。另一种是通过滴灌管或滴灌带滴液,将毛管和滴液(水)容器融为一体,可大大降低系统成本。滴灌管一般选用压力补偿式较多,一般规格为 ϕ10 mm、流量 2 L/h,并依作物株距而选择相应孔距大小的滴灌管。滴灌带是黑色聚乙烯塑料带状软管,其规格为 ϕ4 ~ 5 cm、管壁厚 0.1 ~ 0.2 mm。在滴灌带软管的左右两侧各打有一排 0.5 ~ 1.0 mm 的滴水孔,每侧孔距 25 cm,两侧滴孔交错排列,当水压达到 0.02 ~ 0.05 MPa 时,水从滴孔滴入基质中。一般滴灌带置于种植槽的基质表面之上,地膜覆盖之下。

1.5.4　滴灌系统选用与使用要求

滴灌系统的选用要求如下:

①滴灌系统要可靠,尤其是自动调控营养液的浓度和酸碱度的装置必须是质量好、准确可靠的。如自动调控的设备选购不到有质量保证的产品,则应采用人工调控。

②供液要及时,这一方面是指滴灌系统设备能经常保持完好状态的质量保证及设备

保养的严格要求，另一方面是指液源的贮备能维持多长的使用时间，例如，在不设大容量的营养液池的情况下，自来水的来源必须是保证不间断的。

③滴头流量要均匀，如不均匀会造成作物生长不齐，甚至会产生危害，滴头流量的均匀系数应达0.95以上。

④滴头要求抗堵塞性强，安装拆卸方便，容易清洗。

⑤过滤装置效果要好，应不易出现阻滞液流的状况，清洗要方便。

滴灌系统的使用要求如下：

①要使用较高纯度的肥料，避免使用有不溶性杂质的原料配成的营养液。

②营养液池和罐要经常清除杂质和沉淀物。

③要定期检查滴灌系统运行情况，避免滴头堵塞和流量不均，及时清理过滤器，以利于水流畅通。一般每隔3～5 d用清水彻底冲洗一次滴灌系统。如果是带水阻管的小段滴头堵塞可用针通；如是发丝管类滴头堵塞，要拔下来用酸清洗，严重堵塞则弃之不用。

④如用人工开闭阀供液的，在未供完液前，看守人不能离开岗位，以免供液过量。

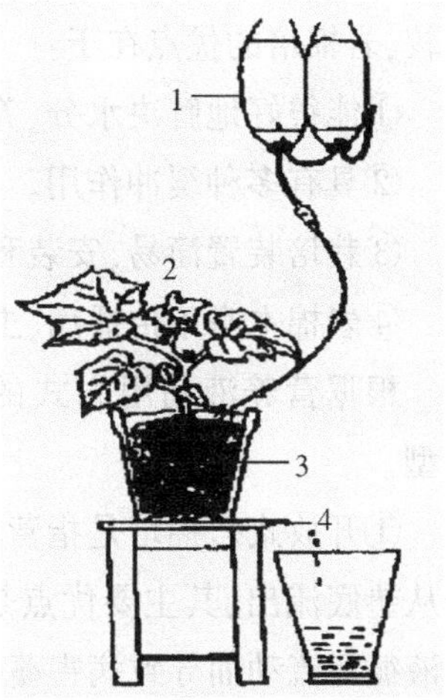

图6.17　吊针式基质栽培

1—营养液；2—秧苗；3—沙粒及砾石；4—回收液桶

1.6　家庭简易基质培设施

图6.17至图6.19是几种家庭简易基质培设施，管理方便，经济实用。

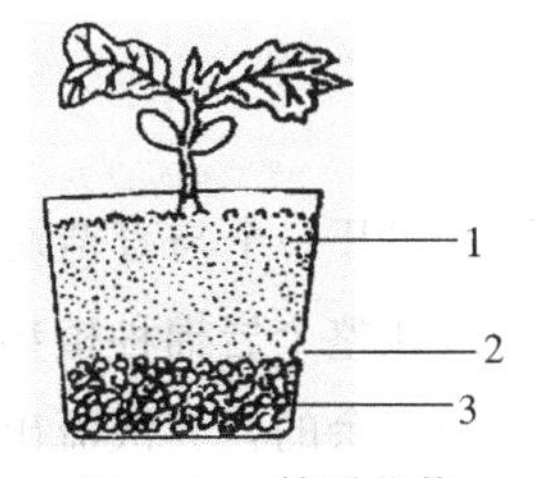

图6.18　基质盆栽

1—基质；2—孔；3—炉渣

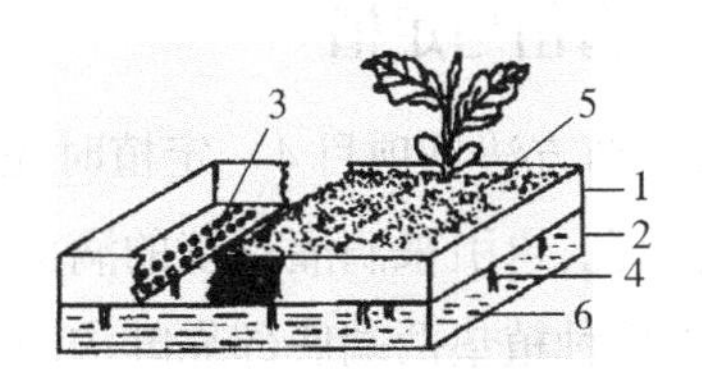

图6.19　双层栽培盘

1—上层盘；2—下层盘；3—上盘底孔；4—毛细管引液装置；5—基质；6—营养液

任务2　一般基质培技术

2.1　岩棉培

岩棉培是目前世界上无土栽培中面积最广的一种栽培形式。与其他基质培及水培相比较,岩棉培的优点在于:

①能很好地解决水分、养分和氧气的供应。

②具有多种缓冲作用。

③栽培装置简易,安装和使用方便。

④岩棉本身不传播病、虫、草害。

根据营养液利用方式的不同,岩棉培可分为开放式岩棉培和循环式岩棉培两种类型。

①开放式岩棉培是指营养液通过滴灌系统滴入岩棉种植垫内,不循环利用,多余的部分从垫底流出,其主要优点是设施结构简单,安装容易,造价便宜,管理方便,不存在因营养液循环流动而导致病害蔓延的危险。在土传病害多发地区,开放式岩棉培是很有成效的一种栽培方式。主要缺点是营养液消耗较多,多余的营养液不回收处理会对外界环境造成一定程度的污染。

②循环式岩棉培是为克服开放式岩棉培的缺点而设计的,即营养液被滴灌到岩棉中后,多余的营养液不是排除掉,而是通过管道流回贮液池,供循环使用,但设计复杂,成本高,容易传播根际病害。这里主要介绍开放式岩棉培管理技术。

2.1.1　育苗与定植

岩棉块育苗方法见项目4。定植时先将岩棉垫上面的包膜切开一个与育苗块底面积相吻合的定植孔,再引来滴灌系统的滴头管于其上,滴入营养液让整个岩棉种植垫吸足营养液,再在岩棉种植垫两端底部靠畦沟的一边戳出几个小孔,使多余的营养液流出。然后将带苗的岩棉育苗块置于岩棉垫的定植孔位置,将滴头管的滴头设于育苗块之上,使营养液滴到育苗块中再流到岩棉垫中去(图6.9)。待根伸入种植垫后,再将滴头移到种植垫上,使营养液直接滴到种植垫,至此定植结束,以后按需供液。

2.1.2　营养液管理

要均衡、充足地供液,需要根据每株植物所占有的基质体积、空气温、湿度的变化、太阳辐射的强弱以及作物的长势情况来综合确定营养液的浓度、供液量及供液时期等,没有

必要绝对精确，但有必要相对准确。

(1)供液浓度的确定

营养液配方的调整见项目2任务1。对于按照日本山崎配方配制的营养液来说，植物同步吸收其中的水分和养分，即吸收单位体积的营养液时，其所含的养分也同时被吸收了，理论上营养液的浓度不会发生变化。因此，如果使用山崎配方的营养液，只需将其浓度控制在1个剂量即可。使用其他营养液配方，其营养液浓度的调整可以参照日本山崎配方的营养液浓度来调整。如番茄园试配方的营养液浓度比山崎配方高1倍左右，应用时只需1/2剂量即可。但是，在实际生产中由于受气候和植物生长进程的影响，植物对水肥的吸收不一定同步。如在高温低湿、植株较大时，植物吸水多、吸肥少，此时供液浓度应较低；反之，当低温高湿、植株较小时，植物吸肥多、吸水少，此时供液浓度应高些。所以，应根据实际情况来控制供液浓度。一般认为，供液电导率不低于0.6～1.0 mS/cm，最高不超过2.2～2.5 mS/cm，对多数作物来说是安全的。

(2)供液量的确定

供液量主要取决于基质的持水量、每株植物占有的基质体积、需水量、太阳辐射的强弱。季节不同，供液量差异也较大。

农用岩棉的最大持水量为其体积的80%左右，由于重力作用，岩棉下层的含水量高，上层低。生产上多将岩棉的适宜含水量确定为60%、上层为40%、中间60%、下层为80%，表层的含水量适当低一些对蔬菜生长无害，因为大部分根系分布在基质的中下层，这样就可以解决基质内的水气矛盾。只要岩棉不是太干燥，岩棉的含水量变化并不会影响植物对水分的吸收，植物从其中也容易吸水。由此可见，生长于岩棉中的植物几乎不存在水分危机。但生产者在管理过程中要处理好岩棉持水量与通气能力的关系。因为植物在受到干旱危害时一般不会表现出明显的迹象，但一旦出现受害症状再采取措施，往往为时已晚，因此，要密切注意植物根际环境的变化。

植物的需水量可参阅相关科研资料的数据，但因其受植物的种类、生育期和光照、温度、湿度等环境因素的影响，实际栽培时需根据自己检测的结果来确定。

供液量可用张力计法测定基质的持水量或根据经验估计植株的耗水量来确定。张力计法是在一个温室或大棚中选取5～7个点，在每个点的岩棉垫的上、中、下三层中各安装3支张力计，当植株蒸腾失水后，基质中的水分减少，张力计发生变化。假设每株番茄占有6.7 L岩棉基质的持水量为其体积的60%时为安全持水量，则每株番茄占有的液量应为4.2 L。岩棉基质的持水量经常保持这个水平，就可视为水分供应正常。一旦张力计显示岩棉种植垫内的水分含量降低了10%以上时(即基质含水量为50%以下)，就要开始供液。要恢复到60%含水量，则每株番茄还需要供水0.67 L，如果选用的滴头流量为4 L/h，则需灌溉10 min。根据经验估计植株的耗水量是指以前人数据(如番茄的旺盛生长期每株每天耗水量为1～2 L，黄瓜为1 L，甜瓜为0.5 L，草莓0.04 L)或自己测定的耗水量数据为基础,适当增大供水量的管理方法。这样的供水量可能会超过作物实际的需水量,但经实践证明其主要的问题只是排出的营养液较多,增加了生产成本而已,对植物生长无不良影响,而管理起来十分简便。

岩棉培往往由于种植时间长,营养液中的副成分残留于基质中,或使用配方的剂量较大,造成岩棉种植垫内盐分的聚积,危害作物的生长。因此,每周应检测几次岩棉垫里营养液的 γ 值。γ 值控制在 2.5 ~3.0 mS/cm,当超过 3.5 mS/cm 时,应该停止供液,而滴入较多清水,洗去过多的盐分。当 γ 值降至接近清水时,再重新滴灌供液。为了避免清水洗盐过程中植株出现“饥饿”现象,最好用稀营养液洗盐,浓度为 1/4 ~ 1/2 剂量。

(3)供液次数与供液时间

为了使岩棉较长时间处于理想的含水状态,供液时间要短,供液次数要多。以 Grogen 岩棉为例,每天通常需要供液 20 次左右,供液次数主要取决于植物生长所处的环境。如果天气炎热、阳光充足或环境的空气干燥,植物需水多,要多供液。如果多云、阴天或空气湿度大,植物蒸腾速率低,供液次数可降至每天 5 次,有时甚至每天 1 次。

每次的供液时间取决于排出液的数量。每次排出的多余营养液应为供液总量的 20% 左右,这样就可以保持岩棉种植垫适宜的 γ 值,在管理过程中还要根据植物蒸腾的具体情况加以调整。

(4)pH 值与 γ 值调整

虽然岩棉具有一定的缓冲性,但岩棉种植垫中营养液的 pH 值和 γ 值很容易发生变化。因此,取样检测 pH 值与 γ 值的次数要尽可能多,通常每天早晨取样 1 次,检测后及时调整营养液。一个有经验的管理者应该对每天植物所消耗的营养液的量、岩棉种植垫的 pH 值和 γ 值的变化程度能够做出预测,并能根据预测有准备地管理营养液。

2.1.3 岩棉种植垫的再利用

国外试验证明岩棉垫可使用 1.5 ~2 年,超过此使用年限,岩棉垫变得紧实并已解体,通气性下降,植物产量会下降,这就要淘汰岩棉垫。岩棉垫再利用时,通常对其进行消毒处理后才能再利用,如果轮作,也可不经消毒直接再利用。药剂消毒效果较差,一般多用蒸汽消毒方法,消毒效果好,但成本较高。具体的蒸汽消毒方法是用篓子将岩棉种植垫装住,并叠起来高度不超过 1.5 m,在蒸汽温度 70 ℃下,裸露的岩棉消毒 2 h,包裹的岩棉消毒 5 h 能够杀灭大多数病菌,对黄瓜病毒等则需 100 ℃才能将其杀死。由于消毒费用太高,近年已研制一种低密度的、廉价的、一次性使用的岩棉供科研生产使用。

2.2 珍珠岩培

珍珠岩培即只用珍珠岩作为栽培基质。珍珠岩培的方式很多,槽培、箱培、袋培都

可以,这里仅以袋培为例加以介绍。开放供液式珍珠岩袋培的特点是对珍珠岩的级别没有要求,设施系统安装和移动简便,成本低,通过“启动控制盘”实现供液的自动控制,节省劳力,降低了病害传播蔓延的危险。其缺点是每栽培2~3茬需要更换一次基质。

2.2.1 栽培袋及摆放

栽培袋自制成筒式或枕头式栽培袋,外白里黑。其制作方法见本项目任务1。在温室的整个地面上铺上乳白色或白色朝外的黑白双色塑料薄膜,以便将栽培袋与土壤隔开。栽培袋每两行为一组摆放,每排都向一侧倾斜,以利于排液。有时也可单行摆放,此时栽培时让蔬菜或花卉茎蔓向栽培行左右两侧伸展。由于此类栽培的植株通常较高大,栽培袋相应变大些。摆放栽培袋的位置沿行方向铺红砖或水泥砖,两行砖之间留出5~10 cm的距离,作为排液沟,两行砖都向排液沟方向倾斜。在栽培袋底部划开排液口,以防过多的营养液积累,损伤根系。

为防止低温对作物生长发育的不良影响,除采用正常的加温方法预防外,还可以将栽培袋安装在低矮的支架上,距离地面5~8 cm,这样可以减轻地面低温对栽培袋的影响。栽培袋预先装填珍珠岩。重复使用的珍珠岩必须经过消毒处理,这是因为基质中有上一茬植物的残根及其他有机物,容易诱发病害。

2.2.2 育苗与定植

对于珍珠岩培系统来讲,可采用穴盘或平底育苗盘育苗,有些作物如黄瓜也可在袋内直接播种,这样可节省育苗费用。定植时将幼苗根系完全埋入珍珠岩中,这是因为珍珠岩的吸水力很强,如果根系暴露在外面,会因珍珠岩的毛细管作用,造成这部分暴露的根系因周围水分被抽干而受伤。每个栽培袋定植2株,定植后立即供液。

2.2.3 营养液管理

(1)水质

配制营养液前先分析水质,确定水的硬度,如果水源的钙离子含量较高,可适当降低营养液中硝酸钙的用量,以防止钙离子沉淀而堵塞滴头。但要注意在栽培过程中进行叶片诊断,检测营养液配方是否适宜,以及蔬菜是否表现出了缺素症。以番茄为例,可从最新形成的功能叶(从顶端向下的第6片叶)上取样,榨取叶片(包括叶柄)的汁液来检测氮、钾含量。

(2)供液系统

供液系统应安装有抑制回流装置,并能确保温室不同位置供液的一致性。如果当地水质较硬,而滴头孔径过小,则容易堵塞,这就要求滴头的孔径最少不能小于1.27 mm。

供液时,从滴头流出的营养液应该呈连续的液流状,在供液量一定的情况下,最好采用最快的速度,在短时间内完成供液。在供液管道的末端应安装阀门,每周打开一次,以排放出可能堵塞管道的沉淀物。此外,应经常清洗安装在供液主管上的过滤器。

(3)供液方式

营养液的管理参见岩棉培。在先进的珍珠岩栽培系统中,供液时间由启动控制盘自动控制。其工作原理是:将盛装有珍珠岩的袋子底部割开,平放在长托盘上,多余的营养液可以经长托盘汇集到一个小的营养液收集箱中,在收集箱中有一个探针,当收集箱的营养液达到一定的深度,说明珍珠岩袋中的多余营养液已经排出,此时探针接触到液面,启动控制盘发出指令,启动供液系统上的电磁阀,开始一个供液过程,通常供液 2 ~3 min,同时营养液收集箱中的积液被排掉,开始一个新的感应过程。

目前,在许多珍珠岩栽培系统中是采用肥料注入泵进行非循环式供液。肥料配制成浓缩 100 倍的浓缩液,贮液罐、水源都与注入泵相连,注入泵按比例吸收水分和肥料,混合均匀后流入供液管道。这种供液系统结构简单,生产者只需检测肥、水的混合比例是否正确,酸碱度是否适宜就可以了。

供液频率和供液时间应根据季节和作物种类来设定。通常情况下,一株成龄番茄植株在冬季每天的营养液消耗量为 1 ~1.5 L,夏季是 1.5 ~2.5 L。供液的基本原则是掌握有 10% ~15% 的营养液被排出,这样可以防止基质积盐。阴天作物生长缓慢,供液次数和供液量应相应降低,但不能停止。

供液状况监测方法是:可在多余的滴头处放置一个量杯,用以检测每天的供液量,也可在温室中放置多个量杯,如果各个量杯每天的营养液收集量的差异超过 15%,就说明供液系统出了问题。在采用这种检测方式时,要确保伸入量杯的水阻管的管径、长度与给植株供液的水阻管一致。水阻管不能伸入量杯的液面之下,否则在停止供液时会将已经流到量杯中的营养液吸回去,使检测工作前功尽弃。另外,每天随机抽查 6 个栽培袋,捏住栽培袋的一角,将其提起,感觉其重量,如果栽培袋很轻,说明供液不足或滴头已经堵塞。

另外,每天做好操作记录,实施科学有效的管理。主要记录项目包括:温室内外的最高、最低温度,加温燃料消耗量,量杯检测项目,营养液的 γ 值和 pH 值,排出的液量及 γ 值,供液量(主管道水表读数),光照强度,定期检测的作物汁液分析结果,单个滴头的供液速度和一致性,对营养液配方的调整情况等。

(4)基质内积盐的处理

珍珠岩中高的含盐量会损伤根系,阻碍根系吸收水分和营养。这些盐类主要是碳酸钙、碳酸镁、硫酸钙等。如果使用的营养液 γ 值是 1.0 mS/cm,基质的 γ 值可以达到 1.5 mS/cm,如果营养液的 γ 值是 2.0 mS/cm,则基质的 γ 值应为 2.5 ~2.8 mS/cm。栽培过程中,如果基质的 γ 值持续攀升,应该采取措施进行矫正。通过调整启动控制盘,延长

供液时间或增加供液次数，以增加供液总量，此时应该做到的是既要保证植株所需的营养液量，又要保证有足够的排液量。也可进行清水洗盐，方法同岩棉培。如果能保持基质的 γ 值略高出营养液 γ 值，那就是最理想的结果。

2.2.4　设施清理、消毒与基质再利用

蔬菜珍珠岩培时，在结束一茬蔬菜栽培前，要关闭供液系统，让蔬菜将珍珠岩中的水分吸干，4～6 d后蔬菜开始萎蔫，此时即可将蔬菜残枝败叶完全清理到温室外，如果再不及时清理，蔬菜茎叶变脆，就不易清理干净了。供液系统清洗时可用1%稀酸液流经供液系统，以溶解水垢和肥料沉淀物，然后用清水冲洗管道。

珍珠岩可以重复使用3个生长季，在定植下一茬蔬菜前应对其理化性质进行检测，以分析其适用性，并进行消毒。重复使用的珍珠岩要特别注意防止病害流行。也可将珍珠岩用于配制复合基质，或干脆将其作为土壤改良物质使用。

2.3　砾培与砂培

2.3.1　砾培

砾培是无土栽培初期阶段（第二次世界大战到20世纪60年代）的主要形式。特点是营养液循环使用，水分、养分利用经济，但是砾石运输、清洁、消毒工作繁重，逐步被其他方式取代。然而在火山岩等砾石资源丰富的地区仍然是一种有效简单的方式。

砾石培是一个封闭循环系统，以直径3 mm的砾石作基质。主要设施由栽培槽、排液装置、贮液罐、水泵、转换式供水阀和管道等组成。按灌液方式可分为两种系统。美国系统的特点是营养液从底部进入栽培槽，再回流到贮液罐中，营养液在一个封闭系统内通过电泵强制循环供液。荷兰系统采用营养液悬空落入栽培槽，在栽培槽末端底部设有营养液流出口，直径为注入管口径的一半，整个循环系统形成一个节流状态。经流出口流入贮液罐的营养液与注入口一样悬空自由落入，使营养液溶氧量提高。营养液用电泵打入注入口循环使用。一般比较标准的砾石（容重在1.5g/cm^{3}左右，总空隙度在40%，持水率在7%左右），白天每隔3～4 h灌排液1次。如果基质总空隙度在50%左右，持水率在13%左右时，则可每隔5～6 h灌排液1次。定植初期允许灌入营养液后保留1～2 h后排出，利于缓苗。

2.3.2　砂培

1969年由美国开发的使用砂子作为基质的一种开放式无土栽培系统。可以看做是砾培的一种，但是沙子粒径比砾石小，且保水性比砾培高。砂培系统的特征是沙粒基质保湿能力强，既能满足作物生长需要，又能很好的排水。但是如果砂子粒径过小，湿度过大，

在营养液不能循环流动时,导致溶氧量减少,通气不良。沙漠和半沙漠地区砂子资源极其丰富,不需从外地运入,价格低廉,砂子不需每隔 1 ~2 年进行一次更换。因此,砂培适于沙漠和半沙漠地区进行无土栽培生产。砂培的主要设施有栽培槽,固定式栽培槽为“V”字形或倒“V”字形槽,用砖和水泥砌成,底部有 1∶400 的坡降以利于排水,排液管设置在槽的底部最低处。全地面砂培床是在整个温室地面上全部铺上 30 cm 的砂子,做成栽培床,床底做成 1∶200 的坡降,底部铺两层黑色聚乙烯薄膜,薄膜上按 1.5 ~2.0 m 间隔,平行排列排液管,排液管孔朝下,排出的营养液流到室外的贮液池中;供液系统为滴灌系统。每天滴灌 2 ~5 次,每周应对排出液中的盐总量测定 2 次(电导率仪),如盐总量超过 2 000 mg/L 时,应该用清水灌溉数天,直至排出液盐浓度低于营养液浓度后重新灌溉营养液。

2.4 复合基质培

前面介绍的两种栽培方式是利用单一基质进行无土栽培。生产实践中更多采用的是复合基质培。复合基质一般以有机基质为主要组成成分,生产上常用草炭、珍珠岩、沙、蛭石等按一定比例混合而成。基质配比与混配方法见项目 2 任务 2。复合基质培可通过袋培、槽培、箱(盆)培和立体栽培形式进行作物生产。其中,复合基质槽培符合我国的国情,是目前我国应用最广的一种基质栽培方式。

2.4.1 复合基质培特点

复合基质的优点是:基质缓冲性相对较好,投资少,技术简单,容易掌握,适于栽培大多数作物。缺点是:基质中容易聚集有害微生物,使用前必须进行彻底消毒;基质中容易积累盐分,必须及时浇水洗盐。

2.4.2 复合基质培的栽培管理要点

①定植密度根据蔬菜种类而定,一般以栽培大株型植物为主,这样空间利用率高。

②多采用穴盘育苗方式,基质可为草炭和蛭石混配的复合基质,也可用岩棉小块育苗。

③选择营养液配方时要根据所选用的基质种类及其所含的养分状况加以适当调整。例如,当基质中含有一定比例的草炭时,营养液中微量元素可以不加或少加。同时,可用铵态氮或酰胺态氮代替硝态氮配制营养液,这样可大幅度降低成本。

④混合后的基质不宜久放,应立即装填使用。因为基质久放后一些有效营养成分会流失,基质的 pH 值和 γ 值也会有变化。基质在使用前或重复利用时要消毒,装填入栽培设施后浇水,基质会沉降,这时要再补充一些基质。

⑤复合基质可加入一定量的肥料,一般用固态长效肥。尤其是在基质经多茬栽培后,基质本身所含养分消耗殆尽,更应预先混入肥料。例如:草炭 0.4 m^3,炉渣 0.6 m^3,硝酸钾

1.0 kg，蛭石复合肥1.0 kg，消毒鸡粪10.0 kg。即便如此，也应采用适宜的配方，并加强营养液管理，这样才能取得高产、优质的栽培效果，基质的使用寿命也能延长。

⑥复合基质在使用前必须测定其盐分含量，以确定该基质是否会产生盐害。可用电导率仪测定基质的γ值来检测盐分含量。

⑦供液系统使用前或在换茬阶段进行消毒。消毒方法参照项目5任务2 DFT水培技术。

⑧供液均匀、及时。每天应供液1～2次，高温季节和作物生长旺盛期每天可供液2次以上。经常检查循环供液系统的运行状况，防止管道堵塞。注意预防基质积盐，如果基质的γ值超过3.0 mS/cm，就要停止供液，而改供清水，用水洗盐。

2.5　立体基质培

目前，立体基质培形式主要有柱状栽培、吊袋式栽培、吊槽式、盆钵垛叠式，此外还有插管式、墙式等，其共同点是在立体栽培的柱、袋、槽、盆钵、插管内装轻型基质，滴灌供液，一般以开放式供液为主；在栽培管理过程中防止立体栽培设施倾斜、倒塌和出现不正常的渗漏，而且要定期通过滴灌系统浇清水清洗基质表面吸附、沉积的无机盐，以免形成盐霜而毒害根系。一般1个月清洗1次，夏季高温季节需要半个月清洗1次。其他与平面基质培管理相同。以下介绍各种立体基质培的设施建造。

2.5.1　柱状栽培

栽培柱采用石棉水泥管或硬质塑料管，在管的四周按螺旋位置开孔，植株种植在装填孔基质的孔穴中。也可采用由若干个短的模型管构成的专用无土栽培柱。每一个模型管上有几个突出的杯状物，用来种植植物(图6.20)。一般采取底部供液或上部供液的开放式滴灌供液方式。

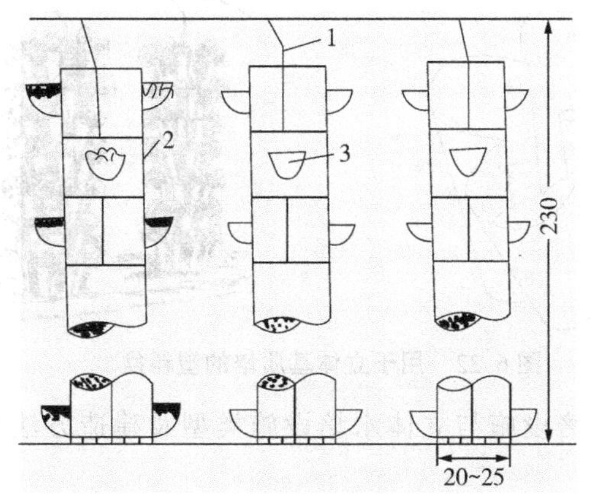

图6.20　柱状栽培示意图(单位：cm)

1—滴灌管线；2—水泥管；3—种植孔

2.5.2 吊袋式栽培

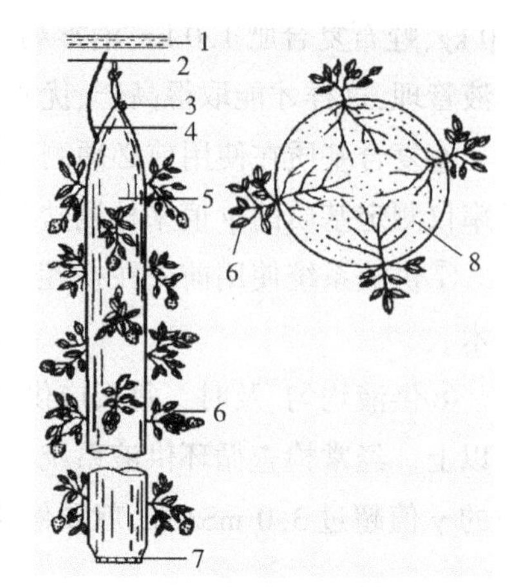

图 6.21 吊袋式立体栽培示意图

1—供液管;2—挂钩;3—扎紧的袋口;4—滴灌管;5—种植袋;6—作物;7—排液口;8—基质

吊袋式栽培是柱状栽培的简化。这种装置除了用聚乙烯袋代替硬管外,其他都相同。栽培袋采用 ϕ15 cm、厚 0.15 mm 的聚乙烯筒膜,长度一般为 2 m,底端结紧以防基质落下,从上端装入基质成为香肠的形状,上端结扎,然后悬挂在温室中,袋子的周围开一些 ϕ2.5 ~ 5 cm 的孔,用以种植植物(图 6.21)。栽培袋在行内彼此间的距离约为 80 cm,行间距离为 1.2 m。水和养分的供应是用安装在每一个袋顶部的滴灌系统进行的,营养液从顶部灌入,通过整个栽培袋向下渗透。营养液不循环利用,从顶端渗透到袋的底部,即从排水孔中排出。每月要用清水洗盐 1 次,以清除可能集结的盐分。

2.5.3 盆钵垛叠式立体基质培

盆钵垛叠式栽培设施由贮液池、平面 DFT 或浮板水培种植槽(立体水培时)、供液系统、回流系统和塑料盆钵上下垛叠而成的立柱构成,盆钵垛叠式立体基质培的专用塑料盆钵为五瓣体梅花状(图 6.22),盆钵的深度 15 ~ 20 cm,直径 40 cm,盆的中央有一个直径为 5 cm、用于插入固定柱的中心孔,在盆底和 1/2 盆高的盆壁处有小孔,溢液或通气用。

盆钵垛叠式立体基质培采取顶部小管束流式循环供液或滴灌式开放供液方式见图 6.22。

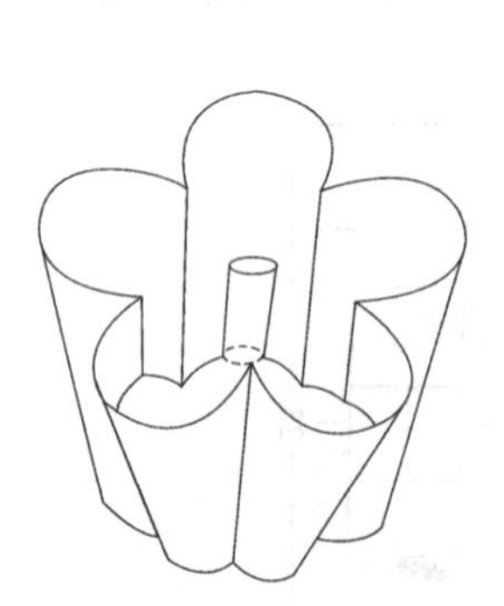

图 6.22 用于立体基质培的塑料盆

盆钵垛叠式立体基质培设施与立体水培设施类型及建造方法基本相似(参照项目 5)。不同之处有以下 5 点。

①每排盆钵式立柱的间距 80 ~ 120 cm,相邻两排立柱间距 50 ~ 80 cm,作过道用。立柱所在的地面位置一般不建水培槽,只是做成坡降 0.5% ~ 1% 的排液浅沟。

②固定柱预埋于地下水泥墩里。

③塑料盆钵需要装填基质后再组装栽培立柱。

④盆钵式立柱的最底部安装塑料转盘,因此立柱可以旋转。

⑤选择滴灌供液时,毛管一端与横走于每排立柱的供液支管相连,另一端自转盘底或从上穿入立柱中心的空腔,在上下盆钵垛叠的间隙处,连接一个个横走的滴头管,对每个盆钵进行滴灌供液。多余营养液自上而下通过各栽培盆底的小孔依次渗流至地面,最后汇流至排液沟,并排出棚室外。此种供液方式较小管束流更利于定量供应营养液,缺点是在管理过程中由于经常转动盆钵,滴头管容易刮落,安装困难。

2.5.4　插管式立柱栽培

插管式立柱栽培也称泡沫立柱栽培或复合基质插管式泡沫塑料立柱栽培,具有运行费用低、营养液循环流畅的特点。由于插管空间小,存放基质少,因此插管式立柱栽培主要用来栽植生长周期短的植物品种。其栽培设施由立柱、插管和 DFT 栽培槽 3 部分组成(图 6.23)。其立柱结构是先用海绵将粗大实心的聚苯乙烯泡沫塑料方柱(中心柱)包裹,而后在外面包裹裁切好的无纺布,然后在外面安装 4 块已打好 2 排定植孔的泡沫侧壁板,将来在侧壁板的定植孔上安插插管,这样制作的栽培柱用铁丝箍住,竖立于平面栽培槽内。插管内装草炭与蛭石的复合基质[配比(1～1.5)：1],育好的苗预先定植于插管内。营养液自栽培柱的上方供液,最后注入平面栽培槽,与平面 DFT 水培相结合循环供液。

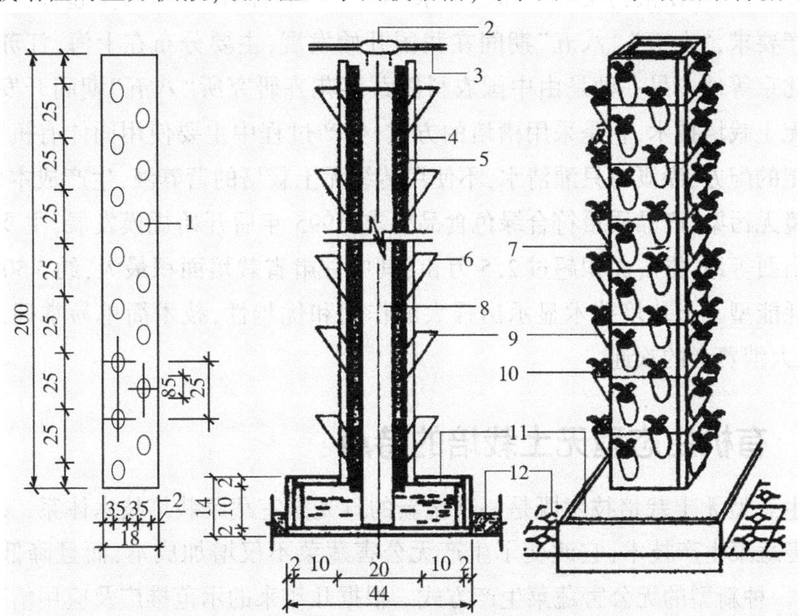

图 6.23　插管式立柱栽培的栽培柱及栽培槽结构示意图(单位:cm)

1—定植孔;2—滴灌盒;3—供液支管;4—泡沫塑料侧壁板;5—无纺布;6—海绵;
7—铁丝箍;8—中心柱;9—插管;10—基质;11—泡沫塑料栽培槽;12—水泥砖操作通道

近年来，随着科学技术的发展，插管式立柱栽培出现了一种新形式——墙式立体栽培，墙式立体栽培不仅有效扩大了插管式立柱栽培的应用范围，而且外形更加新颖美观，在农业旅游开发中应用非常广泛。

2.5.5 吊槽式基质培

在温室空间顺畦作方向吊挂木栽培槽。栽培槽长 3 m、宽 0.15 m、高 0.1 m，内装基质，滴灌供液。

任务 3 有机生态型无土栽培技术

有机生态无土栽培技术的发明与实践，是我国温室蔬菜生产的一次创新与革命，它开辟了温室生产绿色蔬菜产品的全新途径，是集节地、节水、节肥、增产、环保于一体的先进生产实用新技术，是我国现代农业发展最有效的实践，它不仅适用于各类蔬菜的栽培，而且还广泛应用在各种花卉栽培，草莓、葡萄等果树栽培领域，已在全国近 20 个省市推广应用，取得了良好的经济效益、社会效益和生态效益。

目前，世界上有两种无土栽培技术，一种是起源于 19 世纪中叶的无机耗能型无土栽培，它是采用槽培、袋培、水培等方式，生产过程中全部用化肥配制营养液，营养液循环过程中耗能多，灌溉排出液污染环境和地下水，生产出的食品硝酸盐含量超标，不符合绿色食品的生产要求，“七五”“八五”期间在我国开始发展，主要分布在上海、江苏、广东、山东、新疆、北京等地。另一种是由中国农科院蔬菜花卉研究所“八五”期间开发研制的有机生态型无土栽培技术，它是采用槽培的方式，生产过程中主要使用固体有机肥，适量添加无机化肥的配方，灌溉时只灌清水，不使用传统无土栽培的营养液，生产成本低，灌溉排出液对环境无污染，产品质量符合绿色食品要求，1995 年后开始规模发展，主要分布在甘肃、新疆、山西等地，推广面积超过 2.5 万亩，其中甘肃省栽培面积最大，约 5 500 亩，由于它比无机耗能型无土栽培技术显示出强大的作用和优越性，技术简单易掌握，可操作性强，受到广大消费者的欢迎。

3.1 有机生态型无土栽培的特点

有机生态型无土栽培技术既是一项全新的日光温室蔬菜栽培技术体系，又是一项真正的无公害蔬菜生产技术，它改变了生产无公害蔬菜不仅增加成本，而且降低产量的局面，开创了一种新型的无公害蔬菜生产方式。根据几年来的示范推广及应用情况，该项技术显示出巨大的优越性和以下特点。

(1)一次投资，多年受益

日光温室有机生态型无土栽培一次性投资主要为砖和滴灌，其次为炉渣、菇渣等部分

原料的购买和基质的配制，虽然基质和滴灌一次性投资较大，大约2 000元左右，但可以连续使用5年以上，每年只需添加少量的新料，消毒后即可应用，投资费用分摊到整个使用期，每年的投资仅400元左右，而该技术每年带来的经济效益、社会效益、生态效益达到投资的几倍甚至几十倍之多，实现了一年投资，多年受益的目的。

(2)克服土壤连作障碍，实现了蔬菜健身栽培

日光温室栽培过程中由于长期连作，病虫害发生日趋严重，一个生产周期亩均用药成本达1 000元之多，化肥用量在500 kg以上，而采用有机生态型无土栽培技术后，基质料严格消毒，并与土壤完全隔离，杜绝了土传病害侵染的源头，有效地控制了立枯病、根腐病、枯萎病、青枯病、疫病等五大毁灭性土传病害的发生，农药、化肥用量显著减少，经过几年时间的连续调查，有机生态型无土栽培技术示范温室亩均用药成本不足200元，肥料主要使用生态专用肥，成本与化肥的基本持平，但是有效地降低了蔬菜产品中硝酸盐的含量和其他有害物质的污染，产品质量显著提高，经质检、工商部门的抽样，产品无毒无害、品质优良，该技术实现了温室蔬菜的健身栽培。

(3)蔬菜生长快，上市提前

由于有机生态栽培基质疏松，理化性质良好，所含营养全面，生态环境优越，为蔬菜作物提供了良好的生长条件，植株生长速度加快，产品上市期提前。据调查，同类产品一般可比土壤栽培提前上市10～15 d。

(4)操作简便、管理方便

有机生态型无土栽培技术，因采用科学的有机、无机基质配比并施用有机专用肥，各种营养齐全，在管理上只需适时浇水和适量补充氮、磷、钾等大量营养成分，保持总量平衡即可，技术简单、易学、可操作性强，同时，除第一次配制基质料之外，今后每茬作物收获后只需添加少量有机成分，消毒后即可应用，简化了栽培管理过程，省去了翻地、晒地、起垄、除草等许多费工费时的工序，缓解了7—9月份与大田种植争夺劳动力的矛盾。

(5)不受地域限制，有利生态环保

有机生态型无土栽培除在良好的耕地上实施外，还可在盐碱地、荒滩等地组织生产，不受地域条件限制，生产过程中使用大量的农作物秸秆、畜禽粪便，提高了生态资源的转化利用，美化净化了环境，促进了生态良性循环，同时该技术的实施，实现了各种有利因素的优势互补，经科学管理不仅能获得高产，而且对化肥、农药能够进行科学选择和严格控制，生产过程中几乎没有有害物质排放、污染和残留，符合无公害农产品生产标准，符合现代农业和生态农业发展的要求。

3.2 有机生态型无土栽培的设计与建造

3.2.1 栽培槽的设计

有机生态型无土栽培主要以槽培的方式组织生产，其形式有地上式砖槽、半地下式和地下式土槽栽培 3 种形式，各地应本着“实用、适用、简便、易操作”的原则，结合当地的实际情况选择槽形结构。

(1) 地上式砖槽

以温室地平面为准，在地面上采用红砖建造，槽内径为 48 cm、高 20 cm(4 层砖)，槽长依温室宽度而定，栽培槽南北方向延伸，槽底南低北高，槽底倾斜度为 2 ~ 5°，槽间距 90 cm，这种槽形适合各种作物栽培，该槽形建造成本较高，但观摩效果较好。其缺点是该槽内基质温度不稳定，晴天中午基质温度较高，比地下式栽培基质温度平均高出 3 ~ 4 ℃，阴天基质温度偏低，一般比地下式栽培基质温度平均低 2 ~ 3 ℃。

(2) 半地下式栽培槽

以温室地平面为准，向下挖槽深 10 cm，槽内径宽 50 cm，地面码 2 层红砖，槽间距 90 cm，槽长依温室宽度而定，栽培槽南北方向延伸，槽底南低北高，槽底倾斜度为 2 ~ 5°，这种槽形适合各种作物栽培，其特点界于砖槽和地下式两者之间。

(3) 地下式栽培槽

以温室地平面为准，向下挖槽深 25 ~ 30 cm，槽内径宽 50 cm，栽培槽槽边压一层砖、槽长依温室宽度而定，槽间距 80 cm，栽培槽南北方向延伸，槽底南低北高，槽底倾斜度为 2 ~ 5°，这种槽形适合各种作物栽培，栽培槽内的基质温度比较稳定，尤其在冬春季节，日照缩短，外界温度较低的情况下，这种槽形栽培的蔬菜作物生长良好，而且栽培槽生产成本较低，容易被生产者接受。

不论哪一种栽培槽，要求槽底平整，槽底北高南低，中部做成 10×10 cm 的“U”形小槽，按尺寸用 0.1 mm 厚的新棚膜或双层地膜铺设槽内，与土壤隔离，“U”形小槽内填入粗炉渣或瓜子石，用双层编织袋铺设其上，再装入栽培基质进行生产。为防止灌水过多沤根，可在每槽南端各建一个比栽培槽略深的排水坑(约深 50 cm)，用硬型塑管接入槽内，排出多余水分，栽培结构如图 6.24 所示。

3.2.2 供水系统建造

供水系统的科学建造，将对基质无土栽培起到至关重要的作用，通常人们认为温室具备自来水基础设施或建水位差 1.5 m 高蓄水池建成供水系统可以满足供水，但实际上不是这样的，虽然具备上述供水系统，能够减小耗能，但是在浇水时因距离的远近不同而出

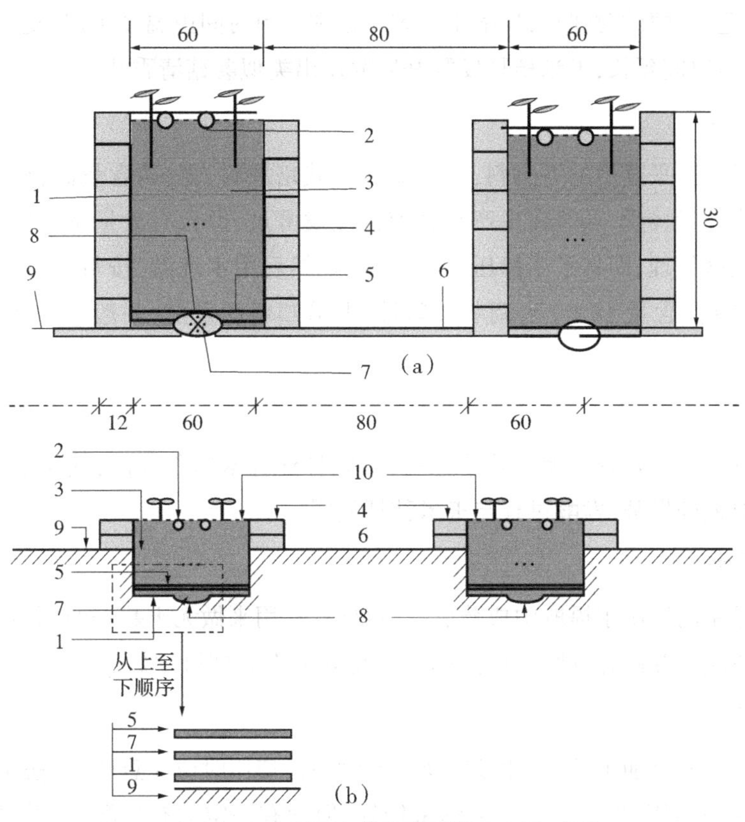

图6.24　有机生态型无土栽培基质槽示意图(单位:cm)

(a)地上式　(b)半地下式

1—棚膜;2—滴灌;3—栽培料;4—青(红)砖;5—编织袋;6—走道;

7—瓜子石;8—U形槽(5 cm深、10 cm宽);9—地面

现供水不均匀的现象,从而形成作物生长上的差异,导致产量和品质的下降。科学的供水系统为在温室内西侧建造一个半地下式蓄水池,上面盖上木板和棚膜,保持水温与室内温度一致,然后安装滴灌设施,每个栽培槽铺设2根滴灌带,靠近作物根部,每次浇水时用水泵加压,不仅能够达到浇水均匀,而且缩短了浇水时间。

3.2.3　基质的应用种类

(1)玉米秸秆

玉米秸秆为农产品废弃物,将其粉碎后经发酵处理便可用于有机生态型无土栽培,通常玉米秸秆粉碎后3 m^3 原料能发酵成1 m^3 栽培料,生产成本低廉、原料充足,现已发展成为主要的原料之一,使用前处理方法:将玉米秸秆晒干用3刀头铡草机铡成1~1.5 cm长的碎粒,用水洒湿(使含水量在80%以上),然后每 m^3 原料中加入1.5 kg尿素,拌匀后堆成1.5 m高、3~4 m宽的堆,上盖一层塑料膜保湿、提温进行发酵,10 d后进行翻料,以后每隔7~10 d翻一次,每次翻料时观察料的干湿性,干时适当补充水分;通常料的湿度偏小时,料呈灰白色,发酵的时间长,发酵不均匀。正常发料时间由温度决定,夏天一般为30 d左右,其他季节时间延长,玉米秸秆发酵好后散发出类似蘑菇清香味。

(2)蘑菇渣

蘑菇渣是生产平菇后的下脚料,用它做无土栽培原料,氮、磷含量高,理化性较好,容易推广和被生产者接受,虽然在生产平菇前已经发酵过,但含有大量菌丝体等,使用前必须经过二次发酵处理,即将平菇棒压碎去掉塑料,然后用水浇湿,按每立方米基质中加入2.5 kg过磷酸钙(含量18%)来调节酸碱性,上盖塑料膜发酵,一般15 ~20 d天可以发酵好。

(3)向日葵秆

向日葵秆是一种较好的无土栽培原料,因向日葵秆木质程度高,使用前用车压一次,然后用铡草机铡碎发酵,发酵过程与玉米秸秆相同。

(4)中药渣

中药渣是中药厂用于提取中成药后的植物残渣,用来做无土栽培的原料效果较好,使用前将中药渣晒干并铡碎,洒水进行发酵,一般40 d左右即可发好。

(5)锯末

锯末来源于木材加工,原料比较广泛、价格便宜,使用时应注意树种,松树类锯末因含有松节油而一般不用,生产中以杨树锯末较好,但含有一定的有机酸、酚类、单宁等物质,对作物有一定的毒害作用,使用前必须经过高温发酵处理,锯末发酵时间较长,比其他料提前一个月进行发酵。

(6)炉渣

炉渣是锅炉烧煤后的残渣,来源广泛、便宜,是无土栽培重要原料之一,但炉渣容重较大,约700 kg/m^3,pH值大,经水洗后pH值约6.8,炉渣因颗粒大小不一,使用前必须过筛,一般用0.5 cm×0.5 cm孔的筛子较为理想,烟囱灰偏细不能使用,炉渣不能单独做基质,使用时与其他基质混合,在混合基质中的用量以40%为宜。

(7)沙

沙是一种惰性基质,没有阳离子代换量,容重为1.5 ~1.8 g/cm^3,具有易于排水、透气特点,但不易保存水和养分。作为栽培基质的沙,不能是石灰质的,石灰质的沙会影响基质的酸碱性,还会使一些养分失效,基质中选用粒径以0.01 ~0.5 mm为宜,混合基质中沙的用量不超过30%。

3.2.4 基质的混合

有机生态型无土栽培的基质原料资源丰富易得,处理加工简便,原料有无机原料和有机原料之分,每种原料都有其自身特点,有些容重较大,如沙、炉渣等,有些较小,如有机原

料,有的pH值偏高,有的偏低,有的基质分解快,有的则不分解,而多种基质混合使用能够达到优缺点互补,降低基质的容重,增加孔隙度,改善基质的理化性。通常基质的混合使用以2~3种为宜,混合后的基质容重大约在0.3~0.65 g/cm^3,每m^3基质可供净栽面积5 m^2,厚度20 cm。比较好的栽培基质应适用于各种作物,而不能仅限用于某一种作物。

3.2.5　基质的配方比例

有机生态型无土栽培的基质配方,因各地条件不尽相同,推广应用的原料类型较多,配方多样,但大多数基质配方只适应于南方地区。甘肃酒泉在引进该项技术后,从2000年开始,利用本地丰富的玉米秆、畜禽粪便和炉渣等原料,在国内现有基质配方的基础上,进行不同蔬菜品种多种基质配方试验、示范,选择适合本地区及适用范围更加广泛的基质配方,几年来,经过近60项次的试验、示范,筛选出了与国内技术风格不同、适用范围极为广泛的有机生态型无土栽培基质配方,以有机、无机比6∶4最佳,有机成分中玉米秸秆、牛粪、菇渣比为1∶1∶1,无机成分中炉渣、河沙比为2∶1,这一基质配方适用于所有蔬菜栽培,已在当地及周边县市得到广泛推广应用。

3.3　发展前景

有机生态型无土栽培技术为我国首创,已在许多省市推广应用,甘肃、山西等地推广面积最大,并取得了良好的经济效益、社会效益和生态效益,为我国生产无公害蔬菜开辟了一条全新的途径。甘肃酒泉1999年引进有机生态型无土栽培技术以来,立足西北温室生产实际,在借鉴其他省市栽培技术的基础上,开展了广泛的试验研究,在栽培基质、栽培形式等领域进行了大胆创新和改进,总结出了适合当地乃至西北地区具有较高推广价值的基质配方和栽培槽形,增强了技术的可操作性,使该技术更加实际、实用。同时,有机生态型无土栽培技术的推广符合现代生态农业发展的要求,是设施蔬菜实现无公害生产的最有效途径之一,对提高日光温室整体生产水平,促进蔬菜产业提质增效和上档升级具有不可替代的作用。在适宜地区示范推广有机生态型无土栽培,则是由传统农业向现代农业转变的途径,有机生态型无土栽培由于其适应当前生态农业及绿色食品发展的需要,必将有广阔的发展前景。

3.4　有机生态无土育苗技术

无土育苗是指不用天然土壤,使用人工配制的适宜作物生长的基质进行育苗的技术,是国际上20世纪70年代发展起来的一项新的育苗技术,欧美、以色列等地的水培主要应用岩棉进行无土育苗,我国80年代中期引进,主要利用草炭、珍珠岩、蛭石等材料配制的专用基质进行穴盘育苗,育苗成本较高。甘肃酒泉1999年引进该项技术后,在育苗基质原料的选择、基质的配比上进行了专项研究,获得了具有区域特色和有推广价值的有机无土育苗基质配方，生产成本非常低，而且适宜所有蔬菜作物及各种花卉的育苗。

3.4.1 穴盘基质育苗的特点

穴盘无土育苗与土壤育苗相比，一是实现了育苗方式机械化、工厂化、集约化，减轻了劳动强度，提高了育苗效率，并且育苗时不再受季节的限制和环境的影响，实现了周年育苗；二是无土育苗基质由几种基质混合，具有良好的理化性质，它不仅为幼苗生长创造良好的根际环境，而且还缩短了苗龄，定植时不伤根，移栽成活率高，缓苗快，作物能够提前开花结果；另外，无土育苗除了机械化操作之外，还可以进行简易方式育苗，技术可操作性强。利用穴盘基质育苗技术还能实现以下技术效果：

(1)避病

无土育苗能有效地避免蔬菜苗期立枯、猝倒、根腐、沤根四大病害的危害。

(2)三个节省

节省劳力，节省种子，节省育苗面积。如美式穴盘每个占地面积仅 0.18 m^2，但是能育 50～200 株苗或更多，移栽时非常方便、省力。据测算，每亩地可育成 15 万株苗以上，并节省种子 3/5。

(3)两成

移栽时不伤根，成活率高；定植后生长快，产品成熟早。

(4)简单

技术操作简单，瓜类蔬菜育苗选用 50 孔穴盘，茄果类蔬菜选用 72 孔穴盘，穴盘可连续使用 10 次以上。

(5)成本低

育成移栽 1 亩地的苗木生产成本约 80～100 元，生产者均可接受。

3.4.2 穴盘基质育苗配套设施

(1)保护设施

穴盘基质规模化育苗一般都在温室设施中进行，如果采用简易无土育苗则比较灵活，室内室外均可进行，总的原则是在低温期育苗时，温室的极限低温不低于 5 ℃，对于喜温果菜类的蔬菜育苗时，室内极限温度不低于 12 ℃，在高温期育苗时，温度不超过 32 ℃，设置遮阳降温设施。

(2)穴盘

目前广泛使用的是塑料片材吸塑而成的美式盘，盘长 54.6 cm，宽 27.5 cm，瓜类选用 50 孔穴盘，茄果类选用 72 孔穴盘。

(3)育苗基质

可使用酒泉市肃州区蔬菜技术服务中心统一配制的育苗专用基质。

3.4.3 育苗技术

(1)种子消毒处理

①温烫浸种法:将体积相当于种子体积3倍的55~60 ℃的温水,倒入盛种子的容器中,边倒边搅拌,待水温降至30 ℃左右,静置浸泡6~8 h,可杀死种子表面的病菌,但对种子内部的病菌杀灭不彻底。

②药剂处理法:可杀灭附着在种子表面及种子内部的病菌,用40%磷酸三钠100倍液浸种20 min,或用50%多菌灵500倍液浸种30 min。

(2)基质、穴盘消毒

将高锰酸钾稀释成1 000倍,均匀喷洒在基质上,或每 m^3 基质中加入50%多菌灵100~200 g,充分混拌均匀后使用,穴盘不论新旧,使用前一定要消毒,高锰酸钾稀释成1 000倍盛放在盆中,将穴盘在盆中浸泡一次。

(3)适栽苗龄的确定

茄子:4~5片真叶(日历苗龄45~50 d);辣椒:4~5片真叶(日历苗龄50~55 d);番茄:3叶1心(日历苗龄30~35 d);黄瓜、西甜瓜:3叶1心(日历苗龄25~30 d);葫芦:3叶1心(日历苗龄20~25 d)

(4)装盘与播种

①装盘:将基质装入穴盘后用刮板从穴盘一方刮向另一方,装盘后每个格室清晰可见,不要用力压基质,否则将破坏基质的物理特性,使基质中空气含量与可吸收水分含量减少而影响育苗质量,穴盘装好后4~5个摞在一起,上放一个空盘,用手轻轻压一遍,使深度达到播种要求。

②播种:一般有两种方法,一种是采用二级育苗法,将种子播入平底盘或基质盘中,待子叶完全平展后移入苗盘(该方法适宜茄果类蔬菜育苗);另一种是将种子催芽后点播在穴盘中,每穴1~2粒,播种深度为1~1.5 cm。

③覆盖:播种后用基质覆盖种子。

④浇水:水一定要浇透,从渗水口看到水滴为宜。

3.4.4 苗期技术管理

(1)温度管理

在影响幼苗生长的诸多因素中,温度的高低对幼苗的生长速度有很大的关系,温度过高,生长过快,造成徒长,温度过低,生长缓慢或停滞,造成僵苗。

育苗期温度一般晴天白天保持在25～28 ℃,夜温保持在15～20 ℃,阴天温度适当低些。

(2)光照管理

光照是影响作物生长最重要的因素之一,冬春季节光照较弱,要尽可能采取措施增加光照,必要时进行人工补光;夏秋季节光照较强,育苗时要加盖遮阳网进行遮光处理和叶片喷水降温。

(3)水分管理

穴盘育苗浇水最关键,因根坨较小,蓄水量少,需要不定期的补充水分,主要是根据每天早晨9:00～10:00的天气来决定,冬春季节育苗时,浇水量不能偏多,应适当控制水分、加强光照;夏秋季节育苗时,增加浇水次数和浇水量,并适当遮阴。定植前5～7 d控水炼苗,不同生育阶段基质水分含量(表6.1)。

表6.1　不同生育阶段基质水分含量(最大持水量百分数%)

蔬菜种类	播种至出苗	子叶展开至2叶1心	3叶1心至成苗
茄子	85～90	70～75	65～70
辣椒	85～90	70～75	65～70
番茄	70～85	65～70	60～65
黄瓜	85～90	75～80	75
冬瓜	85～90	70～75	65～70
苦瓜	85～90	70～75	70～75
葫芦	85～90	70～75	65～70

(4)养分管理

出苗后20 d左右进行叶面追肥,主要以喷施宝、磷酸二氢钾为主,瓜类作物苗龄较短,育苗期间不进行叶面追肥,而只浇清水即可。

日光温室有机生态无土栽培试验列举

一、有机生态型无土栽培茄子品种试验

茄子已成为人们日常消费的精品蔬菜之一,通过茄子不同品种间的试验,筛选出品质优良、商品性好、抗逆性强、适宜有机生态型无土栽培的优良品种,为生产中推广普及优良品种奠定基础。

(一)试验条件

1. 试验地点:该试验设在甘肃酒泉铧尖乡大铧尖村二代高效节能日光温室内。

2. 试验时间:2002年7月至2003年7月。

(二)参试品种

超级紫阳长茄、双龙长茄、黑珍珠长茄、日本黑长茄、佳丽长茄、亮丽长茄、兰杂2号、

茄王、二苠茄、紫阳长茄。

（三）试验方法

1. 试验设计

试验品种均设在有机生态无土栽培棚内，试验采用随机区组设计，不设重复，每个品种定植2槽，小区面积17.16 m^2，与主栽品种紫阳长茄进行比较。

2. 试验方法

（1）栽培槽建造　采用地下式槽形，内径宽50 cm，下挖20 cm，槽间距90 cm，南北向延长，槽居中挖5～10 cm深的"U"形槽，槽内壁铺140 cm宽的棚膜，然后在"U"形槽内填满1～2 cm的石子，上铺一层编织袋，将充分腐熟的基质装满栽培槽，用甲醛和高锰酸钾进行消毒后等待定植。

（2）采用穴盘二级育苗操作。

（3）定植方法　选择生长健壮、无病虫、整齐一致的苗子，采用双行错位法定植，同行株距45 cm，边定植边浇稳苗水。

（4）定植后的管理

温度、光照管理　生长发育期间白天保持温度25～30 ℃，夜间保持15～20 ℃，结果期间白天温度25～30 ℃，夜间17～20 ℃，冬春季节要勤擦洗棚膜，每半月擦洗1次，并在后墙张挂反光幕来增强光照。

水肥管理　有机生态型无土栽培的浇水量根据气候变化和植株大小进行科学调整，小苗期增加浇水次数，但减少浇水量，阴雨天停止浇水或少浇。冬季隔日浇水，深冬季节每3天浇1次水，定植后20 d开始追肥，以后每隔15 d追肥1次，用量根据茄子生长势调节。追肥采用中国农科院蔬菜花卉研究所的有机生态专用肥，并在专用肥中每50 kg中加入磷酸二氢钾2 kg，硫酸钾复合肥3 kg，钙镁磷肥2.5 kg。

植株调整　采用双杆整枝，及时摘心换头，保证植株的旺盛生长。

保花保果　在开花后两天内用毛笔将15～30 ppm的2,4-D溶液涂在花柄上，溶液中加入0.1%的速克灵，并加红水做标记，每隔3天传粉1次，蘸花液的浓度根据温度调节，温度高时使用下线，温度低时使用上线。

（四）试验观察记载（表6.2、表6.3）

表6.2　日光温室茄子不同品种生育期记载表

品种名	播种期	出苗期	定植期	始花期	瞪眼期	始收期	拉秧期
超级紫阳长茄	7月25日	8月3日	9月15日	10月14日	10月22日	11月10日	7月13日
双龙长茄	7月25日	8月3日	9月15日	10月14日	10月28日	11月11日	7月13日
黑珍珠长茄	7月25日	8月3日	9月15日	10月14日	10月27日	11月11日	7月13日
日本黑长茄	7月25日	8月3日	9月15日	10月13日	10月25日	11月10日	7月13日
佳丽长茄	7月25日	8月3日	9月15日	10月10日	10月18日	11月1日	7月13日

续表

品种名	播种期	出苗期	定植期	始花期	瞪眼期	始收期	拉秧期
亮丽长茄	7月25日	8月3日	9月15日	10月9日	10月17日	10月30日	7月13日
兰杂2号	7月25日	8月3日	9月15日	10月13日	10月25日	11月10日	7月13日
茄　王	7月25日	8月3日	9月15日	10月20日	10月7日	11月21日	7月13日
二茛茄	7月25日	8月3日	9月15日	10月10日	10月18日	11月2日	7月13日
紫阳长茄	7月25日	8月2日	9月15日	10月14日	10月22日	11月10日	7月13日

表6.3　日光温室茄子不同品种性状及产量结果表

品种名	株高/cm	果色	果型	长势	叶量	平均单果重/g	单株产量/kg	亩产量/kg	比对照/(+/-)
超级紫阳长茄	120	紫褐色	长条	中强	中等	130	2.18	4 921	-609
双龙长茄	127	黑紫色	长条	中强	中等	123	2.21	4 988	-542
黑珍珠长茄	136	墨色	长条	强	中等	117	2.24	5 056	-474
日本黑长茄	135	墨色	长条	中等	中等	112	2.27	5 123	-407
佳丽长茄	132	墨色	长条	中等	多叶片	120	1.99	4 491	-1 039
亮丽长茄	128	墨色	长条	中等	多叶片	130	2.02	4 573	-957
兰杂2号	101	紫红色	长条	中等	中等	104	2.13	4 807	-723
茄　王	82	黑红色	棒形	中等	多叶片	386	2.64	5 958	+428
二茛茄	78	黑紫色	圆形	中等	多叶片	389	2.59	5 846	+316
紫阳长茄	130	亮紫色	长条	强	中等	140	2.45	5 530	—

(五)生育期、性状及产量结果分析

1. 熟性　始花期较早的是佳丽长茄、亮丽长茄和二茛茄,较对照分别提前4 d、5 d和4 d,始收期比对照分别早9 d、11 d和8 d,茄王始花期最迟,比对照迟开花6 d,始收期比对照迟11 d,说明佳丽长茄、亮丽长茄和二茛茄熟性较早,茄王熟性较晚,其他品种熟性与对照相仿。

2. 生长势　与对照品种相比,佳丽长茄、亮丽长茄、茄王、二茛茄长势中等,叶量多,叶片大,适宜稀植或早春茬栽培。

3. 产量性状　茄王产量最高,其次是二茛茄,亩产分别比对照高428 kg和316 kg,其他品种产量均比对照低。

4. 抗逆性　佳丽长茄、亮丽长茄、茄王、二茛茄、双龙长茄低温阶段易发生灰霉病,超级紫阳长茄坐果能力较差,坐果不稳定。

5. 商品性及品质　茄王果色紫黑色、油亮、果形直、整齐美观，但果皮厚、肉质较粗硬、口感较差，兰杂2号果皮紫红色，果条长而弯曲，皮薄，不耐储运，但果肉白，细嫩，纤维少，适口性好，二茛茄产量虽高，但本地销售不畅，不适宜大面积种植。

（六）结论

通过有机生态型无土栽培茄子品种筛选试验结果及酒泉市民食用习惯，紫阳长茄连续坐果能力和商品性表现突出，枝条再生能力强，产量较高，较抗灰霉病，综合性能优良，适宜作为当地日光温室及有机生态型无土栽培主栽品种，可大面积推广种植。

二、有机生态型无土栽培不同基质配方试验

为了探索有机生态型无土栽培中更广泛的原料，来进一步加大有机生态型无土栽培技术推广力度，实现就地取材，充分利用当地农产品废弃物，达到有效降低生产成本、提高产量和效益的目的。通过设计不同基质配方进行试验研究，从中筛选出经济有效的基质配方。

（一）参试作物　山东省潍坊市紫阳长茄

（二）试验方法

1. 试验点基本情况　该试验设在甘肃酒泉总寨镇牌路村标准二代高效节能日光温室中，于2001年6月至2002年7月进行。

2. 基质准备　6月15日将菇渣、锯末、麦衣、草炭、中药渣、鸡粪、牛粪及粉碎的玉米秆、向日葵秆单独堆闷发酵，每7～10 d翻料一次，每次翻料时检查料的含水情况，7月25日料全部充分腐熟，并按不同比例配制栽培基质，配好后调节pH值至6.8。

3. 试验设计

该试验共设8个基质配方：

（1）麦衣：玉米秆：河沙=3：3：4

（2）锯末：向日葵秆：河沙=3：3：4

（3）麦草：中药渣：河沙=4：2：4

（4）草炭：锯末：河沙=5：3：2

（5）草炭：玉米秆：炉渣=2：3：5

（6）菇渣：麦草：河沙=2：2：1

（7）菇渣：玉米秆：炉渣=3：4：3

（8）CK：菇渣：玉米秆：炉渣=3：3：4

试验采用随机区组设计，设一个重复，每个处理装两槽，小区面积15.84 m^2，试验总面积63.36 m^2。

4. 栽培槽建造　采用全地下式有机生态型无土栽培槽型，栽培槽内径50 cm，深20 cm，长6.5 m，槽间距90 cm。于定植前半个月在配制好的基质中加入底肥后装满栽培槽，用高锰酸钾进行消毒处理后，高温闷棚15 d。

5. 穴盘育苗　7月初采用72孔穴盘进行无土育苗。

6. 定植方法　该试验采用茄子越冬一大茬栽培形式，8 月底定植，按 45 cm 株距“T”形定植，每槽定植 28 株，定植后的栽培管理措施均相同。

（三）结果分析

1. 从植株生长发育状况看，处理（1）、（3）、（7）和 CK 植株最高，生长旺盛，植株健壮，其次是处理（2）和（6），植株较高，生长较旺盛，处理（4）和（5）植株最矮，生长较弱，尤其是前期，生长速度慢，叶片发黄。

2. 从产量构成因素看，亩产最高的是处理（7），比对照 667 m^2 增产 23 kg，增产率 0.4%，其次是对照，处理（1）、（6）和（3），分别比对照 667 m^2 减产 22 kg、180 kg 和 68 kg，减产幅度最大的是处理（5）和（4），分别比对照 667 m^2 减产 1 048 kg 和 1 094 kg。（表 6.4）

（四）结论

通过 8 个基质配方的试验对比，处理（7）、CK 和（1）全生育期生长旺盛，植株健壮，尤其是前期长势旺，坐果率高，产品品质好，商品率高，产量无显著差异，可在有机生态型无土栽培生产中推广应用。

处理（4）和（5）植株长势慢，前期植株发黄，有沤根现象，使产量受到一定影响，控制浇水后植株恢复正常，说明该配方保水性较好，在同等水肥条件下沤根，建议控制灌水量进行进一步试验、示范，见表 6.4。

表 6.4　有机生态型无土栽培不同基质配方茄子性状及产量结果表

处理	株高/cm	长势	果色	平均单果重/g	单株产量/kg	折合亩产/kg	产量对比	
							+/−	%
（1）	130	强	黑紫色	140	2.80	6 384	−22	−0.3
（2）	128	较强	紫褐色	140	2.71	6 178	−228	−3.6
（3）	130	强	黑紫色	139	2.78	6 338	−68	−1.1
（4）	120	略弱	紫黑色	135	2.33	5 312	−1 094	−17.1
（5）	122	略弱	紫黑色	138	2.35	5 358	−1 048	−16.4
（6）	127	强	黑紫色	140	2.73	6 224	−180	−2.8
（7）	130	强	黑紫色	141	2.82	6 429	+23	+0.4
CK	129	强	黑紫色	140	2.81	6 406	—	—

三、有机生态型无土栽培不同槽型试验

通过有机生态型无土栽培不同槽型试验，根据作物生长状况的比较观察，筛选出经济有效的有机生态型无土栽培槽型，达到降低生产成本，减轻劳动强度，提高产量和品质的目的。

（一）试验条件

1. 试验地点　本试验设在甘肃酒泉泉湖乡永久村二代节能日光温室中。

2. 试验时间　2002年7月至2003年7月。

3. 参试品种　津优30号

4. 建槽材料　水泥板(长×宽×高=50×30×35 cm)、泡沫板、红砖、棚膜、栽培料。

(二)试验方法

1. 试验设计

本试验共设五种处理，Ⅰ. 下挖20 cm土槽；Ⅱ. 下挖10 cm、地面上码两层砖；Ⅲ. 用水泥板槽做栽培槽；Ⅳ. 用泡沫板做栽培槽；Ⅴ. 对照(CK)：地面上码四层砖。试验采用随机区组设计，不设重复，每个处理设两槽，小区面积15.84 m^2，试验总面积63.36 m^2。

2. 试验方法

栽培槽的建造如下5种：

Ⅰ. 下挖20 cm土槽：按内径50 cm，下挖20 cm，槽间距90 cm，南北向延长，槽长6.5 m，整平槽底后，在槽底挖宽10 cm，深5～10 cm“U”形槽。

Ⅱ. 从地面下挖10 cm，在地面上码两层砖：按内径50 cm，下挖10 cm，槽间距90 cm，南北向延长，槽长6.5 m，整平槽底后，在槽底挖宽10 cm，深5～10 cm“U”形槽。

Ⅲ. 用水泥板做栽培槽：按内径50 cm，槽间距90 cm，将水泥板埋入土中15 cm，外露20 cm做槽，南北向延长，整平槽底后，在槽底挖宽10 cm，深5～10 cm“U”形槽。

Ⅳ. 用泡沫板做栽培槽：按内径50 cm，槽间距90 cm，将泡沫板埋入土中，外露20 cm做槽，南北向延长，槽长6.5 m，整平槽底后，在槽底挖宽10 cm，深5～10 cm“U”形槽。

Ⅴ. 对照(CK)：在地平面上码四层砖作为对照。选用24×12×5 cm的标准红砖，按内径48 cm，高20 cm(4层砖)，槽间距90 cm，南北向延长，槽长6.5米，整平槽底后，在槽底挖宽10 cm，深5～10 cm“U”形槽。

槽内均铺1.4 m宽棚膜，然后在“U”形槽内填满1～2 cm大小的石子，上铺一层编织袋，将充分腐熟的基质装满栽培槽，用高锰酸钾进行消毒。

定植时间及方法　本试验采用越冬一大茬栽培，7月18日采用穴盘育苗，8月10日定植。定植前将黄瓜苗用50%多菌灵800倍液进行杀菌，然后进行分级定植，植株距槽边10 cm，按35 cm株距“T”形定植，每槽定植32株，定植深度与原栽培面持平，边定植边浇水，定植后2 d覆70 cm宽棚膜。

(三)试验观察记载

1. 有机生态无土栽培不同槽型生育期记载表见表6.5

表6.5　有机生态无土栽培不同槽型生育期记载表

处理	播种期	出苗期	定植期	始收期	拉秧期
Ⅰ	7月18日	7月23日	8月10日	9月8日	7月10日
Ⅱ	7月18日	7月23日	8月10日	9月10日	7月10日
Ⅲ	7月18日	7月23日	8月10日	9月15日	7月10日

续表

处理	播种期	出苗期	定植期	始收期	拉秧期
Ⅳ	7月18日	7月23日	8月10日	9月15日	7月10日
CK	7月18日	7月23日	8月10日	9月5日	7月10日

2. 有机生态无土栽培不同槽型产量记载见表6.6

表6.6　有机生态无土栽培不同槽型产量结果表

处理	株高/cm	长势	平均单果重/g	单株产量/kg	亩产量/kg
Ⅰ	170	强	238	4.40	6 376
Ⅱ	171	强	237	4.38	6 331
Ⅲ	167	较强	230	4.08	5 705
Ⅳ	167	较强	223	4.21	5 999
CK	172	强	240	4.45	6 530

(四)生育期性状及产量结果分析

1. 从植株长势看　Ⅰ、Ⅱ、CK生长旺盛，植株健壮，叶色鲜绿，叶片大，Ⅲ、Ⅳ长势中等。

2. 从产量构成因素看　处理Ⅰ、Ⅱ、CK产量相差不大，相比较CK仍是最好的，处理Ⅲ、Ⅳ分别比CK减产14.9%和9.6%。

(五)结论

处理Ⅰ、Ⅱ和CK相比，从定植到拉秧全生育期过程均表现长势良好，处理Ⅲ、Ⅳ缓苗慢，前期长势较弱，叶片发黄，基质温度低，保温性能较差，对产量有一定的影响。

建议：保温性能好的温室可采用处理Ⅰ，即下挖20 cm土槽，保温性能差的温室可采用处理Ⅱ，即下挖10 cm，地面上码两层砖槽。

四、有机生态型无土栽培基质料不同厚度试验

根据蔬菜作物根系分布特点，设定不同厚度基质料进行栽培，通过测定根系生长分布情况及对植株生长和产量的影响，筛选出适合各种蔬菜栽培的基质料厚度，达到节资降本，增产增效的目的。

(一)试验条件

1. 试验地点　甘肃酒泉怀茂乡怀中村日光温室

2. 试验时间　2003年7月至2004年7月

3. 试验面积　267 m^2

4. 试验条件　基质配比为菇渣：秸秆：炉渣=3：3：4。

5. 参试品种　紫阳长茄

(二)试验方法

1. 试验设计

试验共设三个处理,不设重复,每个处理67 m^2,处理Ⅰ,基质料厚度30 cm;处理Ⅱ,基质料厚度25 cm;处理Ⅲ,基质料厚度15 cm,对照(CK)基质料厚度20 cm。

2. 试验步骤

(1)栽培基质的准备　将栽培料按要求充分发酵、混合。

(2)无土育苗　7月18日进行穴盘育苗,9月10日定植。

(3)栽培槽建造　采用地下式栽培槽,根据不同处理建槽。

(4)装料、消毒、定植、管理等农事操作正常进行。

(三)生育期性状、产量及结果分析

1. 基质料不同厚度栽培茄子生育期表现。

基质料不同厚度对作物的生育性状影响较大,从现蕾期分析,处理Ⅰ比对照提前1 d,处理Ⅱ与对照一样,处理Ⅲ比对照推迟4 d,始收期处理Ⅰ、处理Ⅱ比对照提前3 d上市,处理Ⅲ比对照推迟5 d上市,见表6.7。

表6.7　有机生态无土栽培基质料不同厚度栽培茄子生育期记载表

处理	播种期	定植期	现蕾期	采收期	拉秧期
处理Ⅰ	7月18日	9月10日	10月5日	11月2日	7月1日
处理Ⅱ	7月18日	9月10日	10月6日	11月2日	7月1日
处理Ⅲ	7月18日	9月10日	10月10日	11月10日	7月1日
CK	7月18日	9月10日	10月6日	11月5日	7月1日

2. 生长势　从试验结果分析,随着基质料加厚,根系分布均匀,新生根系增多,植株长势旺,植株高,茎秆粗,叶色鲜绿。料越浅,新生根系少,分布不均匀,叶色淡绿,植株生长明显受到影响,见表6.8。

表6.8　有机生态无土栽培基质料不同厚度茄子经济性状记载表

处理	根系横向伸长/cm	根系分布层/cm	株高/cm	茎粗/cm	叶色	生长势
处理Ⅰ	130	0~25	113	1.17	深绿	强
处理Ⅱ	117	0~20	110	1.14	鲜绿	强
处理Ⅲ	120	0~13	103	1.04	黄绿	弱
CK	120	0~15	107	1.10	鲜绿	中强

注:表中数字为三次测定平均值。

3. 产量　与对照相比较，25 cm、30 cm 厚的基质栽培茄子最好，产量高，产品商品性好，畸形果少。基质料薄于 20 cm，蓄水量少，易出现干旱，根系生长明显受阻，见表 6.9。

表 6.9　有机生态无土栽培基质料不同厚度茄子产量结果表

处理	单株果数 /个	平均果重 /g	亩产量 /kg	增减产量 /kg
处理Ⅰ	21	124	5 833	329.3
处理Ⅱ	21	120	5 645	141.3
处理Ⅲ	21	107	5 033	-470.7
CK	21	117	5 503.7	—

(四)结论

通过综合分析，为达到节资降本，增产增效，处理Ⅱ适合大面积推广。

五、几种叶面肥在番茄有机生态型无土栽培上的对比试验

坤奇尔生物菌肥是具有固氮、解磷、补充微量元素，提高肥料利用率，改善产品品质，提高作物产量，增强作物抗性，促进作物快速生长的一种高效叶面肥；酵素菌是能促进光合作用，改善作物生理功能，提高坐果率，改善产品品质，提高作物抗性等功效的一种无毒、无污染的生物有机叶面肥；叶霸是一种促进作物快速生长，补充各种微量元素，提高产量，改善品质的一种广谱性高效叶面肥。通过几种叶面肥在番茄上的应用试验，从中筛选出无毒、无污染的高效叶面肥，为番茄有机生态无土栽培用肥方面提供科学依据。

(一)基本情况

该试验设在甘肃酒泉泉湖乡永久村二代日光温室内，于 2003 年 12 月至 2004 年 7 月进行，试验采用番茄有机生态型无土栽培技术，试验面积 267 m^2。

(二)试验方法

1. 试验材料　坤奇尔生物菌肥、酵素菌、叶霸、磷酸二氢钾。

2. 试验设计　该试验设 4 个处理，随机排列。处理Ⅰ，坤奇尔生物菌肥使用浓度 0.2%；处理Ⅱ，酵素菌 350 倍液；处理Ⅲ，叶霸 900 倍液；对照(CK)磷酸二氢钾浓度 0.2%。

3. 试验方法　在番茄开花期、坐果期、果实膨大期，盛果初期各喷一次，以后每隔 7 d 喷一次，全生育期共喷 13 次，在晴天下午 17:00 喷施，其他农事操作管理按有机生态型无土栽培技术规程操作。

(三)生育期、性状及产量结果分析

1. 与对照相比，在相同时间定植、各个处理始花期相同，第一穗果上市时间发生了变化，处理Ⅰ比对照提前 5 d 上市，处理Ⅱ比对照提前 7 d 上市，处理Ⅲ比对照提前 3 d 上市，见表 6.10。

表6.10　几种叶面肥在番茄有机生态无土栽培上生育期记载表

	播种期	定植期	始花期	采收期	拉秧期
处理Ⅰ	12月20日	2月10日	3月12日	4月14日	7月2日
处理Ⅱ	12月20日	2月10日	3月12日	4月12日	7月2日
处理Ⅲ	12月20日	2月10日	3月12日	4月16日	7月2日
CK	12月20日	2月10日	3月12日	4月19日	7月2日

2.生长势　各种叶面肥施用后与对照比较，对番茄生长都有促进作用，叶色深鲜绿，茎秆壮实，发病率降低，生长势均表现强烈。但酵素菌表现最明显，其他依次为叶霸、坤奇尔生物菌肥，见表6.11。

表6.11　几种叶面肥在番茄有机生态无土栽培中性状记载表

处理	株高/cm	叶色	茎粗/cm	发病率	坐果率	生长势
处理Ⅰ	109	深鲜绿	1.14	2.5%	100%	强
处理Ⅱ	112	深鲜绿	1.20	2.0%	100%	强
处理Ⅲ	110.7	深鲜绿	1.18	3.0%	100%	强
CK	106.4	鲜绿	1.10	5.0%	100%	中强

注：株高、茎粗、为始花、初果、盛果3次测定平均值。

3.产量影响　在同等农事操作管理水平、同样温室环境条件下进行生产，3种试验肥料与对照相比，产量均有提高，酵素菌增产明显，比对照亩增产537.6 kg，叶霸亩增产394 kg，坤奇尔生物菌肥亩增产179 kg，见表6.12。

表6.12　几种叶面肥在番茄有机生态无土栽培产量结果分析表

处理	单株果数/个	平均果重/g	亩产量/kg	增产/(kg·亩$^{-1}$)	增产率/%
处理Ⅰ	16	230	5 659	179	3.3%
处理Ⅱ	16	240	6 017.6	537.6	9.8%
处理Ⅲ	16	236	5 874	394	7.2%
CK	16	223	5 480	—	—

（四）结论

通过试验结果分析，酵素菌肥不论在促进光合作用，改善作物生理功能，提高番茄产量、品质、抗病等方面均表现最好，优越于其他几种叶面肥，在番茄生产过程中酵素菌可作为首选推广的叶面肥。

六、有机生态型无土栽培上不同配方肥料的试验

肥料的合理使用是促进作物健康快速生长、获得高产高效的关键技术措施之一。传统作物栽培使用的肥料比较单一,生产过程中易发生偏肥症、缺素症及畸形果增多、产量低等情况,为了达到养分的全面平衡供应及均衡释放,使肥效持续时间变长,试验设计了有机肥与不同种类的化学肥料配合施用,筛选出适合茄子生长发育的肥料配方,为茄子达到高产、优质、高效提供条件。

(一)基本情况

该试验设在甘肃酒泉铧尖乡大铧尖村二代日光温室内,于2002年7月至2003年7月进行,试验采用有机生态型无土栽培技术,参试品种为紫阳长茄,试验面积402 m^2。

(二)试验方法

1. 试验材料　有机生态专用肥、硫酸钾复合肥、磷二铵、尿素、钙镁磷肥、硼镁锌微肥、磷酸二氢钾、油渣。

2. 试验设计　试验共设3个处理,不设重复,每个处理134 m^2,各处理均在定植后实施,定植前基肥施用,基质消毒、育苗、品种都按统一时间、技术要求规范操作。

处理Ⅰ:有机生态专用肥50 kg,磷酸二氢钾2 kg,硫酸钾复合肥3 kg,钙镁磷肥2.5 kg,微肥0.4 kg,每株用量25 g。

处理Ⅱ:有机生态专用肥50 kg,油渣10 kg,硫酸钾复合肥3 kg,尿素2 kg,磷酸二氢钾2.5 kg,微肥0.4 kg,每株用量25 g。

对照(CK):硫酸钾复合肥6 kg,尿素3 kg,磷酸二氢钾3.5 kg,微肥0.1 kg,每株用量5 g。

3. 试验方法　8月10日播种,9月20日定植在设置好的栽培槽内,定植后20 d开始追肥,以后每隔10~15 d追施一次肥,正常情况下隔1 d浇一次水,深冬季节3 d浇一次水,植株调整、保花保果、病虫防治等田间管理措施按相同技术要求操作。

(三)生育期、性状及产量结果分析

1. 茄子不同配方肥料使用下生育期表现　从显蕾期之前,三种配方肥料对生育期影响不大,从始收期开始出现差异,处理Ⅰ比对照提前5 d上市,处理Ⅱ比对照提前8 d上市,见表6.13。

表6.13　有机生态无土栽培不同配方肥料生育期记载表

处理	播种期	定植期	显蕾期	始收期	拉秧期
处理Ⅰ	8月10日	9月20日	10月9日	11月5日	7月上旬
处理Ⅱ	8月10日	9月20日	10月9日	11月2日	7月上旬
CK	8月10日	9月20日	10月9日	11月10日	6月下旬

2. 根据生长特性分析,两个处理在生长势方面好于对照,处理Ⅰ和处理Ⅱ缺素症状均

低于对照,分别比对照低3.8%和3.9%,见表6.14。

表6.14　有机生态无土栽培不同配方肥料经济性状记载表

处理	株高/cm	茎粗/cm	叶色	坐果率	发病率(缺素症)
处理Ⅰ	112	1.2	深绿	100%	0.2%
处理Ⅱ	115	1.3	深绿	100%	0.1%
CK	100	1.1	绿	97%	4%

注:株高、茎粗为现蕾期、始收期、盛果期3次调查平均值。

3.根据产量结果分析,处理Ⅱ增产幅度最大,比对照亩增产1 888 kg,增产率为39.3%,处理Ⅰ比对照亩增产1 165 kg,增产率为24.2%,见表6.15。

表6.15　有机生态无土栽培不同配方肥料产量结果表

处理	单株果数/个	平均果重/g	小区产量/kg	亩产量/kg	亩增产量/kg	增产率/%
处理Ⅰ	21	127	1 195	5 974	1 165	24.2%
处理Ⅱ	23	130	1 339	6 697	1 888	39.3%
CK	19	113	962	4 809	—	—

(四)结论

通过试验结果分析,处理Ⅰ、处理Ⅱ配方施肥比较合理,亩增产量明显,增产率达到24%以上,生产中缺素症状表现率较低,而对照缺素率表现较高,处理Ⅱ配方施肥最合理、营养元素全面,产量高、植株生长旺盛,适合茄子生长需肥要求,在有机生态型无土栽培生产中应推广应用。

七、有机生态型无土栽培滴灌带埋设示范对比实验

为了进一步发挥双冀滴灌在有机生态型无土栽培技术上的应用,探索滴灌设施在温室内的使用方法及效果,我中心将滴灌带铺设在基质表面与埋入基质料中进行对比示范。

(一)示范条件

该示范设在甘肃酒泉铧尖乡大铧尖村二代日光温室中,于2003年11月至2004年7月进行,采用茄子有机生态型无土栽培技术,示范材料选用紫阳长茄、北京双E微喷灌滴灌带。

(二)示范方法

此温室共48槽,示范区24槽,对照区24槽,作简单对比。

示范区:将每个基质槽距砖边16 cm开两条2 cm深沟槽,然后将滴灌带埋入,出水孔朝上。

对照区:按照滴灌带常规安装方法,每槽在基质表面铺设两根滴灌带,出水孔朝上。

（三）示范效果

滴灌于2003年11月18日埋入基质内2 cm深进行对比观察，与铺于基质表面的滴灌在植株长势上没有明显区别，滴灌埋设槽内，发现个别植株有萎蔫现象，取出滴灌发现孔口被堵塞，影响出水，造成植株干旱缺水，但只要压力充足浇水效果一样。

铺于基质表面，滴灌孔被堵容易发现，可及时补救，埋于基质内，若被堵塞不易发现，容易延误时机，影响茄子产量、效益，效果不好，而且不利于浇水、施肥。

（四）结论

使用北京双E微喷灌滴灌带最好放在栽培基质表面，使用方便，出水易观察，不至于延误时机，建议由铺地膜改为铺棚膜，或将地膜用小竹竿拱起，以利出水孔流水，防止滴灌堵塞。

项目小结

基质栽培有多种设施形式。按照栽培空间状况可分为平面基质栽培和立体基质栽培设施。根据容器的不同，平面基质栽培又分为槽培、袋培、箱培和盆培等。

基质培设施主要包括种植槽、岩棉培栽培床与岩棉种植垫、栽培袋、栽培箱、滴灌系统、家庭简易基质培设施等。一般基质培包括岩棉培、珍珠岩培、砂培与砾培、复合基质培、立体基质培等。

有机生态型无土栽培属于槽培的方式，生产过程中主要使用固体有机肥，适量添加无机化肥的配方，施肥方法：灌溉时只灌清水，不使用传统无土栽培的营养液，生产成本低，灌溉排出液对环境无污染，产品质量符合绿色食品要求。有机生态型无土栽培技术既是一项全新的日光温室蔬菜栽培技术体系，又是一项真正的无公害蔬菜生产技术。

项目考核

一、填空题

1. 根据营养液利用方式的不同，岩棉培可分为______式岩棉培和______式岩棉培两种类型。

2. 复合基质栽培的优点是投资______，技术______，______掌握。缺点是______，使用前必须______；基质中容易积累______，必须及时清洗。

3. 列举一些立体无土栽培形式，如______式、______式、______式、______式等。

二、选择题

1. 基质培与水培相比，优点有________。

A. 设施简单　B. 成本低　C. 基质缓冲性强　D. 栽培技术容易掌握　E. 比较省工

2. 下列不属于有机生态型无土栽培特点的是________。

A. 营养液中硝态氮的含量高　B. 成本较高　C. 对环境污染较小　D. 操作管理简单

三、判断题

配制有机生态基质时,不可加入无机物质。　　　　(　　)

四、简述题

1. 基质培有哪些类型?
2. 岩棉培有何特点?怎样确定岩棉培的供液量?
3. 复合基质培与有机生态型无土栽培有何区别?
4. 基质培与水培相比有何优点?
5. 传统无土栽培存在哪些弊端?
6. 什么是有机生态型无土栽培?谈谈有机生态型无土栽培技术的推广应用价值。
7. 如何建造有机基质种植槽?
8. 立柱盆钵式无土栽培的设施结构有何特点?栽培时要注意哪些问题?
9. 结合各地无土栽培的生产实践,谈谈如何改进本地的无土栽培设施。
10. 以番茄为例,绘图说明番茄基质槽培的设施组成?
11. 如何进行清水洗盐?
12. 对于珍珠岩培,如何进行设施清理、消毒与基质再利用?
13. 岩棉种植垫可否再利用,如何再利用?
14. 有机生态型无土栽培操作规程包括哪几项?其具体内容是什么?
15. 有机生态型无土栽培需要哪些基本条件?

项目7 蔬菜无土栽培技术

✲项目目标

※ 了解适宜进行无土栽培的蔬菜种类及栽培方式。

※ 熟悉常见的蔬菜植物与营养液及环境条件的关系。

※ 掌握常见的蔬菜各种无土栽培技术。

※ 能够综合运用所学理论知识和技能,独立从事蔬菜无土栽培的生产与管理。

✲项目导入

可用于蔬菜无土栽培的方式很多,但不同国家,或同一国家不同地区所采用的栽培方式都不同。这一方面与当地的经济条件有关,更重要的是取决于各个国家和地区的自然资源和光热资源。采用无土栽培技术从事蔬菜保护地生产,是从根本上解决蔬菜连作障碍问题的有效途径,也是无公害蔬菜生产,甚至是绿色蔬菜生产的重要手段。

任务1 蔬菜无土栽培概述

1.1 蔬菜无土栽培的国内外发展概况

蔬菜是国内外进行无土栽培最多的作物,近30年来世界蔬菜总产量增长很快,大多数蔬菜总产量的提高主要是靠提高单位面积产量实现的。20世纪70年代以来,世界发达国家如荷兰、法国、日本等国大力发展集约化的温室产业,对主要蔬菜作物番茄、黄瓜等进行作物动态模型模拟研究,实现了用计算机进行环境调控。荷兰是土地资源非常贫乏的国家之一,但由于其大力发展设施园艺,利用无土栽培技术弥补其土地资源贫乏的负面影响,成为世界上无土栽培最发达的国家之一。荷兰在其200万 hm^2 的可耕地中,设施栽培面积就达1.2万 hm^2,而其中1万余 hm^2 是无土栽培,形成了以高产量、高品质、高效率和高出口量为目标的现代化创汇型设施农业,以6%的农用地生产出占农业总产值24%的效益。

日本也是一个设施园艺比较发达的国家，无土栽培面积已由第二次世界大战后的22 hm^2 迅速发展到了1999年的1 056 hm^2，其中蔬菜为766 hm^2。我国蔬菜无土栽培的迅速发展是在1985年以后，1985年全国无土栽培面积不足7 hm^2，大多数处于试验研究阶段，1990年已发展到15 hm^2，1993年发展到46 hm^2，1997年全国已达138 hm^2，至2000年，我国蔬菜无土栽培面积已突破500 hm^2。

1.2　蔬菜无土栽培的方式

可用于蔬菜无土栽培的方式很多，但不同国家，或同一国家不同地区所采用的栽培方式都不同。这一方面与当地的经济条件有关，更重要的是取决于各个国家和地区的自然资源和光热资源。荷兰的无土栽培以岩棉培为主，日本的无土栽培方式则以深水培(DFT)为主，深水培方式是日本独自发展起来的，具有多种形式，如M式、神园式、协和式等，其共同的特征是液层较为深厚。但是近年日本岩棉培面积迅速增加，已超过了DFT的面积。以色列、阿拉伯国家以及我国新疆地区，因其地处沙漠，故砂培是这些地区蔬菜无土栽培的主要方式。

我国地域辽阔，不同地区水质、光热资源存在很大差别，在二十多年无土栽培的研究实践中，也形成了各个地区各具特色的蔬菜无土栽培体系。华南农业大学根据我国南方热带亚热带气候条件的特点，研制出水泥砖结构深液流水培种植系统，在广东、海南、广西等地推广。浙江省农科院和南京农业大学研究出的浮板毛管水培技术(FCH)成为江浙一带主要无土栽培方式，在这一地区也有一定面积的NFT栽培和基质栽培；北方地区为了克服水质硬给水培过程中营养液成分和pH调整带来的困难，形成了以基质栽培、开放供液为主的有机基质培无土栽培技术体系；其中，中国农科院蔬菜花卉研究所研究推广的有机生态型无土栽培系统，因其具有设施简单、投资低、管理容易等特点，成为我国蔬菜无土栽培的主要类型之一。而在新疆戈壁滩油田基地，则大面积应用推广基于山东鲁SC型改进的砂培系统，成为我国无土栽培面积最大的地区。最近几年引进的大型连栋温室，配套引进的无土栽培设施以岩棉培为主。

蔬菜无土栽培方式的选用除与地方经济条件、自然资源和温、光等生态条件有关外，还应考虑栽培作物的种类。如无土栽培面积较大的生菜仍以水培(NFT)和深液流浮板栽培为主要栽培方式；而番茄、黄瓜、辣椒、茄子等则以基质栽培为主，我国西北地区近年来逐渐发展并推广有机生态型无土栽培。

1.3　适于无土栽培的蔬菜种类

国内外无土栽培最多的作物是蔬菜，其中以番茄的栽培面积最大，其次是黄瓜、莴苣、甜椒。此外，还有茄子、甜瓜、西瓜、鸭儿芹、甜菜、草莓、西芹等。采用无土栽培技术从事蔬菜保护地生产，是从根本上解决蔬菜连作障碍问题的有效途径，也是无公害蔬菜生产，甚至是绿色蔬菜生产的重要手段。无土栽培的蔬菜能大幅度提高产量、改善品质，从这一点出发，所有蔬菜均适合于无土栽培。但无土栽培相对于土壤栽培而言，增加了设备投资和营养液的成本，因此必须种植一些经济效益高的蔬菜才能获得较高的产投比，获得最大的经济效益；从这一角度出发，适合于无土栽培的蔬菜种类就受到了限制。目前无土栽培的蔬菜主要有茄果类、瓜类、叶菜类和芽苗菜类。

(1)茄果类

茄果类蔬菜主要有番茄、茄子、辣椒等，同属茄科（*Solanaceae*），产量高，供应期长，南北各地普遍栽培。在无土栽培条件下，这类蔬菜在我国的大部分地区能实现多季节生产和周年供应，其中栽培面积最大的是番茄，其次是甜椒。

(2)瓜类

瓜类无土栽培的瓜类蔬菜主要是黄瓜，面积居瓜类之首，由于甜瓜、西瓜、节瓜、瓠瓜反季节栽培价值高，所以无土栽培的面积也不断增加。

(3)叶菜类

除上述蔬菜外，目前无土栽培面积较大的叶菜有生菜、蕹菜、芹菜、豌豆、小白菜等。

(4)芽苗菜类

芽苗菜以工厂化立体栽培为生产特色，对提高温室、塑料大棚的利用率，反季节栽培和周年均衡供应有重要作用。豌豆、萝卜、苜蓿、香椿、菊苣等种子或母株遮光培育成黄化嫩苗或芽球或在弱光条件下培育成绿色芽菜，尤其适于工厂化生产，是提高设施利用率、补充淡季的重要蔬菜。

任务2　茄果类蔬菜无土栽培技术

2.1　茄果类蔬菜1：番茄

番茄（*Lycopersicon esculentum Mill.*）是国内外无土栽培面积最大，且最具代表性的无土栽培作物，其根际环境要求不像黄瓜等其他果菜那样严格，易于栽培，同时通过营养液浓度和成分的改变，更易于提高品质。随着人们生活水平的提高和消费观念的改变，对蔬菜品质的要求越来越高，而无土栽培更利于实现这一目标。因此，最近几年国内番茄无土栽培面积呈逐年递增趋势。

2.1.1　对环境条件的要求

番茄为喜温性蔬菜，其适应性较强，种子发芽期最适宜温度为23～28 ℃，生育适温

13～28 ℃,低限10 ℃,高限35 ℃。栽培时白天最适温度为23～28 ℃,夜间为13～18 ℃,根际温度以18～23 ℃为好。

番茄为喜光植物,对光照条件反应敏感,光照不足时生长不良,常会引起落花落果,易使植株发生徒长、开花坐果少、营养不良等各种生理障碍和病害,光饱和点为70 klx,光补偿点为3 klx,冬春季设施内栽培番茄,常常因光照强度弱,营养水平低,影响品质和产量。番茄对日照长短要求不严格,但以每天光照时数14～16 h为好。

番茄植株需水量大,根系具有较强的吸水能力,基质培基质含水量为60%～85%即可,空气相对湿度50%～65%时生长最好。设施栽培应注意通风换气,防止因湿度过大而导致病害发生严重。番茄生长期长,需要吸收大量有机养分和各种无机营养元素,才能获得高产优质的果实。据分析,生产1 000 kg果实需吸收氮2.7～3.2 kg、磷0.6～1.0 kg、钾4.9～5.1 kg,此外,缺少微量元素会引起各种生理病害。

2.1.2　番茄水培技术

1)栽培季节与品种

利用温室或大棚进行番茄无土栽培,一般分为两种茬口类型。其一为一年二茬,第一茬春番茄多在11～12月播种育苗,1～2月定植,4～7月采收,共采收7～10穗果。第二茬秋番茄在7月播种育苗,8月定植,10月至翌年1月份采收,共采收7～10穗果。另一种茬口类型是一年一茬的越冬长季节栽培,多在8月播种,9月定植,11月至翌年7月连续采收17～20穗果。此种茬口类型适于在温光条件好的节能型日光温室和大型现代化加温温室内进行,为减少冬季加温能耗,又以冬季较温暖,光照充足地区更适宜。

无土栽培的番茄品种,因茬口类型不同而异。早春茬番茄苗期及生长前期处于低温寡照季节,故以选择耐低温弱光品种为宜,同时还应选用抗烟草花叶病毒、叶霉病、青枯病的品种;秋茬番茄应选用生长势不过旺、耐病性强、低温着色均匀、品质好的品种;长季节栽培品种应具有生长势强、耐低温、弱光、抗病、坐果率高、畸形果率低的品种。“九五”期间,中国农科院蔬菜花卉研究所对国内外近20个适于温室生产的品种,在不同生产季节进行品比试验。结果表明:适宜温室长季节栽培的品种有红冠98、中杂11、佳粉15、卡鲁索和中杂9;适于秋季栽培的品种有中杂11、佳粉15及卡鲁索;适于早春栽培的品种以中杂9、佳粉15、中杂11、卡鲁索和L-402为宜。此外,最近几年随国外温室同步引进的一些温室专用番茄品种如荷兰的百利、Roman、Tuast、Apollo,以色列的144、Daniela及一些品质好、糖分高的小番茄如台湾农友的圣女、龙女等也有较大的栽培面积。

2)育苗与定植

根据番茄无土栽培方式采用合适的育苗方法。基质栽培可采用穴盘育苗或营养钵盛装基质的方法来育苗。每穴或每杯放置1粒种子,用少量基质覆盖种子约0.5 cm厚,待种子出苗后,浇山崎番茄配方或1/2倍的园试配方稀释液。若采用水培或岩棉培方式,可直接用岩棉育苗块或聚氨酯泡沫育苗块育苗。将种子播于孔内,出苗前浇清水,一般在播种后第7 d开始浇灌营养液。苗期的营养液,不论何种栽培季节或品种,都可用山崎番茄营养液或园试配方的1/2倍营养液。随着苗子的长大,逐渐扩大株距,随着苗床营养液的减少,及时补充营养液,只有当发现苗的叶、根出现异常现象时,才需更新营养液。

苗龄与定植后的长势有密切的关系。一般愈是小苗定植,定植后长势愈强,产量高,但易发生畸形果,品质下降,且因生长过盛而易于发病。凡在夏秋高温季节育苗,秋季延退栽培的秋番茄或越冬长期栽培的番茄,宜以幼龄苗定植为好,可维持其必要的生长势,增加产量;而在适温适期下定植的春番茄,则以大苗定植为宜。一般夏季苗龄30 d左右,冬春季节55 d左右。

岩棉栽培移栽时可将岩棉育苗块直接放在岩棉种植垫上;水培番茄移苗时将幼苗连同育苗基质一起从育苗穴盘或育苗杯中取出,放入定植杯中,用少量小石砾固定即可立刻定植到种植槽中;基质栽培番茄移栽时直接将小苗从育苗穴盘或育苗杯中取出后定植到种植槽或种植袋中。

水培定植时要注意育苗床的营养液与种植槽中营养液温差不能超过5 ℃,否则从育苗床定植到种植槽时,如温差大于5 ℃,易引起伤根。通常越冬长季节栽培,每1 000 m^2定植2 400株,而秋延后栽培则为2 700株。

3)营养液管理

番茄营养液配方很多,其基本成分都很相似,但浓度差异较大,应结合实践去比较选用。山崎配方的组成成分浓度与吸收浓度基本相符合,为一均衡营养液配方,同时由于NO_3^-—N与γ浓度相一致,易于调控,故在长势与产量等方面充分显示其优越性。因此,山崎配方广泛应用于番茄无土栽培的不同方式、不同栽培季节和品种。

山崎番茄营养液配方的γ为1.2mS/cm, pH6.6左右,在营养液管理时,可以此作为1个单位标准浓度来对待。在适温条件下,以1~1.5个单位浓度范围(γ浓度为1.2~1.6 mS/cm)作为管理目标。在11月至翌年2月低温季节,养分吸收浓度高于施入的营养液浓度,营养液浓度管理目标可提高到1.5~2个单位浓度,即γ提高到1.6~2.0mS/cm范围。高温期为防止脐腐病的发生,可将山崎配方控制为1.5个单位浓度,即1.6mS/cm γ进行管理。生产上应根据以上管理原则对营养液进行浓度管理,尽量防止浓度的急剧变化,及时补水和补液,以保持营养液成分的均衡。

番茄生长前期,对N、P、K的吸收旺盛,营养液中N素浓度下降较快,山崎配方中NO_3^-—N浓度下降很容易从γ的测定来判断与补充,因为γ与NO_3^-—N浓度存在着密切关系。但是生长后半期的番茄,对Ca、Mg的吸收量迅速下降,造成营养液中Ca、Mg元素的积累;而同时对P、K的吸收量迅速增加,使营养液中P、K元素含量迅速下降。由于γ与K离子的浓度之间的相关不显著,因此根据γ来调整营养液浓度时,很难使营养液恢复到

原有的均衡水平。所以在生长后期，有必要定期分析营养液组成成分，以便及时调整或更新。

延迟栽培的秋番茄，生长初期正处于高温季节，为防止长势过旺，可用0.7个单位浓度的山崎配方；以后，随着生长进程逐渐提高浓度，到第三花序开花期，恢复到1个单位浓度（γ浓度为1.2 mS/cm）；到摘心期，浓度增加到1.7 mS/cm；摘心期以后浓度增加到1.9mS/cm为标准管理目标。不论水培或基质培，营养液的管理浓度都是一样的。许多研究和生产实践表明，高浓度的营养液管理与较低浓度的管理，虽然产量无大差异，但高浓度管理下，果实的含糖量增加，有的农户，到果实收获期，把营养液浓度提高到3 mS/cm，能有效地改善品质又确保产量。

在番茄无土栽培实践中，为获得更高产量和最佳品质，根据番茄不同生育时期的需肥特点，除对营养液总的浓度进行调整外，还应对各生育阶段N、P、K、Ca、Mg的浓度进行适当增减，表7.1是上海孙桥引进荷兰温室岩棉培番茄各个生育阶段营养液管理的指标。可以看出，只有在1～3花序和12花序以上两个生育阶段可采用标准配方，其他生育阶段营养液配方都必须适当调整。在浇灌基质时，必须适当降低氨离子和钾的浓度，而适当增加Ca、Mg的浓度。另外，在采用岩棉栽培时，很容易发生苗期缺硼现象，因此浇灌岩棉时，一定要适当增加B的浓度。在开花前的营养生长时期，番茄需要较高比例的N和Ca、Mg，而需要K的比例相对较低。到了第3花序以后，第一穗果已开始膨大，此时番茄需要大量的K，而Ca、Mg的比例则相对降低。到了第12花序以后，作物已基本上处于一种营养生长和生殖生长的平衡状态，因此营养液供应又可回到标准配方。

表7.1　番茄不同生长发育阶段营养成分的增减（蔡象元，2000）

生育阶段 / 营养成分	移栽前	移栽后	第一花序开花后	第三花序开花后	第五花序开花后	第十花序开花后	第十二花序开花后
NO_3^-/(mmol·L^{-1})	同	+1.0	同	同	同	同	同
NH_4^+/(mmol·L^{-1})	-0.5	同	同	同	同	同	同
K+/(mmol·L^{-1})	-3.5	-1.0	同	+0.5	+1.75	+0.5	同
Ca^{2+}/(mmol·L^{-1})	+1.0	+0.5	同	-0.125	-0.62	-0.125	同
Mg^{2+}/(mmol·L^{-1})	+1.0	+0.5	同	-0.125	-0.25	-0.125	同
HBO_3^-/(μmol·L^{-1})	+10.0	同	同	同	同	同	同

注："同"表示与标准配方相同。

番茄生长适宜的营养液pH范围为5.5～6.5。一般在栽培过程中pH呈升高趋势，当pH<7.5时，番茄仍正常生长，但如果pH>8，就会破坏营养成分的平衡，引起Fe、Mn、B、P等的沉淀，造成缺素症，必须及时调整。

4）供液方法

水培条件下，随着营养液循环次数和时间的增加，溶氧、养分、水分的供给量也随之增多而促进了番茄的生长。营养液循环次数和循环时间的长短依每株番茄的供液量、营养液的溶氧浓度、生长发育阶段和气温的不同而异。一般掌握营养液中溶氧浓度不低于4 mg/L为原则，调节循环次数和时间。通常随着植株的长大，即随着植株对水分、养分和O_2的吸收量的增多而增加循环供液频度。例如，番茄在生长前期至第一花序开花前，晴天日耗水量每株为500～600 mL，而果实迅速膨大期，日耗水量可达2 L/株，因此应增大供液频率。

NFT水培番茄时，栽培床长30 m，栽培株数超过70株的，每分钟供液量应不少于3～4 L。据日本千叶农试（1981）报告，每h间歇供液15 min比连续供液的产量高，但宜在第3～4花序始花时开始间歇供液为宜。

岩棉培间歇供液有利于根系氧浓度的充分供给。开放式供液情况下，多为过量供液，实践中供液量掌握在允许有8%～10%多余的流出。

5）液温的管理

无土栽培多在温室、大棚内进行，营养液温度易受气温影响。夏季高温条件下液温经常超过30 ℃，易抑制番茄的生长。但高温期番茄白天根际高温造成的生长抑制，可以通过夜间低根际温度来抵消。如果白天液温超过35 ℃，则从傍晚至夜半必须使培养液冷却到25 ℃。通常采用在贮液池或种植槽内铺设回流地下水的管道来降温。

冬季营养液温度低于12 ℃，番茄生长即受抑制，最低要维持14～15 ℃。气温管理同土壤栽培。但不论气温、液温的管理，均以变温管理为宜。

6）植株管理及授粉

当植株长到30 cm高时，从根部吊绳固定植株，在每一果穗下绑一道绳，不使番茄倒伏。一般行单干整枝，在番茄的整个生育期中，尤其在中后期，要注意摘除老叶、病叶，以利通风透光。同时还要对萌生的其他侧枝进行打杈，打杈的时间不能过早，尤其对长势弱的早熟品种，过早打杈会抑制营养生长；过迟会使营养生长过旺，影响坐果。长季节栽培的植株长高到生长架横向缆绳时，要及时放下挂钩上的绳子使植株下垂，进行坐秧整枝。冬春季设施栽培常因棚温偏低、光照不足、湿度偏大而发生落花落果现象。除了要加强栽培管理外，适时地应用植物生长调节剂2，4-D或防落素，前者的使用浓度为10～20 μL/L，以涂果柄为宜；后者为20～40 μL/L，涂、蘸、喷花均可。使用时注意在温度低时用高浓度，温度高时用低浓度，并避免溅到生长点或嫩茎叶上产生药害。现代温室则放置雄蜂授粉或在上午10时至下午3时周电动授粉器授粉，较使用生长调节剂省工省力又卫生、安全。每个花序的结果数过多时，可应适当疏果，大果形品种每个花序保留2～3个果实，中

果形品种可保留3~4个果实。

7）生理病害的防治

高温季节易产生缺钙而导致脐腐病多发。主要原因有：高温期NO_3^-—N加速吸收，抑制了Ca^{2+}的吸收；蒸腾作用弱的果实先端，容易产生随蒸腾流运转的Ca^{2+}的不足；空气湿度不足引起叶片加速蒸腾都会诱发脐腐病。高温期保持夜间根系氧气供应充足，增加湿度，营养液浓度适中（山崎配方1.5个单位浓度以下），开花时喷0.5%~1%氯化钙，均有减轻脐腐病发生的作用。

2.1.3　番茄有机生态型无土栽培技术

1）品种选择原则

1. 抗逆性强，在寡光（光照弱、光照时间短）或阶段高温、低温条件下，生长发育及结果性良好。

2. 无限生长型、产量高，商品性好，平均单果重在150 g以上，果实表面光滑、畸形果少，耐储运，商品率达95%以上。

3. 抗病性强，高抗灰霉病、叶霉病、早疫病、病毒病等，并耐激素处理。

4. 适应性强：经多点试验、示范，适宜有机生态型无土栽培各茬次的品种有中杂9号、F872、保冠、秦皇908、玛利雅2号、春秀等。

2）种植茬口的选择

1. 越冬一大茬　9月下旬育苗，10月中下旬定植，翌年元月中下旬上市。

2. 秋延茬　6月下旬—7月上旬育苗，8月中下旬定植，10月中下旬上市。

3. 早春茬　12月下旬—翌年元月上旬育苗，2月中旬定植，4月中旬上市。

3）穴盘育苗

选择适宜的种植茬口后，规模化种植时利用工厂化育苗手段进行穴盘育苗，小户生产时进行番茄穴盘二级育苗。

（1）种子消毒处理

温烫浸种法：将体积相当于种子体积3倍的50~55 ℃的热水，倒入盛种子的容器中，边倒边搅拌，待水温降至30 ℃左右，静置浸泡6~8 h，该方法可杀死种子表面的病菌，但对种子内部的病菌消灭不彻底。

药剂处理法：将种子用40%磷酸三钠100倍液浸种20 min，或用50%多菌灵500倍液浸种30 min，可杀灭附着在种子表面及种子内部的病菌。

(2)穴盘二级育苗、基质消毒

将新鲜的杨树锯末用开水处理后,做成10 cm厚的苗床,将处理好的种子均匀撒播在苗床上,待两片子叶充分平展后进行分苗。

将高锰酸钾稀释成1 000倍液,均匀喷洒在基质上,或每m^3基质中加入50%多菌灵100~200 g,充分混拌均匀堆闷2 h后装入72孔穴盘。然后将子叶苗移植在穴盘中,每穴移栽1株,移栽完后将穴盘苗放置在设有防虫网的条件下进行管理,穴盘苗的根坨小易缺水而使苗子发生萎蔫,应早晚补充水分,夏秋季节育苗时利用遮阳网进行遮阴,冬春季节育苗时覆盖保温设施,适栽苗龄30~35 d。

4)定植前准备

(1)栽培基质的发酵

一座50 m长的日光温室,准备约两亩地玉米秸秆(发酵好约10 m^3),菇渣5 m^3,鸡粪、牛粪各2 m^3,炉渣12 m^3(过筛)。将玉米秆粉碎后与菇渣、鸡粪等有机物混合用水浸湿(含水80%以上),每m^3基质中加入过磷酸钙3 kg(含量16%以上)调节酸碱度,堆成1.5 m高、3~4 m宽的堆,上盖塑料膜进行高温发酵,每7~10 d翻料一次,并根据干湿程度补充水分,当料充分变细,无异味时料将发好。然后将发好的有机料与过筛的炉渣按6∶4比例混合配制,另外还可在混合料中加入1~2 m^3洁净的河沙,增强保水性。根据混合料总量,每m^3基质料中加入有机生态添加肥1.5 kg、硫酸钾复合肥0.5 kg做底肥,敌百虫原粉20 g、50%的多菌灵可湿性粉剂20 g,掺混均匀堆闷3 d后装料,如果是重复使用的基质,定植之前须添加发好的鸡粪、牛粪,将槽装满,并按每m^3基质加入硫酸钾复合肥1 kg和过磷酸钙0.5 kg做底肥。

(2)栽培设施建造

栽培槽:番茄一般采用地下式栽培槽,建槽前一周,清除田间杂草等,整平地面,浇一次大水泡地,等能下地后按技术要求进行建槽,槽内径为48 cm,槽深25~30 cm,槽长6.5 m,槽间距90 cm,南北方向延长,北高南低,底部倾斜2~5°,槽底开"U"形槽,槽底及四壁铺0.1 mm厚的薄膜与土壤隔离。在槽间南端每两槽间挖一深50 cm、方圆30 cm的排水坑,排除多余水分,槽间走道铺膜或细沙与土壤隔离。

供水系统:建造半地下式蓄水池,安装微喷滴灌设施,每槽内铺设2根滴灌带,在滴灌带上盖一层0.1 mm厚的塑料膜,在定苗的位置开口,膜可重复使用多年,但不能用地膜代替,地膜会黏附在滴灌带上而堵塞出水孔,膜的宽度与栽培槽宽一致。

消毒处理:定植前半月装好基质并准备好栽培系统,用水浇透栽培基质,并用0.1%高锰酸钾喷洒架材、墙壁、栽培料,放风口设置40目防虫网,然后密闭温室进行高温闷棚10~15 d。

5）定植

将番茄苗子按大小分级进行定植，通常小苗移栽在温室中间，大苗移栽在温室两侧，移栽前对苗子进行消毒，一般用50%的多菌灵800倍液对苗子进行喷雾，定植时苗坨适度深栽以萌生不定根，定植后穴内浇灌移栽灵或NEB溶液，定植株距为40～45 cm，每槽定植两行，667 m^2 栽苗1 900～2 200株。

6）定植后管理

（1）温度、水肥管理

缓苗期：加强温、湿度管理，白天温度保持在23～28 ℃，夜温17～18 ℃；空气湿度保持在75%左右，基质湿度保持在80%以上。

开花坐果期：白天温度控制在23～30 ℃，夜温15 ℃以上。空气湿度保持在75%～80%，基质湿度保持在80%～85%。夏秋高温季节在棚膜外层覆盖遮阳网或在膜上洒泥水形成遮阴物，冬春寒冷季节除晚上覆盖草帘等防寒物外，在气温较低或阴雪天气的晚上，在草帘外层覆盖一层塑料棚膜，可提高室温2～3 ℃。

定植后20 d追施有机生态专用肥+三元复合肥的混合肥料（100 kg专用肥+50 kg复合肥+0.5 kg微量元素肥料），一般每隔10 d追施一次，每株用量以12 g为基础，逐次增加，盛果期达到25 g。

结果盛期：除加强温度、湿度、追肥和浇水之外，叶面上及时补充钙肥和磷酸二氢钾等肥。

（2）植株调整

整枝是番茄栽培的主要技术措施之一。植株长至20～25 cm时及时吊蔓；番茄采用单蔓换头整枝，留4～5穗果后，掐头换枝，在第4～5穗花蘸花后，留两片叶子掐头换枝，每株一般可坐7～9穗果，结合整枝及时疏花疏果，每穗留3～5个果实，开花时进行人工辅助授粉，在上午9:00—10:00用20～30 mg/L的防落素或番茄灵溶液蘸花，也可用0.015%～0.02%的2,4-D溶液涂抹花柄。蘸花时要严格掌握用药浓度，温度高时浓度偏向下线，温度低时应用上线。

番茄分枝能力强，要及早摘除，一般在不影响吸收营养与水分的前提下，5 cm以上的侧枝要及早去除，并及时摘除黄叶、老叶和病叶。

7）适期采收

番茄果实因品种不同，其保藏时间不同，根据不同品种确定适宜的采收期。

2.1.4 樱桃番茄袋培

1）生物学特性

樱桃番茄的种子在 11 ~ 40 ℃范围内均可发芽，发芽适温为 25 ~ 30 ℃，发芽年限达 3 ~ 4 年。生育适温白天为 25 ~ 28 ℃，夜间 15 ~ 18 ℃，40 ℃以上时生长受抑，降至 10 ℃时，植株停止生长，5 ℃以下引起低温危害，-2 ~ -1 ℃会冻死。根系为深根性，吸水吸肥力强，根际最适温度为 20 ~ 23 ℃。樱桃番茄喜光，半耐旱，光饱和点 70 000 lx，光补偿点 2 000 lx，最适光强 30 000 ~ 35 000 lx，适宜的空气湿度为 50% ~ 65%，基质湿度为 60% ~ 85%，最适 pH 值为 6.5 ~ 7.0。

2）栽培季节与品种选择

樱桃番茄栽培季节和品种选择见表 7.2。

表 7.2　樱桃番茄栽培季节和品种选择

茬口类型	一年一茬		一年两茬
	春番茄	秋番茄	越冬长季节番茄
育苗	11 ~ 12 月份	7 月份	8 月份
定植	1 ~ 2 月份	8 月份	9 月份
采收	4 ~ 7 月份	10 月份至翌年 1 月份	11 月份至翌年 7 月份
品种	圣女、季红、红宝石、小龙女、女儿红、四季红等		

3）栽培价值与栽培方式

樱桃番茄也称迷你番茄、珍珠番茄等。原产南美洲。果形有球形、樱桃形、梨形等。果色有红色、粉色、黄色、橙色等。单果重约 15 g，糖度高达 8° ~ 10°，可当水果生食，也可当菜肴食用，或制罐头食品。樱桃番茄外观玲珑可爱，具天然风味，果汁中含甘汞对于肝脏病有疗效，还具有利尿、保肾功能。果皮茸毛分泌的路丁与维生素 P 的效果相同，可降低血压，预防动脉硬化和脑溢血。樱桃番茄还富含胡萝卜素和维生素 C，营养价值相当高。20 世纪 80 年代以来在全世界范围内得以迅速推广。中国近年来在开放城市、港口率先推广种植，深受广大人民、宾馆和饭店欢迎。

水培、复合基质培等栽培模式均适合于樱桃番茄的无土栽培。水培番茄的早熟效益更为明显，增产潜力较大，但水培一次性投资和运行费用比复合基质培高，而且栽培技术难度大。与水培相比，复合基质培等栽培技术比较容易掌握，栽培效果也不错。且就我国目前的经济水平而言，大面积进行番茄无土栽培或是使用简易基质栽培设施为宜。

4）育苗与定植

(1)基质处理

选用草炭：蛭石＝1：1的复合基质。基质消毒后装入50穴的育苗盘(50 cm × 25 cm)。基质消毒方法同上。

(2)种子处理

先用55～60 ℃热水浸种20 min后,再用10%磷酸三钠浸种20～30 min,最后温水浸种6 h,即可杀灭大多数病菌,也有钝化病毒的作用浸种后催芽,大多数种子2～3 d可以发芽,有的可长达4 d。包衣种子直播即可。

(3)播种

采用穴盘育苗。将种子点播到育苗盘,每个孔穴播种1～2粒。播前用日本山崎番茄配方1个剂量的营养液将基质浇透。点播后覆盖1 cm厚消毒过的基质。

(4)苗期管理

①温、湿度管理　为促进出苗,出苗前应保持较高的温、湿度,出苗后白天可降至20～25 ℃,夜间10～15 ℃。为防止发病,应降低苗床湿度。

②营养液管理　根据苗情、基质含水量及天气情况,用日本山崎番茄配方1/2～1个剂量的营养液进行喷洒,每次以喷透基质为准。

③病虫害防治　每7～10 d喷1次百菌清800倍液或甲基托布津800倍液进行预防,一般情况下不会发生病害。

④苗龄　冬季和早春的日历苗龄一般为2个月左右,夏季苗龄一般为1.5个月左右。此时幼苗具有5～7片真叶,即可定植。

(5)栽培设施建造

定植前要建好基质袋培设施。栽培设施包括栽培袋、滴灌系统、贮液池。先整平地面,并平铺塑料薄膜。然后沿温室的南北走向摆放,坡度为1：100,袋间距70 cm。长栽培袋由宽80 cm、长6 m、厚0.1～0.2 mm的黑色塑料薄膜叠成截面为梯形,内装珍珠岩：蛭石：草炭=1：1：2的复合基质,袋的截面高15～20 cm,底面宽25～30 cm。栽培袋摆好后安装滴灌系统。滴灌系统主要由水泵、定时器、供液总管、供液支管和滴灌软带构成。每条栽培袋铺设1～2条滴灌软带。

(6)定植

基质袋培时采用单行定植。一般株距为35～40 cm,每667 m^2用苗2 400～2 700株。定植后浇透营养液。

5）定植后的管理

(1)温湿度管理

缓苗前一般不进行通风换气，以利于缓苗。温度一般保持在 30 ℃左右，不可高于 35 ℃。缓苗后昼夜温度均较缓苗前低 2 ~ 3 ℃，以促进根部扩展，一般保持 25 ~ 30 ℃。结果期的昼温保持 22 ~ 28 ℃，夜温保持 18 ~ 22 ℃，温度过高或过低都会导致畸形果的产生。基质湿度以 70% ~80% 为宜，空气相对湿度保持在 50% ~60%。

(2)光照管理

番茄对日照长短要求不严格，中午阳光充足且温度高的天气，可利用遮阳网进行遮阳降温。

(3)营养液管理

采用日本山崎番茄营养液配方。苗期采用 1/2 个剂量，每 1 ~ 2 d 浇液 1 次。定植缓苗之后，采用 1 个剂量的营养液，每 2 d 浇灌 1 次，滴液量随天气及苗的长势而定。第一穗果坐住后，提高营养液剂量至 1.5 个剂量，第二、三穗果坐住后，再提高至 1.8 个剂量，γ 值控制在 2.0 ~ 3.0mS/cm，浇灌 1 ~ 2 次/d。另外，从定植到开花前，营养液中加入 30 mg/L 硝酸铵以补充氮素。进入结果盛期，可将营养液中的 P、K 含量各增加 100 mg/L，从而提高番茄产量，改善果实品质。注意调节营养生长与生殖生长的平衡。

(4)植株调整

主要有整枝、吊蔓、绕蔓、疏花、疏果、保花、保果、除叶、打杈、落蔓、摘心等。樱桃番茄的整枝方式通常有单干整枝、改良单干整枝和双干整枝 3 种，一般采用单干整枝的方式。当株高 25 ~ 30 cm 时开始吊蔓，方法同本项目任务 3 的黄瓜无土栽培。番茄茎节上产生侧枝的能力较强，侧枝消耗营养，所以要及时打杈。为了提高产量，可用振荡花序的方法或用 15 ~ 20 mg/L 的 2,4-D 溶液涂花、醮花，可以较好地解决番茄容易落花、落果的问题。为了提高番茄品质，也要适当疏花、疏果。一般单一总状花序的每个果穗留果 10 个左右，复总状花序的每个果穗留果 15 个左右。当第一穗果采收之后，要及时去除植株基部的老叶、病叶与黄叶，能有效地改善基部的通风透光条件，减少病虫害的发生。当植株长到顶端铁丝时，要落蔓进行坐秧整枝，协调营养生长与生殖生长之间的关系，并可延长生育期，增加总产量。一年两茬的樱桃番茄，在植株具 7 ~ 9 穗果后摘心；一年一茬的樱桃番茄，在具 17 ~ 22 穗果后摘心。

(5)脐腐病的防治

番茄无土栽培中发生最多、对产量影响最大的生理病害是脐腐病。发病原因主要如下所述。

①基质缺钙。

②营养液浓度过高，特别是钾、镁、铵态氮、硝态氮含量过多，抑制植株对钙的吸收。

③在高温、干燥条件下营养液的温度高，作物根系对硝态氮的吸收增加，而减少了对钙离子的吸收。

为了防止脐腐病，应保持适宜的营养液浓度，适当降低硝态氮和铵态氮的用量；避免基质温度过高；供液要均匀，不要忽干忽湿；在开花时向子房和叶面喷施0.5%～1.0%的$CaCl_2$溶液也会减轻脐腐病的发生。

2.2 茄果类蔬菜2：甜椒

甜椒(*Capsicum frutescens* L. var. *grossum Bailey*)设施栽培的面积，尤其是温室栽培面积有逐渐增加的趋势，甜椒因其经济价值高，成为现代化温室栽培的重要果菜。如1986年荷兰的温室甜椒栽培面积超过380 hm^2，比1979年增加了65%，产量达50 000 t/年。而到了1991年，甜椒栽培面积已达750 hm^2，产量达150 000 t/年。近10年来，荷兰甜椒的平均单产也提高了50%，其中优良品种起了较大的作用。

2.2.1 对环境条件的要求

种子发芽的适宜温度为15～30 ℃，最适温度为25 ℃左右，生育最适温度白天27～28 ℃，夜间18～20 ℃，地温17～26 ℃。对光照长短和光照强度的要求不严格，只要温度适宜，一年四季均可栽培。甜椒光饱和点为30～40 klx，光补偿点为1.5～2 klx，相对于其他的果菜类蔬菜，甜椒比较耐阴，适合进行设施早熟栽培。当然，在冬春栽培季节，需要设法增加设施内的光照，确保光照度达到25 klx以上。甜椒既不耐旱，又不耐涝，对水分的要求较严格。适宜基质相对湿度60%～70%，适宜空气相对湿度70%～80%。甜椒对氮、磷、钾三要素肥料均有较高的要求，生产1 000 kg辣椒，需吸收氮5.19 kg、磷(P_2O_5)1.07 kg，K(K_2O)6.46 kg。幼苗期需适当的磷、钾肥，花芽分化期受施肥水平的影响极为显著，适当多用磷钾肥，可促进开花。甜椒不能偏施氮肥，尤其在初花期若氮肥过多会造成严重的落花落果。

2.2.2 甜椒水培技术

1）栽培季节与品种选择

甜椒在7～9月份的高温季节生长不良，特别是恰逢结果期，常造成落花落果，产量低，品质差，因此，在种植茬口安排上，应尽量避免结果期在高温季节。无土栽培甜椒一般采取两种茬口安排：一种是第一茬在7月底8周初播种，8月底至9月初定植，11月开始收获至次年的1～2月份，主要供应元旦春节市场。第二茬在11～12月播种，翌年2～3月定植，5月初开始收获至6～7月份；另一种茬口安排是一年的长季节栽培，即在9月份播种,10月份定植,12月开始采收一直延续收获至翌年的6月份。后一种种植方式经济效益高,但对温室环境要求严格,要求在冬季时温室有较强的加温和保温能力,维持较高温度,促进成熟转色,防止冻坏植株,造成减产或失收。

我国甜椒设施专用品种还不多,近几年引进和自行研制的大型温室发展很快,对品种的品质和产量要求较高。大型温室内甜椒栽培以无土栽培为主,品种多为荷兰、以色列、法国等国引进的设施专用品种。一般选用抗性强的品种,通常采用彩色椒品种,产量高,品质好,经济效益显著,但种子价格较高,风险较大,国内的品种如柿子椒等也可选用。现对国内栽培面积较大的荷兰甜椒品种进行简单介绍。

①Tasty。果长10 cm,果重150 g,4心室,抗烟草花叶病毒。

②Mazurka。株型开放,生长均匀,抗烟草花叶病毒,坐果性好,生长期内产量分布均匀,单果重400~500 g,果实品质好。

③Polka。株型紧凑,生长势强,大果型,坐果性好,果实风味佳。

④Nassau。生长势强,坐果性好,果实橙色,果型好,品质佳,产量高,抗烟草花叶病毒。

⑤Sirtaki。果实黄色,大小一致,货架期长,抗褐腐病及灰霉病,抗烟草花叶病毒。

2)育苗与定植

播种前的种子处理同土壤栽培。根据无土栽培方式可采用72孔穴盘或营养钵育苗。可用于无土育苗的基质很多,如珍珠岩、蛭石、泥炭等均可采用,以有机和无机基质混合使用为宜,有机基质能起到保水、保肥的作用,而无机基质则可以起到通气的作用。一般采用泥炭、珍珠岩混合基质或泥炭、蛭石混合基质。如肥水喷灌自动化,为保证及时且均匀地供应肥水,可用70%~80%的珍珠岩与20%~30%的泥炭混合;如采用人工喷肥水,则用体积比为1∶1的泥炭、珍珠岩混合基质,以提高基质的保水、保肥能力,避免基质过干、过湿。每穴每杯播1粒种子,用少量育苗基质盖种约0.5 cm厚,在幼苗长出第1片真叶后应适当浇淋浓度为0.5剂量的甜椒专用营养液,以育壮苗。待幼苗具有4~6片真叶时即可定植。由于甜椒不易发新根,移苗时应注意尽量少伤根,以利缓苗及根系生长。若采用水培或岩棉培方式,亦可在定植杯或岩棉块上直接育苗,小苗移入定植杯后可直接定植在种植槽中,亦可先集中在盛有2 cm左右厚的营养液的空闲种植槽中一段时间,至新根伸出杯外后定植到种植槽中。定植的密度为每667 m^2 为1 800~2 000株。

3)营养液管理

(1)营养液配方选择

适于甜椒生长的营养液配方很多,如日本山崎甜椒配方、园试通用配方、美国的霍格兰和阿农通用配方、荷兰温室作物研究所的岩棉滴灌配方以及我国华南农业大学的果菜配方。山崎甜椒配方的组成为(mg/L):$Ca(NO_3)_2 \cdot 4H_2O$ 为354、KNO_3 为607、

$NH_4H_2PO_4$ 为 96、$MgSO_4 \cdot 7H_2O$ 为 185。微量元素一般选用通用配方。

(2)营养液管理

甜椒在生长前期,需肥量少。苗期适当浇一些 γ 为 0.8 ~ 1.0 mS/cm 的完全营养液,在移栽定植前后营养液浓度以 γ 为 2.0 mS/cm 左右为宜。营养生长期的适宜 γ 为 2.2 mS/cm,坐果后直至采收结束营养液的 γ 适宜范围为 2.4 ~ 2.8mS/cm。甜椒因其自身调节生长平衡能力强,在整个生育期中不需调整营养液的配方,只需进行浓度调整。对浓度的测定应每 2 d 左右测定一次,若营养液浓度发生变化不符合生长要求应及时进行补充,同时应注意补充所消耗的水分。对营养液酸碱度的管理,通常控制在 pH 为 6.0 ~ 7.5。水培甜椒应每周定期检测,如果是新建的水泥种植槽,应更频繁检测。若 pH 超出范围,应用稀酸或稀碱溶液进行中和调整。营养液循环应以补充溶解氧以满足根系对氧的需求为原则。甜椒对氧较敏感,需求较大,缺氧时易烂根而造成减产损失,甚至失收。因此,必须注意加强营养液的循环以补充氧。通常在生长前期,水位应较高,以利于根系伸入营养液中,循环时间相对短些,在白天每 h 进行 15 min 左右循环即可,晚上可减少循环时间至每 h 循环 10 min。在生长中后期,特别是开花结果期,应逐渐降低水位,让部分根系裸露在空气中,以利于吸收氧。同时延长循环时间,如每 h 循环 20 ~ 30 min,以满足根系对氧的需求。若是基质培或岩棉培,则通过控制灌溉量来调整根际的水、气矛盾,既保证作物生育对水、肥的需求,又能使根系得到充分的氧气供应。

图 7.1 是上海东海农场引进荷兰温室基质栽培黄瓜、番茄和甜椒 3 种作物灌溉营养液的 γ 管理状况,从图可以看出,作物不同生育阶段对水分的需求差异很大。移栽后,由于更换了作物生长环境,根系也受到了一定损伤,吸收水分的能力下降。此时应适当降低营养液的浓度,且应少量多次,以促进成活,在成活后,应适当提高营养液浓度,且减少灌溉量,以改善基质的通气条件,促进作物形成发达的根系。随着植株的长大,对水分的需求也不断增加,因此,随着生育期的延长,灌溉量也应该逐渐增加。

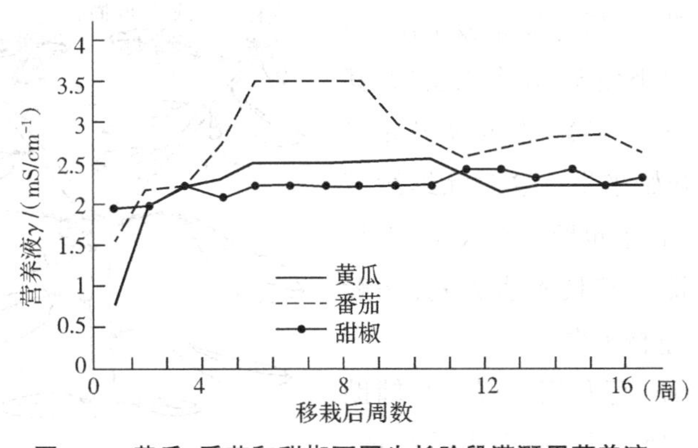

图 7.1　黄瓜、番茄和甜椒不同生长阶段灌溉用营养液 γ

每天灌溉量的多少除与生育阶段有关外,还受光照强度的影响,图 7.2 给出了每天日积光及甜椒的日灌溉量。

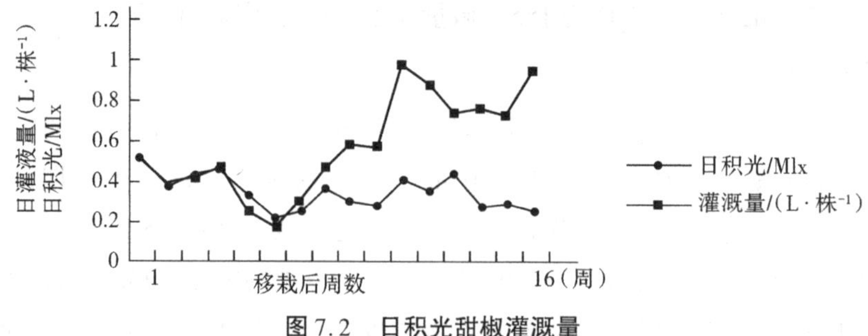

图 7.2　日积光甜椒灌溉量

从图 7.2 可以看出，甜椒水分供应量与日照强度的变化趋势基本一致，在晴天日照较强时，需要的灌溉量也较多，而在阴雨天，日照较弱，根系活力低，对水、肥要求少，因此灌溉量也少。对基质栽培，每天的灌溉应遵守以下原则：

①回收液量以占总灌溉量的 15% ~30% 为宜，若采用开放供液，则允许 8% ~10% 的多余液流出。

②灌溉液和回收液 γ 相差不超过 0.4 ~0.5 mS/cm。

③回收液的 NO_3^- 浓度应为 250 ~500 mg/L。

④回收液的 pH 应在 5.0 ~6.0 范围内。

⑤灌溉应少量多次。

4）植株调整

大型温室内无土栽培的甜椒均需进行植株调整，生产上普遍应用的是"V"形整枝方式，即双杆整枝。当甜椒长到 8 ~10 片真叶时，自动产生 3 ~5 个分枝，当分枝长出 2 ~3 片叶时开始整枝，除去主茎上的所有侧芽和花芽，选择两个健壮对称的分枝成"V"形作为以后的两个主枝，其余分枝打掉。将门花及第 4 节位以下的所有侧芽及花芽疏掉，从侧枝主干的 4 节位开始，除去侧枝主干上的花芽，但侧芽保留 1 叶 1 花，以后每周整枝 1 次，整枝方法不变。每株上坐住 5 ~6 个果实后，其上的花开始自然脱落。等第 1 批果实开始采收后，其后的花又开始坐果。这时除继续留主枝上的果实外，侧枝上也留 1 果及 1 ~2 片叶打顶（图 7.3），甜椒整枝不宜太勤，一般 2 ~3 周或更长时间整枝 1 次。

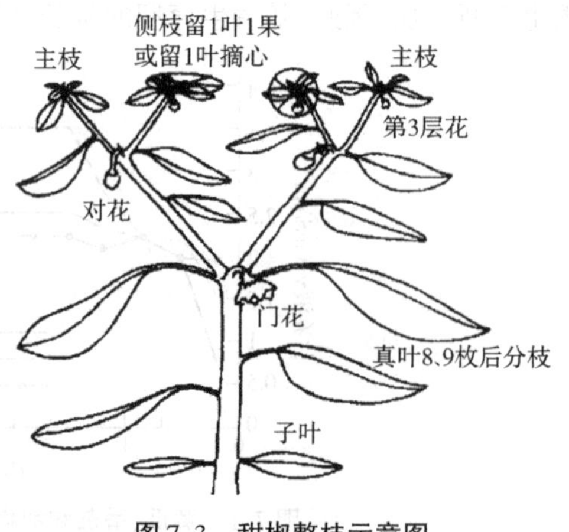

图 7.3　甜椒整枝示意图

为提高甜椒品质，可利用熊蜂进行辅助授粉以利于果实快速膨大，获得优质高产。在没有熊蜂时，可采用敲击生长架的方式辅助授粉。

此外,在管理上应注意棚室内的温度及湿度的控制。如在早春栽培,应于定植后的缓苗阶段保持较高的温度以促进缓苗,温度以控制在30 ℃左右为宜,以后温度可控制在白天25 ~30 ℃、夜间15 ~20 ℃;秋季栽培,前期应加强通风等措施以降低棚室内的温度,而生长后期应注意保温防寒,以避免高温或低温所造成的落花落果。

5)收获

甜椒是一种营养生长和生殖生长重叠明显的作物,在开花之后即进入长达数月的收获期,应适时采收以利于提高产量和品质。当果实已充分膨大,颜色变为其品种特有的颜色时,如黄色、紫色、红色等,果实光洁发亮即可采收。

6)病虫害防治

甜椒的病虫害主要有病毒病、炭疽病、青枯病、疫病、枯萎病、螨类、棉铃虫等。病虫害防治应严格贯彻以防为主的原则,做好各个环节的管理工作,若出现病虫害,应及时对症下药予以控制。

2.2.3　彩色甜椒袋培

1)生物学特性

彩色甜椒茎直立,假2杈或3杈分枝。单叶互生。花为顶生,多为单花。甜椒根系分布浅,深仅10 ~15 cm。甜椒的长势和根系均较辣椒弱,分枝较少,叶片较大,蒸腾量大,抗病能力也较弱。彩色甜椒属喜温性蔬菜,幼苗期的抗寒能力不如番茄,低于10 ℃种子发芽较困难,种子发芽期适温为25 ~30 ℃,生长期适温为21 ~26 ℃,低于15 ℃或高于35 ℃,特别是夜温高于25 ℃,花期不易授粉,易造成落花、落果及畸形果,果实着色要求25 ℃以上的温度。对空气湿度要求一般在50% ~70%。湿度过高不但授粉受精受影响,而且较易发病,但湿度过低,也影响开花与果实发育。

2)栽培季节与品种选择

南北方地区,在种植茬口安排上都应尽量避免结果期在高温季节。彩色甜椒一般采取两种茬口安排:一种是第一茬7月底8月初播种,8月底9月初定植,11月份开始收获至翌年的1 ~2月份,主要供应元旦春节市场。第二茬在11 ~12月份播种,翌年2 ~3月份定植,5月初开始收获至6 ~7月份;另一种茬口安排是一年的长季节栽培,即在9月份播种,10月份定植,12月份开始采收一直延续收获至翌年的6月份。实际生产证明,后一种种植方式经济效益高,但要求冬季时温室有较强的加温和保温能力。

彩色甜椒无土栽培宜选用无限生长型、耐弱光、易坐果、果形方灯笼形、肉厚个大、颜色明亮、抗疫病的温室专用品种,如荷兰的马拉托红色甜椒、卡匹奴黄色甜椒、拉姆紫色甜椒等。北京市农业技术推广站培育的水晶系列品种味甜品质好,有红、黄、橙、紫、白、绿色共6个品种,也是很好的选择。

3)栽培价值与栽培方式

彩色甜椒产量高,品质好,抗性较强,经济效益显著,但种子价格较高,风险较大。栽培方式可选择水培、岩棉培或槽培、袋培等,其中以基质培为主。

4)育苗与定植

(1)育苗

①基质准备。将栽培基质(草炭∶蛭石=1∶1)混拌均匀,堆高10~15 cm,用50~100倍甲醛溶液喷透基质,再用干净的塑料布盖在基质堆上,密闭3~4 d,然后将塑料布掀开晾晒、装盘。

②种子处理。用50~55 ℃热水浸种20 min,再降至30 ℃浸种18~24 h,即可杀灭大多数病菌。也可将种子在清水中预浸5~6 h,再用10%磷酸三钠或2%的双氧水浸种15~20 min,都有钝化病毒的作用。然后用清水冲洗干净后再浸种12~18 h。用1 000 mg/L升汞浸种5 min或1 000 mg/L农用链霉素浸种30 min对防治青枯病和疮痂病较好。在25~30 ℃的环境条件下催芽4~7 d,待种子露白后播种。包衣种子可以直接播种。

③播种。温室内四季均可播种。采用育苗床或塑料钵基质育苗方式。播前用0.5个剂量的日本山崎甜椒营养液浇透基质,播后上覆0.5~1 cm厚的基质。

④苗期管理。

a.温、湿度的管理。为促进出苗,出苗前白天温度保持28~30 ℃,夜间保持18~20 ℃,基质温度20 ℃左右,出苗后白天可降至20~25 ℃,夜间10~15 ℃,并适当降低苗床湿度。

b.营养液管理。可选用1个剂量的日本山崎甜椒营养液配方。根据苗情、基质含水量及天气状况,确定喷洒营养液的时间,每次以喷透基质为度。

c.病虫害防治。每7~10 d喷1次百菌清800倍液或甲基托布津800倍液进行预防,一般情况下不会发生病害。如果发生猝倒病可用25%甲霜灵800倍液,立枯病则用50%福美双可湿性粉剂500倍液,3~5 d喷1次。枯萎病可用350倍液乙膦铝灌根。

⑤壮苗标准。株高18~20 cm,10片叶左右,叶色深绿,叶片肥厚,茎粗壮,根系发育好,无徒长、老化和病弱苗。

(2)定植

①基质准备。基质可选用锯木屑、岩棉、炉渣、草炭、蛭石、河沙、珍珠岩中的1种或几种按一定比例混用均可。试验证明,草炭、蛭石、珍珠岩之比为2∶0.5∶1的复合基质槽

培和锯木屑袋培效果较好。采用锯木屑袋培时，要求80%的锯木屑在3~7 mm之间每667 m^2 温室约需20 m^3 锯木屑。使用前将锯木屑用40%甲醛50倍液均匀喷湿，用塑料薄膜密封3~4 d后再把塑料薄膜打开使甲醛气体挥发掉，然后装袋。

②定植。采用锯木屑袋培时，先建好袋培系统，其设施结构同樱桃番茄。在覆盖塑料薄膜的温室地面上按1.3 m的行距排列基质栽培袋，用标准的山崎甜椒配方0.5~1.0个剂量的营养液滴湿基质后即可定植。为了利于缓苗，一般在下午高温期过后定植，株距35 cm。定植时土坨要低于基质表面1 cm。定植后及时浇营养液，以促进根系发育。

5）定植后的管理

①温度管理。缓苗前一般，不进行通风换气，以利于缓苗，一般温度保持在30 ℃左右，不可高于35 ℃。缓苗后昼夜温度均较缓苗前低2~3 ℃，以促进根部扩展，一般保持在25~30 ℃。结果期白天保持23~28 ℃，夜间18~23 ℃，温度过高或过低都会导致畸形果的产生。

②湿度管理。基质湿度以70%~80%为宜。空气相对湿度保持在50%~60%为好，空气湿度不可过高，否则不利于生长，易感病。

③光照管理。甜椒光饱和点为30 000 lx，光补偿点为1 500 lx，甜椒怕强光，喜散射光，对日照长短要求不严格。中午阳光充足且温度高的天气，可利用遮阳网进行遮阳降温。

④营养液管理。营养液以日本山崎甜椒配方为依据，根据本地水质特点适当调整。pH值为6.0~6.3。门椒开花后，营养液应加到1.2~1.5个剂量。对椒坐住后，营养液剂量可提高到2.0个，并加入30 mg/L的磷酸二氢钾，注意调节营养生长与生殖生长的平衡。如果营养生长过旺可降低硝酸钾的用量，加进硫酸钾以补充减少的钾量，调整用量不超过100 mg/L。在收获中后期，可用营养液正常浓度的铁和微量元素进行叶面喷施，以补充铁和其他微量元素的量，每15 d喷1次。

⑤植株调整。采用绳子吊蔓方法（同本项目任务3的黄瓜）。彩色甜椒分枝能力较强，开花前进行双干整枝，即留2条健壮枝，其他长出的侧枝应及时抹掉，避免消耗营养。随着植株的生长，要及时把植株绕在吊绳上，一般1周1次。主茎上的第1朵花必须摘除，以促进营养生长。生长过程中要进行疏花疏果，第1次坐果留4~6个，多余的和不正常的花果及时疏掉，以集中营养供给，保证正品率。如果主枝坐果太少，可另外在侧枝上留1个果和3~4片叶。个别主枝结果后变得细弱，失去结果能力，应在摘除果实的同时将该枝摘掉。去掉主枝弱小的不结果枝及各大主枝间的小枝和弱枝。第1杈下部的黄叶和各部位的老叶、病叶也要及时摘除。当果实达到商品成熟时，必须及时摘除，避免养分无谓消耗。

2.3 茄果类蔬菜3：辣椒

辣椒（*Capsicum annuum*）系茄科，一年生或多年生草本植物，果实中含有丰富的辣椒素及维生素 A、C 等多种营养物质,并有芬芳的辛辣味,具有促进食欲、帮助消化及治胃寒、冻疮、风湿等病症的作用,因而辣椒被称为“红色药材”。由于其性热,故不宜多吃。青熟果实可炒食、泡菜;老熟红果可盐腌制酱;干燥后成辣椒干或碾成辣椒粉,是人们喜食的鲜菜和调味品,全国各地均有栽培。西北地区冬春季节主要以温室生产和南方调运来供应市场。

2.3.1 对环境条件的要求

1)温度

辣椒属于喜温蔬菜。种子发芽适宜温度为 25 ~ 30 ℃,需 3 ~ 5 d 即可发芽。幼苗期生长适宜温度为 20 ~ 25 ℃,温度高于 25 ℃以上时幼苗生长迅速,易形成徒长的弱苗,不利于培育壮苗。开花结果时期要求白天温度 22 ~ 27 ℃,夜间温度在 15 ~ 20 ℃。低于 10 ℃时,难于授粉,易引起落花、落果。高于 30 ℃时,花器发育不全或柱头干枯不能受精而落花。

2)水分

辣椒在茄果类蔬菜中是比较耐旱的。一般大型果品种需水量较大,小型果品种需水量小。在幼苗期需水量少,保持基质湿润即可。从初花期开始,植株生长量增加,需水量随之增多,特别在果实膨大期开始,需要充足的水分,基质的相对湿度需保持在 75% ~ 80%。反之如水分不足有碍于果实膨大和植株生长发育,引起落花落果和畸形果增多。

3)光照

辣椒对光照的要求较高,全生育期需要良好的光照条件,在 10 ~ 12 h 日照下开花结果良好,对光照强度要求中等,日照过强易引起日烧病,光合作用的饱和点为 30 000 lx,光补偿点为 1 500 lx,光照不足,会造成幼苗节间伸长,植株生长不良,落花落果严重。

2.3.2 辣椒有机生态型无土栽培技术

辣椒在甘肃酒泉地区种植历史悠久,但由于冬春季节受栽培条件及低温的影响,在温室生产中面积较小,同时产量较低,亩产只有 3 000 kg 左右,且病害严重,特别是土传性病害日益严重,导致辣椒反季节无法正常生产。2000 年开始至今,有机生态型无土栽培技术成功应用在辣椒生产上,使辣椒病害得到有效控制,产量效益增加显著,使亩均产量达到 4 500 kg 以上。

1）品种与茬口的选择

（1）品种选择

选用早熟、抗病、丰产、耐寒性和耐热性较强的品种，适宜栽培的品种有陇椒2号、3号、5号等。

陇椒2号：该品种为早熟品种，植株长势强，株高90 cm左右，果实长牛角形，绿色，果长26～35 cm，耐弱光、抗逆性强、抗病性好，平均单果重37 g，单株结果数30个以上，每667 m^2 产量4 000 kg以上，适宜北方保护地栽培。

陇椒3号：早熟一代杂种，熟性比陇椒2号早7～10天，生长势中等，果实羊角形，绿色，果长24 cm左右，果肩宽2.5 cm，平均单果重35 g，果面皱，果实商品性好，品质优。一般667 m^2 产3 500～4 000 kg，抗病性强，经甘肃省农科院植保所苗期人工抗疫病鉴定及日光温室田间表现，陇椒3号对疫病的抗性较陇椒2号强。适宜西北地区保护地和露地栽培。

陇椒5号：早熟，生长势强，果实羊角形，果面有皱褶，果长28 cm，单果重30～45 g，果色绿，味辣，果实商品性好，品质优良，抗病毒病，耐疫病，一般667 m^2 产4 000～4 500 kg。抗病毒病，耐疫病。全国保护地和露地均可栽培。

（2）茬口选择

温室辣椒栽培一般选用一大茬和早春茬两种栽培模式。

①一大茬

7月上旬播种育苗，8月下旬或9月上旬定植，11月中下旬上市。

②早春茬

11月中下旬播种育苗，翌年元月下旬定植，3月中下旬上市。

2）穴盘无土育苗

（1）种子消毒

将种子放入55～60 ℃的温水中搅拌至水温降至30 ℃后，再用30%磷酸三钠溶液浸泡20 min或50%多菌灵500倍液浸种30 min，然后冲洗干净后浸泡4～6 h，取出后在28～32 ℃下催芽，50%种子露白时播种。

（2）基质消毒

用50%多菌灵500倍液均匀喷洒基质后堆闷2 h，然后装入72孔穴盘。

（3）播种及苗期管理

将种子点播在穴盘内每穴2～3粒，上盖1 cm厚的基质，然后浇透水，放入20～25 ℃环境条件下育苗，浇水要保持基质见干见湿为宜，出苗后每穴留两株苗，每隔15～20 d喷洒1次叶面肥,待苗龄达到4~5片真叶(45~50 d),株高10~15 cm时定植。

3)基质配制、栽培系统建造、基质消毒处理

参考本项目番茄栽培技术。

4)定植

基质温度达到12 ℃以上时进行定植,每个栽培槽定植两行,"T"形定植,同行株距50~55 cm。

5)定植后管理

根据辣椒喜温、喜水、喜肥及高温易得病,低温易落果,水涝易死秧,肥多易烧根的特点,在整个生长期内不同阶段有不同的管理要求,定植后至采收前以促根促秧为主,开始采收至盛果期以促秧攻果为主,后期加强肥水管理夺取高产。

(1)温度、光照管理

采收前室内白天温度保持在20~25 ℃,采收期内白天22~27 ℃,夜间保持14 ℃以上,昼夜温差10 ℃左右,深冬季节应经常擦洗棚膜,坚持早拉晚放草帘,尽量延长光照时间。

(2)水肥管理

浇水量必须根据气候变化和植株大小进行调整,一般定植后3~5 d开始浇水,一般在上午9:00~10:00进行浇水,根据基质湿度和植株长势情况每次浇水15 min左右,高温季节在14:00以后补浇一次,阴天停止浇水或少浇。

追肥配比为有机生态专用肥100 kg+尿素25 kg+硫酸钾复合肥10 kg+微肥1.5 kg,定植后20天结合浇水进行追肥,此后每隔10 d追肥一次,将肥料均匀地埋施在离根5 cm以外的基质内,每株10 g,结果后7~10 d追肥一次,最大量20 g。

(3)通风排湿

当室内温度达到22 ℃以上时进行通风,一是可以降低温室内相对湿度,降低病害的发生;二是可以增加温室内CO_2浓度,有利于作物的光合作用。

(4)植株调整

辣椒整枝一般采用2杆或3杆整枝,株高达到50 cm左右时进行吊秧,每株保持4个生长枝结果,待植株长到1.2 m以上时一般平茬整枝。

6)适时采收

在正常情况下,开花授粉后20~30 d,此时果实已达到充分膨大,果皮具有光泽,已达

到采收青果的成熟标准,应及时采收。门椒应提前采收,如果采收不及时果实消耗大量养分,影响以后植株的生长和结果。

2.4　茄果类蔬菜4：茄子

2.4.1　茄子的特征特性及对保护环境的适应性

茄子(*Solanum melongena*)喜欢较高的温度,生长发育期间的适宜温度为20～30 ℃,结果期间为25～30 ℃,在17 ℃以下低温或35 ℃以上高温情况下,生长缓慢,花芽分化延迟,果实生长发育受到阻碍,落花落果严重,温度低于10 ℃,出现代谢紊乱,甚至使植株停止生长,5 ℃以下发生冻害。

茄子对日照长短反应不敏感,光照时间从4 h到24 h花芽都可以分化,但长日照使幼苗生长旺盛,花芽分化早,开花提前,12～24 h的光照对植株的影响差异不大,但全天光照则使子叶变黄或植株下部叶片脱落;茄子对光照强度要求较高,光饱和点为40 000 lx,属光饱和点低的果菜,但在弱光下植株生长缓慢,产量降低,并且色素不易形成,尤其是紫色品种更为明显。

茄子喜湿怕涝、不耐旱,由于茄子分枝多,叶片大而蒸腾作用强,根际湿度控制在65%～80%较为适宜,空气湿度调整在60%～75%为宜,生长期间应科学调控水分供应。

茄子以幼嫩浆果为产品,对氮肥需求量大,钾肥次之,磷肥最少,生育期间易出现缺镁症状,及时叶面喷施微量元素肥料。

2.4.2　茄子有机生态型无土栽培技术

茄子有机生态型无土栽培技术由甘肃省酒泉市肃州区蔬菜技术服务中心在全国范围内首次试验、示范,并取得成功,在几年的示范推广过程中,不断进行技术改进、创新和总结,使该技术达到实用、适用、成熟和完善,现已在全省范围内大面积推广,均已取得显著成效,在全国无土栽培技术中树立了高产高效典范。

1)栽培茬口

(1)早春茬

11月中旬播种育苗,2月上旬移栽定植,3月下旬开始上市,6月下旬拉秧或8月下旬平茬。

(2)一大茬

7月中旬播种育苗,9月上旬移栽定植,10月下旬开始上市,翌年6月下旬拉秧或8月下旬平茬。

2）品种选择

选用抗病虫、抗逆性能力强的茄子品种，各地应根据消费习惯选择茄子的果形和色泽，长棒形紫色品种选用山东省潍坊市农科院蔬菜良种繁育中心培育的紫阳长茄，该品种抗病、丰产、早熟、果实长棒形，果长 30 ~ 35 cm，横径 4 ~ 6 cm，单果重 200 ~ 400 g，皮紫黑色有光泽，肉质细嫩，生长迅速，坐果率高，亩产可达 6 000 ~ 8 000 kg，并适合于平茬再生栽培。

3）穴盘育苗技术

选择适宜的种植茬口后，规模化种植时利用工厂化育苗手段进行穴盘育苗，小户生产时进行茄子穴盘二级育苗。

(1)种子消毒处理

将体积相当于种子体积 3 倍 55 ~ 60 ℃的热水，倒入盛种子的容器中，边倒边搅拌，待水温降至 30 ℃左右，静置浸泡 6 ~ 8 h，或将种子用 40% 磷酸三钠 100 倍液浸种 20 min，或用 50% 多菌灵 500 倍液浸种 30 min，静置浸泡 6 ~ 8 h。

(2)穴盘二级育苗

用杨树锯末做一级苗床，将新鲜的杨树锯末用开水处理后，做成 10 cm 厚的苗床，将处理好的种子均匀撒播在苗床上，待两片子叶充分平展后进行分苗。

(3)基质消毒

将高锰酸钾稀释成 1 000 倍液，均匀喷洒在基质上，或每 m^3 基质中加入 50% 多菌灵 100 ~ 200 g，充分混拌均匀后堆闷 2 h 后装入 72 孔穴盘。

(4)分苗

将子叶苗移植在穴盘中，每穴 1 株，移栽完后将穴盘苗放置在设有防虫网的条件下进行管理，穴盘苗的根坨小易缺水而使苗子发生萎蔫，应早晚补充水分，夏秋季节育苗时利用遮阳网进行遮阴，冬春季节育苗时覆盖保温设施，苗龄约 45 ~ 50 d。

4）定植前准备

基质配制、栽培系统建造、基质消毒处理参考本项目番茄栽培技术。

5）定植

采用双行错位定植，同行株距 45 cm，保持植株基部距同部位栽培槽边 10 cm，苗坨低于栽培面 1 cm 左右。边定植边浇水。定植穴浇灌移栽灵或 NEB 溶液，定植后一周，观察植株长势及气温决定在滴灌上铺膜。

6）定植后的管理

（1）温度、光照管理

幼苗期生长适温为白天25～30 ℃，夜间16～20 ℃，开花结果期的最适温度为白天25～30 ℃，夜间15～20 ℃。在深冬季节，最低温度不能低于13 ℃，遇到极端低温，可在草帘上加盖一层棚膜，可提高室温2～3 ℃，并勤擦洗棚膜，在后墙张挂反光幕来增强光照；夏秋季节进行适当的遮阴和叶面喷水降温。

（2）水分管理

浇水量必须根据气候变化和植株大小进行调整，冬春季节晴天隔日浇1次水，阴天每3～4 d浇1次水；2月气温回升后晴天每天浇1次水，阴天隔1天浇1次；浇水在早晨进行，每次10～15 min。

（3）施肥

定植20 d后开始追肥，但同时要注意植株长势，一般在对茄瞪眼时，追第1次肥，以后每隔10～15 d追肥1次。追肥时，将有机生态专用肥与大三元复合肥按6∶4比例混合，每100 kg混合肥中另加入磷酸二氢钾2 kg、硫酸钾复合肥3 kg。在结果前期每株追肥约17 g，结果盛期每株追肥约20 g，将肥料均匀埋施在距植株根部5 cm以外的范围内，从结果盛期开始，叶面补充磷酸二氢钾等肥料。

（4）植株调整

采用层梯互控方法整枝，即门茄下留1个侧枝，门茄以上留2个侧枝，以后根据侧枝的开张角度，共选留4个侧枝进行层梯互控方式生长结果。

门茄坐果后，适当摘除基部1～2片老叶、黄叶，门茄采收后，将门茄下叶片全部打掉，以后每个果实下只留2片叶，其他多余的侧枝及叶片全部摘除，当选留的侧枝生长点变细，花蕾变小时，及时掐头，促发下部侧枝开花结果；当茄子出现早衰或歇秧时，及时打去老叶，7～8 d后，新叶就可发出，并继续生长结果，若植株生长过高，对茄子侧枝进行高秆平茬，这样可延长茄子采收期。生产周期结束后，根据植株长势，进行拉秧或平茬再生栽培（一般8月下旬和10月上旬平茬）。

（5）保花保果

为了提高坐果率，防止低温或高温引起的落花和产生畸形果，可在开花前后2 d内，用0.1%的2，4-D液每1 mL加水400～650 g，涂抹花柄，温度高时取上限，温度低时取下限，深冬季节还可在每500 mL蘸花液中加入1～2 mL赤霉素，防止僵果、裂果的出现。

（6）气体调节

在寒冷季节减少了通风时间和次数，使温室内CO_2的含量不足，影响植株的光合作用。因此，必须在温室内补充CO_2气肥来保证植株的正常生长，可采用双微CO_2气肥，每

m^2 使用1粒,埋入走道两侧5~10 cm深处,667 m^2 1次使用7 kg,可在30~35 d内不断释放 CO_2 气体;也可采用稀硫酸加碳酸氢铵的办法进行 CO_2 施肥。

7)适时采收

紫阳长茄一般开花后20~25 d即可采收。门茄可适当早收,在萼片与果实相连处的环状带变化不明显或消淡时,表明果实停止生长,这时采收产量和品质较好。

任务3　瓜类蔬菜无土栽培技术

3.1　瓜类蔬菜1:黄瓜

黄瓜(*Cucumis sativus L.*)为葫芦科甜瓜属的一个栽培种,又名胡瓜、王瓜、青瓜。黄瓜以嫩果为食用器官,可生食也可熟食,还可淹渍加工,是世界性重要蔬菜,是无土栽培蔬菜的主要作物之一,栽培面积仅次于番茄。

无土栽培黄瓜的特点是生长速度快,收获期早而且集中,果皮富有光泽,果实品质好,深受消费者欢迎。但由于黄瓜根系容易早衰,生长势较难维持,因此单茬生产季节不如茄果类蔬菜栽培季节长。

3.1.1　对环境条件的要求

黄瓜为喜温性蔬菜,生长适宜温度18~30 ℃,最适温度24 ℃,种子发芽适温27~29 ℃。从苗期开始,昼夜温差宜保持在10~15 ℃,是区别其他瓜类作物的特性之一。夜温以15~18 ℃为宜,较低夜温有利于雌花形成。黄瓜不耐寒,可忍耐的最低温度为5 ℃,低于0~-1 ℃受冻害,10~13 ℃停止生长。根系生长适宜温度范围20~25 ℃,低于20 ℃根系生理活性减弱,10~12 ℃停止生长。

黄瓜喜强光不耐弱光,光饱和点为55 klx,光补偿点为2 klx。在较高温度和较高 CO_2 浓度的条件下,增加光强可提高光合性能。黄瓜对日照长短的反应因生态类型不同有差异,华南生态型品种要求较短日照,华北生态类型要求较长光照。对所有类型品种,短日照均有利于花芽分化和雌花形成。

黄瓜为喜湿植物,由于叶片大而薄,根系浅,对空气湿度和根际湿度要求均较高,适宜的空气湿度为60%~90%。湿度过低,黄瓜植株生长发育和果实生长均受影响,因此,为了减轻病害发生而片面要求降低空气湿度应该慎重。

黄瓜根系喜欢弱酸性至中性条件,在pH5.5~7.2范围内均可正常生长,但以pH6.5为适宜。根系耐盐性差,基质或营养液盐分不宜太高。对矿质元素要求较高,每生

产1 000 kg黄瓜果实所需营养元素的量为:N为2.8 kg、P为0.9 kg、K为3.9 kg、Ca为3.1 kg, Mg为0.7 kg,可见对N、K及Ca元素的需求量较高。

3.1.2　品种选择

根据黄瓜品种的分布区域及生物学性状,可分为不同生态类型,生产上常见的有四种类型:即华南型、华北型、欧美型露地黄瓜和欧洲型温室黄瓜。

设施栽培对黄瓜品种要求与露地不同,主要特点是:①要适合市场要求:黄瓜有长型、短型、有刺、无刺、绿色、白色等区别,要根据不同地区消费习惯和市场需求选择品种;②生长和结果特点:要求生长势强,结果期长,持续结果能力强的品种。③对环境条件要求:选择耐低温弱光或抗高温能力强,光合性能好,抗病虫能力较强的品种。

黄瓜无土栽培选用的品种首先要满足设施栽培的要求,大多数设施栽培条件下表现好的品种都可用于无土栽培。常见品种有:

1)长春密刺

长春密刺是我国使用最早的设施栽培品种,在北方地区应用广泛。植株生长势较强,主蔓结瓜为主,早熟,第2~4节出现第1雌花,易结回头瓜。较耐低温和弱光,抗枯萎病,但对霜霉病、白粉病抗性较差。瓜条较短,颜色深绿,刺多而密,瓜肉淡绿,味浓,柄短,商品性好。单瓜重150~200 g,丰产性强。属于长春密刺类型的还有山东密刺、新泰密刺等。

2)津春3号

津春3号是天津农业科学研究院黄瓜研究所育成的F_1杂交种。植株生长势强,茎蔓粗壮,分枝性中等,叶片肥大。主蔓结瓜为主,早熟性好。一般第2~3节出现第1雌花,雌花比例较高。商品瓜棒状,瓜长30 cm左右,单瓜重220 g左右,瓜把短,瓜条顺直。皮绿色,瓜瘤适中,刺白色,风味品质较佳。植株较耐低温和弱光,对霜霉病、白粉病抗性也强。主要缺点是结瓜期较短,后期植株易早衰,适宜早熟栽培。

3)津优3号

津优3号是天津农业科学研究院黄瓜研究所育成的F_1杂交种。植株紧凑,生长势强,叶色深绿。主蔓结瓜为主,第1雌花着生在第3~4节,雌花节率30%左右,回头瓜多,早期产量及总产量均高于长春密刺。瓜条顺直,长35 cm,瓜把短,单瓜重230 g左右。瓜色深绿,有光泽,瓜瘤明显,白刺密生。果肉浅绿色,心腔较细,小于瓜径1/2,质脆味甜,品质优。耐低温弱光能力强,畸形果少,商品率高。高抗枯萎病,中抗霜霉病和白粉病。

4）津美1号

津美1号是天津农业科学研究院黄瓜研究所育成的适宜出口的品种。早熟,主蔓结瓜为主,第1雌花出现在第4节左右,雌花节率高,瓜码密,产量高。瓜色深绿,少刺,皮色亮绿。瓜条顺直,瓜把极短,畸形瓜率极低。瓜长30 cm,直径2.8 cm,腔小肉厚,单瓜重150 g。中抗枯萎病、霜霉病和白粉病。

5）中农5号

中农5号是中国农科院蔬菜花卉研究所育成的F_1杂交种。植株生长势较强,主蔓结瓜为主,回头瓜多。第1雌花着生在第2~3节,以后几乎节节生雌花,瓜条发育快,结果期集中。瓜棒状,果皮深绿色,有光泽,白色密刺,瓜长32 cm,瓜把长4 cm,横径3 cm,心腔1.5 cm,畸形瓜率7%。肉质脆,清香、品质上等,单瓜重100~150 g。早熟性强,播种到始收55~60 d,耐低温和弱光照,抗枯萎病、疫病和细菌性角斑病。

6）京研迷你2号

京研迷你2号是北京市蔬菜研究中心育成的水果型F_1杂交种、全雌型,每节都着生黄瓜。瓜长12~13 cm,棒状。瓜色翠绿,心室小,表皮光滑,无刺瘤,味甜、质脆,适于生食。抗白粉病、霜霉病。

7）国外引进温室黄瓜品种

国外引进温室黄瓜品种主要是从荷兰、日本、以色列等国家引进的温室专用品种,多为水果型黄瓜。特点为生长势旺,结果期长,单性结实,结果能力强,耐低温弱光,抗多种病害。果皮多为绿色,表皮光滑,有棱,无刺瘤。品质好,耐储运,适宜大型温室栽培。

目前生产上使用的品种主要有:

①Nevada。荷兰品种,果长38 cm,有棱,抗叶霉病,不抗霜霉病及病毒病。

②Printo。荷兰品种,果长14~16 cm,抗病毒病、细菌性角斑病、黑星病,耐白粉病,不抗霜霉病。

③Virginia。荷兰品种,果长36~38 cm,有棱无刺,生长势极强,适应性广。果实品质好,风味佳。

④Deltastar。荷兰品种,果长16~18 cm,深绿色,耐病毒病,适宜长季节栽培。

⑤llan。以色列品种,果长18~20 cm,绿色,每节2~3瓜,适于晚秋、越冬及早春栽培。

能适应温室栽培的黄瓜品种都可用于无土栽培,一般选择耐弱光,并能单性结实的品种。国内品种可选择中农、津优、津春等系列,国外品种可选择荷兰和日本的水果黄瓜等

无限生长型的温室专用品种。

3.1.3　栽培季节与方式

1）栽培季节

黄瓜无土栽培的季节选择主要根据黄瓜的生长发育特性和设施的环境条件来决定，因黄瓜的生长势难以长期维持，一般较难像番茄那样进行长季节栽培，生产上多进行短季节栽培。在现代温室条件下，一般有两种茬口类型：

(1)一年三茬

第一茬在8月中旬播种、育苗，9月上旬定植，10月上旬至翌年1月采收；第二茬为12月育苗，翌年1月定植，2月下旬至4月采收；第三茬为5月上旬定植，6月上旬至8月采收。

(2)一年两茬

前茬为长季节番茄，黄瓜为番茄后作。3月下旬育苗，4月上旬定植，6月上旬到8月采收。也可作为春番茄后作，7月下旬育苗，8月定植，9月下旬至12月采收。

北方地区日光温室一般安排两茬，以冬春季节为主茬，栽培时间较长，秋冬季为副茬，栽培时间较短。冬春季节栽培于11月下旬至12月上旬播种育苗，翌年1月中下旬定植，3月上旬至6月下旬收获。秋冬季节栽培于8月下旬到9月上旬播种育苗，9月下旬到10月上旬定植，11月上旬至翌年1月采收。

塑料大棚由于保温增温条件差，一般进行秋季延迟栽培和春季早熟栽培。秋季7月下旬至8月上旬育苗，9月中旬定植，10月到12月收获；春季于1月下旬育苗，2月下旬定植，4～6月收获。

2）栽培方式

黄瓜可采用多种无土栽培方式，如水培中的营养液膜技术（NFT）、深液流技术（DFT）、浮板毛管技术（FCH）等，基质培可采用岩棉培技术、混合基质培技术、有机基质培技术等。使用的栽培设备可以是固定的栽培槽、砖槽、地沟槽，也可使用栽培袋、栽培盆等容器。

大型现代温室多采用岩棉培方式或无机基质槽培形式，南方地区也采用浮板毛管法或深液流法。栽培系统包括贮液池、水泵、进液管、栽培槽（床）、回液管、沉降池等，一般多为循环式栽培。

日光温室或塑料大棚以有机或无机基质培较多，其中应用最多的为混合基质槽培。栽培系统由贮液池（罐）、进液管、栽培槽、滴灌带等组成，大多为开放式系统。采用的基质来源非常广泛，稻麦茎秆、锯木屑、甘蔗渣、泥炭等有机基质，砂、炉渣、蛭石、珍珠岩等无

机基质均可使用。

袋培以锯木屑为生产用栽培基质。每 667 m^2 温室用量为 20 m^3 左右,要求 80%的木屑直径在 3 ~7 mm。准备 1.2 m 宽、0.12 mm 厚的乳白色塑料膜,制作长栽培袋。定植时间:北方地区每年 2 茬,第 1 茬在 3 月下旬到 4 月上旬,第 2 茬在 9 月下旬。定植密度:株距×行距为 40 cm×100 cm。

3.1.4 水培与基质培管理技术

1)育苗

无土栽培黄瓜应采用基质穴盘育苗、基质营养钵育苗或岩棉块育苗等护根无土育苗,穴盘以 72 孔为宜,营养钵可采用 8 cm×10 cm。播种前种子应进行消毒和催芽处理,采用精量播种,1 穴(钵)1 苗,一次成苗。出苗后,用 1/2 剂量日本园试配方营养液淋浇补充营养,管理上应增强光照,保持较大昼夜温差。

为防止疫病、蔓枯病等传染性病害,提高植株抗性,可采用嫁接育苗,以云南黑籽南瓜、新土佐南瓜等为砧木,以栽培品种为接穗进行嫁接。

2)定植

黄瓜幼苗不宜过大,否则根系老化,定植后影响植株生长。一般在 3 叶 1 心或 4 叶 1 心期即可定植。苗龄在低温季节(冬春季节)可长些,30 ~35 d,高温季节(夏秋季节)适当短些,15 ~20 d。定植之前须将定植设施准备好,进行棚室和设施消毒,基质栽培应将基质铺好。定植密度可根据品种特性和栽培方式而定,同时也应考虑栽培季节。生长势强,分枝多的品种,温度较高的季节,营养液栽培,密度应小一些,一般每 667 m^2 定植 1 500 ~2 000 株;生长势弱、分枝少、栽培季节温度较低,采用基质栽培,密度可适当高些,每 667 m^2 定植 2 500 ~3 000 株。

3)环境调控

黄瓜无土栽培的环境调控应根据黄瓜的坐长发育特性和对环境条件的要求进行。冬春低温季节在棚室内栽培黄瓜,夜间气温以保持在 15 ℃,液温保持在 20 ℃为宜。如果夜温过低,则侧枝发生困难,产量受到严重影响,水培条件下如果根际夜温低于 15 ℃,只要昼间温度高于 18 ℃以上,也可消除夜间低温影响。保持合适的昼夜温差对于获得优质高产是必要的。其原因首先是因为植株夜间不进行光合作用,过高温度促进呼吸,增加消耗,低温则可减少呼吸消耗;其次是夜间缺少紫外线照射,温度过高,会引起徒长;第三是夜温过高,同化物质运转缓慢,植株生长迟缓,引起落花。阴天植株温度要求比晴天低,许多研究和栽培实践证明,黄瓜在阴天日照不足的情况下,较低温度比较高温度可获得更高产量。

提高栽培环境的温度，可采用增强设施密闭性能，进行覆盖保温，必要时进行人工加温等方法。夏秋季节温度较高，可采用遮阳网覆盖、地面覆盖银色地膜、地面铺设冷水管道降低根际温度；采用强制通风、顶部微喷、湿帘等方法降低空气温度。当环境温度超过30 ℃时，即应采取措施降温。

黄瓜为喜光植物，弱光不利于植株生长发育和产量品质，特别是低温与弱光同时作用不仅影响开花坐果，并易导致形成畸形瓜，可通过及时揭开保温覆盖物、延长光照时数等方法提高光照。采用结构合理的棚室设施，日光温室采用机械卷帘，均可提高光照效果。光照强度过高时，可通过遮阳网覆盖遮阳。

温室内相对湿度应维持在70%～80%，以促进植株正常生长，减少病害发生。湿度过高过低均会造成产量减少和品质下降。温室大棚在冬春季节为加强保温经常处于密闭状态，内部相对湿度常在90%以上，可以在白天温暖时段进行通风或通过加热降低湿度。

白天太阳升起后，温室大棚内 CO_2 浓度急剧下降，造成黄瓜植株光合能力下降，严重时甚至出现 CO_2 饥饿。大量研究和生产实践证明，增加 CO_2 气肥可显著提高黄瓜品质和产量，提高植株抗病性，生产上 CO_2 施用浓度一般（800～1 500）$\times10^{-6}$。

4）营养液管理

水培黄瓜依靠营养液供应生长和结果所需的矿质营养和水分，因此，应持续进行营养液供应。黄瓜无土栽培可使用日本园试通用配方、日本山崎黄瓜专业配方、华南农业大学果菜配方等营养液配方，3种配方对黄瓜产量影响不大。也可采用山东农业大学黄瓜配方：大量元素用量（单位 g/t 水）：硝酸钙900，硝酸钾810，过磷酸钙850，硫酸镁500，微量元素通用。

开花前营养液应控制在较低浓度，γ 约 1.4 mS/cm；开花后可逐渐升高，γ 值控制在2.0 mS/cm 左右；果实膨大期浓度应进一步提高，γ 为 2.56 mS/cm 左右。在收获盛期应适当增加磷、钾元素的供应量，同时应注意补充硼元素。黄瓜对营养液酸碱度要求为 pH 5.6～6.2。

可按补水量的70%补充各种肥料，即补水量为1 000 L时，应按700 L营养液所需肥料量加入。冬季肥水供应间隔不宜长，防止大量水分补入后造成液温剧烈波动而发生生理障碍。而高温季节由于蒸腾量大，吸收肥水量也大，应及时补充肥水。黄瓜水分需求量一般为每株1～2.5 L，营养液浓度在夏季稍稀，冬季稍浓些。一般白天供液6～8次，夜间供液1～2次。

黄瓜根系对氧气需求量较高，要求营养液中有较多溶解氧，但一般所采用的间歇供液法对黄瓜没有明显效果，在深液流水培中，采用液面下降供氧法效果较好。这种方法是在停止供液时，种植槽中营养液徐徐流回贮液池中，当栽植槽中液位降低到一定程度时，再开始供液，如此反复，使植株生长势强，产量高。

黄瓜基质培多采用开放式滴灌供液，即在苗期每天每株供液 0.5 L 左右，从开花期到采收期，供液量逐渐增加至 2 ~ 2.5 L，一般白天供液 2 ~ 4 次，夜间不供液，供液时允许 10% 左右营养液从基质中排出，每隔 7 ~ 10 d 应滴 1 次清水以冲洗基质中积累的盐类。基质栽培使用的营养液配方及浓度与水培相同，供液应以保持基质湿润为原则，不宜饱和，否则造成根系缺氧影响正常生理功能。

有机基质培无土栽培技术，可根据情况利用各种不同的混合基质，多采用基质槽培。

5）植株调整

黄瓜的植株调整包括绑(吊)蔓、整枝、摘心、打杈、摘叶等作业。设施栽培，特别是无土栽培一般不采用搭架方式，而以吊蔓栽培为主要形式。因此，在吊蔓之前，首先在栽培行上方拉挂铁丝，然后将聚丙烯塑料绳一端挂在铁丝上，另一端固定在黄瓜幼苗真叶下方的茎部，将植株向上牵引。当植株长至 3 ~ 5 片真叶时即可吊蔓，株高 20 cm 左右时开始绕蔓，即将黄瓜蔓缠绕在吊绳上使之固定。

黄瓜植株调整应根据品种待性、栽培目标及设施性能来确定。一般以早熟、短季节栽培为主，只将基部侧枝、卷须、花芽去掉，当植株长到铁丝高度时进行摘心，主蔓瓜采收后，再利用侧蔓回头瓜提高产量。对于日光温室或现代温室较长季节栽培方式，将植株 1 m 以下(12 ~ 13 片叶)的卷须、侧枝、花芽全部除去，只留 1 m 以上的花芽。当植株长至 2 m (20 ~ 21 片叶)左右时，应及时摘除基部老叶，植株长至 2.5 m(25 ~ 26 片叶)时摘除顶芽。侧芽长出后，绕过铁线垂下，利用侧蔓结瓜。一般每周整枝 2 ~ 3 次(打老叶、侧枝、除卷须、疏果等)是获得优质高产的关键措施。

黄瓜整枝方式一般有单干垂直整枝、伞形整枝、单干坐秧整枝和双干整枝(“V”形整枝)(图 7.4)等方式。

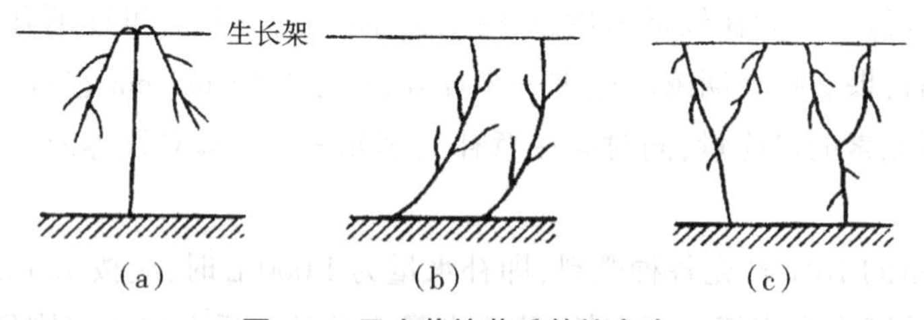

图 7.4　无土栽培黄瓜整枝方式

(a)伞形整枝；(b)单干坐秧整枝；(c)“V”形整枝

长形黄瓜品种一般采用伞形单干整枝，植株长至 1 m 以上时开始留果，早熟品种留果结位可适当降低。短形黄瓜品种一般从第 4 节开始留果，侧枝生长旺的品种，也可在侧枝留 1 ~ 2 果后再摘心，整枝方法可采用单干坐秧或单干伞形整枝。夏季栽培为提高光合作用，充分利用夏季温光资源，可采用双干整枝。摘除主蔓 5 节以下所有花芽和侧蔓，在第 6 节开始留一侧枝并培养成为另一主蔓，以后保持双干生长，为“V”形整枝。

为了判断和评价肥水管理及环境调控措施是否合适，在进行植株调整的同时，应对植

株生长状态进行观察和分析，以便及时进行调整。观察主要集中在茎、叶、生长点及花上。

(1)茎

正常节间长度为 12～15 cm，昼夜温差过小容易导致节间过长，低 γ 或高根压可导致茎基部开裂，从而容易感病。

(2)叶

叶片的颜色可以反映出植株缺素的种类和程度，通过对叶片观察，可以初步判断植株缺素情况。

(3)生长点

植株生长点是最活跃，也是最敏感的部位。植株顶部生长瘦弱，花发育不良，卷须生长细弱时，可缩小日夜温差 2～4 d，然后提高日温，降低夜温，昼夜温差达到 10 ℃以上，2～3 d 后可有新花长出。

植株生长点粗短紧缩，并伴有大花形成，卷须生长旺盛，表明植株营养生长差，要求给予较高的昼夜温度，平均温度应在 24 ℃左右，直到新的侧枝出现及花数增加植株顶部退绿或有轻微斑点，通常是由暂时性缺铁所致，当结果过多而光照较差时，即使根部有足够铁供应，也会造成生长点缺铁。中午前后提高营养液的 γ，可缓解缺铁症状。当生长点深绿时，可能是由于灌水不足导致，傍晚前增加供水次数或夜间灌水 1～2 次可缓解这一症状。

(4)花

花的颜色偏淡，可能是相对湿度过高所致，可适当降低空气湿度，增加湿度饱和差，但应注意湿度过低对植株生长产生抑制。花芽或幼果发育不良，可能是光照过弱，可适当降低环境温度。也可能是开花过多，根系受到伤害，过度打老叶或除侧枝所致。因此，每周最多只能打掉 1～2 片老叶及 1 个侧枝。

(5)果实

长形果实偏短，主要是昼夜温差过小或湿度饱和差过小所引起，昼夜温差在 6～10 ℃有利于细胞伸长，可保证果实正常生长。此外，经常出现的蜂腰瓜、大头瓜、尖头瓜等畸形瓜均为低温弱光等不适宜的环境条件引起。

6）**病虫害**

黄瓜病害种类较多，危害不同部位的侵染性病害有 20 多种，主要有霜霉病、黑星病、白粉病、灰霉病、细菌性角斑病等；黄瓜虫害主要有蚜虫、红蜘蛛、棉铃虫等，近年来温室白粉虱发生也日趋严重。防治方法首先是做好棚室及内部栽培设施的消毒，切断病虫害来源，然后再配合化学药物防治。

3.1.5 黄瓜有机生态型无土栽培技术

1)适宜有机生态型无土栽培的品种及特点

(1)津优30号

津优30号耐低温、弱光能力强,在6 ℃时仍然能够正常生长发育,短时间能够忍受0 ℃的低温而不会造成植株死亡,该品种高抗枯萎病、抗霜霉病、白粉病和角斑病,是日光温室有机生态无土栽培冬春茬栽培的优选品种,连续结瓜能力强,瓜条长35 cm左右,刺瘤明显,畸形瓜少,质脆,味甜,品质优。

(2)津优3号

津优3号抗病性强,耐低温、弱光,商品性好,瓜条顺直,长35 cm左右,单瓜重230 g左右,品质优,适合越冬茬及早春茬温室栽培。

(3)保优3号、李氏28号、玉皇鼎

保优3号、李氏28号、玉皇鼎耐低温、弱光,瓜码密,瓜把特短,瓜型整齐,适宜越冬日光温室栽培。

2)种植茬口

①越冬一大茬。9月下旬育苗,一般不需要嫁接,10月下旬移栽定植,12月上旬采收上市,定植株距35 cm。

②早春茬。12月中旬育苗,翌年元月中下旬定植,3月中旬采收上市,定植株距25~30 cm。

3)栽培技术

①穴盘无土育苗。黄瓜采用穴盘一次成苗技术。催芽前将种子进行温烫浸种处理,然后将种子进行催芽,种子露白时直接点播在50孔的穴盘中,每孔点种一粒,种子点播深度1 cm最好,点播太浅戴帽出苗较多,给管理带来不便,点播太深出苗不整齐,然后将穴盘放置在设有防虫设施条件下育苗,气温较低时搭建保温设施,气温较高时用遮阳网遮阴,苗子根坨小,持水少,易干旱缺水,早晚进行补充水分很关键,适栽苗龄25~30 d。

②栽培基质的准备、栽培设施建造、基质消毒参考本项目任务2番茄栽培技术。

③定植。定植前对穴盘苗用50%多菌灵800倍液杀菌消毒后进行分级,采用"T"形双行交错定植,植株距槽边10 cm,根据不同的茬口确定株距,定植深度低于原栽培面0.5~1 cm,边定植边浇水(水内配入移栽灵或NEB),定植后3天滴灌上覆膜。

④定植后的管理。

a. 温湿度管理。黄瓜喜温,生长期间需要人为地控制温度创造一定的昼夜温差,其作

用有 3 点：ⅰ. 保持营养生长和生殖生长均衡发展，使黄瓜适应温室生态条件和长期结瓜能力；ⅱ. 按季节变化，有目的地使植株适应外界气候条件的变化；ⅲ. 根据品种的特性进行温度调控，充分发挥增产潜力。温室栽培的黄瓜生育的适温白天为 25 ~ 32 ℃，白天气温低于 16 ℃易出现畸形瓜，夜间适宜的温度 13 ~ 15 ℃，夜温过高，虽然能促进果实膨大，但加快了呼吸作用，使同化物质消耗多，植株易出现营养不良。

黄瓜适宜的空气湿度：晴天白天相对湿度 75% ~ 80%，夜间 85% ~ 90%，阴雨雪天白天相对湿度 70% ~ 80%，夜间 80% ~ 85% 为宜。

有机生态栽培黄瓜，温湿度的科学管理一般采用 4 段变温管理来达到促进植株生长和生态防病，具体做法是：日出时揭去草帘轻度放风排湿，放风半小时后关闭风口至午前控制放风，使室内温度迅速升高到 28 ~ 30 ℃，以利充分进行光合作用，积累养分。此时，虽然湿度大，但因温度高不易发病；当温度超过 32 ℃时开始放风，风口由小到大，上午尽可能维持高温 4 ~ 5 h，而后加大放风量，将温度降到 18 ~ 22 ℃，这样有利于光合产物的分配，此时室内温度虽适宜病菌繁殖，但因放风排湿，不利发病，前半夜保持 14 ~ 17 ℃，促进光合产物的运输。后半夜到次日凌晨保持较低的温度 10 ~ 13 ℃，抑制消耗。

b. 光照管理。在北方种植的黄瓜品种对日照的长短要求不严，但不论怎样，黄瓜在长日照和强光照下产量保持最高，栽培过程中要经常擦洗棚膜，增强透光性，阴雨天、雪后要及时拉帘，增加光照；冬春季节在后墙张挂反光幕来增强光照或人工补充光照。

c. 水分管理。浇水量必须根据天气变化和植株大小进行调整，一般栽培料保持 70% 的湿度；高温季节，晴天应每天浇 1 次水，阴雨天停止浇水或少浇，冬季隔日浇水，浇水应在上午 10:00 左右进行，每次浇 15 ~ 20 min。

d. 科学施肥。定植后 20 d 开始追肥，以后每隔 15 d 追肥一次，黄瓜的追肥有两种类型，一是全无机型：硫酸铵：磷二铵：硫酸钾 = 10：3：7，结果前每株用 5 g 为基础；二是有机+无机型：有机生态专用肥：三元复合肥 = 6：4，结果前每株用 10 g 为基础，逐渐增加用量，结果盛期每株用全无机型肥增加到 10 g，有机无机型肥增加到 15 g，将肥料均匀埋施在距根部 5 cm 以外的范围内，结果盛期叶面补充营养肥和钙元素，常用的有 0.2% ~ 0.3% 尿素、磷酸二氢钾、黑金刚、酵素菌等。

e. 植株调整。植株缓苗后，很快进入甩蔓期，生长速度加快，应及时进行吊蔓，采取使矮秧直立、高秧适度弯曲的方法，保持“龙头”高度一致，避免出现“以高压低”现象，此后植株卷须和雄花大量产生，为避免过多消耗养分，应及时掐掉卷须和雄花。及时除去侧蔓、老叶、黄叶、病叶，并适时进行落蔓，落蔓前适度控水，一般在中午进行操作，落蔓后加强肥水管理。

f. 增施 CO_2 气肥。据测定，温室内空气中的 CO_2 含量达到千分之一时产量最高，其他季节基本能够满足生长要求，但是冬季温室通风量小，满足不了黄瓜进行光合作用的要求，使产量降低，在这一时期内要获得高产，有必要人工进行 CO_2 施肥，一是采用双微 CO_2 气肥，埋入走道两侧 5 ~ 10 cm 深处，每 m^2 使用 1 粒，667 m^2 一次使用 7 kg，可在 30 ~ 35 d

内不断产出气体，二是采用稀硫酸加碳酸氢铵的办法进行 CO_2 施肥。

3.1.6 采收包装和储运

1）采收

黄瓜以嫩果食用，而且持续结果，因此要适时、及时采收。否则，不仅影响果实质量，还会发生坠秧并影响以后果实的发育，进而影响产量。采收期的确定应根据品种特性和消费习惯，对于出口产品应根据进口国的产品质量标准进行采收。

我国北方地区传统习惯消费顶花带刺的嫩瓜，因此可适当早采。一般在雌花闭花后 7 ~ 10 d，果皮颜色由淡绿色转为深绿色即可采收。此时短黄瓜长度 15 ~ 18 cm，单瓜重 200 ~ 250 g；长黄瓜 30 ~ 40 cm，单瓜重 400 ~ 450 g。

小型水果黄瓜（短黄瓜）一般每天采收 1 次，长型黄瓜每 2 d 采收 1 次。采收时在果实与茎部连接处用手掐断，果柄必须保留 1 cm 以上。采收一般在早晨和上午进行，主要是避免果实温度过高，否则不仅影响储运，还因温度过高导致水分散失加快，降低新鲜度，影响品质。采收的产品应避免在光下暴晒，应及时运出棚室至阴凉处保存。采摘应使用专用采摘箱，禁止使用市场周转箱采摘，否则易将病菌和病毒带入温室大棚而传染病害。

2）分级

包装黄瓜产品采收后，应根据不同标准进行分级和包装。分级标准一般根据黄瓜颜色、大小、弯曲度等指标确定，不同目标市场、不同消费用途的分级指标不同。但不论什么标准，都不允许有畸形果、病果。分级后应对果柄进行修剪，按要求剪成 1 cm 或 0.5 cm 长。

分级后的黄瓜根据市场或客户要求应进行包装，外包装可用市场周转箱，有钙塑箱、纸箱等。有些情况下也需要内包装，主要是采用塑料薄膜进行包装，可带有托盘，也可不带托盘。这种包装不仅保护黄瓜果皮免受伤害，还可起到储藏作用，称为自发性气调薄膜包装（MAP）。

3）储藏与运输

黄瓜果实采收后，有条件应进行预冷并进行冷藏或在冷藏条件下运输、黄瓜储藏或运输应在低温下进行，但温度不能过低，一般不能低于 10 ℃，否则会出现冷害，在适宜条件下，即温度 12 ~ 13 ℃，相对湿度 90% ~95%，O_2 浓度 2% ~5%，CO_2 浓度 0% ~5%，可储藏 20 ~ 40 d。储藏时注意与其他蔬菜及果品分开，一方面避免吸收其他产品气味影响质量，另一方面避免呼吸跃变型果实，如番茄释放乙烯引起黄瓜变黄和衰老，品质变劣。

黄瓜运输，特别是长距离运输应尽可能采用冷藏运输，并进行良好的包装，防止运输过程的机械损伤和衰老劣变，保持果实的最佳品质。

3.1.7　拉秧与设施消毒

当黄瓜植株出现衰老迹象，表现为生长势减弱，新叶变小，枯叶老叶增多，植株营养不良，结出的果实大部分为畸形果，产量也明显下降，此时应及时拉秧。

对于水培，首先停止供液，然后将植株根系从栽培槽中拔出，对于基质培，停止供液后，将植株拔出基质。待植株失水干枯后，统一收起并运至温室大棚外进行处理，不允许堆放在栽培设施内部或附近，以防传播病虫害。拉秧后要进行棚室清理，并连同无土栽培设备一起进行消毒，消毒方法参照项目 5 任务 2 DFT 水培技术。

3.2　瓜类蔬菜 2：甜瓜

甜瓜（*Cucumis melo* L.）属于葫芦科甜瓜属蔓生草本植物，以果实为食用器官。味道甘美，营养丰富，深受人们喜爱。甜瓜有厚皮甜瓜和薄皮甜瓜两种类型，厚皮甜瓜又分有网纹和无网纹两种类型，其中网纹甜瓜由于外观美丽，香气浓郁，肉厚汁多，成为瓜果中的珍品。甜瓜无土栽培主要用厚皮甜瓜，特别是网纹甜瓜品种，用于生产高档精品甜瓜。

3.2.1　对环境条件要求

甜瓜属于喜温耐热型蔬菜作物，生长适温为 28 ~ 30 ℃，根系生长发育温度下限为 8 ℃，上限为 40 ℃，最适温度为 34 ℃，茎叶在 15 ℃以下，40 ℃以上生长缓慢。甜瓜设施栽培，要求有较大的温差，有利于苗期花芽分化和果实发育期的糖分积累。果实生长适宜日温为 27 ~ 30 ℃，夜温为 15 ~ 18 ℃。甜瓜总体上对高温适应性强，在 35 ℃高温仍正常生长发育，至 40 ℃时仍维持较高同化效能。

甜瓜要求充足而强烈的光照，生长发育要求光照时数在 10 ~ 12 h 以上，光饱和点 50 ~ 60 klx（989 ~ 1 079 $\mu mol \cdot m^{-2} \cdot s^{-1}$），补偿点 4 000 lx，不耐遮阳。改善叶幕层光照条件，提高光照强度，延长光照时间，是优质高产的生态基础。

甜瓜属于耐旱植物，但由于植株和果实含水量大，对水分要求也比较高，且因生长发育阶段不同表现出差异。一般苗期对水分要求较少，营养体发育期要求较高，开花结实期有所下降，果实膨大期对水分要求最高，至成熟期再度降低，采收之前要特别注意控制水分。一天中，从早晨开始吸水量逐渐增加，至中午之前急剧增加，中午达到最大值，午后又逐渐减少对水分的吸收。空气湿度不宜过高，否则引起徒长，特别是高温高湿条件可导致徒长加剧，并容易引发病害。

甜瓜根系呼吸作用强，属于好气性植物，根系生长发育和生理活性对氧气要求非常高。基质培中如以 20% 氧气浓度下根系鲜重为 100%，当氧气浓度降到 10% 时，根鲜重只有 25%。因此无土栽培时，要特别注意根际供氧。甜瓜地上部分茎叶均有光合能力，提高空气中 CO_2 浓度有利于净光合速率的提高，显著增加甜瓜产量，因此设施栽培提倡采用

CO_2 施肥。

甜瓜生长的适宜 pH 为6.0～6.8，pH 过低造成根系环境偏酸，影响钙的吸收，过高则根系环境偏碱影响镁、钙吸收并易引起锰中毒。甜瓜根系轻度耐盐，极限耐盐总盐量为1.52%，但对氯离子比较敏感，耐氯化物总盐量为0.015%。成龄植株耐盐性较幼苗强，适当提高含盐量（0.615%），可促进植株生长发育、提早成熟并改善果实品质。

甜瓜属于喜钾植物，厚皮甜瓜对氮、磷、钾三要素的吸收比例为2.7∶1∶4.3，薄皮甜瓜与厚皮甜瓜相似，为2.4∶1∶4.7。氮肥中约1/2 被果实吸收，其余供茎叶生长所利用，钾、磷则主要用于果实生长发育。因此，结果至果实成熟期应增加营养液中钾、磷供应，减少氮素供应量。

3.2.2　品种选择

无土栽培属于高效设施生产，以生产优质高档精品甜瓜为主。在品种选择上应以品质选择为重点，栽培优质高档的网纹甜瓜和非网纹甜瓜品种。但在我国南方地区由于温度高、雨水多、湿度大，导致病害较重，因此除考虑品质外，还应特别注意品种的抗病性问题。

目前我国生产上栽培的优质厚皮甜瓜品种来源主要有两个方面：一方面是我国自己育成的，如新疆地区育成的有哈密瓜血统的甜瓜；另一方面是从国外及我国的台湾等地区引入的品种。由于日本、我国的台湾地区厚皮甜瓜栽培历史较长，生态条件与南方地区相近，因此，近年我国南方地区引进和推广的优质厚皮甜瓜品种多数来自日本和我国的台湾。

1）无网纹甜瓜品种

①西博洛托。日本八江农艺株式会社育成的中早熟品种。从雌花开放到果实成熟35～40 d，果实圆球形，果皮纯白色，有透明感，外观高贵漂亮。果肉绿白色，糖度高，品质好，可溶性固形物含量15%～17%，单果重1.0～1.5 kg。

②蜜世界。由台湾农友种苗公司育成，为蜜露（Honey Dew）型甜瓜的改良品种。果实长球型，果皮淡白绿色，果面光滑，但环境湿度高或坐果节位低时偶有稀网纹。中晚熟，开花至坐果为45～55 d，果重1.5～2.0 kg，风味鲜美，品质优良。

③状元。由台湾农友种苗公司育成的黄皮早熟品种。开花后40 d 左右成熟，果皮金黄色，果实橄榄型，重1.5 kg 左右，最大果重可达3.0 kg。果肉白色，糖度14%～16%，肉质细嫩，品质优良。果皮坚硬，不易裂果，耐储运。

此外尚有古拉巴、金雪莲、玉姑等优质品种可进行无土栽培。

2）网纹甜瓜品种

①翠蜜。台湾农友种苗公司品种。中晚熟，开花到果实成熟大约50 d，果实高球形，

果皮灰绿色,网纹细密,坚韧、美观。果肉翠绿色,肉质细嫩柔软,含糖15%～17%,品质优良,平均果重1.0 kg左右。采收初期果肉较硬,需后熟变软,果实耐储运。

②西域1号。由新疆八一农学院育成的品种。中早熟,果实卵圆形,底色黄绿,果肉白色,肉质较松软,香味浓,糖度16%～18%,单果重2.0～3.0 kg。

③海蜜2号。由江苏海门农业科学研究所育成的中早熟品种。开花至成熟42 d左右,果皮黄白色,有细网纹,肉色淡橙,质地脆嫩,有特殊清香,糖度15%左右,单果重1.2～1.5 kg。

此外,还有阿路丝、金凤凰、绿宝石等品种可进行栽培。

3.2.3　栽培季节与方式

1）栽培季节

由于甜瓜属于喜高温不耐低温蔬菜作物,在无加温或保温条件不良的情况下,冬季不能进行甜瓜栽培。南方地区由于夏季进入梅雨季节后,雨量增加,气候阴湿,与甜瓜生长发育要求强光高温干燥的生态环境不符,夏季也不适宜甜瓜栽培。

因此,我国不论在南方、北方,普遍可以进行春、秋两季栽培,根据栽培地区气候条件进行春提早或秋延晚栽培。北方也可加一茬夏季栽培,如有加温条件,也可增加一茬越冬栽培。总之,根据甜瓜生育期和生长发育特性,一年至少可进行两季栽培,有条件也可进行三季栽培。

2）栽培方式

甜瓜无土栽培可采用水培(营养液)栽培和基质栽培,两种方法都能收到良好效果。

①营养液栽培。是甜瓜无土栽培最早应用的一种形式,也是技术上比较成熟的一种形式。国外无土栽培发达国家如日本、欧洲、美国等采用较多。营养液栽培可采用深液流技术(DFT)或营养液膜技术(NFT)。这种方法在管理上可实现定量化和精确化,甜瓜成熟期早、产量高、品质好。特别是网纹甜瓜的网纹漂亮。但对管理水平要求高、技术难度大,不易被掌握。同时一次性投资也较大,不易于推广。

②基质培。基质培可采用岩棉培、无机基质培、有机基质培等形式。

a.岩棉培:在国外应用较多,栽培甜瓜效果较好,管理技术也比水培容易,如欧洲、美国、日本多采用开放式滴灌岩棉培。但在我国由于农用岩棉生产量少,成本高,废弃岩棉不易处理等问题,岩棉培应用较少。

b.基质砂培:是以栽培槽或栽培盆钵为容器,以砂为栽培基质,利用非循环方式供应营养液和水分的一种栽培方式。利用这种方式进行甜瓜栽培,基质取材方便,管理相对容易。但也存在基质沉重,搬运困难,盐分容易在基表面积累形成“盐霜”而危害植株茎基部等问题。栽培过程中需经常用清水冲洗基质,每1～2月用较大量清水冲洗表面。我国新疆哈密和吐鲁番地区基质栽培哈密瓜已形成规模，是我国砂培甜瓜的主要产区。

c. 有机基质栽培：以各种有机基质或混合基质为栽培基质，采用地槽式、砖槽式、袋式、盆钵式等形式进行甜瓜栽培，是我国厚皮甜瓜无土栽培的重要方式，近年发展迅速。详见甜瓜有机生态型无土栽培介绍。

3.2.4 管理技术

无土栽培是一种高投入、高产出的优质高效栽培形式，因此，对栽培管理要求比较高，一切技术工艺都要按高效模式进行，尽可能进行精细化、规范化、标准化操作。

1）育苗

甜瓜对育苗要求较高，应采用不同形式的护根育苗，如穴盘育苗、营养钵育苗、岩棉块育苗。穴盘育苗一般采用 72 孔的穴盘，如果种子未经处理，在播种前种子应进行消毒处理，有条件可采用嫁接育苗，提高抗性、防治病害。

2）定植

当甜瓜幼苗具 3 ~ 4 片真叶时即可定植。定植时要注意保护根系完整和不受伤害，不论是营养液栽培还是水培均不需去除育苗基质。定植在一天中均可进行，但对于没有加温条件的园艺设施以晴朗天气的上午定植为好。如果育苗地与定植场所相距较远，种苗运送时要注意保温防晒和防止冷害、冻害，一般用报纸遮盖即可。

无论槽培、袋培还是盆栽，普遍采用双行定植。定植密度依品种、栽培地区、栽培季节和整枝形式而有所不同，一般控制在每 667 m^2 种植 1 500 ~ 1 800 株。小果型品种、早春栽培、西北部地区及单蔓整枝密度可高些；大果型品种、秋延后栽培、南方地区及双蔓整枝密度可适当低些。

3）环境调控

定植后 1 周内应维持较高环境温度，白天在 30 ℃左右，夜间在 18 ~ 20 ℃，为防止高温对植株伤害，可增加环境湿度。开花坐果期，白天控制温度 25 ~ 28 ℃，夜间 15 ~ 18 ℃，温度过高要适当通风。果实膨大期白天温度控制在 28 ~ 32 ℃，夜间在 15 ~ 18 ℃，保持 13 ~ 15 ℃的昼夜温差。开花后至果实采收，应降低棚内湿度，有利于防止病害发生。

整个生长过程要保持较高光照强度，特别是在坐果期、果实膨大期及果实成熟期，较强光照有利于提高植株光合作用，促进坐果和果实膨大，增加果实含糖量，提高果实品质。

在保温的前提下，应加强通风换气以降低环境湿度，环境湿度应控制在 60% ~70%。有条件应增施 CO_2 气肥，浓度为 1 000 ppm 左右。总体上，在甜瓜生长期，环境调控应以“增温、降湿、通风、透光”为原则。

4）肥水管理

无论是营养液栽培还是基质栽培，肥水管理都是最重要的管理环节，营养液配方可选用日本山崎甜瓜专用营养液配方、园试通用营养液配方及静岗大学甜瓜配方，均可获得较好效果（表7.3）。

甜瓜对养分吸收可分为3个时期：①授粉之前的营养生长期，植株对肥水要求较高，吸收水分呈逐渐增加趋势；②授粉至果实膨大期，对肥水吸收继续提高，特别是对矿质营养要求较高；③果实膨大期至成熟期，对肥水要求逐渐减少，尤其是对水分要求明显减少。因此在肥水管理中，应根据甜瓜对肥水需求特性，生长前期可采用完全剂量营养液，中后期逐渐减低，由2/3剂量再降到1/2剂量。根据南京农业大学园艺学院试验，苗期采用1剂量营养液（日本山崎甜瓜营养液），花期用2/3剂量营养液，网纹形成期用1/2剂量营养液效果较好。

表7.3　园试、山崎甜瓜大量元素配方/（mg·L^{-1}）

化合物名称/分子式	园试通用配方	山崎甜瓜配方	静岗大学甜瓜配方
硝酸钙[$Ca(NO_3)_2 \cdot 4H_2O$]	945	826	944
硝酸钾（KNO_3）	809	607	—
磷酸二氢铵（$NH_4H_2PO_4$）	153	153	114
硫酸镁（$MgSO_4 \cdot 7H_2O$）	370	370	492
硫酸钾（K_2SO_4）	—	—	522
总盐含量	2 400	1 950	2 072

注：微量元素配方通用。

目前，甜瓜无土栽培的营养液供应还没有达到精确定量，大多是根据植株大小和生长发育情况，再根据天气情况人为控制。一般是幼苗期每1～2 d供液一次，成龄期每天供液1～2次，每次供液量根据植株大小从每株0.5 L到2 L，原则是植株不缺素，不发生萎蔫，基质水分不饱和。此外，晴天可适当降低营养液浓度，阴雨天和低温季节可适当提高营养液浓度，一般以1.2～1.4个剂量为好。

在网纹形成期宜控制水分供应，否则网纹形成不均匀，易造成果皮开裂。果实成熟期供水过多使果实含糖量下降，品质变差，因此在采收前10 d左右应控制供水。

5）植株调整

株植调整对于甜瓜栽培非常重要，每株留蔓数、每蔓留瓜数、坐果节位对甜瓜品质和产量及成熟期都有显著影响。据上海农业科学院园艺研究所的研究，在岩棉培条件下，网纹甜瓜以双杆整枝留2瓜产量高于双杆整枝留4瓜和单杆整枝留1瓜或2瓜，但单杆整枝留1瓜在单瓜重、可溶性固形物含量、外观形态及早熟性方面均表现最好。

以单蔓整枝为例,植株长到22~24片叶时摘心控制植株高度,留果节位在12~16节,12~16节位以下侧枝全部打掉,以上侧枝除最顶部留1~2蔓外,其余也全部打掉,12~16节所有子蔓留1~2叶摘心。

甜瓜坐果性差,需人工辅助授粉。授粉在上午8:00—12:00进行,也可利用雄蜂授粉,一般将熊蜂提前1周放入温室驯养。授粉后3 d,子房开始膨大,1周后当幼瓜有鸡蛋大h应及时定瓜。选留节位适中,瓜型周正,无病虫害的幼瓜。留果原则一般为1蔓1瓜,对于小果型品种,为提高产量可1蔓2瓜,其余瓜要及时去除以防消耗营养。

6)病虫害防治

甜瓜病害主要有蔓枯病、霜霉病、白粉病。蔓枯病是一种传染性、毁灭性病害,多在茎蔓基部近地面处发病,主要是因环境湿度过高,特别是近地表处湿度过高而引起,应以预防为主,进行综合防治。可采用提高茎蔓基部距地面高度,降低近地面处空气湿度;对栽培环境,特别是基质应彻底消毒;育苗基质不应连茬,采用抗病砧木进行嫁接换根等。发病前用40%达克宁悬浮剂、70%代森锰锌可湿性粉剂喷雾预防,发病后可刮除病部,再用50%甲基托布津或50%多菌灵加水调成糊状涂抹病部,均有较好预防效果。

白粉病和霜霉病主要危害叶部,影响叶片光合作用,进而造成品质和产量下降。霜霉病可用72%可露可湿性粉剂1 000倍,69%安可锰锌可湿性粉剂1 000倍喷雾防治;白粉病可用仙生42%悬浮剂粉必清200倍液喷雾。

甜瓜虫害要有瓜绢螟、蚜虫、红蜘蛛等。瓜绢螟秋季栽培危害较重,应在幼龄时防治效果好,可用Bt生物农药及灭杀毙等防治。蚜虫一年四季均可发生,可用10%吡虫啉可湿性粉剂2 000倍,25%抑太保1 500倍喷雾防治;红蜘蛛在高温干燥条件下容易发生,可用虫螨克1 000~1 500倍喷雾。

3.2.5 甜瓜有机生态型无土栽培

1)品种选择

甜瓜选用抗病高产、耐弱光、不裂果、耐储运的瓜洲王子、银岭、银蒂等品种。

2)茬口安排

(1)秋延茬

8月下旬育苗,9月中下旬定植,翌年元旦前上市。亩保苗2 200株左右,同行株距

45 cm,“T”形错开定植。

(2)早春茬

元月上旬育苗,2 月初定植,“五一”前上市,亩保苗 2 500 株左右,同行株距 40 cm,“T”形定值。

3)栽培技术

(1)穴盘无土育苗

甜瓜采用穴盘 1 次成苗技术。将处理好的种子进行催芽后,直接点播在 50 孔的穴盘中管理,苗龄 25 ~ 30 d。

(2)栽培基质、栽培设施、消毒的准备

参考本项目任务 2 中番茄栽培技术。

(3)定植

选择晴天定植,对穴盘苗用 50% 多菌灵 800 倍液杀菌消毒后进行分级,采用“T”形双行交错定植,植株距槽边 10 cm,根据不同的茬口确定株行距,定植深度与原栽培面持平,边定植边浇水(水内配入移栽灵),定植 3 d 后在滴灌上覆膜。

(4)定植后管理

①温度管理。

a. 开花坐果前期:甜瓜白天适温 25 ~ 32 ℃,夜间 15 ~ 20 ℃,低于 15 ℃生长不良。

b. 果实膨大期:白天温度 25 ~ 32 ℃,夜间温度 16 ~ 20 ℃,秋延茬栽培时要加强夜间保温,温度低时进行二次覆盖,即在下午放帘后再覆一张旧棚膜,以提高夜温。

②光照管理。改善光照条件,尽量增加光照,定期擦洗棚膜,合理密植,以利通风透光,阴雪天增加散射光或人工补光,遇连续阴天须进行人工补光,否则,植株因缺乏光照而出现生理性萎蔫,严重时植株死亡,造成巨大损失。

③水肥管理。甜瓜栽培时根据其生长规律和需肥特点,要求底肥充足,而追肥量减少,因此定植前将 2/3 的肥料用作底肥,定植后适度控制水肥,灌水条件以基质表面见干见湿为主,阴雪天不灌水,保持棚内空气湿度 55% ~60% 为宜,开花前期追肥 1 次,每株追施 5 g 有机生态专用肥,开花坐果期严格控制水肥,待瓜坐稳后逐渐增加水肥,果实膨大期每株追施有机生态专用肥 10 g+三元复合肥 5 g,并适量浇水,中后期每株追施有机生态专用肥 20 ~25 g,追肥间隔 15 d 左右。

④植株调整。甜瓜采用双蔓整枝,当植株长至 5 片真叶时掐顶,选留基部两条健壮的侧蔓生长,长至 25 cm 左右同时吊起,开花结果后选留 10 ~ 15 节位雌花人工辅助授粉进行坐瓜,并做标记,瓜坐稳后选留周正的进行吊瓜。

3.2.6 采收、包装和储运

1）采收

甜瓜果实成熟后，应及时采收，否则会造成过熟发酵，影响品质。用于远途运输或储藏的果实可适当早采，一般在八成熟时采收。

采收期的判断可依据品种特性，根据果实表面颜色、网纹形状、果柄状态的变化来判断。一般地，当果皮颜色变浅，依品种不同转为黄色、淡黄色、黄绿色或乳白色；网纹甜瓜网纹充分形成；结瓜侧蔓瓜前叶片变黄、干枯，则表示已经成熟，需要采收。有些成熟期转色不明显的品种如翠蜜，可采用计算日期的方法进行，一般早熟品种授粉后 35 ~ 40 d 果实成熟，中熟品种 40 ~ 45 d，晚熟品种 50 d 左右成熟，可在授粉时标记日期，根据日期采收。

采收宜在早晨冷凉时间进行，将果柄连同侧蔓剪成"T"形带蔓采收，以提高保鲜作用。网纹甜瓜不耐储藏，在 8 ~ 10 ℃可储藏 10 ~ 15 d。

2）包装

采收后应根据商品标准进行分级，对符合标准的果实贴上商品标签，用泡沫网套包好，再装入专用包装纸箱，可按 2 或 4 个果实装箱，中间用隔板分开，纸箱外侧要打孔 2 ~ 4 个以利通气，纸箱内可衬垫碎纸屑或泡沫材料以防止果实和箱内摇动，保护其商品性。

3.2.7 拉秧与消毒

果实采收后，要及时拉秧，先将植株根系拔出基质或栽培槽，待植株晒干后集中运出销毁，以防病虫害传播。拉秧后将基质进行翻晒消毒，同时利用夏季高温或采用药剂熏蒸进行大棚、温室消毒，为下茬栽培做准备。

3.3 瓜类蔬菜 3：西葫芦

西葫芦（*Cucurbita pepo* L.）是北方地区栽培的主要瓜菜类之一。它具有营养丰富，品质鲜嫩，高产稳产，耐寒易种，耐储运等特点。

3.3.1 对环境的要求

西葫芦对温度有较强的适应性，既喜温又耐低温。生育期白天最适温度 22 ~ 25 ℃，夜间温度 8 ~ 10 ℃。根系环境湿度一般保持 80% ~85%，空气相对湿度 65% ~70%。在低温季节，基质水分过多易沤根；高温季节，水分过多则易徒长。空气湿度过大，坐瓜不良，容易导致灰霉等病害的发生。西葫芦生育期间喜强光照，但不同生育阶段对日照时数的要求各异，幼苗期，为使雌花分化得早而多，适宜减少光照；开花坐果期增加光照，促使

坐瓜和瓜条生长;冬季生产时处于弱光照,对生长、结瓜十分不利,产量效益低,栽培难度大,须从多方面采取措施,改善光照条件。

3.3.2 西葫芦有机生态型无土栽培技术

1)品种选择

适合栽培的西葫芦品种有:冬玉、山西早青、博大玉丽、翠玉等。

2)茬口安排

(1)秋冬茬

8 月中旬育苗,9 月上旬定植,10 月中旬上市,12 月下旬拉秧。

(2)一大茬

10 月上旬育苗,11 月上旬定植,12 月中旬上市,翌年 5 月下旬拉秧。

(3)早春茬

元月上旬育苗,2 月上旬定植,3 月中旬上市,6 月下旬拉秧。

3)栽培技术

(1)穴盘基质育苗

采用 50 孔穴盘进行基质育苗,苗龄 20 ~ 25 d,2 叶 1 心即可定植。

(2)栽培基质、栽培设施、消毒的准备

参考本项目任务 2 番茄栽培技术。

(3)底肥施用

不论是新基质还是重复使用基质,在定植前施入底肥,除使用有机肥料之外,根据生长需要,还需补充一定的无机肥料,底肥按每 m^3 基质中加入硫酸钾复合肥 1 kg,过磷酸钙 1 kg,微量元素肥料 0.1 kg。

(4)定植

选择晴天定植,对穴盘苗用 50% 多菌灵 800 倍液杀菌消毒后进行分级定植,采用"T"形双行交错定植,植株距槽边 10 cm,株距 60 ~ 70 cm。667 m^2 定植 1 900 株左右,定植深度与原栽培面持平,定植穴内浇灌 300 倍的绿亨一号与移栽灵的混合液,定植后 3 d 左右在滴灌上覆膜。

(5)定植后的管理

①温度和光照管理。葫芦不需要较高的温度,温度高时易徒长,适宜生长的温度保持白天 20 ~ 25 ℃,夜间 12 ℃左右,为防止幼苗徒长,可在定植穴内撒施矮丰灵,每 50 m 长的

温室一般用量为0.2 kg，用法是将矮丰灵加10～20倍干净河沙充分混匀后撒入定植穴内。坐瓜期保持昼温25～28 ℃，夜温12～15 ℃，全生育期要求充足光照。

②肥水管理。苗期适度控制水肥，坐瓜后加强肥水管理，保持根系环境湿度80%～85%，空气相对湿度65%～70%，浇水视天气情况而定，晴天上午9:00左右浇一次水，阴雪天不浇水或少浇，每次浇水时间15～20 min。

追肥在定植后20 d开始，以后每隔10～15 d追一次，追肥按有机生态专用肥：三元复合肥=6：4的比例配置使用，追肥以12 g为基础，逐渐增加，盛果期最大量为每株20 g。肥料均匀埋施在距茎基部5 cm外的范围内。

③植株调整。生长到6～7片叶时吊蔓，始终保持生长点有充足的光照，根瓜不宜过早采收，采收早植株易徒长，化瓜频繁，造成以后坐瓜困难，及时摘除侧芽、卷须及病残老叶，每次采收后剪除下部2～3片叶为宜。

④人工授粉。上午7:00—9:00摘取雄花，将花药轻涂在雌花柱头上，再于上午10:00左右，用20～30 mg/kg的防落素涂抹瓜柄和柱头，坐果率达到90%以上。如果雄花少，则用2,4-D、保果宁等激素处理坐瓜。

4）采收

定植后约50 d根瓜即可坐住，长至250 g左右时可采摘上市，其余瓜重不要超过500 g，否则易引起茎蔓早衰，影响产量。

3.4 瓜类蔬菜4：冬瓜

3.4.1 冬瓜的特征特性及对环境的要求

冬瓜根系强大，茎蔓生长强盛，耐热、耐湿；空气湿度过大过小都不利于授粉、坐果及果实的正常发育，80%的相对湿度比较适宜，冬瓜生育的最适温度为25～32 ℃，15 ℃以下不能正常发育，冬瓜耐肥力很强，对栽培基质要求不严格。

3.4.2 冬瓜有机生态型无土栽培技术

1）品种选择

品种选择耐低温、弱光、早熟、抗病、丰产的品种，适栽有机生态无土栽培的品种有金能手888、马群一号等。

2）茬口安排

冬瓜一般在秋冬茬因经济效益较低，在温室中不安排种植，主要在早春茬生产，12月

中旬育苗，翌年元月中旬定植，4 月上旬上市。

3）栽培技术

（1）穴盘基质育苗

采用 50 孔穴盘进行基质育苗，苗龄 30～35 d（3 叶 1 心）。将精选好的种子放置在 5 倍于种子体积 60 ℃的热水中，用玻璃棒不断搅拌至水温降至 30 ℃左右，洗净种子表皮黏质物，用清水浸泡 6 h 后，在 30～35 ℃条件下催芽，出芽后点播在 50 孔穴盘中进行育苗管理，3 叶 1 心时进行移栽，适栽苗龄 30～35 d。

（2）栽培基质、栽培设施、消毒的准备

参考本项目任务 2 的茄子栽培技术。

（3）底肥施用

不论是新基质还是重复使用基质，在定植前施入底肥，除使用有机肥料之外，根据生长需要，还需补充一定的无机肥料，底肥按每 m^3 基质中加入硫酸钾复合肥 2.5 kg，过磷酸钙 1.5 kg，微量元素肥料 0.5 kg。

（4）定植

选择晴天定植，对穴盘苗用 50% 多菌灵 800 倍液杀菌消毒后进行分级定植，采用“T”形双行交错定植，植株距槽边 10 cm，同行株距 70 cm，667 m^2 定植 1 300 株左右。定植深度与原栽培面持平，定植穴内浇灌 300 倍液的绿亨一号与移栽灵的混合液，定植后 3 d 左右在滴灌上覆膜。

（5）定植后管理

①温度和光照管理。冬瓜是喜温蔬菜，但不同生育期对温度要求不同，苗期白天温度控制在 23～27 ℃，夜间温度 15～18 ℃，有利于促根壮秧，促进雌花的提早发育，坐瓜期白天温度 25～32 ℃，夜温 15～18 ℃，利于促进果实的发育，全生育期要求充足的光照。

②肥水管理。冬瓜浇水和追肥应遵循作物生长发育的需求规律和天气而定，尽可能满足苗期每天每株 1 L 的水量，结果期每天每株 1.5 L 的需水量。

追肥在定植后 20 d 开始，此后按植株长势及需肥情况每 10 d 追一次，开花前按每株追有机生态专用肥 15 g、硫酸钾 5 g；坐瓜期每株追有机生态专用肥 20 g、硫酸钾 10 g，采收前 1 个月停止追肥，肥料均匀埋施在距根部 5 cm 外的范围内，并结合喷施叶面肥补充微肥，在瓜膨大期叶面喷施钙肥。

③植株调整与授粉。冬瓜采用单秆整枝，在主蔓上坐瓜，根据冬瓜品种特性进行栽培和合理留瓜，最后 1 个瓜后面留 5～6 片叶摘心，及时摘除侧枝、老叶和病叶，冬瓜采收完之后，可进行平茬再生，进行二次坐瓜。

冬瓜因雄花较多，一般采用花粉人工辅助授粉，若用激素蘸花时，一般用 50 ~ 100 mg/kg 2,4-D 中加入 20 mg/kg 的赤霉素涂抹花托和柱头。

4）采收

适时采收是取得效益的保证，一般情况看瓜的外表特征来判断采收标准，青皮冬瓜皮上茸毛逐渐减少、稀疏，皮色由青绿转为黄绿或深绿；粉皮冬瓜上出现白色粉状物为最佳采收时期，为了延长储运时间，一定要带瓜柄采收。

3.5 瓜类蔬菜 5：苦瓜

3.5.1 苦瓜的特征特性及对环境的要求

苦瓜（*Momordica charantia*）喜温、耐潮湿、不耐寒，各生育时期对温度的要求有所不同，种子发芽期的适温为 30 ~ 35 ℃，幼苗期生长适温 20 ~ 25 ℃，抽蔓期和开花结果期生育适温 20 ~ 30 ℃。

苦瓜属短日照作物，但对日照时间的长短要求不严格，光照不足会引起落花落果。

苦瓜喜湿润但不耐涝，一般在基质相对湿度 80% ~ 85% 和空气湿度 70% ~ 75% 的条件下生长发育良好，特别在开花结果期，要求的水分较多。

苦瓜需肥量较大，生育期要求营养全面、均衡供应；若肥水不足，则植株生长缓慢、瘦小、叶色变浅，开花结果少，果实小且苦味浓重，品质差。

3.5.2 苦瓜有机生态型无土栽培技术

1）茬口安排和品种选择

一般早熟品种较耐低温，中、晚属品种较耐高温，有机生态型无土栽培中应选择早、中熟品种。适宜的品种较多，有长白苦瓜、农友 1、2 号等，适宜的茬口为冬春茬，从 9 月下旬育苗，11 月上旬定植，翌年元月中旬上市，6 月下旬拉秧，同行株距 40 cm，亩保苗 2 300 株左右。

2）栽培基质、栽培设施建造、基质消毒等

参考本项目任务 2 中番茄栽培技术。

3）栽培技术

（1）穴盘无土育苗

苦瓜育苗时将种子用 55 ~ 60 ℃ 热水温烫处理 15 min，然后搓去种皮上的黏质

物，在常温下浸泡 20 ~ 24 h，然后进行变温催芽点播，方法是保持白天温度 30 ~ 35 ℃，夜间 20 ~ 25 ℃的条件下催芽，出芽后进行穴盘育苗，3 叶 1 心时进行移栽，适栽苗龄 30 ~ 35 d。

(2)栽培后的管理

a. 温度、湿度、水肥管理。参考本项目任务 3 冬瓜栽培技术。

b. 植株调整。苦瓜以侧蔓结瓜为主，整枝有两种方法，一是距地面 50 cm 以下的侧蔓全部摘除，促进主蔓生长，当主蔓长到架顶时，主蔓摘心，其下部选留 3 ~5 个侧枝结瓜；二是当主蔓长到 1 m 高时，将主蔓摘心，留两条侧枝结瓜，当侧蔓长到架顶后摘心，再在每条蔓上选留 1 ~2 个侧蔓结瓜。

4）适时采收

在适宜的温湿度条件下，雌花开花后 12 ~15 d，果实的条状和瘤状的突起开始迅速膨大，果顶变为平滑且开始发亮，果皮的颜色由青白转为乳白时采收。

任务 4　叶菜类蔬菜无土栽培技术

4.1　叶菜类 1：生菜

生菜（*Lactuca sativa* L.）属菊科莴苣属莴苣种中的叶用莴苣变种，学名叶用莴苣，俗称生菜，原产我国、印度及地中海沿岸地区，是世界广泛栽培和食用的叶类蔬菜，与番茄、黄瓜并列为温室无土栽培 3 大蔬菜种类。

生菜营养丰富，特别是含铁较多，对于抗坏血病有一定的疗效。国外生菜主要用做鲜食，消耗量极大。我国过去主要在南方地区普遍栽培和食用，现在全国各地均有栽培。由于无土栽培生菜生长迅速，产量高，粗纤维含量低，口感极好，因而深受消费者欢迎。由于莴苣株型小，最适宜进行水培形式栽植。

4.1.1　对环境条件的要求

生菜喜冷凉气候，比较耐寒，不耐高温。叶球生长适宜温度为 13 ~16 ℃、0 ~5 ℃以下会产生冷害，25 ℃以上温度易发生徒长，并且品质变差，表现为节间变长，叶色变淡，粗纤维增加，出现苦涩味，口感变差。生菜种子发芽要求适宜的低温，以 15 ~20 ℃为宜，高于 25 ℃种子发芽不良。

结球期对温度要求严格，适宜温度为白天 20 ~22 ℃，夜间 12 ~15 ℃。温度过高，日平均温度超过 20 ℃以上即会造成生长不良，植株徒长，不能正常结球并由于球内温度过高引起心叶腐烂坏死。

生菜要求有较强光照，光照充足有利于植株生长，叶片厚，叶球紧实。光照弱则叶片薄，叶球松散，产量低。生菜为长日照植物，长日条件下，特别是伴有高温环境可促进生菜抽薹开花，影响产量和品质。

生菜生长迅速，含水量高，组织脆嫩，整个生长期要求有均匀而充足的水分。特别是叶球膨大期，水分供应一定要充足，否则容易造成叶球开裂，影响品质。

生菜根系对氧气要求较高，适宜微酸性根际环境，pH6.5左右。由于食用部位主要是叶部器官，因此要有充足的氮素供应，并配合适宜的磷、钾元素。幼苗期对磷十分敏感，缺磷会引起叶色暗绿和生长衰退，因此可适当增加磷的施用量。钾可以促进光合产物向叶球运转和积累，有利于叶球膨大和充实，因此在结球时应注意补充钾素。同时还应补充钙、硼、镁等。缺钙容易引起生理病害干烧心，导致叶球腐烂。由于生菜要求冷凉的温度条件，因此除夏季之外，均可进行栽培。

4.1.2 品种选择

按结球与否可以分为结球、散叶、直立3类。结球莴苣与甘蓝外形相似，食用器官是叶球，质地鲜嫩，口感好；散叶莴苣不结球，叶长卵形，叶缘波状有缺刻或深裂，叶面皱缩，叶色有绿色、黄色、紫色等，色泽鲜艳，是点缀餐宴的好材料，品质中等；直立莴苣也不结球，叶直立、狭长，叶全缘或有锯齿，肉质粗，口感差。在品种选择上尽可能选择早熟、耐热、耐抽薹、结球性好的品种。可供选择的品种主要有大湖366、大湖118、爽脆、玛莎、皇帝、意大利莴苣、迷你型莴苣、四季用秀水等。

4.1.3 生菜DFT水培技术

1）育苗与定植

(1)育苗

①育苗方式。岩棉块育苗。也可采用穴盘育苗或育苗床育苗。

②种子处理。用20 ℃左右清水浸泡3～4 h，搓洗沥干水分后，置于湿润纱布上，在15～20 ℃下催芽。催芽时用清水冲洗2次/d，2～3 d后即可发芽。

③播种。将发芽的种子播于2.5 cm×2.5 cm×2.5 cm的岩棉块上，每个岩棉块播1粒种子。采用穴盘育苗时可将发芽种子播入128孔穴盘，每孔1粒种子。基质可用草炭：蛭石=2：1或草炭：珍珠岩：蛭石=1：1：1的复合基质，并按每立方米基质中加入15：15：15的氮、磷、钾复合肥0.5～1.0 kg。采用育苗床育苗时，种子播深不宜超过0.5 cm，播后不宜覆盖过厚，浇水后以种子不露出即可。

④苗期管理。岩棉块育苗时，采用1/2剂量的园试通用配方营养液，在第1片真叶长

出后喷施。穴盘育苗或基质育苗床育苗时，在3叶期前只浇清水，其后结合喷水喷施2次叶面肥或每隔2 d喷施1次0.5个剂量的园试配方营养液。苗期温度控制为白天18～20 ℃，夜间8～10 ℃。

(2)定植

DFT种植槽建造见项目5。当生菜幼苗的苗龄达到25～30 d、具5～6片真叶时即可移入定植杯，随即将定植杯放入定植板的孔中定植。然后将种植槽的水位调高至营养液浸没定植杯杯底1～2 cm处，防止生长不均匀。散叶生菜的定植密度为30～35株/m^2，结球生菜为20～25株/m^2。

2）定植后的管理

①环境调控。生菜DFT水培的环境调控主要是温度管理。设施内环境温度控制为白天15～20 ℃，夜间10～12 ℃，尽量加大昼夜温差，当温度高于25 ℃，应采取降温措施，使营养液温度调节至15～18 ℃。

②营养液管理。可选用日本园试配方1/2剂量、日本山崎生菜配方等。营养液浓度的调控根据栽培品种和营养液配方进行。如果是散生叶菜且生长期较短，可不补充营养液，直接以原营养液循环；如果是结球生菜，生长期较长，定植后需50～70 d才收获的，应每隔20 d左右补充1次营养液。也可通过测定营养液的γ值来确定。当营养液的γ值降低至原先加入营养液γ值的1/3～1/2时就应补充营养。加入的营养液量与定植时加入的量相同，也可只加入到定植时的初始γ值即可。一般刚定植时营养液的γ值调控为1.2～1.4 mS/cm，生长旺盛期为1.8～2.0 mS/cm，结球期为2.0～2.5 mS/cm。营养液的液面控制参照项目5相关内容进行。一般采用循环供液，白天上下午各循环1～2次，每次20～30 min，夜间不循环。

③病虫害防治。生菜无土栽培的病害主要有软腐病、菌核病和灰霉病；虫害主要有蚜虫、红蜘蛛、美洲斑潜蝇、白粉虱等。具体的防治措施参照土壤栽培。

④采收与再定植。散叶生菜可根据市场需要随时采收，结球生菜一般在心球较为坚实时采收。一般散叶生菜15～40 d、结球生菜50～70 d即可采收。采收时间因品种和季节不同存在差异。采收后设施消毒处理后可进行下茬生菜栽培。注意计划好下茬的播种时间，控制在前茬生菜收获时后茬的幼苗已达定植要求，以达到“随收随种”的目的。

4.2　叶菜类2：蕹菜

蕹菜（*Ipomoea aquatica*）也称空心菜、通菜、竹叶菜、藤菜等，为旋花科一年生（亚热带）或多年生（热带）蔓生草本植物。蕹菜是夏秋季普遍栽培的绿叶蔬菜。其食用部位为幼嫩的茎叶，可炒食或凉拌，做汤菜等同菠菜。营养丰富，居叶菜首位，维生素A比番茄高出 4 倍,维生素 C 比番茄高出 17.5%。蕹菜采收期长,是夏季生长的叶菜,能打破北方夏季少叶菜多果菜的结构,不受高温、暴雨的限制,因而北方开始引种栽培,并取得成功。水培和基质培设施均可种植蕹菜,但以 DFT 栽培效果最好。

4.2.1 对环境条件的要求

喜高温、多湿的环境。种子发芽需 15 ℃以上,最适温度为 25 ~ 30 ℃;幼苗期适温为 20 ~ 25 ℃;茎叶生长适温 25 ~ 35 ℃,能耐 35 ~ 40 ℃高温,15 ℃以下茎叶生长缓慢,10 ℃以下停止生长,遇霜枯死。北方地区适于在高温的夏季栽种,冬季因温度低,即便在日光温室中也不易出芽,即使出了芽,茎叶生长也缓慢。蕹菜喜日照充足,但对光照条件要求不严格,开花结籽要求短日照和充足阳光,对密植有一定适应性。蕹菜既耐肥,又比较耐瘠薄;喜酸,不耐碱,最适 pH 值为 5.5 ~ 6.5,能够忍受较低的 pH 值,pH 值 7.5 以上容易出现缺铁症状。

4.2.2 栽培季节与品种选择

南方地区有大棚或温室的覆盖下,可在 11 ~ 12 月份播种;长江中下游地区及北方地区在有保护设施条件下,可在 3 月份播种。保温效果好的温室在生产上的应用,播种期可提前至 1 月份。

蕹菜栽培品种很多,可根据其结实与否分为子蕹和藤蕹,常用的子蕹品种有白壳、大鸡白、大鸡黄等;常见的藤蕹品种有广州的细通菜、四川的大蕹菜等。

4.2.3 蕹菜 DFT 水培

1)育苗与定植

(1)育苗

①育苗方式。岩棉块育苗。

②种子处理。用 50 ~ 60 ℃温水浸泡 30 min,然后用清水浸种 20 ~ 24 h,捞起洗净后放在 25 ℃左右的温度下催芽。催芽期间要保持湿润,每天用清水冲洗种子 1 次,待种子破皮露白后播种。

③播种。将发芽的种子播入岩棉块中,每个岩棉块播 1 ~ 2 粒种子,苗盘加足水。也可将种子直接在定植杯内播种,播种方法见项目 4。播后定植杯密集能盛水的槽内,浇水使杯内保持湿润。

④扦插繁殖。摘取蕹菜茎蔓,剪切成 6 ~ 10 cm 长的小段,扦插于基质或浸于薄层营养液中,弱光条件下培养。一般 1 周之后插条即可生根成活。

⑤苗期管理。播种后将苗盘或定植杯置于 25 ~ 30 ℃条件下培育。一般 4 ~ 5 d 即可

出苗，约12 d后第1片真叶显露，可改用华南农大的叶菜B配方0.5个剂量营养液浇灌或在出苗后于槽底放入2 cm左右营养液，育成壮苗。

(2)定植

首先建造好栽培槽，然后根据育苗方式的不同进行相应的定植操作。如果是扦插育苗，则扦插与定植可同步进行，在栽培板上每孔插入1~2个蕹菜插穗，1周左右即可生根成活；如果是岩棉块育苗，当苗龄25~30 d、具4~5片真叶、根系从岩棉块底部伸出时即可定植。定植时将蕹菜苗连同岩棉块塞入定植板的孔中。定植板上按株行距15 cm×20 cm打出定植孔。

2)定植后的管理

(1)营养液管理

营养液配方可选用华南农大叶菜配方B、华南农大蕹菜专用配方(表7.4)或刘增鑫设计的水培蕹菜营养液配方(表7.5)。营养液的浓度一般根据γ值的检测来调控。水培蕹菜一般要求营养液的γ值在1.0 mS/cm以上，在采收频繁时γ值要求控制在1.5~2.5 mS/cm，最高不超过3.5 mS/cm。也可以采用每采收2~3次补充1个剂量营养的经验方法来补充营养。

表7.4 华南农大蕹菜专用营养液配方(大量元素)

化合物名称	用量/($g \cdot L^{-1}$)	备注
$(NH_2)_2CO_3$	1.5	1. 硫酸钙微溶于水，以悬浮液加入 2. 此配方偏酸性(pH值4.0~6.5)
KNO_3	0.4	
KH_2PO_4	0.14	
$CaSO_4 \cdot 2H_2O$	0.43	
$MgSO_4 \cdot 7H_2O$	0.25	
K_2SO_4	223	
H_3PO_4		

注：此配方主要用于蕹菜水培生产。

虽然水培蕹菜在营养液静止不流动时也可以正常生长，但为了使营养更为均匀、补充溶存氧，从而使蕹菜生长得更好，生产上仍进行营养液的循环流动，一般每天的上下午各开启水泵循环1~2次。每次20~30 min即可。槽内营养液的液位调整见项目五。

表 7.5 水培蕹菜营养液配方

化合物名称	用量($g \cdot L^{-1}$)	化合物名称	用量($g \cdot L^{-1}$)
$Ca(NO_3)_2 \cdot 4H_2O$	589	Na_2Fe-EDTA	16
KNO_3	886.9	H_3BO_3	3
NH_4NO_3	57.1	$MnSO_4 \cdot 4H_2O$	2
$MgSO_4 \cdot 7H_2O$	182.5	$ZnSO_4 \cdot 7H_2O$	0.22
K_2SO_4	53.5	$CuSO_4 \cdot 5H_2O$	0.08
H_3PO_4	223	$(NH_4)_6Mo_7O_{24} \cdot 4H_2O$	0.5

注:引自刘增鑫,2000。

因为蕹菜喜酸性,在 pH 值 2～3 的范围仍可正常生长,但不耐碱性,在 pH 值>7.5 时易出现缺铁现象,所以,应经常检测营养液的酸碱度,控制 pH 值不超过 7.5。

(2)采收与复壮

蕹菜可一次种植多次采收。水培蕹菜生长速度快,定植 1 个月左右长到 20 cm 高或侧枝长达 15～20 cm 时即可采收。采收时剪取 10～15 cm 长的枝条,基部留 2 节,扎把上市。以后每隔 10～15 d 采收 1 次,连续采收,分批销售,采收 2～3 次后再更换下一茬。采收多次后侧枝会变细,宜中期更新复壮。即将老株拔去,选粗壮侧枝下部剪取 2～3 个节 1 段,重新插入定植杯中,每杯 3 段,用石砾固定。然后将定植杯插回定植板中,让营养液浸没杯底,促其发根即可复壮。也可重新播种栽植。

(3)病虫害防治

危害蕹菜生长的病害主要有白绢病、菌核病等;虫害主要有红蜘蛛、蚜虫等。

4.3 叶菜类 3:紫背天葵

紫背天葵(*Begonia fimbristipula Hance*)别名观音菜、观音苋、血皮菜,为菊科土三七属的一种以嫩茎叶供食用的高档蔬菜。紫背天葵为多年生直立草本,丛生状,株高 60～90 cm。茎光滑无毛,分枝性强,紫红色或绿色,食用部分为嫩茎和叶。叶互生,长卵状宽披针形,长 10～16 cm,宽 4～6 cm,稍肉质,叶柄短,紫红色。花橙黄色,头状花序顶生或腋生,数个排列成圆锥或伞房花序。花为两性花,在浙南地区 10～12 月份开花,一般不能结籽。紫背天葵富含黄酮类化合物及铁、锰、锌等对人体有益的微量元素,具有很高的保健价值。紫背天葵的无土栽培方式有基质培、DFT 水培、静止水培、立体栽培等,一般以基质培为主。

4.3.1 对环境条件的要求

紫背天葵生长发育适温为20~25 ℃。耐热能力强,在35 ℃的高温条件下仍能正常生长;耐低温,能忍耐3~5 ℃的低温,但遇到霜冻时可发生冻害,严重时植株死亡。紫背天葵对光照条件要求不严格,比较耐阴,但光照条件好时生长健壮。喜湿润的生长环境,同时又较耐旱、耐瘠薄。

4.3.2 栽培季节与品种选择

只要环境温度不高于35 ℃,不低于5 ℃,一年四季都可栽培紫背天葵,而且定植后可长季节栽培。紫背天葵有红叶种和紫茎绿叶种两类。红叶种叶背和茎均为紫红色,新叶也为紫红色,随着茎的成熟,逐渐变为绿色。根据叶片大小,又分为大叶种和小叶种。大叶种,叶大而细长,先端尖,黏液多,叶背、茎均为紫红色,茎节长;小叶种,叶片较少,黏液少,茎紫红色,节长,耐低温,适于冬季较冷地区无土栽培。紫茎绿叶种,茎基淡紫色,节短;分枝性能差,叶小椭圆形,先端渐尖,叶色浓绿,有短绒毛,黏液较少,质地差,但耐热耐湿性强,比较适于南方栽植。

4.3.3 紫背天葵静止水培

1)育苗与定植

(1)育苗

①育苗方式。紫背天葵有分株繁殖、播种繁殖和扦插繁殖3种繁殖方法,因其茎节易生不定根,插条极容易成活,生产上大多采用扦插繁殖。一般在2~3月份和9~10月份进行。

②插条处理。从健壮无病的植株上剪取长6~8 cm的半木质化嫩枝条,每个插条留1~2片叶,上端留芽或平剪,基部斜剪成马蹄形。插条基部浸入200~300 mg/L的NAA溶液中4 h,一般可提前3~4 d生根。

③扦插。插条斜插至基质床内,深度为插条的2/3。插条密度为(7~8)cm×(7~10)cm。基质由细沙、细炉灰渣按等体积混合。插后喷透水,用旧塑料布覆盖扦插苗床,遮阳保湿。

④苗期管理。扦插苗床保持湿润,温度控制在22~25 ℃,扦插初期要求散射光,光强度先弱,后期逐渐增加。夏季扦插需搭设拱棚。通常7~10 d即可生根。扦插成活后,初期2 d浇1次1/3剂量的华南农大叶菜类通用的营养液,后期改浇1个剂量的上述营养液,浇1~2次/d,不要一次浇得过多,否则因基质内湿度过大,扦插苗的根系容易腐烂变质,丧失吸收功能而死掉。为培育壮苗和加快扦插苗生长,也可在扦插后期喷施叶面肥

1～2 次。当扦插苗长出 5～7 条根、根长 3 cm 以上时即可定植。

(2)定植

①建造种植槽。种植槽规格参照 DFT 水培槽。在槽尾端挖一条排液沟,方向与槽向垂直,并在槽尾端的槽壁与槽底交界处预先埋设一根 ϕ25 mm、长 25 cm 的 PE 短管,管的一端外伸至槽外的排液沟,将来更换槽内营养液用。槽内衬黑色塑料膜。定植板上的定植孔密度为 40 cm×45 cm。

②营养液配制。营养液采用华南农业大学叶菜类通用营养液配方。人工配制营养液,注入种植槽内,关闭排液短管上的阀门。初期营养液的深度以定植后刚浸没定植杯脚 1～2 cm 即可。

③定植。定植方法同项目 5 任务 2 DFT 水培。定植前紫背天葵扦插苗根系最好在 500 倍多菌灵溶液浸泡 10～15 min 或 0.01%～0.1% 高锰酸钾溶液中浸泡 3～5 min,然后再栽入定植杯内。要求紫背天葵扦插苗不带基质。

2)定植后的管理

①环境管理。紫背天葵耐热,怕霜冻,因此冬春低温季节(11 月至翌年 3 月份)注意保温。可在建槽时在槽底应预先铺设电热线,在液温低时通过电热加温。夏秋季气温较高,应使用遮阳网,并揭膜通风,降低棚内温湿度,减少病虫害发生,提高品质和产量。一般要求温室的温度保持 20～25 ℃,营养液的温度在 15 ℃以上。

②营养液的管理。营养液管理与 DFT 水培基本相同。不同的是,随着根系伸长,营养液面下降至距定植杯底 4～6 cm 后维持营养液的深度静止不变。液面降低则应及时补液。为方便观察营养液面高度的变化,可在槽尾端的一个定植孔内设置浮动标尺来观察营养液面的高度。当发现营养液混浊或有沉淀物产生、根系发黏、根由白色变成褐色或补液之后经一段时间测定营养液电导率值仍居高不下时,则考虑将整个种植槽的营养液彻底更换。营养液更换时,可通过槽尾端的排液短管排出槽内所有营养液至排液沟中,再重新配液。注意经常检测营养液的 γ 值变化,一般管理浓度以 γ 值 2.0～2.5 mS/cm 为宜,定植初期 γ 值 0.7～1.0 mS/cm,后期浓度逐渐提高。冬季 γ 值控制上限可提高至 3 mS/cm 左右。pH 值控制在 6.5～6.8,2～3 d 检测 1 次,采用酸碱中和方法来及时调整 pH 值。

③及时修剪,适时采收。在环境条件适宜时,紫背天葵生长势强,生长较快,应注意及时剪除交叉枝和植株下部枯叶、老叶,并做到及时采收,促发侧枝,多发侧枝。另外,在修剪茎叶或采收时,注意不要让干枯老叶等杂物落进种植槽,以防止污染营养液。一般定植后 20～25 d,苗高可达 20 cm 左右,顶叶尚未展开时即可采收。采收时剪取长 10～15 cm、先端具 5～6 片嫩叶的嫩梢,基部留 2～4 片叶,以便萌生新的侧枝。以后每隔 10～15 d 采收 1 次,常年采收,一般每 667 m^2 产量可达 8 000～10 000 kg。注意采收时要

考虑剪取部位对腋芽萌发成枝方向的影响，防止将来枝条空间分布不合理，增加管理负担。

④病虫害防治。紫背天葵在北方地区栽培病害较少，虫害主要是蚜虫、白粉虱。可选用一遍净、万灵、特灭粉虱等药剂，每隔7 d喷1次，连续喷3～4次，防治效果较好，但注意采收前半个月停用。蚜虫及时防治，可减少病毒病的发生。一旦发现病株应及时拔除，在采收时更应注意，以防止接触传播。另外，注意定植板、定植杯、基质、盛装肥料溶液器皿及紫背天葵幼苗的彻底消毒，以防止病菌一旦浸染根系，通过营养液迅速蔓延，造成严重的经济损失。

4.4　叶菜类4：京水菜

京水菜是十字花科芸薹属白菜亚种的一个新育成品种，以绿叶及叶柄为产品的1、2年生草本植物。京水菜又称白茎千筋京水菜、水晶菜，是我国近年从日本引进的一种外形新颖、含矿物营养丰富、含钾量很高的蔬菜。风味类似小白菜，是上好的火锅菜，作馅时有淡淡的野菜香味，十分诱人。京水菜可采食菜苗，掰收分芽株或整株收获。市场前景好。

浅根性，主根圆锥形，须根发达；再生力强。营养生长期茎为短缩茎，叶簇丛生于短缩茎上。茎基部具有极强的分枝能力，使植株丛生，单株重可达3～4 kg。叶片绿色或深绿色，叶柄长而细圆，有浅沟，白色或浅绿色。复总状花序，小花黄色。长角果，种子近圆形，黄褐色，千粒重1.7 g，发芽力3～4年。

京水菜无土栽培方式可采用基质培和NFT水培方式，其中以基质栽培效果好。

4.4.1　对环境条件的要求

京水菜喜冷凉的气候，在平均气温18～20 ℃和阳光充足的条件下生长最宜。10 ℃以下生长缓慢，不耐高温。生长期需水分较多，但不耐涝。

4.4.2　栽培季节与品种选择

京水菜适合冷凉季节栽培，北方地区采用无土栽培可以实现周年生产。目前种植的品种有早生种、中生种和晚生种，都可用于无土栽培。

早生种：植株较直立，叶的裂片较宽，叶柄奶白色，早熟，适应性较强，较耐热，可夏季栽培。品质柔软，口感好。

中生种：叶片绿色，叶缘锯状缺刻深裂成羽状，叶柄白色有光泽，分株力强，单株重3 kg，冬性较强，不易抽薹。耐寒力强，适于北方冬季保护地栽培。

晚生种：植株开张度较大，叶片浓绿色，羽状深裂。叶柄白色，柔软，耐寒力强。不易抽薹，分株力强，耐寒性比中生种强，产量高、不耐热。

4.4.3 京水菜NFT水培

1）育苗与定植

（1）育苗

①育苗方式。岩棉块育苗。

②种子处理。将京水菜种子在15～25 ℃清水中浸泡2～3 h后于15～25 ℃的条件下催芽，经24 h即可出芽。

③播种。将国产农用岩棉的散棉铺在育苗盘中，再将催芽的种子播种在散岩棉上，然后喷施营养液，保持基质湿润。

④苗期管理。育苗期间浇灌日本园试配方0.5个剂量的营养液，保持各个育苗块呈湿润状态，育苗盘略见薄水层。育苗温度应控制在8～20 ℃，最好为15～18 ℃。

（2）定植

建造NFT栽培床，并配备营养液自动供液系统。按栽培床60～70株/m^2的密度在定植板上打孔定植。

2）定植后管理

①营养液管理。营养液配方与苗期相同。定植后营养液的浓度逐渐提高，随植株的生长，从1/2剂量提高到2/3剂量，最后为1个剂量。白天每h供液15 min，间歇45 min；夜间2 h供液15 min，间歇105 min，由定时器控制。营养液的γ值控制在1.4～2.2 mS/cm，pH值控制在5.6～6.2。平时及时补充消耗掉的营养液，每30 d将营养液彻底更换1次。

②环境调控。京水菜水培时，环境温度保持在白天20～25 ℃，保持夜温和营养液温度在10 ℃以上。夏季高温季节要注意遮阳，降湿。冬季不能出现低温、高湿和弱光的不良环境，否则易发猝倒病而腐烂。

③采收。京水菜可收小株、分株和大株。当苗高15 cm时，可整个小株间拔采收；当植株基部萌生很多侧株时，可分株陆续掰收，但一次不能掰得太多，避免影响植株生长；当植株长大封垄时，即长到1～3 kg时一次性采收。可采收小苗食用，也可在定植后20 d，株高15 cm以上已长成株丛后收割。

④病虫害防治。京水菜无土栽培易发霜霉病，可用75%百菌清可湿性粉剂和40%乙膦铝可湿性粉剂200～250倍液喷洒防治。虫害主要有蚜虫和潜叶蝇，可用灭杀毙3 000倍液防治。喷洒10%扑虱灵乳油1 000倍液可有效防治白粉虱。

任务5　芽苗菜无土栽培技术

利用植物种子,在经过种子萌发之后在弱光条件下短时间的生长(10～20 cm 的高度),直接培育出可供食用的嫩芽、芽苗、芽球、幼梢等蔬菜,统称为芽苗菜。如,禾谷类:大麦、小麦、荞麦、薏米等;豆类:豌豆、蚕豆、黑豆、黄豆、绿豆、红豆等;蔬菜:白菜、萝卜、苜蓿、香椿、空心菜、莴苣、茼蒿、芫荽等。它不同于常见的豆芽,芽菜是经绿化的幼苗,因此它的营养成分比豆芽更丰富。据测定,芽菜中富含维生素 B_1、C、D、E、K、类胡萝卜素和多种氨基酸,如亮氨酸、谷氨酸等,同时还含有钾、钙、铁等多种矿物质。在植物种子发芽后的幼苗中常含有一些特殊的成分,随着植物长大后逐渐消失,例如,荞麦种子发芽后 20 d 内幼苗中含有的芸香苷含量达到最高,这种物质对于高血压的治疗具有积极作用。由于芽菜中的一些特殊物质利于人体的健康,而且具有鲜嫩可口、营养丰富、味道鲜美等特点,是真正的健康食品,近年来越来越受到人们的喜爱。

芽苗菜一般分为籽芽菜与体芽菜两大类型。二者的主要区别是形成方式不同。籽芽菜也称种芽菜,是由种子萌发形成的芽菜,如豌豆芽菜、绿豆芽菜等;体芽菜则是由枝条等营养器官长成的芽菜,如刺嫩芽苗菜、香椿芽苗菜等。生产芽苗菜的优点有:

①器官肥嫩,营养丰富,口味极佳,风味独特,易于消化,富含多种维生素和氨基酸等。

②环境污染少,产品符合绿色食品的标准。

③生长周期短,复种指数高,经济效益高。

④栽培形式多样,容易操作。

⑤易于进行工厂化、规模化生产等。

5.1　芽苗菜生产的基本设施

芽苗菜生产可根据生产规模和投资额度大小来选择不同的生产设施,有简易的,也有复杂的、自动化或机械化程度较高的。这些生产设施主要由以下 5 部分组成。

5.1.1　栽培容器和栽培床架

1)栽培容器

芽菜生产的栽培容器一般选择底部有孔的硬质塑料育苗盘(图 7.5)或专门用于生产芽菜的聚苯乙烯泡沫塑料做成的栽培箱或育苗箱(图 7.6)。硬质塑料育苗盘的规格有多种(如 62 cm×24 cm×5 cm、50 cm×30 cm×5 cm 等),重量轻,易于搬运,可以适应工厂化、立体化、规范化栽培的需要；栽培箱或育苗箱内有许多四方形小格，深约 4 cm，每个小格底部有一小孔，用于多余水分或营养液流出，小格中放置种子，箱上面的四个角较高，大约高于放置种子的小格上部 15 ~ 20 cm。长成的芽菜可以成箱叠放在一起，使芽菜保持自然生长状态直接出售。

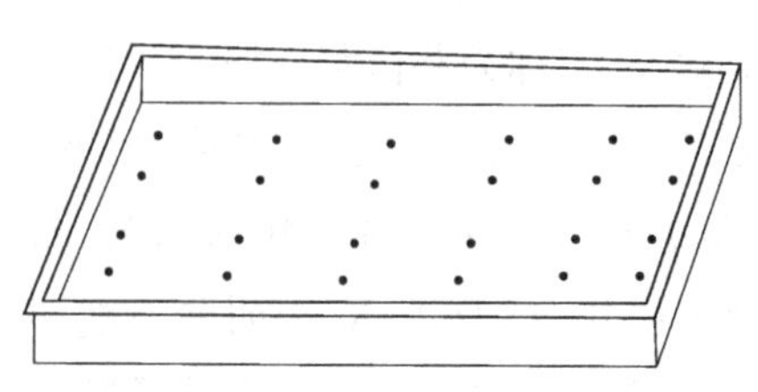

图 7.5　生产芽菜的硬质塑料育苗盘

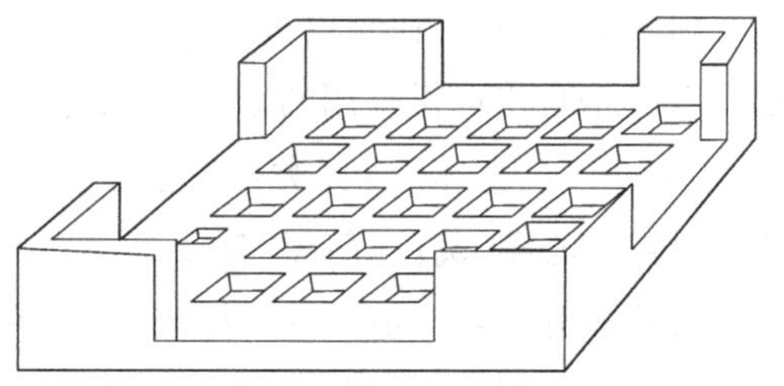

图 7.6　芽菜生产专用泡沫塑料箱

此外，还可将棚内地面挖出宽 100 cm、深 10 ~ 15 cm 的简易栽培槽，然后在槽的两侧各平放一层红砖，使得栽培槽的深度为 15 ~ 20 cm，内衬一层黑色塑料薄膜，最后再放入洁净的河沙作为基质（图 7.7）。栽培时将已催芽露白的种子播入栽培槽中，再在种子上面覆盖一层 0.5 ~ 1.0 cm 厚的河沙，生长过程中浇水或喷营养液。待芽菜长成之后连根一起拔出，用清水洗净根部河沙后即可上市。

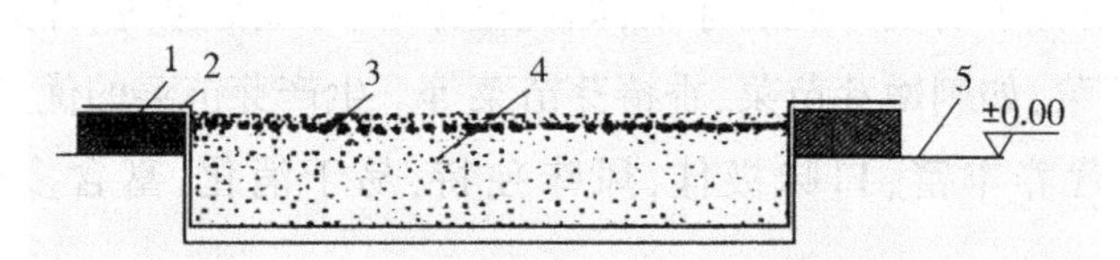

图 7.7　简易槽式沙培芽菜生产种植图

1—红砖；2—黑色塑料薄膜；3—种子；4—河沙；5—地面

2）栽培床架

为了充分利用栽培空间，提高生产场地的利用率和方便管理，芽菜生产可在多层的栽培床架上进行立体栽培。每个栽培架可设 4 ~ 6 层，层间距 30 ~ 40 cm，最底下一层距地面 10 ~ 20 cm，架长 150 cm，宽 60 cm，每层放置 6 个苗盘。架的四个角应安装万向轮，便于推动（图 7.8）。栽培床架可用角铁、钢管、钢筋、竿木等做成。为了便于整盘活体销售，够一定规模的可以设计研制集装架。集装架的结构与栽培架基本相同，但规格统一，层间距缩短为 20 cm 左右即可，以便于产品运输和销售。

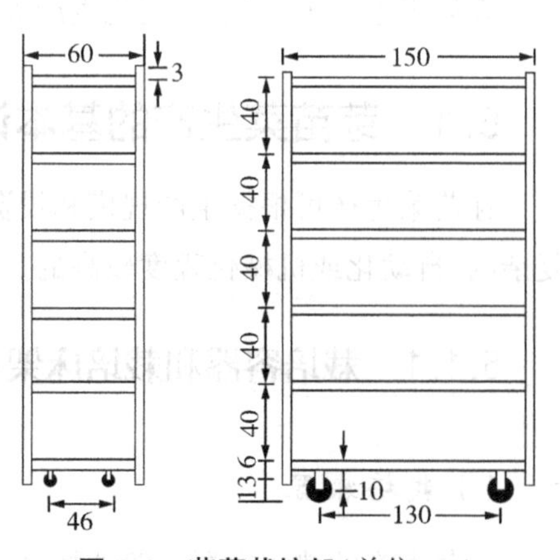

图 7.8　芽菜栽培架（单位：cm）

5.1.2 栽培基质

芽苗菜生产可选用的栽培基质很多,但不同的栽培基质各有优缺点,一般宜选用清洁、无毒、质轻、吸水持水能力较强、使用后其残留物易于处理的基质。如以纸张作基质,取材方便、成本低廉、易于作业,残留物容易处理,一般适用于种粒较大的豌豆、蕹菜、荞麦、萝卜等芽苗菜栽培,尤以纸质较厚、韧性稍强的包装纸最佳;以白棉布作基质。吸水持水能力较强,便于带根采收,但成本较高,虽可重复使用,却带来了残根处理、清洁消毒的不便,故一般仅用于产值较高的小粒种子且需带根采收的芽苗菜栽培;泡沫塑料(3~5 mm厚)则多用于种子细小的苜蓿等芽苗菜栽培;以细沙作为基质,收获后容易去除根部残渣,但搬运较费劲。近年来采用珍珠岩、蛭石作为基质,栽培种芽香椿等芽苗菜,效果较好,但根部残渣不易去除,影响美观。生产上也可以不用基质而直接将已催芽的种子旋转在栽培容器中,通过频繁的间歇淋水来保证芽苗菜生长的水分和养分。

5.1.3 保护设施

当外界气温高于18 ℃时,芽菜可进行露地生产,但必须适当遮阳,避免强光直射,还应注意加强喷水,尽量保持适宜的空气湿度。为实现芽苗菜的周年生产,生产上多在塑料大棚、温室或窑窖、地下室、空闲房舍等环境保护设施下进行。根据在芽苗菜生产所起的作用的不同,分为用于催芽和前期生长的催芽室和后期生长、绿化的绿化室。

催芽室一般可用房间或阴棚,最好是能够保持一段时间的黑暗,温度控制在20~25 ℃,而且要有较高的湿度。因为刚催芽的种子在前期的生长期间(10~15 d)要在弱光或黑暗中生长(最好是在黑暗中),这样胚轴和嫩茎的伸长速度较快,而且植株中积累的纤维素较少,口感较好。

绿化室多为大棚或温室,秋冬季温度较低时可通过覆盖塑料薄膜或加温来保持一定的温度,而在夏季温度较高时,可通过遮阳、喷水等措施来降温。绿化室的光照条件好,在催芽室中生长了10~15 d的芽苗菜,由于没有光照或光照较弱,植株瘦弱,叶绿素含量很低,植株淡黄,此时要将这些芽菜放入绿化室中见光生长2~3 d,有些作物生长时间可长达4~10 d,即可让芽苗菜绿化而长得较为粗壮。

5.1.4 供水供液系统

规模化芽菜生产一般均安装自动喷雾装置以喷水或供应营养液,简易的、较小规模的芽菜生产可采用人工喷水或喷营养液的方法,有条件的也可以安装喷雾装置,以减轻劳动强度和获得较好的栽培效果。如豌豆苗、蚕豆苗、菜豆苗等种子较大的作物的芽菜生产一般只需供水即可;如对于萝卜苗、小白菜苗等种子较小的作物,在出芽几天后就要供应营养液。

5.1.5 浸种、清洗容器和运销工具

浸种及苗盘清洗容器应根据不同生产规模，可分别采用盆、缸、桶、砖砌水泥池等，但不要使用铁质金属器皿，否则浸种后的种粒呈黑褐色。在容器底部应设置可随意开关的放水口，口内装一个防止种子漏出的篦子，以减轻浸种时多次换水的劳动强度。

由于芽苗菜用种量大，生长周期短，要求进行四季栽培、均衡供应，一般需每天播种、每天上市产品，因此必须配备足够的运输和销售的工具。

5.2 芽苗菜的生产过程

一般芽苗菜生产的流程见图7.9。通过筛选种子，去除瘪粒，保证种子出苗。种子的清洗和消毒则是洗去粘在种子表面的粉尘等污垢，并且把种子表面的病原菌清除，防止在以后的生长过程中幼苗经常处于高湿度条件下而发病。具体可采用温汤消毒法：即经过筛选并用自来水洗净的种子放在容器中，用70～75 ℃的温开水倒入盛有种子的容器中热烫5～10 min。温开水的用量最少为种子量的1倍以上。种子消毒后，用冷开水浸种12～24 h。浸种后将冷水倒掉，用湿毛巾或纱布将种子包裹后进行催芽。催芽时要特别注意保湿，一般每12 h用30 ℃温水淋过1次种子，以保持种子湿润，经过2～3 d之后，待种子露白后即完成催芽的工作。

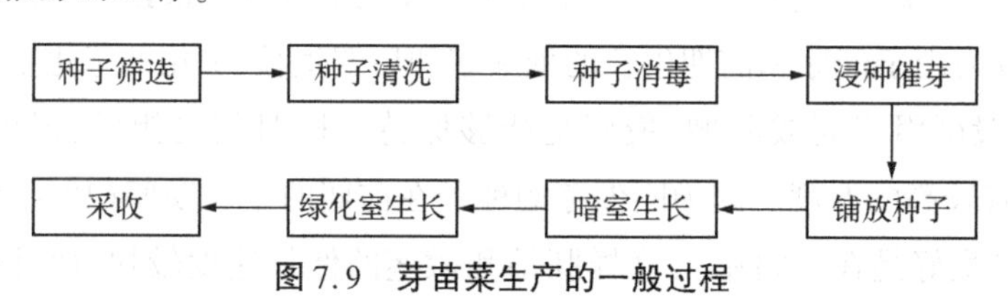

图7.9 芽苗菜生产的一般过程

铺放种子时，将已催芽的种子平摊在容器中，撒种量以种子与种子之间紧密排列，而以上下不相重叠为宜。种子铺放结束后，为了保温和遮光，用一个塑料袋或塑料薄膜罩住栽培容器，然后摆放在暗室中生长3～7 d，待苗长到10 cm左右时可移入弱光条件和较强光条件下绿化了。也可以不加覆盖将栽培容器直接放入暗室中。

从暗室中移出的芽菜，个体黄弱，若立即曝晒于太阳下易枯萎，因此应先放置在光线较弱的地方（如用遮光50%～75%的遮阳网覆盖的大棚内）生长2～3 d，即完成芽苗菜的绿化。一般要求光线不要太强，绿化的时间也不能太长。因为绿化过程如果太阳光照过于强烈，会使茎秆纤维化太强烈，品质变差。现有许多地方的简易芽苗菜的生产过程在催芽之后就让幼苗一直处于弱光条件下生长，而不是先放在暗室中生长一段时间，因此，生产出来的芽苗菜纤维含量较高，品质稍差。采收时从基部剪下，洗净后扎把或装袋上市。表7.6列出几种芽苗菜生产的计划安排与环境条件、规格要求。

表7.6 几种芽苗菜生产的各阶段安排表

<table>
<tr><th rowspan="2">作物</th><th colspan="2">消毒</th><th colspan="2">浸种</th><th colspan="2">催芽</th><th colspan="2">温室生长</th><th colspan="2">绿化</th><th rowspan="2">生长时间/d</th><th rowspan="2">芽苗菜长度/cm</th></tr>
<tr><th>时间/min</th><th>温度/℃</th><th>时间/h</th><th>温度/℃</th><th>时间/h</th><th>温度/℃</th><th>时间/d</th><th>温度/℃</th><th>时间/d</th><th>温度/℃</th></tr>
<tr><td>豌豆</td><td rowspan="10">5 ~ 10</td><td rowspan="10">80</td><td>4 ~ 6</td><td rowspan="10">20 ~ 25</td><td rowspan="3">24</td><td>25</td><td>6 ~ 8</td><td>20 ~ 25</td><td rowspan="4">1 ~ 2</td><td rowspan="10">25 ~ 30</td><td>8 ~ 10</td><td>12 ~ 15</td></tr>
<tr><td>大豆</td><td>1 ~ 2</td><td>30</td><td rowspan="2">4 ~ 6</td><td rowspan="2">28 ~ 30</td><td rowspan="2">6 ~ 9</td><td>10 ~ 15</td></tr>
<tr><td>绿豆</td><td>3 ~ 6</td><td>30</td><td>8 ~ 10</td></tr>
<tr><td>蕹菜</td><td>12 ~ 16</td><td>12</td><td>30</td><td>5 ~ 7</td><td rowspan="7">20 ~ 25</td><td>7 ~ 10</td><td>12 ~ 15</td></tr>
<tr><td>萝卜</td><td>6 ~ 12</td><td>48</td><td>25</td><td>4 ~ 5</td><td>3 ~ 4</td><td>9 ~ 12</td><td>10 ~ 12</td></tr>
<tr><td>苜蓿</td><td>12 ~ 16</td><td>24</td><td>20</td><td>7 ~ 9</td><td>1 ~ 2</td><td>10 ~ 13</td><td>6 ~ 10</td></tr>
<tr><td>香椿</td><td>12 ~ 20</td><td>72 ~ 96</td><td>22</td><td>10 ~ 15</td><td>3 ~ 5</td><td>15 ~ 18</td><td>8 ~ 12</td></tr>
<tr><td>大麦</td><td>12 ~ 24</td><td rowspan="3">48</td><td rowspan="3">20</td><td rowspan="2">5 ~ 7</td><td rowspan="3">1 ~ 2</td><td rowspan="2">10 ~ 12</td><td rowspan="2">15 ~ 17</td></tr>
<tr><td>小麦</td><td>12 ~ 24</td></tr>
<tr><td>荞麦</td><td>12 ~ 16</td><td>4 ~ 5</td><td>8 ~ 10</td><td>5 ~ 7</td></tr>
</table>

利用上述的芽苗菜生产技术进行生产的规模一般较小，而且劳动强度较大，机械化或自动化程度较低。20多年来国外如日本已进行了规模化、工厂化的芽苗菜生产，近几年来国内也有一些企业开展了芽苗菜工厂化生产的尝试，技术上取得了一定的进展，而且经济效益较好。现介绍日本的“海洋牧场”工厂化芽苗菜生产作为参考。

1984年日本的静冈县建立了一个以生产萝卜缨为主的“海洋牧场”，它主要由两部分组成：一是进行种子浸种、播种、催芽和暗室生长的部分，另一是暗室生长之后即将上市前几天的绿化生长的绿化室部分。其生产流程如图7.10所示。在这个芽苗菜工厂中，每隔1周时间就可以生产出一次萝卜缨，其生产的步骤如下。

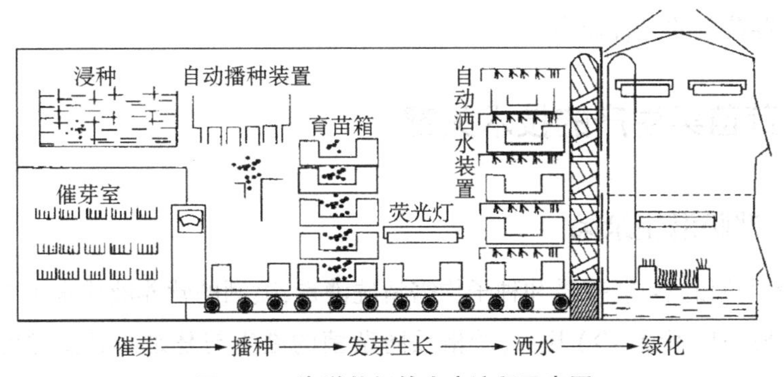

图7.10 海洋牧场的生产流程示意图

5.2.1 浸 种

将种子筛选出瘪粒和其他杂质，然后倒入金属网篮中，并置于20 ℃恒温水槽内，槽中的水每 1 h 循环流动 1 次，经过 3 ~5 h 的浸渍之后取出。

5.2.2 催　芽

先在 50 cm×20 cm×4 cm 的木箱内放置一层吸水性强的吸水纸，再将浸种后的种子倒入木箱内，种子厚约 3 cm，再在种子上面放置一层吸水纸，然后移入温度约 22 ℃、湿度为 70% ~75% 的催芽室中。木箱置于多层的铁架上催芽 24 ~36 h。

5.2.3 播　种

将已催芽的种子直接倒入自动播种机中，由播种机以每穴播 260 ~280 粒的速度播入泡沫塑料育苗箱中。

5.2.4 供水供肥及其他条件的控制

种子播入育苗箱后需喷水 1 ~2 次/d，发芽后 2 ~4 d，开始供应营养液。可以采用上方喷水的方式供液，也可以直接把营养液灌入绿化池中，让育苗箱浮起来。在整个育苗过程中，育苗室中的环境因子要加以控制，例如室温、空气湿度及室内照明等均有一定的上下限：室温为 22 ~25 ℃，相对湿度为 75% ~80%，光强为 1 000 ~1 500 lx，阴雨天用荧光灯补光。

5.2.5 绿　化

从播种到育成苗需要 5 ~7 d，然后将育苗箱移入绿化室生长 2 ~3 d。海洋牧场几乎整个绿化室内均做成水培的营养液池，育苗箱漂浮在营养液池上，幼苗从育苗箱底部的小孔吸收营养液而生长良好。绿化室内的环境调控要求是：光强 8 000 ~15 000 lx，营养液温度 20 ℃左右，而且空气以 60 cm/s 的速度流动，以保持室内的通气。冬季室内要通入二氧化碳，以增加芽苗菜的光合能力。

5.3 芽苗菜生产的技术关键

5.3.1 严防滋生杂菌

生产过程所用的器具、基质和种子均需清洗消毒，喷洒的营养液或水也要求是较为干净的自来水，最好是用温（冷）开水，严格预防杂菌的滋生与蔓延。必要时可在栽培过程中使用少量的低毒杀菌剂，但需严格控制其使用量和使用时期。

5.3.2 控制温度

在暗室生长过程中应将温度控制为 25 ~30 ℃，如温度过高，易引起徒长，苗细弱，产

量低,品质变劣,卖相差。而温度如果过低,则生长缓慢,生长周期加长,经济效益受到影响。

5.3.3　控制光照

在暗室生长过程中应始终保持黑暗。在幼苗移出暗室后的光照强度也不能过强,应在弱光下生长。因此在温室或大棚栽培时要进行适当的遮光,可在棚内或棚外加盖一层遮光率为50% ~75%的黑色遮阳网来遮光。

5.3.4　控制水分

在芽苗菜整个生长过程中要控制好水分的供应,如湿度过高,则可能感染杂菌,并导致腐烂;而放在光照下绿化时要注意湿度不能过低,防止幼苗失水萎蔫。

5.4　芽苗菜栽培举例

5.4.1　豌豆苗

豌豆苗是菜用豌豆的幼叶嫩梢,又称龙须豌豆苗、豌豆尖。它既可用育苗盘进行立体栽培,也可用珍珠岩、细沙等作为基质进行槽培。

1)育苗盘生产

(1)品种选择

不同季节的豌豆苗生产应选择不同品种,夏季应选用耐热、抗病性强的品种;冬季应选用耐寒、抗旱、速生型品种。可供选择的品种有:江苏南通市地方品种白玉豌豆,上海豌豆苗,四川省农科院选育的无须豆尖1号,上海市农科院植保所选育的上农无须豌豆苗等。

(2)种子处理

选定品种后去杂去劣,用25 ~28 ℃温水浸种,夏秋浸6 ~8 h,冬春浸12 ~15 h。浸种后捞出,控干水分,放入桶或盘中,覆盖湿布,置于20 ℃左右温度下催芽。

(3)摆盘上架

在育苗盘内铺一张经消毒的报纸或无纺布,将催芽的种子用清水淘洗后,在盘内平铺一层,喷水后叠盘。每10盘为一摞,最上层用干净的湿麻袋覆盖,保温、保湿、遮光。用温水喷淋2次/d,同时进行倒盘,使其发芽整齐一致。待幼芽长到3 ~4 cm高时,即可将育苗盘摆在培养架上,遮光、保温(20 ~25 ℃)、保湿培养、也可席地摆盘培养。

(4)见光培养

当幼芽长到12 cm左右时,就可在温度15 ~20 ℃、散射光下培养。

(5)采收上市

当苗高15 cm左右时,顶部真叶刚展开,茎叶变绿,未纤维化时采收。豌豆为子叶留土幼苗,因而豌豆苗应从基部剪下,洗净后扎把或装袋上市。育苗盘生产的豌豆苗也可托盘上市,最后回收育苗盘。收获的芽苗菜如果需要暂时保存,可将装好袋的芽苗放在0~2 ℃的环境中,将空气湿度控制在70%~80%,可保存10 d左右。

2)席地生产

席地生产的方法比较简单,单位面积产量较高,适用于大面积生产。豌豆苗席地生产需要的品种、种子处理与育苗盘生产相同。

(1)苗床准备

在平地上用砖砌成宽1 m的苗床(床的长度视具体情况而定),床内铺10 cm厚的干净细沙,浇足底水,待水渗下后即可播种。

(2)播种与管理

在苗床上撒一层发芽露白的种子,覆盖2 cm厚的细沙,再覆盖地膜保温、保湿。待幼苗出土后,及时揭掉地膜,搭建小拱棚,保温、保湿,促其生长。基质发干时及时喷洒温水,基质温度保持在15 ℃以上。

(3)采收

播后10 d左右,豌豆苗有4~5片真叶时,顶部叶开始展开或已充分展开,苗高达10~15 cm时及时采收。要求芽苗菜整齐一致,无烂根、烂茎,无异味,茎端7~8 cm柔嫩未纤维化,芽苗浅绿色或绿色。采收方法是从苗床一端将砖扒开,然后从豌豆苗的基部剪下,扎把上市。

3)对环境条件的要求

(1)温度

豌豆苗耐寒性强,但不耐热。种子发芽适温为18~20 ℃。植株生长适宜温度为15~20 ℃。温度过高,苗体易陡长,叶片薄而小,产量低,品质不佳;温度过低,生长缓慢,总产量低,衰老早。

(2)光照

豌豆属长日照作物。在低温短日照下,低节位的分枝增多,花芽分化迟。因此,为促进多分枝,早分枝,提高产量,改善品质,应控制在低温短日照下生长为好。

(3)基质

豌豆苗要求基质有机质含量丰富、排水良好。基质适宜的pH值为6.7~7.3。

(4)养分和水分

豌豆苗以营养生长为主。需氮量大,应及时追施速效氮肥,配合少量磷、钾肥。为使豌豆苗鲜嫩,需保证较大的空气湿度和基质湿度。

5.4.2 萝卜苗

萝卜苗又称娃娃缨萝卜,俗称萝卜芽。萝卜苗喜欢温暖湿润的环境条件,不耐干旱和高温,对光照的要求不严,发芽阶段不需要光。萝卜芽菜生长的最低温为14 ℃,最适温度为20~25 ℃,最高温度为30 ℃。每个生产周期为5~7 d,最多10 d。萝卜苗可席地做畦基质栽培,也可利用育苗盘进行立体或席地栽培。

1)育苗盘生产

(1)品种选择

不同品种的萝卜籽都可用来生产芽苗菜,其中以红皮水萝卜籽和樱桃萝卜籽较为经济。但为了保证生长迅速、幼芽肥嫩,选用绿肥萝卜种子最佳,并注意筛选高、中、低温的适宜品种,以供不同季节和设施的周年生产。

(2)种子处理

选用种皮新鲜、富有光泽、籽粒大的新种子,通过水选去秕去杂,用25~30 ℃的温水浸种,夏秋季3~4 h,冬春季6~8 h,种子充分吸水膨胀后捞出稍晾一会儿,待种子能散开时即可播种。

(3)播种催芽

在消毒洗净的育苗盘内铺一层已消毒的湿报纸或湿基质,在其上撒播一层处理过的萝卜籽。基质可选用珍珠岩、细沙或经过处理的细炉渣等。每10盘叠成1摞,最上面一般盖湿麻袋,防止浇水时种子移动。温度保持22 ℃左右,在遮光、保湿条件下催芽,每隔6~8 h倒1次盘。同时喷淋室温的清水,喷淋时要仔细、周全,不可冲动种子。一般1 d后露白,2~3 d后幼苗可长达4 cm。

(4)摆盘上架与见光培养

当盘内萝卜芽苗将要高出育苗盘时摆盘上架,在遮光、保温、保湿条件下培养,也可在暗室培养。5~6 d后芽长8~10 cm以上,子叶展平,真叶出现时即可见光培养。第1天先见散射光,第2天可见自然光照,待叶片由黄变绿后,就呈现出绿叶、红梗、白根的萝卜芽苗,此时即可采收。

2)席地生产

(1)苗床准备

苗床建造与处理和豌豆相同。

(2)播种与管理

均匀撒播,播种后盖上 1 cm 厚的细沙,上覆地膜。一般播种量为 150～200 g/m²。在 15～20 ℃的条件下 3 d 可出苗。当种子开始拱土时,应在傍晚及时揭膜,并喷淋湿水,使拱起的沙盖散开,以利于幼苗出土。为了使芽体粗细均匀,快速生长,每次喷淋需用室温水,而且喷水不可太多,以防烂芽,诱发猝倒病;也不宜过干,避免幼苗老化,降低品质。

萝卜种子在发芽出苗期,应保持 10～20 ℃的温度。幼苗采收前 1～2 d 可见光生长,进行绿化。

(3)采收

萝卜苗大小都可食用,所以采收时间不严格,但从商品角度考虑,还是以真叶刚露出时及时采收为好,此时幼苗高 8～10 cm,子叶平展,充分肥大,叶绿、梗红、根白,全株肥嫩清脆,散发出清香的萝卜气味,品质和风味极佳。

5.4.3 绿豆芽

绿豆芽是用绿豆种子在无光、无土和适宜的温、湿度条件下萌发,至子叶未展开时的萌芽为产品的芽菜。食用部分主要是下胚轴和子叶,一年四季均可栽培,是全年均衡供应的主要蔬菜。

1)容器生产

(1)品种选择

绿豆的品种较多,而且都可以生产豆芽,其中以明绿和毛绿两个品种较好。生产绿豆芽必须用当年生产、籽粒饱满的种子,在对种子去杂去劣的同时,还要剔去籽粒小、皮皱坚硬的种子。

(2)种子处理

将选好的种子用清水洗净,在浸种池内用 25～30 ℃的清水浸泡 10 h,待种子充分吸水膨胀时捞出,用清水淘洗干净就可进行催芽处理。

(3)生产设施

生产量少的可用育苗盘或育苗盆,生产量大的可用缸、大木桶或发芽池。所用的容器底部必须有排水孔,还需要麻袋、草帘或塑料薄膜等覆盖物。

(4)播种与管理

在育苗盆内平铺 10～12 cm 厚,盖上保湿物,在 25 ℃、黑暗条件下催芽,每隔 4～6 h 用清水淘洗 1 次,保持种子的湿度,并充分翻动种子,俗称倒缸(倒盆),使上下、内外温湿度均匀。当种子发芽后,每隔 4～6 h 用温清水喷淋 1 次,这时不可再淘洗,也不用再倒缸(倒盆),以防损伤芽体。喷淋时要缓慢、均匀,不可冲动种子,同时要打开排水孔,直到将

喷淋的水彻底排净，方可堵上排水孔，及时盖上覆盖物继续培养，每天早上将排水孔堵上再喷淋，在不冲动种子的情况下，让种子都淹没在水中，随时将漂浮的种皮清除，打开排水孔将水排净，继续遮光培养。

(5)采收

一般经过5~7 d培养，芽长8~10 cm，幼芽粗壮白嫩，豆瓣似展非展，是采收的最佳时期。采收太早，产量低；采收过晚，幼苗出土，子叶展开变绿影响品质。用手轻轻地将容器内的绿豆芽从表层开始一把一把地拔起，洗去种皮后包装上市。

2）席地生产

采用沙培法席地培养的绿豆芽产量高、品质好、生产周期短，但采收和清洗比较费工费时。

(1)苗床制作

在温室内做成宽1 m、长5~6 m的平畦，再铺上干净的5 cm厚的细沙，盖上地膜，苗床升温后播种。

(2)种子处理

按10 kg/m² 的量选好种子，用25~30 ℃的水浸种8~10 h，待种子充分吸水膨胀时捞出洗净，放在20~25 ℃的条件下保湿遮光催芽，种子露白时播种。

(3)播种与管理

播种前将覆盖苗床的地膜揭开，按5 kg/m² 的温水量喷淋苗床，喷透底水，待水渗下后，按10 kg/m² 的播种量将种子均匀地撒在苗床上，播后覆盖5~6 cm厚的细沙，随后盖地膜。绿豆芽生长较快，需水分较多，苗床必须保持潮湿，平时要喷温水，但不能积水，否则会烂芽。床温保持在22 ℃左右。

(4)采收

用手或消毒过的铁耙从苗床一侧采收，包装后上市。

5.4.4 香椿芽

采用立体基质盘栽，人工调控环境，多层立体培育出的香椿种芽代替传统的树芽，产量高，可分批播种，陆续上市，而且产品清洁、柔嫩，风味独特。立体基质盆栽是一项值得推广的绿色芽菜生产技术。

1）环境条件与生产方式

温度和水分是香椿种芽生长必需的环境因子。种芽生长适温为15~25 ℃，冬季、早春宜采用日光温室、窑窖、房屋生产；晚秋可用改良阳畦、塑料大棚等培育，当外界气温高于18 ℃时，也可露地生产，但要注意遮阳，避免直射光照射，以防品质下降。为节约土地，提高保护设施利用率，便于规范化管理，宜采用立体基质盘栽。

2）立体基质盘栽技术

(1)浸种催芽

选当年采收的新香椿种子，清除杂质，种子去翅。用55 ℃温水浸种，浸泡12 h后捞出，漂洗，沥去种子表面水分，置于23 ℃恒温下催芽。2～3 d后，种芽长到1～2 mm时即可播种。

(2)搭设立体栽培架

栽培架可由角铁、钢筋、竹木材料制成，架高1.6 m左右为宜，每架5层，层间距30～40 cm，以利于操作。

(3)播种与管理

预先将育苗盘(规格为60 cm×25 cm×5 cm)洗刷干净，底层铺放一层白纸，白纸上平摊一层厚约2.5 cm的湿珍珠岩(或珍珠岩与草炭、细沙按1∶1∶1比例混合的复合基质)。然后将已催好芽的香椿种子均匀撒播于基质上，播后再覆盖厚约1.5 cm的珍珠岩，立即喷水，然后将育苗盘摆放在栽培架上。播种量一般为240 g/m^2。

播后5 d，种芽即伸出基质;10 d后香椿种芽下胚轴长达8～9 cm，粗约1.0 mm，根长6 cm左右。在此期间应定时喷雾，保持空气湿度80%左右，以加快种芽生长，促进品质柔嫩。

(4)适时采收

播后12～15 d，当种芽下胚轴长达10 cm以上，尚未木质化，子叶已完全展平时采收最佳。采收时将种芽连根拔出，冲洗干净，精细包装，分批上市。

5.4.5 刺嫩芽

刺嫩芽为木本多年生植物，秋季落叶后芽进入深休眠状态，需一定时期的低温才能萌发。因此，冬季采收刺嫩芽枝条的时间应在芽解除休眠期后进行。辽南地区可在11月末进行，辽北地区可在11月上、中旬进行。从山林中采集树条应在下雪前进行，否则，大雪封山无法操作。从露地栽培地中采收树条不受时间限制，大雪天也可进行，可根据生产需要，随时采收。采下的树条，要尽快使用，不可风干。

1）环境条件与生产方式

刺嫩芽萌发及正常生长要求温度最低5 ℃，最高不超过35 ℃，最适日平均气温20 ℃左右，湿度70%～80%。冬季刺嫩芽生产时在普通日光温室内即可。生产方式一般采用

水插或基质畦插。

2）水插技术

先在温室内南北向做槽，宽度 1 m，深度 20 cm，长度不限，作业道宽 30 ~ 40 cm。槽内铺 1 层塑料薄膜，以便储水。将刺嫩芽枝条剪成长 30 cm 左右，放入 0.5% 高锰酸钾水溶液中浸泡 20 min，然后每 50 个捆成 1 捆，竖直放入槽内，摆放量 800 ~ 1 000 个枝条/m^2。枝条摆满槽后，向槽内注水 10 ~ 20 cm 深(图 7.11)。30 ~ 40 d 后顶芽伸长至 15 cm 以上时采收。顶芽采摘后侧芽相继伸长，侧芽长 5 ~ 10 cm 时再次采收。一般采收 2 ~ 3 茬。采后将枝条清除，进行下一茬芽菜生产。冬季一般可生产 3 茬芽菜。

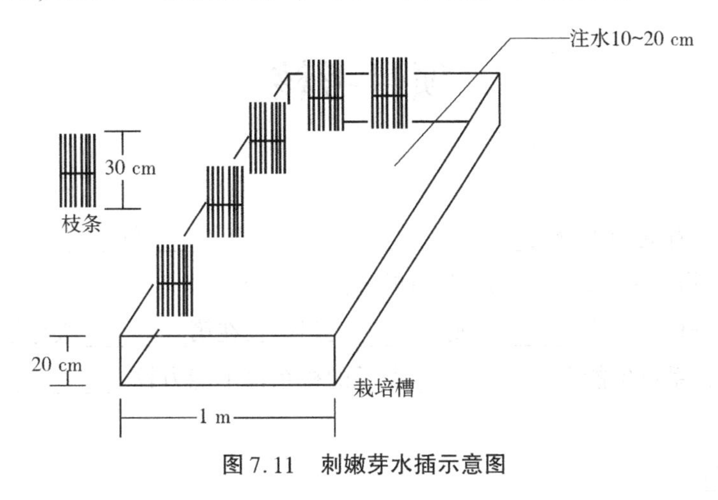

图 7.11　刺嫩芽水插示意图

3）基质槽插技术

基质扦插槽的规格、建造方位与水插相同。在槽内衬的塑料薄膜上平铺 20 cm 厚的基质。基质可用河沙、细炉渣、蛭石、珍珠岩、木屑等。基质铺好后用 ϕ1.5 cm 的尖木棍在畦床上每 m^2 均匀打 20 个深孔，要求一定要刺透地膜，以便渗水。

将刺嫩芽枝条剪成 15 ~ 20 cm 长的插段，竖直插入基质中，深度 12 ~ 15 cm，每 m^2 可插枝条 500 ~ 800 个，顶芽和侧芽要分开插，以方便管理和采收。插满后，浇 1 次透水，让枝条与基质充分接触。30 ~ 40 d 可采收。一般可采收 1 ~ 2 茬，而后进行下一茬生产。刺嫩芽生产工艺流程见图 7.12。

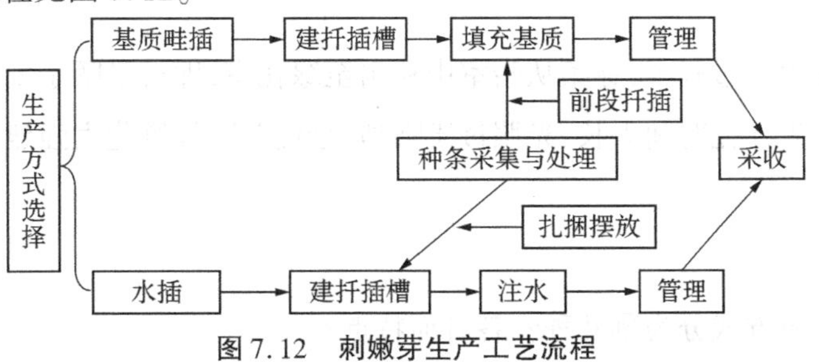

图 7.12　刺嫩芽生产工艺流程

项目小结

国内外无土栽培最多的作物是蔬菜，其中以茄果类中的番茄、甜椒、茄子的栽培面积最大，瓜类、叶菜类、芽苗菜也是主要栽培的蔬菜种类。采用无土栽培技术从事蔬菜保护地生产，是从根本上解决蔬菜连作障碍问题的有效途径，也是无公害蔬菜生产，特别是有机生态型无土栽培已成为绿色蔬菜生产的重要手段。

项目考核

一、填空题

1. 黄瓜的生育周期可分为________、________、________和________ 4 个时期。其中，________是指从种子萌动到第 1 片真叶显露的时期。

2. 辣椒的分枝形式为________或________，门椒长在第________级分枝的杈口上。

3. 番茄的根系再生能力较________，黄瓜的根系再生能力较________。因此，栽培黄瓜时不宜________。

二、选择题

1. 京水菜为________植物。

A. 十字花科　B. 菊科　C. 伞形科　D. 豆科

2. 有限生长类型的番茄一般每隔__________节着生一个花序。

A. 2 ~ 3　B. 1 ~ 2　C. 3 ~ 4　D. 4 ~ 5

3. 莴苣发芽期最适温度为______℃。

A. 10 ~ 15　B. 15 ~ 20　C. 20 ~ 25　D. 25 ~ 30

4. 下列作物中，__________的种子属于需光种子。

A. 芹菜　B. 生菜　C. 烟草　D. 茄子

三、判断题

1. 在芽苗菜生产过程中，芽菜从暗室中移出至绿化室，即可暴晒于太阳下。（　　）

2. 芽苗菜如果绿化时间太长，光照过于强烈，会使茎秆纤维化太强烈，品质变差。（　　）

四、简述题

1. 番茄的整枝方式分为哪几种？各有何特点？

2. 黄瓜整枝时有哪些注意事项？

3. 简述紫背天葵的繁殖方法。

4. 结合本部分内容谈谈如何才能做好蔬菜无土栽培的生产与管理？

5. 简述芽苗菜生产大致过程和应该注意的问题。

6. 籽芽菜和体芽菜有什么区别？

7. 如何解决芽菜生产过程中出现的污染问题？

8. 蔬菜无土栽培与有土栽培在管理上有何不同？

项目8 花卉无土栽培技术

✲项目目标

❖ 了解无土栽培技术在花卉产业的应用与发展。
❖ 熟悉常见的观花、观叶花卉的无土栽培方式。
❖ 掌握常见的花卉植物无土栽培技术。
❖ 能够综合运用所学理论知识和技能，独立从事花卉无土栽培的生产与管理。

✲项目导入

花卉无土栽培是20世纪末新兴的花卉栽培技术。我国应用无土栽培技术主要生产高档鲜切花、盆花和苗木，而且在室内、屋顶、阳台和城市绿地应用集净化空气、美化环境、陶冶情操、延年益寿作用于一身的无土栽培技术正日益受到重视和青睐。

任务1 花卉无土栽培概述

花卉无土栽培是将花卉植物生长发育所需要的各种营养，配制成营养液，供花卉植物直接吸收利用。无土栽培花卉由于花卉生长环境较适宜，因而生长迅速，产花周期短，单位面积产花量较高。目前全世界以荷兰为中心，已广泛应用无土栽培技术进行鲜切花生产，如玫瑰、香石竹、菊花、唐菖蒲及非洲菊等无土栽培已经普及应用。

花卉无土栽培目前生产上采用较多的栽培形式主要有基质培及水培，基质培多用于盆花生产，水培主要应用于鲜切花的生产。

1.1 花卉基质培

1.1.1 传统盆栽花卉对居室的污染

(1)空气污染

在居室内养好盆花，必然要施肥，尤其是施用有机肥，但有机肥对空气势必造成污染。

(2)土壤污染

随着人们的住房条件的改善，在豪华的住房中摆上无土栽培的花卉更是锦上添花，但传统土壤栽培的花卉很容易污染居室，破坏房间的干净和整洁。

(3)景观污染

传统盆花的花盆大多采用素烧盆，透水透气，适宜植物的生长，在土壤栽培的条件下，如果改用其他盆如瓷盆、塑料盆等，花卉往往生长不良，但基质栽培则可用瓷盆、釉盆等，既美观大方又不影响花卉生长。

1.1.2　基质种类

目前大多数花卉以基质栽培为主，栽培形式有槽栽、袋栽、盆栽等。所选用的基质要求能使花卉植物固定于容器中，供给植物生长发育所需的养分及水分；具有一定的保水性和通气性，同时应具有一定的强度及稳定性，不含有害物质。

目前国内常用作花卉无土栽培的基质主要有：

①砂：用直径小于3 mm的砂粒作基质，营养液一般是以滴灌的方式进入砂中，供花卉吸收。

②砾：用直径大于3 mm的天然石砾、浮石、火山岩等作基质。

③蛭石：具有良好的缓冲性，不溶于水，并含有可被花卉利用的镁和钾。

④珍珠岩：主要用于种子发芽，用它和泥炭、砂混合使用，效果更好。

⑤泥炭：透气性能好，又有较高的持水性，可单独作基质，亦可与炉渣等混合使用。此外，炉渣、木炭、蔗渣、锯末、芦苇末、蕨根、树皮等物都可用作基质，但有些基质在使用前需洗净和进行消毒处理。国外广泛采用岩棉作基质进行花卉无土栽培，效果良好，但岩棉成本较高，且使用后处理困难，污染环境。

1.1.3　营养液

配制无土栽培花卉所需的营养液，由栽培花卉的品种及其生育期、地区决定。目前国内外已研制出多种花卉通用配方及专用配方。通用配方如日本园试配方，荷兰花卉研究所研制的适用于多种花卉岩棉滴灌用的营养液配方，法国国家农业研究所研制的适用于喜酸作物的营养液等；专用配方如月季专用营养液、杜鹃花专用营养液、观叶植物营养液配方等。在进行不同花卉生产中可供参考利用。而从我国实际出发，简易配方在我国广泛应用。如北方使用的配方：1 kg水中加磷酸铵0.22 g、硝酸钾1.05 g、硫酸铵和硝酸铵各0.16 g、硫酸亚铁0.01 g。南方使用的配方：1 kg水中加硝酸钙0.94 g、硝酸钾0.58 g、磷酸二氢钾0.36 g、硫酸镁0.49 g、硫酸亚铁0.01 g。使用时盆花旺盛生长期每周浇营养液1次，每次用量可根据植株大小酌定，例如内径为20 cm的花盆栽培喜阳性花卉，每次约浇灌100 mL，耐阴性花卉用量酌减，冬季或休眠期，每半月或1个月浇1次，平时水分补充仍用自来水,花卉养护与传统方法基本相同。配制营养液,如用自来水,因其含有氯化物,对花卉有害,应加入少量乙二胺四乙酸二钠盐,如使用河水和湖水,需要经过过滤。各种花卉所需的营养液温度要根据它们的生态习性而定,只有适宜的液温才能使花卉在无土栽培中生长良好。例如,郁金香的适温为 10 ~ 12 ℃,香石竹、含羞草、蕨类植物为 12 ~ 15 ℃,菊花、唐菖蒲、鸢尾、风信子、水仙、百合为 15 ~ 18 ℃,月季、玫瑰、百日草、非洲菊、秋海棠为 20 ~ 25 ℃,王莲、仙人掌类和其他热带花卉为 25 ~ 30 ℃。此外,不同花卉对营养液的 pH 要求各异,栽培中要根据花卉生长发育特性选择适宜的营养液。

1.2 花卉水培

1.2.1 水培花卉的含义与类型

水培花卉就是指经过人工驯化,通过营养液提供生长发育所需养分的花卉。水培花卉分为有介质水培花卉、无介质水培花卉。有介质水培就是前面提到过的沙培、砾培等;无介质水培花卉又分为直接水培花卉、浮式水培花卉、定植篮水培花卉、雾化水培花卉、营养液膜下滴灌等多种栽培形式。每种栽培形式各有优劣,但若只是从美观耐看和家居栽培适用性来衡量的话则以直接水培最为时尚美观和简单,所以市售的水培植物一般都是直接水培形式。

1.2.2 水培花卉的特点

水培花卉与传统的土壤栽培相比,具有下述优点。

(1)观赏性强

水培花卉不但能观赏到花卉的茎、叶、花、果,而且能观赏花卉的根系,色彩缤纷,形态各异,观赏性很强。特别是水培花卉实现了花鱼共养,上面红花绿叶,下面根须飘逸,形成了花、鱼、人和谐的自然空间。

(2)调节环境

居室摆放水培花卉,可以增加室内空气湿度、调节气候、怡人心情,有益身心健康,观赏和保湿一举两得。

(3)节约养分、水分和劳力,便于管理

水培花卉可实现按需供应养分、水分,人为平衡营养,不受地区性水质、土质限制,而且水培花卉的用水量是普通土培花卉的 1/30 ~ 1/10,营养液回收利用。土培管理费工费时,而水培种植简单,只需根据植物的不同习性和不同的季节,定期换水、补液或换液即可,操作方便,省工、省时、省事、省心。

(4)清洁、无杂草、病虫害少

水培花卉生长在清澈透明的水中,没有泥土,不施传统的肥料和农药,不会滋生病毒、

细菌、蚊虫，更无异味，洁净卫生，没有杂草滋生和土传病虫害危害，避免了土壤栽培中易产生积水烂根的不足之处。

(5)植株生长快、产量高、品质好

水培由于生长环境较适宜，且根据花卉种类、品种的需要人工配制营养液，并能做到按需供养，有利于花卉生长发育良好，表现在花卉生长迅速，产花周期短，花多型大、味浓、色艳、花期长，并能提前开花。

(6)选材灵活，形式多样

水培花卉可以选择各种材质、各种造型的工艺器皿作为花容器，大大提高了盆花的观赏效果和艺术价值，实现了植物、容器、环境的完美结合。水培花卉所需的主要材料见表8.1。

表8.1　水培花卉所需的主要材料

材料名称	描　述	用　途
透明容器或花瓶	玻璃容器清晰透明，观赏性较好	装水或营养液，可赏根观鱼
剪刀	常规不锈钢剪刀	修剪植株
石头	如雨花石、麻石等，直径2~4 cm	固定植株
水源	可用井水或自来水	供应水分
植物	合适的扦插苗或组培苗	
营养液	不同种类有专用营养液产品	提供营养
储液桶	不见光，20~25 L	装浓缩营养液

1.2.3　栽培技术

1）水生诱变技术

水培花卉实际上是利用现代物理技术及生物技术，对陆生花卉植物的根系进行生化诱导，使根系的组织结构、物理性状发生逐步变化，如发达通气组织的形成，根毛的退化，薄壁组织更为发达，持氧能力加强等，使水生基因重现，经驯化并上瓶，用营养液供应养分，使其能在水中生根、生长，达到观赏效果。水生诱变的操作过程是取各种成品苗，洗去泥土，用剪刀剪掉原有的根系，只保留植株1~2 cm的根原基，用护根素浸泡1~2 min，再用500 mg/L萘乙酸浸泡1 min，插入以珍珠岩为基质的快繁苗床中。温度保持在20~25 ℃，利用间歇喷雾技术，1个月左右可长根。此时可移到水培苗床，经2个月以上时间的驯化，根据需要选择适合大小的玻璃瓶，并加入营养液进行水培。

在水生诱变过程中，营养液中还含有水培生根诱导剂和水生诱导剂。水培生根诱导剂是在水培条件下促进植物生根的新型生长调节剂，主要包括 NAA、IAA、IBA 等。水生诱导剂是引导植物适应水培环境的含三磷酸腺苷的调节剂，它可以促进营养液中的无机离子逆电化学势梯度移动，即增加植物对养分的主动吸收和在体内的主动转移。这两种调节剂虽然用量都不大，但对确保水培植物正常生长发育特别是前期的生长发育确有重要作用，可显著提高水培植物的成功率。

2）选择适宜的花卉

选择阴性和中性花卉为主。从原则上说，除一些较大型木本花卉以外的所有花卉，都可以进行花卉水培，但考虑水培花卉多用于室内观赏，室内环境条件，尤其光照条件不如室外，一般以选择阴性和中性花卉为宜。观叶植物是家庭水培花卉的首选品种如广东万年青，像许多花开艳丽、喜光的花卉，如杜鹃、玫瑰、茶花等都不宜水培。有些喜欢阳光充足的花卉在荫蔽下也能正常生长，如月季、郁金香等。具体可根据客户的种养环境如光照、温度等来选择。不宜南北大跨度引进品种，并且选择的花卉容易栽培与管理。

3）选择合适的器具及垫基物

选择合适的器具及垫基物要做到以下 7 点。

①根据生产规模、资金实力、产品档次、实践经验选择篮、瓶、盆、缸等器具。有条件的可购买艺术瓶、花盆、定植篮，生产条件较差的可选择代用品，如罐头瓶、果酱瓶、饲料瓶或艺术造型较好、成本低的固定物如海绵、泡沫等代替定植篮，或者加工自制器具，方便使用。

②容器美观，能盛水，透明度高，结实耐用。

③容器的大小、高矮、形状、颜色、质地等要与水培花品种、形态、规格、花色等协调一致，相互映衬、相得益彰。

④容器上口要大些，以便气体交换。

⑤器具及花卉与居室环境要统一、和谐，观赏效果好。

⑥垫基物物美价廉，结实耐用，并与容器相得益彰。垫基物常置于水培容器的底部，主要起稳定植株的作用，如鹅卵石、黄沙、珍珠岩等。以外观雅致、形态各异的小卵石最好。用前应清洗消毒。

⑦忌用金属器具，器具及垫基物用前要清洗消毒。

4）水培材料的获取与处理

(1)洗根法

选择株形饱满、生长旺盛、无病虫害的盆栽植株，脱盆去土，用与室温相接近的水洗净根系泥土，并剪除老根、病根和老叶、黄叶，须根繁密的可剪去约 1/3，但应避免伤及新根，

然后用0.1%的高锰酸钾水溶液浸泡根系10～15 min，既杀菌消毒，又可促发新根，然后再水培。此法多用于较大型的植株及难以生根的花卉。

(2)水插法

选取当年生粗壮、无病虫害的半木质化枝条，将其剪下插入水中进行水培。剪取的部位常在茎节下2～3 mm处，要用已消过毒的利刀剪取插条，插条切口平滑，并去掉枝条下部叶片。生根前最好选用不透明的容器或在透明容器上包扎黑色塑料袋，以利于插条生根。此方法多用于生根容易、生长速度快的花卉品种。

水插需要量大时，可制作水插育苗床。水插育苗床多用混凝土做成或用砖作沿砌成，床内铺薄膜保证不漏水，宽1.2～1.5 m，长度视规模而定，有一定坡降，有利于水的流动，增加水中氧气含量。在床底铺设电热线，通过控温仪控制使水温稳定在21～25 ℃的最佳生根温度，注意水温过高或过低都不利于生根。这样水插一年四季都可进行。

水插时植物苗木应浅插，水或营养液在床中5～8 cm。利用苗床水插时，为了使植物苗木保持稳定，可在床底部放入洁净的沙，这种方法也称为沙水繁。或在苯乙烯泡沫塑料板上钻孔，或在水面上架设网格皆可，将植物苗木插在板上，放入水中。另外，在生根过程中每天用水泵定时抽水循环，以保持水中氧气充足；水插时需要喷雾以保持叶片的水分。

5）科学栽植

(1)花瓶栽植

如果是玻璃花瓶，因玻璃较厚且有一定的质量，可将花卉捋顺根系小心放入花瓶。为使花卉直立不倒，可将瓶口周围用石子或卵石固定，然后倒入瓶体积2/3的水分或营养液即可，注意要把根系舒展。如果采用塑料花瓶，由于质地很轻，即使有水也很难支撑花卉植株，造成头重脚轻而倒伏。因此，对此类器具在栽植前可先将瓶内装上一定数量的石粒，以增加花瓶的体重，后再如前把花卉植入花瓶即可。

(2)无底孔容器栽植

如采用其他无底孔的各种花盆或采用圆形及长形鱼缸栽植水培花卉，就必须考虑水中根系固定问题。其栽植和固定的方法有以下8种。

①盆底垫泡沫，根上压卵石法：对于株型较大根系较多的花卉，必须利用较深的盆缸。在栽植前先在盆底垫些泡沫块，再用卵石压住或夹住大根，使其直立不倒，再慢慢倒入水，以淹没根系为准。如春羽、龟背竹等。

②支撑架支撑法：对于株型较小或单干直立花卉，为使观根效果更好，则不采取垫底压根法，可采用支撑架支撑法，用竹签或钢丝根据盆的大小和形状做的支撑架，上下左右或周围固定支撑住使花卉植株而不倒伏。如君子兰、广东万年青等。

③泡沫封口法：对于利用小型敞口、茶杯、加工过的矿泉水瓶、一次性塑料杯等器具，栽植小型水培花卉的，待花株放入器具内，把根据杯口大小做成的两个半圆形、中间有容

茎孔的泡沫卡住花茎,固定在杯口,泡沫板上要用筷子扎一些小孔,以利于透气。

④立柱攀缘法:自制立柱,一端放入缸底,把花株放入缸内让根系固定在立柱周围,后用卵石压住立柱底座和根系,再用细绳把攀缘花茎固定在立柱上,倒入水或营养液既可。如绿箩、禾果芋、喜林芋等。

⑤水晶土填充法:采用圆形玻璃鱼缸、花瓶等器具,先用石子垫底压根,然后加入彩色水晶土,加水没根即可。

⑥花卉金鱼混养法:利用大型的玻璃鱼缸,在鱼缸中装饰小型假山、卵石,在缸底铺设石粒,再根据山石的布局,栽植与其相互映衬,相得益彰的花卉水培植物,如棕竹、白蝶、禾果芋、旱伞等。其花卉直立问题,可用纤细的尼龙绳把花茎固定在山石体上,然后在装饰好的缸体内慢慢倒入自来水,倒水时切记不可猛冲山石及花卉植株。待水倒足缸体的2/3 时,让其澄清 0.5 h,捞出水面的杂物,24 h 后,视其鱼缸大小,放入 2 或 3 条金鱼。

⑦套盆法:利用两个大小型号不同的花盆相互叠套而成。外边的花盆为无底孔花盆,内盆为多个漏孔。栽培时先将营养液倒入外盆,在内盆中植入花卉,石子压根,放入外盆中。

⑧定植篮栽培法:和套盆法原理一样,但市售的定植篮品种单调,造价高。

6)科学养护

(1)合理施肥

水培花卉的介质是水,所用的肥料完全是由多种营养元素配制而成的。水培花卉追施的营养液中各种营养元素全部溶解在水中,只要稍微超过花卉对肥料浓度的忍耐程度,就会产生危害。所以在施用营养液时,应注意尽量选用水培花卉专用肥,并严格按照使用说明书使用,严防施用过多,造成肥害。因为水培花卉一般为静止水栽培,是严重的根系缺氧栽培,所以必须选择低电导率营养液。水培花卉的营养液配方列举见表 8.2。使用营养液时宜稀不宜浓,混配时应注意的就是要把自来水放置 1 d,水温接近室温、水中的氯气等挥发干净以后,再按比例加入稀释好的营养液。在施肥数量和施肥时间上,掌握少施、勤施的原则,并根据换水的次数,来补充换水时造成的肥料流失。

表 8.2　水培花卉的营养液配方　　单位:$mg \cdot L^{-1}$

序号	配方组成	备　注
1	硝酸钙 720,硝酸钾 130,磷酸二氢钾 80,硫酸镁 130,硫酸亚铁 5.0,乙二胺四乙酸二钠 8.0,硫酸锌 0.07,硫酸铜 0.04,硼酸 2.0,钼酸钠 0.08,硫酸锰 1.40,pH 值 5.5 ~6.0	
2	硝酸钾 568,硝酸钙 710,磷酸铵 142,硫酸镁 284,氯化铁 112,碘化钾 2.84,硼酸 0.56,硫酸锌 0.56,硫酸锰 0.56	凡尔赛营养液配方(水插通用配方)
3	磷酸铵 220,硝酸钾 1 050,硫酸铵 160,硝酸铵 160,硫酸亚铁 10	北方花卉水培营养液配方

不同的花卉种类对肥料的适应能力不一样，需根据不同的花卉种类合理施肥。一般规律是，根系纤细的花卉种类，如彩叶草、秋海棠等的耐肥性差一点，施肥时应掌握淡、少、稀的原则；而合果芋、红宝石、喜林芋等不少花卉比较耐肥，可掌握少施，勤施的原则。另外，观叶的花卉，施肥应以氮肥为主，辅以磷、钾肥，以保证叶片肥厚、叶面光滑、叶色纯正。但叶面具有彩色条纹或斑块的花卉种类，要适当少施氮肥，因其在氮肥过多时会使叶面色彩变淡，甚至消失，应适当增施磷、钾肥。

一般在夏季高温时，花卉对肥料的适应性降低，此时应降低施肥的浓度，特别是一些不耐酷暑的花卉，在高温季节即进入休眠状态，体内的生理活动较慢，生长也处于半停止或停止状态。对于此类花卉，此时应停止施肥，以免造成肥害。

此外，水培花卉栽培时，容器中清水和营养液的水位不宜过高，一般为容器的1/5～1/4，根在水中即可。叶尖出现水珠时，需适当降低水位。

根据栽培需要对配方进行改良。如观叶类可适当增加氮素，观花类可适度调整磷、钾含量。市售的营养液一般有全营养型营养液、花卉水培营养液、花卉叶面肥、生根营养液、观叶植物营养液等。储存营养液时，应放于背光阴暗及温度较低的地方，以免营养液在强光及高温下发生化学变化而变质。

(2)换水洗根

一般换水时间以5～7 d为宜，但视具体情况而定。刚刚水培的花卉，要求1～2 d换水1次。夏季植物生长旺盛，营养液温度高、易变质，换水时间应缩短；冬季植株大多处于半休眠或休眠状态，温度较低，换水间隔时间可长些。总体来说，换水时间间隔短些，对植物生长有利。水或营养液中一旦滋生藻类，要及时更换营养液。当水温低于室内温度时，要将自来水放置一段时间再用，以保持根系温度平稳。

在换水时，要对根系进行清洗。用清水冲掉根系上的黏液，并将部分腐烂根及已丧失吸收能力的老根剪除；将少量根系露在空气中，一般液面应保持在花卉基部3/4处。这样根系既可在水中吸收溶解氧，也可从空气中吸收氧气；将容器清洗干净。因为容器使用一段时间后，器壁会黏附沉淀物，而且也易着生青苔。

(3)喷水洗叶

水培花卉特别是室内的水培观叶植物，大多数喜欢较高的空气湿度，如果室内空气过于干燥，会造成叶片焦尖或焦边，影响花卉的观赏价值。因此，平时应经常往植株上喷水，增加空气的湿度，这样有利于花卉正常生长。

(4)适当通风

水培花卉的长势与水中的含氧量有直接关系。保持室内良好的通风状况，可增加水中的含氧量。因此，摆放水培花卉的地方应该定时开启门窗，让空气形成对流，使外界新鲜空气进入室内。

(5)及时修剪

对于一些生长茂盛和根系比较发达的水培花卉,当植株的枝干过长影响株型时,应及时修剪,以免影响观赏。剪下的枝条还可以插入该花卉的器具中,让其生根成长,使整个植株更加丰满完美。剪根的时间最好在春季花卉开始生长时进行,也可以结合换水,随时剪去多余的、老化的、腐烂的根系,以利于正常生长。

(6)保持清洁

水培花卉使用的是无机营养,最忌有机物进入水中,更不能用有机肥料。因此经常保持水培花卉的清洁卫生,是确保其良好生长的关键措施。所以平时不要向水培花卉中投放食物及有机肥料。也不能随意将手探入水中,以保证所用水不变质、不污染,保证花卉生长。

(7)温度和采光

保证花卉正常生长的温度很重要。花卉根系一般在 15 ~ 30 ℃生长良好。5 ℃以上多数花卉都不会死亡,所以需保持 5 ℃以上的温度,才能确保多数花卉安全过冬。少数花卉可以根据品种特性在 0 ℃越冬。水培花卉的选材大多为喜半阴的观叶植物和不耐强光直射的花叶兼赏的植物。这类花卉的共同特点是,生长期不需要较强的直射光,有些花卉品种在较荫蔽的条件下反而生长良好。水培花卉受光多以散射光为主。夏天,尽量避免阳光直射。

春秋两季最适宜水培,但也因花卉种类而异。如室内气温在 15 ~ 28 ℃,观叶植物一年四季均可进行。

花、鱼共养时,要创造既适应鱼生存又适应花卉生长的水环境。因为鱼平时可以吃一点植物腐烂的根,所以要尽量少投食;也可以在每次换营养液的前 1 天喂 1 次食(一定要少喂),这样鱼吃不完的食物和鱼的排泄物可以及时被清理,不会影响植物的生长。

判断是否生长良好一般根据花卉的根色。如果光线、温度和营养液浓度适宜,则全根或根嘴呈白色,属于正常生长。

(8)防治根腐病

水培花卉在养护时,经常会发生花卉根腐病的现象。病害主要症状有:初期症状是花卉的茎叶表现似缺肥水状失绿,较健康株矮小,生长不良;透过透明水培容器可见到须根较少,且呈淡黄褐色,初期主根未有明显症状;随着病情加重,植株长势越来越差,底叶开始变黄枯落,矮化更为明显,最后整株叶片萎蔫,植株枯死;须根完全腐烂,主根变黑褐色亦逐渐腐烂,用手挤压,根部皮层很易剥落;茎基部有时可见到粉红色霉层及胶液。

根腐病对水培花卉的危害是相当大的,应该及时防治。一旦发生根腐病后,应及时彻底清除腐根。一般烂根从根尖处向上逐渐腐烂,剪除时以剪到正常根系为止。如果根系发黄变色,说明已受损,应及时剪除。换水后注意观察,如果继续出现烂根,要及时处理。

病发严重时可在彻底清除腐根后，将花卉立即转入用蛭石或农用岩棉等无机矿石、矿棉为基质的底有孔的无土盆中盆栽，此时全部根系可获得充足的氧气，具有旺盛的呼吸作用。

水培花卉不适合长距离运输。水培容器多为玻璃器皿，所盛装的是营养液，而且根系长期适应了一定深度的营养液根际环境，运输时由于长途颠簸，就有可能造成玻璃器皿破损、根系缺氧或根部腐烂，从而导致水培花卉失败。因此，水培花卉不适合长距离运输。

任务2　常见观花类花卉无土栽培技术

2.1　月季

切花用月季（*Rosa hybrida* Hort）又称现代月季，是指由原产我国的月季花（*Rosa chinensis*）、香水月季（*Rosa odorata*）等蔷薇属种类，于1780年前后传入欧洲后，与原产欧洲及我国的多种蔷薇经反复杂交后形成的一个种系。现代月季栽培品种繁多，现已达20 000多种，而且还在不断增加。现栽培的月季品种大致分为6大类，即杂种香水月季（简称HT系）、丰花月季（简称FL系）、壮花月季（简称Gr系）、微型月季（简称Min系）、藤本月季（简称CL系）和灌木月季（简称Sh系）。月季由于四季开花，色彩鲜艳，品种繁多，芳香馥郁，因而深受各国人民的喜爱，被列为四大切花之一。

2.1.1　生物学特性

1）形态特征

月季为常绿或半常绿灌木，高可达2 m，其变种最矮者仅0.3 m左右。小枝具钩刺，或无刺，无毛。羽状复叶，小叶3～5片，少有7片，宽卵形或卵状长圆形，长2.5～6 cm，先端渐尖，具尖锯齿，托叶大部与叶柄合生，边缘有腺毛或羽裂。花单生或几朵聚生成伞房状，花径大小不一，一般可分为4级，大型花直径10～15 cm，中型花直径6～10 cm，小型花直径4～6 cm，微型花直径1～4 cm。月季花色丰富，通常切花月季可分为6个色系，即红色系、朱红色系、粉红色系、黄色系、白色系和其他色系。

2）生态习性

月季对气候、土壤的适应性较其他花卉为强，我国各地均可栽培。长江流域月季的自然花期为4月下旬至11月上旬，温室栽培可周年开花。

月季对土壤要求不严格，但以疏松、肥沃、富含有机质、微酸性的壤土较为适宜。性喜温暖、日照充足、空气流通、排水良好的环境。大多数品种最适温度昼温为 15 ~ 26 ℃,夜温为 10 ~ 15 ℃,冬季气温低于 5 ℃即进入休眠,一般能耐-15 ℃的低温和 35 ℃高温,但大多品种夏季温度持续 30 ℃以上时,即进入半休眠状态,植株生长不良,虽也能孕蕾,但花小瓣少,色暗淡而无光泽,失去观赏价值。

月季喜水、肥,在整个生长期中不能缺水,尤其从萌芽到放叶、开花阶段,应充分供水,土壤应经常保持湿润,才能使花大而鲜艳,进入休眠期后要适当控制水分。由于生长期不断发芽、抽梢、孕蕾、开花,必须及时施肥,防止树势衰退,使花开不断。

2.1.2 繁殖方法

月季的繁殖方法有无性繁殖和有性繁殖两种。有性繁殖多用于培育新品种,无性繁殖有扦插、嫁接、分株、压条、组织培养等方法,其中以扦插、嫁接简便易行,生产上广泛采用。

1)扦插

长江流域多在春、秋两季进行扦插。春插一般从 4 月下旬开始,6 月底结束,此时气候温暖,相对湿度较高,插后 25 d 左右即能生根,成活率较高;秋插从 8 月下旬开始至 10 月底结束,此时气温仍较高,但昼夜温差较大,故生根期要比春插延长 10 ~ 15 d,成活率也较高。此外,月季也可在冬季扦插,可充分利用冬季修剪下的枝条。扦插时,用 500 ~ 1 000 mg/L 吲哚丁酸或 500 mg/L 吲哚乙酸快浸插穗下端,有促进生根的效果。扦插基质可用砻糠灰、河砂、蛭石、炉渣、泥炭等,单独或 2 ~ 3 种混合使用。插条入土深度为穗条 1/3 ~ 2/5,早春、深秋和冬季宜深些,其他时间宜浅些。

2)嫁接

嫁接是月季繁殖的主要手段,该方法取材容易,操作简便,成苗快,前期产量高,寿命长。嫁接适宜的砧木较多,目前国内常用的砧木有野蔷薇(*Rosa multiflora*)、粉团蔷薇(*Rosa multiflora* var. *cathayensis*)等。一般多用芽接,生长期均可进行。也可枝接,在休眠期进行,南方 12 月至翌年 2 月,北方在春季叶芽萌动以前进行。

如要求短期内繁殖大量特定品种,可进行组织培养,能大量培育保持原品种特性的组培苗。

2.1.3 无土栽培技术

1)品种选择

作为无土栽培的切花月季,具有其特殊的要求,主要包括以下 7 个方面:

①植株生长强健,株型直立,茎少刺或无刺,直立粗壮,耐修剪。

②花枝和花梗粗长、直立、坚硬；叶片大小适中，有光泽。

③花色艳丽、纯正，最好具丝绒光泽。

④花形优美，多为高心卷边或高心翘角；花瓣多，花瓣瓣质厚实坚挺。

⑤水养寿命长，花朵开放缓慢，花颈不易弯曲。

⑥抗逆性强，应根据不同的栽培类型的需要而具有较好的抗性，如抗低温能力、抗高温能力、抗病虫害能力，尤其是抗白粉病和黑斑病能力。

⑦耐修剪，萌枝力强，产量高。

随着切花月季生产的快速发展，优良的切花月季品种不断涌现，目前国内市场常见的品种中红色系的有：红衣主教（Kardinal）、王威（Royalty）、卡尔红（Carl Red）、萨曼莎（Samantha）、卡拉米亚（Caramia）、奥林匹亚（Olympiad）等；粉红色系的有：索尼亚（Sonia）、婚礼粉（Bridal Pink）、贝拉米（Belami）、外交家（Diplomat）、唐娜小姐（Prima Donna）、火鹤（Flamingo）、甜索尼亚（Sweet Sonia）等；黄色系的有：金奖章（Gold Medal）、金徽章（Gold Emblem）、阿斯梅尔金（Aalsmeer Gold）、黄金时代（Golden Time）等；白色系的有：坦尼克（Tineke）、雅典娜（Althena）、白成功（White Success）等。

2）栽培方式及技术要点

切花月季的无土栽培通常采用岩棉培和基质培两种方式。

（1）岩棉培

①岩棉床的准备：把岩棉制成长 70～120 cm、宽 15～30 cm、高 7～10 cm 的条块，作为月季根系生长发育的基质，每块岩棉均用银白色或黑色塑料薄膜包裹，以减少营养液散失。根据栽培方式的不同，每个栽培床可用单行或双行岩棉条块进行栽培。

②育苗与栽植：将岩棉切成 10 cm×10 cm×10 cm 的方块，用于扦插或嫁接育苗。苗育成后将苗与育苗块一起接预定株行距放置于岩棉栽培床上。通常定植密度在 7～10 株/m^2。

（2）基质培

基质栽培是目前国内切花月季主要的无土栽培方式，常见固体基质有泥炭、蛭石、砻糠灰、珍珠岩、河砂、锯木屑、炉渣等，多采用混合基质，混合后的基质容重以 0.1～0.8 g/cm^2、孔隙度以 60%～90% 为宜。基质栽培的方式有槽式栽培、袋式栽培等，其营养和水分的供应方式应根据栽培方式而异，槽式栽培可浇灌，也可滴灌，或两者结合供应水肥；而袋式栽培则多以滴灌方式供应水分和营养液。

①槽式栽培：槽式栽培是将无土基质装入一定容积的栽培槽中进行切花月季的栽培。每 m^3 混合基质可施入经过腐熟消毒处理的禽粪等有机肥料 5 kg、硝酸钾 0.5 kg、磷酸二铵 0.5 kg 作为基肥。苗定植后，应定期追肥，施肥间隔时间和用量应视苗生长而定，营养生长旺盛期和开花期应多施肥料，可每 10～15 d 追施禽粪等有机肥料 1.5 kg，也可同时施

用硝酸钾和磷酸二铵等。此外,也可结合病虫害防治,进行叶面追肥,可采用0.1%～0.5%的尿素和磷酸二氢钾喷施。

②袋式栽培:袋式栽培则采用银白色或黑色塑料薄膜袋内装栽培基质,并开孔定植栽培切花月季。其水分和营养液的供应均以滴灌方式为主,也可利用喷灌和叶面追肥方法补充水分和营养。

3)营养液管理

切花月季无土栽培的营养液配方见表8.3和表8.4。在整个生长期内营养液的pH值应控制在5.5～6.5。

表8.3 切花月季的无土栽培营养液基准配方 单位:$mg \cdot L^{-1}$

营养元素	岩棉培	基质槽培	营养元素	岩棉培	基质槽培
NO_3^-—N	144	182	Fe	1.40	1.40
P	46	54	Cu	0.03	0.05
SO_4^{2-}—S	32	48	Zn	0.16	0.23
NH^{4+}—N	7	10	Mn	0.28	0.28
K	225	235	B	0.22	0.22
Ca	120	180	Mo	0.05	0.05
Mg	18	24	$\gamma/(mS \cdot cm^{-1})$	1.5	2.0

表8.4 月季无土栽培营养液配方

化合物名称	用量/($mg \cdot L^{-1}$)
硝酸钙[$Ca(NO_3)_2 \cdot 4H_2O$]	490
硝酸钾(KNO_3)	190
氯化钾(KCl)	150
硝酸铵(NH_4NO_3)	170
硫酸镁($MgSO_4 \cdot 7H_2O$)	120
磷酸(H_3PO_4,85%)	130
螯合铁(Na_2Fe-EDTA)	12
硫酸锰($MnSO_4 \cdot 4H_2O$)	1.5
硫酸铜($CuSO_4 \cdot 5H_2O$)	0.125
硫酸锌($ZnSO_4 \cdot 7H_2O$)	0.85
硼酸(H_3BO_3)	1.24

营养液的浓度和供应量应根据月季植株的大小以及不同的生长季节而区别对待，一般在定植初期，供液量可小些，营养液浓度也应稍低些，γ 值控制在 1.5 mS/cm 左右；进入营养旺盛生长期后，要逐渐加大供液量，每日供液 5 ~ 6 次，平均每株供液 800 ~ 1 200 mL，γ 值可提高至 2.2 mS/cm；进入花期后，可增加到每天供液 1 200 ~ 1 800 mL，进入冬季或阴雨天，供液量要适当减少，夏季或晴天供液量要适当加大。此外，要定期测定岩棉内营养液的 pH 值、γ 值和 NO_3^-—N 含量。根据测定结果，对营养液进行调整。

4）整枝修剪

切花月季的整枝修剪是贯穿在整个切花生产过程中的重要管理措施，直接影响到切花的产量和质量。切花月季的整枝修剪主要是通过摘心、除蕾、抹芽、折枝、短截等方法，增强树势，培育产花母枝，促进有效花枝的形成和发育。切花月季生产中由于生产栽培方式不同以及生长阶段不同，其整枝修剪的技术有较大差异，以下分别给予简单介绍。

(1)幼苗期修剪

定植后的幼苗修剪的主要目的是形成健壮的植株骨架，培育开花母枝。幼苗修剪的主要方法是利用摘心手段控制新梢开花，促使侧芽萌发。由于幼苗初期萌发的枝条多较为瘦弱，需要多次摘心。当营养面积达到一定程度后，才能萌生达到一定粗度的枝条。直径具有 0.6 cm 以上的枝条即可摘心后作为开花母枝（一般应摘去第 1 或第 2 片具 5 小叶的复叶以上部位的全部嫩叶），当植株具有 3 个以上开花母枝后就可以作为产花植株进行管理。

(2)夏季修剪

切花月季经过一个生长周期后，植株的高度不断升高，使枝条的生长势下降，切花的产量和质量下降，尤其是温室栽培进行冬季产花型生产的植株必须进行株型调整，以利于秋季至冬春季的产花。传统的夏季修剪主要通过短截回缩的方法，但由于夏季植株仍处于生长期，该方法对树体伤害较大，且营养面积大量减少，不利于秋季恢复生长。现多用捻枝和折枝的方法，捻枝是将枝条扭曲下弯而不伤木质部，折枝是将枝条部分折伤下弯，但不断离母体。捻枝和折枝可减少对树体的伤害，保证充足的营养面积，利于树体的复壮。生产上根据需要也可将捻枝、折枝和短截回缩的方法结合使用。

(3)冬季修剪

冬季修剪是月季冬季休花型栽培中，在植株落叶休眠后，为树体复壮而进行的树体整形修剪。一般在休眠后至萌芽前 1 个月进行。通常先剪除弱枝、病虫害枝、衰老枝后，用短截的方法回缩主枝（开花母枝），一般保留 3 ~ 5 个主枝，每枝条保留高度为 40 cm 左右，常视品种不同而异。

(4)日常修剪

切花月季除了苗期修剪和复壮修剪以外，在生长开花期间，经常性的修剪也十分重要。日常修剪包括切花枝的修剪、剥蕾、抹芽、去砧木萌蘖以及营养枝的修剪等。其中切花枝的修剪尤其重要，因为切花枝的修剪不仅影响到切花的质量，还影响到后期花的产量和质量。通常合理的切花剪切部位是在花枝基部留有 2 ~ 3 枚 5 小叶复叶以上部位。此外，及时对弱枝摘除花蕾或摘心、短截，以适当保留叶片，增加营养面积也是非常必要的。

5）病虫害防治

月季是病虫害发生较多的花卉，尤其在大棚、温室等环境中更易诱发。因此，在生产中应贯彻预防为主的原则，加强管理，增强植株的抗御能力。同时应该根据栽培环境特点，有针对性地选择抗性强的品种，清洁环境，控制温度、湿度，并根据病虫害发生的规律及时喷施农药，控制病虫害的发生及蔓延。

通常月季生产中较易发生的病害有黑斑病、白粉病、霜霉病、灰霉病等。可利用粉锈宁、百菌清、托布津、多菌灵、退菌特、甲霜灵等防治。常见虫害有螨虫、蚜虫、介壳虫、月季叶蜂、月季茎蜂等。可利用三氯杀螨醇、克螨特、双甲脒、氧化乐果、辛硫磷、杀灭菊酯等喷杀。

2.2 菊花

菊花（*Dendranthema morifolium* Tzvel.）是原产我国的传统花卉，在我国有文字记载的历史已有 3 000 多年，作为人工栽培的记载也有 1 600 多年。菊花在公元 8 世纪（唐代）传入日本，1688 年经由日本传入欧洲，18 世纪末经由欧洲传入美洲。菊花以其色彩清丽、姿态优美、香气宜人、花期持久等特点深受人民喜爱，为位居国际花卉市场产销量前列的四大切花之一，约占切花总量的 30%。我国传统的菊花栽培多以艺菊盆栽为主，品种的选育也多为盆栽品种。而在切花菊的品种选育与栽培上起步较晚，与日本、荷兰、美国等国家相比，不仅品种较少，栽培管理的科技含量也较低。而切花菊在国际市场尤其是邻近的日本市场的需求极大，只要我国在改良品种、改进栽培技术、提高产品质量等方面做好工作，切花菊极有望成为我国出口创汇的重要花卉产品。

2.2.1 生物学特性

1）形态特征

菊花为菊科、菊属多年生宿根草本，有时长成亚灌木状，茎粗壮，多分枝，墓部略木质化，株高 30 ~ 200 cm，作为切花栽培的品种，一般株高 80 ~ 150 cm。叶互生，叶形大，卵形至广披针形，具较大锯齿或缺刻，深浅不一，视品种而异，托叶有或无。头状花序单生或数朵聚生枝顶，花序直径 2 ~ 30 cm，由边缘韵舌状花和中心的筒状花组成，筒状花多为黄绿色，舌状花花色极为丰富，有黄、白、粉、红、紫、淡绿、棕黄、复色、间色等，菊花花型多变，但

切花菊多为平盘形、芍药形、莲座形或半球形等整齐圆正的花形。种子(实为瘦果)褐色，细小，种子寿命3~5年。

2）生态习性

菊花性喜冷凉，具有一定的耐寒性，小菊类耐寒性更强。5 ℃以上地上部萌芽，10 ℃以上:新芽伸长，16~21 ℃生长最为适宜。菊花不同类型品种花芽分化与发育对日长、温度要求不同。菊花喜阳光充足，也稍耐阴，夏季宜适当遮除烈日照射。喜湿润，也耐旱，但忌积涝。喜富含腐殖质，通气、排水良好，中性或偏酸的砂质土壤，在弱碱性土壤上也能生长，忌连作。菊花花芽分化对日照长度的要求因品种而异，以要求短日照的秋菊品种为主，部分品种花芽分化不受日照长度影响。花期4~12月。

2.2.2 繁殖方法

常用扦插、分株繁殖，也可嫁接、组培或播种繁殖，播种多用于育种。切花生产多以扦插繁殖，扦插繁殖多在4~8月进行，剪取健壮嫩枝顶梢7~10 cm长，去除下部叶片备用，插条宜随采随用，如采后不能及时扦插，可放入保湿透气的塑料袋中，于0~4 ℃低温下储藏。扦插基质多用蛭石、泥炭、珍珠岩、砻糠灰、河砂等，其中蛭石、泥炭、珍珠岩、砻糠灰等基质温度上升较快，宜用于春季扦插，而河砂则宜于夏季扦插。插床应尽量采用全光照自动间歇喷雾装置，尤其高温季节应用，可保证成活率，提早生根。插后2~3周即可生根，成活后应尽快定植，留床时间过长会导致苗瘦弱、黄化甚至腐烂死亡。

2.2.3 无土栽培技术

1）品种选择

菊花品种丰富，全世界有2万~2.5万个。按栽培和应用方式可分为盆栽菊和切花菊；按自然花期可分为春菊(4月下旬至6月中旬)、夏菊(6月下旬至9月上旬)、早秋菊(9~10月上旬)、秋菊(10月中下旬至11月下旬)和寒菊(12月上旬至翌年1月)；按花序直径大小可分为小菊系(小于6 cm)、中菊系(6~10 cm)、大菊系(10~20 cm)和特大菊系(20 cm以上)。

菊花品种还常按瓣型及花型来进行分类，中国园艺学会和中国花卉盆景协会1982年在上海召开的品种分类学术讨论会上，将菊花分为5个瓣类，即平瓣、匙瓣、管瓣、桂瓣、畸瓣，花型分为30个型和13个亚型，切花菊品种多为平瓣、匙瓣类，少量品种为管瓣、桂瓣，多为整齐圆正的花形。

作为无土栽培的切花菊花品种应具有其特殊的要求，主要包括以下7个方面：

①植株生长强健，株型高大，直立挺拔，高度应在80 cm以上。

②花枝粗壮、直立而坚硬，节间均匀；花梗(茎)短而粗壮、坚硬。

③叶片大小适中，厚实，浓绿而有光泽，并斜向上生长。

④花色艳丽、纯正，无斑点，不易变色。

⑤花大小适中，花形整齐，花瓣瓣质厚实坚挺。

⑥水养寿命长，花朵开放缓慢，叶片不易枯萎。

⑦抗逆性强，应根据不同的栽培类型的需要而具有较好的抗性，如抗低温能力、抗高温能力、抗病虫害能力等。

目前我国切花菊品种多引自日本、荷兰等国，品种混杂，缺少较为稳定的主栽品种，现较常见栽培品种有秀芳系列、天家原系列、乙女樱、辉世界、早雪、秋之山、秋之华、黄云仙、金御园等。

2）栽培方式与定植

切花菊的无土栽培多采用栽培床进行基质栽培，栽培基质通常采用陶粒、泥炭、蛭石、砻糠、珍珠岩、河砂、锯木屑、炉渣等，多采用混合基质。栽培床一般宽 100 ~ 120 cm，高 20 ~ 25 cm，用砖块铺砌。

菊花定植的时间视栽培季节的不同而异。春菊宜在 12 月至 3 月定植，夏菊宜在 3 月至 5 月定植，早秋菊宜在 5 月下旬至 7 月初定植，秋菊和寒菊宜在 6 月下旬至 8 月下旬定植。定植的密度视栽培方式、品种特性等的不同而异。多本菊栽培密度一般为 40 ~ 60 株/m^2，株行距多为 12 cm×12 cm ~ 15 cm×15 cm，一般分枝性强的品种株行距宜大，反之宜小；而独本菊栽培密度一般为 80 ~ 100 株/m^2，株行距为 10 cm×10 cm ~ 10 cm×12 cm。

3）营养液及其管理

营养液供应可用滴灌方式，并利用浇灌和喷灌方式进行水分的补充，尤其在夏季高温时，喷灌可有效增加空气湿度、降低气温。营养液的配方如表 8.5。

表 8.5　菊花无土栽培营养液配方

化合物名称	用量/($mg \cdot L^{-1}$)
硝酸钙[$Ca(NO_3)_2 \cdot 4H_2O$]	700
硝酸钾(KNO_3)	400
磷酸二氢钾(KH_2PO_4)	135
硝酸铵(NH_4NO_3)	40
硫酸镁($MgSO_4 \cdot 7H_2O$)	245
螯合铁(Na_2Fe-EDTA)	22
硫酸锰($MnSO_4 \cdot 4H_2O$)	4.5
硫酸铜($CuSO_4 \cdot 5H_2O$)	0.12

续表

化合物名称	用量/($mg \cdot L^{-1}$)
硫酸锌($ZnSO_4 \cdot 7H_2O$)	0.8
硼酸(H_3BO_3)	1.24
钼酸铵[$(NH_4)_6Mo_7O_{24} \cdot 4H_2O$]	0.10
γ/($mS \cdot cm^{-1}$)	2.0

营养液的浓度和供应量应根据切花菊植株的大小以及不同的生长季节而区别对待，一般在定植初期，供液量可小些，营养液浓度也应稍低些；进入营养旺盛生长期后，要逐渐加大供液量，每日供液3～4次，平均每株供液300～500 mL。阴雨天，供液量要适当减少，晴天供液量要适当加大。此外，要定期测定基质的pH、γ和NO_3^--N。根据测定结果，对营养液进行调整。在菊花定植初期，营养液浓度宜处于较低水平，γ约为0.8 mS/cm；随着植株生长，可逐渐增加营养液浓度，γ可以提高到1.6～1.8 mS/cm；夏季高温时，由于水分蒸发量大，营养液浓度应适当降低，γ为1.2～1.4 mS/cm。此外，营养液的pH值可用5%的稀硝酸溶液调整在5.5～6.5。

菊花的无土栽培除利用营养液方式进行肥水的供应外，也可通过施入基肥和生长期追肥的方式进行栽培。每m^3混合基质可施入经过腐熟消毒处理的禽粪等有机肥料5～8 kg，硝酸钾0.5～1.0 kg作为基肥。苗定植后，应定期追肥，施肥间隔时间和用量应视苗生长而定，营养生长旺盛期宜多，可每30 d追施禽粪等有机肥料1.5 kg，也可同时施用尿素、硝酸钾和磷酸二铵等。此外，也可结合病虫害防治，采用喷施0.1%～0.5%的尿素和磷酸二氢钾进行叶面追肥。

4）植株管理

(1)摘心、整枝

多本菊栽培方式，应在苗定植后1～2周摘心，只需摘去顶芽即可。摘心后2周左右需行整枝，视栽植密度和品种特性，每株保留2～4个侧芽，其余剥除。

(2)张网

切花菊要求茎秆挺直，但切花菊由于高度较高而极易倒伏。因此，当植株长到一定高度时，应及时张网支撑，以防止因植株倒伏使茎秆弯曲而影响质量。支撑网的网孔可因栽植密度或品种差异而定，通常在10 cm×10 cm和15 cm×15 cm之间。一般需要用2～3层网支撑，网要用支撑杆绷紧、拉平。

(3)抹侧芽、侧蕾

菊花开始花芽分化后，其侧芽就开始萌动，需要及时抹除(多头型小菊品种除外)。

由于上部侧芽抹去后,会刺激中下部侧芽的萌发,因此,抹侧芽需要分几次进行,才能全部抹除。随着花蕾的发育,在中间主蕾四周会形成数个侧蕾,应及时抹除,以保证主蕾的正常生长,抹蕾宜早不宜迟,只要便于操作即可进行,如过迟,茎部木质化程度提高,反不便于操作。

5)病虫害防治

菊花是病虫害发生较多的花卉之一,虽然较少形成致命伤害,但极大影响切花品质。因此,在生产中应加强预防管理,增强植株的抗御能力。同时应根据栽培方式,选择相应品种,清洁环境,控制温度、湿度,并根据病虫害发生的规律及时喷施农药,控制病虫害的发生和蔓延。此外,轮作也是菊花防治病虫害的重要手段。

菊花常见病害有斑枯病、立枯病、白粉病等,虫害有蚜虫、菊天牛、菊潜叶蛾、白粉虱、红蜘蛛,尺蠖、蛴螬、蜗牛等。应及时采用相应杀菌剂和杀虫剂防治。

2.3 非洲菊

非洲菊(*Gerbera jamesonii* Bolus ex Hook.)又名扶郎花,1878 年英国人雷蒙首次在南非的德兰士瓦地区发现,1887 年英国人詹姆逊引入英国,以后逐渐推广至世界各地。现栽培的均为通过大量的杂交工作选育出的品种,其产量和观赏性均有大幅度提高。由于非洲菊花朵硕大,花枝挺拔,花色艳丽,产量高,花期长,栽培管理容易,现已成为世界著名的切花种类,在国内外均有广泛栽培。

2.3.1 生物学特性

1)形态特征

非洲菊为菊科大丁草属多年生常绿草本,全株具毛,株高 40 ~ 60 cm,根茎部位能分枝。叶基生,长椭圆状披针形,叶缘羽状浅裂或深裂,裂片边缘具疏齿,圆钝或尖,基部渐狭。头状花序基出,单生,花径 10 ~ 14 cm,花梗长。外轮舌状花大,倒披针形,先端略尖,1 ~ 2 轮,也有多轮的重瓣品种,花色丰富,有白色、粉红色、浅黄到金黄、浅橙到深橙色、浅红到深红色等;内轮筒状花极小,也有较发达的托桂花品种,筒状花花色通常有绿色、黄色或黑色等。

2)生态习性

非洲菊性喜冬季温暖、夏季凉爽、空气流通、阳光充足的环境,要求疏松肥沃、排水良好、富含腐殖质且土层深厚的砂质壤土,土壤以 pH 值为 6.0 ~ 6.5 的微酸性为宜,不耐盐碱性土壤。对日照长度不敏感,在强光下花朵发育最好。生长期最适温度为昼温 20 ~

25 ℃，夜温 16 ℃，冬季若能维持在 12 ℃以上，夏季不超过 30 ℃，则可终年开花，冬季低于 7 ℃则停止生长。自然条件下以 4～5 月和 9～10 月为盛花期。

2.3.2　繁殖方法

用组培、分株或播种繁殖。切花生产上现多以组培方法繁殖，既可大量、快速繁殖种苗，又可解决品种退化问题，且植株的生长势强、产量高。组培常以花托作外植体。

非洲菊也可分株繁殖，分株苗开花早，但生长势弱于组培苗，且长期分株繁殖，易出现退化现象。分株一般在 4～5 月进行，切离的单株应带有芽和根。播种繁殖多用于育种和盆栽品种的繁殖，因其种子寿命短，采种后应即行播种，发芽适温 20～25 ℃，约 2 周发芽，出芽率一般为 50% 左右。

2.3.3　无土栽培技术

1）品种选择

非洲菊品种丰富，按栽培方式可分为切花品种和盆栽品种；按花色可分为红色系、粉色系、黄色系、白色系、橙色系等品种；在切花栽培上，常根据花瓣的宽窄分为窄花瓣型、宽花瓣型、重花瓣型与托桂型。目前国内栽培品种大多引自荷兰，较多品种是荷兰 Terra nigra 的 Terra 系列。常见品种有红色系的 Terra-visa、Terra-maxima、Terra-mor、Terra-monza、Terra-cense 等；粉色系的 Terra-pastel、Terra-metro，Terra-florida. Terra-queen、Terra-royal 等；黄色系的 Terra-mix、Terra-olympic、Terra-sun、Terra-fame、Terra-parva 等；白色系的 Terra-mint、Terra-mvatis、Terra-calypso 等以及橙色系的 Terra-corso、Terra-nutans、Terra-kun 等。

2）栽培方式与定植

非洲菊的无土栽培可采用岩棉栽培、也可用其他基质通过栽培床或盆栽方式进行栽培，栽培基质通常采用陶粒、泥炭、蛭石、砻糠、珍珠岩、河砂、锯木屑、炉渣等，栽培床宽 100～120 cm、高 25～30 cm，用砖块铺砌。

非洲菊的定植密度应视品种、栽培模式等有差异，一般定植密度为 8～12 株/m^2，株行距多在 25 cm×35 cm 左右。定植时间以春、秋两季为好，气候适宜，便于缓苗。因春季定植后，当年秋、冬季产销旺季即可产花，故生产上又以春季栽植较为普遍。非洲菊的栽植深度应以植株不倒伏为度，尽量浅植，一般要求根颈部位露出基质表面 1.0～1.5 cm 以上。如栽植过深，则小苗的根颈和生长点部位极易腐烂而导致死苗。即使成活后，由于生长点埋入基质中，生长发育易受阻，产花率降低。如浇水、施肥不当，还会引起植株腐烂死亡。

3）环境调节

(1)温度

在种植初期，较高的温度可以促进植株的生长。较适宜的温度为白天 24 ℃左右，晚上 21 ℃左右。大约 3 周后，白天温度为 18～25 ℃，晚上 12～16 ℃可以保证生长和开花。在秋冬季，由于光照时间短，过高的温度会导致花朵质量差，一般白天温度至少保证 15 ℃，晚上则应不低于 12 ℃，这样可以保持植株生长、开花。冬季 5 ℃左右低温可保持植株存活，但生长缓慢甚至进入休眠或半休眠。总之冬季夜温若能维持在 12～15 ℃以上，夏季日温不超过 30 ℃，则可终年开花。温度的调节可通过加热、通风、遮阳等手段来实现，但同时应注意湿度的变化。

(2)湿度

非洲菊较喜湿润基质和较干燥的空气湿度，生长期应充分供给水分。但浇水时应注意，勿使叶丛中心着水，否则易使花芽腐烂，尤其在夏季高温闷热天气或冬季低温生长缓慢时。因此，非洲菊应予避雨栽培，如有条件，最好利用滴灌设施供应水肥。空气湿度不超过 80% 是较适宜的，如果过高会造成花朵畸形，并且增加病害的发生。夏季由于温度高、光照强，往往会加大植株的蒸腾作用，导致土壤干燥、植株缺水，应及时补充水分，同时应予遮阳。秋季气温下降，植株蒸腾减少，但生长旺盛，此时仍有较大的需水量。而冬季植株生长缓慢甚至进入休眠或半休眠状态，要注意减少浇水，降低空气湿度。冬季浇水最好在早上进行，以保证晚上低温时保持较低的空气湿度。

4）营养液及其管理

营养液的配方如表 8.6，营养液和水分的供应多采用滴灌方式，由于非洲菊喜较干燥的空气环境，故较少用喷灌方式进行水分的补充。

表 8.6　非洲菊无土栽培营养液配方

化合物名称	用量/($mg \cdot L^{-1}$)
硝酸钙[$Ca(NO_3)_2 \cdot 4H_2O$]	760
硝酸钾(KNO_3)	430
磷酸二氢钾(KH_2PO_4)	170
硝酸铵(NH_4NO_3)	60
硫酸镁($MgSO_4 \cdot 7H_2O$)	245
螯合铁(Na_2Fe-EDTA)	13
硫酸锰($MnSO_4 \cdot 4H_2O$)	1.2

续表

化合物名称	用量/($mg \cdot L^{-1}$)
硫酸铜($CuSO_4 \cdot 5H_2O$)	0.15
硫酸锌($ZnSO_4 \cdot 7H_2O$)	1.2
硼酸(H_3BO_3)	1.9
钼酸铵[$(NH_4)_6Mo_7O_{24} \cdot 4H_2O$]	0.10

营养液的浓度和供应量应根据具体情况而定,定植初期,浓度低而量小,旺盛生长期浓度高而量大。每日供液4~6次,平均每株日供液400~600 mL。要定期测定基质的pH、γ。根据测定结果,对营养液进行调整。定植初期,营养液γ约为1.5 mS/cm;随着植株生长,可逐渐提高到2.0~2.5 mS/cm;夏季高温时,由于水分蒸发量大,营养液浓度应适当降低,γ不超过2.0 mS/cm,此外,营养液的pH值应调整在5.5~6.5。

此外,也可结合病虫害防治,采用喷施0.1%~0.5%的尿素、磷酸二氢钾或低浓度硼酸等进行叶面追肥。

5)植株管理

(1)剥叶

非洲菊切花生产中,为平衡营养生长与生殖生长的关系,避免因营养生长过旺导致开花少、花质量下降的情况,同时也为改善群体的通风透光条件,常需要进行剥叶。剥叶时应注意以下方面:

①先剥除病叶与发黄老化叶片。

②留叶要均匀分布,避免叶片重叠、交叉,通常成熟植株保留3~4分株,每分株留功能叶4~5片。

③植株中间如出现过多密集生长的小叶,而功能叶较少时,应适当摘去部分小叶,以控制营养生长,并使花蕾充分见光,促进花蕾发育。

(2)疏蕾

疏蕾的目的是控制生殖生长,提高切花质量。首先,在幼苗阶段,为保证植株生长,培养营养体,以利于后期成龄植株开花,应疏去全部花蕾,直至植株具有5片以上功能叶。其次,在成龄植株开花期,为保证切花质量,也应该疏去部分花蕾。

6)病虫害防治

非洲菊常见病害有病毒病、疫病、白粉病、褐斑病;常见虫害有红蜘蛛、潜叶蛾、白粉虱、蓟马等。尤以病毒病和红蜘蛛危害最为严重。

(1)病毒病

叶片上产生褪绿环斑,有些褪绿斑呈栎叶状,少数病斑为坏死状,严重时叶子变小、皱缩、发脆。有些品种还表现为花瓣碎色,花朵畸形,花色不鲜艳,病株比健康株矮小。病原为烟草脆裂病毒。该病毒通过昆虫传播,往往成片发生。防治方法:

①发病初期及时摘除病叶或拔除病株并带出口外深埋或焚烧,以杜绝传染源。

②注意蚜虫、线虫的防治,控制病害的传播和蔓延。

(2)红蜘蛛

红蜘蛛多数以成虫或若虫在嫩叶背面及幼蕾上吸取汁液为害。被害嫩叶的叶缘向上卷曲,光泽增强,叶肉质变脆,被害花瓣褐色,萎缩变形,失去观赏价值。红蜘蛛发生高峰多在 5 月或 7 ~ 9 月温度高、气候干燥的时候。低温及湿度大时,危害显著减轻。防治方法:

①及时剥除受害叶、花蕾,集中烧毁。

②选用杀螨剂进行喷雾防治。红蜘蛛易产生抗药性,农药宜交替使用。

2.4 香石竹

香石竹(*Dianthus caryophyllus* L.)又名康乃馨,因其具有花朵秀丽、高雅,花期长,产量高,切花耐储藏、保鲜和水养,又便于包装运输等的特点,在世界各地广为栽培,是四大切花之一。

2.4.1 生物学特性

香石竹为石竹科、石竹属常绿亚灌木,做宿根花卉栽培。株高 30 ~ 80 cm,茎细软,基部木质化,全身披白粉,节间膨大。叶对生,线状披针形,全缘,叶质较厚,基部抱茎。花单生或数朵簇生枝顶,苞片 2 ~ 3 层,紧贴萼筒,萼端 5 裂,花瓣多数,具爪。花色极为丰富,有大红、粉红、鹅黄、白、深红等,还有玛瑙等复色及镶边色等。果为蒴果,种子褐色。

原产于南欧,现世界各地广为栽培,主要产区在意大利、荷兰、波兰、以色列、哥伦比亚、美国等。香石竹性喜温和冷凉环境,不耐寒,最适宜的生长温度昼温为 16 ~ 22 ℃,夜温为 10 ~ 15 ℃。喜空气流通、干燥之环境,喜光照,为阳性、日中性花卉,但长日照有利于花芽分化和发育。要求排水良好、富含腐殖质的土壤,能耐弱碱,忌连作。自然花期 5 ~ 10 月,保护地栽培可周年开花。

2.4.2 繁殖方法

可采用扦插、组培繁殖。扦插繁殖多在春季或秋冬季,选择中部健壮、节间短的侧枝,长 10 ~ 14 cm,具 4 ~ 5 对展开叶的插穗。插穗如不能及时扦插,可于 0 ~ 2 ℃低温下冷藏,一般可储藏 2 ~ 3 个月。扦插基质多用泥炭、珍珠岩、蛭石或砻糠等,可单独使用,也可按

一定比例混合使用。扦插前用500～2 000 mg/L的萘乙酸、吲哚丁酸或两者混合液处理，可促进生根，处理时间因浓度而异。一般插后3周左右生根。组培多用于香石竹脱毒培养，繁殖取穗母株。因其苗期长，前期生长瘦弱，切花生产上较少运用。

2.4.3　无土栽培技术

1）品种选择

香石竹品种很多，依耐寒性与生态条件可分为露地栽培品种和温室栽培品种。依花茎上花朵大小与数目，可分为大花型香石竹（又称单花型香石竹、标准型香石竹）和散枝型香石竹（又称多花型香石竹）。大花型香石竹品种根据其杂交亲本的来源有许多品系，生产上常用品系有西姆系和地中海系两个品种群。西姆系又称美洲系，为香石竹自19世纪传入美国后选育出的品种群，其特点是适应性强、生长势旺、节间长、叶片宽、花朵大，花瓣边缘多为圆瓣而少锯齿，但花易裂苞，抗寒性和抗病性较弱，产量较低，适宜温室栽培；地中海系为欧洲国家选育出的杂交品种群，其特点是节间较短，叶片狭长，花色和花型丰富，抗寒性和抗病性较强，产量较高，但花朵略小。香石竹品种繁多，更新也较快，欧、美国家的专业育种公司每年会推出新的品种，在此不再介绍。

2）栽培床及其定植

香石竹的无土栽培多采用无土轻型基质，通过栽培床方式进行栽培，栽培基质通常采用泥炭、蛭石、砻糠、珍珠岩、河砂、锯木屑、炉渣等。栽培床宽度120～140 cm、高20～25 cm。

香石竹定植时间主要根据预定产花期和栽培方式等因素而定，通常从定植至始花期约需要110～150 d。因此，一般秋冬季首次产花的栽培方式多在春季5～6月定植，而春夏季首次产花的栽培方式多在秋季9～10月定植；香石竹定植密度依品种习性不同，分枝性强的品种可略稀植，分枝性弱的品种可适当密植，一般定植密度为30～50株/m^2，株行距多为15 cm×15 cm～15 cm×20 cm，春、夏季开花的可适当密植，秋、冬季开花的宜适当稀植。

3）营养液及其管理

香石竹栽培的营养液配方见表8.7。由于香石竹喜较干燥的环境，故营养液和水分的供应多用滴灌方式进行。

表8.7　香石竹无土栽培营养液配方

化合物名称	用量/($mg \cdot L^{-1}$)
硝酸钙[$Ca(NO_3)_2 \cdot 4H_2O$]	950
硝酸钾(KNO_3)	500

续表

化合物名称	用量/($mg \cdot L^{-1}$)
磷酸二氢钾(KH_2PO_4)	170
硝酸铵(NH_4NO_3)	20
硫酸镁($MgSO_4 \cdot 7H_2O$)	250
螯合铁(Na_2Fe-EDTA)	10
硫酸锰($MnSO_4 \cdot 4H_2O$)	2.2
硫酸铜($CuSO_4 \cdot 5H_2O$)	0.2
硫酸锌($ZnSO_4 \cdot 7H_2O$)	1.2
硼酸(H_3BO_3)	1.9
钼酸铵[$(NH_4)_6Mo_7O_{24} \cdot 4H_2O$]	0.15
γ/($mS \cdot cm^{-1}$)	2.0

营养液的浓度和供应量应视具体情况而定,定植初期,浓度低而量小,旺盛生长期浓度高而量大。每日供液 4 ~5 次,平均每株日供液 200 ~400 mL。要定期测定基质的 pH、γ,根据测定结果,对营养液进行调整。定植初期,营养液 γ 约为 1.0 mS/cm,旺盛生长至开花期逐渐提高到 1.8 ~2.0 mS/cm;夏季高温时,由于水分蒸发量大,营养液浓度应适当降低。此外,营养液的 pH 值应调整为 6.0 ~7.0。

此外,也可结合病虫害防治,采用喷施 0.1% ~0.5% 的尿素、磷酸二氢钾或低浓度硼酸等进行叶面追肥。

4)植株管理

(1)摘心

定植后 20 d 左右进行第 1 次摘心,摘心是香石竹栽培中的基本技术措施,不同摘心方法对产量、品质及开花时间有不同影响。切花生产中常用的有 3 种摘心方式:

①单摘心:仅对主茎摘心 1 次,可形成 4 ~5 个侧枝,从种植到开花时间短。

②半单摘心:当第 1 次摘心后所萌发的侧枝长到 5 ~6 节时,对一半侧枝作第 2 次摘心,该法虽使第 1 批花产量减少,但产花稳定。

③双摘心:即主茎摘心后,当侧枝生长到 5 ~6 节时,对全部侧枝作第 2 次摘心,该法可使第 1 批产花量高且集中,但会使第 2 批花的花茎变弱。

(2)张网

侧枝开始生长后,整个植株会内外开张,应尽早立柱张网,否则易导致植株倒伏而影响切花质量。香石竹支撑网的网孔可因栽植密度或品种差异而定,通常在 10 cm×10 cm

和15 cm×15 cm之间。第1层网一般距离床面15 cm高，通常需要用3～4层网支撑，网要用支撑杆绷紧、拉平。

(3)抹侧芽、侧蕾

香石竹开始花芽分化后，其侧芽就开始萌动，需要及时抹除(多头型香石竹品种除外)，由于上部侧芽抹去后，会刺激中下部侧芽的萌发，因此，抹侧芽需要分几次进行，才能全部抹除；随着花蕾的发育，在中间主蕾四周会形成数个侧蕾，应及时抹除，以保证主蕾的正常生长，如过迟，茎部木质化程度提高，不便于操作，且对植株损伤也较大，疏蕾操作应及时并反复进行。

5)病虫害防治

香石竹病害较为严重，5～9月高温多湿时更甚，主要病害有花叶病、条纹病、杂斑病、环斑病、枯萎病、萎蔫病、茎腐病、锈病等，引起这些病害的病原有病毒、真菌和细菌。此外，香石竹还有蚜虫、红蜘蛛、棉铃虫等的危害。在生产中应严格贯彻预防为主的原则，加强管理，增强植株的抗御能力；注意清洁环境，控制温度、湿度；并根据病虫害发生的规律定期喷施农药预防，一般每周1次，如病虫害已发生应每3 d左右1次，及时拔除病株并销毁，以控制病虫害的蔓延。

2.5　杜鹃花

2.5.1　生物学特性

杜鹃花(*Rhododendron spp.*)为杜鹃花科杜鹃花属花卉，被誉为“花中西施”，是我国闻名于世的十大名花之一，极具观赏价值。在不同自然环境中形成不同的形态特征，既有常绿乔木、小乔木、灌木，也有落叶灌木，其基本形态是常绿或落叶灌木。分枝多，叶互生，表面深绿色。总状花序，花顶生，腋生或单生，花色丰富多彩，有些种类品种繁多。

杜鹃花分布广泛，遍布于北半球寒温两带，全世界杜鹃花有900余种，中国有650多种，其垂直分布可由平地至海拔5 000 m高的峻岭之上，但以海拔3 000 m处最为繁茂。因其喜酸性土壤，是酸性土壤的指示植物，其适宜的pH值为4.8～5.2。杜鹃花大都耐阴喜温，最忌烈日暴晒，适宜在光照不太强烈的散射光下生长。其生长的适宜温度为12～25 ℃，冬季秋鹃为8～15 ℃，夏鹃为10 ℃左右，春鹃不低于5 ℃即可。杜鹃喜干爽，畏水涝，忌积水。

2.5.2　繁殖方法

1)扦插法

扦插时期以梅雨季节，气温适中时成活率高。插穗选取当年新枝并已木质化而较硬实的枝条作插穗。每枝插穗长 7 ~8 cm,摘除下部叶片,保留顶部 3 ~4 片叶即可。将插穗插入经湿润的基质,然后将扦插床放在通风避阳的地方,或用帘遮阳,晚上开帘。白天只喷 1 ~2 次水,下雨时,防积水。扦插后 1 个月左右即可生根,逐渐炼光后可以上盆。

2)压条法

压条法的优点是所得苗木较大。方法是将母本基部的枝条弯下压入瓮内基质中,经过 5 ~6 个月的时间,生根之后,断离上盆。如果枝条在上端,无法弯下时,则采用高空压条方法,即用竹筒或薄膜填土保湿(月季、桂花等繁殖相同)。注意经常浇水,七八月后生出新根。

3)嫁接法

有些杜鹃花品种,如王冠、鬼笑、贺之祝等用扦插法繁殖,效果不佳,可用嫁接的方法来繁殖。其砧木宜选用健壮隔年生生命力强、抗寒性好的毛鹃,而接穗多利用花色艳丽、花型较好的西洋杜鹃。

嫁种方法有靠接、芽接和腹接 3 种。

(1)靠接

选定砧木与接穗的杜鹃花各一箍,并排靠在一起,选用生长充实,枝条粗细(砧木和接穗)基本相同的光滑无节部位,各削一刀,削面长 3 ~4 cm,深达木质部,削面两者要大小相同,然后将两者的形成层对准贴合,再用麻皮或塑料膜带依次捆扎,捆扎松紧适度,经 5 ~6 个月,伤口愈合并联成一体。然后将接穗断离母体,待翌年春季再解除包扎上盆。

(2)劈接

选用两年生毛鹃作砧木,把顶端的芽头剪去并截平。再在正中劈一刀,深度为 4 mm 左右,然后削取接穗长约 1 cm 的嫩芽。两面都削成同样的楔形,插入砧木,使形成层对准密合,用线捆扎接口处,放置在阴凉架上,20 d 左右可以成活,然后炼光,一个月后即可上盆。

(3)腹接

取长 4 ~5 cm 的接穗,顶部留 3 ~4 片叶,下部叶片全部去掉,在茎的两面用利刀削成楔形,长度 0.5 ~1 cm,削面要平、滑、清洁,防止沾污。然后在砧木基部 6 ~7 cm 处,斜劈一刀,深度比接穗的削面略长,插入接穗时,使两者的形成层对准吻合。然后用线将两者接合处包扎,再用小塑料薄膜袋将接穗连同接口套入袋中,扎紧袋口,既防风又保湿,移置到蔽阴处后,约 1 个月后可成活上盆。

2.5.3　无土栽培技术

1）品种选择

适合无土栽培的品种有以下5种。

(1)西洋鹃

花叶同放，叶厚有光泽，花大而艳丽，多重瓣，花期5～6月。

(2)夏鹃

先展叶而后开花，叶片较小，枝叶茂密，叶形狭尖，密生绒毛。花分单瓣和双层瓣，花较小，花期6月。

(3)映山红

先开花后生长枝叶，耐寒，常以3朵花簇生于枝的顶端，花瓣5枚、鲜红色，花期2～4月。

(4)王冠

半重瓣，白底红边，花瓣上3枚的基部有绿色斑点，非常美丽，被誉为杜鹃花中之王。

(5)马银花

四季常绿，花红色或紫白色，花上有斑点。花期5～6月。

2）无土栽培基质制备

杜鹃花栽培基质以混合基质为好，有多种基质配方可供选用。

①腐叶土4份，腐殖酸肥3份，黑山土2份，过磷酸钙1份。

②泥炭3份，锯木屑2份，腐叶土3份，甘蔗渣1份，过磷酸钙1份。

③枯叶堆积物5份，蛭石2份，锯木屑1份，过磷酸钙1份。

④地衣4份，砾石2份，塑料泡沫颗粒2份，山黄土2份。

配方基质必须混合均匀，消毒后装盆备用。

3）栽培要点

(1)上盆

上盆宜在秋季进温室前后或春季出温室时进行。上盆的方法是：用几片碎盆片或瓦片交叉覆盖住排水孔，先在底层填一薄层颗粒砾石，再填入炉渣，然后填粗土粒，最上层放一层细土，将苗置于中央，根系要充分舒展，深浅适当。然后用一只手扶住苗木，另一只手向盆内加入混合均匀的基质，至根颈为止，将盆内基质振实，再加入适量基质至离盆口2～3 cm。然后用喷壶浇灌。第一次浇水要充分，到盆底淌出水为止。杜鹃上盆之后，需经7～10 d伏盆阶段，放入温室半阴处。出房室时应放于室外荫棚下，避免阳光直射，导致植株萎蔫。

(2)换盆

上盆后的植株通过旺盛生长成为大苗，枝叶茂密，根系发达。应将植株移到较大的盆钵中。否则，会因为在小盆钵中根系不能舒展，互相缠结在一起，既不能充分吸收肥水，又影响通气排水。植株生长就会衰退。同时，经一段时期后，基质变劣，也需更换新的基质。鉴别是否需要换盆主要看植株的长势，只要树势不发生严重的衰退现象可不换。通常每3年左右换一次盆为好。大型植株往往相应地有较大的盆钵，也可每5年左右换一次。特大的只要长势不衰，也可多年不换。

换盆时用扦子或片刀沿盆的内边扦割，使附着在盆钵内缘的根须剥离，然后提起植株，使之从盆中脱出，去掉根盘底部黏着的碎盆片或瓦片，扦松根盘周围基质，剥去一些边沿宿土，使周围根须散开，但顶面中心部位的基质不能拆散。剪去过长的根和发黑的病根、老根，以促发新根。换新盆的操作与上盆时相同，换盆的季节与上盆时相似，但已进入盛花期的植株，宜在花后进行。

(3)浇水

杜鹃花根系细弱，既不耐旱又不耐涝。若生长期间不及时浇水，根系即萎缩，叶片下垂或卷曲，尖端变成焦黄色，严重者长期不能恢复，日渐枯死。若浇水过多，通气受阻，则会造成烂根，轻者叶黄、叶落，生长停顿，重者死亡。因此，杜鹃花浇水不能疏忽，气候干燥时要充分浇水，正常生长期间盆土表面干燥时才适当浇水。若生长不良，叶片灰绿或黄绿，可在施肥水时加用或单用1/1 000硫酸亚铁水浇灌2～3次。

杜鹃花浇水时需要注意水质。必须使用洁净的水源，浇水时注意水温最好与空气温度接近。城市自来水中有漂白粉，对植物有害，须经数天储存后使用。而含碱的水不宜使用。北方水质偏碱性，可加硫酸，调整好pH再用。

(4)营养液管理

杜鹃花营养液要求为强酸性，pH4.5～5.5适宜。营养液的各种成分要求全面且比例适当以满足杜鹃花生长开花的需要。可选用杜鹃花专用营养液或通用营养液。定植后第1次营养液(稀释3～5倍)要浇透。置半阴处半个月左右缓苗后，进入正常管理。平日每隔10 d补液1次，每次中型盆100～150 mL，大型盆200～250 mL。期间补水保持湿润。杜鹃花不耐碱，为调节营养液pH，可用醋精或食用醋调节水的pH，用pH试纸测定营养液的酸碱性。

杜鹃花无土栽培过程中，始终要求半阴环境，春、夏、秋三季均需遮阳。夏季高温闷热常导致杜鹃花叶片黄化脱落，甚至死亡，因此要注意通风降温或喷水降温，冬季室温以10 ℃左右为宜。

2.6　仙客来

仙客来(*Cyclamen persicum*)又名一品冠、兔子花、萝卜海棠、兔耳花，为报春花科仙客来属多年生球根草本植物。仙客来原产南欧及地中海一带，现已成为世界各地广为栽培的花卉。

2.6.1　生物学特性

仙客来具扁圆形肉质块茎，深褐色。叶着生在块茎顶端的中心，叶心脏形，肉质，叶面深绿色，多有白色或淡绿色斑纹，叶背紫红色，叶缘锯齿状。花单生，花梗细长，花瓣5片，向上反卷，形似兔耳。花色有红、紫红、淡红、粉、白、雪青及复色等，有的具芳香。花期冬、春季。目前栽培的仙客来多为园艺品种，是从原种仙客来经多年培育改良而来的，通常分为大花型、平瓣型、皱瓣型、银叶型、重瓣型、毛边型、芳香型等。

仙客来性喜凉爽、湿润及阳光充足的环境，秋、冬、春季为生长季，夏季高温时进入休眠期。生长发育适温为15～25 ℃，要求疏松、肥沃、排水良好的栽培基质，适宜pH6.0～6.8，要求空气湿度为60%～70%。仙客来属日中性植物，喜阳光但忌强光照，光照强度$(2.8\sim3.6)\times10^5$lx为宜。盛花期12月至翌年4月。

2.6.2　繁殖方法

仙客来可以用播种、分割块茎和组织培养等方法繁殖，生产上多以种子繁殖为主。播种通常在9～11月份进行。播种所用的基质可采用珍珠岩、蛭石、煤渣、锯末及其他无土栽培基质。播前需对种子和基质做消毒处理，基质可采用高温或药物消毒，种子需用30～40 ℃温水浸种1昼夜，若带病毒的种子还需做脱毒处理。播种时将种皮搓洗干净，按1.5～2 cm的间距点播于浅盆或播种床内，覆盖基质厚0.5～0.7 cm，浇透水并保持基质湿润。在20～25 ℃温度条件下，约20 d可生根，1个月左右发芽，长出子叶。此时可让幼苗见光，以利于幼苗光合作用。出苗达75%以上时，每10 d追施1次营养液，氮、磷、钾比例为1∶1∶1。待幼苗长出2～4片真叶时，进行第一次分苗(通常在3～4月份)，将小苗移至直径10 cm的花盆中，缓苗后进入正常养护管理。分割块茎是在休眠的球茎萌发新芽时(9～10月份)，按芽丛数将块茎切成几份，每份切块都有芽，切口处涂草木灰或硫磺粉，放在阴凉处晾干切口，然后作新株栽培。

2.6.3　无土栽培技术

1)基质盆栽

仙客来无土栽培主要以基质盆栽为主，栽培基质可选用蛭石、泥炭、炉渣、锯末、砂、炭化稻壳等按不同比例混合作基质，如蛭石：锯末：砂为4：4：2或炉渣：泥炭：炭化稻壳为3：4：3。苗期宜用泥盆，盆底垫3～4 cm厚的粗粒煤渣，上部用混合基质。栽苗时要小心操作，注意勿伤根系，使须根舒展，加基质，轻轻压实，使球茎1/3露出，浇透营养液（稀释3～5倍）。仙客来喜肥，但需施肥均匀，平日每周浇1次营养液，并根据天气情况每2～3 d喷1次清水。由于基质疏松透气、保水保肥，能满足小苗生长的各种需求。仙客来10片叶是一个重要时期，一般出现在5～6月份，此时进入蕾养生长和生殖生长并进阶段。凉爽地区可于此时进行第2次移栽，栽植于直径为15 cm的塑料盆、陶盆或瓷盆中，方法同前。进入夏季要注意降温、通风，保存已有叶片，控制肥水，以防植株徒长。此外，要注意防病、防虫，可喷洒多菌灵、托布津、乐果、敌敌畏等杀菌杀虫剂。

8月底随天气渐凉，仙客来逐渐恢复生长，长出许多新叶，此时要注意加强光照和施肥，按正常浓度每周浇1次营养液，每10 d左右叶面喷施0.5%磷酸二氢钾溶液。进入10～11月，叶片生长缓慢，花蕾发育明显加快，进入花期，此时适宜的条件为光照$(2.4\sim4)\times10^5$ lx，温度12～20 ℃，湿度60%左右。温度是控制花期的主要手段，一般品种在10 ℃条件下，花期可推迟20～40 d。花期易发生灰霉病，要加强通风和药物防治。

仙客来无土栽培要比在土壤中栽培生长快，开花多，开花早，花大色艳，花期长。仙客来无土栽培营养液推荐配方见表8.8。

表8.8　仙客来营养液配方

化合物名称	用量/$(mg \cdot L^{-1})$
硝酸钾(KNO_3)	400
硝酸钙[$Ca(NO_3)_2 \cdot 4H_2O$]	250
尿素[$(NH_2)_2CO$]	200
硫酸镁($MgSO_4 \cdot 7H_2O$)	150
磷酸二氢钾(KH_2PO_4)	100
硫酸亚铁($FeSO_4 \cdot H_2O$)	100
硫酸钙($CaSO_4 \cdot 2H_2O$)	50
钼酸铵[$(NH_4)_6Mo_7O_{24} \cdot 4H_2O$]	10
硫酸锌($ZnSO_4 \cdot 7H_2O$)	10
硼酸(H_3BO_3)	10

营养液可以先配成浓缩液，使用时再根据不同生长时期稀释不同倍数。通常浓缩10倍，用时稀释3～5倍，pH值调至6.5左右。

2）水培技术

将仙客来球茎置于特制的葫芦形容器的颈上部，根系自然垂入颈下的大容器中，整株观赏，绿叶白根，相得益彰。

（1）栽植前准备

①幼苗准备：8月下旬在仙客来休眠后恢复生长前，选择球茎在3 cm以上、10片以上叶子、无病虫害、生长健康的植株挖出洗根后备用。

②容器准备：一般3 cm以上的球茎选用直径15 cm以上的容器。用2 cm厚的聚苯硬板作盖板兼定植板。

③营养液：配制1/2剂量水平的园试配方营养液，pH值6.0～7.0。

（2）定植与管理

将球茎用岩棉或泡沫塑料裹卷好，锚定在定植板中，穿出的根系浸入营养液中。营养液每30 d更新1次，也可以根据营养液的清晰程度而定。快速生长阶段处于高温、高湿期，注意喷洒多菌灵、托布津、乐果等杀虫剂，每月喷1次。

2.7　兰花

兰花（*Cymbidium spp.*）为兰科兰属多年生植物，具有多个属种，不同属种间形态特征、生长习性有一定差异。

2.7.1　生物学特性

兰花根为肉质须根，喜欢透气环境。茎为短缩单茎或丛状假鳞茎，叶片对生，有的肉质短而宽数量少，如蝴蝶兰；有的叶片薄且狭长数量多，如惠兰。花抽生于茎叶腋间或假鳞茎基部，花梗较长，其上生长排列有序的唇形小花，不同品种间花的形状、数量及大小差异较大，花的颜色多样，花期长1～3个月，有的时间更长。

兰花性喜温暖、凉爽的气候环境。生长适温15～25 ℃，湿度60%～80%；喜阴，光照强度为5 000～25 000 lx，因品种而异；要求根际环境的pH值为5.5～6.5，γ值0.5～1.5 mS/cm，基质要求疏松且排水良好。兰花从小苗到开花约需16～24个月，其花芽分化需13～20 ℃的低温，不同属种所需低温处理的时数不同。

2.7.2　品种选择

根据兰花的生长特性，将兰花分为地生兰、附生兰、半附生兰和腐生兰四大类。目前，市场商品化栽培的属种主要有以下6类。

（1）蝴蝶兰

蝴蝶兰属单茎类兰花，属附生兰，花色多样，以盆花栽培为主，也可以做切花。花色品种较多,有纯白、紫色、白花红唇、黄底红点、白底红点、白底红条纹等。依花型大小分为大花、中花、小花3种,约占兰花市场的25%。

(2)大花惠兰

大花惠兰又称虎头兰,属附生兰,花色丰富、花朵硕大、花枝挺拔、花期特长、花香清淡、花箭多等特点。依株型和花型大小分为大、中、小3个系列,以盆花为主,也可做切花,约占兰花市场的25%。

(3)石斛兰

石斛兰属附生兰,植株由肉质茎构成棒状丛生,叶如竹叶。分春秋石斛两种,市场以春石斛为主,具有其他兰花没有的优点——抗寒,适合高纬度地区生产,可做盆花和切花,约占兰花市场的20%。

(4)文心兰

文心兰属附生兰,是热带兰中的一个属种,品种颜色较少,可做盆花和切花。市场占有量较低,约占兰花市场的15%。

(5)卡特兰

卡特兰属附生兰,品种颜色较少可做盆花,栽培数量最小,约占兰花市场的5%。

(6)中国兰

中国兰又称国兰,通常指兰科(Orchidaceae)兰属(*Cymbidium*)植物中的部分地生兰及少数附生兰。与热带兰相比,中国兰花的假鳞茎较小,叶片较薄,但碧叶修长,叶姿秀雅。国兰花序直立,花有单朵或一梗多花,花色有淡绿、粉红等多种,花形潇洒,气味幽香,深受我国和日本、韩国等人民的喜爱。

中国兰自然分布于我国长江以南诸省,性喜温暖、湿润、凉爽的气候环境,喜弱光,忌高温、强光、干燥,喜酸性(pH值5.5~6.5)环境,喜疏松肥沃、排水良好的栽培基质。冬季室内温度应不低于2~3℃,在12℃以上生长良好。适合无土栽培的品种有春兰、蕙兰、建兰、墨兰、寒兰、多花兰及其变种30余种。尚未大规模商业化栽培。

2.7.3 繁殖方法

兰花繁殖分为无性繁殖和种子繁殖。在商品化栽培中,兰花繁殖以无性繁殖为主,种子繁殖多用于新品种的选育。无性繁殖分为分株和组织培养。分株繁殖可一年四季进行,以花后3~5月份为宜。具体做法是将老株用快刀切割或用手掰成数丛,每丛具有2~3个生长点,且具有完整的根系,重新栽于盆中,此法一般用于小户型栽培。商品化规模栽培多采用组培方法繁苗。因为组培苗具有生产量大、植株长势好、无病毒、可周年生产、花期易调控等特点。大花惠兰和蝴蝶兰是目前洋兰中商品化栽培的两大种类。

2.7.4　蝴蝶兰基质盆栽技术

1）栽植前准备

（1）基质选择与处理

基质的选择对于栽培蝴蝶兰等兰花是十分重要的。蝴蝶兰喜润而畏湿，要求通风通气，因此基质要选用能够吸水并通气的材料；蝴蝶兰需要养分，基质中要混有有机物和其他能逐渐释放出养分的物质。目前，蝴蝶兰栽培一般选用水苔（一种水草）直接栽植。国外也有使用椰壳、腐朽树皮、蕨根、粗泥炭、地衣、水苔、木炭、塑料泡沫等有机基质与沙、石砾、珍珠岩等无机基质混合成的复合基质。水苔的品质对蝴蝶兰植株的生长影响很大，一般都选用粗、长、白的水苔干成品。水苔的干成品保水性特别强，如果单独使用，应适当控制浇水量。栽植前水苔要消毒和浸泡，可选用熏蒸法消毒、药液浸泡（根菌清+阿维菌素1 500倍液）消毒或高温消毒2 h以上。水苔使用前应浸泡4 h左右，使其充分吸水膨胀（注意不能浸太久，尤其夏季，以免发臭），pH值控制在6.5左右，并甩干至适合的湿度（含水量60%左右）后待用。无机基质一般不需要消毒，只用洁净水冲洗去灰尘即可，陶粒等火煅类基质需要用水浸泡24 h，使其充分吸收水分，俗称“退火”。

（2）选择栽植容器

蝴蝶兰栽培用盆一般要求盆身和盆底都要多孔，能够通风透气。例如选用竹编器皿、多孔陶瓷盆、素烧的瓦盆、木框、胶篮等，生产上根据蝴蝶兰的苗龄及植株大小选用不同规格的栽培盆。一般小苗阶段用1.5寸软盆，中苗阶段用2.5寸软盆，大苗阶段用3.5寸软盆，栽培盆使用前必须消毒。

（3）选择种苗

无论是分株苗，还是组培苗，在上盆前都应剔除腐叶，并在杀虫剂、杀菌剂稀释液中浸泡1 h左右，再用水冲洗后上盆移栽。要求蝴蝶兰组培苗的株高4～6 cm，2片叶平展，优质、健壮、无病虫害。

2）上盆

先在盆底填入一些较粗的基质，然后将植株放入盆内，理直根系，然后一手握住蝴蝶兰的假鳞茎，让假鳞茎略露出盆面，另一手添加基质至假鳞茎基部，最后用水苔铺在盆面保湿。如果单用水苔作基质，可用水苔包住蝴蝶兰的根系，装于1.5寸的栽培盆内，栽植深度以原苗坨上表面距盆沿1.5～2.0 cm为宜，栽后浇透水。注意使根系松散，基质松紧适度，以利于根系生长，然后置于栽培床上或悬挂起来，以利于气根伸长和生长，同时便于盆中基质干燥后吸收空气的养分，避免因底孔堵塞而积水，防止烂根或地下害虫钻入盆内危害植株。

3）栽培管理

(1)水分

由于蝴蝶兰的叶片较厚并有蜡质，保水能力较强，盆内不宜淋水过多。上盆缓苗后，保持基质持水量在60% ~80%，中苗期、大苗期和成花期保持基质湿度50% ~70%的相对稳定状态。除了夏秋干燥天气，一般每隔2 d淋水1次，不宜频繁浇水。浇水的原则见干见湿，当基质表面变干时需浇1次透水。蝴蝶兰栽培用水以自然纯净、温凉、微酸(pH值为5.5左右)为宜，最好浇雨水，如用自来水则用缸存放几天后再浇为宜。

蝴蝶兰正常生长要求空气湿度为70% ~80%。温室内空气干燥时，用喷雾器适当喷水，以便增加空间湿度，保持茎叶和根部的活力。喷雾时可直接喷向叶面，但需注意在花期时，不可将水雾直接喷到花朵上去。开花后适当降低空气湿度，以防止花苞染病。

(2)养分

在兰花的基质栽培中，要经常喷施无机肥料。施肥的原则是在不同的生长时期调整施肥量和施肥比例。缓苗后开始施肥，定期施用复合肥(N：P：K=20：20：20)或兰花苗期专用肥等肥料。开始施肥时浓度应较低，以后逐步升高。γ值控制在0.5 ~0.8 mS/cm，每7 ~10 d施1次肥。中苗期则加强水肥管理，实行水肥交替的浇水施肥原则。肥料以N：P：K=20：20：20和30：10：20交替施用，γ值保持在0.9 ~1.2 mS/cm，每7 ~10 d施肥1次。入冬前多用钾肥，冬季不宜施肥，少浇水。大苗期则采用肥料的配方为N：P：K=10：10：10，γ值在1.2 ~1.5 mS/cm，后期可追施磷酸二氢钾。成花期喷施催花肥，加大磷的施肥量，N：P：K比例为19：45：19，γ值控制在1.2 ~1.5 mS/cm，以促使花大、色艳。

蝴蝶兰生长发育除了按上述配制的复合肥溶液施肥外，还可按汉普营养液配方配制兰花营养液，按照不同的苗期调整营养液的剂量水平和γ值，采取人工浇灌或循环滴灌供液。营养液配方如下：硝酸钾700 mg/L，硼酸0.6 mg/L，硝酸钙700 mg/L，硫酸锰0.6 mg/L，过磷酸钙800 mg/L，硫酸铜0.6 mg/L，硫酸镁280 mg/L，钼酸铵0.6 mg/L，硫酸亚铁120 mg/L，硫酸铵220 mg/L。

(3)光照

蝴蝶兰基质栽培中，冬春季节光照弱时，可以全光照，以利于兰株的正常生长发育；夏秋季节光照较强时，应避光遮阳，以避免灼伤叶面。根据生育期的不同，最好采取分期管理。定植初期光强控制在5 000 lx，1周缓苗后逐步提高到5 000 ~8 000 lx，最高10 000 lx；中苗期光强可提高到12 000 ~15 000 lx，某些白色品种可达15 000 ~20 000 lx。大苗期、成花期光强可提高到20 000 ~25 000 lx为宜，光照强度过低，会造成徒长，影响花芽分化，但在夏季无论中苗、大苗或成花期都应注意遮阴，即使高温期也要使早晚、阴雨天的弱光照到植物上。

(4)温度

蝴蝶兰适合于热带、亚热带地区生长,最适生长温度为25～28 ℃,最低不低于10 ℃,最高不超过30 ℃,尤以在昼夜温差较大的地方生长最好。开花后保证温度不低于15 ℃,以防止花蕾脱落。在栽培中除了用冷热风机调节温室的温度外,夏天也可采用在温室顶棚安装风扇、用水喷洒顶棚或在一侧形成水帘等人工方法辅助调温。

(5)催花处理

在大苗末期,依市场需求开始进行低温催花处理,促使花芽分化。催花方法:根据上市时间提前150～180 d开始催花,在20 ℃温度条件下,经过3～6周(时间长短因品种而异)便完成花芽分化,如果温度更低(15～20 ℃),还可增加花梗数量,但必须增加光照强度,否则会造成花苞数量减少,在此期间施用催花肥。

(6)换盆

当小苗叶距为(12±2)cm(叶角15°),根系已伸至盆底,但还未盘至一圈且软盆上部没有气生根露出时,需要换成2.5寸盆,进入中苗期;当苗叶距为(20±2)cm时可换成3.5寸软盆,进入大苗期。换盆方法与土壤栽培相同。

兰花的养护最关键之处在于保证适宜的温度,控制基质水分含量,增加空气湿度。其供水的一般规律是:生长期多浇,休眠期少浇;高温多浇,低温少浇;地生兰多浇,附生兰少浇;晴天多浇,阴天少浇;生长好多浇,生长不良少浇;瓦盆多浇,瓷盆少浇;树皮、沙石类基质多浇,水苔、蕨根基质少浇。

(7)病虫害防治

蝴蝶兰的病虫害防治很重要,在栽培过程中要实行科学化管理、综合防治的原则,一旦发病及时施药防治。

①灰霉病:主要危害花和花蕾。症状是花瓣上有不规则病斑,并着生灰黑色霉体。应在花期降低湿度,发病时喷扑菌灵、扑海菌、异菌脲等药剂防治。

②炭疽病:主要危害叶片,一年四季都可发病,最初出现褐色斑点,逐渐扩大呈半圆形或椭圆形,有凹陷轮纹状斑痕,中间浅褐色或白色,边缘深黑褐色,后期病斑中点干枯穿孔,产生黑色粒子,潮湿环境中会产生橙黄色或粉红色黏稠物。可喷炭疽福美,炭疽立克、甲托等药剂防治。

③根腐病:主要危害根、茎部位,造成根、茎腐烂,严重时整株死亡,尤其在苗期或基质水分过大时易发生。可喷根琥敌、绿亨等药剂防治。

④软腐病:软腐病是蝴蝶兰较易发生的细菌性病害,危害叶片、茎部,最先在叶片上出现水渍状斑点,迅速扩散到正常叶片,逐渐变成褐色或黑褐色,湿度大时有菌浓流出,有恶臭味,叶片软化、下垂,严重时全株死亡,高温、高湿或用氮过多时易发此病。可用农用链霉素、可杀得2 000、速补等药剂防治。

⑤虫害:蝴蝶兰的主要虫害有红蜘蛛、介壳虫和潜叶蛾。用 40% 三氯杀螨醇乳剂 2 000 倍液、40% 氧化乐果 1 000 ~ 1 500 倍液和乐斯本 1 000 倍液可有效防治红蜘蛛、介壳虫和潜叶蛾。

2.7.5 中国兰基质培

常用基质配方主要有以下 5 种:

①砂、砾、木炭培:盆底 1/2 为大拇指大小的砾石和木炭,上层为黄豆粒大小的砂粒,表层为米粒大小的砂粒。

②地衣、砾石、木炭培:盆底 1/3 为大拇指大小的砾石和木炭,盆中及盆上 2/3 为地衣。

③地衣、木炭培:盆中心置大块木炭,周围地衣塞满。盆底用 1/3 拇指大小砾石,中上层用黄豆大小及米粒大小砂粒,上层用地衣。

④地表、砂、砾培:盆底用 1/3 拇指大小砾石,中上层用黄豆大小及米粒大小的砂粒,上层用地衣。

⑤塑料泡沫颗粒培:塑料泡沫颗粒 7 份,砂粒 2 份,砾石 1 份。用循环式营养液滴灌。

兰花定植所用的花盆宜选用口径 15 ~ 20 cm 的塑料花盆或仿古陶瓷花盆。栽植时先在盆底部铺一层 2 ~ 3 cm 的较大颗粒基质作为排水层,然后将花苗立于盆中,添加事先浸泡过的混合基质,边加边用手压紧,至盆八分满止,表面再铺十层陶粒或苔藓、地衣,防止浇水冲出基质。

定植后第一次营养液要浇透,盆底托盘见渗出液为止,营养液配方见表 8.9,每 10 ~ 15 d 补液 1 次,每次 100 ~ 150 mL。用喷壶喷水,保持基质湿润,表层不干不浇。兰花属中低肥力植物,忌大水大肥,但开花前孕蕾期至开花期,应增加供液次数,每周 1 ~ 2 次,每次 100 mL。

表 8.9 兰花营养液配方

化合物名称	用量/($mg \cdot L^{-1}$)
硝酸钙[$Ca(NO_3)_2 \cdot 4H_2O$]	700
硝酸钾(KNO_3)	700
过磷酸钙[$Ca(H_2PO_4)_2 \cdot H_2O$)]	800
硫酸镁($MgSO_4 \cdot 7H_2O$)	280
硫酸铵[$(NH_4)_2SO_4$]	220
硫酸亚铁($FeSO_4 \cdot H_2O$)	120
硼酸(H_3BO_3)	0.6
硫酸锰($MnSO_4 \cdot 4H_2O$)	0.6

续表

化合物名称	用量/($mg \cdot L^{-1}$)
硫酸铜($CuSO_4 \cdot 5H_2O$)	0.6
钼酸铵[$(NH_4)_6Mo_7O_{24} \cdot 4H_2O$]	0.6

多数兰花在冬季处于休眠期,不宜施肥,浇水也要减少。一般2~3周浇透水一次。春、夏、秋高温干燥期间,每天浇2~3次水。含盐分较高或碱性反应的水都不宜浇兰花,如用自来水,最好存放几天再浇。兰花需保持70%~80%的相对湿度,可用遮阳的办法保持其适宜的温度。

2.8 一品红

一品红(*Euphorbia pulcherrima*)又称圣诞红,是大戟科大戟属落叶亚灌木。一品红由于其叶色浓绿,花色鲜艳,灿烂夺目,花期正值圣诞节、元旦、春节,深受国内外群众的欢迎。现世界各地广为栽培,我国除福建、云南等省可露地栽培外,其他地区均作温室栽培。一品红的无土栽培方式以基质盆栽为主。

2.8.1 生物学特性

一品红根为须根系,生长量较大;茎直立;叶互生,形如戟,叶色深绿或浅绿。茎顶着生花序,聚伞状排列,花小,花序下生苞片,开花时呈红色。花芽诱导分化必须经过一定时数的短日照,但不同品种的光感应期不同,一般7~8.5周。自然条件下北方9月21日后开始花芽分化。

一品红性喜温暖湿润、阳光充足的环境,不耐寒。生长适温16~29℃,可短时抵抗35℃高温,温度低于13℃易诱发生理病变,如叶片失绿、落叶等;怕涝,湿度以50%~75%为宜,湿度过大,易诱发病害;喜光,光照强度25 000~40 000 lx,为短日照植物;对根际环境要求较严,尤其是花芽分化后,基质要保持相对稳定状态,含水量保持60%~70%为宜,干湿失调会引起花期落叶;喜肥,要求均衡配方,NH_4^+—N不可过高,应小于总N的20%,否则易落叶;喜微酸性,pH值5.5~6.5,γ值1.0~2.0 mS/cm。

一品红栽培期较短,一般从定植到上市需要3.5~5个月。这与栽培方式和品种有关。正常栽培期为7月中旬至12月中旬,栽培者根据上市期、品种特性选择适宜的栽培方式。一品红的观赏期12月至翌年3月份。

2.8.2 品种选择

一品红一般采用进口种苗栽培。根据短日照光感应期的长短分为早熟和晚熟品种;根据苞片颜色不同分为红色、白色、黄色、红黄相间等品种。常见的变种和品种有:一品白,顶部总苞上叶片呈白色;一品粉,顶部总苞下叶片呈粉红色,色泽不鲜艳;重瓣一品红,顶部总苞下叶片变红似花瓣外,小花也变成花瓣状叶片,直至向上簇拥成团,外形较单瓣种的红色叶阔而短,红色较深。耐寒性不如单瓣种,观赏价值高;重瓣矮化一品红:株形矮小紧凑,叶片略带黄色,叶形较小,观赏价值高。目前市场上流行的品种一般是从国外引进的新品种,主要有"千禧""天鹅绒""自由""彼得之星""倍利""福星"等,其苞片大,色泽艳丽。

2.8.3 繁殖方法

一品红的繁殖主要以扦插为主,也可以组培繁殖。一品红扦插苗生根较快,可根据不同栽培方式选择适宜的扦插时间,生产者可进行周年生产以供应市场需求。一般使用消过毒(0.1%高锰酸钾溶液喷洒)的沙子或草炭土∶珍珠岩=2∶1的复合基质,采用床式或穴盘式扦插。具体做法是从母株上剪取长度5~9 cm、保留2~3片叶的插穗,然后用清水洗净剪口流出的白色汁液,速蘸根旺200~400倍液或NAA 1 000 mg/L溶液。先在插床或穴盘内打孔,然后扦插,插入深度为插条长度的1/3~1/2,轻按基部周围,压紧基质,并浇透水。扦插的间距4 cm,行距5~6 cm。为了防止插条养分流失,取下的插穗应立即放入水中浸泡。

扦插后用遮阳网遮阳,并经常喷水,保持空气湿度75%,基质湿度60%左右,温度22~24 ℃,光强5 000~15 000 lx,20~30 d即可生根。待新枝高10~12 cm时即可上盆。

2.8.4 无土栽培技术

1)栽植前准备

(1)基质选择与处理

栽培基质要求具有良好的透气性和排水性,一般常见的复合基质配方有:草炭∶蛭石=1∶1;草炭∶珍珠岩=1∶1;草炭∶蛭石∶珍珠岩=1∶1∶1;草炭∶蛭石∶珍珠岩∶沙=2∶2∶1∶1。基质应事先混拌均匀并消毒,然后用塑料薄膜闷盖,2~3 d后翻料晾晒待用。一品红要求基质最适宜的pH值为5.8~6.2,当pH值不适宜时可用硫酸铁降低pH值,用石灰提高pH值。刚定植的一品红小苗极易感染土传病害,所以基质消毒必须彻底。

(2)准备栽培容器

定植所用的盆器要求透光率低或不透光,因为光会应影响根系发育。盆茎大小为:第1次摘心的一品红使用15~17 cm盆,第2摘心用20~22 cm盆。

(3)种苗选择

一品红是一种高档盆栽花卉,种苗品质好坏直接影响成品品质,一般应选购专业种苗

生产公司培育的分枝性好、叶片无畸形、适应性强、抗病虫的优质种苗进行基质栽培。

2）定植

一品红上盆一般 5 ~ 8 月份均可。上盆时基质深度略高于盆的水线，种植深度以基质与苗坨上表面相平为宜，切忌过深，上盆后立即浇定植水（混有杀菌剂为佳，以防根、茎腐烂），至盆底有渗出液流出为止，第 2 天再浇 1 次清水，盆要密集摆放，以便形成利于植株生长的小气候环境。上盆方法与竹芋大体相似。定植后将花盆置于遮阳网下养护 1 周，然后在全光照下生长。

3）栽培管理

（1）水分

水质以软化水为好，无土栽培一品红最好采用处理后的软化水。一品红既怕干旱又怕水涝，浇水要注意干湿适度，防止过干过湿，避免脚叶变黄脱落。一般盛夏气温高，枝叶生长旺盛时可每天早上浇 1 次透水，傍晚观察，如干燥应少量补浇一些。雨季及时排除盆内积水，防止烂根。

（2）养分

一品红的营养液可选用通用配方或专业公司提供的专用配方。一品红对肥料的需求很大，施肥稍有不当或肥料供应不足，都会影响花的品质。通常第 1 个月是一品红整个生长季节中的关键时期，这时氮、钾的浓度可适当提高。到了花芽分化至苞片转红期，则应将氮、磷、钾的比例调至正常。花期则应调整肥料配比，增加磷、钾含量，适当减少氮的含量。营养液的 γ 值随着植株的生长而提高，一般初期 γ 值 0.5 ~ 0.75 mS/cm，1 周后 γ 值 0.8 ~ 1.0 mS/cm，成株后 γ 值 1.2 ~ 2.0 mS/cm。

（3）环境调控

上盆后的 1 周为缓苗期，白天温度控制在 22 ~ 25 ℃，夜间 18 ~ 20 ℃，适当遮阳，光照强度 15 000 ~ 20 000 lx，空气湿度 70% ~ 80%，基质见湿见干。缓苗后，植株已长出新根，进行正常的植株管理，白天适宜温度 21 ~ 19 ℃，夏季高温期温度不超过 32 ℃，夜间 16 ~ 21 ℃为宜，光照强度逐渐增强至 25 000 ~ 35 000 lx。成花期以白天 20 ~ 25 ℃、夜间 16 ~ 22 ℃为宜，尤其注意冬季当温度低于 13 ℃时，苞片转色慢易落叶；光强以 35 000 ~ 40 000 lx 为宜，适当增强光照，有利于苞片的增大而且鲜艳；湿度降到 75% 以下，否则易感病；控制水分，基质湿度相对稳定在 60% 左右，过湿、过干均易落叶。当苞片完全转色后，可停止施肥，上市销售。

（4）矮化整形

一品红茎生长直立，没有具开张度的枝条，植株较高，栽培中必须对其进行矮化整形处理,提高其商品性。

①摘心:生长期视幼苗分枝及生长情况摘心1或2次,促生侧枝。第1次摘心是在定植后15~20 d,根系已伸长到盆底,植株已充分生长,株高达30 cm时打顶,一般留5~7片叶为宜,同时摘除上部1~2片嫩叶,保留下部4~5片功能叶,有利于发芽整齐一致。第1级侧枝各保留下部1~2个芽,并剪去上面部分。一般整株保留6~10个芽即可,其他新芽全部抹去。摘心后3~4 d适当遮阳,并提高温度,以促进芽的萌发,看到芽开始萌发后,缓慢降低温度至适温。肥水应正常有规律地浇施。此后可根据植株的整齐度、丰满度进行第2次摘心,2次摘心留下2~3个芽眼即可。通过多次摘心来降低高度,扩充冠幅。值得注意的是,最后一次摘心必须保证在花芽分化前的3~4周结束。

在一品红生长旺盛期,应用生长抑制剂控制植株的高度,当摘心后腋芽长至2~5 cm高时,用0.5%的B9溶液喷洒叶面,使一品红矮化。也可用1 000 mg/L的50%矮壮素液叶面喷施,每7~10 d 1次,最好在傍晚进行,以不形成水流为宜,花芽分化前停止使用,否则易使苞片变小。

摘心后要适时拉开盆间距。第1次拉开盆距是在摘心5~6周后进行,以叶尖距10~15 cm为宜,在旺盛季节,再次拉开,最后拉到成花距离。盆间距根据品种、生长势、株型、盆径大小进行适当适时的调整。

②拉枝盘扎:在8~9月份,新梢每生长10~20 cm可拉枝作弯1次,直到苞片现色为止。拉枝时用细绳捆好,将枝条拉至与其着生部位齐平或略低的位置。最下面3~4个侧枝要基本拉至同一水平上,其余侧枝均匀拉向各个方位,细弱枝分布在中央,强壮枝在周围,各枝盘曲方向一致。为防止枝条折断,通常作弯前要进行控水或于午后枝条水分较少时进行。

(5)催花处理

一品红是典型的短日照植物,为了使其在长日照条件下开花,就必须进行人工短日照处理。方法:每天用黑幕(不透光)遮盖14~15 h,即每天下午5~6时起,直到第二天上午8时为止。同时需注意温度的调控,保证夜温不超过23 ℃(否则无效),白天适宜温度20~29 ℃,则处理时间7~10周。这与品种感应期有关。抑制栽培则与其相反。一般国庆节上市的8月初可开始遮光,这时应注意降温;圣诞节上市的可利用自然光周期进行生产;春节上市的可于9月15日开始加温加光。

4)病虫害防治

一品红的病虫害以预防为主,一旦发病将造成无法弥补的损失。可能发生的病害有茎腐病、根腐病、灰霉病和细菌性叶斑病。对于根腐病和茎腐病,可用瑞毒霉或五氯硝基苯等农药,在定植时浇灌介质;对灰霉病,可用扑海因、甲基托布津等进行防治;对细菌性叶斑病,可用含铜杀菌剂来防治。可能发生的虫害有白粉虱和蓟马等,可用2.5%溴氰菊

酯或40%氧化乐果、灭扫利或速扑杀、扑虱灵等来防治。

2.9　马蹄莲

马蹄莲(*Zantedeschia aethiopica*)又名观音莲、水芋、慈姑花,为天南星科马蹄莲属多年生常绿草本植物。马蹄莲原产非洲南部,在我国多在温室盆栽,也做切花栽培。

2.9.1　生物学特性

马蹄莲株高50~80 cm,地下肉质块茎,叶基生,叶柄长而粗壮,但质地松软,内部海绵状,中央有纵槽沟,下半部呈折叠状,新叶从老叶叶鞘中生出,叶片盾片形,先端渐尖,中央主脉部分略下陷,全缘。花梗从叶旁生出,粗壮、质脆,但不易折断,常高出叶面。佛焰苞大型,呈斜漏斗状,乳白色,初夏抽生圆柱形肉穗状花序,是主要的观赏部位。

马蹄莲性喜温暖阴湿的环境,不耐寒,忌干旱。盆栽时宜选用排水良好、富含腐殖质的砂质基质,气温在15~25 ℃每年可连续开花数次。

2.9.2　繁殖方法

马蹄莲繁殖采用分株法和组织培养法,分株繁殖四季可进行,萌蘖苗分割后种植在砂、珍珠岩、岩棉或陶粒中,在20 ℃的遮阳条件下养护20 d后,进入正常管理。组织培养法则可以大量生产马蹄莲种苗。

2.9.3　无土栽培技术

1)适合无土栽培的马蹄莲品种

①银花马蹄:叶片上有白色斑点,叶柄短,佛焰苞黄色或乳白色。花期在七八月,花后叶子枯萎,进入休眠。

②红花马蹄:株高20~30 cm,叶片披针形,佛焰苞瘦小,粉红色至红色,花期在七八月。

③黄花马蹄:株高60~100 cm,叶柄长,叶戟形,具白色半透明斑点,佛焰苞黄色,花期为5~8月。

2)马蹄莲常用栽培基质配方

①腐叶土4份,砂砾2份,甘蔗渣2份,地衣1份,饼肥1份。

②泥炭5份,细砂3份,锯木屑2份。

③细砂4份,泥炭2份,腐叶土2份,炭化稻壳1份,锯木屑1份。

④蛭石3份,塑料泡沫粒3份,腐叶土4份。

栽培中要因地制宜地选取以上基质配方中的一种,混合均匀并消毒。马蹄莲春秋均可栽培,春栽时,秋季开花;秋栽时,冬季开花。冬季室温维持在15~20 ℃,4月下旬或5月上旬可以出室,放置荫棚下。6~9月避免日光直射,生长期每隔3~4 d浇1次营养液,营养液配方见表8.10,平日保持基质湿润,进入开花期后,除浇灌营养液外,每隔10 d可喷施1次0.2%的磷酸二氢钾溶液。夏季注意适时向叶面喷水,使空气湿度保持在80%~90%。

表8.10 马蹄莲营养液配方

化合物名称	用量/($mg \cdot L^{-1}$)
硝酸钙[$Ca(NO_3)_2 \cdot 4H_2O$]	800
硫酸镁($MgSO_4 \cdot 7H_2O$)	246
硫酸铵[$(NH_4)_2SO_4$]	187
磷酸二氢钾(KH_2PO_4)	156
硫酸亚铁($FeSO_4 \cdot H_2O$)	27.8
硼酸(H_3BO_3)	5.8

2.10 红掌

红掌(*Anthurium andraeanum*)又称安祖花、火鹤花、花烛、灯台花、红鹤芋,是天南星科花烛属多年生常绿草本植物。红掌因其花朵鲜艳夺目,佛焰苞明艳华丽,色彩丰富,极富变化,观赏价值高;花期长,四季开花不断,切花瓶插寿命可长达1个月,盆栽单花期可达4~6个月而成为名贵的盆栽及切花花卉,栽培价值高。目前,我国红掌切花的生产多集中在现代化程度较高的智能化自控温室中,生产成本较高,经济效益相对降低。只要能够把握红掌生长发育适宜的气候条件及生长发育规律,做好日光温室内的环境控制及日常管理,在日光温室中也能进行切花红掌的生产栽培。在日光温室中进行切花红掌的栽培生产,大大提高切花红掌的经济效益,具有广阔的发展前景。

目前,全世界红掌栽培以荷兰、美国为栽培中心,并且已全部采用无土栽培技术。其栽培方式以基质槽培和盆栽为主。

2.10.1 生物学特性

红掌根为半肉质气生根,非常发达,有白色、红色之分;茎为气生短根茎,随着植株的生长,茎向上伸长,并长出短缩气生根,具有吸收功能。红掌品种不同,茎的长短及生长量也不同,切花气生茎较长,长势快;盆花气生茎较短,生长势慢。叶、花着生于茎顶端叶鞘内,正常条件下生长的新叶比原叶高而大。实生苗需48个月以上,分株或组织培养苗2~

3年才能开花。花与叶轮流长出，即一片叶一枝花，花为佛焰苞，有红、粉、白、绿、咖啡、复色等，抽生于叶腋间，并与叶片交替生长，属高档切花，成花周期1.5～2.5个月，每年每茎长3～4片新叶，每年每株可开4枝左右花朵。花芽发育与日照长度无关。

红掌性喜高温多湿，生长温度为18～28 ℃，以19～22 ℃为最合适。高于35 ℃植株便受害，低于15 ℃生长迟缓，低于12.8 ℃出现寒害，叶片坏死。根际温度15～20 ℃为宜，低于13 ℃易发生生理病害。空气湿度为70%～80%，苗期可达85%～90%，湿度过低易产生叶畸形、佛焰苞不平整等问题。喜散射光，光照强度7 500～25 000 lx为宜，低于5 000 lx，花品质与产量下降；超过20 000 lx则可能灼伤叶面。根际环境要求基质透气保水，含水量保持50%～75%，pH值5.5～6.5，γ值0.5～1.5 mS/cm。

2.10.2　品种选择

红掌按生产用途可分为盆花和切花品种。国内红掌栽培的品种主要来自于荷兰种苗公司，每个公司都有自己的品种。瑞恩公司主要经营盆花品种，主要有皇后系列的红皇后、北京成功、美丽皇后等；莱妮系列的莱妮、幸运莱妮、丽拉莱妮等；特别系列的红天使、萨莎、红国王等；爱系列的粉色的爱、神奇的爱、开心的爱等；安祖公司以切花为主，盆花为辅，主要切花品种有Tropical、Fire、Cancan、Rose、Midori等，盆花品种有Arizona、Alabama、Robino、Pinkchamplon等。红掌最新品种有阿提斯（红极品）、爱的清泉、宝贝糖、非洲国王等。

2.10.3　繁殖方法

红掌的繁殖主要以分株和组织培养为主，此外还有扦插。分株法是将母株旁生长的侧芽基部用水藓或泥炭包住并保湿，生根后待长出3～4片叶时剪离母株。分株可全年进行，以4～5月份和9～10月份为宜。分株苗大小不齐，且容易发生退化。组织培养是红掌种苗的主要来源。扦插法是掰或剪取带茎插条，生根处理后扦插于基质中的方法，此法可用于更新复壮。

2.10.4　无土栽培技术

1）栽植前准备

(1)基质选择与处理

红掌栽培时要求基质具有良好的保水、疏水和透气性能。生产使用的栽培基质有花泥块、椰子壳、粗泥炭、珍珠岩、粗木屑和炭渣等。种植者可根据各地条件和栽培方式，因地制宜地选择或混配红掌的栽培基质。床（槽）式栽培主要生产切花，采用珍珠岩、花泥等惰性基质。要求珍珠岩粒径以2 mm左右为宜；花泥块径以3～4 cm为宜，保水保肥能力强,通透性好,不积水,不含有毒物质并能固定植株等性能,使用前必须用生石灰调 pH 值在 5.5 ~6.5。

红掌盆栽时宜选用排水和透气性良好的基质,如果基质腐烂影响通透性,应及时更换。规模化生产用泥炭、珍珠岩和沙的混合基质。其配方为泥炭土 90 包(50 kg/包),珍珠岩 12.5 kg,细沙 1 000 kg,石灰粉 8.75 kg。将原料全部拌匀,分层入池消毒,每层撒施 1 500 倍液的线克溶液,并喷洒 500 倍液的敌敌畏溶液,熏闷 10 d,然后摊在平地,晾晒 1 ~2 d 备用,其 pH 值保持在 5.5 ~6.5,草炭、珍珠岩也可以按 2 : 1 比例混配成复合基质,搅拌均匀。栽植前,基质必须经彻底的消毒处理,以消灭病虫害,保持红掌能够正常生长。

(2)建造生产设施

槽式栽培要求床宽 1.0 ~1.2 m,高 0.2 m,长 45 m 以内,具有一定坡降,床底最好设排水层,铺设砾石、陶粒等较粗的基质,以达到最佳的排水和保湿效果。布设低位喷灌供液系统。盆栽时根据品种、植株大小确定盆的规格,生产上一般选用 15 ~ 17 cm 规格和 20 ~22 cm 规格的塑料盆。布设滴灌系统。

用于栽培切花红掌的日光温室,除具备我国北方地区普通日光温室的基本设施条件外,还需要增加一些附属设施:夏季增设遮阳网或启用外遮阳系统,温室后墙开设通风口,并在通风口处固定一层防虫网,以减少病虫害的发生;冬季在增加供暖设施的同时,在温室内顶部安装二道帘,用于冬季夜间的节能降温,保障最低温度 15 ℃以上。

2)定植

环境调控适宜时,红掌可四季定植,以 3 ~5 月份为最佳,9 ~10 月份为其次。槽式栽培时,定植前将基质浇透水。最好将原苗坨散开,尽量少伤根,裸根双株定植。其目的是避免因两种基质的理化性质不同而影响根系的发育。每床 4 行,株距 25 ~35 cm,行距 30 cm 左右,定植深度以基质与根颈部位相平为宜,过深生长慢,易烂根,过浅易倒伏。盆栽时可直接将种苗定植于盆中,深度以原苗坨上表面与基质相平或略深 0.5 cm 为宜,裸根苗定植在根颈部位,轻轻墩实盆中基质,保证基质深度与盆水线相平或略高 0.5 cm 即可,因品种特性可单株或双株定植。

定植后浇透水,最好喷 1 次杀菌杀虫剂,如农用链霉素和阿维菌素。扣小拱棚,适当遮阳,以促进缓苗。温度保持 16 ~28 ℃,空气湿度控制在 75% ~85%,基质湿度 60% ~70%,光强 7 500 ~10 000 lx,缓苗前不施肥。定植 7 ~10 d 后新根开始生成,植株具有了生长势后表示缓苗期已结束,由此过渡到正常的栽培管理。

3)栽培管理

红掌的无土栽培技术要求较高,必须具备科学化的管理理念,只有根据植株的生长要

求,综合调控环境因素,合理供应养分,才能培养出高质量的红掌。不同生育期管理的目标不同:苗期以营养生长为主,先促进根系生长,然后促进植株的形态形成;半成品期营养生长和生殖生长共存,盆花保证植株的形态形成,切花保证营养生长的前提下,促进生殖生长,提高花的品质;成品期盆花维持叶、花比例及形态,切花提高花的品质。

(1)水肥管理

红掌对水质的要求较高,要求水中 $C(Cl^-)<3$ mmol/L;pH 值 5.5 ~ 6.5;$\gamma \leq$ 0.1 mS/cm。营养液可根据王华芳拟订的肥料配方配制:硝酸钙 236 mg/L、硫酸钙 86 mg/L、硝酸铵 80 mg/L、硝酸钾 354 mg/L、磷酸二氢钾 136 mg/L、硫酸镁 247 mg/L。此配方与荷兰所用安祖花标准营养液的元素量一致。也可按表 8.11 的营养液配方配制。营养液要根据品种、苗期、季节作相应调整。苗期 N 肥适当提高,促营养生长;花期增高 K 肥用量,提高花质。冬季可相应提高微量元素的用量,如硼等。盆花品种对 Ca^{2+} 需求较高,注意 Ca 肥的供应。营养液的 γ 值一般控制为 0.5 ~ 1.5 mS/cm,但因苗龄、品种而异。小苗 γ 值控制为 0.5 ~ 0.75 mS/cm,中苗 γ 值 0.8 ~ 1.0 mS/cm,成品苗 γ 值 0.9 ~ 1.2 mS/cm,盆花 γ 值最高可达 1.5 mS/cm,切花不高于 1.2 mS/cm。营养液的 pH 值保持 5.5 ~ 6.5。

表 8.11　红掌营养液配方

大量元素		微量元素	
元素	含量/($mmol \cdot L^{-1}$)	元素	含量/($mmol \cdot L^{-1}$)
NO_3^-	6.5	Fe	15
NH_4^+	1.0	Mn	3.0
P	1.0	Zn	3.0
K	4.5	B	10
Ca	1.5	Cu	0.5
Mg	1.0	Mo	0.5
S	1.5		

红掌栽培的水肥管理原则是:在保持基质湿度 50% ~70% 相对稳定的状态下,采取水肥交替、均衡、稳定、持续性供应。水肥管理根据不同生育期做相应调整,生长旺盛期增加水肥量,生长缓慢期,如冬季减少水肥量。一般情况下,缓苗后就可施肥。营养液的供液量因植株大小、生长势、γ 值大小做相应的调整。供液时以基质下方(盆底或栽培床的排水管)略有少量液体流出为宜,过多会造成营养液的流失,过少植株易出现营养缺乏现象。一般切花每次 2 ~3 d,盆花每次 5 ~7 d。要定期进行基质洗盐,尤其是切花栽培,方法是将营养液停用一段时间,多次浇水即可。注意每次施肥完毕,必须用少量清水喷淋冲

洗,以免残留的肥液伤害叶片和花朵,形成残花。每隔 15 d 左右可选择喷施 1 次叶面肥,以植物叶面宝 668、磷酸二氢钾为主,但避免高温高光强时施用叶面肥。一年四季特别是夏季应多进行叶面喷水。

(2)光照与温、湿度管理

红掌栽培时要保证高温、高湿环境,在白天温度 20 ~ 28 ℃,夜间不低于 20 ℃,湿度 70% ~ 80% 的条件下可以实现终年开花。红掌可耐 35 ℃的高温,高于 35 ℃将产生日灼,所以夏季注意降温;低于 14 ℃则生长受影响,低于 0 ℃的持续低温将使植株受冻,所以冬季注意保温。基质温度不低于 13 ℃,否则会引起根系对营养元素的吸收障碍。

保持适宜的光照强度,盆花 10 000 ~ 20 000 lx,切花 15 000 ~ 25 000 lx。光照过强,植株生长受抑制,叶片变黄,严重时导致叶片及花佛焰苞变色或灼伤,光照过低引起花朵变小、花茎变软等问题。避开强光直射,尤其是夏季高温地区,应遮光 70% ~ 80%,留花的更应遮阳,以利于花色光彩艳丽,春秋遮光 30% ~ 40%,冬季可不遮光,但最好不见直射光。

(3)植株调整

植株调整主要包括适时剪叶除花、侧枝处理、扩大盆距、老株处理等。红掌进入成年期后是按照“叶—花—叶—花”的顺序进行生长循环的,每个叶腋均有花芽形成。同时,每个花芽生长所需的养分也主要来自其形成部位的叶片,因此,每一片叶的优劣对切花品质都有决定性的影响。红掌是多年生常绿植物,叶片在植株上的寿命较长。如果剪花以后继续保留所有叶片,将因叶片过密而造成相互遮盖,使新叶因光照不足而生长不良,从而降低切花的品质,甚至导致花芽死亡,因此必须定期进行剪叶。切花栽培适时剪除下部的小叶和老叶,产花期每株只留 2 ~ 3 片成熟叶片,随时打掉下部老叶和不合格的小花、老花,避免营养的损失;盆花一般不做剪叶、除花处理,可根据要求适当打掉初始小花。剪叶时绝对不能剪除尚未切去叶腋花枝的成叶,否则该枝花朵将因营养不良而失去商品价值。

红掌生长到一定阶段后会萌发侧枝,切花栽培要及早除去侧枝,避免影响主枝的生长;对于盆花品种而言,要求分枝多,所以初期增强光照或用激素处理,促发侧芽生长,待侧芽长多后,再正常管理。

盆花刚定植时要密放,随着植株生长逐步拉开间距,对 17 cm 盆径而言,定植时约 38 盆/m^2,栽培 4 ~ 5 个月后,扩大间隔约 19 盆/m^2,再栽培 2 ~ 3 个月后,最后扩大间隔达 9.5 盆/m^2,不同品种盆距不同,生产者要因苗而异。

切花红掌生长几年后,茎秆过长,养分供应不足,成花品质下降,易倒伏,所以有必要适当进行更新处理。具体做法如下:切下植株上部约 15 cm 的根状茎,扦插定植,加强管理,2 个月可生根,进行正常管理,可继续生长开花。荷兰一般采取沿一个方向,压倒苗木,使茎与基质接触,重新发根,植株继续向上生长。

(4)病虫害防治

红掌的病虫害防治必须坚持科学化管理为基础,以预防为主,综合防治的原则。因为红掌对农药特别敏感,所以农药在使用前必须小面积试验方可大面积喷施。主要病虫害及防治方法如下:

①细菌性枯萎病:此病危害性极大,属毁灭性病害,初期叶片边缘发黄,叶间有水渍状棕色斑点,花上也有棕色斑点,边缘水渍状,病斑进一步扩大枯萎,湿度大时病斑背面伴有菌脓,根部腐烂,植株逐渐萎蔫、死亡。此病传染性极大,初期发现少量病株时马上清除,并喷药(农用链霉素3 000~4 000倍液和可杀得1 000倍液或速补800~1 000倍液)及时防治,每次7~10 d,连喷2或3次。

②细菌性叶斑病:主要危害叶片,初期幼叶叶缘出现不规则褐色病斑,叶片中间沿叶脉有褐色坏死斑,严重时病斑连成片,叶片枯死,背面也有菌脓。此病在春秋高温条件下容易发生。生产上要定期预防,一旦发病可喷药治疗(见细菌性枯萎病防治方法)。

③炭疽病:主要危害叶片,表现在叶片上与无数黑褐色小斑点。发病时可喷甲基托布津1 500倍液、炭疽福美800~1 000倍液、敌克松500倍液等防治,每次15 d,连喷2或3次。

④根腐病:主要症状是根部变褐、腐烂,植株叶片发黄、萎蔫。可采取根琥敌1 000~1 500倍液、瑞毒霉1 500~2 000倍液、普力克800~1 000倍液、根菌清2 000倍液等药剂灌根防治。

⑤茎腐病:植株茎部变褐、腐烂,叶片枯萎,有细菌性和真菌性两种。可喷施农用链霉素和甲基托布津或根琥敌等药剂防治。

⑥蚜虫、螨类:主要危害叶片,可喷阿维虫清1 500~2 000倍液、爱福丁1 500~2 000倍液等药剂防治。

⑦蓟马:主要危害嫩叶(未展开时),当叶片展开后出现锯齿状叶片,叶片背面可见齿道,同时也危害花。因蓟马主要生活在基质中,所以可用阿维菌素、阿巴丁等药剂喷施基质和茎部,每次7~10 d,连喷2或3次,最好定期防治。

(5)切花采收

当佛焰苞充分展开、花穗有1/3~1/2变色时,即可采收。用刀沿茎基部斜切采下,将基部套入盛水或保鲜液的塑料花套中,佛焰苞用塑料膜包裹,包装上市。储运温度不得低于13 ℃。切花瓶插期1个月以上。

2.11　百合

百合(*Lilium brownii* var. *viridulum*)为百合科百合属的多年生草本宿根花卉,百合花为世界著名的花卉之一,是近期国内外鲜花市场发展较快的一支新秀,是重要的切花材料。百合可盆栽或插花,供室内或布置会场等特殊场合欣赏;可成行栽植,可成簇栽植,也可丛植或成片种植，绿化庭院和花坛、花圃、花园；可食用和药用，集观赏、食用、药用为一身，具有很高的栽培价值。因为百合意味着“百事合意”“百年好合”等，象征着吉祥、圣洁、团圆、喜庆、幸福、美满的美好内涵，深受人们喜爱。

百合无土栽培方式有基质槽培、箱式基质培、盆栽和水培等，但主要以基质槽培为主。

2.11.1 生物学特性

百合属于长日照植物，喜凉爽湿润的气候和光照充足的环境，比较耐寒，不喜高温，温度高于 30 ℃会严重影响百合的生长发育，发生落蕾，开花率降低，温度低于 10 ℃则生长近于停滞。喜干燥，怕水涝，根际湿度过高则引起鳞茎腐烂死亡；忌连作，3 ~ 4 年轮作 1 次。

2.11.2 品种选择

百合属植物约 100 种，我国原产 30 余种，可供观赏的有近 20 余种。目前，国内栽培的主要品种有东方、铁炮、亚洲、铁亚杂交（L/A）和盆栽品种，多数是从荷兰、新西兰等国家进口的优质一代种球。

2.11.3 繁殖方法

生产高质量的百合切花，首要条件是有健壮无病的种球。百合的繁殖通常可分为花后养球、小鳞茎繁殖、鳞片扦插、珠芽繁殖、播种和组织培养等。现介绍 4 种主要的繁殖方法。

（1）小鳞茎繁殖

百合老鳞茎的茎轴上能长出多个新生的小鳞茎，收集无病植株上的小鳞茎，消毒后按行株距 25 cm×6 cm 播种于草炭、蛭石和细沙按 2 : 2 : 1 比例配成的复合基质栽培床或畦内。经 1 年的培养，一部分可达种球标准（50 g），较小者，继续培养 1 年再作种球用。1 年以后，再将已长大的小鳞茎种植在栽培床或畦中。小鳞茎的培养需要较多的肥料，施肥的原则是少而勤，同时养分要全。在栽培基质中拌入长效有机肥料，是较理想的施肥方法。在鳞茎第 2 年的培养中，有些会出现花蕾，应及时摘除这些花蕾，以利于地下鳞茎的培养。小鳞茎经 2 年培养后，即可用作开花种球。在收获以后，应按规格分级，去除感病球并装箱。

（2）鳞片扦插

秋季，选健壮无病、肥大的鳞片在 1 : 5 00 的苯菌灵或克菌丹水溶液中浸 30 min，取出后阴干，基部向下，将 1/3 ~ 2/3 鳞片插入泥炭 : 细沙 = 4 : 1 或纯草炭的基质床中。密度（3 ~ 4）cm×15 cm，盖草遮阳保湿，忌水湿和高温，防止鳞片腐烂。温度维持在 22 ~ 25 ℃，空气温度保持在 90% 左右，对日照无特殊要求，但长日照更利于小鳞茎的形成、生长与发

育2~3周后,鳞片下端切口处便会形成1~2个小鳞茎,多者达3~5个。培育2~3年后小鳞茎可重达50 g。每667 m^2 约需种鳞片100 kg,所繁殖的小鳞茎能种植10 005 m^2 左右。

(3)花后养球

花后养球也叫大球繁殖法。当百合开始开花时,地下的新鳞茎已经形成,但尚未成熟。因此,采收切花时,在保证花枝长度的前提下尽量多留叶片,以利于新球的培养。花后6~8周,新的鳞茎便成熟并可收获。以后的促成栽培是否成功,完全取决于新鳞茎的成熟程度。

(4)组织培养繁殖

参照植物组织培养相关书籍。

2.11.4 无土栽培技术

1)栽植前准备

(1)基质选择与处理

目前国内常用的百合栽培基质有沙粒(直径小于3 mm)、天然砾石、浮石、火山岩(直径大于3 mm)、蛭石、珍珠岩(与草炭、沙混合使用的效果更好)和草炭(可与炉渣等混合使用)。此外,炉渣、砖块、木炭、石棉、锯末、蕨根、树皮等都可作百合的基质。基质在使用前应消毒,其消毒方法见项目2任务2。

(2)种球选择与处理

生产上主要选用根系发达、个大、鳞片抱合紧密、色白形正、无损伤、无病虫的子鳞茎作种球。亚洲系列的种鳞茎周径必须在10~12 cm,东方系列的种球周径在12~14 cm。种球越大,花蕾数也多,但品种不同,花蕾数也有一定差别。外购的种球到货后应立即撕开包装放在10~15 ℃的阴凉条件下缓慢解冻,待完全解冻后进行消毒。消毒方法:用农用链霉素浸种30 min或喷800~1 000倍多菌灵闷30 min,或用80倍的40%甲醛溶液浸泡30 min进行药剂消毒,在阴凉处晾干后再定植。

2)定植

(1)建造栽培槽

栽培槽的规格一般为宽96~120 cm,深15~25 cm,长势情况灵活确定。槽内衬膜,填入基质。基质最好采用复合基质,如沙子:炉渣=1:2,珍珠岩:蛭石=3:1,珍珠岩:蛭石:草炭=2:1:1等。

(2)定植

切花百合一般在春夏季定植,种植深度要求鳞茎顶部距地表 8 ~ 10 cm,冬季为 6 ~ 8 cm。春夏节可密植;冬季阳光较弱应稀植。开浅穴(8 ~ 10 cm)栽种,一般行株距(25 ~ 30)cm×(15 ~ 20)cm。不同种群、不同规格百合种球的种植密度见表 8.12。

表 8.12　不同种群、不同规格百合种球的种植密度(以每平方米种球数表示)　单位:cm

品　种	规　格			
	12 ~ 14	14 ~ 16	16 ~ 18	18 ~ 20
亚洲百合	55 ~ 65	50 ~ 60	40 ~ 50	25 ~ 35
东方百合	40 ~ 50	35 ~ 45	25 ~ 35	25 ~ 30
铁炮百合	45 ~ 55	40 ~ 50	35 ~ 45	25 ~ 35

盆栽百合时常用 12 ~ 15 cm 的深盆,每盆栽一个种鳞茎,或用 15 ~ 18 cm 深盆,每盆栽 3 个鳞茎,开花时会形成茂密的花丛。定植时在盆底多垫些碎瓦片,然后加基质,鳞茎顶芽距离盆口 2 cm,顶芽上覆土 1 cm。目前,在荷兰都采用催芽鳞茎,催芽部分必须露出土面。如果种植前鳞茎已萌发则无需催芽,如尚未发芽,可将鳞茎排放在盛木屑的木框内催芽。播种时间以 9 月下旬至 10 月份为宜。

3）栽培管理

(1)营养液

营养液配方可选用日本园试配方或荷兰岩棉培花卉通用配方。基质栽培定植初期可只浇灌清水,5 ~7 d 后当有新叶长出时,改浇营养液,用标准配方的 0.5 个剂量。地上茎出现后改用标准配方的 1 个剂量浇灌,并适当提高营养液中 P、K 的含量,在原配方规定用量的基础之上,P、K 的含量再增加 100 mg/L。开花结实期用标准配方的 1.5 ~1.8 个剂量浇灌。在此期间,还可适度进行叶面施肥。水培时营养液浓度的调整与基质栽培类似。

基质栽培时,冬季每 2 ~3 d 浇灌 1 次营养液,夏季可每 1 ~2 d 浇灌 1 次营养液、1 次清水。水培时,采用 DFT 间歇供液的方法,也可不循环。不循环时,需每 15 ~20 d 更换 1 次营养液。

(2)温度

定植后的 3 ~4 周内,基质温度必须保持 12 ~ 13 ℃的低温,以利于茎生根的发育,而高于 15 ℃则会导致茎生根发育不良。生根期之后,东方百合的最佳气温是 15 ~17 ℃,低于 15 ℃则会导致落蕾和黄叶;亚洲百合的气温控制在 14 ~25 ℃;铁炮百合的气温控制在 14 ~23 ℃,为防止花瓣失色、花蕾畸形和裂苞,昼夜的温度不能低于 14 ℃。

百合可以忍耐一定程度的高温,但是 30 ℃以上的持续高温会对其生长发育不利。夏

季高温时应加强通风和适当遮阳；昼夜温差控制在 10 ℃为宜。夜温过低易引起落蕾、黄叶和裂苞，夜温过高，则百合花茎短，花苞少，品质降低。

(3)湿度

定植前的基质湿度以手握成团、落地松散为好。高温季节，定植前如有条件应浇一次冷水以降低基质温度，定植后再浇一次水，基质与种球充分接触，为茎生根的发育创造良好的条件。以后的浇水以保持基质湿润为标准，以手握成团但挤不出水为宜。浇水一般选在晴天上午。环境湿度以 80% ~85% 为宜，应避免太大的波动，否则会抑制百合生长并造成一些敏感的品种如元帅等发生叶烧。如果设施内夜间湿度较大，则早晨要分阶段放风，以缓慢降低温度。

(4)植株管理

百合的根系较浅，容易发生倒伏，所以要适时搭建支撑网或用吊绳固定。当苗高 50 cm 左右时搭建第一层支撑网或吊一次，以后至少需要再搭建一层支撑网或吊一次。

另外，要防止百合落蕾。防治方法是喷施 0.463 mmol/L 的硫代硫酸银液(STS 液)，也可在刚看到花蕾时喷一些硼酸，对防治落蕾也有一定效果。

4）病虫害防治

主要有黑斑病、灰霉病和锈病危害，可用 25% 多菌灵可湿性粉剂 500 倍液喷洒防治。虫害有蛴螬、蚜虫危害，可用 50% 敌敌畏乳油 11 000 倍液喷杀。

5）切花采收、包装与储藏

当 10 个以上花蕾的植株有 3 个花蕾着色时，5 ~7 个花蕾的植株有 2 个花蕾着色时，5 个以下花蕾的植株有 1 个花蕾着色时即可采收。过早采收影响花色，花会显得苍白难看，一些花蕾不能开放；过晚采收会给采收后的处理与包装带来困难，花瓣被花粉弄脏，切花保鲜期缩短，影响销售。采收时间最好在早晨，这样可以减少脱水。采收的百合在温室中放置的时间应限制在 30 min 以内。采收后一般按照花蕾数、花蕾大小、茎的长度和坚硬度以及叶子与花蕾是否畸形来进行分级，然后将百合捆绑成束，摘掉黄叶、伤叶和茎基部 10 cm 的叶子。

成束的切花百合直接插在清洁水中储藏或在百合充分吸收水分后干贮于冷藏室内。切花百合应包装在干燥的带孔盒中，以防止过热及真菌的繁殖。种球储藏前要分级、消毒，储藏时并用湿润的锯末或草炭作填充基质。

2.12　凤梨

观赏凤梨(*Ananas comosus*)为凤梨科观赏植物，其株形优美，叶片和花穗色泽艳丽，花形奇特，花期可长达 2 ~6 个月，是新一代室内高档盆栽花卉，栽培价值大。凤梨科植物原产美洲热带、亚热带地区，分地生、附生、气生三大类。是当今最流行的室内观叶植物，它以奇特的花朵、漂亮的花纹使人们啧啧称奇。

2.12.1 生物学特性

凤梨叶莲座状基生，硬革质，带状外曲，叶色有的具深绿色横纹，有的叶褐色具绿色的水花纹样，也有的绿叶具深绿色斑点等。特别临近花期，中心部分叶片变成光亮的深红色、粉色，或全叶深红，或仅前端红色。叶缘具细锐齿，叶端有刺。花多为天蓝色或淡紫红色。凤梨性喜每天至少3 h以上的充足阳光照射。大部分凤梨喜阳，耐旱，喜高温、高湿的环境，但也耐半阴，夏季喜凉爽、通风。缺少光照时，叶片及苞片将退色，且无光泽。春节开花的观赏凤梨必须经过催花处理。凤梨的无土栽培方式主要以基质盆栽为主。

2.12.2 品种选择

凤梨常见的种类和品种主要是珊瑚凤梨属、水塔花属、果子蔓属、彩叶凤梨属、铁兰属和莺歌属这6个类群，如粉玉扇、步步高、吉利红星、粉菠萝、五彩凤梨、七彩凤梨、斑莺歌、红剑等，真可谓多彩多姿，各有千秋。它们以观花为主，也有观叶的种类，其中还有不少种类花叶并貌，既可观花又可观叶。

2.12.3 繁殖方法

观赏凤梨大面积商业性栽培使用组织培养即试管苗繁殖，经2年栽培可开花。小规模生产和家庭栽花，可用分株繁殖。凤梨原株只能开花一次，花后母株基部叶腋自然分蘖，产生多个吸芽，待3~5片叶时可剥离母株，选半阴环境，扦插在粗沙或培养土中，注意保湿、保温，极易成活。分株后的母本可作多次分株繁殖。

2.12.4 无土栽培技术

1）栽植前准备

(1)基质选择与处理

凤梨栽培时间较长（从小苗到成品大苗需2~3年），所以栽培基质的选择显得非常重要。栽培基质可选用多孔、通气、易排水的基质，如陶粒、碎瓦片、煤渣、树皮、谷壳等，并与腐叶土混合使用。凤梨喜欢偏酸性的基质，pH值以5.5~6.5为最佳。一般选用Klasmann泥炭土加珍珠岩以10∶1的比例混合。基质在使用前必须用100倍的40%甲醛溶液进行密闭消毒，15 d后解除密闭措施，1周后方可使用。

(2)温室消毒

用硫磺对温室进行密闭熏蒸消毒处理，1周左右准备栽植。

2）定植与移植

凤梨种苗到货后，将凤梨种苗从包装中取出，直立在箱内，确保所有植株都有足够的通风条件。最好能在当天种植，否则要给箱子里的植株洒点水，但不要浸透它们。然后依照不同的品种，把种苗定植在相应口径7～9 cm的盆中。种植深度一般保持在1～3 cm，如果太深，基质会进入到种苗心部，影响种苗生长。另外，基质不要压得太紧，尽量保持良好的透气性。种植后立即浇透水，保证根系与土壤的良好结合。种植约10 d后，施1次单一的低浓度叶面肥，浓度为0.5 g/L，N、P、K的比例为20：10：200，尽可能只对植株浇水，确保植株的叶间含有水分。当根系形成后，新根至少长2 cm时，才可以有规律地给植株施肥。

凤梨苗在小盆中生长4～8个月后（视植株健壮程度），就需要换大盆。一般小红星、紫花凤梨用11～12 cm的盆，擎天类品种用14～16 cm的盆，粉凤梨用16 cm的盆。换盆时，先在盆底放一层Klasmann泥炭土，再把凤梨从小盆中连土取出，摘除老叶，放在盆中央，在根球四周放入草炭土，轻压以确保植株直立，种植深度以5 cm为宜。注意基质不宜压得太紧，尽量保持良好的透气性。移盆种植一段时间后，当根球的外面有一些白色根时，就可以开始施肥。

3）栽培管理

（1）水分管理

水质对观赏凤梨非常重要，一般含盐量越低越好。高钙、高钠盐的水质会使叶片失去光泽，妨碍光合作用的进行，并容易引发心腐病和根腐病。γ 值宜控制在0.3 mS/cm以下，pH值应在5.5～6.5，当pH值高于7时，则会影响植株的营养吸收。

夏秋为观赏凤梨的生长旺季，需水量较多，每4～5 d向叶杯内浇水1次，每15 d左右向基质中浇1次水，保持叶杯有水，基质湿润。冬季进入休眠期后，每2周向叶杯内浇水1次，基质不干不浇水，太湿易烂根。

（2）肥水管理

观赏凤梨生长发育所需的水分和养分，主要是储存在叶基抱合形成的叶杯内，靠叶片基部的吸收鳞片吸收。即使根系受损或无根，只要叶杯内有一定的水分和养分，植株就能正常生长。观赏凤梨对磷肥较敏感，施肥时应以氮肥和钾肥为主，氮、磷、钾的比例以10：5：20为宜，浓度为0.1%～0.2%，用0.2%尿素或硝酸钾等化学性完全肥料，生产上也可以用稀薄的矾肥水（出圃前需要清水冲洗叶丛中心），叶面喷施或施入叶杯内，生长旺季1～2周喷1次，冬季3～4周喷1次。肥液 γ 值宜控制为0.5～0.8 mS/cm。种植4个月后，γ 值调到1.0 mS/cm左右。当凤梨自营养生长阶段进入生殖生长阶段，达到可催花状态时，γ 值要增加到1.2 mS/cm，催花后 γ 值仍以1.2 mS/cm为宜。注意催花前后停肥3周。

(3)环境调控

观赏凤梨的最适温度为15～20 ℃,冬季不低于10 ℃,湿度要保持在70%以上。我国北方夏季炎热,冬季严寒,空气较干燥,要使其能正常生长,需人工控制其生长的微环境。夏季可采用遮光法和蒸腾法降温,使环境温度保持在30 ℃以下。5月份在温室棚膜上方20～30 cm处加透光率为50%～70%的遮阳网,既能降温又能防止凤梨叶片灼伤。在夏季中午前后气温高时,用微喷管向叶面喷水,根据气温、光照而定,一般每隔1～2 h喷5～10 min,使叶面和环境保持湿润,同时加大通风量,通过水分蒸发降低叶面温度,同时又能增加空气湿度。冬季用双层膜覆盖,内部设暖气、热风炉等加温设备维持室内温度在10 ℃以上,凤梨即能安全越冬。

(4)花期控制

观赏凤梨自然花期以春末夏初为主。为使凤梨能在元旦春节开花,可人工控制花期。用浓度50～100 mg/kg的乙烯利水溶液灌入已排干水的凤梨叶杯内,7 d后倒出,换清洁水倒入叶杯内,处理后2～4个月即可开花。也可以选用乙烯饱和溶液进行催花处理。人工催花到凤梨抽花,一般时间为3个月。

(5)植株调整

植株调整的内容包括换盆、调整间距、摘除老叶、分级等。凤梨经过一段时间的生长后,植株会显得密度过高,光照不足,最终导致叶片狭长,生长停滞,生长差距拉大。因此,在换盆后2～3个月,需对植株间距进行调整。根据株型大小,需定期对植株进行分级,这样做既有利于改善较小植株的光照,同时也利于管理。及时摘除基部变黄发干的老叶。

4)病虫害防治

观赏凤梨的病害可分为两大类:一类称为非传染性病害,又称为生理病害,是由于环境条件如光、温、水、肥等不适而引起的。在栽培凤梨时,这类病害更为常见。另一类称为传染性病害,是由于微生物如真菌、细菌、病毒等侵染所引起的。如心腐病、根腐病、叶尖黄化枯萎病等,其防治方法见相关书籍。

观赏凤梨的主要虫害有介壳虫、红蜘蛛、袋蛾、斜纹夜蛾等,可用25%～50%的西维因可湿性粉剂加水400倍喷雾,忌用乳油剂农药。

2.13 风信子

风信子(*Hyacinthus orientalis* L.)又名洋水仙、五色水仙,为百合科风信子属多年生球根类草本植物。

2.13.1　生物学特性

风信子具地下球形鳞茎，叶厚、披针形。花茎略高于叶，中空，顶生头状花序，春季开花，花色有红、蓝、白、粉等和重瓣品种，具浓香。秋植球根，夏季落叶休眠，在休眠期鳞茎的生长点分化花芽。喜温暖、湿润和阳光充足的环境，较耐寒。

风信子在水培容器中，种球紫色，极美观；根系白色透亮，是极佳的观根花卉。

2.13.2　繁殖方法

风信子以分球繁殖为主。于6月中、下旬叶片枯黄后挖出鳞茎，风干后置冷凉通风处储藏，于秋季10月份种植。大鳞茎来年早春即可开花，小鳞茎需培养3年才能开花。风信子自然分球率低，为扩大繁殖，可在夏季休眠期对大球采用切割手术，以刺激它形成更多的子球。

2.13.3　水培技术

1）栽植前准备

(1)鳞茎选择与处理

选择充实、直径在5 cm以上、生长健壮、无病虫害的肥大鳞茎，剥去外皮膜备用。

(2)容器准备

准备玻璃浅盆，洗净备用。

(3)营养液配制

配制1/4剂量的园试营养液配方，pH值6.0～7.5。

2）定植与管理

于10～12月份将风信子鳞茎直立放在浅盆中，周围用砾石固定，注入少量清水，放置在2～6 ℃的冷凉黑暗处约1个月，促使发根。待诱发出较多白色根系后再逐渐将水盆移至有光线的地方，在温度18 ℃时约2周便可开花。每15～30 d更换1次营养液。

任务3　常见观叶类花卉无土栽培技术

3.1　巴西木

巴西木(*Dracaena fragrans*)又称巴西铁树、香龙血树，为龙舌兰科龙血树属的常绿灌木至乔木状植物。巴西木原产亚洲和非洲热带地区,约有150种。我国产5种,分布于云南、海南和台湾。巴西木枝干挺拔,苍劲古朴,叶片碧绿,飘柔洒脱,是近年来十分流行的室内观叶植物。盆栽装饰厅堂、居室、楼堂入口两侧,都会给人以温暖、舒适的感受,别具风情。

3.1.1 生物学特性

巴西木茎直立,株高可达数米。叶披针形,密生于茎干顶部,革质光泽,原种叶片鲜绿色。花小,黄绿色,具芳香。树干受伤后,分泌出一种有色的汁液,即所谓"龙血"而得名。园艺品种叶面上具有各种色彩的条纹,常见的有金边香龙血树、金心香龙血树、银边香龙血树等。

巴西木性喜温暖多湿和阳光充足的环境,但也能耐阴,适合室内养护,宜疏松肥沃、排水良好的微酸性栽培基质,不耐寒冷和霜冻。

3.1.2 繁殖技术

巴西木可用播种和扦插法繁殖,一般多以扦插法为主。扦插时间以春暖后至初夏为好,此间温度高、湿度大、生根快。剪取茎段上的侧枝或老茎段的一部分作插穗,插入河砂、蛭石或珍珠岩等通气性基质中,保持基质湿润和较高的空气湿度,约1个月即可发根,2个月左右可移植上盆,置荫棚下培育。播种法育苗需4~5年方可成景供观赏。

3.1.3 无土栽培技术

巴西木无土栽培以基质盆栽为主,栽培基质以陶粒、蛭石、泥炭等为宜。这样的基质不仅透气、保水,而且有一定的机械支撑力。定植时通常每盆栽1株或3株高矮不等茎段。

巴西木无土栽培的营养液,以富含硝态氮的偏酸性营养液为佳,如观叶植物营养液,一般可以满足要求,其配方见表8.13。

表8.13 观叶植物营养液配方

化合物名称	用量/($mg \cdot L^{-1}$)
硝酸钾(KNO_3)	505
硝酸铵(NH_4NO_3)	80
磷酸二氢钾(KH_2PO_4)	136
硫酸镁($MgSO_4 \cdot 7H_2O$)	246
氯化钙($CaCl_2$)	333
螯合铁(Na_2Fe-EDTA)	24

续表

化合物名称	用量/($mg \cdot L^{-1}$)
硼酸(H_3BO_3)	1.240
硫酸锰($MnSO_4 \cdot 4H_2O$)	2.230
硫酸铜($CuSO_4 \cdot 5H_2O$)	0.125
硫酸锌($ZnSO_4 \cdot 7H_2O$)	0.864
钼酸[$H_2MoO_4 \cdot 4H_2O$]	0.117
氢离子浓度/($\mu mol \cdot L^{-1}$)	0.316 ~ 3.163(pH6.5 ~ 5.5)

近年市场上推出的全元素有机复合肥和营养液,也是较好的无土栽培的营养源。

巴西木幼苗定植后立即浇稀释 50 ~ 100 倍的营养液,第 1 次浇营养液要浇透,以盆底托盘内见到渗出液为止。同时,在苗木叶子上喷 0.1% 的磷酸二氢钾水溶液。置于半遮阴处缓苗 1 周左右,以后逐渐移至充足光照下正常管理。平日补液用稀释 5 ~ 10 倍的营养液即可,30 ~ 35 cm 的大盆,每半月补液 1 次,每次 500 ~ 1 000 mL;平日补水,以盆底有渗出液为准。使用陶料等颗粒较大的栽培基质时,补液补水更要及时。若发现陶粒表面附有"白霜"似的物质,则表明基质中盐类过高,此时需要清洗栽培基质中的盐分。在水土碱性的地区,用稀释 10 倍的米醋反复冲洗基质 2 ~ 3 遍,然后连同营养液一起倒掉,重新浇灌稀释 2 倍的新配制营养液。选用泥炭、珍珠岩的混合栽培基质时,由于这种基质有很强的酸碱缓冲容量,故只需按正常方法浇营养液即可。

巴西木夏季中午前后要注意防止阳光直晒。冬季要设法保温,一般不低于 10 ℃,最好保持在 15 ℃以上,尽量保证充足的光照,以促进其健壮生长。若室内空气过于干燥,常会引起叶片尖端和边缘发黄、卷枯,影响观赏,因此,生长期间要经常喷水,以免叶片急性失水干尖。如植株过高或下部叶片脱落时,可将顶部树干剪去,这时位于剪口以下的芽就会萌发出新的枝叶,保持植株高矮适中,株形丰满美观。

在生长过程中,若发现有蛀心虫危害,可用 1 000 倍氧化乐果、敌敌畏喷涂或灌根。也可扣出基质检查根系,用药物浸根 4 h 即可杀灭害虫。

3.2　散尾葵

散尾葵(*Chrysalidocarpus lutescens* Wendland)又称黄椰子,为棕榈科散尾葵属常绿丛生灌木,散尾葵原产于马达加斯加。我国广东、台湾等地多用于庭院栽植,北方各地多在温室或室内盆栽观赏。散尾葵株形美观壮丽,飘柔潇洒,给人以轻松愉快,柔和舒适之感。单丛即可成景,小苗或老株都很美丽,为著名的观叶展景植物。盆栽摆放在大、中型会客厅、餐厅、会场、图书馆、展览厅、休息厅以及门厅、走廊、楼梯口等公共场合,均十分壮观美丽,别具风采。

3.2.1 生物学特性

散尾葵株高 2 ~4 m。单干直立,茎黄绿色,表面光滑,环状叶痕如竹节。叶聚生于干顶,羽状全裂,长可达 2 m,裂片 40 ~60 对,分成两列排列,叶面光滑呈亮绿色。散尾葵性喜温暖多湿及半阴环境,畏寒冷,遇长期 7 ~8 ℃的低温,植株即产生黄叶,受寒害。

3.2.2 繁殖方法

散尾葵常用播种和分株法繁殖,但通常以分株为主。分株时间,最好在春末夏初季节结合换盆进行,将分蘖多的植株用利刀切分成 2 ~3 株,分别栽植,经过一段时间的精心养护即可成为新株。

3.2.3 无土栽培技术

散尾葵定植所用花盆,应根据植株大小选用适当口径有底孔的普通塑料花盆,基质应选用排水透气性良好、保水保肥的复合基质,如蛭石 : 珍珠岩 : 泥炭为 1 : 2 : 1。定植前将珍珠岩用水浸透,分株时,先在盆底铺一层塑料布以防基质随水流出,之后在塑料布上铺 2 ~3 cm 厚陶粒作为排水层,然后栽植。边加基质边用手压实,最后盆表面加一层用水浸透的陶粒,以防浇水冲出基质,同时防止产生藻类。

散尾葵无土栽培营养液同巴西木所采用的观叶植物营养液。定植后第一次浇营养液,要浇透,以后约每半月补液 1 ~2 次,大盆每次 500 ~1 500 mL,中盆每次 100 ~200 mL。平日补水,喷浇为宜,以防表层基质盐分积累。

夏季高温季节,应将植株放在室内散射光处或荫棚下,避免阳光直晒。因天气热温度高,故浇水次数要增加,并要往叶面上喷水降温,但易使基质中营养液浓度降低,因此要增加补液次数,每周补液 1 ~2 次,同时可保持基质 pH 的稳定。北方地区 9 月下旬,室外气温逐渐降低,放在室外的盆花要及时移入室内光照充足处,注意保温防寒,室内温度不低于 10 ℃。此期间应注意减少补液补水的次数,以免温度低、湿度大而发生烂根、黄叶。

3.3 鹅掌柴

鹅掌柴(*Schefflera octophylla*)又名鸭脚木,是五加科鹅掌柴属的常绿灌木或小乔木。鹅掌柴叶片光亮翠绿,分层重叠,如鹅掌、托盘,形态奇特,别具一景,为优美的观叶植物。

3.3.1 生物学特性

鹅掌柴具有掌状复叶互生,小叶 6 ~11 枚,椭圆形或倒卵圆形,全缘,叶绿色有光泽,圆锥花序顶生,花白色,有芳香。浆果球形。同属植物约 400 种,常见栽培的还有鹅掌藤

(*S. arboricola*)、白花鹅掌柴(*S. leucantha*)、异叶鹅掌柴(*S. diversifoliolata*)、台湾鹅掌柴(*S. taiwaniana*)等。

鹅掌柴原产于我国广东、福建等地,喜温暖、湿润、微酸和半阴的环境,冬季最低温度应保持在5 ℃以上,0 ℃下受寒害引起落叶、烂根。

3.3.2　繁殖方法

鹅掌柴常用播种或扦插法繁殖。种子无休眠期,宜随采随播,当气温在22 ℃以上时,7~10 d即可发芽,幼苗生长较快,发芽后约2个月即可移植或上盆。扦插繁殖多在春末夏初气温高、湿度较大时进行,以10~15 cm长的健壮枝条作插穗,去掉叶片,保留顶芽或侧芽,立即扦插在河砂、蛭石或珍珠岩基质中,保持空气相对湿度60%左右,温度20~25 ℃,约1个月左右即可生根。鹅掌柴顶端优势明显,在扦插期间可用5 mg/L左右的赤霉素喷于地上部分,以促进侧枝萌发。用作无土栽培的苗木生根后即可以移栽。

3.3.3　无土栽培技术

鹅掌柴无土栽培基质以陶粒、珍珠岩、尿醛、酚醛树脂等透气性轻型材料为好,营养液常用的配方为以硝态氮为主的营养液(表8.14),微量元素使用常量即可。

表8.14　鹅掌柴营养液配方(大量元素)

化合物名称/分子式	用量/($mg \cdot l^{-1}$)	备　注
硝酸钙[$Ca(NO_3)_2 \cdot 4H_2O$]	1 060	使用1/2剂量时的γ约为1.2 mS/cm
硝酸钾(KNO_3)	300	
磷酸二氢钾(KH_2PO_4)	150	
硫酸镁($MgSO_4 \cdot 7H_2O$)	400	
硫酸钾(K_2SO_4)	220	

鹅掌柴苗木起苗后,用自来水冲洗苗木根系的泥砂和盐分,立即栽入准备好的花盆中,要使根系舒展,植株稳固,浇1次稀释营养液,置于阴棚下或室内弱光处,并经常往植株上喷水,保持空气相对湿度60%左右。过渡约10 d之后,可逐渐加强光照,以适应摆放环境的小气候条件。鹅掌柴采用无土栽培方式,根系既透气又能满足生长发育所需要的弱酸性环境,因此植株长势茁壮,叶色亮绿,枝繁叶茂。

3.4　龟背竹

龟背竹(*Monstera deliciosa* Liebm.)又名蓬莱焦、电线兰、电线草、团背竹,为天南星科龟背竹属常绿藤本植物。龟背竹原产中美洲墨西哥等地的热带雨林中。龟背竹叶形奇特,常年碧绿,又较耐阴,给人以端庄新颖、宁静致远、健康的感觉。用于布置厅堂、会议室，绿化美化居室。也可用于攀缘墙壁、棚架，造成室内的自然景观。

3.4.1 生物学特性

龟背竹茎粗壮，节部明显，茎节上生有细长的电线状的气生根。幼叶心脏形，无孔，长大后叶呈广卵形，羽状深裂，革质，深绿色，叶脉间有椭圆形穿孔，形似龟的背纹。佛焰苞淡黄色，革质，边缘反卷，内生 1 个肉穗状花序。浆果球形。其变种斑叶龟背竹，叶片上有大面积的白色斑块。同属还有迷你龟背竹，植株矮小，叶片长卵形，其上沿主脉处散生不规则穿孔，叶缘为全缘。

龟背竹性喜温暖湿润及半阴环境，不耐干旱和寒冷，忌强光直射。生长适温为 28 ~ 30 ℃，10 ℃以下则生长缓慢，5 ℃停止生长，呈休眠状态。要求通气性良好而又保水的微酸性栽培基质。

3.4.2 繁殖方法

龟背竹主要采用扦插法繁殖。5 ~ 9 月间，从老株顶端剪取约 10 cm 长、带有 2 ~ 3 个节的茎段作插穗，插入素砂床(盆)中，放在具有散射光的地方，每天喷水 2 ~ 3 次，保持盆土湿润和较高的空气湿度，在 20 ~ 25 ℃条件下，约 1 个月后即可生根。

3.4.3 无土栽培技术

龟背竹喜湿，无土栽培用基质可采用陶砾或珍珠岩等。定植用花盆有以下 3 种：

①陶粒栽培专用花盆有底孔带连体托盘、可保持水位的塑料花盆，一般口径为 30 cm。

②仿古陶瓷花盆口径为 25 ~ 30 cm，盆底内部加塑料内衬代替托盘，保持 5 cm 水位。

③有底孔的普通塑料花盆盆底只平铺塑料膜，防止珍珠岩从盆底孔流出。

定植时，先在花盆内加入事先用水浸泡过的陶砾至水位深度，约 5 cm 厚，然后将准备好的龟背竹苗木立于盆内，舒展根系后，慢慢加入陶粒或珍珠岩，至盆八分满压实后，上层再加一层陶粒，以免浇水时冲走珍珠岩和日晒产生藻类。

龟背竹无土栽培所用营养液配方见表 8.15。

表 8.15 龟背竹营养液配方

化合物名称	用量/($mg \cdot L^{-1}$)
硝酸钙[$Ca(NO_3)_2 \cdot 4H_2O$]	472
硝酸钾(KNO_3)	267
硝酸铵(NH_4NO_3)	80
磷酸二氢钾(KH_2PO_4)	136
硫酸钾(K_2SO_4)	174

续表

化合物名称	用量/(mg·L^{-1})
硫酸镁($MgSO_4·7H_2O$)	246
硼酸(H_3BO_3)	5.72
硫酸亚铁($FeSO_4·7H_2O$)	27.8
EDTA二钠盐(Na_2EDTA)	37.2

其他微量元素按常量加入。氢离子浓度为0.316～1 μmol/L (pH6.5～6.0)。

定植后第一次浇营养液要浇透,最好从盆上喷浇。有连体托盘的至盆底托盘内八分满即可;普通塑料盆盆内不积存营养液,以见到渗出液流出为止,盆底另加接盘,以免浪费营养液。平日补液按常规补液法,每10～15 d补1次,每次500～1 500 mL,平日补水保持连体托盘内八分满。无连体托盘的花盆,每次浇水,先把托盘内的渗出液倒出浇在花盆里,如无水流出即应补浇,补液日不补水。采用陶粒栽培切忌缺水,因陶粒颗粒大,通气性好,缺水根系吸水困难,植株就萎蔫。冬季一般不换液,夏季需要换液时,则多浇水超出水位,使水大量流出,同时也可清洗基质。珍珠岩栽培,盆底托盘不可长时间存水,浇水要在表层基质干到1～2 cm时进行,否则,水多易发生烂根。

龟背竹为耐阴植物,可常年放在室内有明亮散射光处培养,夏季避免受到强光直射,否则叶片易发黄,甚至叶缘、叶尖枯焦,影响观赏效果。干燥季节和炎热夏季每天要往叶面上喷水3～5次,保持花盆周围空气湿润,叶色才能保证翠绿。冬季室内温度不可低于12 ℃,防止冷风直接吹袭,并减少浇水。

3.5　花叶芋

花叶芋(*Caladium bicolor* Vent.)又名叶芋,为天南星科花叶芋属多年生草本植物。花叶芋原产南美热带地区,在巴西和西印度群岛分布很广。花叶芋叶形似象耳,色彩斑斓,绚丽多姿,甚为美观,是室内盆栽观叶的珍品之一。既可单盆装饰于客厅小屋,又可数盆群集于大厅内,构成一幅色彩斑斓的图案。用它装饰点缀室内,会把人引入优美的自然境界。此外,花叶芋也是良好的切花配叶材料。

3.5.1　生物学特性

花叶芋株高30～60 cm,块茎扁圆形,黄色。叶片从块茎上抽出,叶片呈长心形或盾形,叶片上的颜色和花纹十分丰富而美丽,有红色、粉红色、白色、褐色、绿色等各种彩色的斑纹、斑块。色彩和斑纹(块)的变化因品种不同而异,目前广泛栽培的花叶芋大多是园艺杂交品种,常见的有:白叶芋,叶片白色,叶脉为绿色;两色花叶芋,绿色叶片上有许多白色和红色斑点(纹);约翰·彼得(cv. Johan peed),叶片金红色,叶脉较粗;红云(cv. Pink

cloud),叶片具大面积红色;海欧(cv. Seagull),叶片深绿色,叶脉白色而突出;车灯(cv. Stoplight),叶边缘绿色,叶部绛红色;白皇(cv. White queen),白色叶片上有红色叶脉。

花叶芋性喜温暖、湿润和半阴的环境,忌强光直射和空气干燥,不耐寒冷和低温,在热带地区可全年生长,不休眠。适宜生长温度为22~28 ℃。

3.5.2 繁殖方法

花叶芋主要用分块茎法和组培法繁殖。春季将大块茎周围的小块茎剥下,另行栽植即可。若块茎数量较少时,可用利刀将大块茎切成带1~2个芽眼的小块,切口用0.3%的高锰酸钾溶液浸泡消毒,植于湿砂床内催芽,发苗生根后再上盆定植。大量育苗可采用组织培养法,常用MS培养基添加2 mg/L的6-BA进行增殖。

3.5.3 无土栽培技术

1)基质培

花叶芋无土栽培基质可用珍珠岩、蛭石、岩棉,营养液所用配方见表8.16。

表8.16 花叶芋营养液配方

化合物名称	用量/($mg \cdot L^{-1}$)
硝酸钙[$Ca(NO_3)_2 \cdot 4H_2O$]	1 790
硝酸钾(KNO_3)	526
硝酸铵(NH_4NO_3)	82
磷酸二氢钾(KH_2PO_4)	620
硫酸镁($MgSO_4 \cdot 7H_2O$)	540
硫酸铵[$(NH_4)_2SO_4$]	187
氯化钾(KCl)	620

微量元素按常量加入即可。pH值调至6.0~6.8,使用时稀释5~10倍。花叶芋每年通常在4~5月份定植种球,每盆种植3~5球,小球可多些。在肥水管理上因花叶芋较喜肥,所以要增加补液次数,每周1~2次,平日浇水保持基质湿润即可。花叶芋喜散射光,怕强光直射。室内装饰用的盆花可在其上安置日光灯辅助光照,商业性生产可在温室内用节能光源高压钠灯增加光照,这样可促其提前上市。秋末温度降至14 ℃以下时,叶片开始枯黄,进入休眠。此时,要停止补液,并减少浇水,保持14~18 ℃温度越冬。待翌年4月下旬重新种植。

2）**水培**

（1）栽植前准备

①容器选择：水培花叶万年青的盆具与植株大小要成比例，其高度一般是株高的1/3左右，以透明的玻璃盆具为主。

②营养液：配制观叶植物营养液配方，用时稀释2～5倍，pH值6.5～6.8。

（2）定植与管理

将花叶万年青的根部洗净，置于盆中，根系四周用岩棉、陶粒等固定。定植后盆具置于阴凉处，7 d后见光，保持空气湿度70%左右，10 d后可适应室内环境。生长期内要及时剪除植株下部衰老叶片，生长旺季经常向叶面和叶背喷水，保持较高的空气湿度，秋后则不用向叶面喷水。一般7～15 d更换一次营养液。营养液中适当增加磷、钾的用量可以使叶色更鲜艳。

3.6　竹芋

竹芋（*Maranta arundinacea* L.）是竹芋科竹芋属多年生单子叶草本植物。竹芋是竹芋科中具有观赏价值的植物的总称，姿态优美，许多种类的叶片都具有十分醒目的斑纹，美丽斑斓、奇异多变，是当今世界流行的主要室内高档观叶花卉。它与兰花、红掌等花卉搭配组合，可编织成各种绿叶红花图案，观赏效果更好。竹芋的无土栽培方式主要以基质盆栽为主。

3.6.1　生物学特性

竹芋大多数种类地下具有根茎或块茎，具较强的分蘖特性。在根颈部位直接分生多个生长点，长出叶片。叶片形状各异，具有各色花纹、绒毛不等。叶上具有十分明显的特征，即它们的叶片基部都有开放的叶鞘，而且在叶片与叶柄连接处有一显著膨大的关节，称为叶枕，其内有储水细胞，有调节叶片方向的作用，晚上水分充足时叶片直立，白天水分不足时叶片展开，这是竹芋科植物的一个特征。花为两性花，左右对称，常生于苞片中，排列成穗状、头状、疏散的圆锥状花序，或花序单独白根茎抽出，果为蒴果、浆果。其花朵虽不大，但花姿优雅。短日照下开花。竹芋的品种特性和栽培技术决定其生长速度，一般从小苗到成品需6～12个月。成品苗高度为40～80 cm，株型丰满，叶片有光泽，无病叶。

竹芋为喜温植物，生长适温为16～28 ℃，最佳生长温度为白天22～28 ℃，晚间18～22 ℃，低于16 ℃生长缓慢，低于13 ℃停止生长，10 ℃以下植株受损易发生冷害；适宜的光强为5 000～20 000 lx，光弱则植株细弱；光照过强则叶片卷曲、灼伤；喜阴，喜湿润，湿度以65%～70%为宜，湿度过低长势慢，湿度过高易形成斑点；要求基质疏松、保水肥力强，湿度60%～70%，pH值4.8～5.5，γ值0.8～1.2 mS/cm；要求水的γ值<0.1，pH值5.5～

6.5，不含 Na^+ 和 Cl^-，如果 Cl^- 超标，易发生烧叶现象。竹芋不同品种、同一品种的不同生育期对环境要求有差异。

3.6.2 品种选择

竹芋常见的栽培品种有四大类：

①肖竹芋属（*Calathea*）：紫背、天鹅绒、玫瑰竹芋等。

②锦花竹芋属（*Ctenanthe*）：锦竹芋、青苹果等。

③卧花竹芋属（*Stromanthe*）：卧花竹芋、三色竹芋等。

④竹芋属（*Marantn*）：花叶竹芋等。

肖竹芋属、锦花竹芋属、卧花竹芋属则株型高大，容易种植；竹芋属株型较矮，有些品种种植有难度。

3.6.3 繁殖方法

竹芋繁殖方法有扦插、分株、组织培养方法，而以分株和组织培养方式为主。生长数年的成株，茎过于伸长，破坏株形，应及时剪枝，剪下枝叶用于扦插，切取带 2 ~ 3 叶的幼茎，插入沙床中，半个月可生根。分株一般在气温达到 15 ℃以上时进行，气温偏低易伤根，影响成活和生长。分株时先去除宿土将根状茎扒出，选取健壮整齐的幼株分别上盆；注意分株不宜过小，每一分割块上要带有较多的叶片和健壮的根，否则会影响新株的生长。由于分株繁殖的种苗易感染根结线虫，而且长势较弱，成苗不齐，只能做小规模栽培，而商品化栽培多采用组培方式繁殖，种苗具有长势好、无病毒、株型好、易控制等特点。

3.6.4 无土栽培技术

1）栽植前准备

①基质选择与处理：竹芋喜好排水、透气性良好的栽培基质，可采用草炭：珍珠岩为 2：1 或珍珠岩：泥炭：炉渣为 1：1：1 的复合基质，要求以基质的 pH 值 4.7 ~ 5.5、γ 值 0.6 ~ 0.8 为最佳。基质充分消毒、杀灭病虫后方可使用。

②准备栽培容器：栽培容器根据栽培品种和栽培方式确定，一般为硬质不透明的塑料盆。一般选用盆径为 12 ~ 14 cm 或 1 7 ~ 19 cm 的塑料盆。

2）定植

根据竹芋的品种特性分为 1 次定植和换盆 2 次定植两种情况。常规生长速度快的大株型品种如紫背、青苹果、卧花、猫眼竹芋等可直接定植于盆径 17 ~ 19 cm 盆中；小株型矮生品种直接定植于盆径 12 ~ 14 cm 盆中；而对生长较慢的大株型竹芋如双线、孔雀、豹纹等一般换盆 2 次定植。首先定植于盆径 10 ~ 12 cm 盆中约 6 个月，然后换到盆径 17 ~

19 cm 盆中。

竹芋属植物根系较浅,多用浅盆栽植。上盆时盆底铺一层陶粒为排水层,然后放正苗,加入配好的基质至花盆八分满,用手压实,最后在盆上面再加一层陶粒,以防生长藻类和冲走基质或冲倒苗。新株栽种不宜过深,将根全部埋入土壤即可,否则影响新芽的生长。定植后要控制基质的含水量不要太多,但可经常向叶面喷水,以增加空气湿度,长出新根后方可充分浇水。定植后喷 1 次甲基托布津 1 500 倍液+农用链霉素 3 000 ~4 000 倍液,以防止苗期病害。

3)栽培管理

(1)温度

竹芋定植初期,要求白天温度保持 25 ~27 ℃,夜间为 17 ~20 ℃;成株期一般在冬季,保证最低温度在 16 ℃以上;超过 35 ℃或低于 10 ℃对其生长不利。所以在夏天高温季节应将竹芋苗放在阴凉处;冬季应注意防寒,将植物移至无风、温暖处越冬。

(2)光照

竹芋忌阳光直射,在间接的辐射光或散射性光下生长较好。生产上应用遮光度 75% ~80% 的遮阳网遮阳环境下栽培。定植初期适当遮阳,光强以 5 000 ~8 000 lx 为宜;幼苗期的光照强度为 9 000 ~15 000 lx,最高 20 000 lx,夏季阳光直射和光照过强,易出现卷叶和烧叶边现象,新叶停止生长,叶色变黄,应注意遮阳,但也不能过于荫蔽,否则会造成植株长势弱,某些斑叶品种叶面上的花纹减退,甚至消失,所以最好放在光线明亮又无直射阳光处养护;成株期的光强可适当增强,可以达到 10 000 ~20 000 lx。

(3)湿度

竹芋对水分反应较为敏感,生长期应充分浇水,以保持盆内基质湿润,但不宜积水,否则会导致烂根并引起病害,甚至植株死亡。适宜的湿度为 65% ~80%,高湿度有利于叶片展开;幼苗期如果白天湿度过大(RH>80%),叶片细胞水分积累过多,容易破裂,叶片形成棕色斑点,似病斑状,降低观赏价值;成株期的基质不可过湿,勿过多浇水,应保持在 60% ~70% 即可。新叶抽出期间,若过于干燥,则新叶的叶缘、叶尖均易枯卷,日后变成畸形,叶片萎蔫后无法恢复。因此,在每年的 3 ~10 月份的生长季节需勤浇水,并要经常向叶面喷雾,夏季浇水每天 3 或 4 次,且要及时;秋后基质应保持稍干;冬季植株处于半休眠状态,控制好越冬温度,置于散射光充足处,保持盆土稍干燥。

(4)肥水管理

竹芋生长前期适当增施 N 肥,可每周补 1 次硝酸钙和硝酸钾(轮换施用),浓度 0.1% 浇施,保持基质湿润状态,2 ~4 周苗已长出新叶后,开始有规律的水肥管理,即在保持基质湿度 50% ~70% 相对稳定的状态下,持续性供应。施肥的总原则是“薄肥勤施”,尽量避免一次性浓度过大。施肥周期一般为每周1或2次,因植株大小和需肥量而异。为防止烧"管"现象(管:指未打开、卷曲的新叶),施肥后用清水冲洗叶片,可采取喷施冲肥法。营养液配方可选用观叶植物营养液配方或N:P:K为1:0.4:1.8,外加微量元素(硼素过多易发生烧叶现象)的营养液。选用观叶植物营养液时,第1次浇营养液要适当稀释,一次浇透,至盆底托盘内有渗出液为止。平时补液每周1~2次,每次100 mL/株;平日补水保持基质湿润;补液时不补水,盆底托盘内不可长时间存水,以利于通气,防止烂根。成株期以增施P、K为主,如0.1%~0.2%的磷酸二氢钾溶液,以增加植物抗性。γ值随着植株的生长而提升,一般γ值控制在0.5~1.5 mS/cm,苗期γ值0.5~0.8 mS/cm,成株期γ值0.8~1.5 mS/cm。不同品种间的pH值要求略有差异,如玫瑰竹芋喜酸,要求pH值4.8~4.9,双线竹芋pH值5.1,猫眼和莲花竹芋pH值5.8~6.0,多数品种为pH值5.3~5.5,所以生产上对营养液或肥液pH值的调控目标要因品种而异。

(5)催花处理

多数竹芋以观叶为主,但有些品种也开美丽的花,如金花竹芋、莲花竹芋、天鹅绒竹芋等。还有一些如紫背、玫瑰竹芋等在一定条件下也会开花,但花不漂亮,一般将花打掉或避免它们开花。因竹芋属短日照植物,所以花芽诱导及形成须在短日照条件下进行。催花要点:

①生长期必须满足3~4个月,否则不开花。

②短日照处理,光照时数少于12 h/d,持续5~6周。

③温度在17~21 ℃,过低或过高不利于成花。如果不想竹芋开花,可以在其自然开花季节进行补光,使其日照时数大于12 h,就能避免成花。

4)病虫害防治

竹芋常见的病害有叶斑病、叶枯病等,主要发生在叶片,也可以危害叶鞘,影响观赏效果。可采取及时摘除病叶,提前预防的方法进行防治。定期预防可用75%的百菌清可湿性粉剂800倍液、50%克菌丹可湿性粉剂500倍液、70%甲基托布津可湿性粉剂800倍液、农用链霉素3 000~4 000倍液等每2~3周喷施1次,连续防治2或3次。常见害虫有蓟马、红蜘蛛等,蓟马主要危害竹芋的叶片,导致叶片表现出很多小白点或灰白色斑点,尤其天鹅绒竹芋对蓟马很敏感。可以使用虫螨克或1.8%的阿维菌素每周喷施1次,连续喷2~4次即可;红蜘蛛危害叶片后表现为红褐色或橘黄色,引起植株水分代谢失衡,影响正常生长,可使用齐螨素等药品处理,每周处理1次,处理2~4次即可。

3.7 花叶万年青

花叶万年青(*Dieffenbachia picta* Lodd.)又名粉黛叶,为天南星科花叶万年青属多年生常绿灌木状草本植物。花叶万年青绿色叶片较宽大,并嵌入黄色或白色斑纹,色彩明亮,

高雅大方,充满生机。植株成熟后可开花,佛焰苞花序,白色。株形整齐,像高贵典雅的贵夫人。用其点缀客厅、书房、卧室,给人以恬淡、安逸之感;若与简洁明快的家具配合、更是相得益彰。它很少有病虫害,将它的叶片揉碎,用水混匀,可作为天然的杀菌剂。

3.7.1　生物学特性

花叶万年青株高 30 ~ 90 cm,茎秆粗壮直立,叶宽大、长椭圆形,叶面有斑纹、斑点或斑块,佛焰苞宿存。

花叶万年青喜温暖、湿润、半阴及通风良好的环境,喜肥,其生长适温为 15 ~ 18 ℃,越冬温度为 5 ℃左右。

3.7.2　繁殖方法

以扦插繁殖为主。春秋两季将茎带叶切下,每 10 cm 一段,切口用水苔包裹,保持湿润或直接插入水中,也可沙插。在 25 ~ 30 ℃条件下 20 ~ 30 d 即可生根。也可以通过组织培养方法繁殖。

3.7.3　无土栽培技术

1)栽植前准备

(1)容器选择

水培花叶万年青的盆具与植株大小要成比例,其高度一般是株高的 1/3 左右,以透明的玻璃盆具为主。

(2)营养液

配制观叶植物营养液配方,用时稀释 2 ~ 5 倍,pH 值 6.5 ~ 6.8。

2)定植与管理

将花叶万年青的根部洗净,置于盆中,根系四周用岩棉、陶粒等固定。定植后盆具置于阴凉处,7 d 后见光,保持空气湿度 70% 左右,10 d 后可适应室内环境。生长期内要及时剪除植株下部衰老叶片,生长旺季经常向叶面和叶背喷水,保持较高的空气湿度,秋后则不用向叶面喷水。一般 7 ~ 15 d 更换一次营养液。营养液中适当增加磷、钾的用量可以使叶色更鲜艳。

项目小结

花卉无土栽培是将花卉植物生长发育所需要的各种营养,配制成营养液,供花卉植物直接吸收利用。花卉无土栽培与土壤栽培相比,具有许多优点。花卉无土栽培目前生产上采用较多的栽培形式主要有基质培及水培,基质培多用于盆花生产,水培主要应用于鲜切花的生产。主要介绍了月季、菊花、非洲菊、香石竹、杜鹃、仙客来、兰花、一品红、马蹄莲、红掌、百合、凤梨、风信子等常见观花类花卉无土栽培技术;巴西木、散尾葵、鹅掌柴、龟背竹、花叶芋、竹芋、花叶万年青等常见观叶类花卉无土栽培技术。

项目考核

1. 兰花与红掌在生态习性上有什么异同?
2. 比较花卉基质培与水培在栽培管理上有什么异同?
3. 什么是水培花卉?它有什么特点?水培花卉有何意义?
4. 水培花卉如何选择花卉种类和水培容器?
5. 简述兰花的繁殖方法。
6. 简述洗根法进行水培花卉的具体操作。
7. 如何进行水培花卉的养护?
8. 结合花卉水培特点,谈谈我国水培花卉的发展前景。
9. 什么是花卉的水生诱变?适用于水培的花卉种类主要有哪些特点?
10. 思考用复合肥配成的溶液是不是营养液?为什么?

项目9 其他植物无土栽培技术

✲项目目标

- ❖ 了解无土栽培技术在果树、中药材等其他植物上的应用及发展。
- ❖ 熟悉草坪无土生产技术能够独立从事生产活动。
- ❖ 掌握葡萄、草莓及中药材的无土栽培技术。
- ❖ 能够综合运用所学理论知识和技能,独立从事部分果树、中药材无土栽培的生产与管理。

✲项目导入

无土栽培除了主要应用于蔬菜花卉生产外,在其他植物上的应用也有了一定的进展。果树中无土栽培技术主要应用于葡萄、草莓的生产;中药材中无土栽培技术比较适用于地上部分如全草、茎、花等入药的种类,同时满足社会对中药材产量和质量的要求;近年来,国内外正在兴起的工厂化生产无土草坪的新方法较传统的生产方式具有草坪杂草少、成坪效果好、成坪速度快、占用土地少等优点,开始推广使用。

任务1 果树无土栽培技术

果树无土栽培的历史较短,早期主要用于果树营养研究和扦插育苗,20 世纪 80 年代日本开始果树无土栽培研究,并在葡萄等一些果树上取得一定进展。目前,无土栽培技术广泛应用于果树苗木的扦插育苗中,并在盆栽果树和限制根际栽培中取得了一定进展。日本冈山农业试验场在 20 世纪 90 年代进行了葡萄无土栽培试验,并获得成功。在此以葡萄、草莓为例简要说明果树无土栽培技术要点。

1.1 葡萄无土栽培技术

葡萄(*Vitis amurensis*)是一种适应性很强的落叶果树,从热带到亚热带、温带都有葡萄的分布。

1.1.1 生物学特性

葡萄起源于温带,属于喜温作物。欧洲种葡萄萌芽期要求平均温度在10～12 ℃,开花、新梢生长和花芽分化的最适宜温度为25～30 ℃,低于10 ℃时新梢不能正常生长,低于14 ℃不能正常开花;葡萄果实成熟的最适宜温度是28～32 ℃,低于14～16 ℃时成熟缓慢,温度过高则果实糖多酸少,影响品质;葡萄耐寒性较差,休眠期芽眼可耐-15 ℃的低温,在-16～-17 ℃则发生冻害,充分成熟的一年生枝可耐-20 ℃的短期低温,葡萄根系抗寒性较差,在-5～-7 ℃时即可受冻,葡萄花蕾期遇到-6 ℃低温会使花蕾受冻,开花期则-0.6 ℃以下的低温就导致花器受冻。葡萄是典型的喜光作物,在光照充足的条件下生长健壮,产量高、品质好,欧洲品种比美洲品种要求光照条件更为严格。葡萄适宜在疏松、通气良好的根际介质中栽培,适宜的酸碱度为pH6.5～7.5。

1.1.2 苗木繁育技术

葡萄常用的繁殖方法有扦插繁殖、嫁接繁殖、压条繁殖等方法,下面以扦插繁殖为例介绍葡萄无土育苗的方法。扦插繁殖育苗是我国目前应用最广泛的葡萄繁殖方法,从插条扦插至长出成龄叶片前,所需要养分主要靠插条。为保证插条储藏营养和生根层次,一般需要剪留3～4节,而对于种源紧缺,单价高的优良品种枝条,为节约资金,剪留1节,但成活率不高。研究表明,采用葡萄枝条单芽扦插装营养钵,运用无土育苗技术再配合微喷灌技术效果良好。

1）育苗床

育苗床在日光温室中建造,在日光温室西部挖一长7.5 m、宽2 m、深30 cm的苗床,沿床四周用砖块垒齐,床底整平后,均匀垫铺一层10 cm厚、粒径3～5 mm的炉灰渣,作为隔热层和排水层,并踏实。在其上铺设电热线,然后铺一层厚10 cm左右的蛭石,作为催根温床,温床上部加盖塑料薄膜小拱棚。

2）基质

扦插育苗可用的基质种类很多,要求保水能力较强,认真做好消毒杀菌工作,无病原菌和害虫。主要有泥炭、蛭石、珍珠岩、炭化稻壳、炉渣、苇末、锯末、种过蘑菇的棉籽壳、树皮等,不同基质的理化特性不同,这些基质既可以单独使用,又可以按一定比例混合使用,一般混合基质育苗的效果较好。

3）插条

插条应是芽眼饱满,枝条皮色新鲜,健壮充实。每根插条长8 cm左右,保留1～2个芽眼。

4）营养钵

营养钵为10 cm×10 cm，先在营养钵底层铺3 cm厚的混合基质，该基质由腐熟有机肥、煤渣、园土各1/3混合组成且经过消毒。将催根处理过的插条插入营养钵上部留出4～6 cm，填满蛭石。

5）微喷系统

苗床采用微喷系统，可较好地解决水分供应不均匀的问题，节省人工。运用无土扦插育苗技术，可减少土壤传播病害；与同期有土育苗相比，根体积增加19.6%，根重增加22.1%；同时能保持良好的空气湿度，有利于降低夏季地温。育苗成活率高达98.3%。

1.1.3　栽培系统

葡萄无土栽培目前主要采用基质培技术，栽培系统如图9.1，栽培种植槽为聚乙烯泡沫塑料板或木板做成的正方形带底容器（容积200 L以上），内装栽培基质，栽入葡萄苗，放置于深20 cm的盘状容器中，在盘中注入水，水深10 cm。通过设置的水龙头控制容器中的水深，使其保持一定的水平。葡萄通过蒸腾作用而消耗水分，容器中的水分通过毛细管作用从盘中吸入基质供葡萄根系利用，盘中减少的水分可通过球阀水龙头自动补充。盛夏高温，葡萄叶片蒸腾消耗的基质水分速度大于水分通过毛细管作用从盘中向基质移动的速度时，容易产生短时间的缺水现象。因此，盛夏可通过小型水泵将水从盘中吸上喷于基质表面（1 d喷1～2次）以补充葡萄植株过量蒸腾消耗的水分，水分控制可实行自动化管理。

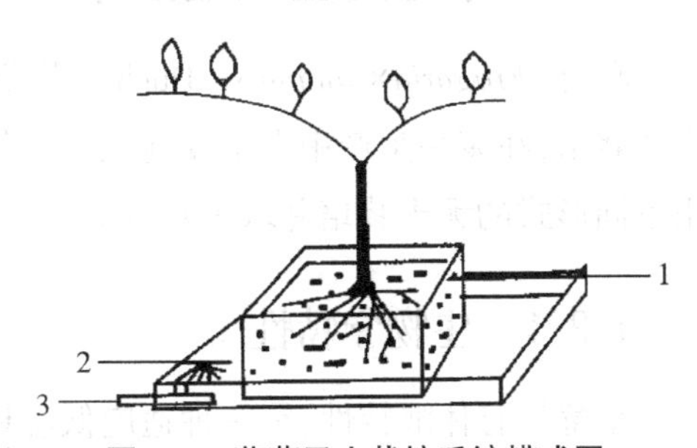

图9.1　葡萄无土栽培系统模式图

1—装基质的容器；2—水龙头；3—给水管

1.1.4　栽培管理技术要点

1）栽培基质

葡萄无土栽培基质的选择应符合轻质、通气性和保水性良好、价格便宜的原则。日本冈山农业试验场筛选出可替代土壤的人工合成基质材料，其栽培效果好于草炭。另外，当1株葡萄树冠面积达到5 cm^2时，容器中应装入200 L的基质进行栽培，只有这样葡萄的单株产量才最大，并且果实品质最好。因此，种植树冠面积为5 cm^2的葡萄，基质的需求量应为200 L左右。

2）营养管理

葡萄无土栽培施肥所用的化学肥料包括含有氮磷钾三要素的大量元素和各种微量元素，均为商品肥料。撒施的肥料自然溶解在循环水中，被葡萄根系吸收。但是，由于无土栽培根际的基质量与土壤栽培相比要小得多，因此1次就把1年所需要的肥料施入，容易引起肥料浓度障碍，所以施肥必须按照比例分次进行。葡萄成树后在秋季施入1年基肥的80%，剩余的20%在葡萄生育期中施入。基肥中氮肥的施用量根据葡萄的结果状况、果实大小和产量来综合考虑，一般认为不加温温室中按树冠面积计算为10 g/m^2，加温温室为12 g/m^2。

葡萄无土栽培施肥比有土栽培要细致得多，科学的管理可用配制的营养液进行灌溉，在葡萄开花期根际对基质的渗透压等十分敏感，基质 γ 不能超过2.5 mS/cm，而pH也不能低于5，不然结果数会减少。实际生产中，施入营养液的基质被葡萄吸收1～2个月后，要用清水彻底清洗基质，消除盐分，调整pH，而后浇灌新的营养液。

1.2 草莓无土栽培技术

草莓（*Fragaria*× *ananassa* Duch.）蔷薇科草莓属多年生常绿草本植物，在世界范围内广泛栽培，在浆果生产中占重要地位。近年我国草莓设施栽培发展较快，其中有一部分采用不同形式的无土栽培并取得较好效果。

1.2.1 生物学特性

草莓具有休眠特性，是一种适应低温环境而进行自我保护的生理现象，有自然休眠和强制休眠两个阶段。一般在深秋季节，随着温度降低，光照变短而进入自然休眠。进入自然休眠后，满足一定低温后可解除休眠，此时环境合适，植株可正常生长发育，否则进入强制休眠。如果采取措施抑制植株进入休眠，则可在冬季栽培，称促成栽培。如果在休眠期采取措施提前解除休眠，使植株提早进行生长发育，称半促成栽培。充分利用草莓品种的休眠特性，进行促成或半促成栽培，是草莓设施栽培的生物学基础。

草莓对温度适应性较强，根系生长适温为15～23 ℃，茎叶生长适温为20～25 ℃，花芽分化为5～17 ℃，开花授粉为15～20 ℃，果实膨大为18～25 ℃。

草莓喜光又比较耐阴，适宜光强为30～50 klx，光照过强易造成伤害。8～12 h的短日照有利于花芽形成，而较长光照有利于匍匐茎形成。草莓叶片大，蒸腾量高，对水分要求较高，空气湿度以80%为好，特别是在花期，不能高于90%。

适宜pH为5.5～6.5，生长发育要求有充足的氮、磷、钾供应，但在花芽分化期氮肥过多会抑制花芽分化，而增施磷钾肥，不仅可促进花芽分化，还可增加产量，提高品质。草莓也要求适量的钙、镁和硼肥。

1.2.2　品种选择

无土栽培草莓应选用休眠浅、花芽分化容易、品质好、产量高、抗性强的品种，多数设施栽培品种都可以用于无土栽培。

1）丰香

丰香是从日本引入的品种。生长势强，株型较开张，叶片大而圆，叶色浓绿.但叶片数较少，发叶速度慢。休眠程度浅，5 ℃下 50～70 h 即可打破休眠。发根速度较慢，根群中的初生根较多，应注意促根和护根。第 1 花序有花 16 朵左右，第 2 花序 11 朵左右。平均单果重 16 g 左右，最大果重 30 g 左右，大果率高。果实圆锥形，果面鲜红色，有光泽，果肉淡红色。果实酸甜适度，香气浓郁，汁多肉细，可溶性固形物为 8%～12%，品质优，是南方地区设施栽培的优良品种。

2）章姬

章姬是从日本引进品种。生长旺盛，株型直立，叶片长圆形，浓绿色。休眠程度浅，花芽分化对低温要求不严格。花数较多，第 1 花序约 20 朵，第 2 花序 15 朵左右，花轴长且粗。果实长圆锥形，平均单果重 20 g 左右，果形整齐，畸形果少。果面绯红色，有光泽，果肉柔软多汁，风味甜多酸少，可溶性固形物为 9%～14%，品质极佳。对白粉病、黄萎病、灰霉病抗性较强，是南方地区设施栽培的优良品种。

3）春旭

春旭是由江苏省农业科学院园艺研究所育成。植株生长旺盛，株型直立，株冠中等。叶片长圆形，翻卷成匙状。每株有花序 2～3 个，花序梗直立。果实中等大小，平均单果重 15 g，最大果 36 g。果皮红色，有光泽，果肉红色，髓心小，白色，肉质细，汁液多，味甜香浓，可溶性固形物 11.2%。连续结果能力强，丰产性好，植株耐热抗冷能力均强。休眠浅，适宜南方地区促成栽培。

4）鬼怒甘

鬼怒甘是从日本引进品种，生长势强健，株型直立，植株高大。叶片浓绿，叶片肥大。花序梗粗壮。果实圆锥形，果个大，最大单果重达 60～68 g。果面浓红，有光泽，果肉鲜红，果心淡红色，髓心小。果肉硬度大，耐储运。酸甜适口，味道浓厚，香气中等。休眠浅，花芽分花与始花期均早，耐热耐寒性均较强，适宜设施条件的促成栽培。

除上述品种外，适宜大棚、温室无土栽培的品种还有申旭 1 号、冬花、达赛莱克、埃尔桑塔等。

1.2.3 栽培季节与栽培方式

1）栽培季节

草莓露地栽培是秋季定植，露地越冬，春季萌发后从4～6月持续收获。但草莓无土栽培属于高效栽培，应以反季节栽培为主。因此，除在夏季6～8月高温季节不能进行外，其他季节可采用促成栽培、半促成栽培、冷藏抑制栽培。生产上常见的为越冬栽培，即8月下旬至9月上中旬定植，11月底至12月初始收，持续收获至翌年5月份，一般称冬草莓栽培。另一种方式是利用冷藏抑制方法在夏秋季节栽培，10～11月份供应草莓上市。

2）栽培形式

草莓植株矮小，可采用多种无土栽培形式栽植，如水培系统的营养液膜技术、深液流水培技术；基质培中的槽式基质培、袋式基质培形式以及柱式立体栽培和多层立体栽培形式。基质培所用基质可以是岩棉，也可以采用不同基质按一定比例混合而成的混合基质。

由于草莓植株矮小，近地面栽培在定植、管理、采收等作业方面均需弯腰，费工费时，极为劳累。因此在设置栽培设施时，要尽可能提高栽培床(槽)的高度，以方便作业。

采用立体栽培，不仅管理方便，还能充分利用空间，提高单位面积产量，因此有发展的趋势。辽宁东港市一种立体栽培设施，设3个栽培层(图9.2)，产量是相同土壤栽培面积的2.6倍。

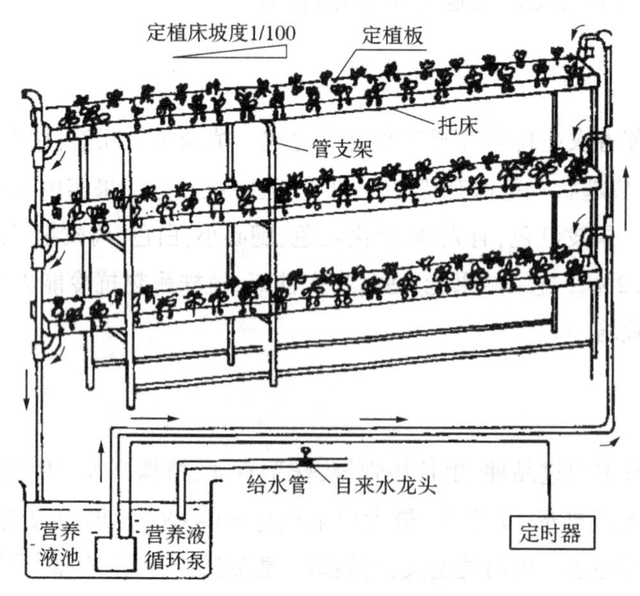

图9.2 草莓多层立体栽培装置

1.2.4　管理技术

1）育苗

草莓为无性繁殖，主要利用匍匐茎发生的子株育苗，如果使用组培脱毒苗效果更好。育苗在3～4月份进行，选用品种纯正、未经结果、健康无病虫害的植株为种株，在专门育苗圃中育苗。草莓无土栽培应注意培育优质种苗，即培育生长健壮、花芽分化良好的种苗。为此，可采用以下方法。

（1）假植育苗

选择健壮子株在7月份进行假植，然后在9月份定植。通过假植使子株断根，抑制营养生长，促进花芽分化。

（2）营养钵育苗

将子株移入营养钵集中育苗，通过改善营养供应和断根作用，促进花芽分化。与普通育苗相比花芽分化可提早7～10 d，收获期提早2周左右。为培育壮苗，可控制氮素的施用。采用岩棉块或基质无土育苗，在8月份以清水代替营养液灌溉，持续约2周左右，为避免其他元素缺乏，可加入除氮素之外的矿质营养。如果配合根际低温（15～20 ℃）和遮光处理，则效果更好。

（3）高山育苗

利用高山低温环境，在8月份将子株移入高山地区假植，假植时不施氮肥，可明显促进花芽分化。一般海拔升高100 m，温度下降0.5～0.6 ℃，在海拔500～1 000 m的高山地区育苗效果较好。

除上述育苗方法外，为促进花芽分化，还可采用遮光育苗、夜冷育苗、冷藏电照育苗等方法。

我国草莓设施栽培选用的壮苗还没有统一标准，一般认为的壮苗指标为：根系发达，一级侧根25条以上；植株健壮，成龄叶5～7片，新茎粗1 cm以上；花芽分化早，发育好；苗重25～40 g，无病虫害。

2）定植

定植时期的确定既要考虑种苗的生长发育状态，也要考虑到当时的气候条件，还应注意栽培目的。以促成和半促成栽培为目的，宜在50%以上植株完成花芽分化时进行，一般在9月中旬左右，最迟不晚于10月上旬。

水培方式栽培，先将草莓植株置于定植杯中，然后固定于定植板上，再将定植板置于栽培槽上。对于营养液膜栽培，可先将草莓植株走植于8 cm×8 cm×5 cm的岩棉块中，然后放在栽培槽中使其生长。在定植板或栽培槽中草莓株行距为20 cm×20 cm，每667 m^2

定植8 000株左右。基质栽培可采用槽式栽培、柱式栽培、盆钵栽培及袋培等多种形式,定植时只要将植株栽入基质中即可。但定植时尽可能使植株根茎基部弯曲处的凸面向栽培槽外侧,利于通风透光,也便于采收。基质培一般采用双行定植,行距为25～30 cm,株距15～20 cm,可进行三角形定植,也可采用矩形定植,每公顷定植150 000株左右。

3)环境调控

草莓定植初期要保证适当养分和水分,以利于缓苗和植株生长,白天25～30 ℃,夜间10 ℃左右,营养液温度在20 ℃左右。1周以后,植株度过缓苗期应逐步降低温度以促进花芽分化。白天温度保持在18～25 ℃,夜间5～10 ℃、通过增加通风来调节温度。当外界温度降至0 ℃以下时应进行保温,防止植株因低温进入休眠,也避免受到低温伤害。在果实膨大期可适当调温至20 ℃左右,以促进果实膨大。定植后温度管理非常关键,原则是既有利于植株继续进行花芽分化,又不至于导致植株进入休眠。

应保持环境内较低湿度,湿度过高,不仅影响开花授粉,还容易引起病害发生,特别是灰霉病发生极易导致果实腐烂。

冬春季节光照时间短,光照强度较低,不利于植株光合作用,应尽可能提高光照强度,延长光照时间。主要通过选择优质薄膜、适时揭盖保温覆盖物等来实现,如有条件,冬季也可以进行人工补光。

冬春季节棚室栽培易造成CO_2浓度过低,尤其是营养液栽培,缺少CO_2来源。为获得优质高产,必须进行人工增施CO_2气肥,浓度一般为$1\ 000\times10^{-6}$左右。

4)营养液管理

草莓无土栽培可使用日本园试通用配方、山崎草莓配方及华南农业大学果菜配方。3种配方中除园试配方在种植过程中pH有所升高(不超过8.0)外,其余两种pH均较稳定。

草莓根系耐盐性较弱,营养液浓度过高会加速根系老化,造成植株早衰。一般在开花前控制较低浓度,开花以后浓度逐渐增高。由于不同品种耐盐性不同,营养液浓度的确定可根据品种不同有所差异。表9.1为不同品种草莓在不同生长发育阶段适宜的营养液浓度。

表9.1 不同品种群草莓的营养液管理浓度

品种群	营养液管理浓度/($mS\cdot cm^{-1}$)			
	定植初期	1周至盖膜期	盖膜至开花	开花期以后
A群:宝交早生、丰春、春香等	0.4	0.8～1.0	1.2	1.6～1.8
B群:丽红、明宝等	0.8	1.2～1.6	1.8	2.0～2.4

在栽培早期，可通过 γ 测定来确定和调节营养液浓度。但草莓生长期长达8个月，栽培后期由于草莓根系腐烂及其产生的分泌物，使营养液浓度发生变化，γ 已不能准确反映营养液中养分浓度，应通过化学分析测定氮、磷、钾、钙等主要营养元素的含量并进行调整。

草莓生长发育最适 pH 5.5～6.5，但在 pH 5.0～7.5 范围内均可正常生长，一般不必调整。如果超出范围，可用稀酸或稀碱进行调整。

草莓水培可进行循环供液，对于深液流栽培，在开花前每小时循环 10 min. 开花后，供液时间增至每小时 15～20 min。对营养液膜栽培，定植后至根垫形成之前，可按每一栽培槽每分钟 0.2～0.5 L 的流量连续供液，待根垫形成后，采用每分钟 1～1.5 L 的流量以每小时 15～20 min 的间歇方式供液。

对于基质栽培，根据植株生长状态和天气情况进行供液，基质含水量控制在最大持水量的 70%～80%，也可按单株日最大耗水量 0.3～0.8 L 进行供液。营养液以滴灌方式供应，如采用简易滴灌带供液。无论何种供液方式，均可用定时器控制供液时间。

草莓无土栽培容易出现缺钙和缺硼现象，表现为畸形花和叶枯症状。特别是花芽分化期缺硼极易导致畸形花。除及时调节营养液中钙、镁浓度外，也可进行叶面喷硼肥。

5）植株管理

植株管理包括除匍匐茎、老叶、病叶，人工辅助授粉、疏花、疏果等。草莓经过缓苗进入旺盛生长后会抽生匍匐茎，应及时去除以减少养分消耗。草莓生长过程中不断形成新叶，衰老叶和病叶应及时摘除，因为老叶不仅光合性能下降，还会过度消耗营养，容易受到病害侵染并传播病害，一般每个植株保持 7～9 片叶即可。

为保证单果重和果实品质，对过多的花和果实以及畸形果、病果应及时疏除，每花枝保留 5 个果左右，以保证果实大而整齐，级序过低的花应疏除。

草莓生长发育过程中，应进行 1～2 次赤霉素处理，可以打破植株休眠状态，恢复旺盛生长，并使叶柄和花枝伸长。处理方法是配制 5～10 mg/L 的赤霉素溶液，在植株上方 10 cm 处喷雾。

草莓无土栽培，由于环境温度低、湿度大、光照弱，缺少传粉昆虫，极易发生授粉受精差，果实发育不良，畸形果过多，因此需要人工辅助授粉。有效的方法是人工放养蜜蜂，蜜蜂在花期放养，按 500 m^2 左右的面积放养一箱蜜蜂，放蜂量为 3 000 只左右。

1.2.5　病虫害防治

危害草莓的病害主要有灰霉病、白粉病、病毒病等。草莓灰霉病主要危害果实，其次为叶片。底部幼果先发病，并蔓延至花序基部，使整个花序腐烂枯死。成熟果发病，果面上产生水渍状褐色斑，果肉软腐，表面密生灰霉。栽培设施消毒不彻底、环境湿度过高、氮素施用过多均可导致病害严重。

防治方法应以预防为主，农业技术措施与药物防治结合进行。首先要对栽培环境和设施彻底消毒,发现病果、病叶要及时摘除并带出棚室外并销毁。加强环境的通风透光,降低环境湿度。发病初期使用0.3%科生霉素水剂100~200倍喷雾或用50%万霉灵及复配剂1 000~1 500倍液喷雾防治,每5~7 d喷1次,连喷3~4次。

草莓虫害主要有红蜘蛛、蚜虫,可用生物农药虫螨克1 500~2 000倍防治,但采收前15 d应停止喷药。

1.2.6 采收、包装与储运

无土栽培草莓从定植当年11月到翌年5月均可采收鲜果上市,草莓花后约20 d果实开始着色,根据储运时间,可分别在果面着色70%、80%或90%时进行采收。

草莓采收应尽可能在上午或傍晚温度较低时进行,最好在早晨气温刚升高时结合揭开内层覆盖进行采收,此时气温较低,果实不易碰破,果梗也脆而易断。

盛装果实的容器要浅,底要平,采收时为防挤压,不宜将果实装得过满。可选用高度10 cm左右、宽度和长度在30~50 cm的长方形塑料食品周转箱,装果后各箱可叠放,使用十分方便。采收后应按不同品种、大小、颜色对果实进行分级包装。可用聚苯乙烯塑料小盒或硬质纸盒包装,每盒装果约200 g,这样不仅可避免装运过程中草莓的挤压碰撞,而且美观,便于携带。

草莓采收后,可进行快速预冷,然后在温度0~1 ℃、相对湿度90%~95%条件下储藏。也可进行气调储藏,气体条件为1% O_2和10%~20% CO_2,降温最好采用机械制冷。

运输时注意选择路面状况良好的道路,运输车辆的速度不能过快。可将小包装置于适当容积的纸箱内,集中运输。运输的时间最好在清晨或傍晚气温较低时。

任务2 中药材无土栽培技术

中医药是我国的传统瑰宝,是中国传统文化中最具特色的组成部分之一。中药材作为中医理论的物质载体,其纯粹天然的来源、独特的治疗效果,越来越引起世人的广泛关注。中药材的来源大部分是植物,而且长期以来一直以野生品种为主,栽培品种是在野生无法满足需求的情况下逐渐发展起来的。例如,白芍在宋代开始大量人工栽培,唐代就有关于地黄、枸杞等栽培品种的介绍。中药材栽培的快速发展是新中国成立以后的事,由于党和国家对中医药事业的重视,中医药事业取得了长足的进步,中药材的用量不断扩大,很多品种的野生药材已经不能满足医疗需要,因此对栽培品种的需求量不断增加,据不完全统计,目前主要依靠栽培的品种已达到250多种,总面积达40万 hm^2。与此同时,对药用植物的栽培技术也提出了新的要求,不但要求有较高的产量,而且对中药材的内在质量,如有效成分含量、农药残留、重金属含量等也有了更高的要求和详细标准。为了满足社会对中药材产量和质量的要求,现代无土栽培技术不断被引入中药材栽培之中。

由于中药材人工栽培时间短，种植面积小，栽培管理粗放，关于其栽培技术的研究一直比较薄弱，有些种类只做了一些初步的研究，甚至一度被国内广大药学工作者所忽视。加之中药材种类繁多，研究难度大。因此，总体而言，中药材的栽培技术整体水平比较低。无土栽培刚刚起步，这一新技术的应用尚处于研究探索阶段，主要对一些稀有、珍贵品种进行了栽培试验，规模化的栽培应用尚未见报道。无土栽培比较成功的有西洋参、石斛、荆芥、细辛、番红花以及一些观赏与药材兼用的种类，如牡丹、月季、菊花等。从无土栽培的技术特点来看，比较适用于地上部分如全草、茎、花等入药的中药材种类的栽培，无土栽培产品无论在产量和质量上都有比较大的优势；而根和根茎入药者如何运用这一新技术尚需要进行更多的探索。

2.1　中药材无土栽培的方式

中药材无土栽培国内一般采用基质培方式，而半基质培、水培、喷雾培等方式目前报道甚少。然而很多水生植物的中药材种类，如石菖蒲、泽泻等利用水培、喷雾培等方式也有较广阔的应用前景。由于规模比较小，且具有实验性质，故常采用基质钵栽培，容器有普通花钵、栽培箱以及临时堆垒的砖槽等。中药材无土栽培所使用的基质种类较多，无机基质或有机基质均有使用。但对于入药部位为根或根茎的中药材，选择蛭石或珍珠岩，或者以它们为主组成的复合基质比较容易获得较高的产量。营养液一般为直接浇灌，国内尚未见循环供液及相关装置的报道。营养液的配方可直接参考蔬菜和花卉的通用营养液。

2.2　中药材无土栽培的管理技术

2.2.1　石斛

石斛（*Dendrobium nobile* Lindl.）养胃阴而生津，为兰科植物金钗石斛（*Dendrobium nobile* Lindl.）或铁皮石斛（*D. Candidum* Wall ex Lindl.）以及同属多种植物的茎。石斛在自然条件下喜生于热带和亚热带的高温多湿森林的树上或林下岩石上，特别是在半阴半阳的地方附生于长有苔藓植物的石灰岩上和树上的石斛，质量最好。由于其对于生长生态环境的要求比较严格，加之存活率低，生长年限长，3 年才能药用，5 年才能用于繁殖。因此石斛的供应一直比较紧张。由于人们掠夺性的采挖，加之近年来对石斛应用的日趋广泛，野生资源已经严重枯竭。石斛为附生植物，因此应用无土栽培的方法显得尤为重要。

(1)基质

宜选用冷杉或杂木的粗糙锯木屑等作为栽培基质，采用直径 22 cm、高 16 cm 的普通直桶花盆栽植。

(2)营养液

营养液采用“斯太纳”(Steiner)配方,由硝酸钙 1 059 mg/L、硝酸钾 292 mg/L、硫酸镁 497 mg/L、硫酸钾 251 mg/L、磷酸二氢钾 135 mg/L、氢氧化钾 22.9 mg/L、EDTA 铁钠钾 400 mg/L、硼酸 2.7 mg/L、硫酸锌 0.5 mg/L、硫酸铜 0.08 mg/L、钼酸钠 0.13 mg/L 组成,每 1 000 L 含盐类肥料约 2.5 kg。结合灌水每 3 d 浇灌 1 次营养液。

(3)其他

栽培中应控制基质的含水量,增加光照强度,促进生长。

2.2.2 西洋参

西洋参(*Panax quinque folius* L.)是名贵的滋补强壮药,原产北美,近年来我国已引种栽培成功。西洋参的栽培技术比较复杂,整个生长期都容易感染病害,不能连作,需经过十年以上的轮作方可再种参。通过人工改土的方法进行改良,不但费时费事,而且投资过大,栽培出的西洋参形状偏长,商品质量较差。而无土栽培西洋参则可以避免这些缺点,为集约化生产提供了可能。

(1)基质

以蛭石和砂(1∶1)混合最为理想,单用蛭石也可以。但单用砂或者砂掺土效果不理想。

(2)栽种方法

以砖筑成长 10 m、宽 1 m、高 25 cm 栽培槽,依次铺 5 cm 石子、1 ~2 cm 粗砂和 15 cm 基质,搭宽 2 ~2.5 m 的荫棚遮阴,控制晴天正午光照强度 5 000 ~8 000 lx,多云天气为 2 000 ~3 000 lx。株行距为 6 cm×6 cm。出苗后前两年每年 10 月份间苗 1 次,第 1 年每两行间一行,第 2 年隔一行间一行;余下者继续栽培 3 年。西洋参收获后的基质可用多菌灵 20 g/m^2 消毒后继续使用。

(3)营养液

硝酸铵 0.005 mol/L、硝酸钙 0.001 2 mol/L、磷酸二氢钾 0.001 8 mol/L、硝酸钾 0.003 mol/L、硫醚钾 0.000 7 mol/L、硫酸镁 0.001 0 mol/L、Fe-EDTA 及 B、Cu、Zn、Mn 等微量元素。

2.2.3 其 他

(1)荆芥

荆芥(*Schizonepeta tenuifolia* Briq.)具有祛风解表、透疹、止血的功效,我国大部分地区都有栽培,其病虫害较多,比较适合无土栽培,且无土栽培荆芥生长情况较传统栽培有明显的改善,开花时间明显提前。基质以蛭石和锯末(5∶1)为宜,以栽培箱栽植。营养液采用霍格兰通用营养液,每 4 d 喷施 1 次,浇透为度,其间不断补充水分。

(2)蒲公英

蒲公英(*Taraxacum mongolicum* Hand. Mazz)具有清热解毒,清湿热的功效,也是一种广泛食用的野菜。人工土壤栽培已经在一些地区兴起。蒲公英适应性很强,既耐寒又耐热、耐旱、抗湿、耐酸碱,全国各地都有野生。基质选用珍珠岩。

营养液由硝酸钙1 347 mg/L、硫酸铵190 mg/L、硫酸镁536 mg/L、硫酸钾748 mg/L、硫酸钙96 mg/L、过磷酸钙477 mg/L、柠檬酸铁43.7 mg/L、硼酸3.4 mg/L、硫酸锰2.3 mg/L、硫酸铜0.26 mg/L、硫酸锌0.26 mg/L组成,每1 000 L含盐类肥料约3.4 kg,pH值7.0~7.5。种子萌发时营养液浓度为正常的50%,温度以20 ℃为好,每5 d浇灌1次。发芽后逐渐提高营养液浓度至正常,栽培40 d后可采收。

(3)牡丹

牡丹(*Paeonia suffruticosa* Andr.)号称"国色天香",一向被誉为"花王"。栽培历史悠久,是传统的名贵花卉。栽培品种众多,其根皮入药,称为牡丹皮,具有清热凉血,活血化瘀的功效。其性喜夏季凉爽,冬季温暖的气候,要求阳光充足,雨量适中,耐旱,怕水。对土壤中铜的含量比较敏感。连作需间隔4~5年,故其生产一直受到一定限制。

基质采用岩棉与珍珠岩或者蛭石与珍珠岩混合基质,调整其通气孔隙与毛细管孔隙率为1∶(1.52~2.65)。

营养液采用霍格兰和施耐德配方,每5~7 d浇1次0.16%的营养液,每20 d浇1次清水。

(4)月季

月季(*Rosa chinensis* Jacq.)为我国名花,具有较高的观赏价值。花蕾入药具有活血调经,消肿止痛的功效。关于月季无土栽培的报道较多,但多为培育切花。因药用其花蕾和初开放的花朵,对花的外观无特殊要求。栽培技术参考项目8。

任务3 草坪无土生产技术

3.1 概 述

3.1.1 草坪的含义及类型

草坪通常指以禾本科草或其他质地纤细的植被为覆盖,并以它们的大量根系或匍匐茎充满土层表层的地被,是由草坪草的枝叶、根系和栽培基质表层构成的整体。

草坪是城乡园林绿化的重要组成部分,发展草坪植物是维护生态平衡、保护环境卫生、绿化美化城乡面貌、减少大气污染、防止水土流失、调节城市小气候、促进体育运动事

业发展的重要措施之一。

草坪按其应用,可分为休息、观赏、运动、护坡、放牧等不同功能的草坪。

(1)休息草坪

休息草坪是指在公园、广场、街道、医院、校园等公共绿地中,开放供游人入内休息活动的草坪。该类草坪没有固定的形状,面积可大可小,规律也较粗放。大面积的此类草坪常配置孤立树,点缀石景。建筑小品或栽植树群等,也可在周围配植花带等。休息草坪的建设多利用自然地形排水,降低造价。一般要求选择耐践踏、绿色期长、适应性强的草种。

(2)观赏草坪

观赏草坪是指设于园林绿地中,以观赏其景色为重要目的的草坪,也称"装饰草坪"或"造型草坪"。如铺设在建筑、广场雕塑、喷泉、纪念物周围等处用于装饰和陪衬的草坪。此类草坪不允许入内践踏,栽培管理也较为精细。以茎叶细小且密集、低矮平整、耐修剪、绿色期长的草种为宜。

(3)运动草坪

运动草坪是指供开展体育活动的草坪,如足球场、高尔夫球场、网球场和赛马场等,由于各类运动特点各异,因而各类运动场地的适宜草坪草的种类也不同。通常要求该类草坪草应该具有耐践踏、根系发达、耐频繁修剪和刈割、再生能力强等特点。

(4)固土护坡草坪

固土护坡草坪是指种植在坡地或水岸地,如公路、铁路、水库、堤岸斜坡等处的草坪,其主要的作用是防止水土流失。该类草坪管理粗放,一般以适应性强、根系发达、草层繁密、耐寒、耐旱、抗病虫害能力强的草种为宜,各地应多选用取材于本地区的野生草种。

(5)放牧草坪

放牧草坪是指以放牧草食性动物为主,结合园林休息、休假地和野游地建立的草坪。它以营养丰富、生长健壮的优良牧草为主,养护管理粗放,面积也较大。一般适宜在城镇郊区的农业观光园、森林公园、疗养院、旅游风景区等地的建设。

3.1.2 草坪草的特性和种类

(1)草坪草的特性

草坪草是指能形成草坪,并能耐受定期修剪和适度践踏的一些草本植物,它们是建造草坪的基础材料。适宜作草坪的草种极其丰富,大多数为具有扩散生长特性的根茎类或匍匐茎类禾本科植物,也有少量植株低矮、再生能力强、有匍匐茎、耐瘠薄的其他科植物。它们通常具有以下特性:

①植株低矮、整齐,地上部生长点低,具有一定的弹性,耐适度的践踏和修剪。

②叶片小型多数、细长而直立,株型密集,质感好。

③再生能力和侵占力强，生长迅速，易形成良好的覆盖层，杂草少。

④适应性和抗逆性强，对干旱、低湿、贫瘠、盐碱、病虫害、高温或低温等具有全部或部分突出的适应能力。

⑤草色美观、绿色期长。

(2)草坪草的种类

草坪草的种类相当丰富，目前国内较常应用的就有数十种，通常可根据其地域分布和科属不同进行分类。

按地域不同可分为冷地型草坪植物和暖地型草坪植物，冷地型草坪植物耐寒性较强，夏季不耐炎热，春、秋季节生长旺盛，如各类剪股颖、草地早熟禾、黑麦草、羊胡子草、紫羊茅、苇状羊茅及高羊茅等；暖地型草坪植物的主要特性是冬季呈休眠状态，早春开始返青复苏后进入旺盛生长，进入晚秋，一经霜害，其茎叶枯萎褪绿，如中华结缕草、沟叶结缕草(即马尼拉草)、细叶结缕草(即天鹅绒草)、狗牙根、百慕大草、天堂草、假俭草、地毯草、竹节草等。按科属不同可分为禾本科草坪植物和其他科草坪植物，禾本科草坪草是草坪植物的主体，占草坪植物的90%以上，在植物学上主要属于羊茅亚科、黍亚科和画眉草亚科。

(3)草种应用与生产特性

草坪有多种功能和作用，草坪草种特性各异，各类草坪建植环境条件变化多样，草坪建设的要求也不尽相同，所以，草坪建植前的草种选择必须依据草种特性、草坪功能要求、环境因素以及经济条件等的不同，方可做出正确选择。常见草种应用与生产特性见表9.2和表9.3。

表9.2 常见草坪草应用特性比较一览表

应用特性	冷季型草坪草	暖季型草坪草
成坪速度 快—慢	多年生黑麦草—高羊茅—细叶羊茅—匍匐剪股颖—细弱剪股颖—草地早熟禾	狗牙根—钝叶草—斑点雀稗—假俭草—地毯草—结缕草
叶片质地 粗糙—细软	高羊茅—多年生黑麦草—草地早熟禾—细弱剪股颖—匍匐剪股颖—细叶羊茅	地毯草—钝叶草—斑点雀稗—假俭草—结缕草—细叶结缕草—狗牙根
叶片密度 大—小	匍匐剪股颖—细弱剪股颖—细叶羊茅—草地早熟禾—多年生黑麦草—高羊茅	狗牙根—钝叶草—结缕草—假俭草—地毯草—斑点雀稗
耐热性 强—弱	高羊茅—匍匐剪股颖—草地早熟禾—细弱剪股颖—细叶羊茅—多年生黑麦草	结缕草—狗牙根—地毯草—假俭草—钝叶草—斑点雀稗—野牛草
抗寒性 强—弱	匍剪股颖—草地早熟禾—细弱剪股颖—细叶羊茅—高羊茅—多年生黑麦草	野牛草—结缕草—狗牙根—斑点雀稗—假俭草—地毯草—钝叶草
抗旱性 强—弱	细叶羊茅—高羊茅—草地早熟禾—多年生黑麦草—细弱剪股颖—匍匐剪股颖	狗牙根—结缕草—斑点雀稗—钝叶草—假俭草—地毯草
耐湿性 强—弱	匍匐剪股颖—高羊茅—细弱剪股颖—草地早熟禾—多年生黑麦草—细叶羊茅	狗牙根—斑点雀稗—钝叶草—结缕草—假俭草
耐酸性 强—弱	高羊茅—细叶羊茅—细弱剪股颖—匍匐剪股颖—多年生黑麦草—草地早熟禾	地毯草—假俭草—狗牙根—结缕草—钝叶草—斑点雀稗

续表

应用特性	冷季型草坪草	暖季型草坪草
耐盐碱性 强—弱	匍匐翦股颖—高羊茅—多年生黑麦草—细叶羊茅—草地早熟禾—细弱翦股颖	狗牙根—结缕草—钝叶草—斑点雀稗—地毯草—假俭草
耐践踏性 强—弱	高羊茅—多年生黑麦草—草地早熟禾—细叶羊茅—匍匐翦股颖—细弱翦股颖	结缕草—狗牙根—斑点雀稗—钝叶草—地毯草—假俭草
耐阴性 强—弱	细叶羊茅—细弱翦股颖—高羊茅—匍匐翦股颖—草地早熟禾—多年生黑麦草	钝叶草—结缕草—假俭草—地毯草—斑点雀稗—狗牙根
抗病性 强—弱	高羊茅—多年生黑麦草—草地早熟禾—细叶羊茅—细弱翦股颖—匍匐翦股颖	假俭草—斑点雀稗—地毯草—结缕草—狗牙根—钝叶草
再生性 强—弱	匍匐翦股颖—草地早熟禾—高羊茅—多年生黑麦草—细叶羊茅—细弱翦股颖	狗牙根—钝叶草—斑点雀稗—地毯草—假俭草—结缕草
耐磨性 强—弱	高羊茅—多年生黑麦草—草地早熟禾—细叶羊茅—匍匐翦股颖—细弱翦股颖	结缕草—狗牙根—斑点雀稗—钝叶草—地毯草—假俭草
刈剪高度 高—低	高羊茅—细叶羊茅—多年生黑麦草—草地早熟禾—细弱翦股颖—匍匐翦股颖	斑点雀稗—钝叶草—地毯草—假俭草—结缕草—狗牙根
刈剪效果 好—差	草地早熟禾—细弱翦股颖—匍匐翦股颖—高羊茅—多年生黑麦草	钝叶草—狗牙根—假俭草—地毯草—结缕草—斑点雀稗
需肥量 多—少	匍匐翦股颖—细弱翦股颖—草地早熟禾—多年生黑麦草—高羊茅—细叶羊茅	狗牙根—钝叶草—结缕草—假俭草—地毯草—斑点雀稗

表 9.3　常见草坪草生产特性一览表

类型	草种中文名	每克种子粒数/(粒 · g^{-1})	种子发芽适宜温度/℃	单播种子用量/(g · m^{-2})	营养体繁殖系数
冷季型草坪草	紫羊茅	1 213	15 ~ 20	14 ~ 17(20)	5 ~ 7
	羊茅	1 178	15 ~ 25	14 ~ 17(20)	4 ~ 6
	加拿大早熟禾	5 524	15 ~ 30	6 ~ 8(10)	8 ~ 12
	林地早熟禾		15 ~ 30	6 ~ 8(10)	7 ~ 10
	草地早熟禾	4 838	15 ~ 30	6 ~ 8(10)	7 ~ 10
	普通早熟禾	5 644	20 ~ 30	6 ~ 8(10)	7 ~ 10
	匍匐翦股颖	17 532	15 ~ 30	3 ~ 5(7)	5 ~ 7
	细弱翦股颖	19 380	15 ~ 30	3 ~ 5(7)	5 ~ 7
	高羊茅	504	20 ~ 30	25 ~ 35(40)	5 ~ 7
	多年生黑麦草	504	20 ~ 30	25 ~ 35(40)	5 ~ 7
	多花黑麦草	504	20 ~ 30	25 ~ 35(40)	
	小糠草	11 088	20 ~ 30	4 ~ 6(8)	7 ~ 10
	白三叶	1 430	20 ~ 30	6 ~ 8(10)	4 ~ 6

续表

类型	草种中文名	每克种子粒数/(粒·g^{-1})	种子发芽适宜温度/℃	单播种子用量/($g \cdot m^{-2}$)	营养体繁殖系数
暖季型草坪草	狗牙根	3 970	20~35	6~8(10)	10~20
	结缕草	3 402	20~35	8~12(20)	8~15
	野牛草(头状花序)	111	20~35	20~25(30)	10~20
	假俭草	889	20~35	16~18(25)	10~20
	地毯草	2 496	20~35	6~10(12)	10~20
	马蹄金	714	20~35	6~8(10)	8~10
	沟叶结缕草				8~12
	细叶结缕草				6~8

注:括号内数据为密度需要加大时的播种量。

3.2 草坪无土生产技术

传统的草坪生产都是以土壤为栽培基质,通常有直播、分栽和铺植等方法。但传统的生产方式存在草坪杂草多、成坪效果差、成坪速度慢、占用土地多等问题。近年来,国内外正在兴起工厂化生产无土草坪的新方法,如无土草坪卷(毯)、草坪植生带、草坪砖等的生产,为解决上述问题提供了良好的途径。

3.2.1 无土草坪卷(毯)的生产

无土草坪卷(毯)生产是应用无土栽培技术培植草坪的新技术。其生产的方法是用塑料薄膜、红砖等材料作阻隔层,在其上铺设无土轻型基质,然后播上草种,养护成坪。

该方法与传统的带土草坪生产相比具有如下优点:

①可节约大量土地,不受土地条件的限制,在沙漠、海岛、阳台、屋顶、晒场等均可生产与种植,只要阳光充足,且有水源即可。

②使草坪生产不受季节的限制,实现草坪的集约化、工厂化生产,提高了生产效率。

③发芽快、成坪快,由于草种发芽后,根系受薄膜或砖的阻隔,只能横向生长,从而能很快成坪。

④清洁卫生、病虫害及杂草少。由于使用的是无土基质,含病虫源及杂草少,且基质易于消毒,从而可较好地控制病虫害的发生。也减少了农药的施用,降低了对环境的污染。

⑤草块完整,利用率高,恢复生长快。由于无土草坪卷(毯)根系交织成网,起坪、运输及铺设过程中损伤小,利于快速恢复生长。

⑥轻捷方便,易于运输和铺设,节省人力。

无土草坪卷(毯)的常用栽培基质有泥炭、砻糠、锯木屑、棉籽壳、蛭石、珍珠岩、煤渣、药渣、造纸废渣、植物秸秆粉碎料等。各地可根据原料的便利条件因地制宜取材,各原料按适当比例混配。配制的无土基质要求来源容易,成本低廉,质地轻便,具有较好的保肥、保水能力和良好的透气性,且含有一定的肥力,而不含杂草种子和其他植物的成活根茎。因此在混配材料常可适当添加部分化肥,一般可每 m^3 添加 1 kg 的尿素,5 kg 的过磷酸钙。基质的 pH 一般根据草坪草不同品种要求控制在 5.5 ~6.8。基质混配后备用。

无土草坪卷(毯)的生产方法是在平整后的地面上用红砖成塑料薄膜等铺设作阻隔层,生产对比发现用红砖作阻隔层,因其排水和透气性较好,因此效果好于用塑料薄膜,但其一次性投入较大。然后在阻隔层上铺设 2 ~2.5 cm 厚的无土混配基质,适当喷水后再播上草种或切碎的草茎,覆盖无土基质 0.5 ~1 cm,最后喷水保湿。也可将草种或切碎的草茎与无土基质充分混匀后播种,可不再覆盖。在露天条件下,为保证草种出苗,应在播种后覆盖塑料薄膜或遮阳网,出苗后及时揭除,使幼苗充分见光。

当草苗长出 1 ~2 片幼叶后即可适当施用营养液,但浓度不宜过高,以免引起叶面“灼伤”。随着幼苗的生长,可 7 ~10 d 喷施一次营养液,平日可喷水保持基质的适度湿润。草坪营养液的氮、磷、钾比例为 3 : 2 : 1 或 2 : 2 : 1,前期可适当增加氮的比例,后期宜增加磷和钾的含量。营养液配方可参考表 9.4。

表 9.4　草坪营养液配方

化合物名称	用量/($mg \cdot L^{-1}$)
硫酸铵[$(NH_4)_2SO_4$]	280
过磷酸钙[$Ca(H_2PO_4)_2 \cdot 2CaSO_4$]	170
硫酸钾(K_2SO_4)	70

此后视气候等状况,逐渐减少水分供应,并需适当喷施药剂,防治病虫害的发生。经 3 ~4 个月后,当草根盘满基质层,提起后成为一个完整的草坪片,并可以卷起运输时,即可出圃铺植。

3.2.2　草坪植生带的生产

草坪植生带是近年来兴起的人工种草方法。它以化纤、废纸或废棉等再生纤维为原料,经一系列工艺加工,制成有一定弹性和拉力的无纺布,在两层无纺布之间均匀地播种草坪种子并混入一定量的复合肥料,经胶接复合定位工序后,就可以生产出一卷卷的人工草坪植生带。

采用植生带方法生产草坪,可不受气候因素影响,在工厂里使用机械装置,连续不断地批量生产,从而节约了劳动力和土地资源。且草坪植生带运输轻便灵活,铺设方便。为草坪的生产、储藏、运输、施工和铺设提供了现代化的新方法。此外,草坪植生带具有发芽

早、出苗齐、覆盖率高的优点,大大减轻了劳动强度,并能抑制杂草发生,养护管理也较方便。草坪植生带生产线的设备,主要有两大部分组成:一是生产无纺布的机组,包括开花机、清花机、钢丝梳棉机及气流成网、浸浆、烘干、成卷等的机械设备。无纺布生产过程主要包括:将再生纤维经开花机开花成再生绒,并经清花机打松。送进钢丝梳棉机并结合气流成网设备使打松的再生绒均匀附着在尼龙网上而组成棉网。将棉网送到1% ~2% 的聚乙烯醇溶液中浸渍,再经挤压、烘干后即成为无纺布。二是复合机组,包括施肥设备、播种机、复合机、针刺机及成卷装置等机械设备。草坪植生带的生产工艺主要包括:将无纺布平展在输送带上,用液体喷肥机将液体肥料喷施在上面,既增加种子的均匀附着,又可保证草坪草种子萌发后生长所需养分。然后用播种机将种子播撒在无纺布上。撒过种子的无纺布经输送带送到复合设备,在上面再加一层无纺布,并再经针刺机针刺,使棉网上的纤维交织在一起,即成为植生带。

草坪植生带生产时草种的选择是一个关键。一般要求草种具有发芽率高、出苗迅速、形成草坪快等特点。同时为了适应不同地区、不同气候、不同立地环境及不同用途,应选择相应的草种。通常应用的草种有狗牙根、紫羊茅、高羊茅、草地早熟禾、匍匐茎翦股颖、多年生黑麦草、白三叶等。草坪植生带的生产除采用单一草种外,也可采用2 种以上的草种混播,但混合种数不宜过多,以2 ~3 种为宜。而草种的用量应根据所要求的草坪成坪速度而定,如需要快速成坪则应加大用量。

草坪植生带铺设时可像铺地毯一样,平铺在已平整好的地面上,植生带与植生带之间需适当重叠,铺好后应充分压平,使植生带与土壤紧密结合。植生带表面用无土基质如草炭、蛭石等覆盖。但不宜用过细的基质,以免浇水后板结,影响草种出苗。如在雨季或具有喷雾条件的地面铺设,可不进行覆盖,而改用铅丝做成"U"形钉子,按一定距离扎入土中固定。草坪植生带铺设后浇透水并保持湿润,经过5 ~10 d,草籽即可发芽,约1 个月即可成坪。

项目小结

果树无土栽培的历史较短,目前主要应用于葡萄、草莓的生产。如:葡萄基质培,草莓基质培、水培、立体培养。

中药材无土栽培比较成功的有西洋参、石斛、荆芥、细辛、番红花以及一些观赏与药材兼用的种类,如牡丹、月季、菊花等。从无土栽培的技术特点来看,比较适用于地上部分如全草、茎、花等入药的中药材种类的栽培,无土栽培产品无论在产量和质量上都有比较大的优势;中药材无土栽培国内一般采用基质培方式。

工厂化生产无土草坪的新方法主要有:无土草坪卷(毯)、草坪植生带、草坪砖等。

项目考核

1. 葡萄基质培的管理措施？
2. 草莓无土栽培的方式有哪些？
3. 中药材都适合进行无土栽培吗？为什么？
4. 利用无土栽培的方式生产中药材有何意义？
5. 草坪无土生产技术的特点与方法。

项目10 无土栽培技术在其他方面的应用

✲项目目标

- 了解无土栽培技术在屋顶绿化、水面无土栽培、污水净化等其他方面的应用。
- 熟悉水面无土栽培技术并能结合水培进行污水净化。
- 掌握屋顶绿化的设计原则及作物种植技术。
- 能够将无土栽培技术广泛地应用于各个领域，拓展想象空间与思维。

✲项目导入

无土栽培技术已经广泛应用于蔬菜及花卉作物的生产中，尤其是在温室等设施栽培中已成为必不可少的技术手段之一，它较好地解决了设施栽培中的连作障碍和品质问题。除此以外，无土栽培技术的应用范围还非常广泛，在开辟作物生产新领域中作用独特，如目前无土栽培技术在水面种稻上已经获得成功；利用无土栽培技术对工业污水和生活污水的治理上独辟蹊径，开辟了利用生物治理污水的新途径；无土栽培技术在解决宇航员在飞行器上的食物问题，已经取得一定进展。

任务1 屋顶绿化技术

屋顶绿化是指在建筑物的屋顶、露台、阳台等处进行植物种植绿化和造园。它与地面造园和种植不同，是以人工合成或复合而成的轻型基质为主，采用无土栽培技术进行栽植，栽培系统完全与天然土壤隔离。随着城市建筑、道路的密度越来越大，建筑、道路与园林绿化争地的矛盾越来越突出，众多的建筑、道路和硬质铺装取代了自然土地和植物，可用于绿化的土地也日益减少，城市的生态环境日趋恶化。由于在城市中水平发展绿地已越来越困难，使得我们必须向立体化空间绿化寻找出路，向建筑物的屋顶绿化和垂直绿化方向发展。建筑物的屋顶绿化几乎可以以等面积偿还建筑物所占地面，而且屋顶绿化具有隔热和保护防水层的作用，冬季还具有保温作用。屋顶绿化可与办公室、居室等相连，比室外绿化更接近日常生活。而且屋顶绿化的发展趋势是将其向建筑内部空间渗透，营

造一个具有开放的空间感和生机盎然并舒适宁静的高质量环境。总之,屋顶绿化是城市绿化的一种新形式。它为改善城市生态环境、创建花园城市、丰富和提高人们生活开辟了新的途径。

1.1 屋顶绿化的设计原则和类型

1.1.1 屋顶绿化的设计原则

屋顶绿化的设计应满足使用功能、绿化功能、园林艺术美和经济以及安全等多方面的要求。由于屋顶绿化的空间布局受到建筑固有平面的限制,屋顶的平面多为规则、狭窄且面积较小的平面,屋顶的景物和植物的选配又受到建筑结构承重的制约。因此,屋顶绿化与地面绿化相比,其设计和建设就较为复杂,受到的限制也较多。总的来说,屋顶绿化的设计应注意3个方面的原则。

(1)突出绿化功能

屋顶绿化的目的就是增加绿化面积,改善城市的生态环境,为人们提供优美的生活和休息场所。因此,即使是不同形式的屋顶花园,其绿化功能始终是第一位的。衡量屋顶花园的好坏,除了满足不同的使用要求以外,其绿化覆盖率必须保证在60%以上。只有保证了一定数量的植物,才能发挥其绿化的生态效益、环境效益和经济效益。

(2)保证安全

屋顶绿化不同于地面绿化,屋顶绿化是将植物、园林小品等种植或安置在屋顶上,所以屋顶绿化能否进行的前提条件是建筑物是否可以安全地承受屋顶绿化所加的荷重。这里所指的安全包括结构承重、屋顶防水结构的安全使用以及屋顶四周防护栏的安全等。因此,屋顶绿化前,首先应对建筑物进行安全评估,才能决定能否进行屋顶的绿化。为保证屋顶花园的荷重小于建筑物的结构承重,屋顶绿化常较少选用大的乔木,以减少树木生长所需基质的用量。同时,应尽量采用容重小的轻型基质栽植植物。此外,屋顶防水结构和四周防护栏的安全也是必须考虑的。

(3)强调园林景观的效果

在突出绿化功能和保证安全的前提下,也需要强调屋顶绿化的园林景观特色。由于屋顶多为规则、狭窄且面积较小的平面,其设计更应仔细推敲。植物的选用、小品的位置和尺寸、道路的迂回、种植池的安排等既要与主体建筑物及周围大环境保持协调一致,又要有独特的园林特色。

1.1.2 屋顶绿化的类型

屋顶绿化的类型按使用要求的不同而呈不同形式,通常有以下4种类型。

(1)公共休息型

公共休息型屋顶绿化是屋顶绿化的主要形式之一,这种类型的屋顶花园多建在公共场所,所占面积也较大。在设计上除考虑具有绿化效果外,还应注意其服务功能。在出入口、道路、场地布局、植物配置等方面应适应公众活动、休息、游览等的需要。因此,该类屋顶花园的道路、活动场地一般较宽广,供休息的桌椅等也较多。而植物的种植多采用规则式的种植池,既便于管理,又有较好的绿化效果。

(2)科研、生产型

以园艺科研和生产为主要目的的屋顶绿化形式是科研、教学单位进行科研试验或家庭进行农副业生产的常见形式。此类形式的屋顶花园一般主要配套科研、生产所需的设施如供电、给排水和种植池等以及必需的人行道等设施,较少设置纯观赏的建筑小品等园林设施。多以花卉、盆景、小乔木类或蔓木类果树以及蔬菜等园艺植物的种植为主,也可进行屋顶养鱼等。此类屋顶花园既有绿化效果,又有经济效益。

(3)绿化、美化型

在屋顶全部或绝大部分种植各类草坪、地被或低矮的灌木类观赏植物,形成一层屋顶绿毯,也是屋顶绿化的形式之一。这种绿化形式一般较少或不设道路、小品等,而在屋顶整铺栽培基质或在屋顶边缘增设种植池,种上低矮的植物。这种绿化形式绿化率高,产生的生态效益好。但多以绿化、美化为主要目的,不宜或较少具有休息、游览的功能。多用于高层建筑物前较低矮的裙楼或风景区的低层建筑等。

(4)庭院型

随着城乡人民生活、居住条件的改善,人们越来越多地注重生活环境的质量,屋顶的绿化、美化也日益受到重视,庭院型的屋顶花园也逐渐增多。此类屋顶花园一般面积较小,形式多样,可根据主人的喜好设计棚架、种植池或养殖池等或少量的假山、小品等。植物多以种植池或盆栽的形式种植。

1.2　屋顶绿化的种植设计

屋顶绿化的建设通常包括承重、防水、给排水的设计与施工,种植设计与施工和水景、假山、园林建筑与小品的设计与施工等。在此仅介绍屋顶绿化的种植设计。

1.2.1　屋顶绿化的种植形式

屋顶绿化的主体是各类植物,在屋顶有限的空间和面积里,通常各类草坪、地被、花卉或树木所占比例应在 50% 以上,甚至更高。既然要保持较多数量的植物,就必须在屋顶上应用各种材料,建造形状各异、大小深浅不同的种植区(池),以保证植物赖以生长的环境。目前,屋顶绿化常采用的种植形式有以下类型。

(1)种植池型

在屋顶的承重、防水和排水结构都有保障的基础上,可在屋顶上建设种植池。种植池的大小、深浅应视不同植物种类、规格等要求的种植基质深度等具体情况而定。一般地被植物只需要 20 cm 左右厚的种植基质即可生长;而较高大的树木则需要 80 ~ 100 cm,甚至更厚的种植基质,才能保证其正常生长发育。此外,种植池的建设应考虑屋顶的承重,深厚的种植池必须建在屋顶的承重梁、柱上,不能随意安置。

(2)自然式种植型

大型的屋顶绿化较多采用自然式种植,即在屋顶根据设计直接利用栽培基质堆筑微地形,再在上面种植不同种植深度要求的草坪地被、花卉和树木。其优点是可以营造大面积的绿地,形成一定的绿色生态群落,同时通过利用微地形变化,既丰富了景观的层次,又利于屋顶排水。

(3)复合型

在屋顶绿化的设计中,采用种植池和人工堆筑地形相结合,并可用盆栽植物补充,既可灵活适应屋顶现状要求,又可丰富景观,而且利用盆栽可增加不耐寒植物的应用,但冬季应及时入室养护。

1.2.2 屋顶绿化种植层的构造

种植区是屋顶绿化的重要组成部分,而它的种植层处理完善与否直接关系到屋顶绿化的主体——植物的生长。为了保证植物的良好生长,种植层必须保证植株的固定和植株生长所需的养分、水分等必要条件。同时也应考虑排水及建筑物的承重等要求。一般而言,屋顶绿化种植层的构造主要包括以下方面。

(1)轻型基质的运用

选用轻型基质代替土壤,既可大大减轻屋顶的荷载又可根据不同植物的需要配制养分充足、理化性状适宜的基质;还便于基质的消毒等处理,以减轻病虫害的发生;此外,还有利于通过营养液灌溉进行无土栽培。从而既减少屋顶绿化的人工管理,又能使屋顶植物健壮生长。常用的轻型基质有泥炭、蛭石、砻糠、珍珠岩、椰糠、锯木屑、中药渣等,但锯木屑、中药渣等有机基质应经过腐熟、消毒处理才能使用。

(2)过滤层的设置

为防止基质随浇灌水、雨水或营养液而流失,并导致排水管道的堵塞,应在基质层的底部设置一道过滤层。此过滤层既可以防止基质微粒流失到排水层,又具有良好的渗水性能,以便防止植物根系长期处于过分潮湿甚至积水的环境下。通常过滤层采用特制的玻璃纤维布,也可采用细煤渣代替,或两者结合使用效果更好。

(3)排水层的设置

为及时排掉过多水分,改善种植层的通气状况,并可适当蓄存部分多余的水分,在过滤层下面设置排水层就显得非常必要。排水层应选用通气、排水、蓄水性良好的轻质材料,目前常采用的有膨胀陶粒、轻质骨料、珍珠岩、泡沫塑料等。

1.2.3 屋顶绿化植物的选择

由于屋顶种植条件的变化,屋顶绿化要全面考虑屋顶环境条件的多方面变化,如屋顶光照强、周年和昼夜温差大;风力大、水分蒸发快、湿度低;栽培基质有限、浇水施肥等养护管理不便;以及绿化与屋顶承重和屋顶渗漏等的矛盾。因此,屋顶绿化的植物选择应从以下方面综合考虑:

①应具有生长势强、抗极端气候能力强的特点。

②应具有植株低矮、根系浅的特点。由于屋顶风力大,而种植层又较浅,如种植树冠大的树木,则极易倒伏。

③选用耐夏季炎热、高光强和冬季寒冷的植物种类。

④选择耐粗放管理、耐修剪、生长缓慢的植物。

⑤选择抗污染、抗病虫害能力强的植物。

通常具有上述大部分特点,适宜用于屋顶绿化的观赏植物种类主要有:

①灌木或小乔木类:紫薇、木槿、夹竹桃、女贞、黄杨、金钟、金丝桃、云南素馨、五针松、迎春、龙柏、圆柏、梅花、樱花、海棠、紫叶李、石榴等。

②藤蔓类:紫藤、凌霄、葡萄、金银花、木香、爬山虎、络石、薜荔、扶芳藤、铁线莲、牵牛花、茑萝、观赏瓜类等。

③草本花卉类:一、二年生的如一串红、紫茉莉、石竹、鸡冠花、雏菊、太阳花、翠菊、金鱼草等;多年生的如菊花、萱草、酢浆草、美人蕉、葱兰、随意草等。

④草坪类:如狗牙根、天鹅绒、马尼拉、白三叶、马蹄金、野牛草、黑麦草、高羊茅等。

1.3 屋顶绿化植物的栽培

屋顶绿化由于受建筑承重的限制,在栽培基质的选用上应尽可能采用无土轻型基质,以种植池和人工堆筑地形相结合,并用盆栽植物补充的形式进行植物的种植,效果最好。为了尽量减轻荷载,基质的厚度应控制在最低限度。一般栽植不同植物基质厚度的要求见表10.1。草坪地被、草本花卉等可采用堆筑地形种植,而灌木和小乔木应采用种植池或盆栽方式种植,草坪地被与灌木、小乔木之间以斜坡过渡。

表 10.1　不同屋顶绿化植物种植基质厚度　　单位:cm

	草坪地被	草本花卉	灌　木	小乔木	大乔木
植物生存基质最小厚度	10 ~ 15	20 ~ 30	40 ~ 50	60 ~ 80	80 ~ 120
植物生育基质最小厚度	20 ~ 30	30 ~ 45	60 ~ 80	80 ~ 100	120 ~ 150

常见的无土基质有泥炭、砻糠、椰糠、锯木屑、棉籽壳、蛭石、珍珠岩、煤渣、药渣、造纸废渣、植物秸秆粉碎料等。各地可根据原料的便利条件因地制宜取材,各原料按适当比例混配。配制的复合基质要求具有材料来源容易,成本低廉,质地轻便,具有较好的保肥、保水能力和良好的透气性,且含有一定的肥力,而不含杂草种子和其他植物的成活根茎。一些有机基质使用前应充分腐熟,以防止种植后发酵生热而烧根,并易引起病虫害的孳生。部分种类的基质如砻糠呈强碱性、椰糠含盐量较高,均应充分淋洗后方可使用。在混配材料时应适当添加部分有机肥和化肥,一般可每立方米添加 10 ~ 15 kg 经腐熟除臭并消毒处理的禽粪,1 kg 的过磷酸钙和 1.5 kg 的复合肥。基质的配比可参考以下配方:

①泥炭 : 蛭石 : 砻糠为 1 : 1 : 10

②锯木屑 : 泥炭 : 煤渣为 2 : 1 : 10

③泥炭 : 珍珠岩 : 煤渣为 2 : 1 : 10

基质混配后,应注意调整其酸碱度,以满足植物生长的需要。栽培基质适宜的 pH 值一般在 5.5 ~ 6.8,具体应视植物种类而定。

植物种植并恢复生长后应视气候状况定期灌溉并补充营养。灌溉方式应视具体条件而定,大面积的屋顶花园可安装喷、滴灌装置进行水分和营养液的供应,绿化植被较少的则可直接人工浇灌。养分的供应除采用营养液供应外,也可施用固体有机肥或化肥,或者进行叶面喷施,叶面肥可用 0.1% ~ 0.5% 的磷酸二氢钾和尿素或全营养的商品叶面肥。

任务 2　水面无土栽培技术

2.1　水面种稻无土栽培技术

我国人多地少,可供开发利用的后备耕地资源相对不足,而且这种趋势在相当长的时间内将难以逆转。开发新的粮食增产方式已经成为刻不容缓的课题。据统计,我国现有总面积达 1 300 多公顷的湖泊、水库等内陆水面尚未得到开发利用。为此,由中国水稻研究所等多家科研单位研究开发的水面种稻技术孕育而生,从 1989 年起,中国水稻研究所

着手研究一种能开发利用水域表面的新型水上种植技术，并于1990年在小型池塘中取得了水上种稻的成功。1991—1993年在中国水稻研究所浙江境内选择不同地区的鱼塘、外荡、大型水库、内荡、山塘等5种水域类型进行水上种稻的生态性试验。累计试种双季和单季稻4.33 hm^2，其中最高的双季连作稻和单季稻单产分别达14 985 kg/hm^2 和10 065 kg/hm^2，从而证明，在各种类型水域上种稻具有可行性，且能取得与水田稻相近甚至更高的产量。

2.1.1　水稻的生物学特性

水稻（*Oryza sativa*）植株由根、茎、叶、穗组成，根分为种子根和不定根，茎由节和节间组成，节间分伸长节间和未伸长节间，未伸长节间位于地下，各节间集缩成约2 cm的地下茎，是分蘖发生的部位，称分蘖节。水稻的完全叶具有叶片、叶鞘、叶枕，叶耳、叶舌。水稻的穗为复总状花序或圆锥花序。水稻的颖花实际是小穗，小穗有3朵小花，其中2朵退化成为颖片。水稻的种子由小穗发育而来，真正的种子是由受精子房发育成的具有繁殖力的果实。果实称籽粒或糙米，由果皮、种皮、胚乳与胚组成。

水稻不同生长发育期对环境条件的要求不同。当种子吸水达风干重的23%时即可发芽，但达25%时（饱和吸水量）发芽整齐，在7～32 ℃籼稻比粳稻吸水快。直播时，田间持水量达60%～70%，发芽出苗顺利。发芽最低温度1 0 ℃，而籼稻为12 ℃，适温28～32 ℃，最高温度40～42 ℃。品种间发芽最适温度差异不大，但最低温度差异较大。水稻在水中时胚芽鞘的生长速度远比空气中发芽快，其无氧呼吸系统比旱生作物发达，胚芽鞘伸长是水稻耐水的适应性。微酸性有利于水稻的生长，工厂化育苗时pH调至4.5～5.5可抑制立枯病，易于培养壮苗。分蘖的最低气温15～16 ℃、水温16～17 ℃，最适气温30～32 ℃、水温32～34 ℃，最高气温38～40 ℃、水温40～42 ℃。在分蘖期内日平均温度22 ℃，最高温度27 ℃即可满足分蘖要求。改善光照有利于分蘖。浅插、浅水灌溉有利于分蘖发生，深水或落干则抑制分蘖。开花的最适温度为30～35 ℃，最低15 ℃、最高50 ℃，20～35 ℃范围内，温度越高灌浆速度越快。相对湿度70%～80%有利于开花，灌浆期应避免植株缺水。光照充足光合产物多，结实率与千粒重增加。氮素营养充足可延长叶片功能期，防止早衰。

2.1.2　水稻的类型和品种选择

水稻是世界上播种面积仅次于小麦的重要粮食作物，在中国粮食生产中具有重要的战略地位。栽培稻属于禾本科稻属，目前世界上稻属植物有20多个种，但栽培稻只有两个种，即普通栽培稻和非洲栽培稻。普通栽培稻又叫亚洲栽培稻，叶片及颖壳上有茸毛，叶舌长而尖；非洲栽培稻，叶舌短而圆，叶片及颖壳上无茸毛，称为光身稻。中国是栽培稻起源地之一。中国栽培稻种可分为籼稻和粳稻两个亚种，每个亚种分为早、中稻和晚稻两个群,每个群又分为水稻和陆稻两个型,每个型再分为黏稻和糯稻两个变种。

水面种稻品种必须选择分蘖力强,根系发达的中、矮秆省肥杂交稻和常规稻。据中国水稻研究所试验,水面无土栽培种稻连作早稻品种以中 87-156、汕优 48-2,连作晚稻品种以秀水 11、秀水 48,单季晚稻以协优 46、汕优 10 号(表 10.2)为好。福建省农业科学研究院选用秋光、协优 2 374、汕优 63、威优 77 等品种,也获得了较高的产量。

表 10.2　水面无土栽培种稻主要品种和部分栽培要素

(宋祥甫等,1996)

季　别	品种名称(月/日)	播种期(月/日)	移栽期(月/日)	收获期(月/日)	播种量/($kg \cdot hm^{-2}$)	插秧本数/(本·穴$^{-1}$)	施肥数量,N/($kg \cdot hm^{-2}$)
连作早稻	中 87-156	4/5 ~ 4/12	5/9 ~ 5/13	7/18 ~ 7/30	250 ~ 300	2 ~ 5	187.5 ~ 281.25
	汕优 48-2						
连作晚稻	秀水 11	6/7 ~ 6/30	7/21 ~ 8/3	10/21 ~ 11/9	150 ~ 300	2 ~ 4	18 7.5 ~ 281.25
	秀水 48						
单季晚稻	协优 46	5/16 ~ 6/8	6/20 ~ 7/11	10/5 ~ 11/10	75 ~ 250	1 ~ 2	187.5 ~ 281.25
	汕优 10 号						

2.1.3　栽培床的设置

(1)泡沫板栽培床

泡沫板栽培床是采用聚苯乙烯发泡板作浮床,规格为 150 cm × 100 cm × 5 cm,栽植孔间距 20 cm×15 cm,孔径 4.5 cm,以中泡海绵为基质。浮床间用"U"字形铁丝钩连接,固定方法因水域而异,主要采用围架抛锚法、围栏拉绳法和直接打桩法来固定浮床。

(2)草把栽培床

草把栽培床主要由床框架和浮垫两部分组成。床框架用于支撑和围护浮垫,浮垫由多个长形草把并列在一起,用横杆和纵杆及绳索加以固定。草把选用农作物秸秆如稻草、麦秆、向日葵秆、黄麻秆以及芦苇、山间杂草等材料混合捆扎而成。栽培床的形状和大小视水域面积及方便操作而定,一般长宽以 2 m×1.5 m 为宜。制作时将稻草和芦苇秆各 50% 捆扎成直径 15 ~ 18 cm,长 2 m 左右的草把,将多个草把并列组成宽 1.2 m 左右的浮垫,在浮垫两端和中间各串 1 根(共 3 根)木条或竹片作为纵杆穿过浮垫,再用两根木条或竹片作横杆围护在浮垫两边,并用固定钉固定在纵杆两端作为床框架,如此即成为牢固的栽培床,此床可连续使用 2 ~ 3 年(图 10.1)。

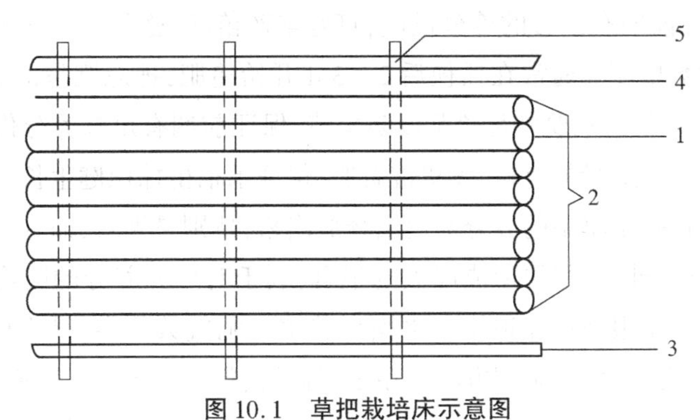

图 10.1　草把栽培床示意图

1—草把;2—浮垫;3—纵杆;4—横杆;5—固定钉

(林仁埙等,1994)

2.1.4　水面种稻的增产机理

吴伟明(1998)研究表明,水面种稻的单产为 8 663 kg/hm^2,比同期种植的水田稻增产 12.5%,增产达显著水平。与水田稻相比,水面种稻具有群体大、个体小的特点,其中平均有效穗数比水田稻增加 29.8%,株高和穗长分别降低 9.6 cm 和 2.5 cm。水面种稻结实率比水田稻提高 18.3%。因此,水面种稻依靠大群体、高结实率,弥补了因个体小、总颖花数较少对产量造成的不利影响,使水面种稻的产量超过水田稻。水面种稻生育前期总干物重积累量与水田稻基本接近,中、后期则明显高于水田稻,抽穗以后的干物质积累量占总干物质积累量较水田稻提高了 3.4%。水面种稻绿叶干物质积累量在前期与水田稻基本接近,中、后期则一直保持比水田稻高 30% 左右的优势。茎鞘的干物质积累量呈现前、中期比水田稻低,但后期却反而高于水田稻的变化趋势,茎鞘的干物质输出率比水田稻低,对产量的贡献不如水田稻。

2.1.5　水面种稻的管理技术

(1)选好品种、合理密植

在选好品种的基础上,针对由于水域中基础肥力明显低于大田,水稻前期养分供应不足,稻苗生长缓慢,分蘖期推迟等实际情况和水面稻生长发育的特点。为取得高产,应在培育壮苗和每丛多插株数的基础上合理密植,一般采用株行距 13 cm × 13 cm 或 13 cm × 16 cm 为宜。

(2)合理施肥、防治病虫害

水面稻的栽培工序较水田稻少,主要管理是合理施肥和病虫害防治。水面稻的环境与大田不同,水域中所含有作物所需要的各种营养元素很少,而且稻床与水面直接接触,存在漏肥现象,因而施肥量要多于水田稻。水面稻施肥应采用少量多次,重头、适中、补尾的技术。为了保证前期有足够的养分供应,打好丰产苗架,施肥上要抓早施,而且每次施用量要少,施肥次数增多。通常在插秧后 2 ~ 3 d 开始追肥,把总肥量的 70% ~80% 于插秧后 20 d 内分次施下,特别要施足磷肥以防坐苗,保证前期有足够养分供应,打下丰产苗架;中期可于表层撒施适量的有机、无机混合肥,保证水稻植株稳健生长;后期由于草把栽培床放到水面数月后,稻草中的养分会逐渐释放出来,特别是钾素,而且稻床内部较疏松,根系容易从间隙穿透伸长,很快形成庞大的根群,利于对外界养分的吸收,为高产稳产提供物质保证,这时采用根外补充追肥。水面稻栽培施肥次数要多,早晚稻施肥次数 5 ~ 6 次,单季稻、再生稻可稍多些;施肥方法采用表层撒施、集中施肥和根外追肥相结合。水面稻通风透光好,病虫害比水田稻少,但在分蘖盛期仍要注意病虫的发生,一般喷农药 2 ~ 3 次。

2.2　蕹菜水面无土栽培技术

蕹菜别名空心菜、藤菜、蕹菜和竹叶菜等,原产中国华南和西南地区的沼泽地带,蕹菜有水蕹和旱蕹两种类型,在《南方草木状》中就有水蕹菜浮于水面栽培较详细的记载。

2.2.1　水蕹菜的生物学特性

水蕹菜(*Ipomoea aquatica* Forsk.)系旋花科牵牛属,为蔓生草本植物,在热带为多年生,在亚热带为一年生。水蕹菜株型半直立,全株光滑无毛;根系发达,须状,白色,主根和不定根均可长达 20 ~40 cm;茎蔓生,中空,分枝性强,茎节各叶腋易生侧枝,节上易生不定根;叶互生,叶柄较长,叶形主要有披针形、箭形、长卵形和近圆形等;花为两性花,单生或集生于叶腋,聚伞花序;花冠由 5 片花瓣合生而成,呈漏斗状;种子饱满,皮厚,坚硬,黑褐色,千粒重 35 ~50 g。

水蕹菜喜温暖,不耐寒。种子或种茎萌发的适宜温度为 25 ~30 ℃,植株生长发育的适宜温度为 25 ~35 ℃,较耐高温,气温高达 35 ~40 ℃时对生育无显著的不良影响;水蕹菜需要强光,为短日照植物;水蕹菜既耐肥、又较耐瘠薄,适于微酸性根际环境(pH5.5 ~6.5);水蕹菜是一种水生或半水生蔬菜,对水分需求很大,在根际介质水分小于 55% 时就会严重影响产量和品质。

2.2.2　水面栽培技术

利用池塘、河湾、湖沼边缘等水面进行浮栽,具有不占用农田和病虫害较少等优点。

水面浮栽应选择水质较肥,含氮、磷较多,风浪较小的水面。适于浮栽的品种有广州白壳、四川大叶蕹、三江水蕹菜等,华南地区于 4 ~6 月,长江流域于 5 ~7 月均可定植。浮栽的方式主要有绳结式和浮毯式两种。无论有根或无根秧苗均可浮水栽植,栽植行距 20 cm、株距 10 cm。绳结式即将秧苗按株行距夹插于在水面上按行距拉起的一条条草绳

或塑料绳上,浮毯式即将秧苗按株行距夹插拉紧、平铺于水面的塑料遮阳网上。绳结式秧苗生长虽然比浮毯式稍慢,但成本比浮毯式低,因此一般在无草食鱼类的水体中都采用绳结式。而在有食草鱼类的水体中必须用浮毯式,否则秧苗会被鱼食尽。有时也可以在一个较大水面同时采用两种浮栽方式,例如,把浮毯式小区设在绳结式小区的外围,兼起防风消浪的作用。为了便于管理和采收,种植区内需要留操作行,每隔1.5 m左右宽的种植带留出0.5 m操作行。

2.2.3　管理技术

浮水栽植,在水位变动较大时应防止蕹菜整株露出水面或淹没水中而造成死亡,必须对塑料绳或网布固定的高度及时进行调整。施肥应根据植株长势、长相以及水质的肥瘦灵活掌握,施肥方式主要有喷洒液肥和叶面肥两种,后者只能起辅助作用。当水质较瘦时可在种植区的表层水中吊挂缓慢释放器,其内装有长效包膜复合肥,进行根部施肥。

任务3　水培与污水净化

水体的富营养化是全球性水环境问题,利用水生或陆生高等植物进行治理已引起人们的普遍重视。20世纪70年代前,国内外利用水生高等植物来净化处理污水,常选用的植物是一般的水生杂草(如凤眼莲、喜旱莲子草和宽叶香蒲等)。实践证明,这些水生杂草植物均对污水有一定净化能力,有些还可以作饲料、肥料或燃料,但总体来说,经济效益不高,有的还存在二次污染问题。20世纪80年代以来一些学者开始利用陆生经济植物对湖泊或污染水体进行无土栽培净化水体研究,如利用水芹、蕹菜、西洋菜、丝瓜等进行水面无土栽培获得成功,取得了较好的环境效益、经济效益和社会效益,减少了二次污染。为富营养水体的净化提供了新的途径,扩大了无土栽培技术的应用范围。

3.1　净化水体植物的种类

常用的净化水体植物有两大类:一类为水生高等植物或湿生植物,其中有一些为水生杂草如凤眼莲、喜旱莲子草和宽叶香蒲;有一些为经济植物如水芹菜、水蕹菜、莲藕、茭白、慈姑、水稻、西洋菜等。另一类为陆生高等植物,如丝瓜、金针菜、鸢尾、半枝莲、大蒜、香葱、多花黑麦草等。此外,还可以结合水面的总体安排,搞一些适合绿化美化的花卉植物,布置一些人工景观,如水面花坛、人工造字等。

3.2　水培载体的选择

因为大多数水培经济植物不能在水面上直立生长,故有必要选择合适的水面漂浮式栽培的载体。不同的经济植物因形态结构和生物学特性不同而需要不同的载体材料，常用的有毛竹载体和泡沫塑料载体，毛竹载体材料来源方便、价格便宜成本低（图 10.2）；而泡沫塑料载体浮力大、经久耐用，但成本较高（图 10.3）。栽培槽体均需要进行固定，防止被大风刮走。

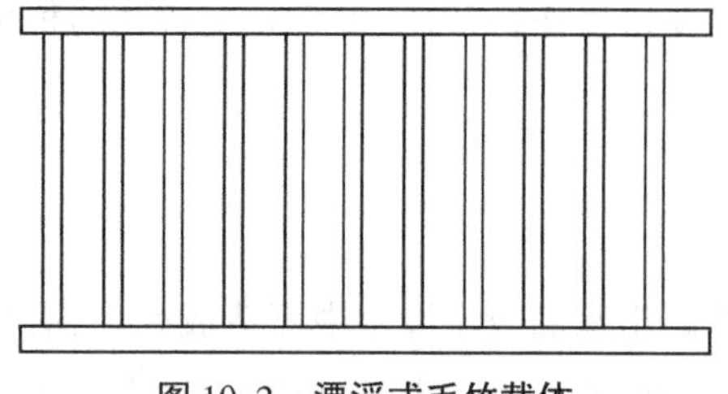
图 10.2　漂浮式毛竹载体

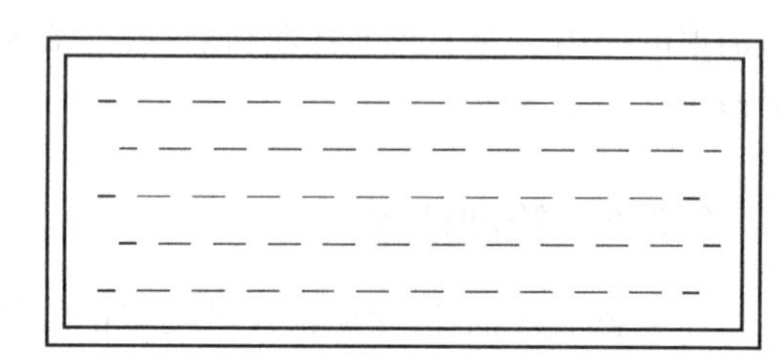
图 10.3　漂浮式泡沫塑料载体

3.3　管理技术要点

利用水生和陆生植物对富营养水体进行净化栽培已经取得一定经验，但要大规模应用还有一段较长的路要走，要将改善水质、社会效益和经济效益相结合。主要管理技术为：

①幼苗的培育：基质常用蛭石、珍珠岩、海绵、岩棉等进行无土育苗。

②栽植后管理：栽植后幼苗尚小，根系不发达，应随时注意由于幼苗根系吸收不到水分而萎蔫的现象；成株期应注意植株长势，防治病虫害，适当打掉过多的老叶。

3.4　净化效果

水培经济植物对酿酒废水都有较好的净化能力。以丝瓜、茭白、水蕹菜、水芹菜和西洋菜为例，当污水停留时间为 120 h 时，它们对废水中污染物的去除率可达：总氮 89.0%～95.9%、氨态氮 93.9%～99.6%、总磷 81.3%～98.6%、化学需氧量（COD_{cr}）35.6%～87.4%，根据污染物去除负荷的计算，则丝瓜每天每千克植物体（鲜重）可以去除啤酒废水中总氮 107.28 mg、总磷 18.96 mg、氨态氮 75.78 mg 和 COD_{cr} 940.1 mg；水芹菜每天每千克植物体可以去除黄酒废水中总氮 35.78 mg、总磷 4.18 mg、氨态氮 20.87 mg 和 COD_{cr} 288.8 mg。而同期的饲料植物，凤眼莲每天每千克植物体可以去除啤酒废水中总氮 45.14 mg、总磷 7.64 mg、氨态氮 11.57 mg 和 COD_{cr}320.9 mg；多花黑麦草每天每千克植物体对啤酒废水的去除负荷为总氮 20.03 mg、总磷 3.56 mg、氨态氮 5.34 mg 和 COD_{cr} 147.5 mg。丝瓜的去除负荷可以与凤眼莲相媲美。水面栽植既可以净化污水，也可以供养殖（养鱼）作饲料，有较高的经济效益，适合于酿酒废水和其他无毒有机废水应用。利用人工基质无土栽培技术净化富营养化水体，把水芹菜、多花黑麦草和水蕹菜等由陆生转变为漂浮式水生，生产实践表明，植物生长良好，能够使富养化水体中的总氮、氨态氮、硝态氮、总磷等的去除率高达 80% 以上（表 10.3）。在富养化水体中，利用人工基质无土栽

培水生经济植物净化水质的静态试验结果表明，在 5—10 月，水蕹菜对总氮、总磷的去除率分别为 81.32% 和 71.34%；在 11—翌年 3 月，水芹菜对总氮和总磷的去除率分别为 82.77% 和 94.77%。经过重金属检测分析，水蕹菜和水芹菜茎叶部分的 Cu、Cd、Pb 和 Zn 含量均处于可食用范围内，符合绿色食品的要求。结合现场试验结果，轮种上述两种经济植物，每平方米每年自水中移除总氮 204.80 g、总磷 24.62 g，并可收获 5 kg/m^2 产品，具有显著的环境和经济效益。所以，在受到有机污染的水体中栽种经济植物净化水质具有广阔的发展前景。

表 10.3　水培植物对污水净化的效果

（刘淑媛，1999）

指　标	多花黑麦草			水蕹菜			水芹菜		
	种植前/(mg·L^{-1})	种植后/(mg·L^{-1})	去除率/%	种植前/(mg·L^{-1})	种植后/(mg·L^{-1})	去除率/%	种植前/(mg·L^{-1})	种植后/(mg·L^{-1})	去除率/%
总氮	12.041	2.075	82.77	11.156	2.022	81.88	11.156	4.107	63.19
氨态氮	9.226	1.890	86.03	8.175	0.821	89.96	8.175	1.703	79.19
硝态氮	10.236	1.982	86.64	8.642	0.500	94.21	8.642	1.804	79.12
总磷	1.652	0.086	94.77	1.544	0.115	92.55	1.544	0.378	75.52
PO_4—P	0.689	0.070	89.83	0.648	0.075	88.43	0.648	0.117	81.79

项目小结

采用无土栽培技术，在建筑物的屋顶、露台、阳台等处进行植物种植绿化和造园称为屋顶绿化。主要介绍了屋顶绿化的设计原则、类型、种植设计及屋顶绿化植物的栽培技术。

水面无土栽培技术可解决我国人多地少，可供开发利用的后备耕地资源相对不足的问题。既是一种新的增产方式，也是无土栽培技术应用领域的拓展。主要介绍水面种稻、蕹菜水面无土栽培。

水培也可以进行污水净化，主要介绍净化水体植物的种类、水培载体的选择、管理技术要点、净化效果。

项目考核

1. 什么是屋顶绿化技术,如何应用?
2. 如何按使用要求合理地设计屋顶绿化?
3. 适宜屋顶绿化的植物有哪些?
4. 举例说明屋顶绿化植物的无土栽培技术?
5. 简述水面栽培设施建造。
6. 什么是水稻水面栽培技术?
7. 净化水体的植物有哪些?
8. 如何选择水培载体?
9. 举例说明水培植物净化能力?

项目11 工厂化无土栽培的生产与经营管理

✲项目目标

❈ 了解无土栽培的生产成本与经济效益,理解工厂化无土栽培的经营思想。

❈ 熟悉工厂化无土栽培的生产工艺流程并能实施科学有效的管理措施。

❈ 掌握工厂化无土栽培生产计划的制订原则、生产工艺流程和无土栽培基地规划设计方法。

❈ 能够科学、合理规划设计无土栽培基地并制订生产计划,有效组织实施。

✲项目导入

随着无土栽培技术的发展、农业产业结构的调整和传统农业同现代农业的转变,无土栽培逐渐成为种苗业和花卉、蔬菜产业重要的技术支撑,无土栽培生产由示范逐步走上了商业化生产,使蔬菜、花卉及其他种苗、无公害农产品工厂化生产在我国变成现实,而且正日益显示出巨大的发展潜力。所谓工厂化无土栽培是以先进的设施装备农业,采用完整而系统的技术规范及生产、加工、销售一体化的经营管理方式组织生产,从而使无土栽培具有生产设施现代化、设备智能化、生产技术标准化、工艺流程化、生产管理科学化等特点,大幅度地提高劳动生产率。在当前的市场经济条件下,从当地自然条件、社会和区域经济发展水平出发,确立正确的经营思想,做好市场调研,科学规划无土栽培基地,合理安排生产计划与工艺流程,加强生产与销售的科学管理,最大程度地降低生产成本,生产出"适销对路"的优质种苗与产品,才能获得更大的经济效益。

任务1 无土栽培基地的规划设计

无土栽培基地规划涉及选址、生产规模与经营方向、栽培项目与栽培方式、设施类型与建造、产品定位与销售、资金投入与员工数量、成本与效益分析等诸多方面。因此,必须立足当前,兼顾长远,全面设计,综合考虑,才能制订出合理的无土栽培基地规划与布局,为下一步组织生产和创收奠定基础。

1.1　无土栽培的基本条件

发展无土栽培生产，必须要具备以下基本条件：

①要有掌握无土栽培的技术管理人员，能正常进行生产管理和操作。

②要有优质的水源，电力供应有保障，不会因中途停电停水而影响营养液的供应。

③不会因水质条件直接影响无土栽培的效果。

④要建有适当的无土栽培栽植系统，无论哪种无土栽培方式，都要求有适合要求的栽培槽、供排液系统和控制系统。

⑤必须具备必要的环境保护设施。

⑥除了全自动控制的现代化无土栽培设施外，无土栽培蔬菜、花卉等无土生产必须在适宜的气候条件和季节下进行。

1.2　基地选址与栽培项目的选择

1.2.1　基地选址

无土栽培基地选址除了上述的一些基本条件外，还应从以下 4 个方面考虑。

(1)经济发达地区、对外开放城市、大中城市郊区

无土栽培技术涉及农业工程、化学、肥料、农作物栽培等多门科学，其技术难度较大，而且还需要一定的设施和装置，供应大量的营养液。以番茄为例，种一季番茄从种到收，每株需要营养液 80 L，按每 667 m^2 种 2 400 株计算，需要营养液 192 t，若每吨营养液的肥料成本为 9 元，则栽培 667 m^2 的番茄其营养的成本就需要 1 728 元。因此，在发展无土栽培时应首先考虑成本的投入，在经济条件差的地方，不可盲目发展无土栽培，而经济发达地区、对外开放城市有能力大资金投入无土栽培，形成规模效益，生产出优质的高档蔬菜、花卉产品，出口或内销均可。特别是随着人民生活水平的提高和健康意识的增强，无公害蔬菜、绿色蔬菜和鲜切花的需求量越来越大，在大中城市郊区从事无土栽培蔬菜、花卉的生产，具有运输和销售方便、就近供应的特点。

(2)自然条件优越、当地政府重视

无土栽培基地要求地势平坦，交通便利，当地的基质资源丰富，水源充足，水质条件好，能源供应正常。另外，当地的大气条件良好，不能受到污染，特别是不能有氟、硫、氮氧化物污染。大气污染主要由工业废气排放、交通运输过程中尾气排放、能源的燃烧等造成。其中工业废气是大气污染的主要污染源，因此无土栽培基地最好远离市区和工业废气排放量大的地区。有风力发电、沼气生产条件的地方，在无土栽培其他条件适宜的前提下，可优先考虑作为无土栽培基地，这样无土栽培可与生态农业、环保农业结合起来。

无土栽培具有高投入、高产出的特点，同时农业又是第一产业和弱势产业，因此最好得到地方政府在政策措施、资金上的大力支持。目前，国家、省、市三级政府重点支持龙头企业和农业高新技术园区建设，各省市相继建立了国家级、省级农业高新技术示范园区，园区内及一些农业上的龙头企业都先后建有自己的无土栽培基地。

(3)选择效益较好的大型企事业单位所在的地区

大型企事业单位效益好，员工数量多，购买力强，有利于有针对性地生产和无土栽培产品的就近销售，而且可利用一些工矿企业的余热进行温室加温、基质消毒等。但是这些企事业单位的“三废”处理要达到国家环保要求。

(4)考虑经营方向和栽培项目

如果从事旅游观光，农业和面向中小学生开展科普教育或生产名优高档花卉和出口蔬菜、无公害蔬菜，无土栽培基地最好建在城郊或农业高新技术园区内；如果经营生态酒店和生态餐厅，最好选择城乡交界处或一些风景区附近。

1.2.2　无土栽培项目的选择

在经济、技术和市场条件都很好的情况下可以发展无土栽培，但要选好栽培项目，应注意以下5点。

①经过市场调研：无论是土壤栽培还是无土栽培在选择栽培项目时首先都要做好市场调查与预测工作。通过科学、细致的市场调查，做好可行性分析和专家论证，才能选准选好项目，可以说做好这项工作是为生产出适销对路的农产品奠定了坚实基础。

②量力而行：无土栽培一次性投资较大，且运转成本较高，技术条件要求严格。因此，必须根据自身资金实力状况和人力、物力条件选择大小适中的栽培项目、栽培方式和生产规模。一般经济欠发达地区、专业户最好选择投资较少、管理简便的基质栽培方式，而且栽培项目和栽培面积不宜太大。

③要明确栽培目的与重点：如果是要彻底解决长期保护地栽培造成的土壤连作障碍问题，则可以发展无土栽培；如果是丰富庭院经济，自产自销，则选择的项目不宜大，投资少，便于管理，而且栽培形式要与庭院整体风格相一致。如果建设生态餐厅、生态酒店，所选择的栽培项目要与当地饮食习惯、整体布局相适应和协调，项目宜小宜大，但要分区依空间和地形确定，新颖别致并兼具观赏性。

④选用适当的栽培方式：无土栽培的类型和方式很多，根据不同地区和经济、技术等条件选用适当方式。尽可能就地取材，简易可行，降低成本。

⑤选择高附加值和高效益的名优花卉和新、奇、特蔬菜作物。

1.3　无土栽培基地规划的主要内容

①投资规模适宜：根据投资规模的大小与管理水平的高低来规划生产面积，切忌产生

因生产面积过大，出现管理水平跟不上、资金和人员不到位的情况。规划场所包括准备区、生产区、产品加工区及办公后勤场所等。

②生产区以3～6个标准大棚(667～1 334 m^2)为1组，便于生产安排与营养液的供应和生产管理。

③栽培床不宜建水泥结构，因其比热大，易渗漏，不能搬迁和拆卸。可采用EPS(聚苯乙烯)发泡材料压模成型栽培槽，可拼接、搬迁，既能作基质培也能作营养液栽培。还可用砖砌成简易的临时栽培床。花卉栽培和工厂化育苗可用角铁焊成活动床架(图11.1)。

④贮液池可置于每组中心棚内的中间位置，一般为地下式，有条件的也可另建设施。

⑤棚内栽培床的设置以3排6条或4排8条为宜(图11.2)。

图11.1　简易活动床架

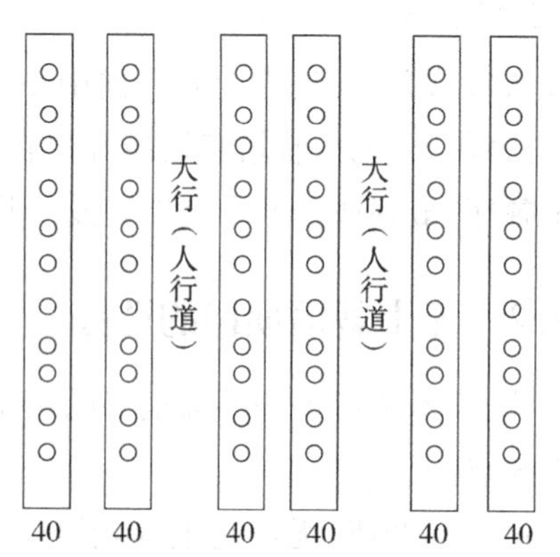

图11.2　标准大棚田间栽培床布局(单位:cm)

任务2　生产计划的制订与实施

2.1　生产计划的制订

2.1.1　生产计划制订的原则与依据

生产计划的制订是工厂化无土栽培的关键和重要依据，如果栽培品种不对路，生产数量不足或生产过量，不能按时提供产品都会造成直接而又严重的经济损失。生产计划制订的原则一般是根据市场需求状况与趋势、生产条件与规模实力、作物生育期与生长习性、供货标准，以及销售目标，并综合考虑生产过程中各个环节的损耗之后，制订出详细的生产计划。

市场需求状况与发展趋势是生产计划制订的重要依据，是基于市场调研而做出的科学预测。影响市场需求的因素很多，如花卉企业在进行预测时，首先要搞好人口数量、年龄结构及其发展趋势的预测。因为人口数量通常决定某地区的平均消费水平，而年龄结

构则影响着花卉产品的结构,如青年人居多的城市,对表达爱情寓意的鲜切花产品需求量大;其次是家庭的收入水平,家庭收入水平的高低决定着花卉消费支出占家庭消费支出的比例,家庭收入越高,对花卉消费量越大;另外要做好市场占有率(即企业某种产品的销售量或销售额与市场上同类产品的全部销售量或销售额之间的比率)的调查与预测。对于花卉产品来说,影响市场占有率的因素主要有花卉的品种、品质、花期、销售渠道、包装、保鲜程度、运输方式和广告宣传等。由于市场上同一种花卉往往有若干企业生产,消费者可任意选择,这样某个企业生产的花卉能否被消费者接受,主要取决于与其他企业生产的同类花卉相比,在品质、价格、花期应时与否、包装等方面处于什么地位,若处于优势,则销售量大,市场占有率高,反之则低。通过市场调研、分析预测,进而得出科学的结论,并以此结论为指导才能确保企业生产经营决策的正确性和生产计划制订的科学合理性,才能增强工厂化无土栽培生产的针对性和市场性,避免生产的盲目性。

订单或合同中规定的供货数量和供货时间也是制订生产计划必须要考虑的重要因素。按照订货量组织生产,按期交货。

2.1.2　生产计划的主要内容

一个完整生产计划主要包括栽培品种与栽培形式、栽培面积与计划产量、栽培季节与茬口安排、产品上市或交货时间等。此外,还有原材料的购入与调配等。

(1)栽培品种与栽培形式

根据市场需求与发展趋势的预测或订货要求来确定工厂化无土栽培的生产品种。品种来源可以是自主繁苗,以种子直播或组织快繁方式获得,实施工厂化繁苗,也可以外购获得种苗,直接进入栽培养护阶段。栽培形式应与品种和生产条件相适应。

(2)栽培面积与计划产量

栽培面积与计划产量由市场需求或订货量决定,同时考虑栽培、采收、包装运输过程中的损耗。栽培面积与计划产量既不能盲目扩大,造成生产成本增加和产品的积压,也不能过于保守,而出现市场供应量或交货量不足的现象。制订生产计划时应结合以往生产和销售的经验来灵活把握尺度。周年多茬次生产时,要将全年的生产任务分解,细化到每个茬次的每个品种。

(3)栽培季节与茬口安排

我国南北气候差异大,栽培种类与品种的习性和环境保护设施条件各不相同,因此在栽培季节与茬口安排上要因地制宜、科学合理,最大限度地减少生产投入和降低能耗,提高复种指数,上市时期最佳,获取的效益最大。工厂化无土栽培周年生产布局可作如下安排:

春番茄—秋番茄

春黄瓜—秋番茄

春番茄(黄瓜)—伏芹菜(青菜)—番茄(生菜)

生菜全年多茬次栽培

蕹菜全年多茬次栽培

西洋芹菜—西洋芹菜

甜瓜—草莓

春哈密瓜—夏小西瓜—秋洋西瓜—冬荷兰青瓜

春洋香瓜—夏小西瓜—秋哈密瓜—冬樱桃番茄

春荷兰青瓜—夏网纹甜瓜—秋哈密瓜—冬荷兰青瓜

春荷兰青瓜—夏小西瓜—秋小西瓜_冬樱桃番茄

春小西瓜—夏网纹甜瓜—秋小西瓜—冬荷兰青瓜

(4)产品上市或交货时间

产品上市时间的确定,一般根据作物种类及品种的生长周期,并结合栽培地区的气候和设施的环境条件,以及基于对以往市场需求的旺淡季和价位高低变化规律来决定。一般传统节日特别是春节、国庆节,需要大量花卉上市,而且一年当中这段时间花价相对较高,选择这个时期上市销售,花卉企业或种植者的经济回报最多。有订单的则按照交货时间的要求,按时交货。根据产品上市或交货时间倒推出播期与植期。

2.2　生产计划的实施

工厂化无土栽培作物,一般采取周年多茬次生产。在生产计划实施过程中应注意以下5点:

①按照每个茬次生产计划的安排和作物的生长周期来组织生产与管理。

②严格执行工厂化无土栽培生产工艺流程(图11.3),规范技术操作行为,保证前后技术环节衔接顺畅,从而保证栽培质量。工厂化无土栽培主要的支撑技术有营养液调配技术、基质消毒技术、工厂化育苗技术、环境调控技术、品质检测技术和采后处理技术等。主要的技术环节有品种选择、基质选择与消毒、播种、定植、环境管理、营养液管理、植株管理、品质检测和采后处理等,要做到品种和基质选择适宜,基质消毒彻底,播期和植期合理,环境、营养液和植株3方面管理科学、到位,产品符合绿色食品标准要求。

③生产部与销售部保持经常性的沟通,以便生产部根据市场需求和趋势情况,及时调整生产计划和上市时间,销售部随时把握产品生产的进程、产品预期上市时间与品质状况,以便统筹销售。

④加强人、财、物的合理调配和环境调控,确保生产性资源充分、合理地使用。

⑤做好因病虫害大量发生和出现灾害性天气而导致作物生产无法进行、严重减产或毁灭性影响的应急预案,使生产损失降至最低。

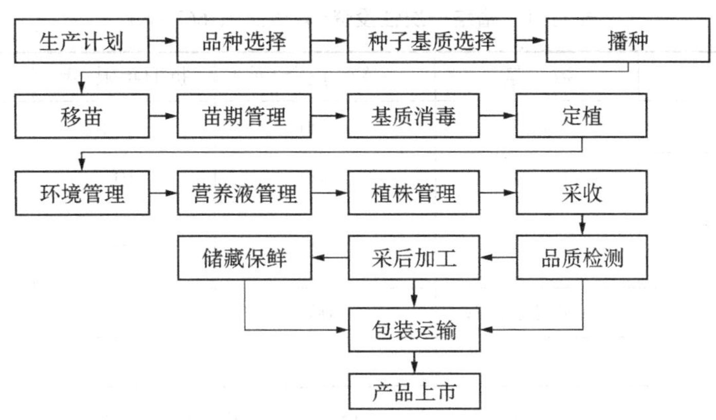

图11.3　工厂化无土栽培生产工艺流程

任务3　无土栽培的生产成本与经济效益

无土栽培是一项高投入、高产出的现代化高新农业技术,其经济效益究竟有多大,要经过科学缜密的经济核算来体现。生产基地或企业在进行经济核算时,一般多进行年度经济核算,即年利润=年总收入-年总成本。也可采用一定时期内的总收入和总投入或按栽培茬次来计算。

3.1　无土栽培的生产成本构成

无土栽培的生产成本由基础建设投资、直接生产成本、销售成本和不可预见费用。其中,基础建设投资包括征税设施建设费用、生产设备购置费等,按年折旧计算每年的投资成本中;直接生产成本包括种子费、肥料费、农药费、水电费、人员工资和其他支出费用;销售成本是指产品市场销售时的各项支出。

3.2　各种无土栽培系统的一次性投资

3.2.1　槽培

槽培的栽培槽可用砖、水泥、混凝土、竹竿或木板条等制成,多用红砖建造。红砖的规格为长24 cm、宽12 cm、高5 cm。栽培槽高20 cm (4块砖叠起),内径宽48 cm (2块砖横放),长度根据温室的地形而定。现代大型温室的栽培槽长度可达30 m;日光温室的栽培槽长度只有5～6 m。砖垒上即可,不用砌,以利于植物根系的通气。栽培槽底部铺一层0.1 mm厚的塑料薄膜,基质填入槽内。每亩槽培设施一次性投资7 200元(表11.1)。

表 11.1 槽培一次性投资(栽培面积:667 m^2)

类　别	数　量	一次性投资/元	折旧年限/年	每年折旧平均/元
基质	30 m^3	2 500	3 ~ 4	625
红砖	1 万块	2 000	10	200
灌溉设备(栽培槽、管道等)		2 000	10	200
聚乙烯薄膜	60 kg(0.1 mm 厚)	700	3	233
合计		7 200		1 258

注:日光温室生产每亩需投资 5 万元,折旧年限 10 年,年均 5 000 元,塑料大棚 5 000 元,年均 500 元,现代化大型温室 10 万元,年均 1 万元。

3.2.2 袋培

用乳白色聚乙烯薄膜(0.1 mm 厚)做成长 70 ~ 100 cm、宽 35 cm 的栽培袋。袋培基质用量每 667 m^2 只需 18 m^3。滴灌供液,每株至少需要安装 1 个滴头。每 667 m^2 袋培一次性投资约需 7 500 元(表 11.2)。

表 11.2 袋培一次性投资(栽培面积:667 m^2)

类　别	数　量	一次性投资/元	折旧年限/年	每年折旧平均/元
基质	18 m^3	1 500	3 ~ 4	500
聚乙烯薄膜栽培袋	60 kg(0.1 mm 厚)	700	3	233
灌溉设备(栽培槽、管道等)		5 300	10	500
合计		7 500		1 233

3.2.3 岩棉培

育苗用的岩棉块规格为 7.5 cm×7.5 cm×5 cm,定植用的岩棉种植垫规格为 100 cm×20 cm×9 cm。岩棉块和种植垫的外面用乳白色塑料薄膜包裹,以防止营养液蒸发。滴灌供液,每株至少设置 1 个滴头。每 667 m^2 一次性投资约 8 500 元。如果营养液循环利用,则投资略高。由于我国农用岩棉的质量还未完全过关,因而限制了岩棉栽培技术在生产上的应用。

3.2.4 基质水培

基质水培是一种基质与水培相结合的栽培方式。栽培槽呈"V"字形,槽口宽 20 cm,槽深 20 cm,槽长一般为 5 ~ 10 m。在槽的中部(离基部 10 cm)有一层铁栅栏,上铺一层纱

网,其上再填入10 cm厚的粗蛭石,铁栅栏下部为流动的营养液。栽培槽略有倾斜,营养液用水泵抽出后从栽培槽高端流向低端,然后进入排水槽,最后又回到营养液池中,进行循环利用。栽培槽可以用土、水泥或铁皮制成。土制栽培槽每667 m^2 一次性投资约5 000元,水泥制栽培槽每667 m^2 一次性投资约8 000元,铁皮制栽培槽每667 m^2 一次性投资约1万元。

3.2.5 营养液膜栽培技术

营养液膜栽培方法是用铁皮或泡沫塑料板或硬质塑料做成深度为10 cm、宽为10 ~ 20 cm的栽培槽,槽长5 ~ 20 m,依温室形状而定。栽培槽也可用水泥砌成,主要种植叶菜类作物。目前生产上使用的营养液膜设备,每667 m^2 一次性投资约3.5万元;简易营养液膜栽培时,每667 m^2 一次性投资也不少于1.5万元。

3.2.6 深液流法和动态浮根法

深液流法和动态浮根法都属于深水栽培法。栽培槽用泡沫塑料板、水泥等制成。槽深10 cm、宽50 ~ 100 cm、长为5 ~ 15 m。每667 m^2 一次性投资不少于1.5万 ~ 2.0万元。

3.2.7 浮板毛管水培法

用聚苯乙烯塑料泡沫板做成栽培槽,长15 ~ 20 m、宽40 ~ 50 cm、高10 cm,槽内铺0.8 mm厚的聚乙烯薄膜,营养液深3 ~ 6 cm,液面漂浮1.25 cm厚的泡沫板,宽12 cm,上覆亲水性的无纺布,两侧延伸入营养液内,营养液循环利用。每667 m^2 地一次性投资需15 ~ 20万元。

3.2.8 有机生态型无土栽培

每667 m^2 有机生态型无土栽培系统的一次性投资为6 300元(表11.3)。

表11.3 有机生态型无土栽培系统一次性投资(栽培面积:667 m^2)

类　别	一次性投资/元	折旧年限/年	每年折旧平均/元
栽培槽框架	2 000	10	200
基质	3 000	3	1 000
塑料软管	200		200
输水管道	500	10	50
塑料薄膜	600	3	200
小计	6 300		1 650

3.3 无土栽培的运转成本与经济效益

运转成本是指无土栽培设施建成后每年的生产成本，主要是每年用于肥料、基质和劳力的费用，它比土壤栽培的成本要高。其他方面的开支基本上与土壤栽培相同。

3.3.1 基质槽培

北京通州宋庄在1990年8月中旬播种的卡鲁索番茄，到1991年2月下旬开始收获，每667 m^2 产番茄5 000 kg，按平均4元/kg计，收入2万元；春茬于3月中旬定植伊丽莎白甜瓜，6月收获，每667 m^2 产甜瓜1 000 kg，平均售价7元/kg，收入7 000元。基质栽培10个月，每667 m^2 产值2.7万元，扣除设备、肥料和人工的成本7 000元，每667 m^2 盈利2万元。而同期的土壤栽培每667 m^2 收入为1.2万元，扣除人工费和肥料费4 000元，每667 m^2 盈利8 000元，显然无土栽培的经济效益高于土壤栽培。

3.3.2 蛭石培

山东省胜利油田及其附近的土壤严重盐渍化，连作病害多。胜利油田采用蛭石作基质，进行无土栽培番茄和黄瓜，取得了很好的经济效益(表11.4)。

表11.4 胜利油田无土栽培与土耕地栽培产量产值比较

作物	栽培方式	产量 /($kg \cdot 667\ m^{-2}$)	产值 /(元 · 667 m^{-2})	增产 /%	生产成本 /(元 · kg^{-1})
番茄	无土栽培	6 916	10 237	327	0.55
	土壤栽培	2 376	3 123	100	0.68
黄瓜	无土栽培	5 970	8 088	463	0.34
	土壤栽培	2 235	1 746	100	0.61

3.3.3 有机生态型无土栽培

经甘肃酒泉生产核算，每座日光温室(长50 m，宽7 m)，不计温室建造成本，进行常规土壤栽培蔬菜一次性投入约为2 041元，采用日光温室有机生态型无土栽培，一次性投入总成本为3 190元，较常规温室土壤栽培多投入了1 149元，主要是基质、栽培槽建造和砖的投入，但是基质可连续使用5年以上，砖可利用10年以上，其折合每年的投资成本仅为306元。而无土栽培在农药、化肥、水电费的投入上每年可节省成本631元，按照每年折旧生产成本相比较，采用日光温室有机生态型无土栽培生产成本要比常规日光温室土壤栽培每年节省成本325元(表11.5)。

表 11.5　日光温室有机生态型无土栽培与常规栽培生产成本分析

投入品		单位	单价/元	数量		金额/元			
				无土栽培	常规栽培	无土栽培		常规栽培	
						总成本	折旧成本	总成本	折旧成本
1	砖	块	0.10	5 000	—	500	50	—	—
2	编织袋	条	0.30	500	—	150	30	—	—
3	有机质	m^3	50	25	—	500	100	—	—
4	炉渣	m^3	25	15	—	500	100	—	—
5	衬膜	kg	13	10	—	130	26	—	—
6	灌溉系统	套	500	1	1	500	100	500	100
7	防虫网	m	1.5	50	50	75	15	75	15
8	育苗基质	袋	20	4	4	80	80	80	80
9	地膜	kg	13	5	5	65	65	65	65
10	农药	kg		3	7.8	195	195	596	596
11	肥料	kg	2.2	255	344.2	295	295	455	455
12	水电费	m^3				150	150	220	220
13	反光幕	m	1.5	50	50	50	10	50	10
合计						3 190	1 216	2 041	1 541

有机生态型无土栽培生产的蔬菜与其他方式生产的蔬菜一样，经济效益与市场分不开，根据甘肃酒泉几年的投资收益计算，产投比约为(10～15)∶1，具有较高的投资回报率，现以茄子为例，每年每亩茄子平均产量为 6 384 kg，按一般市场平均单价 3.2 元/kg，则销售收入为 6 384 kg×3.2 元/kg＝2.04 万元，扣除生产成本 0.25 万元，则纯收入为 1.79 万元(亩/年)。如按高档精品蔬菜的价格出售给高级饭店、宾馆或出口，则产值和利润更高。如进行规模化生产(6.67×10^4 m^2 以上)，其利润更为可观。

3.3.4　台湾小白菜 DFT 水培

我国台湾地区在 20 世纪 60 年代末至 70 年代初，就开始研究无土栽培，现已研究成功不同方式的深液流水培系统。目前，台湾地区无土栽培的主要作物为叶菜类。台湾地区无土栽培是在塑料大棚内进行的，建造 1 000 m^2 的大棚需台币 30 万元，无土栽培设备需要 35 万元，黑色聚乙烯薄膜 700 m^2，栽培床架 40 组，空气混入器和排液器各 50 个，营养液池 4 个，水泵 8 个等，投资为 63.37 万元，设备和大棚的总投资为 93.37 万元。以小白菜为例，估算其年收益(表 11.6)。目前还在研究如何降低生产成本和提高效益的问题，力求加速推广无土栽培技术。

表 11.6　台湾小白菜 DFT 水培年收益(1 000 m^2)

项　目	金　额
收入:	
年生产量	2 844 kg/次×16 次=45 504 kg
单价	30 元/kg
毛收入	1 365 120 元
支出:	
种子费	4 000 元
海绵费	82 000 元
营养液	25 600 元
电费	48 000 元
水费	12 000 元
消毒药剂	6 000 元
人工费(工人 2 人)	10 000 元/月×12 月×2=240 000 元
设备折旧费	344 330 元
包装材料费	150 000 元
包装损耗费	135 000 元
总计	1 046 930 元
净收益	318 190 元
所得率	22.30%

注:表中所示“元”指“台币”。

任务 4　工厂化无土栽培的经营管理

4.1　经营思想

经营,就是在一定的社会制度和环境条件下,将劳动力、劳动资料和劳动对象结合起来,进行产品的生产、交换或提供劳务的动态活动。管理是指为了实现预定目标,对其经营活动中的劳动力和物资等进行计划、组织、协调、控制、监督的过程。没有管理人们就无法从事社会生产活动。工厂化无土栽培的经营要树立市场观念、竞争观念、素质观念、效益观念、人才观念、信息观念、法制观念,抓好生产与销售管理。为了生产出更多质优价廉的产品,满足广大消费者的不同需要,应积极抓好以下 5 个方面。

4.1.1　以市场需求为导向

首先要瞄准前沿市场，寻找市场隙缝，前沿市场在其超前性、高科技性，其背后往往蕴含着大量新商机；其次要研究各地的政策动态和消费趋势，从价格、消费者需求、消费者心理 3 个方面来分析，把握市场机会。在对市场的需求做出相对准确的预测后，制订企业经营销售计划，组织生产，才能保证产品有销路，企业有效益。

4.1.2　选择名特优新的高档作物种类，提高产品价值

工厂化无土栽培基础设施先进，温室环境可以控制，运行费用较高，若主要生产普通蔬菜、花卉品种等，就发挥不了其设备和技术的优势，效益也就得不到提高，因此，要针对市场需要，结合当地的经济水平和市场状况，在科技含量和品质上提高层次，生产出市场上需要的高附加值的园艺经济作物和高档的园艺产品，才能卖到好的价格，实现较高的经济效益。

4.1.3　树立企业品牌

工厂化无土栽培以生产名特优高档花卉、蔬菜及其种苗为主，要坚持“品质第一”的方针，不断提高产品品质，确保比其他同类企业生产的产品品质优、价格低，在市场上占一席之地。克服以往规模小、种植品种“小而杂”、形不成市场的缺点，瞄准几个主打种类，不断扩大规模、形成拳头产品，提高规模效益。在不断做大、做强的基础上，争取产品走向国际市场。

4.1.4　做好产后工作，提高生产效益

工厂化产品生产是按照工厂化生产流程进行的，要求生产、加工、储藏、销售一条龙服务。在做好产前、产中工作的基础上，也应在产后保鲜处理、深加工处理和销售服务方面下功夫，因为产后包装直接影响产品的品质和交易价格。分级包装工作做得好，很容易激发消费者的购买欲望，提高消费者的购买信心，促进产品市场销售。

4.1.5　以销定产，产销结合

无土栽培生产的花卉、蔬菜种苗生命周期短，销售时效性强，如果不能及时销售出去，产品价值不能实现，养护费用增加，就会影响经济效益的实现，要充分认识到销售工作的重要性，坚持以销促产、以产保销、协调发展的原则，稳步开拓市场。

4.2　管理措施

工厂化无土栽培设施先进，技术精良，但经济效益的实现离不开科学的管理，只有在

有计划、有组织、科学而有序的管理体制下才能有效地组织生产，不断开拓市场，实现经济效益的不断提高。

4.2.1 机构设置

围绕生产与销售需要，无土栽培企业的经营管理至少要设立营销、生产两个部门，各负其责，通力合作。生产部门负责综合平衡生产能力，管理生产过程，科学制订和执行生产计划，合理组织生产并积极调度，确保按时、保质、保量的生产出适销对路的产品，用最小的合理投入达到最大产出的管理目的。

(1)生产部的主要职责

生产部主要对生产各环节实施管理、监督、协调和服务。主要职责如下：

①负责组织编制年、季、月度计划并及时组织实施、检查、协调、考核；密切配合营销部门，确保产品合同的履行。

②做好生产人员的管理工作，并对其业务水平和工作能力定期检查、考核。

③根据市场需要，开发新产品，编制生产操作规程，组织试生产，不断提高产品的市场竞争力。

④组织现场管理、过程管理，确保产品品质优良；及时总结经验，发现问题并提出整改意见。

⑤合理安排作业时间，降低生产成本。

(2)营销部的主要职责

营销部主要对公司各销售环节实施管理、监督、协调和服务。主要职责如下：

①负责制订销售管理制度。拟订销售管理办法，建立销售管理渠道，协调、指导、检查、考核。

②负责编制年、季、月产品销售计划，并随时关注生产计划的完成进度，监督产品品质。

③及时做好对外销售点的联络工作，组织产品的运输和调配。

④积极开展市场调查、分析和预测。做好市场信息的收集、整理和反馈，掌握市场动态，做好广告宣传，努力拓宽业务渠道，不断扩大公司产品的市场占有率。

⑤负责做好产品的售后服务工作，经常走访用户，及时处理好用户投诉，保证客户满意，提高企业信誉。

4.2.2 过程管理

(1)完善制度，制订并执行技术规范与技术规程

加强制度建设，有利于建立良好的生产秩序，提高技术水平，提高产品品质，降低消耗，提高劳动生产率和降低产品成本。技术规范与规程是进行技术管理的依据和基础，是

保证生产秩序、产品品质、提高生产效益的重要前提。管理过程中要根据具体的生产内容，对不同产品的生产技术、采后处理技术、包装标准及病虫害防治等方面提出标准化生产的要求，制订详尽的操作规程与技术标准；做好生产过程监测，并做到责任落实到人，不等不靠，出现问题，及时处理，例如在无土栽培的生产过程中，一旦发生病虫害、营养液的pH值和浓度不合适时，要及时采取喷施农药，添加营养，调节pH值等处理措施，确保作物生长健壮。

(2)管理档案完善，过程记录详细

建立管理档案，列出需要记录的项目，制成表格和工作日记，逐项进行登记，这样才能对生产中出现的问题作科学的分析并得到有效的解决。主要记录项目包括生产过程的各个关键环节，从种苗采购、定植时间、棚室温湿度管理、作物生育时期、病虫害发生与防治情况，一直到产品采收、产后处理、出厂等都要做好记录，注意数据记录要及时、真实、规范，以便监测生产过程，比较生产效率，不断提高管理水平。

4.2.3　生产管理

生产管理就是计划、组织、协调、控制、监督生产的过程。蔬菜、鲜切花、盆花、种苗等工厂化无土栽培项目生产各有特点，生产组织与管理方面的要求也各不相同。因此，要实现预定生产目标，必须做好以下4点：

①制订科学、合理的生产计划。

②组织实施阶段实行责任制管理和奖惩制，层层落实岗位职责和任务，奖优罚劣，确保按时完成工作任务。

③生产部门管理人员要对生产计划负总责，从任务下达到组织生产、任务完成，对每个生产环节都要及时检查、全面监控。

④加强管理，降低成本。在满足生产需要的前提下，通过管理水平的提高来减少浪费，降低生产成本，降低不必要的开支，提高经济效益。

4.2.4　员工培训

员工素质的高低，往往决定企业在产品品质、市场营销和服务水平上是否具有优势，而且无土栽培技术本身要求管理人员具备一定的文化素质和技术水平，否则难以取得良好的种植效果。因此，加强员工培训，提高员工业务素质，对于生产目标的实现有着举足轻重的作用。员工培训的内容主要包括两个方面：

①对企业管理制度的了解、熟悉。

②生产、销售各岗位应具备的专业基础知识、专业技术、操作技巧等，如病虫害防治、营养液调配、生产管理等。

4.2.5 销售管理

做好无土栽培生产的销售及售后服务，对于提高公司知名度，占领市场，具有相当重要的作用，优质的服务将给公司带来更多的客户群体，反之将丧失利润的源泉。国内外一些知名的花卉公司、种苗公司在这方面的做法值得借鉴。总结起来，销售管理主要围绕以下4个方面进行：

①建立完善的销售管理制度：明确销售部经理、主管、推销员的工作职责及奖惩政策，权责明确。制订年、季度营销计划并进行任务分解，实行目标管理，量化考核，并定期进行总结检查。

②重视信息管理工作：认真做好市场调查，及时反馈，便于生产部门及时调整生产计划；每月对当月产品推广进行总结，并针对相关问题提出解决办法，针对问题及时调整营销思路，制订相应的营销计划方案。

③建立布局合理的营销网络：确保营销渠道畅通无阻，不断拓展公司的发展空间。

④提高售后服务质量：为了提高产品售后服务质量，应建立完备的售后服务体系。一是建立各级客户资料档案，保持与客户之间的良好合作关系，加强联系；二是建立客户反馈机制，不定期对客户群进行电话回访，征询客户的意见和问题，并及时给予答复。三是加强技术服务工作，免费为客户提供培训服务、技术指导服务，满足客户的需要。

项目小结

工厂化无土栽培的生产与经营管理包括：无土栽培基地的规划设计，生产计划的制订与实施，估算无土栽培的生产成本与经济效益，工厂化无土栽培的经营思想与管理措施。

无土栽培生产具备的基本条件：①要有掌握无土栽培的技术管理人员；②要有优质的水源，电力供应有保障；③水质条件适宜；④建有适当的无土栽培设施；⑤具备必要的环境保护设施；⑥适宜的气候条件和季节。无土栽培基地选址注重：经济发达地区、对外开放城市、大中城市郊区；自然条件优越、当地政府重视：考虑经营方向和栽培项目；选择效益较好的大型企事业单位所在的地区。无土栽培项目选择要注意：经过市场调研；量力而行；明确栽培目的与重点；选用适当的栽培方式；选择高附加值和高效益的名优花卉和新、奇、特蔬菜作物。

经营思想：以市场需求为导向；选择名特优新的高档作物种类，提高产品价值；树立企业品牌；做好产后工作，提高生产效益；以销定产，产销结合。

管理措施：合理设置机构，制订生产部、营销部的主要职责；抓好过程管理，完善制度，制订并执行技术规范与技术规程，管理档案完善，过程记录详细；细化生产管理；注重员工培训；完善销售管理。

项目考核

1. 如何理解无土栽培基地选址与栽培项目选择的重要性?
2. 无土栽培为何一定要有适当的设施与装置?
3. 无土栽培的基本条件有哪些?
4. 结合实际,谈谈如何做好某一地区无土栽培基地的规划设计。
5. 如何高效实施工厂化无土栽培的生产与经营管理?

项目12　技能训练

技能训练1　水质化验

1.1　技能训练目标

①熟练掌握水质化验的方法,掌握指示剂的应用条件和终点变化。

②操作方法规范,结果准确、可靠。

1.2　技能训练准备

1.2.1　材料与药剂

自来水、蒸馏水、纯净水。药剂及配制分列如下:

①6 mol/L NaOH 溶液

②$NH_3(aq)$—NH_4Cl缓冲液(pH 值 10):取 6.75 g NH_4Cl 溶于 20 mL 水中,加入 57 mL 氨水(15 mol/L),然后用水稀释到 100 mL。

③0.5%铬黑指示剂:铬黑 T 与固体无水 Na_2SO_4 或 NaCl 以 1∶100 比例混合,研磨均匀,放入干燥的棕色瓶中,保存于干燥器内。

④1%钙指示剂:钙指示剂与固体无水 Na_2SO_4 以 2∶100 比例混合,研磨均匀,放入干燥的棕色瓶中,保存于干燥器内。

⑤0.01 mol/L Mg^{2+}标准溶液:准确称取 0.615 8 g $MgSO_4 \cdot H_2O$ 溶于少量水中,转入 250 mL 容量瓶中,稀释至标线。

⑥0.01 mol/L EDTA 溶液:称取 3.7 g EDTA 二钠盐溶于 1 000 mL 纯净水中。若有不溶残渣.必须过滤除去。

标定:用 25 mL 移液管吸取 Mg^{2+}标准溶液于 250 mL 锥形瓶中,加水 150 mL,加入氨水-氯化氨缓冲液 5 mL,铬黑指示剂 30 mg,用 EDTA 溶液滴定,不断搅拌,滴定至溶液由酒红色变成纯蓝色,即为终点。

1.2.2 仪器与用具

托盘天平(或分析天平)、碱式滴定管、50 mL 量筒、400 mL 烧杯、250 mL 锥形瓶、干燥器、pH 计或 pH 试纸、甘油。

1.3 方法步骤

1.3.1 Ca^{2+}的测定

用量筒称取水样 50 mL 倒入锥形瓶中,然后用移液管加入浓度为 6 mol/L 的 NaOH 溶液 1.5 mL,用酸度计或 pH 试纸检测,使溶液的 pH 值大于 12。向溶液中加入钙指示剂约 30 mg,用 EDTA 溶液滴定。当溶液变为纯蓝色时,即为终点,记下所用体积(V_1),再用同样方法测定 1 份。注意滴定过程中要充分摇匀,特别是接近终点时,必须慢慢滴加,否则容易造成 EDTA 过量。

1.3.2 Ca^{2+}、Mg^{2+}总量的测定

取水样 50 mL 于锥形瓶中,加氨水-氯化氨缓冲液 5 mL,铬黑指示剂 30 mg,然后用 EDTA 溶液滴定。当溶液由酒红色变为纯蓝色时,即为终点,记下所需体积(V_2)。再用同样方法测定 1 份。

1.3.3 计算

按下列公式计算出每升水样中 Ca^{2+}和 Mg^{2+}的含量(mg/L)。

$$\rho(Ca^{2+}) = \frac{c_{EDTA}V_1 \times M(Ca)}{50/1\,000}$$

$$\rho(Mg^{2+}) = \frac{c_{EDTA}(V_2 - V_1) \times M(Ca)}{50/1\,000}$$

注意事项

①测定 Ca^{2+}和 Mg^{2+}含量时要求溶液调至不同的 pH 值。

②滴定时要细心、耐心,开始时速度可以稍快,接近终点应稍慢,同时注意颜色变化,溶液原来的颜色消失即为滴定终点。

③当溶液中 Mg^{2+}含量较高时,水样中加入 NaOH 后会产生 $Mg(OH)_2$ 沉淀,使结果偏低或终点不明显(因 $Mg(OH)_2$ 沉淀吸附了指示剂),可将溶液稀释后再测定。

思维拓展

①营养液对水质有何要求?

②如果 Ca^{2+}、Mg^{2+}含量偏高时,在配制营养液时应如何调整?

知识链接

用络合滴定法测定水中 Ca^{2+}、Mg^{2+} 的含量的原理

络合滴定法最常用的络合剂是 EDTA(H_2Y^{2-}),用 EDTA 测定 Ca^{2+}、Mg^{2+} 时,通常在两种等分溶液中分别测定 Ca^{2+} 和 Ca^{2+}、Mg^{2+} 总量。Mg^{2+} 量可以用 EDTA 量的差数求出。在测定 Ca^{2+} 时,先用 NaOH 调节 pH 到 12,则 Mg^{2} 生成难溶性的 $Mg(OH)_2$ 沉淀,此时加入钙指示剂,它只能与 Ca^{2+} 络合呈红色。当加入 EDTA 时,则 EDTA 首先与游离 Ca^{2+} 络合,然后夺取已和指示剂络合的 Ca^{2+},而使指示剂游离出来,溶液由红色变成蓝色。由 EDTA 标准溶液的用量可计算出 Ca^{2+} 的含量。在测定 Ca^{2+}、Mg^{2+} 总量时,在 pH 为 10 的缓冲液中,加指示剂铬黑 T(H_2In)之后,因稳定性排序为 $CaY^{2-}>MgY^{2-}>MgIn^{-}>CaIn^{-}$,故铬黑 T 先与部分 Mg^{2+} 络合为 $MgIn^{-}$(酒红色)。当滴入 EDTA 时,则 EDTA 首先与 Ca^{2+}、Mg^{2} 络合,然后再夺取 $Mg In^{-}$ 的 Mg^{2+},使铬黑游离,溶液由酒红色变为天蓝色。指示已达等当点。从 EDTA 标准溶液的用量就可计算样品中的钙、镁总量。

技能训练 2　电导率仪的使用

2.1　技能训练目标

①熟悉电导率仪的构造,测量结果准确,熟练掌握电导率仪的使用方法。
②操作规范、熟练,结果可靠。

2.2　技能训练准备

2.2.1　材料与药剂

氯化钾标准溶液、待测营养溶液。

2.2.2　仪器与用具

DDS-11D 型电导率仪、笔式电导率仪、500 mL 烧杯。

2.3 方法步骤

2.3.1 DDS-11D 型电导率仪的使用

DDS-11D 型电导率仪的构造见图 12.1,其使用方法如下:

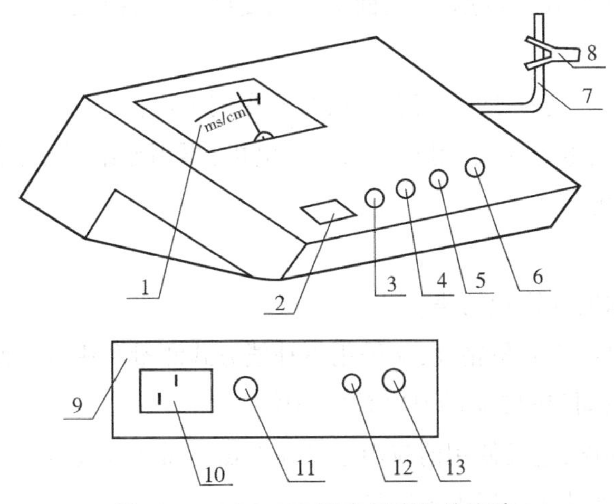

图 12.1 DDS-11D 型电导率仪的构造

1—表头;2—电源开关;3—温度补偿调节器;4—常数补偿调节器;

5—校正调节器;6—量程开关;7—电极支架;8—电极夹;9—后面板;

10—电源插座;11—保险丝座;12—输出插口;13—电极插座

①电极的使用:按被测介质电阻率(电导率)的高低,选用不同常数的电极,并且测试方法也不同。一般当介质电阻率大于 10 MΩ · m(小于 0.1 μS/cm)时,选用 0.01 cm^{-1} 常数的电极且应将电极装在管道内流动测量。当电阻率大于 1 MΩ · m(小于 1 μS/cm)小于 10 MΩ · m (大于 0.1 μS/cm)时,选用 0.1 cm^{-1} 常数的电极,任意状态下测量。当电导率在 1 μS/cm ~ 100 μS/cm 时,选用常数为 1 cm^{-1} 的 DJS-1C 型光亮电极。当电导率为 100 μS/cm ~ 1 000 μS/cm 时,选用 DJS-1C 型铂黑电极,在任意状态下测量。当电导率大于 1 000 μS/cm 之间时,选用 DJS-10C 型铂黑电极。

②调节“温度”旋钮:用温度计测出被测介质的温度后,把“温度”旋钮置于相应介质温度的刻度上。注意:若把旋钮置于 25 ℃线上,仪器就不能进行温度补偿(无温度补偿方式)。

③调节“常数”旋钮:即把旋钮置于与使用电极的常数相一致的位置上。

对 DJS-1C 型电极,若常数为 0.95,则调在 0.95 位置上。

对 DJS-10C 型电极,若常数为 9.5,则调在 0.95 位置上。

对 DJS-0.1C 型电极,若常数为 0.095,则调在 0.95 位置上。

对 DJS-0.01C 型电极,若常数为 0.009 5,则调在 0.95 位置上。

④把“量程”开关扳在“检查”位置，调节“校正”使电表指示满度。

⑤把“量程”开关扳在所需的测量挡。如预先不知被测介质电导率的大小，应先把其扳在最大电导率挡，然后逐挡下降，以防表针打坏。

⑥把电极插头插入插座，使插头的凹槽对准插座的凸槽，然后用食指按一下插头顶部，即可插入。拔出时捏住插头下部，往上一拔即可，然后把电极浸入介质。

⑦将“量程”开关扳在黑点挡，读表面上行刻度(0～1)；扳在红点挡，读表面下行的刻度(0～3)。

⑧从 10 mV 输出端连接至自动记录仪，观察在测量过程中电导率的变化情况。

⑨测量完毕，关闭电源开关，用蒸馏水冲洗电极，再用滤纸吸干，罩上保护罩，将电极拆下，放入电析盒即可。

注意事项

①在测量高纯水时应避免污染。

②若需要保证高纯水测量精度，应采用不补偿方式测量利用查表而得。

③温度补偿采用固定的 2% 的温度系数补偿。

④为确保测量精度，电极使用前应用小于 0.5 μS/cm 的蒸馏水（或去离子水）冲洗两次，然后用被测试样冲洗 3 次后方可测量。

⑤电极插头、插座绝对禁止沾水，以免造成不必要的测量误差。

⑥电极应定期进行常数标定。

⑦测量时电极的铂片部分应全部浸没在溶液中。

⑧待测溶液的容器必须清洁，无离子沾污。

⑨待测液中不应含有杂质，清晰透明，因为杂质会吸附在电极铂片上，损害铂黑层，引起测量误差。

2.3.2 便携式电导率仪的使用

HI98360N 便携式电导率仪如图 12.2 所示。其使用方法如下：

①打开仪器后面的电池盖，将 4 节 AA 碱性电池按照机箱内指示的“+”“-”，方向装入机箱，盖上电池盖。

②拔下保护罩。

③打开电源，预热 3 s。

图 12.2 HI98360N 便携式电导率仪

④将电导电极插入待测溶液，稳定 3 s 后读数。

⑤测量完毕，取出电导率仪，关闭电源，用蒸馏水冲洗电导电极，再用滤纸吸干，罩上保护罩即可。

注意事项

①使用 HI98360N 便携式电导率仪,电导率仪插入待测液,液面不能超过 MAX 标线,其他注意事项同 DDS-11D 型电导率仪;

②高纯水倒入容器后应迅速测量,否则电导率降低很快。

技能训练 3　EDTA-Fe 及其他金属螯合物的自制方法

3.1　技能训练目标

现在无土栽培生产中常用螯合铁(EDTA-Fe、EDDHA-Fe)等来作为铁源,以解决无机铁源($FeSO_4$)在营养液中由于受环境因素(pH 升高、空气氧化等)的影响而变为无效的问题。通过螯合铁的配制学会用硫酸亚铁或其他无机金属盐和乙二胺四乙酸二钠盐来自制 EDTA-Fe 或其他金属螯合物的方法。

3.2　技能训练准备

3.2.1　材料与药剂

乙二胺四乙酸二钠[$(NaOOCH_2)_2 \cdot NCH_2CH_2 \cdot N \cdot (CH_2COOH)_2 \cdot 2H_2O$、EDTA-$Na_2$]、硫酸亚铁($FeSO_4 \cdot 7H_2O$)、硫酸锰($MnSO_4 \cdot H_2O$)、硫酸锌($ZnSO_4 \cdot 7H_2O$)、硫酸铜($CuSO_4 \cdot 5H_2O$)、纯水。

3.2.2　仪器与用具

电子分析天平(感量 0.01 g)、磁力搅拌器、烧杯(500 mL、1 000 mL)、容量瓶(1 000 mL)、棕色试剂瓶(1 000 mL)、电炉、标签纸、玻璃棒、钢笔、记号笔等。

3.3　方法步骤

3.3.1　0.05 mol EDTA-Fe 储备液的配制

①先配制 0.1 mol EDTA-Na_2 溶液。称取乙二胺四乙酸二钠(EDTA-Na_2)37.7 g 于一烧杯中,加入 600 ~ 700 mL 新煮沸放冷至 60 ~ 70 ℃的温水,搅拌至完全溶解。冷却后倒入 1 000 mL 容量瓶中,加入新煮沸放置冷却的纯水至刻度,摇均匀。此溶液即为 0.1 mol EDTA-Na_2 溶液。

②再配 0.1 mol 硫酸亚铁溶液。称取硫酸亚铁($FeSO_4 \cdot 7H_2O$)27.8 g 于一烧杯中,加入约 600 mL 新煮沸放置冷却的纯水,搅拌至完全溶解,再倒入 1 000 mL 容量瓶中,加水至刻度线,摇匀。此溶液即为 0.1 mol 硫酸亚铁溶液。

③将已预先配制好的 0.1 mol 硫酸亚铁溶液和 0.1 mol EDTA-Na_2 溶液等体积混合,即得 0.05 mol EDTA-Fe 储备液。该溶液含铁量为 2 800 mg/L。可按实际需要来加入 EDTA-Fe 储备液。

3.3.2 其他金属螯合物的配制

按下表分别称取无机金属盐,按上述方法分别配制 0.1 mol EDTA-Na_2 和金属盐溶液,然后等体积混合,所得的溶液即为 0.05 mol 金属螯合物溶液。

金属	所用的金属盐			配制 1 000 mL 溶液所需金属盐用量/g	0.05 mol金属螯合物溶液中金属含量/($mg \cdot L^{-1}$)
	名称	分子式	分子量		
铁	硫酸亚铁	$FeSO_4 \cdot 7H_2O$	278.01	27.8	Fe:2 792
锰	硫酸锰	$MnSO_4 \cdot H_2O$	169.01	16.9	Mn:2 747
锌	硫酸锌	$ZnSO_4 \cdot 7H_2O$	287.54	28.8	Zn:3 269
铜	硫酸铜	$CuSO_4 \cdot 5H_2O$	249.68	25.0	Cu:3 177

注意事项

也可用氯化物来代替上表中的各种硫酸盐,但用量必须经过换算。

技能训练 4 营养液的配制

4.1 技能训练目标

①了解营养液的配制原则。

②熟练掌握母液和工作液配制方法。

③能按照作程序规范、熟练地操作。

④营养液配制准确,无沉淀现象发生。

⑤营养液标识清晰,记录完整。

4.2　技能训练准备

4.2.1　材料与药剂

配制日本园试配方(表12.1)母液所需的试剂或肥料;1 mol/L NaOH 和 1 mol/L HNO_3 溶液。

表12.1　日本园试营养液配方　　单位:mg/L

盐类化合物分子式	用　量	盐类化合物分子式	用　量
$Ca(NO_3)_2 \cdot 4H_2O$	945	H_3BO_3	2.86
KNO_3	809	$MnSO_4 \cdot 4H_2O$	2.13
$NH_4H_2PO_4$	153	$ZnSO_4 \cdot 7H_2O$	0.22
$MgSO_4 \cdot 7H_2O$	493	$CuSO_4 \cdot 5H_2O$	0.08
Na_2Fe-EDTA	20.0	$(NH_4)_4MO_7O_{24} \cdot 4H_2O$	0.02

4.2.2　仪器与用具

托盘天平或台秤、电子分析天平(感量0.001 g)、水泵、酸度计、电导率仪、磁力搅拌器、黑色塑料桶(50 L,2个)、塑料烧杯(500 mL、1 000 mL)或塑料盆、黑色塑料贮液罐(50 L,3个)、塑料水管、标签纸、玻璃棒、短木棒或塑料棒、钢笔、记号笔、母液配制登记表、工作液配制登记表等。

4.3　方法步骤

4.3.1　母液配制

母液配制流程如图12.3所示。

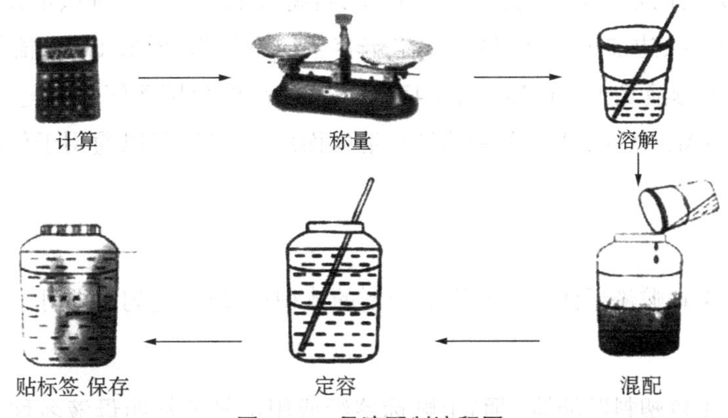

图12.3　母液配制流程图

(1)计算

首先确定营养液配方和母液的种类、浓缩倍数和配制量,然后计算出各种试剂或肥料的用量。本次实训按照园试配方的要求配制 10 L、浓缩 100 倍的 A 母液($Ca(NO_3)_2 \cdot 4H_2O$ 和 KNO_3)、B 母液($NH_4H_2PO_4$ 和 $MgSO_4 \cdot 7H_2O$)和 1 L 浓缩 1 000 倍的 C 母液(EDTA-Na_2Fe 和各种微量元素化合物)。经计算,各种试剂或肥料的用量见表 12.2。

表 12.2　母液配方　　单位:g

母液种类	盐类化合物分子式	用　量	盐类化合物分子式	用　量
A 母液	$Ca(NO_3)_2 \cdot 4H_2O$	945.00	KNO_3	809.00
B 母液	$NH_4H_2PO_4$	153.00	$MgSO_4 \cdot 7H_2O$	493.00
C 母液	EDTA-Na_2Fe	20.00	$MnSO_4 \cdot 4H_2O$	2.13
	H_3BO_3	2.86	$ZnSO_4 \cdot 7H_2O$	0.22
	$CuSO_4 \cdot 5H_2O$	0.08	$(NH_4)_4Mo_7O_{24} \cdot 4H_2O$	0.02

(2)称量

用台秤、托盘天平或分析天平分别称取各种试剂或肥料,置于烧杯、塑料盆等洁净的容器内。注意称量时做到稳、准、快,精确到±0.1 g 以内。

(3)肥料溶解与混配

母液分别配成 A、B、C 三种母液。分别用 A、B、C 3 个贮液罐盛装。A 母液以钙盐为中心,凡不与钙盐产生沉淀的试剂或肥料放在一起溶解,倒入 A 罐;B 母液以磷酸盐为中心,凡不与磷酸盐产生沉淀的试剂或肥料放和一起溶解,倒入 B 罐;C 母液以螯合铁盐为主,其他微量元素化合物与螯合铁盐分别溶解后,倒入 C 罐。如果没有现成的螯合铁试剂,也可用 $FeSO_4 \cdot 7H_2O$ 和 EDTA-Na_2 自行配制。配制方法是分别称取 $FeSO_4 \cdot 7H_2O$ 13.9 g、EDTA-Na_2 18.6 g,用温水分别溶解后,将 $FeSO_4 \cdot 7H_2O$ 溶液缓慢倒入 EDTA-Na_2 溶液中,边加边搅拌,达到均匀,然后倒入 C 罐,再将分别溶解的各种微量元素化合物溶液分别缓慢倒入 C 罐,边加边搅拌,最后加水定容至最终体积,即成 1 000 倍的 C 母液。本实训所配制的 A 母液是由 $Ca(NO_3)_2 \cdot 4H_2O$ 和 KNO_3 的分别溶解后混配而成;B 母液是由 $NH_4H_2PO_4$ 和 $MgSO_4 \cdot 7H_2O$ 分别溶解后混配而成;C 母液可以通用于任何作物的无土栽培。

(4)定容

分别向 A、B、C 贮液罐注入清水至需配制的体积量,搅拌均匀后即可。

(5)保存

在 A、B、C 黑色塑料贮液罐(桶)上贴标签纸或用记号笔标明母液名称、母液号、浓缩

倍数或浓度、配制日期、配制人,然后置于阴凉避光处保存。如果母液存放时间较长时,应将其酸化,以防沉淀的产生。一般可用 HNO_3 酸化至 pH 值 3 ~4。

(6)做好记录

每次母液配制结束后。都要认真填写母液配制登记表。其样式见表 12.3。

表 12.3　母液配制登记表

配方名称			使用对象	
A 母液	浓缩倍数		配制日期	
	体积		计算人	
B 母液	浓缩倍数		审核人	
	体积		配制人	
C 母液	浓缩倍数		备注	
	体积			
原料名称及称取量				

4.3.2　工作液的配制

(1)浓缩液稀释

这是生产上常用的配制工作液的方法,如图 12.4 所示。

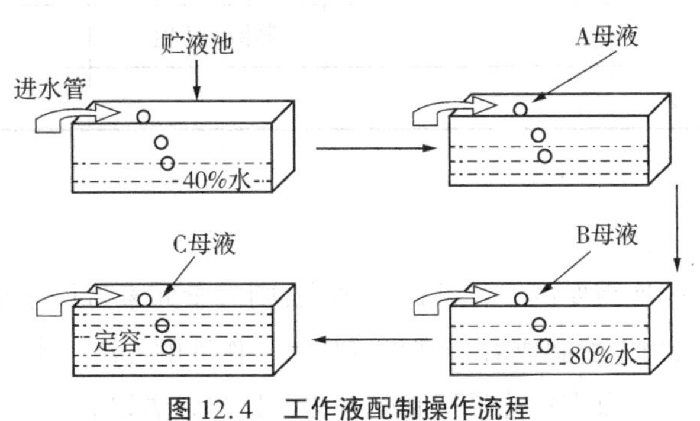

图 12.4　工作液配制操作流程

①计算好各种母液的移取量。母液移取量的计算公式:

$$V_2 = \frac{V_1}{n}$$

式中　V_2——母液移取量;

V_1——工作液体积;

n——母液浓缩倍数。

本实训用上述母液配制 100 L 的工作液。根据母液移取量的计算公式可计算出 A 母液、B 母液应各取 1 L,C 母液移取 0.1 L。

②向贮液池内注入所配制营养液体积的40%~60%的水量。

③量取A母液倒入其中,开动水泵使营养液在贮液池内循环流动30 min或搅拌使其扩散均匀。

④量取B母液缓慢注入贮液池的清水入口处,让水源冲稀B母液后带入贮液池中,开动水泵使营养液在贮液池内循环流动30 min或搅拌使其扩散均匀,此过程加入的水量以达到总液量的80%为度。

⑤量取C母液,按照B母液的加入方法加入贮液池中,经水泵循环流动或搅拌均匀,使水量达到100%。

⑥用酸度计和电导率仪检测营养液的pH值和γ值。如果pH值的检测结果不符合配方和作物栽培要求,应及时调整。pH值调整方法见项目2任务1。pH值调整完毕的营养液,在使用前先静置30 min以上,然后在种植床上循环5~10 min,再测试一次pH值,直至与要求相符。

⑦填写工作液配制登记表,以备查验。工作液配制登记表样式见表12.4。

表12.4 工作液配制登记表

配方名称		使用对象	
营养液体积		配制日期	
计算人		审核人	
配制人		水的pH值	
营养液γ值		营养液pH值	
原料名称及称(移)取量			

(2)直接配制

在生产中,如果一次需要的工作液的量很大,则大量元素可以采用直接称量配制法,而微量营养元素可采用先配制成C母液再稀释为工作液的方法。本实训配制100 L园试配方的工作液,也可以采取直接称量配制的方法。具体方法如下:

①按营养液配方和欲配制的营养液体积计算所需各种试剂或肥料的用量。

②向贮液池内注入50%~70%的水量。

③称取相当于A母液的各种试剂或肥料,在塑料盆内溶解后倒入贮液池中,开启水泵使营养液在池内循环流动30 min或搅拌均匀。

④称取相当于B母液的各种化合物,在塑料盆内溶解,并用大量清水稀释后,让水源冲稀B母液带入贮液池中,开启水泵使营养液在池内循环流动30 min或搅拌均匀,此过程所加的水须达到总液量的80%。

⑤量取预先配制的C母液并稀释后,在贮液池的水源入口处缓慢倒入,开启水泵使营

养液在池内循环流动 30 min 或搅拌均匀。

⑥⑦同浓缩液稀释法。

知识链接

在荷兰、日本等国家的现代化温室中进行大规模无土栽培生产时，一般采用 A、B 两种母液罐。A 罐中主要含硝酸钙、硝酸钾、硝酸铵和螯合铁，B 罐中主要含硫酸钾、硝酸钾、磷酸二氢钾、硫酸镁、硫酸锰、硫酸铜、硫酸锌、硼砂和钼酸钠，通常配制成 100 倍的母液。为了防止浓缩液罐出现沉淀，有时还需配备酸液罐以调节浓缩液酸度。整个系统由计算机控制调节、稀释、混合后形成工作液。

注意事项

1. 试剂或肥料用量的计算结果要反复核对，确保准确无误；保证称量的准确性和名实相符。

2. 试剂或肥料用量计算时要注意：

①无土栽培所用的肥料多为农用品或工业用品，常有吸湿水和其他杂质，纯度较低，应按实际纯度对用量进行修正；

②硬水地区应扣除水中所含的 Ca^{2+}、Mg^{2+}。例如，配方中的 Ca^{2+}、Mg^{2+} 分别由 $Ca(NO_3)_2 \cdot 4H_2O$ 和 $MgSO_4 \cdot 7H_2O$ 来提供，实际的 $Ca(NO_3)_2 \cdot 4H_2O$ 和 $MgSO_4 \cdot 7H_2O$ 的用量是配方量减去水中所含的 Ca^{2+}、Mg^{2+} 量。但扣除 Ca^{2+} 后的 $Ca(NO_3)_2 \cdot 4H_2O$ 中氮用量减少了，这部分减少了的氮可用硝酸（HNO_3）来补充，加入的硝酸不但起到补充氮源的作用，而且可以中和硬水的碱性。加入硝酸后如果仍未能使水中的 pH 值降低至理想的水平时，可适当减少磷酸盐的用量，而用磷酸来中和硬水的碱性。如果营养液偏酸，可增加硝酸钾用量，以补充硝态氮，并相应地减少硫酸钾用量。扣除营养中镁的用量，$MgSO_4 \cdot 7H_2O$ 实际用量减少，也相应地减少了 SO_4^{2-} 的用量，但由于硬水中本身就含有大量的硫酸根，所以一般不需要另外补充，如果有必要，可加入少量 H_2SO_4 来补充。在硬水地区硝酸钙用量少，磷和氮的不足部分由硝酸和磷酸供给。

③营养液配制用品和称好的肥料有序地摆放在配制现场，经核查无遗漏，才可动手配制。切勿在用料未到齐的情况下匆忙动手操作。

④用于溶解试剂或肥料的容器须用清水刷洗，刷洗水一并倒入贮液罐或贮液池内。

⑤为了加速试剂或肥料溶解，可用温水溶解或使用磁力搅拌器搅拌。

⑥配制工作液时要防止由于加入母液的速度过快，造成局部浓度过高而出现大量沉淀。如果较长时间开启水泵循环之后仍不能使这些沉淀溶解时，应重新配制营养液。

⑦建立严格的记录档案，以备查验。

技能训练5　固体基质理化性质的测定

5.1　技能训练目标

①理解基质理化性质对基质栽培的作用。

②掌握基质理化性质的测定方法。

③操作程序正确，计算与称量准确。

④操作规范、熟练。

5.2　技能训练准备

5.2.1　材料与药剂

珍珠岩、炉渣、蛭石、沙子等风干基质若干、1 mol/L HNO_3 溶液、1 mol/L NaOH 溶液、饱和 $CaCl_2$ 溶液、蒸馏水。

5.2.2　仪器与用具

托盘天平（或电子分析天平）、杆秤、pH 计、电导率仪、500 mL 罐头瓶、500 mL 烧杯、50 mL 烧杯、50 mL 量筒、精密 pH 试纸、纱布。

5.3　方法步骤

5.3.1　容重的测定

先用杆秤对500 mL 罐头瓶称重，记为 m_1，装满待测的干基质后，再称重，记为 m_2，V 为罐头瓶的容积。根据下列公式计算出基质的容重（单位为 g/L 或 g/cm^3）。

$$基质的容重=\frac{m_2-m_1}{V}$$

5.3.2　总孔隙度与大小孔隙度的测定

取一个已知体积（V）和质量（m_1）的罐头瓶，装满待测基质，称其总质量（m_2），然后将其浸入水中24 h，再称吸足水分后的基质及罐头瓶的质量（m_3）。注意加水浸泡时要让水位高于容器顶部；如果基质较轻，可在容器顶部用一块纱布包扎好，称重时把包扎的纱布去掉。根据下列公式计算出基质的总孔隙度。

$$总孔隙度 = \frac{(m_3 - m_1) - (m_2 - m_1)}{V} \times 100\%$$

取一个已知体积的容器，按上述方法测得总孔隙度后，将罐头瓶口用一块湿润纱布(m_4)包住后倒置，让基质中的水分向外渗出，静止放置 2 h 后，直到容器中没有水分渗出为止，称重(m_5)。根据下列公式计算出通气孔隙和持水孔隙。

$$通气孔隙 = \frac{m_3 + m_4 - m_5}{V} \times 100\%$$

$$持水孔隙 = \frac{m_5 - m_2 - m_4}{V} \times 100\%$$

5.3.3　基质 pH 值与缓冲能力的测定

(1)基质酸碱度的测定

称取一定体积的干基质放入容器内，然后加入其体积 5 倍的蒸馏水，充分搅拌后过滤，再用 pH 计或精密 pH 试纸测定基质浸提液的酸碱度。或称取干基质 10 g 于 50 mL 烧杯中，加 25 mL 蒸馏水后振荡 5 min，再静置 30 min，过滤后用 pH 计或精密 pH 试纸测定基质浸提液的酸碱度。

(2)基质缓冲能力的测定

向上述不同基质的浸提液中分别加入 1 mol/L HNO_3 溶液或 1 mol/L NaOH 溶液 1 mL，30 min 后用 pH 计或精密 pH 试纸测定不同浸提液的 pH 值，从而比较不同基质缓冲能力的大小。

5.3.4　电导率的测定

取风干基质 10 g 放入 50 mL 烧杯中，加入饱和 $CaCl_2$ 溶液 25 mL，振荡浸提 10 min，过滤，取其滤液用电导率仪测电导率。

注意事项

①基质必须处于风干状态。

②测大小孔隙度时一定要做到水分彻底渗出后再进行。

思维拓展

①基质理化性质对栽培效果有何影响？

②作物生长良好的 pH 值范围通常是多少？为什么？

技能训练6　基质混配与消毒

6.1　技能训练目标

①掌握基质混配的原则与方法。

②掌握基质消毒的常用方法。

③基质混配均匀，无杂质杂物。

④基质消毒全面、彻底。

6.2　技能训练准备

6.2.1　材料与药剂

珍珠岩、炉渣、蛭石、草炭、沙子等常用的有机和无机基质若干，0.1%～1%高锰酸钾溶液，40%甲醛50倍液。

6.2.2　仪器与用具

托盘天平，杆秤，小铁铲，铁锹，橡胶手套，喷壶，塑料盆，水桶，宽幅塑料。

6.3　方法步骤

6.3.1　基质的准备

①预先将各种有机基质、无机基质倒在塑料盆中，挑选出杂质、杂物，做到基质颗粒大小均一，纯度、净度高。

②学生分组混配两种复合基质。复合基质配方从表2.17中1～6种配方中任选。

6.3.2　基质药剂消毒

预先配好0.1%～1%高锰酸钾溶液和40%甲醛50倍液，作为消毒液。将单一基质或复合基质置于塑料盆中或铺有塑料膜的水泥平地上。边混拌边用喷壶向基质喷洒消毒液，要求喷洒全面、彻底。采用高锰酸钾消毒时，在喷完消毒液后用塑料膜盖20～30 min后可直接使用或暂时装袋备用；采用甲醛消毒时，将40%的原液稀释成50倍液，按20～40 L/m^3 的药液量用喷壶均匀喷湿基质，然后用塑料薄膜覆盖封闭12～24 h。使用前揭膜，将基质风干两周或暴晒2 d，以避免残留药剂危害(图12.5)。

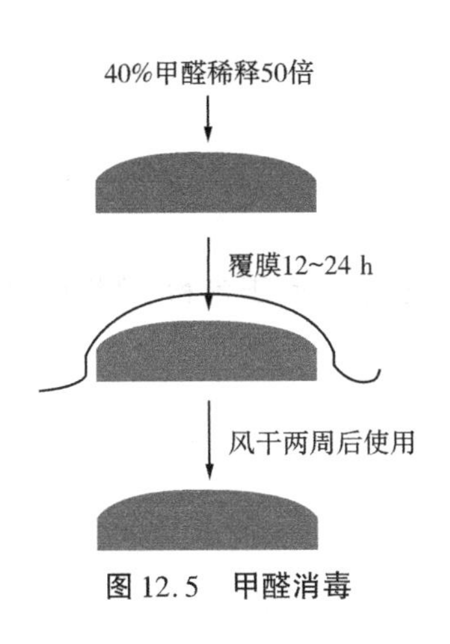

图 12.5　甲醛消毒

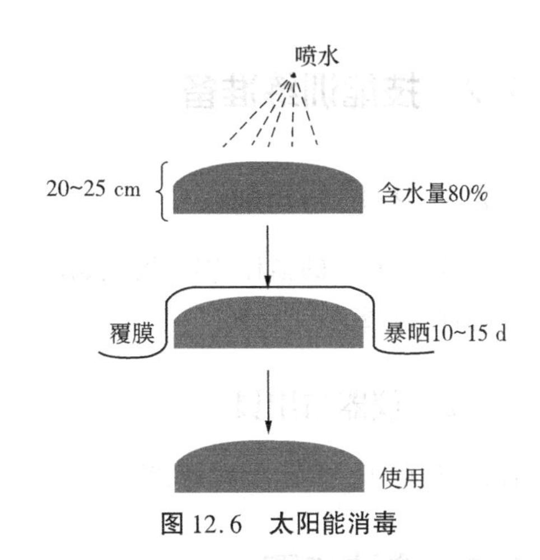

图 12.6　太阳能消毒

6.3.3　基质太阳能消毒

基质太阳能消毒方法如图 12.6 所示。在温室、塑料大棚内地面或室外铺有塑料膜的水泥平地上将基质堆成高 25 cm、宽 2 m 左右、长度不限的基质堆。在堆放的同时喷湿基质,使其含水量超过 80%,然后覆膜。如果是槽培,可在槽内直接浇水后覆膜。覆膜后密闭温室或大棚,暴晒 10 ~ 15 d,中间翻堆摊晒一次。基质消毒结束后及时装袋备用。

注意事项

①针对不同的基质类型选用不同的消毒方式。

②基质混配后要目视基质的均匀度。

③太阳能消毒最好选择在高温季节进行,消毒快,消毒质量高。

思维拓展

①为什么生产上经常采用复合基质?

②基质消毒不彻底可能会带来什么后果?

技能训练 7　鸡粪发酵处理

7.1　技能训练目标

①了解有机固态肥的堆制工艺流程。

②掌握鸡粪的发酵技术。

③操作符合鸡粪发酵工艺流程。

④鸡粪发酵后略有香味、色纯、无杂物。

7.2 技能训练准备

7.2.1 材料与药剂

新鲜鸡粪、粉碎的秸秆、锯末屑或菇渣、干泥土粉、麸皮或米糠、玉米粉、草炭或草粉、秸秆发酵剂、过磷酸钙、尿素。

7.2.2 仪器与用具

杆秤,塑料布,喷壶,塑料盆,铁锹。

7.3 方法步骤

7.3.1 用微生物秸秆发酵剂发酵鸡粪

(1)混配

将干鸡粪呈长条状平铺在地上,按鸡粪重量的35%浇水,每吨鸡粪撒秸秆发酵剂2 kg,应先加入米糠或麸皮稀释,加过磷酸钙15 kg除臭,加草粉或草炭100~150 kg。如为鲜鸡粪,则先应在地上铺一层秸秆粉(也可用米糠、草粉或草炭替代),然后将湿鸡粪铺在上面,按堆料重量的0.1%撒入尿素,按重量每吨撒入20 kg左右的过磷酸钙,将2 kg秸秆发酵剂与麸皮或米糠混合撒入。堆肥要翻倒2~3次。

(2)发酵处理

将堆肥堆成高约1 m、宽2 m的长方形物料堆,并在堆顶打孔通气,最后用长方形塑料布将肥堆覆盖,保温、保湿、保肥。塑料布与地面相接触,每隔1 m压一重物,使膜内既通风又避免被大风吹起。夏、秋季节早晚揭膜通风一次(1~2 h),天气晴朗时可在头一天傍晚揭膜,次日早上覆盖。堆沤4~6 d后,堆温可升至60~70 ℃。堆沤10 d后可翻堆一次,堆沤20 d即能熟透。

7.3.2 用金宝贝Ⅰ型发酵助剂发酵鸡粪

(1)原料混配

按1 t有机物料(鲜料约2.5 t)加1 kg金宝贝发酵剂,按每千克金宝贝发酵剂加5 kg米糠(或麸皮、玉米粉等替代物)稀释后再均匀撒入物料堆,混拌均匀。注意最好使用新鲜米糠,不用“统糠”,因新鲜米糠的营养及通气性远优于陈旧米糠。

(2)发酵处理

物料堆大小参照方法1用微生物秸秆发酵剂发酵鸡粪。发酵过程注意适当供氧与翻

堆,升温控制在 70 ℃左右,温度太高对养分有影响。发酵物料的水分应控制在 60% ~65%,过高过低均不利于发酵,水过少则发酵慢;水分过多会导致通气差、升温慢并产生臭味,可添加秸秆、锯末屑、蘑菇渣、干泥土粉来调整物料水分。如果用手紧抓一把物料,指缝见水印但不滴水,落地即散则说明水分适宜。整个发酵过程 5 ~7 d 完成。成品有机肥为蓬松状、呈黑褐色,略带香味或泥土味,养分充足。

注意事项

①鸡粪与无机肥、秸秆发酵剂、金宝贝Ⅰ型发酵助剂混合时要均匀。

②发酵过程中应注意通风换气,控温保湿。

思维拓展

①比较两种鸡粪发酵工艺的特点。

②了解消毒鸡粪在无土栽培中的应用价值。

技能训练 8　固体基质栽培技术

8.1　技能训练目标

①掌握固体基质槽培和盆栽的操作流程与技术要领。

②掌握常规基质槽培设施的设计与建造技术。

③基质混配合理、均匀,消毒全面、彻底。

④定植操作规范、熟练、不伤根。

⑤肥水管理科学,栽培效果好。

⑥能够根据幼苗的长势和长相判断其生长发育是否正常。

8.2　技能训练准备

8.2.1　材料与药剂

西芹苗、红掌种苗、40% 甲醛 100 倍液、配制西芹和红掌营养液所需的各种盐类化合物。

西芹营养液配方:

$Ca(NO_3)_2 \cdot 4H_2O$ 为 236 mg/L,KNO_3 为 708 mg/L,$NH_4H_2PO_3$ 为 192 mg/L,$MgSO_4 \cdot 7H_2O$ 为 246 mg/L。

红掌营养液配方:

$Ca(NO_3)_2 \cdot 4H_2O$ 为 236 mg/L,$CaSO_4$ 为 86 mg/L,KNO_3 为 354 mg/L,$MgSO_4 \cdot 7H_2O$

为 247 mg/L,NH_4NO_3 为 80 mg/L,KH_2PO_3 为 136 mg/L。

8.2.2 仪器与用具

塑料条盆或花盆,岩棉、蛭石、珍珠岩、椰糠、沙、陶粒、草炭、菇渣等栽培基质,红砖、黑色聚丙烯塑料薄膜(0.1 ~0.2 mm)、成套滴灌设备、铁锹、皮尺、直尺、铁耙、剪子等设施建造用具,喷壶、营养液配制用具。

8.3 方法步骤

8.3.1 西芹地槽栽培

(1)地槽建造

整平地面,然后挖槽。地槽的长、宽、深分别为 7 ~8 m、100 cm、20 cm,南北走向,坡降 1/75,槽间距 40 cm。槽底和槽壁打实后铺一层塑料薄膜。

(2)基质处理与装填

岩棉预先浸泡使 pH 值近中性,草炭用 40% 甲醛的 100 倍液消毒。然后将地槽内铺 8 cm 岩棉,上覆 2 cm 蛭石或泥炭,总厚度 10 cm。也可以只用蛭石或泥炭单一基质,但应把大粒蛭石放在下层,上层覆较细基质,以利于根系通气。

(3)定植

一般冬季中午、夏季下午定植为宜。单株定植,大小苗分别定植,株行距保持 10 cm。定植前保持基质湿润。定植深度以露出心叶为宜,过浅易倒苗,缓苗期长。

(4)铺设滴灌管

定植后在槽内铺设 3 条滴灌管,每两行西芹共用一条滴灌管。滴灌管与供液主管相连。

(5)营养液配制

配制方法见本项目技能训练 4。

(6)栽培管理

刚定植时,营养液的 γ 值控制在 1.0 ~1.5 mS/cm, 3 ~4 周后 γ 值调高至 1.5 ~2.0 mS/cm, 5 ~7 周后 γ 值调高至 1.8 ~2.5 mS/cm,并一直保持到收获之前的一周营养液的 γ 值不低于 1.8 mS/cm,在此期间营养液中需添加少量硼酸。白天供液。定植到封垄前每天供液 1 ~2 次,封垄后每天供液 2 ~3 次。供液量以槽底出现少量渗水为宜。注意隔几天需浇清水 1 次。夏季营养液应避免太阳直晒,冬季营养液应放在温度较高的地方。

基质温度白天保持 18 ~20 ℃,夜间 12 ~15 ℃;气温白天 18 ~25 ℃,夜间 10 ~16 ℃,

最高、最低温度不超出 10～30 ℃范围；空气湿度保持 75%～80%，贮液池内营养液温度保持 15 ℃以上，根系温度长期低于 15 ℃，不利于生长。营养液温度过低时应考虑加温。当芹菜株高 70～80 cm 时及时采收。

8.3.2 红掌盆栽

(1)基质混合与装盆

将珍珠岩：椰糠：沙按 1：2：1 混合，然后在塑料条盆或花盆底部填装 5～8 cm 的陶粒，其上填装混合基质至盆沿 4 cm 左右。

(2)配制营养液

配制方法见本项目技能训练 4。

(3)定植

将红掌种苗根系洗干净，在 500 倍多菌灵溶液中浸泡根系 5～8 min，再用清水清洗，并沥干根系表面的水分。

(4)上盆

根据品种特性可单株或双株定植。裸根苗定植在根颈部位，轻轻墩实盆中基质，保证基质深度与盆水线相平或略高 0.5 cm 即可。定植后浇透水。

(5)栽培管理

定植后扣小拱棚，适当遮阳，以促进缓苗。温度保持 16～28 ℃，空气湿度控制在 75%～85%，基质湿度在 60%～70%，光强在 7 500～10 000 lx，缓苗前不施肥。定植 7～10 d 后新根开始生成，植株具有生长势后表示缓苗期已结束，由此过渡到正常的栽培管理。

思维拓展

1. 如何防止基质内盐分积累？
2. 基质培的优越性体现在哪些方面？

技能训练 9　无土栽培设施类型的调查

9.1 技能训练目标

①理解常见水培、基质培设施的设计要求。

②掌握常见水培、基质培的设施结构与应用范围。

③能够准确识别设施构件，正确评估设施的建造品质。

④调查全面、具体,数据可靠。

⑤分析准确,改进措施科学合理、针对性强。

9.2　技能训练准备

仪器与用具

皮尺,钢卷尺,测角仪(坡度仪),铅笔,橡皮,直尺,笔记本,相关影像资料及设备。

9.3　方法步骤

以观看影像资料、实地参观与现场调查的形式,分组实训,最后撰写调查报告。要点如下:

①观看录像、幻灯、多媒体等影像资料,了解我国及国外水培、雾培、基质培等无土栽培类型、结构特点和功能特性。

②参观本地无土栽培企业,并调查无土栽培设施的类型与特点,观测各种无土栽培类型的选址、设施类型与方位,以及基地整体规划情况,并画出简易平面布局图。

③测量并记载不同无土栽培类型的结构规格、配套型号、性能特点和应用。

a. 记录水培设施的种类、材料,种植槽的大小、定植板的规格、定植杯的型号、供液、回流系统以及贮液池的容积等。

b. 记录基质培的设施结构、基质种类及供液系统。

c. 记录环境保护设施类型、结构与特点。

④分析不同的无土栽培设施类型在结构的异同、性能的优劣、建造成本高低。

⑤调查记录不同的无土栽培设施类型在本地区的主要栽培季节、栽培作物种类品种与周年利用情况

⑥针对各种无土栽培设施的优缺点和实际情况,有针对性地提出改进意见。

注意事项

①调查前做好调查表,并做好其他必要的准备。

②调查时小组成员要分工协作,紧张有序,实事求是。

③数据分析要理论联系实际,做到宏观与微观相结合。

思维拓展

①说明本地区主要无土栽培设施类型结构的特点和形成原因。

②理解无土栽培设施结构与其功能的对应关系。

技能训练10 基质培设施的建造

10.1 技能训练目标

①掌握常见基质培设施的设计要求。

②掌握常见基质培设施的建造方法。

③基质培设施设计科学合理。

④建造符合设计要求,操作规范、熟练。

10.2 技能训练准备

10.2.1 材料与药剂

红砖、水泥、河沙、ϕ8 钢筋(ϕ8@20)、2.5 cm 厚加密苯板、塑料薄膜(厚度0.1～0.2 mm)、松木板(厚度3～5厚)、普通床架、编织袋、亮油等设施建造用材料;水泵、过滤器、塑料胶、深色水桶、泡沫箱、PE或PVC管件(包括ϕ40或ϕ25塑料管、三通、二通、阀门、弯头、堵头、滴灌管)等组装供液、回流系统用配件;泥炭(椰糠)、珍珠岩、有机消毒膨化肥料等基质;电热线、插座等基质加温设备;硝酸或磷酸;编织袋。

10.2.2 仪器与用具

皮尺、钢卷尺、测角仪(坡度仪)、水平仪等测量用具、铅笔、橡皮、直尺等画图、记录用具,铁锹、铁耙、钢锯、毛刷、剪子等施工用具。

10.3 方法步骤

基质培设施主要包括贮液池、种植槽和滴灌系统。贮液池的建造与水培的贮液池建造方法相同,只不过是不埋设回流管。种植槽的建造与水培基本相同,不同之处是多临时建造成平面种植槽,坡降有或无,槽内装填基质。具体的建造方法是:

①确定好温室内种植槽的布局,画出简易施工图,然后平整地面,并压实,按施工图要求测量、划线,建造平面种植槽(图12.7)。槽南北延长,长度视温室跨度而定,内径48 cm,外径72 cm,槽间距80 cm,槽边框用24 cm×12 cm×5 cm的标准红砖平地叠起三层砖,砖与砖之间不用泥浆,在槽底的中间位置开1条宽20 cm、深10 cm的“U”形槽,并保持0.5%的坡度。槽底部铺一层0.1 mm厚的聚乙烯薄膜,薄膜两边压在第2、3层砖之间。考虑冬季无土生产,需建电热温床。建造方法是在槽底铺一层苯板,其上铺一层2 cm厚

的干沙，在沙中按照 80～100 W/m² 的功率铺电热线，其上再铺塑料薄膜（图 12.8）。

②把泥炭（椰糠）、珍珠岩、有机消毒膨化肥料按 6∶3∶1 的比例混配，并充分混匀（图 12.9），然后用甲醛消毒。

③先在槽内装 3～5 cm 厚经暴晒 1 d 后的粗石砂，以利于排水，再在其上铺 1～2 层干净的编织袋，以阻止作物根系伸入排水层中。将混拌均匀，且消毒的基质填入槽内，基质厚 12～15 cm，浇透水。然后槽上覆膜，既可进行高温消毒，消毒可在槽内直接进行（图 12.10）。种植槽建好后铺设滴灌系统。一般 48 cm 的种植槽内铺设两条 ϕ10 mm 硬质滴灌管或铺设供液支管或毛管，再在其上接出多个滴头管（图 12.11）。在供液支管上打孔，滴灌管一端与供液支管相连，另一端塞上堵头，平直放在基质槽表面即可。

图 12.7　码转和铺膜

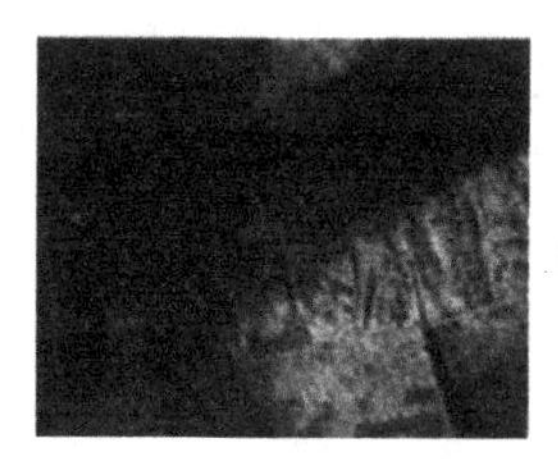
图 12.8　铺设电热线

图 12.9　基质混合

图 12.10　基质太阳能消毒

图 12.11　铺设滴灌带

注意事项

无土栽培设施建造要注意设施的经济实用性。

思维拓展

①比较基质栽培槽与常规的土壤栽培槽在建造上有何不同？

②如何确定种植槽的坡降？

③如果基质培采用循环式供液，那么如何建造种植槽？

④建槽的地面若不压实可能会出现什么后果？

技能训练 11　DFT 水培设施的建造

11.1　技能训练的目标

①掌握常见 DFT 水培设施的设计要求。

②掌握常见 DFT 水培设施的建造方法。

③设计科学合理。

③建造符合设计要求,操作规范、熟练。

11.2　技能训练准备

11.2.1　材料与药剂

红砖、水泥、河沙、ϕ8 钢筋(ϕ8@20)、2.5 cm 厚加密苯板、塑料薄膜(厚度 0.1 ~ 0.2 mm)、松木板(3 ~ 5 cm 厚)、普通床架、编织袋、亮油等设施建造用材料;水泵、过滤器、塑料胶、深色水桶、泡沫箱、PE 或 PVC 管件(包括 ϕ40 或 ϕ25 塑料管、三通、二通、阀门、弯头、堵头、滴灌管)等组装供液、回流系统用配件;泥炭(椰糠)、珍珠岩、有机消毒膨化肥料等基质;电热线、插座等基质加温设备;硝酸或磷酸;编织袋。

11.2.2　仪器与用具

皮尺、钢卷尺、测角仪(坡度仪)、水平仪等测量用具、铅笔、橡皮、直尺等画图、记录用具,铁锹、铁耙、钢锯、毛刷、剪子等施工用具。

11.3　方法步骤

11.3.1　贮液池的建造

具体措施参照理论阅读内容,其建造流程如图 12.12 所示。

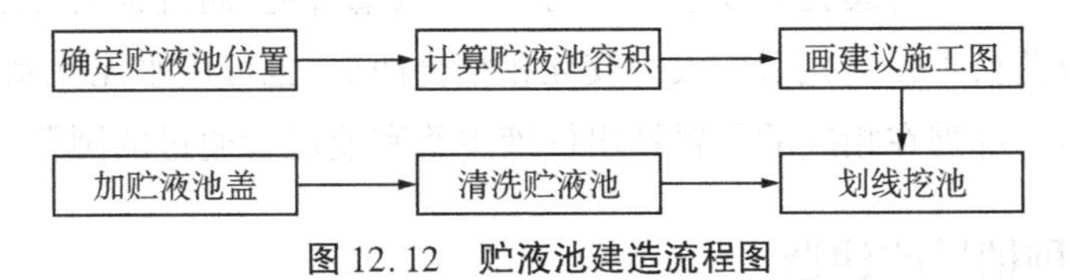

图 12.12　贮液池建造流程图

(1)确定贮液池位置

一栋温室内建于温室的中间或者边侧位置;多栋温室或共用一个贮液池,建于室外。

(2)计算贮液池的容积

根据栽培形式、栽培作物的种类和面积来确定贮液池的容积。DFT 水培时,按大株型的番茄、黄瓜等每株需 15 ~20 L 营养液,小株型的叶菜类每株需 3 L 左右的营养液来推算出整座温室(大棚)的总需液量后,再按总营养液量的 1/2 存于贮液池计算出贮液池的最低容积限量。其容量以足够供应整个种植面积循环供液所需为度。

(3)画简易施工图

按照贮液池的设计要求,在纸上画出简易施工图,以便施工时参照和核对。

(4)划线挖池

以地下式贮液池的建造为例。先整平地面,然后按照简易施工图划线、挖土。在池底铺上一层 3 ~5 cm 的河沙或石粉打实,将用细钢筋(ϕ8@20)做成的钢筋网(横纵钢筋间距为 20 cm)置于河沙或石粉层上,用高标号耐酸抗腐蚀的水泥砂浆(最好加入防水粉)灌注,厚度 5 ~10 cm,最后再加上一层水泥膏抹光表面,以达防渗防蚀的效果。或者用油毡沥青在池底做一个防水层后再砌一层红砖抹水泥砂浆,最后再加上一层水泥膏抹光表面。池底形状为长方形底部倾斜式或在池底一侧挖一方形小槽,槽深以能没入潜水泵为准,便于供液和清洗贮液池。四周池壁用砖和水泥砂浆砌成边框,每隔 30 cm 加一圈细钢筋,最后表面用高标号的水泥膏抹平。注意池壁要高出地面 10 ~20 cm,以防配液和清洗贮液池时鞋底粘带的灰尘等杂物误入池内,污染营养液;根据 DFT 回流系统要求,在池壁要预埋回流管,其位置要高于营养液面;贮液池内设水位标记,以方便控制营养液的水位。有条件的可在贮液池内安装不锈钢螺纹管,应用暖气给营养液加温,利用地下水降温。

(5)贮液池清洗

新建成的水泥结构贮液池,会有碱性物质渗出,要用稀硫酸或磷酸浸渍中和,除去碱性后才开始使用。先用清水浸泡 2 ~3 d,然后再用稀硫酸或磷酸浸泡,初期酸液调至 pH 值为 2 左右,随着 pH 值的再度升高,应继续加酸进去,直到 pH 值稳定在 6 ~7,再用清水冲洗 2 ~3 次即可。

(6)加盖

营养液贮液池必须加盖,以防止污物泥土掉入液池内,同时避免阳光对营养液的直射,以防止藻类滋生,因为藻类不仅会污染营养液、堵塞管道,而且也会传播病害。贮液池盖可用市售的黄花松木板刨光后用大力胶互相粘合而成,也可用水泥预制板作贮液池盖。无论哪种贮液池盖都需在相应的位置钻出供液主管和泄压管通过的圆孔。

11.3.2 种植槽的建造

DFT 种植槽的建造流程见图 12.13。首先根据栽培面积和种植槽规格要求确定种植槽的平面布局,并画出简易施工图。种植槽规格可设定为宽 100 cm、深 15 cm、长 10 cm,

槽间距 100 cm，坡降 1：(75～100)。一般建成半地下永久式的砖水泥结构种植槽。整平地面，按照简易施工图分组测量、划线、挖土、建槽。槽底铺一层 3～5 cm 厚的河沙或石粉，并压实，其上平铺 5 cm 厚的混凝土，在地基较为松软的地方，可在槽底混凝土层中每隔 20 cm 加入 1 条细钢筋(ϕ8@20)。用砖和水泥砂浆砌成槽壁，槽底和槽壁用高标号耐酸抗腐蚀的水泥砂浆抹面，最后再加上一层水泥膏抹光表面，以达防渗、防蚀的效果。注意在槽位置偏高一端埋设进液管，位置高出秧苗定植后液面设定的高度；而在槽位置偏低的一端埋设一段回流管，高度与秧苗定植后液面设定的高度平齐，或者在槽底预先埋设回流管，伸入槽内的管口套上一段橡胶管，以调节槽内液层的高度。槽内衬塑料薄膜。槽壁内侧的塑料薄膜外折，并压在上层砖下，上覆定植板，每隔 70 cm 用 3 块红砖垂直叠放来代替水泥支撑墩，至此水培槽建好。

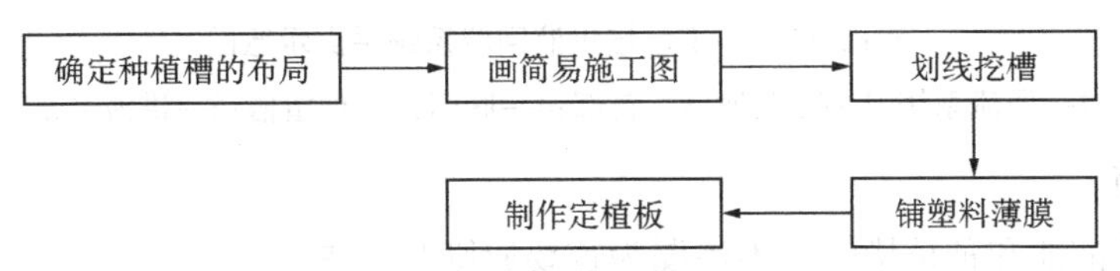

图 12.13　种植槽建造流程图

定植板的制作方法是将市售的加密苯板裁剪成多块定植板，宽度大于槽宽 10 cm。然后按照栽培作物的株行距要求，在定植板上钻出若干个定植孔，孔径 5～6 cm。定植杯可用盛装果汁饮料的小塑料饮料瓶来代替，杯高 7.5～8 cm，杯口直径与定植孔相同，杯口外沿有一宽 5 mm 的边(杯沿要略硬些)，用以卡在定植孔上。用铁钳夹住铁钉在酒精灯上烧红，在杯的下半部及底面烫出一个个小孔，孔径 3～5 mm。

11.3.3　安装供液、回流系统

首先是安装首部。首部由一段供液主管、泄压管、阀门、压力表、过滤器构成。安装图见图 12.14。其次是管道连接，按照图 12.15 所示连接供液、回流系统。注意回流管道坡降要大，而且回流管的口径大小要保证多余的营养液尽快回流；PVC 管件用塑料胶粘牢。潜水泵与供液主管相连，直接放入贮液池中的槽内即可。

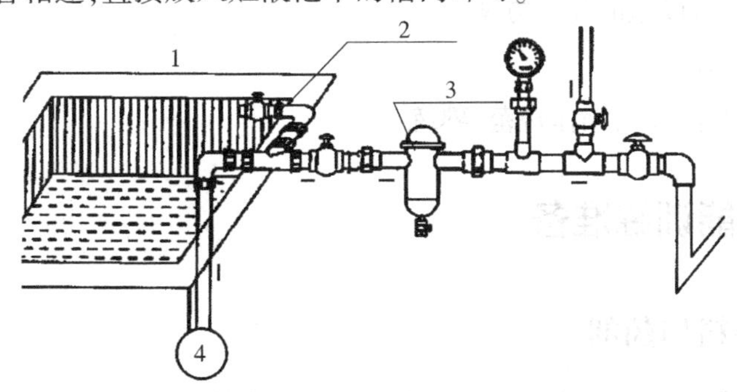

图 12.14　供液系统首部安装图

1—贮液池；2—泄压管；3—过滤器；4—水泵

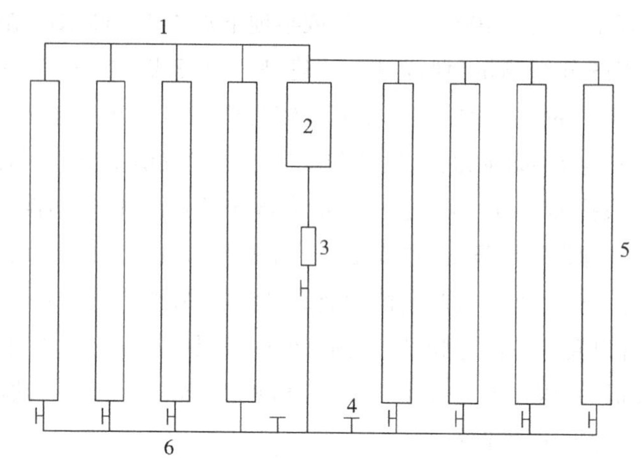

图 12.15 DFT 水培供液回流系统平面示意图

1—回流系统;2—贮液池;3—首部;4—阀门;5—种植槽;6—供液系统

注意事项

①建造贮液池和种植槽时以不渗漏为首要原则和前提。

②供液和回流系统组装时,PVC 管件不潮湿,涂胶均匀,胶粘密合性要好;滴灌管或滴头管与支管或毛管相连的小孔大小适中,彼此嵌合紧密。

思维拓展

如何控制回流管道的坡降?

技能训练 12 小型水培设施的建造

12.1 技能训练目标

①掌握小型水培设施的设计要求。

②掌握小型水培设施的建造方法。

③设计科学合理。

④建造符合设计要求,操作规范、熟练。

12.2 技能训练准备

12.2.1 材料与药剂

普通床架、水泵、过滤器、塑料胶、深色水桶、泡沫箱、PE 或 PVC 管件(包括 ϕ40 或 ϕ25 塑料管、三通、二通、阀门、弯头、堵头、滴灌管)等组装供液、回流系统用配件;泥炭(椰

糠)、珍珠岩、有机消毒膨化肥料等基质;电热线、插座等基质加温设备;硝酸或磷酸;编织袋。

12.2.2　仪器与用具

皮尺、钢卷尺、测角仪(坡度仪)、水平仪等测量用具、铅笔、橡皮、直尺等画图、记录用具,铁锹、铁耙、钢锯、毛刷、剪子等施工用具。

12.3　方法步骤

准备深色水桶、泡沫箱、小型水泵和床架,并用塑料胶粘成多个“U”形 PVC 管(图 12.16)。先把水泵置入大水桶(贮液池)中,泡沫箱(种植槽)置于床架上,并通过供液管道与水泵相连(图 12.17),然后把营养液倒入大水桶和泡沫箱,将“U”形 PVC 管灌满营养液后,用两个大拇指堵上两端开口,开口朝下缓慢卡在两个相邻种植槽,并放入营养液中,然后松手,利用连通器的原理实现各槽间营养液的流动(图 12.18)。把红色小桶吊起并使其高度与种植槽平行,然后采取相同办法用“U”形 PVC 管把近贮液池的种植槽与装满营养液的红色小桶连通,并使小桶紧靠种植槽倾斜,使营养液可以不断流出,形成落差流回贮液池(图 12.19)。泡沫箱中的营养液液面的深度可以通过调节小桶的高度来控制。水泵通电就实现了营养液的循环流动。利用这种小型家用深水培设施(图 12.20),可以生产叶菜,以方便家庭所需。

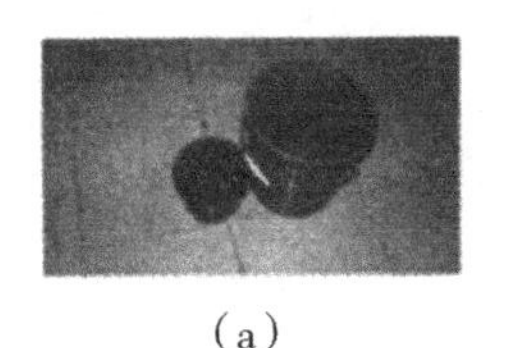
(a)

(b)

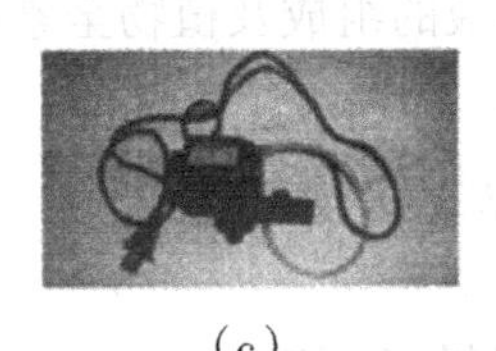
(c)

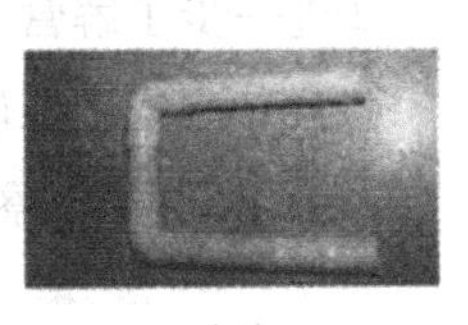
(d)

图 12.16　建造小型水培设施所需工具材料

(a)水桶;(b)泡沫箱;(c)水泵;(d)U 形 PVC 管

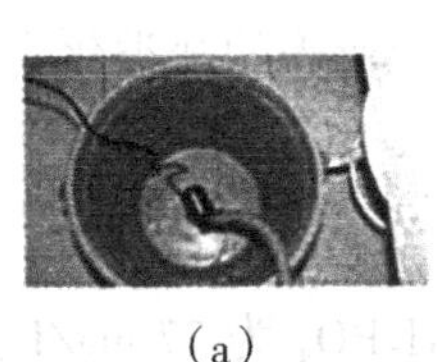
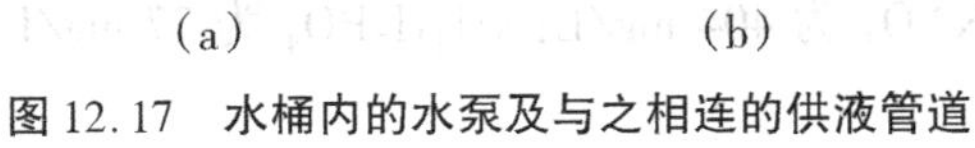
(a)　(b)

图 12.17　水桶内的水泵及与之相连的供液管道

图 12.18　连通器

图 12.19　回流装置

图 12.20　建成的小型水培设施

思维拓展

小型水培设施如何实现营养液的循环流动?

技能训练 13　蔬菜简易静止水培技术

13.1　技能训练目标

①掌握简易静止全素和缺素水培的试验方法。

②进一步了解营养液的组成及植物全素培养的重要性。

③营养液配制准确。

④操作正确,观察认真,管理科学。

13.2　技能训练准备

13.2.1　材料与药剂

番茄苗(具 4 ~7 片真叶)、莴苣苗(具 4 ~8 叶),1 mol/L NaOH 溶液,1 mol/L HCl 溶液,去离子水,配制日本山崎番茄营养液和日本山崎莴苣营养液所需的盐类化合物。番茄与莴苣的营养液配方如下:

番茄营养液配方:

$Ca(NO_3)_2 \cdot 4H_2O$ 为 354 mg/L;KNO_3 为 404 mg/L;$NH_4H_2PO_4$ 为 77 mg/L;$MgSO_4 \cdot 7H_2O$ 为 246 mg/L。

莴苣营养液配方:

$Ca(NO_3)_2 \cdot 4H_2O$ 为 236 mg/L;KNO_3 为 404 mg/L;$NH_4H_2PO_4$ 为 57 mg/L;$MgSO_4 \cdot 7H_2O$ 为 123 mg/L。

13.2.2 仪器与用具

生化培养箱、分析天平、磁力搅拌器、电导率仪、酸度计、小刀、钢锯条、滴管、500 mL 容量瓶、50 mL 量筒、500 mL 烧杯、150 mL 锥形瓶、500 mL 棕色广口瓶、苯板、棉花、营养液配制用具。

13.3 方法步骤

13.3.1 清洗试验用器皿

将试验用器皿先用 1% 稀盐酸溶液浸泡,然后用清水冲洗,再用去离子水漂洗 1 ~ 2 次。

13.3.2 配制营养液

以组为单位,用去离子水分别配制番茄的全素营养液(0.5 L)、去钾营养液(0.5 L)和莴苣的全素营养液(0.5 L)、去钾营养液(0.5 L)。营养液按照配方直接配制,具体按照:计算—称量—溶解—混合—定容的顺序进行配制。

13.3.3 自制瓶盖

用钢锯条、小刀配合,切割成两个半圆形小苯板块,二者组合成一个与栽培瓶瓶口大小一致的瓶盖,中间区域的直径略大于秧苗的粗度,苯板块的四周切成圆弧形,与暖瓶塞的形状类似(图 12.21)。

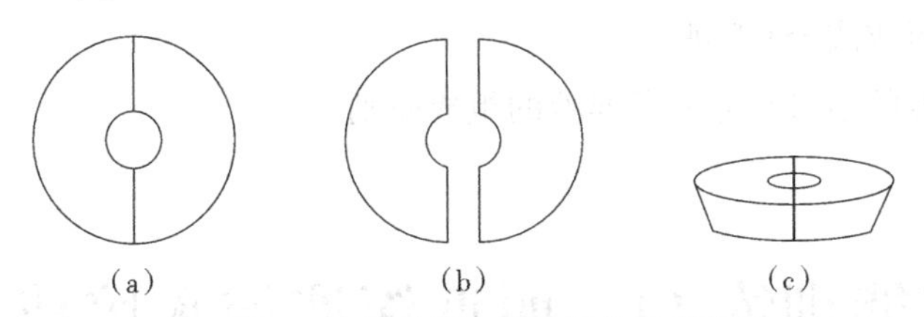

图 12.21 用苯板制作栽培瓶盖的示意图

(a)苯板切割成圆形苯板块;(b)沿圆形苯板块的中心切分成两个半圆形苯板块,并在每个半圆形苯板块的中央切割成半弧形的中空区域;(c)圆形瓶盖侧视图

13.3.4 营养液分装

将所配的 4 种营养液分别倒入 4 个棕色广口瓶内。盖上瓶塞或用预先做好与瓶口大小一致的苯板块盖好。

13.3.5 秧苗定植

将番茄、莴苣的根系先用清水冲洗掉基质后，再用去离子水清洗一遍，然后用棉花缠住根茎过渡区，并用两个半圆形的苯板块从左右两侧夹住秧苗，随后将组合成的苯板块(即瓶盖)固定于棕色瓶上。要求秧苗呈竖直状态，根系的一半伸入营养液，一半暴露于瓶内空间。注意尽量少伤细根。秧苗定植后将广口瓶置于生化培养箱或室内有光照地方，在室温25～28 ℃、空气湿度60%～80%的条件下培养。

13.3.6 营养液管理

每2 d检测一次γ值和pH值，并根据γ值和pH值的变化，决定是否补充营养液和调整营养液的pH值。当液面下降至棕色瓶高度的一半以下时，及时补充水分至原液位处。养分补充则按照营养液配方的要求全面补充营养液。

13.3.7 观察记录

每天观察番茄或莴苣的长势、叶色和缺素症状，测量秧苗的形态指标等，并做好全素培养与缺素培养的比较。最后将观察和测量的数据一并记录下来，供分析栽培现象用。

注意事项

①直接配制的全素或缺素营养液最好使用去离子水，栽培效果明显。

②室内培养时，要加强室内的通风、透光。

③观察植物的长势、长相要细心、准确。

思维拓展

①营养液的组成成分有哪些?

②从缺素培养的结果来分析营养液的组成原则。

技能训练14　西瓜深液流水培技术

14.1 技能训练目标

①熟练掌握DFT水培技术。

②了解DFT水培技术特征。

③营养液配制准确，营养液管理科学。

④按生产工艺流程操作。

⑤植物生长正常，栽培效果良好。

14.2　技能训练准备

14.2.1　材料与药剂

已育好待移植的西瓜幼苗(具 3 ~ 4 片真叶),800 倍液的多菌灵溶液,配制山东农业大学西瓜营养液所需的各种盐类化合物,其配方如下:

西瓜营养液配方:

$Ca(NO_3)_2 \cdot 4H_2O$ 为 1 000 mg/L;KNO_3 为 300 mg/L;KH_2PO_4 为 250 mg/L;

$MgSO_4 \cdot 7H_2O$ 为 250 mg/L;K_2SO_4 为 120 mg/L。

14.2.2　仪器与用具

电导率仪,酸度计,托盘天平,杆秤,塑料棒,塑料盆,非石灰质无棱角的小石砾(ϕ2 ~ 3 mm),深液流水培设施,营养液配制用具。

14.3　方法步骤

14.3.1　配制西瓜营养液

配制方法见本项目技能训练 4。

14.3.2　移苗

将西瓜幼苗的根系浸泡在 800 倍的多菌灵溶液 10 ~ 15 min 后移植到定植杯中。固定幼苗用稍大于定植杯下部小孔隙的非石灰质无棱角的小石砾。

14.3.3　过渡槽寄养

以不放置定植板的种植槽作为过渡槽,在槽中密集排列刚移入幼苗的定植杯,然后在种植槽中放入 2 ~ 3 cm 深的营养液,以浸没定植杯底部为宜。

14.3.4　定植

植株生长到一段时间,有部分根系生长到定植杯外,即可正式定植到定植板上。

14.3.5　营养液的管理

定植初期,应保持营养液面浸没定植杯杯底 1 ~ 2 cm,随着根系大量伸出定植杯时,应逐渐调低液面使之离开定植杯底。当植株很大、根系发达时,只需在种植槽中保持 3 ~ 4 cm 的液层即可。过渡槽寄养和定植初期的营养液为 1/2 剂量水平,γ 值为 1.2 mS/cm

左右，开花后营养液调整为1个剂量水平，γ值2.2 mS/cm左右，坐果后γ值控制在2.5～2.8 mS/cm。当浓度下降到原营养液浓度的1/2时补充营养液。

14.3.6 植株管理

当瓜苗长到10节左右时，用细绳固定主蔓，引蔓向上生长，授粉应选择在主蔓16～25节雌花上进行。株高30 cm时，除主蔓外，留一侧蔓，其余去掉。主蔓留1个瓜，另外1条侧蔓作营养枝。在结瓜节位以上，留4～5片叶摘心。

14.3.7 观察记录

认真观察并详细记录在种植过程中西瓜植株的生长、病虫害的发生、营养液pH值和浓度的变化、水分消耗以及大棚或温室中的温度、湿度等各种情况。

表12.5 DFT水培管理记录表

棚号：________　　　　作物名称：______　　　　记录人：____________

日期	设施环境		营养液		生长状况	处理措施	备注
	温度	湿度	γ值	pH值			

注意事项

①严格控制营养液浓度和种植槽内的液面高度。

②稳苗用的材料为非石灰质的石砾。

③定植板最好用加密的苯板。

④预防营养液循环系统发生渗漏现象。

思维拓展

①DFT水培与静止水培相比有哪些技术优势？

②如何预防营养液中藻类的大量滋生？

技能训练15 莴苣营养液膜水培技术

15.1 技能训练目标

①熟练掌握NFT水培技术。

②了解NFT水培技术特征。

③技能要求与DFT水培技术相同。

15.2 技能训练准备

15.2.1 材料与药剂

莴苣幼苗(具5~6片叶),800倍多菌灵溶液,配制日本山崎莴苣配方所需的各种盐类化合物,其配方见本项目技能训练13。

15.2.2 仪器与用具

电导率仪,酸度计,托盘天平,杆秤,塑料棒,塑料盆,营养液膜水培设施,营养液配制用具。

15.3 方法步骤

15.3.1 配制莴苣营养液

配制方法见本项目技能训练4。

15.3.2 定植

将莴苣幼苗根系浸泡在800倍的多菌灵溶液10~15 min后移植到带孔的定植杯中,然后连杯一起定植到定植板的定植孔中。注意要使定植杯触及槽底,叶片伸出定植板。

15.3.3 营养液的管理

控制槽内营养液的液层在1~2 cm以下。根垫形成后,间歇供液,并每天补充水分。结球前营养液的γ值控制为2.0 mS/cm,结球期为2.0~2.5 mS/cm。当营养液的γ值降低至原配制营养液γ值的1/3~1/2时补充营养。营养液的pH值控制在5.0~6.9的范围内。经常检查营养液的γ值、pH值和温度及其相应的自控装置的工作情况。

15.3.4 地上部管理环境调控

地上部管理参照莴苣的常规栽培,环境调控见项目7任务4生菜DFT水培内容。

15.3.5 观察记录

同DFT水培技术。

注意事项

①防止系统发生渗漏和突然停电。

②经常检测营养液的γ值和pH值。

思维拓展

①理解 NFT 水培技术的优缺点。

②分析 NFT 与 DFT 水培技术的异同点。

③何防止营养液循环供液系统发生渗漏?

技能训练 16　育苗工厂的参观

16.1　技能训练目标

①了解育苗工厂的各种设备并能正确使用。

②掌握工厂化育苗的操作程序及管理要求。

③参观细致,记录完整。

16.2　技能训练准备

以小组为单位,每个小组准备数码相机或者高像素手机一部,笔记本一本。

16.3　方法步骤

16.3.1　参观要求

①参观要有序,要了解育苗工厂的工作程序和相关要求,进入厂区后遵守厂内管理人员的要求,最好请专业的管理人员带领参观并进行现场讲解。

②对所有参观内容进行图文记载。

16.3.2　参观内容

(1)概况了解

观察各种不同级别的苗,掌握商品苗应该具备的特征特性、了解常见苗木的培育成本、育苗规模、投资大小、销售渠道、经济效益等。

(2)育苗设施及场所

保温设施、通风设施、灌溉设施、施肥设施、营养液配制场所、育苗基质生产场所、配制育苗基质的材料等。

(3)育苗设备

恒温催芽室、自动精播生产线、基质搅拌机、基质消毒机、基质装盘机、压穴器、人工播

种用的工具、各种规格的穴盘、防治病虫害所用的植保器械以及检测育苗环境条件的温湿计、电导率仪等小型仪器。

(4)其他

留意育苗过程中使用的营养液、肥料、农药等以及工作人员的分工、工作量。

16.3.3　现场互动

在获得允许的前提下,可以在工作人员的指导下学习各种仪器设备的使用方法,如基质装盘、人工播种、压穴器的使用、恒温催芽室温度设定、分苗等。

思维拓展

①工厂化育苗的优势?

②工厂化育苗需要的投资?

技能训练 17　蔬菜无土育苗技术

17.1　技能训练目标

①熟练掌握穴盘育苗等无土育苗方法及操作流程。

②根据作物种类、苗龄选择适宜的无土育苗方法。

③操作程序正确,操作规范、熟练,培育的秧苗既健壮又整齐。

④管理科学、细致,责任心强,记录完整。

⑤能够准确分析并有效解决无土育苗的实际问题。

17.2　技能训练准备

17.2.1　材料与药剂

莴苣、辣椒、番茄等作物种子(各 100 g),蛭石、珍珠岩、泥炭适量,3% ~5% 磷酸三钠溶液,0.1% 升汞溶液,0.3% ~0.5% 次氯酸钠(次氯酸钙)溶液、3 mmol/L NaOH 或 KOH 的稀溶液、3 mmol/L 硫酸或磷酸的稀溶液,配制华南农业大学叶菜类和果菜类营养液配方所需的农用或工业用肥料。

华南农业大学叶菜类营养液配方:

$Ca(NO_3)_2 \cdot 4H_2O$ 为 472 mg; KNO_3 为 202 mg; NH_4NO_3 为 80 mg; KH_2PO_4 为 100 mg; K_2SO_4 为 174 mg; $MgSO_4 \cdot 7H_2O$ 为 246 mg; pH 值 6.1 ~6.6。

华南农业大学果菜类营养液配方:

$Ca(NO_3)_2 \cdot 4H_2O$ 为 472 mg；KNO_3 为 404 mg；KH_2PO_4 为 100 mg；$MgSO_4 \cdot 7H_2O$ 为 246 mg；pH 值 6.4 ~7.8。

17.2.2 仪器与用具

催芽室、育苗穴盘(200 穴)、塑料育苗钵(7 cm×8 cm)、喷壶、干湿温度计、镊子、托盘天平(或电子分析天平)、杆秤、50 mL 量筒、pH 计或 pH 试纸、电导率仪、50 mL 塑料刻度烧杯、塑料盆(桶)、塑料标签。

17.3 方法步骤(以穴盘育苗为例)

17.3.1 选种

选择饱满、整齐、无病虫害的种子备用。

17.3.2 工具及人手消毒

用 3% ~5% 磷酸三钠溶液消毒处理。

17.3.3 种子及基质消毒

将选好的种子用 0.1% 升汞液消毒 5 min 左右,再用清水冲洗 3 ~5 次以除去残毒。用 0.3% ~0.5% 次氯酸钠溶液浸泡沙子、泥炭基质 30 min,然后用清水冲洗几次。

17.3.4 基质装盘

将珍珠岩、蛭石按 2∶1 的比例混合后,均匀装盘(距盘沿 1 cm)。

17.3.5 播种

将种子用镊子小心放入穴盘。每穴 1 ~2 粒,播完后再撒上一薄层 1∶1 的珍珠岩、蛭石的复合基质,刮平稍压后,浇透水。

17.3.6 移苗

待第一片真叶展开后,移入预先装好岩棉、泥炭、沙子、珍珠岩和蛭石等单一基质的育苗钵中,浇足 1/3 剂量的营养液。

17.3.7 营养液管理

种子发芽前,不浇营养液,只浇清水;移苗后初期可浇灌 1/3 剂量的营养液;中期和后期浇灌 1/2 剂量的营养液。每隔 2 ~3 d 浇 1 次。夏季高温季节每天可酌情浇 1 ~2 次清

水，以防基质过干。

17.3.8 环境管理

苗盘播种后，重叠移入催芽室，温度控制在25～26 ℃。出苗后再移到温室，及时见光绿化。注意中午通风、降温和遮光，并防止蒸发过大，夜间注意拉大昼夜温差（低于昼温5～10 ℃）和保温，必要时可搭盖小拱棚。当第1片真叶展开时，应及时移苗以免互相影响。移至塑料钵后，随着幼苗的长大，及时拉大株行距。当达到不同作物要求的生理苗龄或日历苗龄及育苗规格后再定植。

17.3.9 跟踪记录

育苗期间要跟踪调查秧苗的生长状况和环境变化情况，并及时记录。苗期记录要及时整理归档。

注意事项

①种子、基质、穴盘等在使用前进行消毒。

②播种一般根据种子大小确定播种深度。

③苗期营养液管理和环境调控技术要到位，并根据生育期适时调整。

④针对育苗过程中出现的生长不良现象，在科学分析的基础上加强科学管理和有效调控。

思维拓展

①分析作物无土育苗方式与种类、苗龄的关系。

②比较无土育苗与土壤育苗的差异，理解无土育苗的优点。

技能训练18 番茄有机生态型无土栽培技术

18.1 技能训练目标

①掌握有机生态型基质培的操作流程与技术要领。

②掌握有机生态型基质培设施的设计与建造技术。

③技能要求同本项目技能训练8。

18.2 技能训练准备

18.2.1 材料与药剂

番茄幼苗（具4～7片真叶），炉渣或小石砾等粗基质，珍珠岩、草炭等基质，腐熟鸡粪和 N、P、K 复合肥、KH_2PO_3 等有机、无机肥料，40% 甲醛 100 倍液。

18.2.2 仪器与用具

红砖或塑料泡沫板，黑色聚丙烯塑料薄膜（0.1 ~ 0.2 mm），成套的简易滴灌设备，铁锹，皮尺，直尺，铁耙，剪子。

18.3 方法步骤

番茄有机生态型基质培操作流程如图 12.22 所示。

图 12.22 番茄有机生态型无土栽培操作流程

(a)制作栽培槽；(b)基质混配；(c)基质装填与施肥；
(d)基质消毒；(e)定植与铺设滴灌系；(f)追肥

18.3.1 建造栽培槽

用红砖或塑料泡沫板建造栽培槽。建造方法见本项目技能训练 9。

18.3.2 栽培基质混配

将草炭、珍珠岩和腐熟鸡粪按 6∶3∶1 的比例充分混匀。复合肥可在基质混配时施入，一般以前者为首选。

18.3.3 基质装填与消毒

先在槽内装填 5 cm 厚的粗基质，然后铺上一层编织袋，将栽培基质填入槽内，基质厚 12 ~ 15 cm。基质装填后浇水。槽上覆塑料膜，进行高温太阳能消毒，同时能够防止使用前槽内存有杂物。也可以结合基质混配用 40% 甲醛的 100 倍液进行药剂消毒。基质消毒方法见本项目技能训练 6。

18.3.4　定　植

在槽宽 90 cm 的种植槽内按行距 40 ~ 45 cm、株距 35 ~ 40 cm 的密度进行双行定植，每 667 m^2 用苗 2 400 ~ 3 000 株。

18.3.5　铺设滴灌系统

番茄幼苗定植后按栽培行铺设滴灌带（或滴灌管），并与供液管道连成一体，组成完整的滴灌系统。

18.3.6　栽培管理

①追肥

定植缓苗后，追施 1 次肥料，每 m^3 基质追施鸡粪 2 kg、复合肥 0.5 kg。以后每隔 10 ~ 15 d 追施 1 次肥料，鸡粪与复合肥混合或交替追施。为了提高产量和改善品质，根部施肥可与叶面追肥结合进行，如用 0.2% 的 KH_2PO_3。每隔 7 d 左右喷施 1 次。

②供水

正常栽培时只需滴灌清水。一般每天供水 1 ~ 2 次，应植株状况、基质温湿度、天气和季节的变化灵活掌握，但每次滴灌量以槽底有水流出为限。

③地上部管理

番茄地上部管理主要有整枝、吊蔓、绕蔓、除叶、打杈、落蔓、摘心、疏花疏果或保花保果等。操作方法参照常规栽培进行。

④观察记录

每天观察番茄的长势、长相，做好相关记录，并根据番茄生长正常与否，及时采取有效的调控措施。

注意事项

①底肥与追肥种类和用量使用科学、合理。

②植株调整及时、有效，针对性强。

③观察番茄苗的长势与长相要细心，判断准确。

思维拓展

①如何进一步降低有机生态型基质培的投资成本？

②结合技能训练，总结番茄有机生态型基质培的技术要点。

技能训练19　参观智能温室

19.1　技能训练目标

①了解智能温室的功能。

②掌握智能温室智能化所需的管理和操作系统。

③参观细致,记录完整。

19.2　技能训练准备

以小组为单位,每个小组准备数码相机或者高像素手机一部,笔记本一本。

19.3　方法步骤

19.3.1　参观要求

①参观要有序,进入温室工作区后遵守管理人员的要求,最好请专业的管理人员带领参观并进行现场讲解。

②对所有参观内容进行图文记载。

19.3.2　参观内容

①了解智能温室的概况

观察了解温室的基本结构、建筑面积、生产面积、温室内所生产和栽培的植物种类、温室的生产规模、建造成本、产品销售渠道、经济效益等情况。

②观察温室的各大操控系统

a.通风系统

观察温室侧墙配备的大功率风扇、悬挂式小型环流风机、可自动开合的顶窗等促进空气流动交换的设备。

b.灌溉系统

查看温室供水系统(自来水入口、储水池)、滴灌管、喷头、灌溉模式控制按钮、水净化设备等。

c.施肥系统

观察配制营养液的工作间、配制用具、贮液罐、肥料、称量工具、营养液循环系统等。

d.栽培支架系统

观察了解栽培床、栽培槽的数量、面积、高度、移动方式、建造材料、造价等。

e. 保温系统

观察了解温室外墙保温材料、顶部保温材料、冬季供暖方式、栽培床下的暖气供应等相关情况。

f. 光控系统

查看温室顶部外遮阳网、内遮阳布、补光灯等。

g. 智能监测系统

观察用于监测温室内外温度、空气湿度、二氧化碳浓度、光照强度、风速等气象条件的高端设备以及与计算机相连的信号传输设备、电脑上显示的实时监测结果。

h. 控制系统

查看控制箱上所有操作按钮的分布，由管理人员现场演示自动喷水、自动打开或关闭天窗、环流风机、遮阳网等自动化工作程序。

19.3.3　现场互动

在获得允许的前提下，在工作人员的指导下尝试操作各个系统，体会自动化、智能化的优越性。

思维拓展

①智能温室与普通日光温室的区别？

②智能温室的优势有哪些？

技能训练20　无土栽培工厂的规划设计

20.1　技能训练目标

①掌握无土栽培基地的规划设计要求与注意事项。

②能够科学、合理规划设计无土栽培基地。

③规划设计符合实际与生产技术要求。

④规划书内容全面，规划科学合理，经济适用，可操作性强。

⑤平面设计图格式正确，设计科学，布局合理，比例协调，美观大方。

20.2　技能训练准备

20.2.1　材料与设备

摄像机或数码照相机，相关影像资料。

20.2.2 仪器与用具

画图纸,钢笔,铅笔,橡皮,直尺。

20.3 方法步骤

①学生集中参观无土栽培企业,调查企业无土栽培基地的规划布局情况,并观看无土栽培方面的影像资料。

②学生以组为单位对无土栽培基地进行规划,并撰写《基地规划书》。无土栽培基地规划设计的内容和考虑的因素有选址、栽培形式、栽培种类与茬口安排、栽培面积与计划产量、人员与栽培设施配置、道路与辅助设施设计、资金投入与预期效益、经营方针与营销策略等。

③学生根据规划书的要求,画出基地的平面设计图并制订出详细的生产计划。

20.4 思维拓展

①无土栽培基地的规划设计应考虑哪些问题?

②规划设计人员应具备哪些知识、素质与能力?

③制订生产计划前要做哪些必要的调查工作?

技能训练21 工厂化无土栽培

21.1 技能训练目标

①掌握工厂化无土栽培的生产工艺流程。

②掌握工厂化无土栽培的栽培管理要点。

③科学管理、有效。

21.2 技能训练准备

21.2.1 材料与药剂

生菜种子,配制日本山崎莴苣营养液的肥料,具体配方见本项目技能训练13。

21.2.2 仪器与用具

成套浮板水培设施和环控设施,潮汐育苗床,海绵播种块,聚苯乙烯泡沫板(浮板),

营养液配制用具等。

21.3　方法步骤

以生菜工厂化生产为例，其工艺流程如图 12.23 所示。

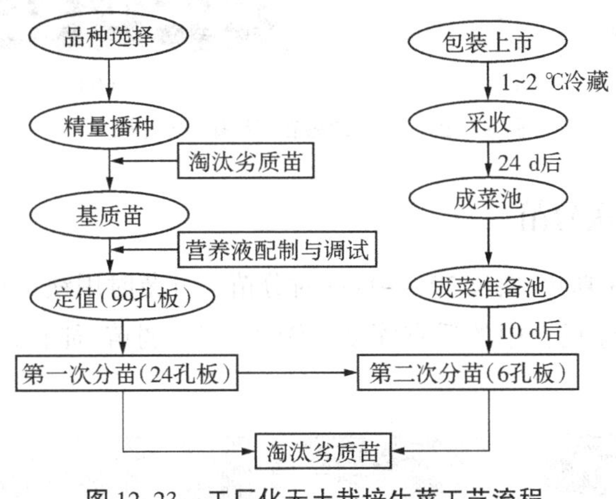

图 12.23　工厂化无土栽培生菜工艺流程

21.3.1　品种选择

筛选适宜水培且符合标准的生菜品种。生产上常用荷兰进口的包心品种。

21.3.2　播种

筛选饱满、质优的种子。在潮汐育苗床的基质块(图 12.24)上每穴播种 1 粒种子，每天早晚各浸 1 次营养液。

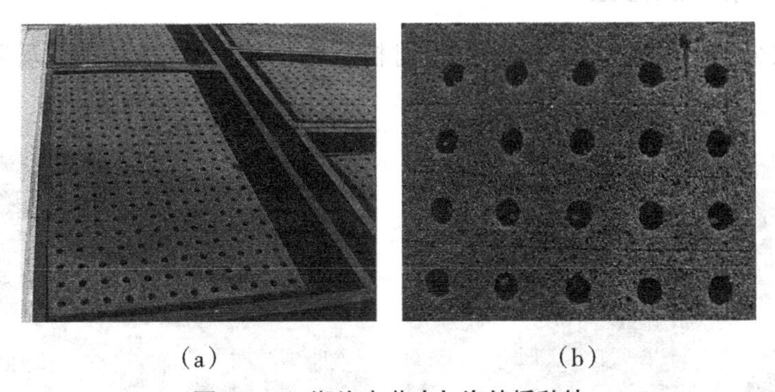

(a)　　　　(b)

图 12.24　潮汐育苗床与海绵播种块

21.3.3　定植

当播种苗高 4 cm 左右时淘汰小苗、弱苗、徒长苗，将小苗移入浮板的定植孔内，要求深度适宜(图 12.25)。

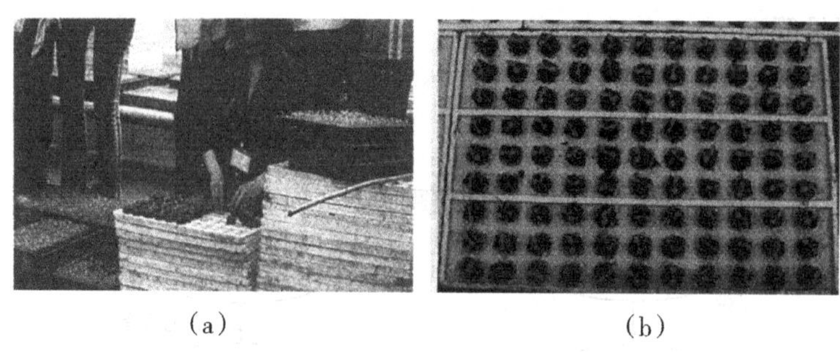

(a)　　(b)

图 12.25　生菜的移苗、定植(99 孔板)

21.3.4　第 1 次分苗

当小苗具 3～5 片真叶、根长 20～30 cm 时分苗。分苗时用铁钩将下部根系带过定植孔后,再将基质放入浮板孔中的适宜深度。淘汰小苗、弱苗、徒长苗,注意不要伤根(图 12.26)。

(a)　　(b)　　(c)

图 12.26　生菜第 1 次分苗(24 孔板)

21.3.5　第 2 次分苗

与第一次分苗相同(图 12.27)。分苗时根系往往过长,在定植前要剪除过长和病变的根系。

图 12.27　第 2 次分苗(6 孔板)

21.3.6　移菜

移菜时轻拿轻放,随时反馈生产情况。为了便于分苗和采收,在栽培池的边上特别修

建水道,便于大池中的浮板快速到达工作台。在第 2 次分苗后先进入成菜准备池,在移菜过程中可用细竹竿轻轻推拉浮板边缘,随着生长进入成菜池(图 12.28),等待采收。

21.3.7　采收

按照蔬菜的不同用途进行不同方式的采收与分级,然后放在 1 ~ 2 ℃冷藏 5 ~ 7 h 以上,然后包装销售。

21.3.8　环境控制

通过环控设施调控栽培环境,使生菜生长在适宜的温、光、湿、气等条件下。生菜是半耐寒蔬菜,适宜生长温度 15 ~ 20 ℃。冬季温度过低时,可采用加温措施;生菜对光照要求不严,喜光照充足,较耐弱光,适当的散射光可促进发芽。采用浮板水培工厂化生产蔬菜,减少了土传病害,但要注意在通风口处布设防虫网,一旦发生白粉虱等飞虫时可采用诱虫灯、防虫板(图 12.29)等物理方法防治,也可喷施除虫菊或百草 1 号等生物农药防虫,减少化学农药的施用量。

图 12.28　成菜池

图 12.29　悬挂黄板诱杀害虫

附　录

附录1　蔬菜、花卉等作物无土栽培的岗位能力与技能分解表

类　别	能力/技能的具体名称
关键能力/技能	1. 营养液配制与管理 2. 无土育苗 3. 基质的选择与处理 4. 无土栽培设施建造 5. 水培管理 6. 基质培管理 7. 有机生态型无土栽培 8. 设施环境调控 9. 知识、技能与能力的综合运用
一般能力/技能	1. 无土栽培基地规划设计 2. 基质理化性质测定 3. 水质化验 4. 无土栽培的生产成本与效益分析 5. 市场调研 6. 生产计划制订与实施 7. 无土栽培的病虫害防治 8. 无土栽培产品的采后处理 9. 无土栽培产品的销售与售后服务

附录2 无土栽培能力与技能考核方案（参考）

考核项目	考核标准	考核形式	分值权重系数
实训(习)表现	实训(习)态度端正,遵章守纪,操作认真、主动;积极思考,有责任意识、质量意识、成本意识、市场意识、岗位意识和团结协作、创新精神	现场观察;跟踪考核	0.05
营养液配制	配方适用,准备充分,计算准确,操作规范、熟练,营养液无沉淀物;能够结合作物、生育期、栽培季节和设施环境特点科学检测和有效调整营养液	现场操作;口试;技能比赛	0.15
基质选择与处理	基质选择合理、针对性强,理化性质测定准确,混配与消毒方法适宜,相关操作规范、熟练,混配均匀,消毒彻底	现场操作;口试;技能比赛	0.1
基地规划与无土栽培设施建造	基地规划设计科学、合理,符合实际,针对性强,无土栽培设施结构合理,建造质量高,经济适用	批阅规划设计书;现场操作;实地检查	0.1
栽培管理与效果	生产计划制订科学、合理并能够有效实施;生产成本控制有效,市场与经济效益预测比较准确	批阅生产计划书和生产成本与效益分析表;周边市场调查报告	0.1
实训报告与课程论文	无土育苗方式方法选择合理,育苗计划能够满足栽培和市场的需要,相关操作规范、熟练	现场操作;实地检查;批阅育苗计划书	0.1
	营养液管理科学,调控及时,满足作物需要;基质定期洗盐及时、有效;植株管理到位;环境调控及时、有效,针对性强	现场操作;跟踪考核;口试	0.1
	田间调查认真,记录全面、真实,能够正确分析和有效解决生产中问题;秧苗健壮,苗龄适宜,壮苗率高;作物长势好,产量高,品质好;市场销售状况良好	现场检查;口试;跟踪考核;检查相关记录	0.2
	思路清晰,观点正确,论证充分,有创新性;体例正确,字迹工整,上交及时	批阅实训报告或课程论文	0.1

附录 3　常用元素相对原子质量表

(1999)[Ar(^{12}C)]=12

元素名称		元素符号	原子序数	原子量
中文	英文			
铝	Aluminium	Al	13	26.98
硼	Boron	B	5	10.81
溴	Bromine	Br	35	79.90
钙	Calcium	Ca	20	40.08
碳	Carbon	C	6	12.01
氯	Chlorine	Cl	17	35.45
铬	Chromium	Cr	24	51.996
钴	Cobalt	Co	27	58.93
铜	Copper	Cu	29	63.55
氟	Fluorine	F	9	18.998
氢	Hydrogen	H	1	1.008
碘	Iodine	I	53	126.90
铁	Iron	Fe	26	55.85
铅	Lead	Pb	82	207.2
镁	Magnesium	Mg	12	24.305
钼	Molybdenum	Mo	42	95.94
镍	Nickel	Ni	28	58.71
氮	Nitrogen	N	7	14.01
氧	Oxygen	O	8	16.00
磷	Phosphorus	P	15	30.97
钾	Potassium	K	19	39.10
硒	Selenium	Se	34	78.96
硅	Silicon	Si	14	28.09
银	Silver	Ag	47	107.87
钠	Sodium	Na	11	22.99
硫	Sulfur	S	16	32.06
锡	Tin	Sn	50	118.69
锌	Zinc	Zn	30	65.37

注:本表相对原子质量,引自 1999 年国际相对原子质量表,以^{12}C=12 为基准。

附录 4　植物营养大量元素化合物及辅助材料的性质与要求

用途	序号	名称	分子式	分子量	色泽	性状	溶解度①	酸碱性		元素含量(%)	纯度要求(%)②
								化学	生理		
配方中直接使用的化合物	1	四水硝酸钙	$Ca(NO_3)_2 \cdot 4H_2O$	236.15	白色	小晶	129.3	中性	碱性	N11.86,Ca16.97	农用 90
	2	硝酸钾	KNO_3	101.10	白色	小晶	31.6	中性	弱碱性	N13.85,K38.67	农用 98
	3	硝酸钠	$NaNO_3$	85.01	白色	小晶	88.0	中性	弱碱性	N16.50,Na27.00	农用 98
	4	硝酸铵	NH_4NO_3	80.04	白色	小晶	192.0	水解酸性	酸性	N35.0	农用 98.5
	5	硫酸铵	$(NH_4)_2SO_4$	132.14	白色	小晶	75.4	水解酸性	强酸性	N21.20,S24.26	农用 98
	6	氯化铵	NH_4Cl	53.49	白色	小晶	37.2	水解酸性	强酸性	N26.17,Cl66.27	农用 96
	7	尿素	$(NH_2)_2CO$	60.06	白色	小晶	105.0	中性	酸性	N46.64	农用 98.5
	8	磷酸一铵	$NH_4H_2PO_4$	115.03	灰色	粉末	36.8	水解酸性	不明显	N12.18,P26.92	农用>90
	9	磷酸二铵	$(NH_4)_2HPO_4$	132.06	灰色	粉末	68.6	水解碱性	不明显	N21.22,P23.45	农用>90
	10	磷酸二氢钾	KH_2PO_4	136.09	白色	小晶	22.6	水解酸性	不明显	P22.76,K28.73	农用 96
	11	磷酸氢二钾	K_2HPO_4	174.18	白色	小晶	167.0	水解碱性	不明显	P17.78,K44.90	工业用 98
	12	磷酸二氢钠	$NaH_2PO_4 \cdot 2H_2O$	119.97	白色	小晶	85.2	水解酸性	不明显	P25.81,Na19.16	工业用 98
	13	磷酸氢二钠	$Na_2HPO_4 \cdot 2H_2O$	141.96	白色	小晶	80.2(50 ℃)	水解碱性	不明显	P21.82,Na32.39	工业用 98
	14	重过磷酸钙	$Ca(H_2PO_4)_2 \cdot H_2O$	252.02	灰色	粉末	15.4(25 ℃)	强酸性	不明显	P24.6,Ca15.9	农用 92
	15	硫酸钾	K_2SO_4	174.26	白色	小晶	11.1	中性	强酸性	K44.88,S18.40	农用 95
	16	氯化钾	KCl	74.56	白色	小晶	34.0	中性	强酸性	K52.45,Cl47.55	农用 95
	17	氯化钙	$CaCl_2$	110.99	白色	小晶	74.5	中性	酸性	Ca36.11,Cl47.55	工业用 98
	18	硫酸钙	$CaSO_4 \cdot 7H_2O$	172.17	白色	粉末	0.204	中性	酸性	Ca23.28,S18.62	工业用 98
	19	硫酸镁	$Mg\ SO_4 \cdot 7H_2O$	246.47	白色	小晶	35.5	中性	酸性	Mg9.86,S13.01	工业用 98

续表

用途	序号	名称	分子式	分子量	色泽	性状	溶解度[①]	酸碱性		元素含量(%)	纯度要求(%)[②]
								化学	生理		
辅助性原料	20	碳酸氢铵	NH_4HCO_3	79.04	白色	小晶	21.0	碱性	弱酸	N17.70	农用95
	21	碳酸钾	K_2CO_3	138.21	白色	小晶	110.5	强碱性	不计	K56.58	工业用98
	22	碳酸氢钾	$KHCO_3$	100.11	白色	小晶	33.3	强碱性	不计	K39.06	工业用98
	23	碳酸钙	$CaCO_3$	100.09	白色	粉末	6.5×10^{-3}	碱性	不计	Ca40.05	工业用98
	24	氢氧化钙	$Ca(OH)_2$	74.10	白色	粉末	0.165	强碱性	不计	Ca54.09	工业用98
	25	氢氧化钾	KOH	56.11	白色	块状	112.0	强碱性	不计	K69.69	工业用98
	26	氢氧化钠	NaOH	40.00	白色	块状	109.0	强碱性	不计	Na57.48	工业用98
	27	磷酸	H_2PO_4	97.99	淡黄色	液体	可溶	酸性	不计	P31.60	工业用98[③]
	28	硝酸	HNO_3	63.01	淡黄色	液体	可溶	强酸性	不计	N22.22	工业用98[③]
	29	硫酸	H_2SO_4	98.08	淡黄色	液体	可溶	强酸性	不计	S57.48	工业用98[③]

注:①溶解度:在20 ℃时,100 g水中最多溶解的克数(以无水化合物计),括号内数字为另一温度。

②纯度要求:每100 g固体物质中含有本物的克数,即重量%,本物包括结晶水在内。本物以外的为杂质。杂质中含有害物质的限制见项目2的有关声明。

③指明三种酸(H_3PO_4、HNO_3、H_2SO_4)皆为液体,每100 g液体中含有本物的克数,即重量%,本物以外的主要是水分,也会含微量的杂质,其中有害物质的限制同注②。

附录 5　植物营养微量元素化合物的性质与要求

序号	名称	分子式	分子量	色泽	形状	溶解度[1]	酸碱性	元素含量（%）	纯度要求（%）[2]
1	硫酸亚铁	$FeSO_4 \cdot 7H_2O$	278.01	浅青	小晶	26.5	水解酸性	Fe20.09	工业用 98
2	三氯化铁	$FeCl_3 \cdot 6H_2O$	270.30	黄棕	晶块	91.9	水解酸性	Fe20.66	工业用 98
3	Na_2-EDTA	$Na_2C_{10}H_{14}O_8N_2 \cdot 2H_2O$	372.42	白色	小晶	11.1（22 ℃）	微碱		化学纯 99
4	Na_2Fe-EDTA	$Na_2Fe\ C_{10}H_{12}O_8N_2$	389.93	黄色	小晶	易溶	微碱	Fe14.32	化学纯 99
5	NaFe-EDTA	$NaFe\ C_{10}H_{12}O_8N_2$	366.94	黄色	小晶	易溶	微碱	Fe15.22	化学纯 99
6	硼酸	H_3BO_3	61.83	白色	小晶	5.0	微酸	B17.48	化学纯 99
7	硼砂	$Na_2B_4O_7 \cdot 10H_2O$	381.37	白色	粉末	2.7	碱性	B11.34	化学纯 99
8	硫酸锰	$MnSO_4 \cdot 4H_2O$	223.06	粉红	小晶	62.9	水解酸性	Mn24.63	化学纯 99
9	氯化锰	$MnCl_2 \cdot 4H_2O$	197.09	粉红	小晶	73.9	水解酸性	Mn27.76	化学纯 99
10	硫酸锌	$ZnSO_4 \cdot 7H_2O$	287.54	白色	小晶	54.4	水解酸性	Zn22.74	化学纯 99
11	氯化锌	$ZnCl_2 \cdot 2.5H_2O$	174.51	白色	小晶	367.3	水解酸性	Zn37.45	化学纯 99
12	硫酸铜	$CuSO_4 \cdot 5H_2O$	249.68	蓝色	小晶	20.7	水解酸性	Cu25.45	化学纯 99
13	氯化铜	$CuCl_2 \cdot 2H_2O$	170.48	蓝绿色	小晶	72.7	水解酸性	Cu37.28	化学纯 99
14	钼酸钠	$Na_2MoO_4 \cdot 2H_2O$	241.95	白色	小晶	65.0	水解酸性	Mo39.65	化学纯 99
15	钼酸铵	$(NH_4)_6Mo_7O_{24} \cdot 4H_2O$	1 235.86	浅黄色	晶块	易溶		Mo54.34	化学纯 99

注：①溶解度：在 20 ℃，100 g 水最多溶解的克数（以无水化合物计），括号内数字为另一温度。

②纯度要求：每 100 g 固体物质中含有本物的克数，即重量%。

附录6　常用化肥供给的主要元素、百分含量及换算系数

供给元素(1)	化学肥料(2)			元素含量(%)	换算系数	
	名称	分子式	分子量		由(1)求(2)	由(2)求(1)
N	四水硝酸钙	$Ca(NO_3)_2 \cdot 4H_2O$	236.15	11.87	8.424 6	0.118 7
	硝酸钾	KNO_3	101.10	13.86	7.215 0	0.138 6
	硝酸铵	NH_4NO_3	80.04	35.01	2.856 3	0.350 1
	磷酸二氢铵	$NH_4H_2PO_4$	115.03	12.18	8.210 2	0.121 8
	磷酸氢二铵	$(NH_4)_2HPO_4$	132.06	21.22	4.712 5	0.212 2
	硫酸铵	$(NH_4)_2SO_4$	132.14	21.20	4.717 0	0.212 0
	尿素	$(NH_2)_2CO$	60.06	46.65	2.143 6	0.466 5
P	磷酸二氢钾	KH_2PO_4	136.09	22.76	4.393 7	0.227 6
	磷酸氢二钾	K_2HPO_4	174.18	17.78	5.624 3	0.177 8
	磷酸二氢铵	$NH_4H_2PO_4$	115.03	26.92	3.714 7	0.269 2
	磷酸氢二铵	$(NH_4)_2HPO_4$	132.06	23.45	4.264 4	0.234 5
K	硝酸钾	KNO_3	101.10	38.67	2.586 0	0.386 7
	硫酸钾	K_2SO_4	174.26	44.88	2.228 2	0.448 8
	氯化钾	KCl	74.56	52.44	1.906 9	0.524 4
	磷酸二氢钾	KH_2PO_4	136.09	28.73	3.480 7	0.287 3
	磷酸氢二钾	K_2HPO_4	174.18	44.90	2.227 2	0.449 0
	碳酸钾	K_2CO_3	138.21	56.58	1.767 4	0.565 8
Ca	四水硝酸钙	$Ca(NO_3)_2 \cdot 4H_2O$	236.15	16.67	5.892 8	0.169 7
	碳酸钙	$CaCO_3$	100.09	40.04	2.497 5	0.400 4
	氯化钙	$CaCl_2$	110.99	36.11	2.769 3	0.361 1
	硫酸钙	$CaSO_4 \cdot 7H_2O$	172.17	23.28	4.295 5	0.232 8
Mg	硫酸镁	$MgSO_4 \cdot 7H_2O$	246.47	9.86	10.142 0	0.098 6
	碳酸镁	$MgCO_3$	84.31	28.83	3.468 6	0.288 3
	氯化镁	$MgCl_2$	95.21	25.83	3.917 0	0.255 3
S	硫酸镁	$Mg\ SO_4 \cdot 7H_2O$	246.47	13.01	7.686 4	0.130 1
	硫酸铵	$(NH_4)_2SO_4$	132.14	24.26	4.122 0	0.242 6
	硫酸钾	K_2SO_4	174.26	18.40	5.434 8	0.184 0

续表

供给元素(1)	化学肥料(2)			元素含量(%)	换算系数	
	名称	分子式	分子量		由(1)求(2)	由(2)求(1)
Cu	硫酸铜	$CuSO_4 \cdot 5H_2O$	249.68	25.45	3.929 3	0.254 5
	氯化铜	$CuCl_2 \cdot 2H_2O$	170.48	37.28	2.682 4	0.372 8
Fe	硫酸亚铁	$FeSO_4 \cdot 7H_2O$	278.01	20.09	4.977 6	0.200 9
	氯化铁	$FeCl_3 \cdot 6H_2O$	270.30	20.66	4.840 3	0.206 6
Zn	氯化锌	$ZnCl_2$	136.28	47.97	2.084 6	0.479 7
	硫酸锌	$ZnSO_4 \cdot 7H_2O$	287.54	22.73	4.399 4	0.227 3
Mn	硫酸锰	$MnSO_4 \cdot H_2O$	269.01	32.51	3.076 0	0.325 1
	氯化锰	$MnCl_2 \cdot 4H_2O$	197.90	27.76	3.602 3	0.277 6
B	硼酸	H_3BO_3	61.83	17.48	5.720 8	0.174 8
	硼砂	$Na_2B_4O_7 \cdot 10H_2O$	381.37	11.34	8.818 3	0.113 4
Mo	钼酸铵	$(NH_4)_6Mo_7O_{24} \cdot 4H_2O$	1 235.86	54.34	1.840 3	0.543 4
	钼酸钠	$Na_2MoO_4 \cdot 2H_2O$	241.95	39.65	2.522 1	0.396 5

注:以上化学肥料均以纯品计算,实际产品常含有杂质,在应用此表时应计算杂质含量。

附录7 一些难溶化合物的溶度积常数

(K_{sp},18~25 ℃)

化合物的化学式	K_{sp}	化合物的化学式	K_{sp}
$CaCO_3$	2.8×10^{-9}	$MgNH_4PO_4$	2.5×10^{-13}
CaC_2H_4	2.6×10^{-9}	$Mg(OH)_2$	1.8×10^{-11}
$Ca(OH)_2$	5.5×10^{-8}	$MnCO_3$	1.8×10^{-11}
$CaHPO_4$	1.0×10^{-7}	$Mn(OH)_2$	1.9×10^{-13}
$Ca_3(PO_4)_2$	2.0×10^{-29}	MnS 晶体	2.0×10^{-13}
$CaSO_4$	9.1×10^{-6}	$ZnCO_3$	1.4×10^{-11}
CuCl	1.2×10^{-6}	$Zn(OH)_2$	1.2×10^{-17}
CuOH	1.0×10^{-14}	$Zn(PO_4)_2$	9.1×10^{-33}
Cu_2S	2.0×10^{-48}	ZnS	2.0×10^{-22}
CuS	6.0×10^{-36}	$FeCO_3$	3.2×10^{-11}
$CuCO_3$	1.4×10^{-10}	$Fe(OH)_2$	8.0×10^{-16}
$Cu(OH)_2$	2.0×10^{-20}	$Fe(OH)_3$	4.0×10^{-38}
$MgCO_3$	3.5×10^{-8}	$FePO_4$	1.3×10^{-22}
$MgCO_3\cdot3H_2O$	2.1×10^{-5}	FeS	6.3×10^{-18}

附录8 pH标准缓冲溶液

浓度 \ pH \ 温度/℃	10	15	20	25	30	35
草酸钾(0.05 mol·L^{-1})	1.67	1.67	1.68	1.68	1.68	1.69
酒石酸氢钾饱和溶液	—	—	—	3.56	3.55	3.55
邻苯二甲酸氢钾(0.05 mol/L)	4.00	4.00	4.00	4.00	4.01	4.02
磷酸氢二钠(0.025 mol/L)	6.92	6.90	6.88	6.86	6.85	6.84
磷酸氢二钾(0.025 mol/L)	6.92	6.90	6.88	6.86	6.85	6.84
四硼酸钠(0.01 mol/L)	9.33	9.28	9.23	9.18	9.14	9.11
氢氧化钙饱和溶液	13.01	12.82	12.64	12.46	12.29	12.13

参考文献

[1] 郭维明,毛龙生. 观赏园艺概论[M]. 北京:中国农业出版社,2001.

[2] 郭世荣. 无土栽培学[M]. 北京:中国农业出版社,2003.

[3] 王振龙. 无土栽培教程[M]. 北京:中国农业大学出版社,2008.

[4] 李国学,张福锁. 固体废物堆肥与有机复混肥生产[M]. 北京:化学工业出版社,2000.

[5] 李式军,等,译. 现代无土栽培技术[M]. 北京:北京农业大学出版社,1988.

[6] 连兆煌. 无土栽培原理与技术[M]. 北京:中国农业出版社,1996.

[7] 龙雅宜. 切花生产技术[M]. 北京:金盾出版社,1994.

[8] 陆景陵. 植物营养学[M]. 北京:北京农业大学出版社,1994.

[9] 马太和. 无土栽培[M]. 北京:北京出版社,1980.

[10] 穆鼎. 鲜切花周年生产[M]. 北京:中国农业科技出版社,1997.

[11] 郝保春. 草莓生产技术大全[M]. 北京:中国农业出版社,2000.

[12] 葛晓光. 蔬菜育苗大全[M]. 北京:中国农业出版社,1999.

[13] 北京林业大学园林花卉教研室. 花卉学[M]. 北京:中国林业出版社,1998.

[14] 蔡象元. 现代蔬菜温室设施和管理[M]. 上海:上海科学技术出版社,2000.

[15] 成海钟,蔡曾煜. 切花栽培手册[M]. 北京:中国农业出版社,2000.

[16] 陈青云,李成华. 农业设施学[M]. 北京:中国农业大学出版社,2001.

[17] 张鲁归. 水培花卉[M]. 上海:上海科学技术出版社,2001.

[18] 韩世栋. 蔬菜栽培[M]. 北京:中国农业出版社,2001.

[19] 张施君,盛爱武,周厚高. 水培花卉[M]. 贵阳:贵州科学技术出版社,2006.

[20] 殷华林,张宗应. 兰花栽培实用技法[M]. 合肥:安徽科学技术出版社,2006.

[21] 王瑜. 庭院蔬菜栽培[M]. 北京:海洋出版社,2000.

[22] 中央农业广播电视学校. 有机生态型无土栽培[M]. 北京:农业教育音像出版社,2006.

[23] 蒋卫杰,等. 蔬菜无土栽培新技术[M]. 上海:金盾出版社,1999.

[24] 蒋卫杰,刘伟,余宏军. 蔬菜无土栽培 100 问[M]. 北京:中国农业出版社,1999.

[25] 刘增鑫,特种蔬菜无土栽培[M]. 北京:中国农业出版社,1999.

[26] 韦三立. 切花栽培[M]. 北京:中国农业出版社,1999.

[27] 李式军,等. 现代无土栽培技术[M]. 北京:北京农业大学出版社,1988.

[28] 王华芳. 花卉无土栽培[M]. 上海:金盾出版社,1997.
[29] 杨家书. 无土栽培实用技术[M]. 沈阳:辽宁科学技术出版社,1997.
[30] 王久兴,王子华. 现代蔬菜无土栽培[M]. 北京:科学技术文献出版社,2005.
[31] 蒋卫杰,刘伟,郑光华. 蔬菜无土栽培新技术[M]. 北京:金盾出版社,2005.
[32] 范双喜. 现代蔬菜生产技术全书[M]. 北京:中国农业出版社,2004.
[33] 胡中华,荆师汉. 草坪与地被植物[M]. 北京:中国林业出版社,1995.
[34] 李式军. 设施园艺学[M]. 北京:农业出版社,2001.
[35] 冯天哲,于述,周华. 新编养花大全[M]. 北京:中国农业出版社,2002.
[36] 赵祥云. 礼品盆花生产手册[M]. 北京:中国农业出版社,2002.
[37] 邢禹贤. 新编无土栽培原理与技术[M]. 北京:中国农业出版社,2002.
[38] 张振武. 保护地蔬菜栽培技术[M]. 北京:高等教育出版社,1995.
[39] 中国农业科学院蔬菜研究所. 中国蔬菜栽培学[M]. 北京:农业出版社,1987.
[40] 汪兴汉,汤国辉. 无土栽培蔬菜生产技术问答[M]. 北京:中国农业出版社,1998.
[41] 北京农业大学. 蔬菜栽培学·保护地栽培[M]. 2 版. 北京:农业出版社,1989.
[42] 伊东正. 蔬菜园艺学[M]. 东京:川岛书店,1990.
[43] 知欠万寿. 设施园艺学[M]. 东京:朝仓书店,1983.
[44] 安井秀夫. 设施栽培学[M]. 东京:川岛书店,1990.
[45] 宋元林,等. 彩色蔬菜栽培[M]. 北京:中国农业出版社,2002.
[46] 王华芳. 水培花卉[M]. 北京:中国农业出版社,2002.
[47] 张福墁. 设施园艺学[M]. 北京:中国农业大学出版社,2001.
[48] 刘士哲. 现代实用无土栽培技术[M]. 北京:中国农业出版社,2001.
[49] 科技部农村与社会发展司,等. 发展中的中国工厂化农业[M]. 北京:北京出版社,2000.
[50] 秦新惠,梁红艳. 植物组织培养[M]. 西安:陕西师范大学出版社,2014.
[51] 陈学红,崔兴林. 观赏植物栽培[M]. 天津:天津大学出版社,2014.
[52] 崔兴林,陈学红. 设施园艺技术[M]. 重庆:重庆大学出版社,2013.
[53] 李式军. 设施园艺学[M]. 北京:中国农业出版社,2002.
[54] 邓凤霞,周吉源. 驱蚊香草的研究进展[J]. 湖北林业科技,2005,5:40-43.
[55] 张建佐,管耀义. 不同土壤基质对蚊净香草生长的影响[J]. 河北林业科技,2005,4:30.
[56] 舒英杰,周玉丽. 河西地区日光温室番茄有机生态型无土栽培技术[J]. 长江蔬菜,2004,6:16-17.
[57] 蒋卫杰,余宏军. 蔬菜有机生态型无土栽培营养生理研究进展[J]. 中国蔬菜,2005,1(增刊):27-31.
[58] 李贵民,等. 安祖花无土栽培研究进展[J]. 山东农业大学学报,2005,36(2):

322-324.
[59] 王晓云. 京水菜的无土栽培技术[J]. 现代农业,2006,12:31.
[60] 苏遗梅. 花卉水培[J]. 云南农业,2005,4:5-6.
[61] 李海云,孟凡珍,等. 有机生态型无土栽培研究[J]. 北方园艺,2004,1:7-8.
[62] 沈强,赵鹃,红掌切花温室无土栽培技术[J]. 中国花卉盆景,2001,11:18-19.
[63] 荆延德. 花卉栽培基质研究进展[J]. 浙江林业科技,2001,5:68.
[64] 蒋卫杰,刘伟,等. 我国有机生态型无土栽培技术研究[J]. 生态农业研究,2000,9:17-21.
[65] 张真和,李建伟. 我国设施蔬菜产业的发展态势及可持续发展对策探讨[J]. 沈阳农业大学学报,2000,31(1):4-8.
[66] 曾案君. 洋兰的栽培基质[J]. 花卉,2004,2:34.
[67] 张庆霞. 京水菜的特征特性及栽培技术[J]. 西北园艺,2003,3:33.
[68] 陈诗庆. 兰花的无土栽培[J]. 花卉园艺,2003,6:16-17.
[69] 陈菁瑛,蓝贺胜,陈雄鹰. 不同栽培管理措施对蝴蝶兰生长的影响[J]. 林业科技开发,2002,16 (1):29-30.
[70] 张国森,赵文怀,崔海成,杨茂元,殷学云,柴再生,蒋宏. 西北非耕地双拱双膜日光温室的建造及推广应用[J]. 中国蔬菜. 2011(17).
[71] 张国森,赵文怀,殷学云,崔海成. 非耕地节本型日光温室蔬菜有机生态型无土栽培技术[J]. 中国蔬菜. 2010(13).
[72] 李萍萍,毛平平. 智能温室综合环境因素控制的技术效果及合理的环境参数研究[J]. 农业工程学报,1998,14(3):197-201.
[73] 候玉栋,邢禹贤. 塑料日光温室 CO_2 变化规律及番茄 CO_2 吸收利用研究[J]. 农业工程学报,1996,12(增刊):79-84.
[74] 李式军. 积极发展中的南方设施园艺业[J]. 中国蔬菜,2000,3:1-4.
[75] 黄丹枫,牛庆良. 现代化温室生产效益评析[J]. 沈阳农业大学学报,2000,31(2):18-22.
[76] 赵德菱,高崇义. 温室内高压喷雾系统降温效果初探[J]. 农业工程学报,2000,16 (1):87-89.
[77] 蔺菊芬,宋学栋,井彩巧. 日光温室后墙蔬菜立体无土栽培技术[J]. 中国蔬菜,2014(12):86-87.
[78] 范洁群,吴淑杭,褚长彬,周德平,姜震方. 无土栽培营养液废液循环利用研究进展[J]. 农学学报,2014,4(7):51-53.
[79] 张国森,殷学云,蒋宏,崔海成,杨茂元. 西北多层覆盖大跨度拱棚蔬菜有机生态型无土栽培[J]. 中国蔬菜,2014(02).
[80] 张国森,赵文怀,殷学云,崔海成. 日光温室无土栽培茄子"一接二平三收"高效生产

技术[J]. 中国蔬菜,2010(05):56-57.

[81] 殷学云,张国森,赵文怀,崔海成,杨茂元,蒋宏. 西北非耕地石砌墙下挖型日光温室建造施工技术[J]. 中国蔬菜,2013(11):71-72.

[82] 胡小加. 根际微生物与植物营养[J]. 中国油料作物学报,1999,21 (3):77-79.

[83] 蒋卫杰,郑光华,汪浩,等. 有机生态型无土栽培技术及其营养生理基础[J]. 园艺学报,1996,23(2):139-144.

[84] 刘淑媛,任久长,由文辉. 利用人工基质无土栽培经济植物净化富营养化水体的研究[J]. 北京大学学报(自然科学版)1999,37 (4):518-522.

[85] 郭世荣. 营养液浓度对黄瓜和番茄根系呼吸强度的影响[J]. 园艺学报,2000,27(2):141-142.

[86] 郭世荣,马娜娜,张经付. 芦苇末基质对樱桃番茄和瓠瓜生理特性的影响[J]. 植物生理学通讯,2001,37(5):411-412.

[87] 陈贵林,李式军. 发展中国的无土栽培业[J]. 科技导报,1995,(11)49 ~ 50,41.

[88] 陈端生. 中国节能性日光温室的理论和实践[J]. 农业工程学报,2001,17(1)22 ~ 26.